系统与控制丛书

多无人机智能自主协同控制

宗　群　赵欣怡　邢　娜　张秀云　著

科 学 出 版 社
北　京

内 容 简 介

本书在深入分析无人机模型特点的基础上，重点对多无人机智能自主协同控制问题进行研究。全书以当前国内外在该领域的最新研究成果为背景，提炼其中的关键科学问题，包括多无人机的任务决策、运动规划、编队生成、编队保持、编队重构、故障诊断与容错控制、通信网络优化与通信资源分配等。在此基础上，本书将人工智能、类脑智能与协同控制算法相结合，建立了面向多无人机系统的智能自主协同控制理论框架。

本书适合自动化相关专业的本科生及研究生阅读，同时可供对多无人机协同控制感兴趣的高校师生、科研工作者和工程技术人员参考。

图书在版编目（CIP）数据

多无人机智能自主协同控制 / 宗群等著．—北京：科学出版社，2021.11

(系统与控制丛书)

ISBN 978-7-03-067465-4

Ⅰ．①多…　Ⅱ．①宗…　Ⅲ．①无人驾驶飞机-自动飞机控制-研究　Ⅳ．①V279

中国版本图书馆 CIP 数据核字（2020）第 272357 号

责任编辑：张海娜　赵微微 / 责任校对：胡小洁

责任印制：赵　博 / 封面设计：蓝正设计

科学出版社 出版

北京东黄城根北街 16 号

邮政编码：100717

http://www.sciencep.com

北京凌奇印刷有限责任公司印刷

科学出版社发行　各地新华书店经销

*

2021 年 11 月第　一　版　开本：720 × 1000　1/16

2025 年　1 月第三次印刷　印张：23 3/4

字数：476 000

定价：168.00 元

（如有印装质量问题，我社负责调换）

编 者 的 话

我们生活在一个科学技术飞速发展的信息时代，诸如宇宙飞船、机器人、因特网、智能机器及汽车制造等高新技术对自动化提出了更高的要求。系统与控制理论也因此面临着更大的挑战。它必须能够为设计高水平的物理或信息系统提供原理和方法，使得设计出的系统能感知并自动适应快速变化的环境。

为帮助系统控制专业的专家、工程师以及青年学生迎接这些挑战，科学出版社和中国自动化学会控制理论专业委员会合作，设立了《系统与控制丛书》的出版项目。本丛书分中、英文两个系列，目的是出版一些具有创新思想的高质量著作，内容既可以是新的研究方向，也可以是至今仍然活跃的传统方向。研究生是本丛书的主要读者群，因此，我们强调内容的可读性和表述的清晰。我们希望丛书能达到这些目的，为此，期盼着大家的支持和奉献！

《系统与控制丛书》编委会

2007 年 4 月 1 日

前言

无人机是指不载有操作人员、可以自主飞行或遥控驾驶的有动力飞行器，主要包括固定翼和旋翼两大类。随着任务环境复杂性和多样性的不断提高，多无人机系统由于结合了无人机自身的性能优势和多机系统的数量优势，受到许多学者和研究人员的关注。然而，当前无人机尽管可以在一定范围内进行自主控制飞行，但是智能化水平依然不高。近年来，人工智能与类脑智能技术的发展，为无人机智能自主协同控制提供了有效解决方案。多无人机智能自主协同控制涉及任务决策、运动规划、编队控制、故障诊断与容错控制、通信网络优化与资源分配等难点问题，属于多学科交叉的研究领域，相关技术的研究已成为当今航空领域最前沿的研究课题之一。

在多无人机系统执行任务的过程中，如何提高其自主决策、规划、控制与通信能力，达到高性能、高效率的任务效果，是该研究领域亟待解决的核心问题。本书将人工智能、类脑智能与协同控制算法结合，围绕影响多无人机智能自主协同控制的关键科学问题，以提高多无人机执行任务的高效性与可靠性为目的，探索建立面向多无人机系统的智能自主协同控制理论框架，为形成解决我国多无人机系统关键问题的创新理论提供参考依据。

本书作者多年来一直从事多无人机任务决策、运动规划、编队控制、平台搭建与实物实验的研究工作，所在课题组先后承担完成了与无人机和飞行器相关的国家科技重大专项、教育部科学技术研究重点项目、国家自然科学基金项目、国家重点研发计划项目等，并取得了一定的研究成果。本书旨在系统地归纳与总结当前国内外在多无人机智能自主协同控制领域的最新研究成果，提炼其中的关键科学问题，为从事多无人机协同控制技术研究的科研工作人员提供有益参考。

本书的撰写特点如下：

(1) 本书从无人机模型入手，力求对无人机模型相关基础内容进行较全面的介绍，为后续多无人机任务决策、运动规划、编队控制、故障诊断与容错控制等问题的研究提供理论支撑。

(2) 本书围绕国内外无人系统智能发展规划与路线图，以人工智能与类脑智能技术为主要手段，为多无人机任务决策与运动规划问题提供解决途径，提高多无人机系统的自主能力与智能水平，意在抛砖引玉，为读者提供有益借鉴。

(3) 本书涉及多无人机编队生成、编队保持、编队重构、故障诊断与容错控制等多种典型的协同控制问题，研究内容涵盖当前多无人机协同控制领域研究的重点和热点，提出的协同控制算法具有一定的理论意义和工程应用价值。

(4) 本书论述多无人机通信网络相关难点问题与解决途径，包括网络优化与资源分配两部分，力求保证无人机信息的按需实时传输，为多无人机规划、决策与控制问题的解决提供可靠保障，具有一定的参考价值。

全书共 10 章。第 1 章为绪论，在介绍多无人机智能自主协同控制基本概念的基础上，全面总结各国多无人机智能自主协同控制的研究进展，分析提炼与协同控制相关的难点问题，并给出本书的撰写特点和内容安排。第 2 章介绍无人机模型，分别对固定翼无人机模型、单旋翼无人机模型和四旋翼无人机模型进行介绍，为后续章节提供理论支撑。第 3 章介绍多无人机任务决策，首先考虑面向全局任务收益和任务优先级两种情景，研究以地面站为主体的集中式任务决策，然后提出类脑智能算法，并研究以无人机为主体的分布式智能任务决策。第 4 章介绍多无人机运动规划，考虑无人机智能水平、机载资源及规划距离等因素，分别研究基于路径点的多无人机运动规划算法和基于深度强化学习的多无人机运动规划算法。第 5 章介绍多无人机编队生成控制，考虑各无人机在不同地方起飞沿给定轨迹生成编队的情况，重点研究基于滑模算法的无人机姿态稳定与轨迹跟踪控制。第 6 章介绍多无人机编队保持鲁棒自适应控制，考虑全局通信拓扑未知的情况和机间避碰的需求，分别研究基于自适应算法及预设性能算法的多无人机编队保持控制。第 7 章介绍多无人机编队安全重构控制，考虑通信拓扑已知和未知的情况，分别研究基于滑模算法及自适应完全分布式综合控制算法的多无人机编队重构。第 8 章介绍多无人机故障诊断与容错控制，考虑执行器故障对编队性能的影响，分别研究基于被动容错的多无人机分布式有限时间容错控制与基于主动容错的多无人机故障诊断及容错控制一体化设计。第 9 章介绍多无人机通信网络优化，考虑通信网络管理与远距离传输的需求，分别研究基于联盟博弈的无人机集群分簇和基于网络形成博弈的多无人机路由选择。第 10 章介绍多无人机通信资源分配，考虑可用信道资源有限以及需要中继无人机辅助通信的情况，分别研究基于非合作博弈的多无人机信道资源分配和基于凸优化的多无人机时隙和功率资源分配。

本书得到了装备预研教育部联合基金项目“无人蜂群自主通信与智能自主协同控制技术”(6141A0202304)以及国家重点研发计划课题“‘蜂群’系统智能组网与协同控制”(2018AAA0102401)等的资助。此外，天津大学的田柏苓、北京理工大学的王丹丹、天津津航计算技术研究所的张博渊、中国航天空气动力技术研究院的崔婕、华为海洋网络有限公司的刘丽红等也参与了本书的撰写工作，在此一并表示感谢。

限于作者水平，书中难免存在不妥之处，恳请读者批评指正。

目 录

第1章 绪 论

无人机(unmanned aerial vehicle，UAV)诞生于第一次世界大战期间，至今已有一百多年的发展历史。在这一百多年间，无人机先后经历三个发展阶段，从第一次世界大战的萌芽期，到20世纪80年代以色列首创有人-无人机协同作战的发展期，再到当前人工智能等技术快速发展带来的蓬勃期，无人机的种类不断增多，性能日益提升，应用领域也逐步拓展。与有人机相比，无人机具有成本低、尺寸小、机动性高、隐蔽性好及生存能力较强等优势，被广泛应用于侦察监视、骗敌诱饵、监测气象、勘探资源等军事和民用领域。

随着任务环境的复杂性和多样性不断提高，无人机在执行任务时，需要可承载更大载荷、具备更广阔的搜索视野以及更高精度的目标定位功能等，而单架无人机受限于其结构简单、体积小、载荷小、容错率差等特点，所能发挥的效能极其有限，缺陷也日益突出。为了解决单架无人机在执行任务时存在的问题，许多学者和研究人员受到自然界群体行为的启发，以现在掌握的无人机技术为基础，提出多无人机协同的概念，探索和发展更加灵活有效的无人机管理与组织模式，提高多无人机在复杂环境和大规模任务作战中的任务执行效率，进一步拓宽无人机的应用范围。

然而，从当前阶段的发展现状来看，无人机可以通过动力装置和导航模块，在一定范围内靠无线电遥控设备或计算机预编程序自主控制飞行，但是智能化与自主化水平依然不高。自2011年至今，随着大数据、云计算等信息技术的发展，以深度神经网络为代表的人工智能技术飞速发展，大幅跨越了科学与应用之间的“技术鸿沟”，成为21世纪最重要、最尖端的技术之一。我国制定的《“互联网+”人工智能三年行动实施方案》，明确提出推动人工智能技术在无人系统领域的融合应用，发展无人飞行器、无人船等多种形态的无人设备。因此，人工智能技术作为一种颠覆性技术，将彻底改变无人机的应用方向与发展趋势，极大提高无人机的自主化与智能化水平。

本书以多无人机协同控制为背景，依托作者所在课题组多年来在多无人机智能自主协同控制领域所取得的研究成果，通过对多无人机智能自主协同控制基本概念的介绍，多无人机智能自主协同控制中的任务决策、运动规划、姿态与轨迹跟踪控制、编队保持与重构控制、故障诊断与容错控制、通信组网等关键技术研究进展的描述，以及多无人机智能自主协同控制难点问题的分析，为读者提供多无人机智能自主协同控制研究思路和技术指导。

本章的主要内容安排如下：1.1 节介绍多无人机智能协同控制的基本概念；1.2 节总结多无人机智能自主控制的研究现状；1.3 节分析多无人机自主协同控制的难点；1.4 节介绍本书的撰写特点和内容安排；1.5 节对本章进行小结。

1.1 多无人机智能自主协同控制基本概念

无人机是指不载有操作人员、可以自主飞行或遥控驾驶、可以一次使用也可以回收使用、携带致命或非致命有效载荷的有动力飞行器。根据机翼构造特点，无人机可以分为固定翼和旋翼两大类，其中，固定翼无人机是最早得到研究及应用的，其在机动性、续航能力、飞行速度等方面具有显著的优势，并成功执行了许多侦察、监视等军事任务；旋翼无人机则具备定点悬停、狭小空间作业、垂直起降、多姿态飞行等其他优势，能够胜任各式各样的低空作业任务，也能适应复杂的山区和城市环境。在旋翼无人机中，除了典型的单旋翼无人机外，多旋翼无人机没有尾桨，结构更简单，安全性也更高，其中四旋翼无人机由于其结构与飞行原理简单，而成为多旋翼无人机家族中研究与应用最广泛的一类。

多无人机协同控制是指多架具有独立自主功能的无人机按照某种规则组成协同飞行系统，并通过各种协同控制算法，使其成为一个高可靠、强鲁棒和高灵活的统一整体，大幅提高完成任务的能力。与单无人机相比，多无人机系统结合了无人机自身的性能优势和多机系统的数量优势，具有如下更多的优点和应用空间。

(1) 功能分布：将单无人机所具备的各项功能化整为零，分散到多个低成本、功能单一的无人机上，通过多个异构、异型的个体来实现原本复杂的系统功能，系统的倍增效益将使多无人机具备远超单无人机的能力。

(2) 去中心化：目前无人机的通信模式仍然以单机与地面站通信方式为主，信息传输仍是集中式的，去中心化的多无人机利用自组网技术可以实现无人机之间信息的高速共享，提高其抗故障能力及高效信息共享能力。

(3) 分布式探测：广泛分布传感器的能力对于主动探测与被动探测以及定位精度有显著优势，多无人机系统可以相互协作实现目标的高精度定位，当需要主动探测时，无人机间还可采取频率、波段不同的雷达进行全频谱探测，极大地提高探测能力。

虽然无人机协同控制具有上述优点，但同样对无人机自主能力提出了更高的要求。美国在《无人机路线图》中采用了自主控制等级来衡量无人机自主性，如表 1.1 所示，得到了国内外的广泛认同。其中等级 1 中无人机没有自主性，本身不能对无人机内部和外部的变化自动做出反应，无人机的各种活动完全依靠无人

表 1.1 自主控制等级定义

等级	英文	中文
10	fully autonomous swarm	全自主蜂群
9	group strategic goals	多机战略目标
8	distributed control	分布式控制
7	group tactical goals	多机战术目标
6	group tactical re-plan	多机战术重规划
5	group coordination	机群协同
4	onboard route re-plan	路径重规划
3	adapt to failure and flight conditions	故障适应和飞行状态
2	real time health/diagnosis	实时故障诊断
1	remotely guided	遥控

机控制站的操纵人员进行遥控。这级无人机进行的就是所谓的“单调”的任务。等级 2 中无人机可以完成预编程任务，无人机可以对自身的状态进行健康诊断，并把状态报告给无人机操纵人员，这级无人机具有对自身的感知能力。等级 3 中无人机可以适应自身一定程度的故障，并可在外界飞行条件有变化时，完成既定的任务。等级 4 中无人机的路径重规划功能应完全具备。无人机在飞行中能对地面威胁做出反应，对飞行路径进行修改以躲避威胁，在躲避威胁的同时仍能完成既定任务。这级无人机具有一定的自主路径规划能力，能够对未知态势进行重规划。等级 5 中无人机应具备初步的多机合作功能。多架无人机在执行任务过程中，可以根据各机和任务目标情况进行协商，对各机进行任务分解使之最优。这级无人机开始具有多架无人机共同执行任务的功能。等级 6 中无人机应具备多机应对突发威胁目标功能。多架无人机在执行任务过程中，对突然出现的威胁目标具有规避能力，并通过任务决策将突发威胁和已有威胁分配给各架无人机。这级无人机可以和其他无人机共享态势信息。等级 7 中整个团队中的无人机都听从团队中一架无人机的战术安排。等级 8 中多无人机中没有“领导”，采用分布式架构，并且有多个多无人机团队在执行任务。等级 9 中多架无人机在几乎没有人的帮助下完成战略目标，但需要有人类的监督。等级 10 中人类对无人机的工作几乎不作指导，但仍然拥有最高权限。由表 1.1 可以看出，列出的控制等级还可以大致划分为单机飞行智能和多机(蜂群)协同智能两种。具体来说，等级 1 (遥控)至等级 4 (路径重规划)可以被归为单机飞行智能类别，等级 5 (机群协同)至等级 10(全自主蜂群)可以被归为多机(蜂群)协同智能类别，而且控制等级越高，对无人机智能自主能力的要求就越高。因此可以看出，无人机控制正在往集群化、智能化与自主化的方向发展。

多无人机智能自主协同控制是指在没有人为干预的情况下，将先进的人工智能与协同控制算法结合，提高多无人机系统的自主决策、规划和控制能力，使其成为一个高度自主化和智能化的整体，达到高性能、高效率的任务效果。人工智能技术起源于20世纪50年代，先后经历了初步发展、沉寂、高速发展等多个阶段，特别是在2006年Geoffrey Hinton提出了深度学习算法后，人工智能技术出现了爆发式的发展，在搜索技术、数据挖掘、机器翻译等相关领域都取得了丰硕的成果，成为21世纪最重要、最尖端的技术之一，也是无人机智能自主协同控制的有效解决方案。然而，尽管人工智能在各领域的应用成果层出不穷，但仅是从某一特定领域逼近或是超过人类的智能水平[1]。欧盟“人类大脑计划”的建议报告指出[2]，除人脑以外，没有任何一个自然或人工系统能够具有对新环境与新挑战的自适应能力、新信息与新技能的自动获取能力、在复杂环境下进行有效决策并稳定工作直至几十年的能力。由此可见，借鉴大脑是发展人工智能的一条重要路线。人的大脑是一个通用智能系统，由千亿个神经元和数百万亿个突触连接构成，具有感知、学习、推理和决策等能力，是宇宙间已知的最复杂的对象，拥有已知的最强的智能。因此，为了使无人机在复杂多变的任务环境中具有自适应和自主决策能力，在理解人脑运行机制的基础上，研究新的类脑智能算法十分必要，这也必将影响无人机的未来发展方向，成为实现无人机智能自主协同控制的有效手段。

1.2　多无人机智能自主控制研究现状

1.2.1　国内外研究项目概述

多无人机系统可用于协同执行侦察和其他相关任务。现有的多无人机系统多用于军用领域，在民用方面尚处于起步阶段。由于其成本低、灵活性强，被普遍认为是未来应用于实际军事作战的核心技术之一，受到了世界各国尤其是美国的广泛关注。下面给出美国在军事领域的多无人机系统典型战例及相关研究计划以说明其重要地位。

从1991年海湾战争开始，无人机正式投入实战中，以美国为首的多国部队使用先锋多无人机在阵地上空昼夜飞行，为多国部队指挥官收集和提供了大量电子情报信息。此外，美军还将无人机作为诱饵，以各种编队形式在目标上空飞行，模拟轰炸机信号，诱骗伊拉克防空系统的雷达开机，针对侦察目标发射导弹致使伊拉克防空阵地在短时间内全部瘫痪。

1995年，美军空袭波黑塞族军队前，派出80架次“捕食者”无人机，该型无人机搭载了感知设备，在空袭时向战斗机提供了准确的目标信息，实现了对战场的实地侦察，致使对方70%的防空设施和作战指挥系统被摧毁，40%的弹药库被炸毁。

1999年，科索沃战争中，美国及其盟军总共出动了6种不同类型约200架无人机，包括美国空军“捕食者”、陆军“猎人”、海军“先锋”及英国的“不死鸟”等无人机，主要用于完成中低空侦察、战场监视、电子干扰、目标定位、战果评估及气象资料搜集等任务，进一步显现了无人机的感知能力及其在战争中的地位和作用。

2001年，阿富汗战争中，“捕食者”无人机携带了AMG-114海尔法反坦克导弹参战，成为美军无人机携带武器用于实战的首次战例。美军共有65架“捕食者”无人机开赴阿富汗战场，其中至少有10架改装为攻击型无人机，具备了执行打击任务的能力。2002年2月4日，“捕食者”无人机袭击了阿富汗南部地区基地组织的一个藏匿地，造成至少1名基地高级将领死亡。此后，“捕食者”无人机多次成功地对恐怖分子实施精确打击，无人机的攻击能力逐步得到体现。

2003年，伊拉克战争中，美军以察打一体化无人机为主体，针对不同作战要求，派遣50余架共十几种无人机，其中包括4架“全球鹰”、近20架“捕食者-A”、2架“捕食者-B”及海军陆战队的“龙眼”和“先锋”，以及陆军的“猎犬”、“指针”和“影子”等尺寸较小、航程较短的无人机，无人机的投入数量是阿富汗战争的3倍多。2004年8月，美国陆军航空兵应用技术管理局针对无人机自主协同作战进行了大量实验研究和论证，成立联合研究项目小组，对指定任务的联网无人机编队的协同作战性能进行研究和论证，以最少的人工干预使无人机群协作完成任务。最终目的是开发出较为先进的协同战术，完成协同侦察/警戒，确立对应的最佳观测点、通信网络适配性及部件发生故障时无人机群内部相应调整的指标性能，使无人战斗机协作完成作战任务。

2014年，美国国防高级研究计划局(DARPA)提出“拒止环境中协同作战”(CODE)项目。项目目标是开发一套包含协同控制算法的软件系统，可以适应带宽限制和通信干扰，减少任务指挥官的认知负担，通过自主能力、编队协同、人机接口和开放式架构支撑拒止环境下的协同作战。图1.1给出项目第2阶段任务模拟

图1.1 CODE项目第2阶段任务模拟示意图

示意图。2018 年 11 月，DARPA 在亚利桑那州尤马试验场进行的一系列测试中，演示了装备 CODE 的无人机系统在“反介入区域拒止”环境下适应和响应意外威胁的能力。无人机系统在尽量降低通信量的同时，高效共享信息，协同规划和分配任务目标，制定协调的战术决策，并协同应对高威胁动态环境。

2015 年 8 月 27 日，美国海军演示了 50 架无人机同时自主飞行的场景，如图 1.2 所示。这些无人机由两名操作人员控制，分成两组，每组 25 架的发射和飞行使用先进机器人系统工程实验室研发的蜂群操作界面操作。演习中，这些无人机实施了基础的主从协同行动，并通过无线链路实现了信息交换。以往，每架无人机都需由一名单独的地面操作人员进行操纵，而本次演习通过移交自主能力，使这些无人机可以做出有限的自主决策，从而减轻了地面操作人员的部分压力，最终实现了 2 名操作人员成功操纵 50 架无人机的结果。

图 1.2　50 架无人机自主飞行

2015 年，DARPA 下属的战术技术办公室期望通过战斗机联网远程遥控小型无人机进行围杀任务。这种类似“小精灵”外形的无人机额外安装了可折叠式主翼及低成本发动机，可用于多种不同类型的空中平台投放和回收。如图 1.3 所示，

图 1.3　“小精灵”蜂群协同作战示意图

美军通过 B-52H 战略轰炸机携带大量“小精灵”蜂群，在距离目标区域五百公里外，以接近万米的飞行高度上投放，“小精灵”以蜂群形式前往任务目标，执行包括电子干扰、侦察和攻击等多种任务后，在预定地点与运输机汇合，返回基地。

同年，DARPA 针对上述需求提出了“小精灵”项目，如图 1.4 所示，可回收并重复使用“小精灵”无人机以蜂群形式在空中发射，通过保养维修，24h 内无人机蜂群就可以执行新的任务，从而实现对当前作战思路和装备系统的颠覆及低成本高效作战。2017 年 3 月 15 日，DARPA 宣布已完成“小精灵”空中发射/回收无人机蜂群项目第 1 阶段的工作，主要完成无人机空中发射和回收系统可行性分析，从而确保母机被改装程度最低；项目第 2 阶段的研究重点是设计全尺寸方案，验证关键技术并开展飞行试验，2019 年 2 月初，Dynetics 公司在中国湖海军航空武器站(Naval Air Weapons Station China Lake)的对接站进行了飞行测试，但是测试中并未出现“小精灵”无人机。DARPA 计划于 2020 年 1 月进行第一次大规模演示，期望 30min 内能够回收 4 架“小精灵”无人机。

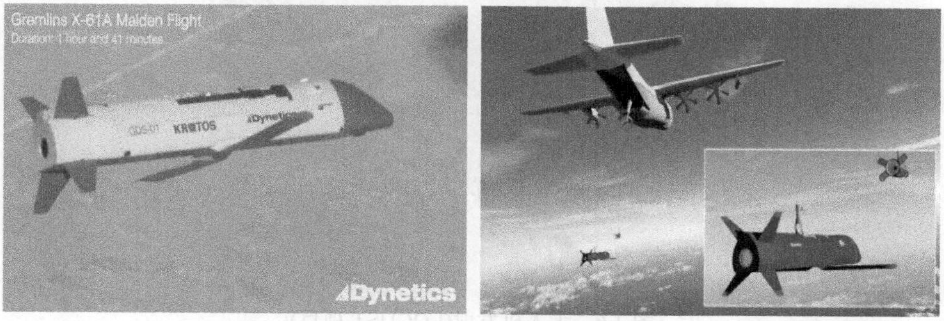

图 1.4　空中发射“小精灵”

2015 年，美国国防部战略能力办公室研发了“灰山鹑”(Perdix)小型空射无人机。如图 1.5 所示，该无人机重量只有 1lb(1lb≈0.45kg)，体积只有饮料罐大小。其由于体积极小，很难被导弹击中，可被用于执行一些特定任务。2016 年 10 月，

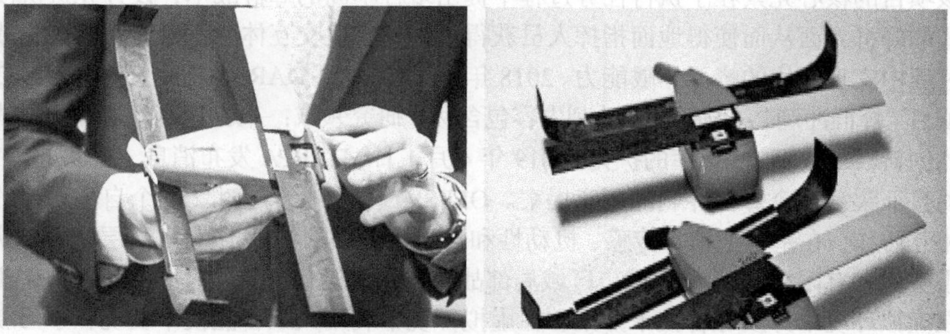

图 1.5　“灰山鹑”无人机

已经完成了一次大规模微型无人机“蜂群”演示。演示中，美国海军通过 3 架战斗机共投放了 103 架“灰山鹑”无人机，无人机间及无人机与指挥站之间可以进行通信与信息共享，演示了集体决策、自修正和自适应编队飞行等多种功能。

2016 年，美国海军研究院和乔治亚理工学院联合发布了一段视频，在双方合作的“低成本无人机蜂群技术”(Low-Cost UAV Swarming Technology, LOCUST)项目，如图 1.6 所示，已经完成了 30 架无人机连续发射并编组飞行的试验。该项目研发了一型多管发射装置，可在陆地或舰艇甲板上，以每秒一架的速度发射上百架管射小型无人机。这些小型无人机可在特定区域一起执行掩护或巡逻任务，还可发展为武器实施对地攻击。同年，美国通用原子公司提出了多架“复仇者”(Avenger)无人机与 F-22 战斗机协同作战概念，计划通过 4 架 F-22 战斗机护航，两个由 8 架“复仇者”组成的无人机集群摧毁敌方地空导弹阵地。

图 1.6　无人机发射(LOCUST 项目)

2017 年 1 月，DARPA 发布了“进攻性蜂群使能战术”(OFFensive Swarm-Enabled Tactics，OFFSET)项目的招标书。如图 1.7 所示，OFFSET 项目的目标是设计、研发并验证一种蜂群系统架构，推动新型蜂群战术的创新、互动和集成。该项目的核心元素在于执行任务过程中提出多种不同的蜂群战术；设计先进沉浸式的蜂群界面从而使得地面指挥人员获得更好的人机交互体验；最终在蜂群作战过程中实现更优的蜂群作战能力。2018 年 11 月 13 日，DARPA 正式发布 OFFSET 项目“蜂群冲刺”第三阶段，冲刺内容包含两个研究领域：一是士兵-蜂群编队形式的创新，二是蜂群战术库的扩充。2019 年 4 月 1 日，DARPA 发布消息，为 OFFSET 项目征集第四个蜂群冲刺的创意提案。OFFSET 希望通过超过 250 个自主系统的相互协作，在基本通信、传感、机动性和自主性受限的各种条件(如高层建筑、狭小空间和有限视线)下，为城市区域局部战斗提供关键作战能力，这次征集将聚焦在虚拟环境中开发综合技术方案和在虚拟环境中利用人工智能技术发现和学习新的群体战术。

图 1.7 OFFSET 项目

2017 年，美国空军研究实验室在位于加利福尼亚州的爱德华兹空军基地完成了有人-无人机编队演示试验。试验中，F-16 有人战斗机与 F-16 扮演的“无人僚机”完成了自主协同作战演练，这种编组方式可提高作战效率和效能。该次演示标志着美国编队协同作战所需的关键技术更为成熟，已经初步具备了突发情况下的自主应变能力。

2018 年，DARPA 组织了美国陆海空军院校的若干队伍，开展了以教育科研为背景的无人机集群比赛，旨在鼓励学生为小型无人机集群开发创新的进攻和防御手段。如图 1.8 所示，DARPA 协同西点军校、海军学院和空军学院举办无人机蜂群挑战赛，挑战赛中实现了 25 架对 25 架异构混编无人机蜂群对抗。

图 1.8 无人机蜂群挑战赛

无人挑战赛正在通过电子游戏来测试尖端集群战术，尽管这些古老的战棋游戏看起来非常简单，但其实每一步都需要战术策略。以捕获旗帜为胜利目标，每支队伍都获得了 20 架固定翼无人机和 20 架四旋翼无人机，根据规则，可以在两个 30min 的战斗周期中派出最多 25 架无人机的混合集群。每支队伍保护己方的旗帜，并试图在规定时间内得分最多。比赛双方均在战斗区域的立方体空域内，在比赛中，每支队伍都开发了多种战术，派出了比赛允许的每架无人机，由于每支队伍有 5 架冗余的无人机作为储备，各支队伍在 25 对 25 的比赛中同时派出 60 架无人机参加高空比赛。经过激烈的竞争，最终海军学院队获得了比赛的胜利。

从上述研究可以看出，从 2015 年开始，美国在无人机集群编队方面的研究呈现井喷式发展，通过多项计划，开发多款无人战斗机与微小型无人机，并对无人机集群的编队飞行等关键技术开展了理论研究和实际飞行演示。但目前尚未有比较成熟的智能集群无人机系统用于实际任务，从现在到可预见的未来，多无人机系统的发展会有比较长的一段时间处在等级 5～10 的阶段。处在科研阶段的典型代表为正在发展的“蜂群”无人机系统。

我国无人机集群编队相关研究起步较晚，现阶段主要是一些高校和科研单位针对多无人机系统进行研究。2010 年，北京航空航天大学和西北工业大学分别以翼展 3.5m、质量 9kg 级的军用型无人机为对象，研究了自主编队技术，实现了两架飞行速度 135km/h 的无人机在距离差 30m 以内、高度差 20m 以内的一小时密集编队。2012 年，西北工业大学的深圳无人机研究院研发出 2kg 级无人机的编队技术，通过微波指令传输与视距内控制，在一架控制器上实现了三架无人机的密集编队飞行与队形变换。2016 年 11 月，中国电子科技集团有限公司披露了我国第一个固定翼无人机集群试验原型，实现了 67 架固定翼无人机的试验飞行。2017 年 7 月和 2018 年 5 月，中国电子科技集团有限公司分别实现了 119 架和 200 架固定翼无人机的飞行试验，如图 1.9 所示，成功演示了编队弹射起飞、空中集结、多目标分组、编队合围、集群行动等动作。

(a) 编队弹射起飞

(b) 空中集结

图 1.9 中国电子科技集团有限公司实现固定翼无人机编队飞行

此外，现有的无人机编队多用于大型活动的编队飞行表演中，如图 1.10～图 1.12 所示。2017 年 2 月 11 日，广州亿航智能技术有限公司在广州海心沙广场上进行了 1000 架无人机编队表演，在 15min 内呈现出了 6 种生动绚丽的花式编队和灯光秀，此次无人机编队采用了厘米级 GPS(全球定位系统)定位技术，横向误差不超过 2cm，纵向误差不超过 3cm，以保证精准执行飞行轨迹、动作。2018 年 10 月，深圳市高巨创新科技开发公司在深圳南山人才公园上空进行了 600 架无人机的“人才”主题表演，展示了“孔雀开屏”、“大鹏展翅”、“空中芭蕾”等造型。2019 年 5 月，天津大学实现了 500 架无人机集群的 3D 互动穿越，组成了“科技之子向未来奔跑”、“人类与人工智能机器人对视”、“人工智能科技代码”等多组图案，给人们带来了一场震撼的视觉盛宴。2019 年 8 月，600 架无人机在深圳湾“集结”，整齐上升到约 120m 高空，在约 6min 时间里不断变化出“我爱深圳”、“我爱你中国”等文字和图案。2019 年 12 月，2020 架无人机组成矩阵在上海黄浦江畔起飞，上演了一幕“灯光秀”，现场组成了“2020”及汉字“追梦”等造型，相关演出不仅采用无人机编组技术，还引入了增强现实(AR)技术等，使电视机前的观众获得更加身临其境的视觉感受。

图 1.10　广州海心沙广场无人机表演

图 1.11　深圳无人机表演

图 1.12　上海“灯光秀”

以美国为首的世界强国在各领域开展了一系列关于多无人机系统的理论探索和关键技术实践，但从项目进展来看，多无人机系统的智能化水平有较大的发展空间。随着自主控制与人工智能等前沿技术的迅速发展，集快速机动、人员救援、情报监视和侦察打击为一体的多无人机智能自主协同控制理论与关键技术，已经成为当今世界强国重点关注的战略发展方向，研究与之相关的关键技术具有前瞻性、战略性和带动性。

下面将分别介绍多无人机系统协同控制中涉及的任务决策、运动规划、编队控制、故障诊断与容错控制、通信组网等研究方法，并论述其研究现状。

1.2.2　多无人机任务决策

多无人机任务决策是指在给定无人机种类和数量的前提下，基于任务需求、环境条件、无人机性能、携带载荷、任务目标、执行任务能力、任务重要程度等约束条件，以执行任务收益最大和代价最小为性能指标，决策出每架无人机需要完成的任务。在此针对无人机编队任务决策问题，从多无人机集中式任务决策和多无人机分布式任务决策两部分展开论述。

1. 多无人机集中式任务决策

集中式任务决策是指将地面控制站作为决策主体，综合考虑各种约束条件，将总体任务决策建模为一个优化问题，采用相关优化算法进行求解，给出最终任务决策结果，从而引导各无人机完成任务。无人机本身不具备自主决策能力。

2010 年，西北工业大学的李俨等[3]针对多无人机火力决策问题，考虑到离散粒子群优化(discrete particle swarm optimization，DPSO)算法易陷入局部最优的缺点，将模拟退火(simulated annealing，SA)算法引入 DPSO 算法中，相比其他 DPSO 算法,该算法有效提高了收敛速度与求解精度。2010 年,美国辛辛那提大学的 Sabo 等[4]针对多无人机多目标侦察的任务决策问题，以时间最短为性能指标，建立混合整数规划模型，基于启发式算法进行求解，实现了集中式任务决策，但随着无人机和任务数目的增多，求解效率明显降低。2013 年，北京航空航天大学的邸斌等[5]针对多无人机协同任务决策问题，考虑启发式算法求解效率较差的问题，将概率算法引入求解过程中，在求解效率与求解精度之间进行折中。2013 年，美国麻省理工学院的 Campbell 等[6]针对多任务决策问题中面临的求解速度慢、计算时间长的问题，采用两个马尔可夫过程分别对任务和无人机建模，并采用多项式逼近技术，对形成的组合优化问题进行求解，减少了求解的计算量，提高了任务决策求解效率。2015 年，海军航空工程学院的颜骥等[7]针对多无人机协同复杂任务决策问题，建立了将任务收益和任务执行时间直接联系起来的任务决策模型和可行解到粒子整数编码方式的映射，设计了混合离散粒子群-郭涛算法的组合优化问题求解策略，可以有效解决复杂的任务决策问题。2016年，俄罗斯远东联邦大学的Scherbatyuk等[8]针对某一区域内的多个搜救任务，分别采用Held-Karp算法、贪婪算法及遗传算法实现了多水下机器人的集中式任务决策，仿真结果表明当任务数量很少时，遗传算法与Held-Karp算法的求解策略从最优性角度来说近乎一致。而当任务数量超过 25 个时，遗传算法的求解精度开始下降，但是与贪婪算法相比，其最优性仍高出 15%。而动态规划算法的最优性大概比拍卖算法高出 5%。然而当任务超过25个时，Held-Karp算法的求解时间会显著增加。因此，在选择求解算法时，应从求解时间和策略最优性两方面权衡考虑。2016年，印度理工学院的Jose等[9]以3个机器人作为研究对象，考虑某特定任务区域内有 90 个静态任务，使机器人能够在最短时间内遍历所有任务地点，他们将任务决策问题与无避障的路径规划问题结合起来，并采用启发式算法与A*算法进行求解，由于启发式算法同时对每个机器人的任务完成顺序和数目进行优化，取得了较好的效果。2018年，西班牙马德里康普顿斯大学的López等[10]针对多维旅行商优化问题，提出一种基于随机交叉/突变操作与罚函数的混合遗传算法，在迭代过程中，他们用局部最优粒子和全局最优粒子与其他粒子进行随机交叉与变异，这种结合遗传算法的二进制粒子群优化算法，与基于概率的粒子群优化算法相比，在求解速度和求解精度上有了显著提高。2020年，印度理工学院的Majumder等[11]继续针对少量无人机完成多数任务目标的问题开展研究，引入最早完成时间启发技术，设计了集成多目标粒子群优化算法，将其用于解决任务决策问题，该算法进一步提高了求解效率，缩短了计算时间。

2. 多无人机分布式任务决策

分布式任务决策是指将每架无人机作为具有独自决策能力的决策主体，无人机之间可以进行通信，将所处环境、任务目标情况、自身状态等信息进行交互，在此基础上，各无人机对自身要执行的任务进行决策，具有较好的灵活性。

2011年，葡萄牙波尔图大学的Sujit等[12]针对两架无人机的未知区域协同搜索问题展开研究，考虑了无人机通信范围、传感器的探测范围、油量限制及补给站位置等约束条件，提出一种基于自我评定的决策算法对该问题进行了求解，仿真结果表明该算法对于未知环境的搜索效率很高。2012年，美国麻省理工学院的Ponda等[13]针对多无人机协同搜救问题，考虑执行任务的无人机无法与地面控制站建立连接的情况，设置中继无人机并采用基于一致性的拍卖算法，决策出无人机的搜救区域，使无人机在搜救过程中保证网络连通，可以给地面决策站提供实时信息。2012年，巴西圣保罗大学的Gurzoni Jr等[14]针对机器人世界杯锦标赛中的球员角色决策问题提出一种基于市场机制与启发式加速强化学习的多机器人任务决策算法。2015年，美国卡内基梅隆大学的Luo等[15]针对任务存在执行时间和时间窗的异构多机器人分布式任务决策问题，假设每个机器人受电池寿命和执行任务上限限制，提出了一种基于动态规划结合分布式拍卖算法，投标过程中考虑通信范围内邻居机器人的收益情况，实现了多机器人分布式实时任务决策。2015年，空军航空大学的赵雪森等[16]针对动态环境下的多单旋翼无人机协同任务决策问题，采用基于改进启发式算法策略进行了研究，实现了动态环境下的协同任务重新决策。2015 年，韩国高等科学技术研究院的 Lee 等[17]针对通信范围受限、资源受限情况下的多机器人任务决策问题，采用基于多跳网络结合分布式拍卖的求解策略，解决了资源和电量消耗下的实时最优决策问题，相比传统的分布式拍卖方法，具有更快的执行任务速度，且消耗资源更少。由于多无人系统在完成作战任务时，不可避免地存在合作与竞争关系，所以博弈论在解决多无人系统的智能任务决策问题中存在一定的潜力。2018 年，英国克兰菲尔德大学的 Jang 等[18]研究了集群机器人分布式智能决策问题，他们以一类具有自利特性的机器人为研究对象，在给定的社会共识下，这些机器人通过强连接的通信网络与邻居机器人交换信息，并在提出的基于匿名享乐博弈的智能任务决策算法的作用下，在多项式时间内达成共识，给出最终任务决策方案。2018～2019 年，Jang 等[19,20]采用基于马尔可夫链的集群机器人智能任务决策算法，并将两种算法在收敛速度与可扩展性上进行对比，仿真实验表明对于大规模的集群智能任务决策问题，基于匿名享乐博弈的智能任务决策算法收敛速度更快，而基于马尔可夫链的集群机器人智能任务决策算法在集群规模的可扩展性方面更具有优势。2018 年，美国麻省理工学院的 Kurdi 等[21]受到蝗虫物种对内外部刺激产生的自主和弹性行为启发，提出一种新的自主生物启发任务决策算法，实现了不同任务区域的多无人机协同搜索与救援。该算法使得每架无人机在执行任务的过程中只需根据自身运行状态与任务参数进行动态调整，无须积极与邻居无人机进行直接通信，仿真实验结果验证了所提算法可以显著提高静吞吐量并降低平均完成任务的时间。2018 年，南京航空航天大学的 Zhen 等[22]针对多无人机协同搜索-攻击的问题，提出一种基于蚁群优化的新型智能自组织算法，该算法采用分布式控制架构，将全局优化问题分为几个局部优化问题。每架无人机都可以解决自己的局部优化问题，然后通过无人机之间的信息交换为多无人机系统做出最佳决策。以我国阿里巴巴认知计算实验室和英国的 DeepMind 公司为首的研究学者以星际争霸为背景，综合考虑任务的突发性与不确定性、无人系统之间的协作与竞争关系，采用多智能体强化学习算法研究分布式智能任务决策算法，如 2017 年的双向协作网络[23]和 2019 年的 AlphaStar 算法[24,25]等。

从上面的论述可以看出，集中式算法的优势在于结构简单，发展较为成熟，而且决策主体可以获得全局信息，因此获得的可行解全局最优性较好。但由于其需要规划整体的任务决策方案，故计算量较大，实时性较差。此外当决策主体由于其他原因发生错误时，会影响整体任务决策效果，鲁棒性和容错性较差，这在无人机数量增加时尤为明显。分布式算法则将每架无人机作为决策主体，因此对地面站中心依赖性降低，相应的求解速度和鲁棒性也有所提升，但对每架无人机的智能化水平依赖性增大，尤其是当环境区域内存在对抗行为时，此时任务环境是动态且不确定的，极大地增加了求解难度，因此依然具有较大的研究空间。

1.2.3 多无人机运动规划

多无人机运动规划是指考虑到达任务时间、环境中障碍物、可飞行区域、无人机机动能力、油耗等约束的影响，以时间最短、能量消耗最少为性能指标，为无人机规划一条前往目标地点的最优飞行轨迹，从而为无人机控制提供依据。根据规划方式不同，可以将多无人机运动规划分为基于路径点的运动规划和基于深度强化学习的运动规划两种。下面分别进行论述。

1. 基于路径点的运动规划

基于路径点的运动规划是指首先获得连接起点和终点位置的一系列路径点，然后考虑无人机飞行能力约束，在路径点间获得一条最优轨迹，以满足无人机轨迹平滑性的需求。2010 年，巴西米纳斯吉拉斯联邦大学的 Neto 等[26]针对障碍环境下的无人机编队运动规划问题，首先基于快速扩展随机树算法，获得最优路径，然后基于 Pythagorean-Hodograph(P-H)曲线获得无人机飞行轨迹，实现了多机避碰、静态和动态障碍物避障。2015 年，瑞士苏黎世联邦理工学院的 Meilland 等[27]针对无人机自主运动规划问题，先在位置维度上进行采样，获取可行的路径，再基于该路径计算足够平滑的多项式轨迹，通过不断迭代优化路径点实现了避障轨迹的求解，显著提升了无人机运动规划速度。2017 年，北京理工大学的 Chen 等[28]针对无人机运动规划问题，首先在狼群搜索(wolf pack search，WPS)算法中，引入遗传算法中的交叉算子和变异算子，采用改进的 WPS 算法计算三维真实空间和虚拟三维空间中无人机的准最优路径，然后考虑到无人机的动态特性，采用基于三次 B 样条曲线的路径平滑过程，建立适合于无人机的飞行轨迹，所提算法性能远远优于传统 WPS 算法、遗传算法(genetic algorithm，GA)和随机搜索算法。2018 年，美国宾夕法尼亚大学的 GRASP 团队针对无人机实时运动规划问题，提出将地图信息划分为全局地图与局部地图两部分，首先利用 A*算法在栅格地图中搜寻一条可行路径[29]，然后探索了基于运动基元的运动规划算法[30]，通过预先设定基元库，构建无人机运动状态的图连接，利用图搜索算法计算得到最优轨迹。2019 年，香港科技大学的 Zhou 等[31]针对无人机运动规划速度慢的问题，提出了一种用于四旋翼自主导航的新型在线运动规划算法，将在线快速运动规划问题解耦为前端动力学路径搜索和后端非线性轨迹优化，首先采用运动学路径搜索算法(混合 A*算法)找到安全、可行、最短时间的初始路径，然后基于梯度的优化进一步改善路径平滑度，将轨迹表示为非均匀 B 样条曲线，根据给定的预期飞行调整时间分配，在复杂环境中对所提算法进行验证。

2. 基于深度强化学习的运动规划

基于路径点的运动规划算法要求无人机能够线上规划，耗费了无人机大量的计算资源。为了解决此问题，基于深度强化学习的运动规划算法引起了国内外众多学者的关注，为无人机的运动规划提供了新的解决思路，其不仅可以将线上计算量转化为线下训练量，还可以考虑无人机未来规划及其他无人机转向、加速、减速等行为的影响，实现机载资源有限情况下的实时规划。2016 年，新加坡南洋理工大学的 Imanberdiyev 等[32]将基于模型的强化学习算法应用于实际环境中无人机运动规划，有效避免了无模型强化学习算法实际交互成本过高的问题，同时通过引入平行线程机制，采用多线程同时进行训练，解决了算法实时性较差的问题。2017 年，斯坦福大学的 Zhu 等[33]基于 DeepMind 公司提出的多线程异步优势行动者评论家(asynchronous advantage actor-critic，A3C)算法在高度仿真的环境中训练智能体，使其能够通过视觉输入自主规划出到达目标点的最优路径，并在真实场景中得到验证，其优点在于将目标物体作为输入进行训练，使得训练后的神经网络泛化功能更强。2017 年，韩国延世大学的 Kim 等[34]将 Q 学习算法用于室内仿真环境中无人机避障的运动规划问题中，实验表明训练后的 Q 学习算法在到达时间上优于 A*算法。2017 年，香港科技大学的 Li 等[35]将深度确定性策略梯度(deep deterministic policy gradient，DDPG)算法用于规划无人机的期望轨迹，并与 PID(比例-积分-微分)控制器结合，利用分层结构实现目标跟踪任务，在实际中得到验证。2017 年，美国麻省理工学院的 Chen 等[36]针对多无人系统的运动规划问题，提出基于深度强化学习的多智能体避障策略，使智能体能够仅通过传感器获取的邻机信息实现自主避障，快速安全地到达目标点。2017 年，深圳蓝胖子机器人公司的 Long 等[37]提出了一种基于策略梯度算法的多智能体避碰避障策略，采用多场景多阶段的训练框架，使训练后的运动规划策略具有很好的泛化功能。

从上面分析中可以看出，基于路径点的运动规划算法发展比较成熟，得到了广泛应用，优势在于其不需要无人机具有很强的智能水平，但是没有考虑当前规划对无人机未来规划及其他无人机转向、加速、减速等行为的影响，适用于无人机智能水平不高、机载资源充足、远距离规划的情形；基于深度强化学习的运动规划不需要提前规划路径点，由无人机根据当前状态直接规划，该算法近年来得到了广泛关注，优势在于可以将线上计算量转化为线下训练量，有效缩短线上计算时间，但是要求无人机具有较高的自主性和智能性，适用于机载资源有限、近距离规划的情况。两种规划方式适用场景不同，都具有较大的研究空间。

1.2.4 多无人机编队控制

多无人机编队控制是指多架无人机通过共享和互相利用邻居信息，保持或重新形成一个期望的队形，保证无人机之间不会发生碰撞，且可以适应复杂多变的外界环境。在此针对无人机编队控制问题，从多无人机编队保持控制和多无人机编队重构控制两部分展开论述。

1. 多无人机编队保持控制

2011 年，新加坡国立大学的 Karimoddini 等[38]针对二维场景中满足 Leader-Follower 结构的 2 架无人机编队控制问题，基于动态逆算法，利用无人机之间的相对位置、相对速度信息，设计了编队跟踪控制器，使得 Follower 无人机可以从任意初始位置起飞，跟踪上 Leader 无人机并保持给定距离编队飞行，且无人机之间不会发生碰撞。2014 年，新加坡国立大学的 Zhao 等[39]考虑二维场景中具有角度约束的圆环队形，假设每架无人机只配备测量相对方位的传感器，提出一种基于角度误差信号的不连续控制律，使得每架无人机与相邻两架无人机之间始终保持期望角度值。2015 年，北京航空航天大学的 Dong 等[40]针对无人机编队系统的时变编队控制问题，基于一致性的算法，给出了多无人机系统实现时变编队的充要条件和时变编队中心函数的显式表达式，在此基础上设计了时变编队控制器并在四旋翼编队平台上进行了验证。2016 年，突尼斯斯法克斯国家工程学院的 Ghommam 等[41]采用反步法和滤波技术设计了分布式协同控制器，实现了多无人机编队飞行。但上述研究成果没有考虑模型不确定及外界干扰等综合扰动给多无人机编队控制带来的影响。对于这一问题，2015 年，加拿大康考迪亚大学的 Ghamry 等[42]将滑模算法和线性二次规划算法相结合，设计了一种新型鲁棒编队控制器，实现了综合扰动影响下的多架四旋翼编队飞行。2018 年，天津大学的 Zhao 等[43]针对模型不确定、环境干扰及执行器故障影响下的多无人机系统，考虑滑模算法对干扰特有的鲁棒性与抗干扰性，基于积分滑模面与自适应超螺旋趋近律，提出一种新型编队控制算法，实现了多无人机系统在综合扰动下的稳定飞行。2020 年，墨西哥的 González-Sierra 等[44]利用四旋翼无人机的位置和角度信息，采用连续滑模控制算法设计了有限时间状态观测器和编队控制器，实现了综合扰动影响下的多无人机系统的快速编队保持。2019 年，空军工程大学的 Hu 等[45]考虑模型不确定等因素的影响，基于反步法和有限时间理论，设计了自适应有限时间编队控制算法，实现了多无人机系统的快速稳定飞行。2019 年，加拿大康考迪亚大学的 Yu 等[46]针对存在执行器故障与模型不确定的无人机系统，给出一种分布式协同控制器，采用模糊神经网络算法对包括执行器故障在内的综合扰动项进行估计并补偿，实现多无人机的姿态同步跟踪控制。2019 年，新加坡南洋理工大学的 Nguyen 等[47]进一步针对全球定位系统拒止环境下 Leader-Follower 结构的编队控制问题，提出一种合作式估计-控制算法，仅利用测距和里程传感器，同时实现了相对定位及 Follower 无人机对 Leader 无人机的跟踪控制。

上述多无人机编队控制算法均需要已知编队通信拓扑或 Leader 无人机状态等全局信息。而在实际情况中，这些信息可能无法获取，为此需要研究多无人机完全分布式编队控制，即多架无人机仅利用与之通信的邻居无人机的信息和自身信息来实现编队控制，无需任何全局信息。这一方面的研究成果主要集中于多智能体领域，下面将主要介绍国内外学者以多智能体系统为对象的研究工作。2013 年，北京大学的 Li 等[48]分别针对线性和非线性多智能体系统，基于相对状态设计了自适应分布式一致性控制算法，利用设计的自适应律来调节邻居智能体之间的耦合权重，使得各个智能体在设计自身控制器时不需要任何全局信息。2016 年，英国曼彻斯特大学的 Li 等[49]针对线性多智能体系统，首先利用相对信息设计分布式干扰观测器，然后根据观测器输出采用输出调节和自适应算法设计了完全分布式一致性控制算法，使得多智能体状态达到一致。2018 年，北京大学的 Sun 等[50]考虑综合扰动影响下的线性多智能体系统，首先基于相对状态分别设计了完全分布式状态观测器和干扰观测器，用以估计自身状态和综合扰动值，进一步根据观测器输出设计了带有自适应耦合增益的一致性控制算法，实现了基于输出信息的多智能体完全分布式编队。2019 年，广东大学的 Chen 等[51]以异构多无人机系统为研究对象，设计了一种完全分布式控制器，实现了多无人机的编队保持控制。

2. 多无人机编队重构控制

多无人机编队重构控制指在多无人机编队飞行过程中，可能会遇到障碍或突发情况，需要无人机安全、及时地改变编队队形，以达到规避障碍和提高任务效能的目的。2014 年，新加坡国立大学的 Liao 等[52]针对多无人机编队重构控制问题，提出了一种基于机间避碰的分布式鲁棒反馈控制算法，该算法对动态约束和测量噪声影响下的多无人机队形变换问题十分有效。2015 年，巴西航空技术学院的 Hemerly 等[53]采用分段算法，使得无人机编队由横向编队向圆形编队进行变换，解决了特定队形的编队重构问题。2016 年，北京航空航天大学的 Li 等[54]将多无人机编队重构过程建模为一个高维优化问题，并采用分布式协同进化算法减少问题的维数，对多无人机编队重构问题进行了简化。2017 年，北京航空航天大学的 Dong 等[55]考虑满足切换交互拓扑的多无人机系统重构问题，通过求解代数 Riccati 方程，提出了一种编队重构控制算法，实现了四架无人机编队的队形变换。

多无人机编队重构过程中可能会出现机间碰撞的情况，因此规避冲突是这一过程中的主要问题。针对这一问题，国内外学者提出了许多控制算法，如模型预测控制[56]、轨迹规划[57]、微分几何[58]、势能函数[59]等算法，其中势能函数算法研究较多，比较适用于控制器设计中，2012 年，美国加利福尼亚大学的 Cao 等[60]研究了基于移动虚拟 Leader 的多无人机编队重构问题，设计了同时具有避碰作用和通信连通度保持作用的势能函数，使得多无人机系统在队形变换过程中避免碰撞并始终保持在通信范围内。2017 年，新加坡国立大学的 Liao 等[61]基于动态通信拓扑提出了一种新的分布式级联鲁棒反馈控制算法，为保证无人机间的安全距离，设计了一种多参数高灵敏度的势能函数，当两架无人机靠近时，避碰作用指数式增长，当两架无人机远离时，避碰作用也是指数式减小。2019 年，天津大学的 Wang 等[62]针对多单旋翼无人机系统的自适应编队重构控制问题，首先利用径向基函数神经网络对实际有限时间内的系统不确定性进行估计，根据估计值提出了一种新型完全分布式有限时间重构控制器，在控制器设计过程中利用势能函数算法解决了无人机间的避碰问题。势能函数的形式多种多样，但本质上都遵循从安全域边缘过渡到碰撞区域时排斥作用越发增大的原理。这一算法存在的主要问题是可能产生局部最小点，此时需要采用其他的方式来解决，例如当编队中的无人机将要发生避碰时可彼此错过某一角度，或者采用其他算法与势能函数算法结合等。2017 年，美国克利夫兰州立大学的 Nguyen 等[63]将小车看成矩形，基于平面几何相对距离构造势能函数，设计了分布式控制方式，实现了有限通信范围内的编队控制和避障控制。2017 年，印度国立理工学院的 Subudhi 等[64]将模糊算法和势能算法结合，设计了集群控制算法，实现多障碍环境下协同穿越期望路径，完成集群编队。

对于无人机防碰撞控制，除了势能函数算法外，还有很多其他控制算法。2015 年，加拿大康考迪亚大学的 Liu 等[65]采用双环控制结构在避免碰撞的前提下完成了多无人机的编队容错控制。2016 年，同济大学的 Chen 等[66]将避碰约束加入到优化指标中，通过设计和求解最优控制器，实现多智能体分布式最优避碰控制。2017 年，巴西圣埃斯皮里图联邦大学的 Santos 等[67]将无人机看成一个圆柱体，对每两个圆柱体建立了相对位置关系，并基于零空间法设计轨迹跟踪控制器，实现了动态导航环境下的避碰飞行。

从上述分析中可以看出，无人机编队保持与重构过程中会受到外界干扰和模型不确定等因素的影响，严重时会破坏编队飞行过程的稳定性，因此具备高抗扰特性的先进控制算法具有很大的研究空间。此外，在设计无人机编队控制器时，传统控制算法往往需要知道通信拓扑的连接情况等全局信息，但是若飞行过程中多无人机系统通信拓扑发生变化，导致拓扑信息无法及时获得，则会影响编队飞行的稳定性，因此仅利用局部信息的完全分布式控制算法具备很大的潜力。同时，为了实现多无人机系统的安全飞行，在无人机编队重构的过程中，各无人机之间需要保持合理距离，避免机间碰撞，因此可以有效规避障碍与碰撞的多无人机编队控制算法也是需要研究的问题。

1.2.5 多无人机故障诊断与容错控制

多无人机故障诊断与容错控制是指编队中一架或多架无人机发生轻微故障时(即仍可继续完成飞行任务)，各无人机通过估计故障大小和调整控制输入，使多无人机系统保持原有的期望队形。在此针对这一问题，从单无人机和多无人机故障诊断与容错控制两部分展开论述。

1. 单无人机故障诊断与容错控制

目前学术界公认的容错控制可以分为被动容错控制和主动容错控制两类。被动容错控制算法并不主动针对不同的故障选择或生成不同的故障处理策略，而是追求控制系统的鲁棒特性，对已知及未知的故障均可起到期望效果。2014 年，南京航空航天大学的 Yang 等[68]研究了无人机编队中单机可能出现的执行器部分失效问题：针对永久性执行器故障，设计反馈补偿控制项保证了故障发生后闭环系统的稳定性；针对间歇性故障采用马尔可夫参数建模法，将故障发生和消失的频率建模为混合系统模型，并利用李雅普诺夫稳定理论对闭环系统的整体稳定性进行了分析。2015 年，台湾大学的 Xu 等[69]假设故障已经被诊断出来，即故障估计信息已知，提出基于非奇异终端滑模与非奇异快速终端滑模两种容错控制算法，解决执行器故障情况下的有限时间稳定问题。2016 年，美国佐治亚理工学院的 Jin[70]考虑 Leader 无人机与 Follower 无人机之间存在视距和角度的约束，基于反步法与有限时间理论提出一种鲁棒容错控制，解决了水下机器人本身的欠驱动问题，实现多水下机器人有限时间编队容错控制。2016 年，澳大利亚阿德莱德大学的 Chen 等[71]采用神经网络观测器对系统不确定与故障进行观测，并针对神经网络观测器的观测误差及外界干扰设计自适应观测器进行估计，基于反步法设计容错控制器，最终实现了系统跟踪误差最终一致有界。2018 年，阿尔及利亚姆西拉大学的 Zeghlache 等[72]针对六自由度同轴八旋翼无人机系统，考虑执行器故障的影响，综合径向基神经网络与模糊滑模控制算法，设计了一种鲁棒容错控制器，该算法不仅可以避免复杂建模，还可以减弱传统滑模控制中的抖振现象，减少模糊控制器的规则数量。2018 年，东北大学的 Ma 等[73]针对执行器及传感器故障影响下的四旋翼无人机系统，基于非线性高增益观测器和输出信息对未观测状态及故障信息进行估计，并补充进控制器中。2018 年，美国路易斯安那大学拉菲特分校的 Mallavalli 等[74]同时考虑执行器故障、外界干扰及执行器饱和限制的影响，采用模糊逻辑系统设计自适应模糊状态观测对上述四旋翼无人机的未知状态进行估计，并设计积分滑模控制器使得无人机能够在有限时间内实现对给定轨迹的稳定跟踪。2019 年，重庆大学的 Song 等[75]针对模型不确定与执行器故障影响下的四旋翼无人机系统，将径向基函数神经网络与虚拟参数估计算法相结合，设计了一种基于间接神经网络的自适应容错控制算法，实现无人机的稳定跟踪控制，该算法只需要调整一个集总参数，因此结构上更加简便，计算上也更加容易。

主动容错控制与被动容错控制之间最根本的差异在于，主动容错控制实现的前提是需与故障诊断单元配合，根据故障诊断的结果，分析故障模式和特性，基于故障估计结果进行容错控制器设计，完成对突发故障的处理。2016 年，法国波尔多大学的 Zolghadri 等[76]分析了影响基于模型的故障检测技术在飞机系统中应用的一些关键因素，总结了在 A380 飞行控制计算机和空中客车公司 A380 飞行测试中的实施结果和经验教训，提供了可行的技术解决方案和机械化方案。2015 年，南京航空航天大学的 Xu 等[77]针对近空间飞行器提出一种分散式容错控制框架，充分考虑作动器回路动态，将飞行控制系统的单元分为两部分，一部分用于作动器的损伤和卡死辨识，另外一部分基于观测器的辅助系统用来将操纵面损伤故障和干扰隐含进去，并基于反步法设计可重构容错控制器用来实现飞行控制系统的容错控制。2016 年，南京航空航天大学的 Chen 等[78]针对小型四旋翼无人机设计了一种基于滑模和反步控制算法的三维轨迹跟踪控制器，并针对无人机线性模型采用自适应算法设计故障观测器实现了无干扰影响下的故障估计。2018 年，美国莱特州立大学的 Avram 等[79]针对四旋翼高度和姿态子系统，提出基于反步自适应的鲁棒容错控制器，解决四旋翼电机转速部分失效故障，实现四旋翼高度与姿态子系统的渐近稳定控制。2018 年，天津大学的 Xian 等[80]针对三旋翼无人机的后舵机卡死故障，首先采用超螺旋观测器对未知后舵机的卡死故障进行估计，然后对误差信号进行鲁棒积分，并在此基础上设计容错控制器，实现对观测器观测误差及外部干扰的补偿，最后通过硬件在环的三旋翼仿真实验平台验证了所提算法的有效性。2019 年，意大利马尔凯理工大学的 Baldini 等[81]针对四旋翼无人机的外环位置系统，基于反馈线性化算法设计了一种标称控制器，并使用模型的高阶导数对被控变量进行解耦，当发生执行器故障时，首先采用非线性诊断观测器对故障的大小进行估计，然后通过控制分配进行补偿，实现主动容错控制。

2. 多无人机故障诊断与编队容错控制

目前国际上对多无人机故障诊断与编队容错控制方向的研究才刚刚起步。国内著名学者周东华及其合作者在近年的文献中，整理和分析了集群系统的一般故障诊断算法，并将集群系统的故障类型分为两大类，分别为集群个体之间的连接故障和自身故障，具有重要的指导意义[82]。本书重点探讨无人机自身故障，包括执行器故障、传感器故障等。

2015 年，南京航空航天大学的 Yang 等[83]对故障情况下的多无人机编队控制问题进行研究，采用自适应故障观测器对执行器故障信息进行估计，并在此基础上设计了积分滑模容错控制器实现多无人机容错协同控制。2016 年，加拿大康考迪亚大学的张友民团队[84]针对编队无人机可能出现的执行器卡死问题提出两种解决方法：一是综合考虑无人机的飞行能力与目标要求，设计路径规划模块为故障无人机重新规划抵达指定目标的新航迹；二是采用基于有限时间的自适应算法设计容错控制器，利用冗余执行器实现故障情况下的无人机编队飞行。2019 年，张友民团队[85]研究了执行器故障与输入饱和影响下的多无人机包含控制问题，他们首先通过图论与滑模观测器获得各 Follower 无人机的期望跟踪指令，然后采用干扰观测器对执行器故障与外界干扰进行估计，最后基于估计值和虚拟动态系统设计分布式控制器，使 Follower 无人机能够进入由 Leader 无人机组成的凸包内。2019 年，张友民团队[86]针对存在执行器故障与模型不确定的无人机系统，提出一种分布式容错协同控制律，首先采用模糊神经网络算法对执行器故障和模型不确定等综合干扰进行估计，然后设计分布式滑模估计器对 Leader 无人机的姿态进行估计，在此基础上，利用估计信息采用分数阶演算算法为 Follower 无人机设计了分布式容错协同控制器，实现多无人机的姿态同步跟踪控制。对于多无人机编队的故障诊断与容错控制方面的理论成果并不常见。但对多智能体的故障诊断与容错控制研究具有指导意义。2018 年，美国莱特州立大学的 Khalili 等[87]针对结构和执行器故障影响下的非线性不确定多智能体系统，提出了一种分布式自适应容错 Leader-Follower 一致性控制算法。其中容错控制组件由故障诊断模块和可重构控制器模块组成，而可重构控制器由标称控制器和两个自适应容错控制器组成，会分别在故障诊断与故障隔离后触发。2019 年，东北大学的 Deng 等[88]针对存在效率损失执行器故障的线性多智能体系统，设计分布式有限时间观测器对外部系统的状态进行估计，并基于估计值设计分布式自适应容错控制器，解决了多智能体协同容错输出调节问题。

从上述分析可以看出，针对单架无人机的故障诊断与容错控制技术已有相当广泛的应用，然而多无人机系统的编队容错控制仍有巨大的研究空间，首先从单机和多智能体的故障诊断与容错控制研究结果可以看出，执行器故障影响下的多无人机系统对安全性和稳定性要求较高，而考虑到有限时间理论收敛速度快、鲁棒性强、准确性高的特点，其在多无人机故障诊断与容错控制领域有较大的发展空间；其次，现有的故障诊断与容错控制算法通常将这两部分分开，没有考虑到彼此之间的双向交互作用，即故障的诊断准确度与容错控制系统的控制精度是相互影响的，因此多无人机系统故障诊断与容错控制的一体化设计也是需要考虑的问题。

1.2.6　多无人机通信组网

多无人机通信组网是指综合考虑无人机通信能力、通信需求，合理优化通信网络、分配通信资源，在无人机与无人机、无人机与地面站间实现信息按需可靠传输。在此针对无人机通信组网问题，从通信网络优化和通信资源分配两部分展开叙述。

1. 多无人机通信网络优化

多无人机通信网络优化是指根据信息传输需求，合理优化无人机-无人机、无人机-地面站的网络拓扑，提高通信性能，多无人机通信网络优化包括集群分簇和路由选择两部分。下面分别进行叙述。

无人机集群分簇是指考虑无人机位置、移动趋势等因素，将无人机网络分成多个相连的区域，每个区域形成一簇，选出一架无人机作为簇头，实现网络分层，并自适应调整。近年来，研究人员先后提出多种无人机分簇组网算法，主要划分为基于多参数加权的分簇算法和基于移动预测的分簇算法。针对基于多参数加权的分簇算法，2012 年，北京航空航天大学的 Shi 等[89]将相对速度、无人机的战术值加权作为选择簇头的标准，在编队内具有最大权重的无人机作为簇头，其他无人机作为簇成员，并进一步考虑战场具有复杂不确定性，提出备选簇头算法，当簇头失效时，由备选簇头快速接替簇头的任务。2017 年，韩国电子技术研究院的 Park 等[90]针对无人机高速移动造成无人机与地面站链路稳定性差的问题，考虑无人机能量受限，提出面向任务的无人机簇头选择算法，所有无人机向地面站发送位置和剩余能量信息，由地面站综合考虑无人机与地面站间距离以及无人机剩余能量选择簇头。2019 年，韩国朝鲜大学的 Arafat 等[91]综合考虑簇间距离、簇内距离、剩余能量、无人机位置建立适应度函数，提出基于粒子群的分簇算法，令无人机随机移动验证所提算法可以降低网络能耗。针对基于移动预测的分簇算法，2016 年，空军工程大学的 Yu 等[92]考虑到传统算法不适用于无人机自组织网络，将运动稳定性和链路保持概率作为分簇标准，提出了一种生物启发的移动预测分簇算法，通过无人机随机移动验证所提算法可以提高网络稳定性。2015～2017 年，清华大学姜春晓团队[93,94]考虑链路可用性和分区边界的影响，提出分布式无人机网关选择算法，通过评估无人机稳定度，采用中心网关收集稳定度信息，调整分区参数，有效应对无人机高速移动导致网络拓扑频繁更新的问题。2019 年，姜春晓团队[95]进一步针对异构云辅助的多无人机系统，提出考虑能量消耗的网关选择算法，有效延长了网络生存周期。

多无人机路由选择是指选择一条从源节点到目的节点的信息传输路径，通过中间节点转发，实现远距离通信。2013～2016 年，瑞士苏黎世联邦理工学院的 Rosati 等[96,97]针对无人机到地面站的路由选择问题，将基于机间相对速度的链路质量作为准则，提出一种改进的优化链路状态路由算法，采用最短路径进行路由选择，实现了两架无人机的演示验证。2014 年，电子科技大学的 Zheng 等[98]针对多无人机远距离信息传输问题，考虑无人机间距离，提出了基于移动感知的优化链路状态路由，提高了数据包的成功传输概率。2016 年，空军工程大学的 Yu 等[99]针对无人机移动造成网络拓扑高动态变化问题，综合考虑距离和跳数，基于蚁群算法对动态源路由协议进行改进，在动态网络中实现了路由高效选择。2017 年，瑞士苏黎世联邦理工学院的 Asadpour 团队[100]针对多无人机时延容忍网络路由选择问题，提出运动驱动的数据包转发算法，有效处理链路中断情况。2017 年，美国弗吉尼亚理工学院暨州立大学 Saad 团队[101]针对地面基站到核心网直传链路不可用问题，利用多架无人机辅助，考虑无人机到核心网的可达速率与时延，采用基于博弈的路由选择算法，使通信性能提高一倍。2019 年，北京邮电大学冯志勇团队[102]针对大规模无人机远距离通信问题，提出双层无人机通信架构，利用多架固定翼无人机建立上层网络，作为中继辅助下层无人机通信，在此基础上，考虑无人机位置信息以及上下层节点的连接性，提出了低时延路由算法。2019 年，西北工业大学的 He 等[103]提出一种航向感知的机会路由协议，首先利用邻机和目的节点位置信息计算节点转移概率，之后令各节点基于方向信息和转移概率选择路由，有效缩短了路由寻找时间。

从上面分析中可以看出，无人机集群分簇中参数加权的分簇算法简单、易于实现，但所依赖的信息失效快，簇需要频繁更新；移动预测的分簇算法可以有效降低簇的切换频率，网络稳定性较高。但是现有的这些集群分簇算法都是基于无人机随机移动、互不相关的假设设计的，没有考虑无人机的任务属性，因此综合考虑通信效率和任务属性设计无人机集群分簇是需要解决的问题。而多无人机路由选择侧重于路由协议的开发，其发展相对成熟，且在实际中得到了广泛应用，但是现有的路由选择算法大多基于任意两架无人机通信的假设设计，没有考虑以地面站作为唯一终点的多无人机路由选择和无人机之间的相互影响关系，由于通信链路可承受的负载有限，当多架无人机选择相同路由传输时，势必会降低通信效率，并且容易发生拥塞，所以考虑无人机的信息传输需求和竞争关系设计多无人机路由选择也是需要解决的问题。

2. 多无人机通信资源分配

无人机通信资源分配是指考虑可用资源、通信需求，以通信性能最佳为目标，为无人机分配信道、时隙、功率等通信资源，实现对资源的有效管理和控制。由于无人机的位置也会影响通信性能，国内外众多学者关注传统通信资源分配与无人机运动规划中轨迹优化相结合的问题。下面首先从通信资源分配单个问题进行论述，再综述资源分配与轨迹优化现状。

针对通信资源分配单个问题，2016 年，美国弗吉尼亚理工学院暨州立大学 Saad 团队[104]考虑无人机执行数据收集任务，针对传感器功率和无人机信道资源分配问题，在传感器节点速率需求约束下，采用改进的牛顿法，实现传感器总能耗最小。2018～2019 年，新加坡国立大学张瑞团队[105,106]针对无人机作为空中用户的上行通信系统中基站关联和功率分配问题，提出基于块坐标下降与连续凸逼近(successive convex approximation, SCA)算法，实现了空中和地面用户整体速率最大化。2018 年，北京大学宋令阳团队[107]针对下行数据卸载中的频谱分配问题，考虑宏基站与无人机具有自私性，采用动态规划算法，实现了宏基站收入最大化。上述算法主要适用于确定的环境，当节点信息未知时，如何对无人机通信网络进行分布式资源分配是研究的热点。2017 年，厦门大学肖亮团队[108]针对无人机功率分配问题，考虑信息安全传输需求，采用强化学习算法，应对攻击者的干扰、欺骗、窃听行为。2018 年，日本东北大学 Kato 团队[109]针对无人机与终端直通(device-to-device，D2D)用户共存网络中的信道分配问题，在博弈框架下提出一种令节点自主决策的分布式算法，实现了动态场景中信道的快速分配。2020 年，陆军工程大学 Yao 等[110] 针对多无人机通信网络信道分配问题和时隙接入问题，建立博弈模型，提出 log-linear 学习算法，有效减少了无人机交互冲突。

上述研究主要关注传统资源分配单个问题，没有充分发挥无人机灵活移动的优势。由于利用无人机的空间自由度可以进一步提高通信性能，国内外学者在传统资源分配问题的基础上，考虑无人机机动约束，对资源分配与无人机飞行轨迹优化问题开展了广泛研究。2016 年，新加坡国立大学张瑞团队[111]针对无人机辅助的协作通信系统中发送端功率分配、无人机功率分配和飞行轨迹优化问题，考虑信息因果约束和无人机机动约束，首次提出将原始优化问题拆分为多个子问题迭代优化，并通过 SCA 算法将非凸优化子问题转化为可以直接利用 CVX 工具箱求解的凸优化问题，实现了网络吞吐量最大化。2017 年，加拿大卡尔顿大学 Kalantari 等[112]针对无人机作为基站的下行通信系统中用户关联、带宽分配和无人机位置优化问题，在回程链路容量约束下，提出基于凸优化和粒子群的迭代算法，实现了用户通信速率最大化。2018～2019 年，英国伦敦玛丽女王大学的 Pan 等[113,114]针对上行通信系统中带宽分配及无人机位置优化问题，在速率需求约束下，提出基于凸优化的迭代算法，最小化上行传输功率；并进一步针对无人机辅助的下行通信网络中资源块长度和无人机位置优化问题，在时延约束下，采用相同的算法，最大化解码成功率。2019 年，北京大学 Zhang 等[115,116]综合考虑无人机的信息感知与传输，对无人机飞行速度优化展开了研究，实现了无人机中继网络中断概率最小化。2019 年，清华大学姜春晓团队[117]考虑将非正交多址接入技术应用于无人机辅助的上行通信系统[118]，针对子信道分配、物联网设备功率分配和无人机高度优化问题，采用匹配法和基于凸优化的迭代算法，实现了网络吞吐量最大化。

从上面分析中可以看出，针对通信资源分配单个问题，国内外学者对不同的通信场景开展了广泛深入的研究，当多架无人机竞争有限的通信资源时，无人机的策略相互影响，博弈论为解决这种多方最优决策问题提供了良好的分析框架和理论依据，因此，该理论在通信资源分配领域具有较大的发展空间。此外，利用无人机的空间自由度可以进一步提高通信性能，此时需要将传统通信资源分配问题和无人机轨迹优化问题相结合，而现有研究侧重于无人机辅助的静态通信网络，没有考虑节点的移动性和信息传输需求，因此，对无人机辅助的动态网络开展通信资源分配与轨迹优化研究也是需要考虑的问题。

1.3 多无人机智能自主协同控制难点分析

随着多无人机技术与应用领域的不断发展与扩展，无人机结构更加复杂，飞行环境复杂未知，且任务要求日益增多等，均给多无人机的智能自主协同控制带来全新的挑战。本节对影响多无人机的智能自主协同控制的关键控制问题进行了相关总结，如图 1.13 所示，这些均为目前多无人机协同控制领域的研究热点问题，展开相关研究对多无人机智能性与自主性的提高具有十分重要的意义。

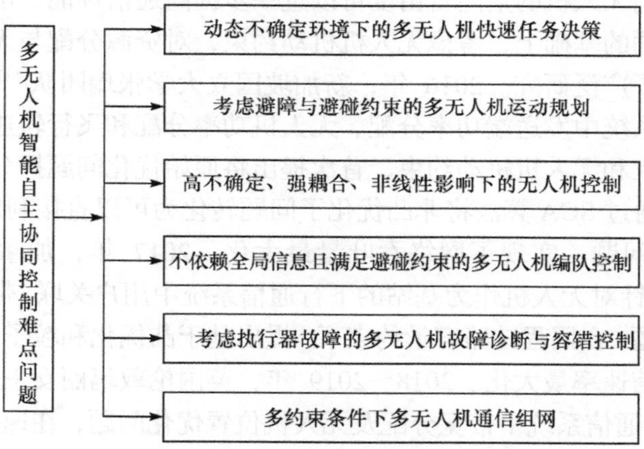

图 1.13　多无人机智能自主协同控制难点问题

1. 动态不确定环境下的多无人机快速任务决策

多无人机在进行任务决策时需要考虑任务目标的复杂程度、任务目标与无人机数量、无人机性能属性等诸多因素，并以整体任务收益最大代价最小为目标，建立优化问题进行求解。首先，随着无人机数量的增多，这一问题的求解会变得十分困难，体现为任务决策时间过长、计算资源占用率过高，严重时可能会影响无人机完成任务的效果。其次，由于传感器信息的不完整性，在进行任务决策时所依赖的环境信息是不确定的，此外环境中还存在未知干扰等随机因素，都会影响执行任务的成败。最后，由于任务目标可能为移动的对抗方，所以在执行任务的过程中，任务环境与态势都是不断变化的，这就要求无人机能够根据实际情况，克服环境及态势动态性带来的影响，进行快速任务决策，这对无人机自身的智能化水平和自主能力提出了更高的要求。因此，实现动态不确定环境下的多无人机快速任务决策十分重要。

2. 考虑避障与避碰约束的多无人机运动规划

每组无人机在接收到高层任务目标后，需要规划出前往任务目标地点的飞行轨迹。而飞行环境往往是复杂多变的，存在许多障碍物，给无人机的安全飞行带来很大挑战。静态障碍物，如城市中的高楼、峡谷两侧的峭壁、街道旁的树木可以通过地图等事先探测得知，而飞行的鸟类、路上的行人或者对抗方的导弹或无人机等动态障碍物则无法事先预测，因此容易导致无人机发生碰撞与坠毁。此外，编队内各无人机之间也应避免互相碰撞，这些突发状况要求无人机能够进行实时运动规划。然而，无人机体积与重量的限制，机上携带的计算资源有限，给实时规划带来了更大的困难。因此，在机载资源支持的范围内，实时快速规划出满足避障避碰等约束条件的安全飞行轨迹是亟待解决的难点问题。

3. 高不确定、强耦合、非线性影响下的无人机控制

在编队生成的过程中，通常采用为每架无人机单独设计飞行轨迹的方式，使其到达指定位置点形成编队，此时多无人机的编队生成问题可以分解为单机轨迹跟踪与姿态控制问题。对于这一问题，面临的高不确定性主要体现在两个方面：一是由于无人机系统结构的复杂性，难以进行数学模型的精确建模；二是飞行过程中存在的强风与气流扰动对轻质的旋翼无人机来说影响更大。对于耦合问题，旋翼无人机主要体现为姿态角与水平位置之间的耦合，而固定翼无人机则是纵向与横侧向运动之间的耦合，显著增加了控制器的设计难度。无人机系统的强非线性则主要体现为模型结构的非线性。其在数学模型表示上为高阶非线性微分方程，位置、姿态等状态变量的导数为状态的非线性函数，具体数学表达可参见本书第 2 章的模型描述，从而体现无人机模型结构的非线性特性，进一步增大控制难度。因此，实现高不确定、强耦合、非线性影响下的多无人机控制十分重要。

4. 不依赖全局信息且满足避碰约束的多无人机编队控制

在无人机编队飞行的过程中，需要依靠彼此之间的通信链路获取相邻无人机的状态信息，完成协同编队飞行。而各无人机在设计控制的过程中，需要知道通信拓扑的连接情况，如果飞行途中无人机之间的通信拓扑发生变化，导致无人机无法

及时获取拓扑信息，可能会影响整个编队的飞行稳定性。同时，对于采用 Leader-Follower 结构的多无人机分布式编队来说，Leader 无人机状态无法被所有的 Follower 无人机获取。此外，在整个编队保持及重构的过程中，各架无人机需要避免互相碰撞，以保证整个编队系统的安全飞行。综上，解决不依赖全局信息以及满足避碰约束的无人机编队控制问题，对提高整个编队的飞行稳定性和安全性十分重要。

5. 考虑执行器故障的多无人机故障诊断与容错控制

执行器是无人机最重要的部件之一，受元器件老化、电机失效、舵面损伤或卡死等不可预知因素的影响，可能会发生故障，导致整架无人机性能显著下降或闭环控制系统稳定性受到破坏，严重时导致无人机失稳。尤其对于多无人机系统，由于系统内个体数量的增多，发生故障的可能性大大提高，因此，多无人机系统对安全性和可靠性的要求也更加严格。此外，从文献综述中可知，现有无人机故障诊断与容错控制算法没有考虑到故障诊断的准确度与容错控制的控制精度之间的相互影响。因此，考虑故障诊断与容错控制两部分的双向交互作用，提高执行器故障影响下的多无人机系统的安全性和稳定性是亟待解决的问题。

6. 多约束条件下多无人机通信组网

为了实现合理规划与稳定控制，无人机需要与地面站、其他无人机进行快速可靠的信息交互。为实现这一目标，还需考虑以下问题：①随着网络规模的扩大，网络管理变得困难，且无人机高速移动造成拓扑频繁更新，网络不稳定；②无人机通信距离受限，当无人机与地面站相距较远时，直传链路信号衰减严重，无法直接通信；③无人机可用信道资源受限，当距离较近的无人机选择同一信道时会产生相互干扰；④无人机可用能量和机动能力受限，而无人机的发送功率和所处位置直接影响通信速率。因此，为了提高无人机通信性能，在多约束条件下，实现高效的通信网络优化和通信资源分配是亟须解决的关键问题。

综上所述，以上六个难点问题给多无人机智能自主协同带来了极大的挑战，故围绕影响多无人机智能自主协同控制的关键科学问题，以提高多无人机执行任务的高效性与可靠性为目标，展开相关理论研究，提高多无人机执行任务的能力，是本书的重要研究目的。

1.4 撰写特点和内容安排

本书以多无人机协同为基础，重点研究多无人机任务决策、运动规划、编队生成、编队保持、编队重构、故障诊断与容错控制、通信组网等问题。全书以实际工程背景为基础，以多无人机智能自主协同控制为目标，引入人工智能及类脑智能理论、先进控制理论解决关键科学问题，并将数学推导和仿真分析相结合，验证算法的有效性，由浅入深，帮助读者逐步理解和掌握多无人机智能自主协同控制问题及解决方法，对于理论研究与工程实践具有一定的指导意义。本书的编排详略得当，尽量避免晦涩难懂，适用于有控制理论基础的读者。

本书共 10 章，各章内容安排如下：

第 1 章为绪论，介绍多无人机智能自主协同控制的基本概念，并列举世界各国的多无人机研究项目，在此基础上总结多无人机任务决策、运动规划、编队控制、故障诊断与容错控制、通信组网的研究现状，使读者对多无人机协同的概念和研究进展有基本了解，然后分析多无人机智能自主协同控制的难点问题。

第 2 章对旋翼无人机和固定翼无人机的数学模型进行概述，并分别建立单旋翼无人机、四旋翼无人机及固定翼无人机的运动学与动力学模型，给出模型中的具体数学表达、参数及对应的参数含义，为后面章节多无人机任务决策、运动规划与控制算法的设计及仿真奠定基础。

第 3 章研究多无人机任务决策问题，分为集中式和分布式两部分进行叙述。在集中式任务决策中，以地面站为决策主体，分别设计基于改进粒子群与 Q 网络的多无人机任务决策算法；在分布式任务决策中，以无人机为决策主体，考虑多无人机围捕场景，提出基于经验总结—行为预测—评价改进—在线决策的类脑智能算法，并设计基于类脑智能的分布式智能决策算法，使读者可以掌握多无人机集中式与分布式任务决策的相关基础理论与研究方法。

第 4 章研究多无人机运动规划问题，分为基于路径点的运动规划和基于深度强化学习的运动规划两部分进行叙述。首先考虑避障避碰任务需求，设计基于快速扩展随机树与自适应伪谱法的运动规划算法。然后考虑无人机的智能化水平，设计基于深度强化学习的运动规划算法，使读者理解和掌握多无人机运动规划的关键技术。

第 5 章研究多无人机编队生成控制问题。本书将编队生成问题分解为单机轨迹跟踪与姿态稳定问题，其中姿态稳定控制算法重点考虑模型不确定、外界扰动等综合扰动给姿态控制带来的影响，轨迹跟踪控制算法则进一步考虑四旋翼无人机通道耦合的影响，使无人机快速稳定地跟踪给定轨迹，最终实现多无人机的编队生成，使读者可以掌握多无人机编队生成的相关基础理论与研究方法。

第 6 章研究多无人机编队保持鲁棒自适应控制问题。综合考虑模型不确定与外界干扰等综合扰动对无人机协同控制带来的影响，首先研究全局通信拓扑未知情况下的多无人机鲁棒编队保持控制，然后考虑无人机间的避碰约束，研究基于预设性能的多无人机分布式自适应编队保持控制算法，达到安全稳定飞行的目的，有助于读者掌握不同场景下多无人机编队保持的相关基础理论与研究方法。

第 7 章研究多无人机编队安全重构问题。考虑无人机在飞行过程中遇到障碍或应对突发事件需要变换队形的情况，分别研究全局通信拓扑已知和全局通信拓扑未知情况下的多无人机编队重构控制，保证多无人机在避免碰撞的同时快速实现队形重构，使读者可以掌握多无人机编队重构的相关基础理论与研究方法。

第 8 章研究多无人机故障诊断与容错控制问题。根据对故障的处理方法不同，分别研究基于被动容错的多无人机分布式有限时间容错控制算法以及基于主动容错的多无人机故障诊断与容错控制一体化设计算法，使读者可以掌握多无人机被动容错控制及主动容错控制的相关基础理论与研究方法。

第 9 章研究多无人机通信网络优化问题。首先研究无人机集群分簇，考虑无人机的通信效率和任务属性，设计基于联盟博弈的无人机集群分簇算法。然后研究多无人机路径选择，考虑簇头无人机远距离信息传输需求，设计基于网络形成博弈的多无人机路由选择算法，使读者理解和掌握多无人机网络优化的相关基础理论与研究方法。

第 10 章研究多无人机通信资源分配问题。首先考虑多个簇共享有限的信道资源，设计基于非合作博弈的信道资源分配算法。然后考虑无人机到地面站不存在完整路由，设计基于凸优化的无人机时隙和功率分配以及中继轨迹优化算法，使读者理解和掌握多无人机通信资源分配的相关基础理论与研究方法。

1.5 小　结

本章首先介绍了多无人机智能自主协同控制的基本概念，阐述了人工智能技术、类脑智能技术及先进控制理论对多无人机协同控制的必要性；其次，通过从国内外各大数据库获取的大量文献资料，对国内外多无人机研究项目研究进展进行了概述，并从多无人机任务决策、运动规划、编队控制、故障诊断与容错控制、通信组网五个方面展开描述；在此基础上提炼总结影响多无人机智能自主协同控制的关键科学问题，展开特点分析，为后续控制算法研究提供了方向；最后给出了本书的撰写特点及内容安排，方便读者理解本书框架及内容。

参 考 文 献

[1] USA Office of the Secretary of Defense. Unmanned Aircraft Systems Roadmap 2005–2030. Washington D.C.: US Department of Defense Report, 2005.

[2] Markram H, Meier K, Frackowiak R, et al. The Human Brain Project, A Report to the European Commission. Geneva: The HBP-PS Consortium, 2012.

[3] 李俨，董玉娜. 基于 SA-DPSO 混合优化算法的协同空战火力分配. 航空学报, 2010, 31(3):

626-631.

[4] Sabo C, Kingston D, Cohen K. Minimum service time for UAV cooperative control subject to communication constraints. AIAA Infotech @ Aerospace Conference, Atlanta, 2010: 3344.

[5] 邸斌, 周锐, 吴江. 基于概率群集的多无人机协同任务和资源分配. 北京航空航天大学学报, 2013, 39(3): 325-329.

[6] Campbell T, Johnson L, How J P. Multiagent allocation of Markov decision process tasks. American Control Conference, Washington, 2013: 2356-2361.

[7] 颜骥, 李相民, 刘波. 应用离散粒子群-郭涛算法分配多无人机协同任务. 国防科技大学学报, 2015, 37(4): 165-171.

[8] Scherbatyuk A, Sporyshev M. Comparison of some algorithms for centralized planning of AUV group operation for local heterogeneities survey. OCEANS, Shanghai, 2016: 1-5.

[9] Jose K, Pratihar D K. Task allocation and collision-free path planning of centralized multi-robots system for industrial plant inspection using heuristic methods. Robotics and Autonomous Systems, 2016, 80: 34-42.

[10] López L F M, Blas N G, Albert A A. Multidimensional knapsack problem optimization using a binary particle swarm model with genetic operations. Soft Computing, 2018, 22(8): 2567-2582.

[11] Majumder A, Ghosh R. Task allocation and path planning of a multi-robot system using heuristic coupled particle swarm optimization algorithm//Jin H, Jiang W B. Handbook of Research on Developments and Trends in Industrial and Materials Engineering. Hershey: IGI Global, 2020: 194-209.

[12] Sujit P B, Ghose D. Self assessment-based decision making for multiagent cooperative search. IEEE Transactions on Automation Science & Engineering, 2011, 8(4): 705-719.

[13] Ponda S S, Johnson L B, Kopeikin A N, et al. Distributed planning strategies to ensure network connectivity for dynamic heterogeneous teams. IEEE Journal on Selected Areas in Communications, 2012, 30(5): 861-869.

[14] Gurzoni Jr J A, Tonidandel F, Bianchi R A C. Market-based dynamic task allocation using heuristically accelerated reinforcement learning. Portuguese Conference on Artificial Intelligence, Berlin, 2012: 365-376.

[15] Luo L Z, Chakraborty N, Sycara K. Distributed algorithms for multirobot task assignment with task deadline constraints. IEEE Transactions on Automation Science and Engineering, 2015, 12(3): 876-888.

[16] 赵雪森, 王社伟, 邵校. 基于改进量子粒子群优化算法的多 UCAV 协同任务分配研究. 四川兵工学报, 2015, 36(10): 120-124.

[17] Lee D H, Zaheer S A, Kim J H. A resource-oriented, decentralized auction algorithm for multirobot task allocation. IEEE Transactions on Automation Science and Engineering, 2015, 12(4): 1469-1481.

[18] Jang I, Shin H S, Tsourdos A. Anonymous hedonic game for task allocation in a large-scale multiple agent system. IEEE Transactions on Robotics, 2018, 34(6): 1534-1548.

[19] Jang I, Shin H S, Tsourdos A, et al. An integrated decision-making framework of a heterogeneous aerial robotic swarm for cooperative tasks with minimum requirements. Proceedings of the

Institution of Mechanical Engineers, Part G: Journal of Aerospace Engineering, 2019, 233(6): 2101-2118.

[20] Jang I, Shin H S, Tsourdos A. A comparative study of game-theoretical and Markov-chain-based approaches to division of labour in a robotic swarm. IFAC-Papers on Line, 2018, 51(12): 62-68.

[21] Kurdi H A, Aloboud E, Alalwan M, et al. Autonomous task allocation for multi-UAV systems based on the locust elastic behavior. Applied Soft Computing, 2018, 71: 110-126.

[22] Zhen Z Y, Xing D J, Gao C. Cooperative search-attack mission planning for multi-UAV based on intelligent self-organized algorithm. Aerospace Science and Technology, 2018, 76: 402-411.

[23] Peng P, Yuan Q, Wen Y, et al. Multiagent bidirectionally-coordinated nets for learning to play StarCraft combat games. arXiv: 1703.10069, 2017.

[24] Arulkumaran K, Cully A, Togelius J. AlphaStar: An evolutionary computation perspective. Proceedings of the Genetic and Evolutionary Computation Conference Companion, New York, 2019: 314-315.

[25] Vinyals O, Babuschkin I, Czarnecki W M, et al. Grandmaster level in StarCraft II using multi-agent reinforcement learning. Nature, 2019, 575(7782): 350-354.

[26] Neto A A, Macharet D G, Campos M F M. On the generation of trajectories for multiple UAVs in environments with obstacles. Journal of Intelligent & Robotic Systems, 2010, 57(1-4): 123-141.

[27] Meilland M, Comport A I, Rives P. Dense omnidirectional RGB-D mapping of large-scale outdoor environments for real-time localization and autonomous navigation. Journal of Field Robotics, 2015, 32(4): 474-503.

[28] Chen Y B, Mei Y S, Yu J Q, et al. Three-dimensional unmanned aerial vehicle path planning using modified wolf pack search algorithm. Neurocomputing, 2017, 266: 445-457.

[29] Mohta K, Watterson M, Mulgaonkar Y, et al. Fast, autonomous flight in GPS-denied and cluttered environments. Journal of Field Robotics, 2018, 35(1): 101-120.

[30] Cover H, Choudhury S, Scherer S, et al. Sparse tangential network (SPARTAN): Motion planning for micro aerial vehicle. IEEE International Conference on Robotics and Automation, Karlsruhe, 2013.

[31] Zhou B Y, Gao F, Wang L Q, et al. Robust and efficient quadrotor trajectory generation for fast autonomous flight. IEEE Robotics and Automation Letter, 2019, 4(4): 3529-3536.

[32] Imanberdiyev N, Fu C, Kayacan E, et al. Autonomous navigation of UAV by using real-time model-based reinforcement learning. Proceedings of the 14th International Conference on Control, Automation, Robotics and Vision, Phuket, 2016: 1-6.

[33] Zhu Y K, Mottaghi R, Kolve E, et al. Target-driven visual navigation in indoor scenes using deep reinforcement learning. IEEE International Conference on Robotics and Automation, Singapore, 2017: 3357-3364.

[34] Kim I, Shin S, Wu J, et al. Obstacle avoidance path planning for UAV using reinforcement learning under simulated environment. IEEE IASER 3rd International Conference on Electronics, Electrical Engineering, Computer Science, Okinawa, 2017: 34-36.

[35] Li S Y, Liu T B, Zhang C, et al. Learning unmanned aerial vehicle control for autonomous target following. arXiv: 1709.08233, 2017.

[36] Chen Y F, Liu M, Everett M, et al. Decentralized noncommunicating multiagent collision avoidance with deep reinforcement learning. IEEE International Conference on Robotics and Automation, Singapore, 2017: 285-292.

[37] Long P X, Fan T X, Liao X Y, et al. Towards optimally decentralized multi-robot collision avoidance via deep reinforcement learning. arXiv: 1709.10082, 2017.

[38] Karimoddini A, Lin H, Chen B M, et al. Hybrid formation control of the unmanned aerial vehicles. Mechatronics, 2011, 21(5): 886-898.

[39] Zhao S Y, Lin F, Peng K M, et al. Finite-time stabilisation of cyclic formations using bearing-only measurements. International Journal of Control, 2014, 87(4): 715-727.

[40] Dong X W, Shi Z Y, Lu G , et al. Time-varying output formation control for high-order linear time-invariant swarm systems. Information Sciences, 2015, 298: 36-52.

[41] Ghommam J, Luque-Vega L F, Castillo-Toledo B, et al. Three-dimensional distributed tracking control for multiple quadrotor helicopters. Journal of the Franklin Institute, 2016, 353(10): 2344-2372.

[42] Ghamry K A, Zhang Y. Formation control of multiple quadrotors based on leader-follower method. International Conference on Unmanned Aircraft Systems, Denver, 2015: 1037-1042.

[43] Zhao X Y, Zong Q, Tian B L, et al. Finite-time fault-tolerant formation control for multiquadrotor systems with actuator fault. International Journal of Robust and Nonlinear Control, 2018, 28(17): 5386-5405.

[44] González-Sierra J, Ríos H, Dzul A. Quad-rotor robust time-varying formation control: A continuous sliding-mode control approach. International Journal of Control, 2020, 93(7): 1659-1676.

[45] Hu J L, Sun X X, Liu S G, et al. Adaptive finite-time formation tracking control for multiple nonholonomic UAV system with uncertainties and quantized input. International Journal of Adaptive Control and Signal Processing, 2019, 33(1): 114-129.

[46] Yu Z Q, Zhang Y M, Liu Z X, et al. Distributed adaptive fractional-order fault-tolerant cooperative control of networked unmanned aerial vehicles via fuzzy neural networks. IET Control Theory & Applications, 2019, 13(17): 2917-2929.

[47] Nguyen T M, Qiu Z R, Nguyen T H, et al. Distance-based cooperative relative localization for leader-following control of MAVs. IEEE Robotics and Automation Letters, 2019, 4(4): 3641-3648.

[48] Li Z K, Ren W, Liu X D, et al. Consensus of multi-agent systems with general linear and Lipschitz nonlinear dynamics using distributed adaptive protocols. IEEE Transactions on Automatic Control, 2013, 58(7): 1786-1791.

[49] Li Z, Chen M Z Q, Ding Z T. Distributed adaptive controllers for cooperative output regulation of heterogeneous agents over directed graph. Automatica, 2016, 68: 179-183.

[50] Sun J, Geng Z Y, Lv Y, et al. Distributed adaptive consensus disturbance rejection for multi-agent systems on directed graphs. IEEE Transactions on Control of Network Systems, 2018, 5(1): 629-639.

[51] Chen C, Xie K, Lewis F L, et al. Fully distributed resilience for adaptive exponential

synchronization of heterogeneous multiagent systems against actuator faults. IEEE Transactions on Automatic Control, 2019, 64(8): 3347-3354.

[52] Liao F, Dong X X, Lin F, et al. Robust formation and reconfiguration control of multiple VTOL UAVs: Design and flight test. The 22nd Mediterranean Conference on Control and Automation, Palermo, 2014: 1440-1445.

[53] Giacomin S P A, Hemerly E M. Reconfiguration between longitudinal and circular formations for multi-UAV systems by using segments. Journal of Intelligent & Robotic Systems, 2015, 78(2): 339-355.

[54] Li X, Zhang X, Liu H, et al. Formation reconfiguration based on distributed cooperative coevolutionary for multi-UAV. The 12th World Congress on Intelligent Control and Automation (WCICA), Guilin, 2016: 2308-2311.

[55] Dong X W, Zhou Y, Ren Z, et al. Time-varying formation tracking for second-order multi-agent systems subjected to switching topologies with application to quadrotor formation flying. IEEE Transactions on Industrial Electronics, 2017, 64(6): 5014-5024.

[56] Kuriki Y, Namerikawa T. Formation control with collision avoidance for a multi-UAV system using decentralized MPC and consensus-based control. European Control Conference, Linz, 2015: 3079-3084.

[57] Zhou D, Hu Y T, Li S L. Multiple spacecraft formation reconfiguration planning with nonconvex collision avoidance constraints. IEEE Chinese Guidance, Navigation and Control Conference, Nanjing, 2016: 643-647.

[58] Seo J, Kim Y, Tsourdos A, et al. Multiple UAV formation reconfiguration with collision avoidance guidance via differential geometry concept. The 28th International Congress of the Aeronautical Sciences, Brisbane, 2012: 1-8.

[59] Li S H, Wang X Y. Finite-time consensus and collision avoidance control algorithms for multiple AUVs. Automatica, 2013, 49(11): 3359-3367.

[60] Cao Y C, Ren W. Distributed coordinated tracking with reduced interaction via a variable structure approach. IEEE Transactions on Automatic Control, 2012, 57(1): 33-48.

[61] Liao F, Teo R, Wang J, et al. Distributed formation and reconfiguration control of VTOL UAVs. IEEE Transactions on Control Systems Technology, 2017, 25(1): 270-277.

[62] Wang D D, Zong Q, Tian B L, et al. Adaptive finite-time reconfiguration control of unmanned aerial vehicles with a moving leader. Nonlinear Dynamics, 2019, 95(2): 1099-1116.

[63] Nguyen T, La H M, Le T D, et al. Formation control and obstacle avoidance of multiple rectangular agents with limited communication ranges. IEEE Transactions on Control of Network Systems, 2017, 4(4): 680-691.

[64] Sahu B K, Subudhi B. Flocking control of multiple AUVs based on fuzzy potential functions. IEEE Transactions on Fuzzy Systems, 2017, 26(5): 2539-2551.

[65] Liu Z X, Yu X, Yuan C, et al. Leader-follower formation control of unmanned aerial vehicles with fault tolerant and collision avoidance capabilities. International Conference on Unmanned Aircraft Systems, Denver, 2015: 1025-1030.

[66] Chen Y Q, Sun J T. Distributed optimal control for multi-agent systems with obstacle avoidance.

Neurocomputing, 2016, 173: 2014-2021.

[67] Santos M C P, Rosales C D, Sarcinelli-Filho M, et al. A novel null-space-based UAV trajectory-tracking controller with collision avoidance. IEEE/ASME Transactions on Mechatronics, 2017, 22(6): 2543-2553.

[68] Xu Q, Yang H, Jiang B, et al. Fault tolerant formations control of UAVs subject to permanent and intermittent faults. Journal of Intelligent & Robotic Systems, 2014, 73(1-4): 589-602.

[69] Xu S S D, Chen C C, Wu Z L. Study of nonsingular fast terminal sliding-mode fault-tolerant control. IEEE Transactions on Industrial Electronics, 2015, 62(6): 3906-3913.

[70] Jin X. Fault tolerant finite-time leader-follower formation control for autonomous surface vessels with LOS range and angle constraints. Automatica, 2016, 68(C): 228-236.

[71] Chen M, Shi P, Lim C C. Adaptive neural fault-tolerant control of a 3-DOF model helicopter system. IEEE Transactions on Systems, Man, and Cybernetics: Systems, 2016, 46(2): 260-270.

[72] Zeghlache S, Mekki H, Bouguerra A, et al. Actuator fault tolerant control using adaptive RBFNN fuzzy sliding mode controller for coaxial octorotor UAV. ISA Transactions, 2018, 80: 267-278.

[73] Ma H J, Liu Y, Li T, et al. Nonlinear high-gain observer-based diagnosis and compensation for actuator and sensor faults in a quadrotor unmanned aerial vehicle. IEEE Transactions on Industrial Informatics, 2018, 15(1): 550-562.

[74] Mallavalli S, Fekih A. A fault tolerant tracking control for a quadrotor UAV subject to simultaneous actuator faults and exogenous disturbances. International Journal of Control, 2020, 93(3): 655-668.

[75] Song Y D, He L, Zhang D, et al. Neuroadaptive fault-tolerant control of quadrotor UAVs: A more affordable solution. IEEE Transactions on Neural Networks and Learning Systems, 2019, 30(7): 1975-1983.

[76] Zolghadri A, Cieslak J, Efimov D, et al. Practical design considerations for successful industrial application of model-based fault detection techniques to aircraft systems. Annual Reviews in Control, 2016, 42: 224-231.

[77] Xu D Z, Jiang B, Shi P. Robust NSV fault-tolerant control system design against actuator faults and control surface damage under actuator dynamics. IEEE Transactions on Industrial Electronics, 2015, 62(9): 5919-5928.

[78] Chen F Y, Jiang R Q, Zhang K K, et al. Robust backstepping sliding-mode control and observer-based fault estimation for a quadrotor UAV. IEEE Transactions on Industrial Electronics, 2016, 63(8): 5044-5056.

[79] Avram R C, Zhang X D, Muse J. Nonlinear adaptive fault-tolerant quadrotor altitude and attitude tracking with multiple actuator faults. IEEE Transactions on Control Systems Technology, 2018, 26(2): 701-707.

[80] Xian B, Hao W. Nonlinear robust fault-tolerant control of the tilt trirotor UAV under rear servo's stuck fault: Theory and experiments. IEEE Transactions on Industrial Informatics, 2018, 15(4): 2158-2166.

[81] Baldini A, Felicetti R, Freddi A, et al. Actuator fault tolerant position control of a quadrotor unmanned aerial vehicle. The 4th Conference on Control and Fault Tolerant Systems, Casablanca,

2019: 74-79.
[82] Qin L G, He X, Zhou D H. A survey of fault diagnosis for swarm systems. Systems Science & Control Engineering: An Open Access Journal, 2014, 2(1): 13-23.
[83] Yang H L, Jiang B, Yang H, et al. Cooperative control reconfiguration in multiple quadrotor systems with actuator faults. IFAC-Papers on Line, 2015, 48(21): 386-391.
[84] Yu X, Liu Z X, Zhang Y M. Fault-tolerant formation control of multiple UAVs in the presence of actuator faults. International Journal of Robust and Nonlinear Control, 2016, 26(12): 2668-2685.
[85] Yu Z Q, Qu Y H, Zhang Y M. Fault-tolerant containment control of multiple unmanned aerial vehicles based on distributed sliding-mode observer. Journal of Intelligent & Robotic Systems, 2019, 93(1-2): 163-177.
[86] Yu Z Q, Zhang Y M, Liu Z X, et al. Distributed adaptive fractional-order fault-tolerant cooperative control of networked unmanned aerial vehicles via fuzzy neural networks. IET Control Theory & Applications, 2019, 13(17): 2917-2929.
[87] Khalili M, Zhang X D, Polycarpou M M, et al. Distributed adaptive fault-tolerant control of uncertain multi-agent systems. Automatica, 2018, 87: 142-151.
[88] Deng C, Yang G H. Distributed adaptive fault-tolerant control approach to cooperative output regulation for linear multi-agent systems. Automatica, 2019, 103: 62-68.
[89] Shi N X, Luo X L. A novel cluster-based location-aided routing protocol for UAV fleet networks. International Journal of Digital Content Technology and Its Applications, 2012, 6(18): 376-383.
[90] Park J H, Choi S C, Hussen H R, et al. Analysis of dynamic cluster head selection for mission-oriented flying ad hoc network. The Ninth International Conference on Ubiquitous & Future Networks (ICUFN), Milan, 2017: 21-23.
[91] Arafat M Y, Moh S. Localization and clustering based on swarm intelligence in UAV networks for emergency communications. IEEE Internet of Things Journal, 2019, 6(5): 8958-8976.
[92] Yu Y L, Ru L, Fang K. Bio-inspired mobility prediction clustering algorithm for ad hoc UAV networks. Engineering Letters, 2016, 24(3): 328-337.
[93] Luo F, Jiang C X, Du J, et al. A distributed gateway selection algorithm for UAV networks. IEEE Transactions on Emerging Topics in Computing, 2015, 3(1): 22-33.
[94] Wang J J, Jiang C X, Han Z, et al. Taking drones to the next level: Cooperative distributed unmanned-aerial-vehicular networks for small and mini drones. IEEE Vehicular Technology Magazine, 2017, 12(3): 73-82.
[95] Duan R Y, Wang J J, Jiang C X, et al. The transmit-energy vs computation-delay tradeoff in gateway-selection for heterogenous cloud aided multi-UAV systems. IEEE Transactions on Communications, 2019, 67(4): 3026-3039.
[96] Rosati S, Kruzelecki K, Traynard L, et al. Speed-aware routing for UAV ad-hoc networks. IEEE Globecom Workshops (GC Wkshps), Atlanta, 2013: 1367-1373.
[97] Rosati S, Kruzelecki K, Heitz G, et al. Dynamic routing for flying ad hoc networks. IEEE Transactions on Vehicular Technology, 2016, 65(3): 1690-1700.
[98] Zheng Y, Wang Y W, Li Z Z, et al. A mobility and load aware OLSR routing protocol for UAV mobile ad-hoc networks. International Conference on Information and Communications

Technologies (ICT), Nanjing, 2014: 1-7.

[99] Yu Y L, Ru L, Chi W S, et al. Ant colony optimization based polymorphism-aware routing algorithm for ad hoc UAV network. Multimedia Tools and Applications, 2016, 75(22): 14451-14476.

[100] Asadpour M, Hummel K A, Giustiniano D, et al. Route or carry: Motion-driven packet forwarding in micro aerial vehicle networks. IEEE Transactions on Mobile Computing, 2017, 16(3): 843-856.

[101] Challita U, Saad W. Network formation in the sky: Unmanned aerial vehicles for multi-hop wireless backhauling. IEEE Global Communications Conference (GLOBECOM), Singapore, 2017: 1-6.

[102] Zhang Q X, Jiang M L, Feng Z Y, et al. IoT enabled UAV: Network architecture and routing algorithm. IEEE Internet of Things Journal, 2019, 6(2): 3727-3742.

[103] He Y X, Tang X, Zhang R N, et al. A course-aware opportunistic routing protocol for FANETs. IEEE Access, 2019, 7: 144303-144312.

[104] Soorki M N, Mozaffari M, Saad W, et al. Resource allocation for machine-to-machine communications with unmanned aerial vehicles. IEEE Globecom Workshops, Washington, 2016: 1-6.

[105] Mei W D, Wu Q Q, Zhang R. Cellular-connected UAV: Uplink association, power control and interference coordination. IEEE Global Communications Conference(GLOBECOM), Abu Dhabi, 2018: 206-212.

[106] Mei W D, Wu Q Q, Zhang R. Cellular-connected UAV: Uplink association, power control and interference coordination. IEEE Transactions on Wireless Communications, 2019, 18(11): 5380-5393.

[107] Hu Z W, Zheng Z J, Song L Y, et al. UAV offloading: Spectrum trading contract design for UAV-assisted cellular networks. IEEE Transactions on Wireless Communications, 2018, 17(9): 6093-6107.

[108] Xiao L, Lu X Z, Xu D J, et al. UAV relay in VANETs against smart jamming with reinforcement learning. IEEE Transactions on Vehicular Technology, 2018, 67(5): 4087-4097.

[109] Tang F X, Fadlullah Z M, Kato N, et al. AC-POCA: Anticoordination game based partially overlapping channels assignment in combined UAV and D2D-based networks. IEEE Transactions on Vehicular Technology, 2018, 67(2): 1672-1683.

[110] Yao K L, Wang J L, Xu Y H, et al. Self-organizing slot access for neighboring cooperation in UAV swarms. IEEE Transactions on Wireless Communications, 2020, 19(4): 2800-2812.

[111] Zeng Y, Zhang R, Lim T J. Throughput maximization for UAV-enabled mobile relaying systems. IEEE Transactions on Communications, 2016, 64(12): 4983-4996.

[112] Kalantari E, Bor-Yaliniz I, Yongacoglu A, et al. User association and bandwidth allocation for terrestrial and aerial base stations with backhaul considerations. IEEE 28th Annual International Symposium Personal, Indoor, and Mobile Radio Communications (PIMRC), Montreal, 2017:1-6.

[113] Yang Z H, Pan C H, Shikh-Bahaei M, et al. Joint altitude, beamwidth, location, and bandwidth optimization for UAV-enabled communications. IEEE Communications Letters, 2018, 22(8):

1716-1719.

[114] Pan C H, Ren H, Deng Y S, et al. Joint blocklength and location optimization for URLLC-enabled UAV relay systems. IEEE Communications Letters, 2019, 23(3): 498-501.

[115] Zhang S H, Zhang H L, Di B Y, et al. Cellular UAV-to-X communications: Design and optimization for multi-UAV networks. IEEE Transactions on Wireless Communications, 2019, 18(2): 1346-1359.

[116] Zhang S H, Zhang H L, Di B Y, et al. Cellular cooperative unmanned aerial vehicle networks with sense-and-send protocol. IEEE Internet of Things Journal, 2019, 6(2): 1754-1767.

[117] Wang J J, Jiang C X, Wei Z X, et al. Joint UAV hovering altitude and power control for space-air-ground IoT networks. IEEE Internet of Things Journal, 2019, 6(2): 1741-1753.

[118] Duan R Y, Wang J J, Jiang C X, et al. Resource allocation for multi-UAV aided IoT NOMA uplink transmission systems. IEEE Internet of Things Journal, 2019, 6(4): 7025-7037.

第 2 章　无人机模型

数学模型是无人机任务分配、运动规划、编队控制、故障诊断与容错控制等问题的研究基础，各类无人机的建模技术推动着无人机理论研究与实际应用的发展。本章作为全书的基础，以研究推导三种典型无人机数学模型的算法为目标，使读者掌握无人机的建模过程及相关基础知识。通过描述三种类型无人机的几个相关变量和坐标系，推导出坐标系之间的变换关系，以牛顿定律和欧拉定律为依据，分别得到固定翼无人机、单旋翼无人机和四旋翼无人机的六自由度模型，为后续章节提供重要的理论支撑。

本章的主要内容安排如下：2.1 节定义描述无人机模型常用的三种坐标系，并引入旋转矩阵的概念，描述三种典型无人机的状态变量，并介绍三种常用坐标系之间的转换关系；2.2～2.4 节分别针对固定翼无人机、单旋翼无人机及四旋翼无人机建立质心平动模型和绕质心转动模型，最终给出三种无人机的六自由度模型；2.5 节给出本章小结。

2.1　坐标系与状态变量

为了描述无人机在不同时刻的位置、姿态等运动状态，需要在空间坐标系中推导无人机的运动模型。由于描述无人机运动的状态变量在不同的坐标系中表示的复杂程度不同，选择合适的坐标系是不同类型无人机数学建模的基础。本节首先定义推导无人机运动模型所需要的三个常用坐标系，然后给出不同坐标系之间的转换关系，最后在不同坐标系下定义无人机的状态变量。

2.1.1　坐标系

坐标系是遵循右手定则的三维正交轴系，在坐标系的符号中，O 表示坐标系原点，x、y、z 表示三个坐标轴的方向。本节参照国内外研究成果，主要描述无人机运动的三个常用坐标系，具体定义如下。

1. 地面坐标系（$O_I x_I y_I z_I$）

地面坐标系相对地球是静止的，地球是静止不动的平坦大地，如图 2.1 所示。在地面上任选一点作为地面坐标系的原点 O_I，$O_I z_I$ 轴铅垂向下，$x_I O_I y_I$ 是水平

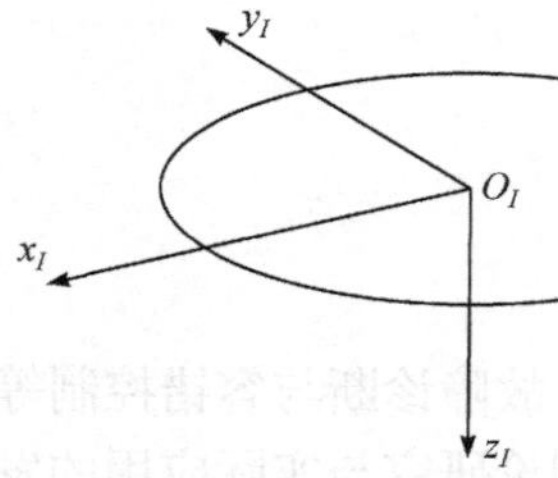

图 2.1　地面坐标系

面，$O_I x_I$ 轴指向地面的某一方向，$O_I y_I$ 轴与 $O_I x_I$ 轴互相垂直，从而得到符合右手定则的地面坐标系 $O_I x_I y_I z_I$。由于本章介绍的无人机均在近地空间飞行，无须考虑地球曲率的影响，可以认为地面坐标系是惯性坐标系，主要用其来确定无人机质心在空间中的位置坐标，还可以作为其在空间姿态的参考基准。

2. 机体坐标系（$O_b x_b y_b z_b$）

机体坐标系是固定在无人机质心的坐标系，如图 2.2 所示，原点 O_b 位于无人机的质心处，$O_b x_b$ 轴沿无人机的对称轴，指向机头方向，称为纵轴；$O_b z_b$ 轴在无人机的对称平面内，垂直于纵轴 $O_b x_b$ 指向机体下方，称为竖轴；$O_b y_b$ 轴垂直于无人机对称面 $x_b O_b z_b$，与另外两轴组成右手坐标系，称为横轴。机体坐标系通常与地面坐标系结合，共同描述无人机的飞行姿态(滚转角、俯仰角、偏航角)以及无人机姿态相关的角速度等。

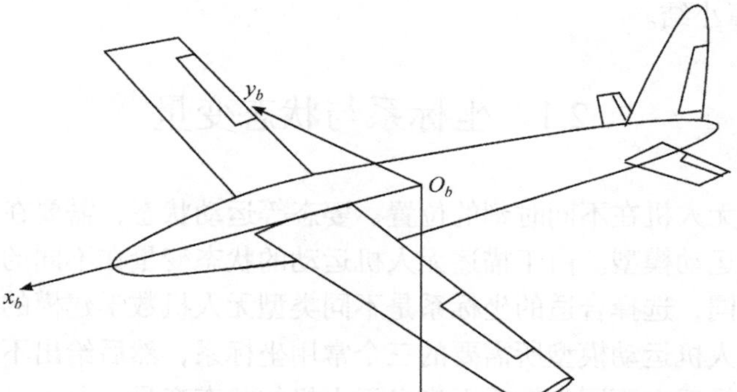

图 2.2　机体坐标系(以固定翼无人机为例)

3. 气流坐标系（$O_A x_A y_A z_A$）

气流坐标系也是固定在无人机质心的坐标系，如图 2.3 所示，原点 O_A 位于无人机的质心处，由相对于空气速度的无人机飞行速度矢量决定。$O_A x_A$ 轴指向无人机飞行速度矢量的方向；$O_A z_A$ 轴在无人机对称平面内，与 $O_A x_A$ 轴垂直并指向机身下方；$O_A y_A$ 轴垂直于平面 $x_A O_A z_A$，方向由右手定则确定。气流坐标系通常与机体坐标系结合，共同描述无人机机体和气流之间的关系，无人机所受到的空气动力(如阻力、侧力、升力)是在气流坐标系下定义的。

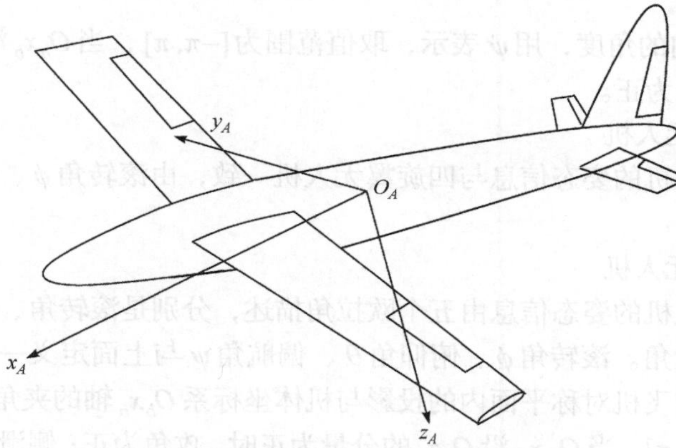

图 2.3　气流坐标系(以固定翼无人机为例)

2.1.2　描述三种典型无人机的状态变量

描述无人机运动过程的状态变量通常分为两种，即描述位置信息的状态变量和描述姿态信息的状态变量。

1. 描述位置信息的状态变量

四旋翼无人机、单旋翼无人机、固定翼无人机的位置信息都可以使用三个状态变量进行描述，分别是前向位置、侧向位置和高度。

(1) 前向位置是指无人机质心沿地面坐标系中 $O_I x_I$ 轴方向前进的距离，用 x 表示；

(2) 侧向位置是指无人机质心偏离 $x_I O_I z_I$ 平面的侧向偏移距离，用 y 表示；

(3) 高度是指无人机距离地面参考点的飞行高度，用 z 表示。

2. 描述姿态信息的状态变量

由于不同类型无人机的机体结构与力学分析不同，描述不同类型无人机姿态的状态变量是各不相同的。下面分别介绍用来描述四旋翼无人机、单旋翼无人机与固定翼无人机姿态信息的状态变量。

1) 四旋翼无人机

四旋翼无人机的姿态信息由三个欧拉角描述，分别是滚转角、俯仰角和偏航角，统称为姿态角。其中滚转角为无人机机体坐标系 $O_b z_b$ 轴与机头所在铅垂面的夹角，用 ϕ 表示，取值范围为 $[-\pi, \pi]$，当 $O_b y_b$ 沿 $O_I z_I$ 的分量为正时，滚转角为正；俯仰角指无人机机头方向与水平面 $x_I O_I y_I$ 的夹角，用 θ 表示，取值范围为

$\left[-\dfrac{\pi}{2},\dfrac{\pi}{2}\right]$，当 O_bz_b 沿 O_Ix_I 的分量为正时，俯仰角为正；偏航角指无人机机头方向偏离 O_Ix_I 轴方向的角度，用 ψ 表示，取值范围为 $[-\pi,\pi]$，当 O_bx_b 沿 O_Iy_I 的分量为正时，偏航角为正。

2) 单旋翼无人机

单旋翼无人机的姿态信息与四旋翼无人机一致，由滚转角 ϕ、俯仰角 θ 与偏航角 ψ 描述。

3) 固定翼无人机

固定翼无人机的姿态信息由五个欧拉角描述，分别是滚转角、俯仰角、偏航角、攻角和侧滑角。滚转角 ϕ、俯仰角 θ、偏航角 ψ 与上面定义一致。攻角指无人机飞行速度在飞机对称平面内的投影与机体坐标系 O_bx_b 轴的夹角，用 α 表示，取值范围为 $[-\pi,\pi]$，当 O_Ax_A 沿 O_bz_b 的分量为正时，攻角为正；侧滑角指无人机飞行速度与无人机对称平面的夹角，取值范围为 $\left[-\dfrac{\pi}{2},\dfrac{\pi}{2}\right]$，用 β 表示，当 O_Ax_A 沿 O_by_b 的分量为正时，侧滑角为正。

3. 欧拉角与坐标系之间的关系

图 2.4 描述了机体坐标系与地面坐标系之间的角度关系，其中 O_bz_b 与通过 O_bx_b 的铅垂面的夹角定义为滚转角，用 ϕ 表示；O_bx_b 与 $x_IO_Iy_I$ 面的夹角定义为俯仰角，用 θ 表示；O_bx_b 在 $x_IO_Iz_I$ 面的投影与 O_Ix_I 的夹角定义为偏航角，用 ψ 表示。

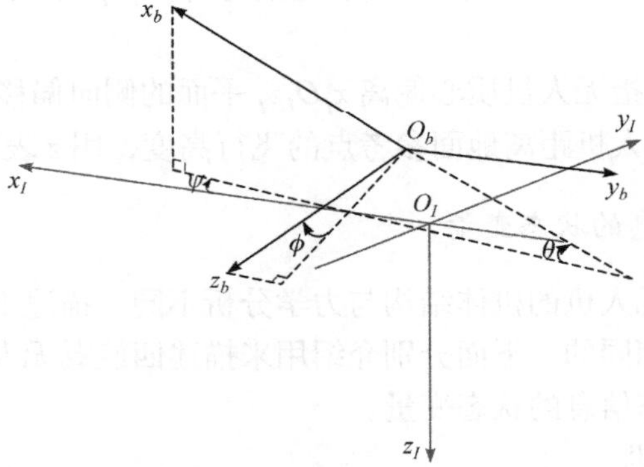

图 2.4 机体坐标系与地面坐标系之间的角度关系

图 2.5 描述了气流坐标系与机体坐标系之间的角度关系，其中 O_Ax_A 在 $x_bO_bz_b$ 面的投影与 O_bx_b 的夹角定义为攻角，用 α 表示；O_Ax_A 与 $x_bO_bz_b$ 面的夹角定义为侧滑角，用 β 表示。

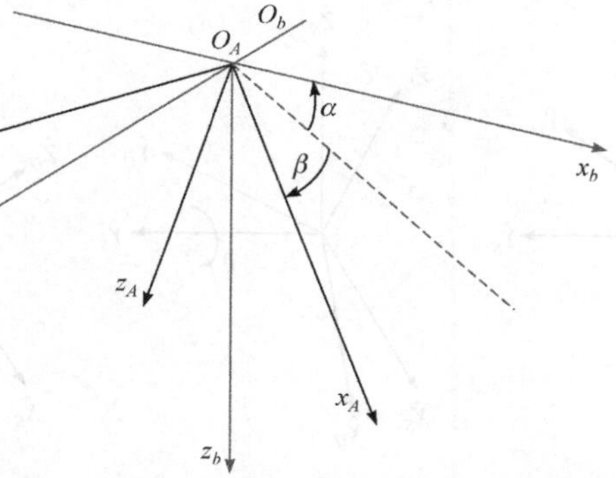

图 2.5　气流坐标系与机体坐标系之间的角度关系

2.1.3　坐标系之间的转换关系

由于用来描述无人机运动的状态矢量、无人机受到的力和力矩是在不同的坐标系下定义的，所以在推导无人机运动模型时，需要将这些变量在不同坐标系之间进行变换，这就需要获得坐标系之间的变换关系。本节首先给出旋转矩阵的定义；然后根据欧拉角与坐标系之间的关系，给出上述三个常用坐标系之间的旋转矩阵。

1. 旋转矩阵的定义

为描述三个常用坐标系之间的变换关系，首先给出旋转矩阵的定义。

定义 2.1　旋转矩阵描述的是从坐标系 $\{S\}$ 到坐标系 $\{K\}$ 的旋转变换关系。如图 2.6 所示，借助中间坐标系 $\{U\}$，由坐标系 $\{S\}$ 旋转到坐标系 $\{K\}$ 的旋转矩阵，可以表示为依次以 $\hat{X}_S$ 为轴旋转角度 ξ，以 $\hat{Y}_S$ 为轴旋转角度 ϑ，以 $\hat{Z}_S$ 为轴旋转角度 λ，使得坐标系 $\{S\}$ 与坐标系 $\{K\}$ 重合，此时图 2.6(c)中坐标系 $\{U\}$ 即为坐标系 $\{K\}$。则由坐标系 $\{S\}$ 到坐标系 $\{K\}$ 的旋转矩阵定义为

$$
\begin{aligned}
{}_S^K R &= R_Z(\lambda)R_Y(\vartheta)R_X(\xi) \\
&= \begin{bmatrix} \cos\lambda & \sin\lambda & 0 \\ -\sin\lambda & \cos\lambda & 0 \\ 0 & 0 & 1 \end{bmatrix} \begin{bmatrix} \cos\vartheta & 0 & -\sin\vartheta \\ 0 & 1 & 0 \\ \sin\vartheta & 0 & \cos\vartheta \end{bmatrix} \begin{bmatrix} 1 & 0 & 0 \\ 0 & \cos\xi & \sin\xi \\ 0 & -\sin\xi & \cos\xi \end{bmatrix} \\
&= \begin{bmatrix} \cos\lambda\cos\vartheta & \cos\xi\sin\lambda+\cos\lambda\sin\xi\sin\vartheta & \sin\xi\sin\lambda-\cos\xi\cos\lambda\sin\vartheta \\ -\cos\vartheta\sin\lambda & \cos\xi\cos\lambda-\sin\xi\sin\lambda\sin\vartheta & \cos\lambda\sin\xi+\cos\xi\sin\lambda\sin\vartheta \\ \sin\vartheta & -\cos\vartheta\sin\xi & \cos\xi\sin\vartheta \end{bmatrix}
\end{aligned}
\tag{2.1}
$$

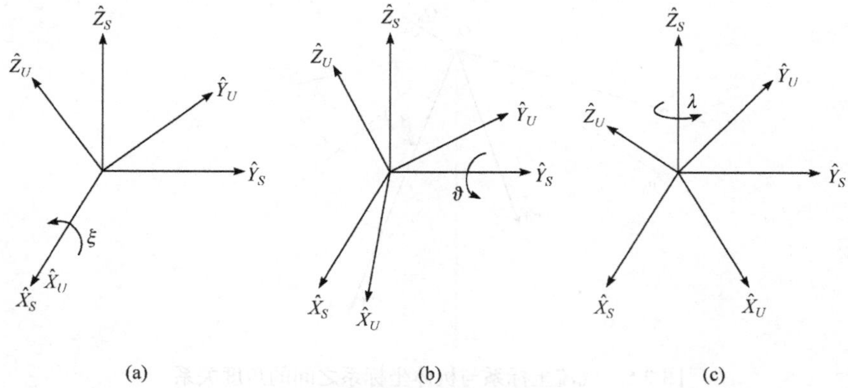

图 2.6　旋转变换关系示意图

旋转矩阵具有以下两点性质。

(1) 正交性：旋转矩阵的逆矩阵与转置矩阵相等，即

$$\left({}_{K}^{S}R\right)^{-1}=\left({}_{K}^{S}R\right)^{\mathrm{T}} \tag{2.2}$$

(2) 互逆性：坐标系 $\{S\}$ 到坐标系 $\{K\}$ 的旋转矩阵与坐标系 $\{K\}$ 到坐标系 $\{S\}$ 的旋转矩阵互逆，即

$$\left({}_{S}^{K}R\right)=\left({}_{K}^{S}R\right)^{-1} \tag{2.3}$$

根据定义 2.1 可知旋转矩阵是正交矩阵，因此旋转矩阵的逆和转置是相等的。坐标系 $\{K\}$ 到 $\{S\}$ 的旋转矩阵与坐标系 $\{S\}$ 到 $\{K\}$ 的旋转矩阵是互逆关系，旋转相反角度所得的旋转矩阵与旋转原角度获得的旋转矩阵是互逆关系。这些性质会简化无人机模型的推导过程。

2. 坐标系之间的旋转矩阵

三个常用坐标系之间可以通过旋转方式互相转换，即通过数次绕固定坐标轴旋转欧拉角实现坐标系的变换。利用旋转矩阵的概念，将各坐标系之间的角度代入式(2.1)，可以得到坐标系之间的变换矩阵。

为了推导三个坐标系之间的旋转矩阵，需要给出三个坐标系与五个欧拉角之间的关系，如图 2.7 所示。

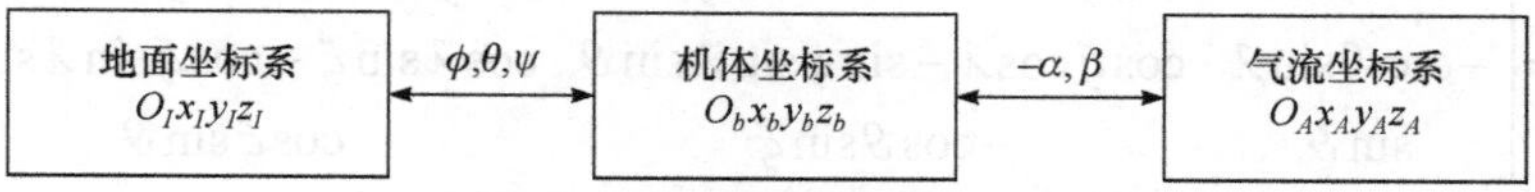

图 2.7　坐标系之间关系示意图

(1) 由地面坐标系 $O_I x_I y_I z_I$ 绕 $O_I z_I$ 轴旋转 ψ ，再绕 $O_I y_I$ 轴旋转 θ ，最后绕

O_Ix_I 轴旋转 ϕ，则变换成机体坐标系 $O_bx_by_bz_b$。所以地面坐标系 $O_Ix_Iy_Iz_I$ 到机体坐标系 $O_bx_by_bz_b$ 的旋转矩阵如式(2.4)所示：

$$
\begin{aligned}
{}_I^bR &= R_{x_I}(\phi)R_{y_I}(\theta)R_{z_I}(\psi) \\
&= \begin{bmatrix} \cos\theta\cos\psi & \cos\theta\sin\psi & -\sin\theta \\ \sin\phi\sin\theta\cos\psi-\cos\phi\sin\psi & \sin\phi\sin\theta\sin\psi+\cos\phi\cos\psi & \sin\phi\cos\theta \\ \cos\phi\sin\theta\cos\psi+\sin\phi\sin\psi & \cos\phi\sin\theta\sin\psi-\sin\phi\cos\psi & \cos\phi\cos\theta \end{bmatrix}
\end{aligned} \tag{2.4}
$$

根据旋转矩阵的性质(2.2)和(2.3)，可以得到机体坐标系 $O_bx_by_bz_b$ 和地面坐标系 $O_Ix_Iy_Iz_I$ 之间的旋转矩阵 ${}_b^IR$，如式(2.5)所示：

$$
\begin{aligned}
{}_b^IR &= \left({}_I^bR\right)^{\mathrm{T}} \\
&= \begin{bmatrix} \cos\theta\cos\psi & \sin\phi\sin\theta\cos\psi-\cos\phi\sin\psi & \cos\phi\sin\theta\cos\psi+\sin\phi\sin\psi \\ \cos\theta\sin\psi & \sin\phi\sin\theta\sin\psi+\cos\phi\cos\psi & \cos\phi\sin\theta\sin\psi-\sin\phi\cos\psi \\ -\sin\theta & \sin\phi\cos\theta & \cos\phi\cos\theta \end{bmatrix}
\end{aligned} \tag{2.5}
$$

(2) 由机体坐标系 $O_bx_by_bz_b$ 绕 O_by_b 轴旋转 $-\alpha$ 角，再绕 O_bz_b 轴旋转 β 角，则变换成气流坐标系 $O_Ax_Ay_Az_A$。所以机体坐标系 $O_bx_by_bz_b$ 到气流坐标系 $O_Ax_Ay_Az_A$ 的旋转矩阵如式(2.6)所示：

$$
{}_b^AR = R_{z_b}(\beta)R_{y_b}(-\alpha) = \begin{bmatrix} \cos\alpha\cos\beta & \sin\beta & \sin\alpha\cos\beta \\ -\cos\alpha\sin\beta & \cos\beta & -\sin\alpha\sin\beta \\ -\sin\alpha & 0 & \cos\alpha \end{bmatrix} \tag{2.6}
$$

根据旋转矩阵的性质(2.2)和(2.3)，可以得到气流坐标系 $O_Ax_Ay_Az_A$ 和机体坐标系 $O_bx_by_bz_b$ 之间的旋转矩阵 ${}_A^bR$，如式(2.7)所示：

$$
\begin{aligned}
\left({}_A^bR\right)^{\mathrm{T}} &= {}_b^AR \\
&= \begin{bmatrix} \cos\alpha\cos\beta & -\cos\alpha\sin\beta & -\sin\alpha \\ \sin\beta & \cos\beta & 0 \\ \sin\alpha\cos\beta & -\sin\alpha\sin\beta & \cos\alpha \end{bmatrix}
\end{aligned} \tag{2.7}
$$

在定义了不同无人机模型中所需要的状态变量和坐标系的基础上，下面分别建立固定翼无人机、单旋翼无人机和四旋翼无人机的质心平动模型与绕质心转动模型。

2.2　固定翼无人机模型

固定翼无人机一般通过升降舵、方向舵、副翼和油门来改变作用在机体上的力和力矩，达到控制固定翼无人机飞行运动的目的，如图 2.8 所示[1]。本节主要介绍固定翼无人机的质心平动模型与绕质心转动模型。

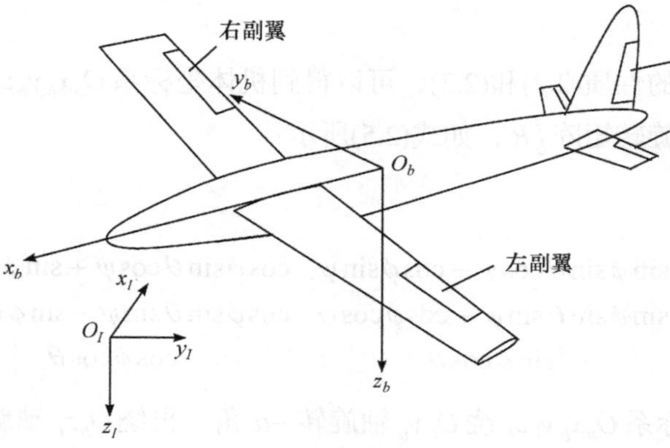

图 2.8　固定翼无人机示意图

2.2.1　固定翼无人机质心平动模型

固定翼无人机的质心平动模型是描述无人机位置信息的模型，决定了无人机的三个自由度，即前向位置 x、侧向位置 y 与高度 z，可以分为质心平动运动学模型和质心平动动力学模型。

1. 质心平动运动学模型

固定翼无人机的质心平动模型描述的是无人机位置矢量的变化率与速度矢量的关系。地面坐标系下描述固定翼无人机位置信息的矢量可以表示为 $P=[x,y,z]^{\mathrm{T}}$，已知描述固定翼无人机速度信息的矢量通常在机体坐标系下表示，因此通过式(2.4)中定义的旋转矩阵 ${}_I^bR$，可以得到固定翼无人机的平动运动学模型

$$\dot{P}={}_I^bR\,{}^bV \tag{2.8}$$

式中，${}^bV=[u,v,w]^{\mathrm{T}}$ 为机体坐标系下的速度矢量，式(2.8)可以展开写为

$$\begin{aligned}\dot{x} &= u\cos\theta\cos\psi + v(\sin\phi\sin\theta\cos\psi - \cos\phi\sin\psi) \\ &\quad + w(\sin\phi\sin\psi + \cos\phi\sin\theta\cos\psi) \\ \dot{y} &= u\cos\theta\sin\psi + v(\sin\phi\sin\theta\sin\psi + \cos\phi\cos\psi) \\ &\quad + w(-\sin\phi\cos\psi + \cos\phi\sin\theta\sin\psi) \\ \dot{z} &= u\sin\theta - v\sin\phi\cos\theta - w\cos\phi\cos\theta\end{aligned} \tag{2.9}$$

2. 质心平动动力学模型

质心平动动力学模型描述的是无人机速度矢量变化率与无人机受力之间的关系，由牛顿第二定律描述。由于牛顿第二定律在惯性系下成立，可以表示为

$$m\dot{V} = F \tag{2.10}$$

式中，m 为固定翼无人机的质量；$V = \left[V_x, V_y, V_z\right]^{\mathrm{T}}$ 为地面坐标系下的速度矢量；F 为地面坐标系下无人机受到的合外力。

由于固定翼无人机的平动动力学模型通常在机体坐标系下描述，根据时间导数在不同坐标系下的变换原理，可以得到

$$\dot{V} = {}_b^I R\, {}^b\dot{V} + {}^b\Omega \times V \tag{2.11}$$

式中，${}^b\Omega = [p,q,r]^{\mathrm{T}}$ 为机体坐标系相对于地面坐标系的旋转角速度，也是机体坐标系下的无人机姿态角速度。

将式(2.11)代入式(2.10)，可以得到

$$m\left({}_b^I R\, {}^b\dot{V} + {}^b\Omega \times V\right) = F \tag{2.12}$$

在式(2.12)两边同时左乘 ${}_I^b R$，有

$$m\, {}^b\dot{V} + m\, {}^b\Omega \times {}^b V = {}_I^b R F = {}^b F \tag{2.13}$$

式中，${}^b F$ 为机体坐标系下无人机受到的合外力，包括空气动力、发动机推力与重力。

由于固定翼无人机受到的空气动力通常在气流坐标系下表示，发动机推力通常在机体坐标系下表示，重力通常在地面坐标系下表示，所以式(2.13)可以写为

$$m\, {}^b\dot{V} + m\, {}^b\Omega \times {}^b V = {}_A^b R\, {}^A f_a + {}^b T_m + m\, {}_I^b R g \tag{2.14}$$

式中，${}^A f_a$ 表示气流坐标系下无人机受到的空气动力；${}^b T_m$ 表示机体坐标系下无人机受到的发动机推力；g 为重力加速度。

下面分别对空气动力 ${}^A f_a$ 和发动机推力 ${}^b T_m$ 进行分析。

空气动力 ${}^A f_a$ 包括沿气流坐标系 x_A 轴方向、向后为正的阻力 D，沿气流坐标系 y_A 轴方向、向右为正的侧向力 Y 以及沿气流坐标系 z_A 轴方向、向上为正的升力

L，因此可以写为

$$^{A}f_a = \begin{bmatrix} -D \\ Y \\ -L \end{bmatrix} \tag{2.15}$$

式中，L 为机身和机翼等各部件产生的升力以及各部件相互干扰的附加升力的总和；D 为由空气作用在无人机表面上的法向力和切向力顺气流方向的分量组成的阻力；Y 为气流不对称流过无人机对称两侧时产生的侧向力，其表达式分别为

$$\begin{aligned} L &= \overline{p}SC_L \\ D &= \overline{p}SC_D \\ Y &= \overline{p}SC_Y \end{aligned} \tag{2.16}$$

式中，$\overline{p} = \frac{1}{2}\rho V_T^2$ 为动压，ρ 为空气密度，V_T 为固定翼无人机的飞行速度；S 为机翼面积；C_L、C_D、C_Y 分别为升力系数、阻力系数、侧向力系数。对于不同机型、结构的固定翼无人机，上述系数的具体解算公式会有所不同[1-3]。

发动机推力 $^{b}T_m$ 一般由固连于机体的发动机产生，推力的大小通常通过燃料的质量流量和尾喷管的面积来控制。考虑机体内仅安装单台发动机的情况，忽略由发动机安装位置产生的力，此时固定翼无人机受到的推力 $^{b}T_m$ 只有沿机体坐标系 x_b 轴上的分量 T_{mx}，且向前为正[1]，因此可以表示为

$$^{b}T_m = \begin{bmatrix} T_{mx} \\ 0 \\ 0 \end{bmatrix} \tag{2.17}$$

综上，固定翼无人机平动动力学模型可以根据式(2.14)得到，即

$$^{b}\dot{V} = -^{b}\Omega \times {}^{b}V + \frac{1}{m}{}^{b}_{A}R\,{}^{A}f_a + \frac{1}{m}{}^{b}T_m + {}^{b}_{I}Rg \tag{2.18}$$

将空气动力的表达式(2.15)以及发动机推力的表达式(2.17)代入式(2.14)，可以得到模型的展开形式：

$$\begin{aligned} \dot{u} &= vr - wq - D\cos\alpha\cos\beta - Y\cos\alpha\sin\beta + L\sin\alpha + \frac{1}{m}T_{mx} - g\sin\theta \\ \dot{v} &= -ur + wq - D\sin\beta + Y\cos\beta + g\cos\theta\sin\phi \\ \dot{w} &= uq - vq - D\sin\alpha\cos\beta - Y\sin\alpha\sin\beta - L\cos\alpha + g\cos\theta\cos\phi \end{aligned} \tag{2.19}$$

2.2.2　固定翼无人机绕质心转动模型

绕质心转动模型是描述固定翼无人机姿态信息的模型，决定了无人机的三个

转动自由度，即滚转角 ϕ、俯仰角 θ 及偏航角 ψ，可以分为绕质心转动运动学模型和绕质心转动动力学模型。

1. 绕质心转动运动学模型

固定翼无人机绕质心转动运动学模型描述的是无人机姿态角矢量的变化率与角速度矢量的关系。定义 $\Theta=[\phi,\theta,\psi]^{\mathrm{T}}$ 为固定翼无人机在地面坐标系下的姿态角矢量，${}^b\Omega=[p,q,r]^{\mathrm{T}}$ 与 2.2.1 节一致，定义为机体坐标系下的角速度矢量，也可以看成机体坐标系相对于地面坐标系的角速度。

由于机体坐标系相对于地面坐标系的角速度可以通过旋转角度确定，即

$$
\begin{aligned}
{}^b\Omega &= \begin{bmatrix}\dot{\phi}\\0\\0\end{bmatrix}+R_x(\phi)\begin{bmatrix}0\\\dot{\theta}\\0\end{bmatrix}+R_x(\phi)R_y(\theta)\begin{bmatrix}0\\0\\\dot{\psi}\end{bmatrix}\\
&=\begin{bmatrix}\dot{\phi}\\0\\0\end{bmatrix}+\begin{bmatrix}1&0&0\\0&\cos\phi&\sin\phi\\0&-\sin\phi&\cos\phi\end{bmatrix}\begin{bmatrix}0\\\dot{\theta}\\0\end{bmatrix}+\begin{bmatrix}1&0&0\\0&\cos\phi&\sin\phi\\0&-\sin\phi&\cos\phi\end{bmatrix}\begin{bmatrix}\cos\theta&0&-\sin\theta\\0&1&0\\\sin\theta&0&\cos\theta\end{bmatrix}\begin{bmatrix}0\\0\\\dot{\psi}\end{bmatrix}\\
&=\begin{bmatrix}1&0&-\sin\theta\\0&\cos\phi&\sin\phi\cos\theta\\0&-\sin\phi&\cos\phi\cos\theta\end{bmatrix}\begin{bmatrix}\dot{\phi}\\\dot{\theta}\\\dot{\psi}\end{bmatrix}
\end{aligned}
\tag{2.20}
$$

基于式(2.20)和角速度矢量 ${}^b\Omega$ 的定义，可以求解出 $\dot{\phi}$、$\dot{\theta}$ 和 $\dot{\psi}$，得到固定翼无人机的绕质心转动运动学模型的展开形式：

$$
\begin{bmatrix}\dot{\phi}\\\dot{\theta}\\\dot{\psi}\end{bmatrix}=\begin{bmatrix}p+q\sin\phi\tan\theta+r\cos\phi\tan\theta\\q\cos\phi-r\sin\phi\\q\sin\phi/\cos\theta+r\cos\phi/\cos\theta\end{bmatrix}
\tag{2.21}
$$

为简便起见，给出固定翼无人机绕质心转动运动学模型的矢量形式，如式(2.22)所示：

$$
\dot{\Theta}=\Pi\,{}^b\Omega
\tag{2.22}
$$

式中，矩阵 Π 为

$$
\Pi=\begin{bmatrix}1&\sin\phi\tan\theta&\cos\phi\tan\theta\\0&\cos\phi&-\sin\phi\\0&\sin\phi/\cos\theta&\cos\phi/\cos\theta\end{bmatrix}
\tag{2.23}
$$

2. 绕质心转动动力学模型

绕质心转动动力学模型描述的是无人机角速度矢量变化率与无人机所受合力矩之间的关系，由欧拉定律描述，因此可以表示为

$$\frac{\mathrm{d}}{\mathrm{d}t}H=\tau \tag{2.24}$$

式中，H 为固定翼无人机的动量矩；τ 为所受合外力矩。

由于固定翼无人机绕质心转动动力学模型通常在机体坐标系下描述，根据时间导数在不同坐标系下的变换原理，可以得到

$$\frac{\mathrm{d}}{\mathrm{d}t}H={}_b^IR\frac{\mathrm{d}^bH}{\mathrm{d}t}+{}^b\Omega\times H \tag{2.25}$$

式中，${}^bH$ 为动量矩在机体坐标系下的表示形式。

将式(2.25)代入式(2.24)，并在等式两边左乘 ${}_I^bR$，可以得到

$$\frac{\mathrm{d}^bH}{\mathrm{d}t}+{}^b\Omega\times{}^bH={}^b\tau \tag{2.26}$$

式中，${}^b\tau$ 为固定翼无人机受到的合外力矩。

将关系式 ${}^bH=J\,{}^b\Omega$ 代入式(2.26)可以得到

$$J\frac{\mathrm{d}}{\mathrm{d}t}{}^b\Omega+{}^b\Omega\frac{\mathrm{d}}{\mathrm{d}t}J+{}^b\Omega\times J\,{}^b\Omega={}^b\tau \tag{2.27}$$

式中，J 表示无人机的转动惯量，其表达式为 $J=\begin{bmatrix}J_{xx} & -J_{xy} & -J_{xz}\\ -J_{yx} & J_{yy} & -J_{yz}\\ -J_{zx} & -J_{zy} & J_{zz}\end{bmatrix}$。由于无人机质量及其分布不变，则 $\frac{\mathrm{d}}{\mathrm{d}t}J=0$。因此，式(2.27)可以写为

$$J\,{}^b\dot{\Omega}=-{}^b\Omega\times J\,{}^b\Omega+{}^b\tau \tag{2.28}$$

由于固定翼无人机关于纵剖面是对称的，所以转动惯量矩阵 J 中 $J_{xy}=J_{yx}=J_{yz}=J_{zy}=0$，即

$$J=\begin{bmatrix}J_{xx} & -J_{xy} & -J_{xz}\\ -J_{yx} & J_{yy} & -J_{yz}\\ -J_{zx} & -J_{zy} & J_{zz}\end{bmatrix}=\begin{bmatrix}J_{xx} & 0 & -J_{xz}\\ 0 & J_{yy} & 0\\ -J_{zx} & 0 & J_{zz}\end{bmatrix} \tag{2.29}$$

下面分析式(2.28)中固定翼无人机受到的合外力矩 ${}^b\tau$，主要包括滚转力矩 $\overline{L}$、俯仰力矩 M 及偏航力矩 N，分别表示作用于无人机的外力所产生的绕机体 x_b 轴、y_b 轴和 z_b 轴的力矩，即

$$
{}^{b}\tau=\begin{bmatrix}\bar{L}\\ M\\ N\end{bmatrix} \tag{2.30}
$$

固定翼无人机受到的合外力矩主要由空气动力与发动机推力产生。首先分析空气动力产生的力矩。空气动力产生的滚转力矩 $\bar{L}_A$、俯仰力矩 M_A 和偏航力矩 N_A 可以写为

$$
\begin{aligned}
\bar{L}_A&=\bar{p}SC_{L_A}b\\
M_A&=\bar{p}SC_{M_A}\bar{c}\\
N_A&=\bar{p}SC_{N_A}b
\end{aligned} \tag{2.31}
$$

式中，$\bar{p}$ 的定义与式(2.16)中一致；b 是翼展；$\bar{c}$ 是平均气动弦长；C_{L_A}、C_{M_A}、C_{N_A} 分别为力矩系数。对于不同机型、结构的固定翼无人机，上述气动系数的具体解算会有所不同[1-3]。

下面分析发动机推力产生的力矩。设发动机的推力作用点在机体坐标系的坐标为 $\left(l_x,l_y,l_z\right)$，由于只考虑无人机所受推力沿机体坐标系 x_b 轴上的分量 T_{mx}，发动机的推力力矩可以表示为

$$
\begin{aligned}
\bar{L}_T&=0\\
M_T&=T_{mx}l_z\\
N_T&=-T_{mx}l_y
\end{aligned} \tag{2.32}
$$

根据空气动力产生的力矩式(2.31)和发动机的推力力矩式(2.32)，固定翼无人机受到的合外力矩可以写为

$$
\begin{aligned}
\bar{L}&=\bar{L}_A+\bar{L}_T\\
M&=M_A+M_T\\
N&=N_A+N_T
\end{aligned} \tag{2.33}
$$

综上，固定翼无人机绕质心转动模型可以根据式(2.28)得到，即

$$
{}^{b}\dot{\Omega}=-J^{-1}\,{}^{b}\Omega\times J\,{}^{b}\Omega+J^{-1}\,{}^{b}\tau \tag{2.34}
$$

将无人机受到的合外力矩式(2.33)代入式(2.34)，可以得到模型的展开形式：

$$
\begin{aligned}
\dot{p}&=\left(c_1r+c_2p\right)q+c_3\left(\bar{L}_A+\bar{L}_T\right)+c_4\left(N_A+N_T\right)\\
\dot{q}&=c_5pr-c_6\left(p^2-r^2\right)+c_7\left(M_A+M_T\right)\\
\dot{r}&=\left(c_8p-c_2r\right)q+c_4\left(\bar{L}_A+\bar{L}_T\right)+c_9\left(N_A+N_T\right)
\end{aligned} \tag{2.35}
$$

式中，$c_1=\dfrac{\left(J_{yy}-J_{zz}\right)J_{zz}-J_{xz}^2}{\Xi}$，$c_2=\dfrac{\left(J_{xx}-J_{yy}+J_{zz}\right)J_{xz}}{\Xi}$，$c_3=\dfrac{J_{zz}}{\Xi}$，$c_4=\dfrac{J_{xz}}{\Xi}$，

$c_5=\dfrac{J_{zz}-J_{xx}}{J_{yy}}$，$c_6=\dfrac{J_{xz}}{J_{yy}}$，$c_7=\dfrac{1}{J_{yy}}$，$c_8=\dfrac{J_{xx}\left(J_{xx}-J_{yy}\right)+J_{xz}^2}{\varXi}$，$c_9=\dfrac{J_{xx}}{\varXi}$，$\varXi=J_{xx}J_{zz}-J_{xz}^2$。

综合固定翼无人机质心平动模型式(2.8)、式(2.18)和绕质心转动模型式(2.22)、式(2.28)的矢量形式，可以得到固定翼无人机六自由度模型：

$$\begin{aligned}&\dot{P}={}_b^IR\,{}^bV\\&{}^b\dot{V}=-{}^b\Omega\times{}^bV+\frac{1}{m}{}_A^bR\,{}^Af_a+\frac{1}{m}{}^bT_m+{}_I^bRg\\&\dot{\Theta}=\Pi\,{}^b\Omega\\&{}^b\dot{\Omega}=-J^{-1}({}^b\Omega\times J\,{}^b\Omega)+J^{-1}\,{}^b\tau\end{aligned}\tag{2.36}$$

2.3　单旋翼无人机模型

单旋翼无人机是一种至少由两个或多个水平旋转的旋翼提供升力和推进力而进行飞行的无人机，如图 2.9 所示。直升机具有大多数固定翼航空器所不具备的垂直升降、悬停、小速度向前或向后飞行的特点。本节主要介绍单旋翼无人机的质心平动模型与绕质心转动模型。

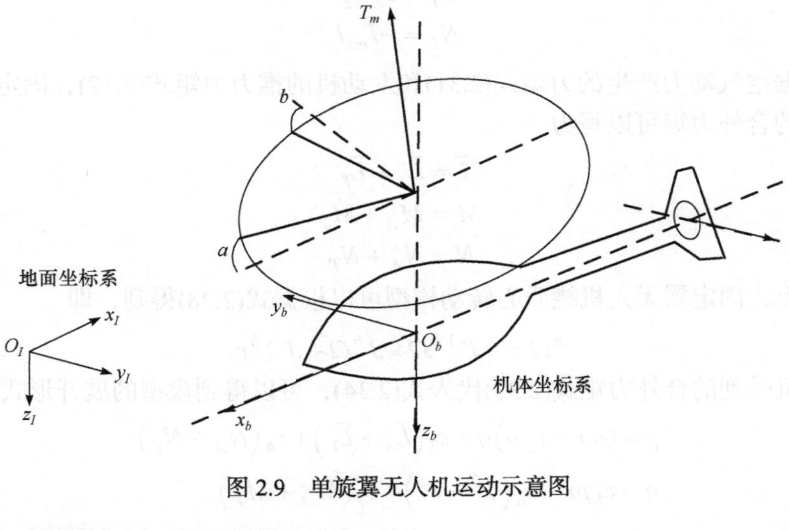

图 2.9　单旋翼无人机运动示意图

2.3.1　单旋翼无人机质心平动模型

单旋翼无人机的质心平动模型描述的是无人机位置信息的模型，决定了无人机的三个自由度，即前向位置 x、侧向位置 y 与高度 z，可以分为平动运动学模型和平动动力学模型。

1. 质心平动运动学模型

单旋翼无人直升机的质心平动模型描述的是无人机位置矢量的变化率与速度矢量的关系。定义 $P=[x,y,z]^{\mathrm{T}}$ 和 $V=[V_x,V_y,V_z]^{\mathrm{T}}$ 分别为地面坐标系下单旋翼无人直升机的位置矢量和速度矢量。与固定翼无人机类似，采用微分方程描述位置矢量与速度矢量之间的关系，获得无人机的平动运动学模型，如式(2.37)所示：

$$\dot{P}=V \tag{2.37}$$

式(2.37)展开为

$$\begin{bmatrix}\dot{x}\\\dot{y}\\\dot{z}\end{bmatrix}=\begin{bmatrix}V_x\\V_y\\V_z\end{bmatrix} \tag{2.38}$$

2. 质心平动动力学模型

质心平动动力学模型描述的是无人机速度矢量变化率与无人机受力之间的关系，由牛顿第二定律描述。由于牛顿第二定律在惯性系下成立，可以表示为

$$m\dot{V}=F \tag{2.39}$$

式中，m 为单旋翼无人机的质量；F 为地面坐标系下作用于无人机的合外力。

下面对式(2.39)中单旋翼无人机受到的合外力 F 进行分析。作用于单旋翼无人机的合外力主要包括主旋翼推力与重力[4,5]。令 T_m 表示机体坐标系下无人机受到的主旋翼推力，方向沿 z_b 轴负方向，可以表示为

$$T_m=-e_3\left(mg-mZ_w w-mZ_{\mathrm{col}}\delta_{\mathrm{col}}\right) \tag{2.40}$$

式中，δ_{col} 为主旋翼总距角；Z_w 由主旋翼旋转速度、桨叶半径、空气密度和桨叶数等决定；Z_{col} 根据主旋翼旋转速度、桨叶半径和主旋翼总距角的伺服输入比率等计算得到。

令 G 表示地面坐标系下无人机受到的重力，方向沿 z_I 轴正方向，可以写为

$$G=mge_3 \tag{2.41}$$

式中，g 为重力加速度；$e_3=[0,0,1]^{\mathrm{T}}$ 。

因此根据式(2.40)和式(2.41)，地面坐标系下单旋翼无人机受到的合外力 F 可以表达为

$$F=G+{}_b^I RT_m \tag{2.42}$$

将式(2.42)代入式(2.39)，可以得到单旋翼无人机平动动力学模型：

$$\dot{V} = ge_3 + {}_b^I Re_3(-g + Z_w w + Z_{\text{col}}\delta_{\text{col}}) \tag{2.43}$$

展开为

$$\begin{aligned}
\dot{V}_x &= (\cos\phi\sin\theta\cos\psi + \sin\phi\sin\psi)(-g + Z_w w + Z_{\text{col}}\delta_{\text{col}}) \\
\dot{V}_y &= (\cos\phi\sin\theta\sin\psi - \sin\phi\cos\psi)(-g + Z_w w + Z_{\text{col}}\delta_{\text{col}}) \\
\dot{V}_z &= g + (\cos\phi\cos\theta)(-g + Z_w w + Z_{\text{col}}\delta_{\text{col}})
\end{aligned} \tag{2.44}$$

2.3.2 单旋翼无人机绕质心转动模型

下面给出描述无人机姿态信息的绕质心转动模型。与固定翼无人机一致，决定了无人机的三个转动自由度，即滚转角ϕ、俯仰角θ及偏航角ψ，可以分为绕质心转动运动学模型和绕质心转动动力学模型。

1. 绕质心转动运动学模型

首先定义$\Theta = [\phi, \theta, \psi]^{\mathrm{T}}$表示地面坐标系下的姿态角矢量，${}^b\Omega = [p, q, r]^{\mathrm{T}}$表示机体坐标系下的角速度矢量，$p$、$q$、$r$分别表示滚转角速度、俯仰角速度和偏航角速度。

由于定义姿态角矢量与角速度矢量时使用的坐标系不同，在描述两者关系时需要引入矩阵(2.23)，此时单旋翼无人机绕质心转动运动学模型可以写为

$$\dot{\Theta} = \Pi\, {}^b\Omega \tag{2.45}$$

展开可以写为

$$\begin{aligned}
\dot{\phi} &= p + q\sin\phi\tan\theta + r\cos\phi\tan\theta \\
\dot{\theta} &= q\cos\phi - r\sin\phi \\
\dot{\psi} &= q\sin\phi/\cos\theta + r\cos\phi/\cos\theta
\end{aligned} \tag{2.46}$$

2. 绕质心转动动力学模型

下面推导单旋翼无人机绕质心转动动力学模型。与固定翼无人机一致，根据欧拉定律，可以得到

$$J\,{}^b\dot{\Omega} = -{}^b\Omega \times J\,{}^b\Omega + {}^b\tau \tag{2.47}$$

式中，J为转动惯量；${}^b\tau$为单旋翼无人机受到的合外力矩。

接下来，对式(2.47)中的力矩${}^b\tau$进行分析。单旋翼无人机在飞行过程中受到的合力矩${}^b\tau$主要由主旋翼的挥舞运动和尾旋翼的推力产生，可以表示为

$$
{}^{b}\tau = J\begin{bmatrix} L_a a + L_b b \\ M_a a + M_b b \\ N_r r + N_{\text{col}}\delta_{\text{col}} + N_{\text{ped}}\delta_{\text{ped}} \end{bmatrix} \tag{2.48}
$$

式中，L_a、L_b、M_a、M_b 表示主旋翼横向和纵向挥舞运动系数；r 表示无人直升机的偏航角速度；N_r、N_{col}、N_{ped} 分别表示尾旋翼阻尼系数、主旋翼总距的耦合系数及十字盘的传动系数；δ_{ped} 表示尾旋翼总距角；a 和 b 表示主旋翼桨尖轨迹平面与桨毂平面的夹角，分别为纵向挥舞角和横向挥舞角，由纵向、横向周期变距角 δ_{lon}、δ_{lat} 控制，可以表示为[6]

$$
\begin{aligned} a &= -\tau_m q_b + A_{\text{lat}}\delta_{\text{lat}} + A_{\text{lon}}\delta_{\text{lon}} \\ b &= -\tau_m p_b + B_{\text{lat}}\delta_{\text{lat}} + B_{\text{lon}}\delta_{\text{lon}} \end{aligned} \tag{2.49}
$$

式中，τ_m 为主旋翼挥舞运动的时间常数；p_b、q_b 分别表示无人机的滚转角速度与俯仰角速度，系数 A_{lat}、B_{lat}、A_{lon}、B_{lon} 可以由模式识别得到。将式(2.49)代入式(2.48)，可以得到单旋翼无人机在飞行过程中受到的合力矩 ${}^{b}\tau$：

$$
{}^{b}\tau = JA\,{}^{b}\Omega + JBU \tag{2.50}
$$

式中，$U = [\delta_{\text{col}}, \delta_{\text{lon}}, \delta_{\text{lat}}, \delta_{\text{ped}}]^{\text{T}}$；矩阵 A、B 为

$$
A = \begin{bmatrix} -\tau_m L_b & -\tau_m L_a & 0 \\ -\tau_m M_b & -\tau_m M_a & 0 \\ 0 & 0 & N_r \end{bmatrix}, \quad B = \begin{bmatrix} 0 & L_{\text{lon}} & L_{\text{lat}} & 0 \\ 0 & M_{\text{lon}} & M_{\text{lat}} & 0 \\ N_{\text{col}} & 0 & 0 & N_{\text{ped}} \end{bmatrix} \tag{2.51}
$$

式中，$L_{\text{lon}} = L_a A_{\text{lon}} + L_b B_{\text{lon}}, L_{\text{lat}} = L_a A_{\text{lat}} + L_b B_{\text{lat}}, M_{\text{lon}} = M_a A_{\text{lon}} + M_b B_{\text{lon}}, M_{\text{lat}} = M_a A_{\text{lat}} + M_b B_{\text{lat}}$。

将式(2.50)和式(2.51)代入式(2.47)，可以得到单旋翼无人机绕质心转动动力学模型的矢量形式：

$$
{}^{b}\dot{\Omega} = -J^{-1}\,{}^{b}\Omega \times J\,{}^{b}\Omega + A\,{}^{b}\Omega + BU \tag{2.52}
$$

式(2.52)展开为

$$
\begin{aligned} \dot{p} &= (\overline{c}_1 r + \overline{c}_2 p)q - \tau_m L_b p - \tau_m L_a q + L_{\text{lon}}\delta_{\text{lon}} + L_{\text{lat}}\delta_{\text{lat}} \\ \dot{q} &= \overline{c}_3 pr - \overline{c}_4\left(p^2 - r^2\right) - \tau_m M_b p - \tau_m M_a q + M_{\text{lon}}\delta_{\text{lon}} + M_{\text{lat}}\delta_{\text{lat}} \\ \dot{r} &= (\overline{c}_5 p - \overline{c}_2 r)q + N_r r + N_{\text{col}}\delta_{\text{col}} + N_{\text{ped}}\delta_{\text{ped}} \end{aligned} \tag{2.53}
$$

式中，$\overline{c}_1 = \dfrac{\left(J_{yy} - J_{zz}\right)J_{zz} - J_{xz}^2}{\varXi}$，$\overline{c}_2 = \dfrac{\left(J_{xx} - J_{yy} + J_{zz}\right)J_{xz}}{\varXi}$，$\overline{c}_3 = \dfrac{J_{zz} - J_{xx}}{J_{yy}}$，$\overline{c}_4 = \dfrac{J_{xz}}{J_{yy}}$，$\overline{c}_5 = \dfrac{J_{xx}\left(J_{xx} - J_{yy}\right) + J_{xz}^2}{\varXi}$，$\varXi = J_{xx}J_{zz} - J_{xz}^2$。

综合单旋翼无人机质心平动模型式(2.37)、式(2.43)和绕质心转动模型式(2.45)、式(2.52)的矢量形式，可以得到单旋翼无人机六自由度模型：

$$\begin{aligned}
&\dot{P}=V\\
&\dot{V}=ge_3+{}_I^bRe_3(-g+Z_w w+Z_{\mathrm{col}}\delta_{\mathrm{col}})\\
&\dot{\Theta}=\Pi^b\Omega\\
&{}^b\dot{\Omega}=-J^{-1}({}^b\Omega\times J^b\Omega)+A^b\Omega+BU
\end{aligned}\tag{2.54}$$

2.4　四旋翼无人机模型

四旋翼无人机是一种通过对称搭载4个驱动装置和4个旋翼，驱动旋翼旋转产生升力而进行飞行的无人机，如图2.10所示。其构造节省了传统直升机上的尾桨，简化了机体构造，既节约了成本，又减轻了机体的重量。本节主要介绍四旋翼无人机的质心平动模型与绕质心转动模型[7]。

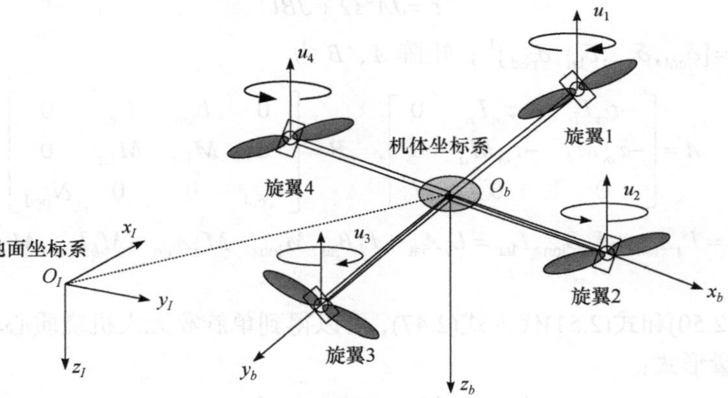

图2.10　四旋翼无人机示意图

2.4.1　四旋翼无人机质心平动模型

四旋翼无人机的质心平动模型是描述无人机位置信息的模型，与2.2节和2.3节一致，可以分为质心平动运动学模型和质心平动动力学模型。

1. 质心平动运动学模型

定义 $P=[x,y,z]^{\mathrm{T}}$ 和 $V=\left[V_x,V_y,V_z\right]^{\mathrm{T}}$ 分别为四旋翼无人机在地面坐标系下的位置矢量和速度矢量。与2.2节和2.3节一致，采用微分方程描述位置矢量与速度矢量之间的关系，获得无人机的质心平动运动学模型，如式(2.55)所示：

$$\dot{P} = V \tag{2.55}$$

式(2.55)展开为

$$\begin{aligned} \dot{x} &= V_x \\ \dot{y} &= V_y \\ \dot{z} &= V_z \end{aligned} \tag{2.56}$$

2. 质心平动动力学模型

由牛顿第二定律描述的四旋翼无人机速度矢量变化率与无人机受力之间的关系可以表示为

$$m\dot{V} = F \tag{2.57}$$

式中，m 为四旋翼无人机的质量；F 为作用于四旋翼无人机的合外力。

下面对式(2.57)中四旋翼无人机受到的合外力 F 进行分析。作用于四旋翼无人机的合外力主要包括旋翼旋转产生的升力与重力[8]。令 $u_i\,(i=1,2,3,4)$ 为各个旋翼产生的垂直于旋翼平面的升力，与旋翼转速 ω_i 的平方成正比，旋翼标号顺序如图 2.10 所示，方向为沿 z_b 轴负方向，因此无人机受到的总升力大小 u 可表示为

$$u = \sum_{i=1}^{4} u_i = -\sum_{i=1}^{4} c_T \omega_i^2 \tag{2.58}$$

式中，c_T 是升力系数。

令 G 表示地面坐标系下无人机受到的重力，方向沿 z_I 轴正方向，因此可以写为

$$G = mge_3 \tag{2.59}$$

式中，g 为重力加速度；$e_3 = [0,0,1]^{\mathrm{T}}$。

考虑四旋翼无人机受到总升力 u，并将式(2.59)代入式(2.57)，可以得到地面坐标系下四旋翼无人机质心平动动力学模型的矢量形式

$$\dot{V} = ge_3 - \frac{u}{m}\,{}_b^I R e_3 \tag{2.60}$$

可以展开为

$$\begin{aligned} \dot{V}_x &= -(\cos\phi\sin\theta\cos\psi + \sin\phi\sin\psi)\frac{u}{m} \\ \dot{V}_y &= -(\cos\phi\sin\theta\sin\psi - \sin\phi\cos\psi)\frac{u}{m} \\ \dot{V}_z &= g - (\cos\phi\cos\theta)\frac{u}{m} \end{aligned} \tag{2.61}$$

2.4.2　四旋翼无人机绕质心转动模型

下面给出描述无人机姿态信息的绕质心转动模型。与 2.2 节和 2.3 节一致，决定了无人机的三个转动自由度，即滚转角 ϕ 、俯仰角 θ 及偏航角 ψ ，可以分为绕质心转动运动学模型和绕质心转动动力学模型。

1. 绕质心转动运动学模型

令 $\Theta=[\phi,\theta,\psi]^{\mathrm{T}}$ 表示地面坐标系下的姿态角矢量， ${}^{b}\Omega=\left[p,q,r\right]^{\mathrm{T}}$ 表示机体坐标系下的角速度矢量， p、q、r 分别表示机体坐标系下滚转角速度、俯仰角速度和偏航角速度。

由于定义姿态角矢量与角速度矢量时使用的坐标系不同，在描述两者关系时需要引入矩阵(2.23)，此时四旋翼无人机的绕质心转动运动学模型可以写为

$$\dot{\Theta}=\Pi\,{}^{b}\Omega \tag{2.62}$$

展开可以写为

$$\begin{aligned}\dot{\phi}&=p+q\sin\phi\tan\theta+r\cos\phi\tan\theta\\ \dot{\theta}&=q\cos\phi-r\sin\phi\\ \dot{\psi}&=q\sin\phi/\cos\theta+r\cos\phi/\cos\theta\end{aligned} \tag{2.63}$$

2. 绕质心转动动力学模型

下面给出四旋翼无人机绕质心转动动力学模型。与固定翼无人机和单旋翼无人直升机一致，根据欧拉定律，可以得到

$$J\,{}^{b}\dot{\Omega}=-{}^{b}\Omega\times J\,{}^{b}\Omega+{}^{b}\tau \tag{2.64}$$

式中， ${}^{b}\tau$ 为机体坐标系下无人机受到的合外力矩； $J=\mathrm{diag}\left\{J_{xx},J_{yy},J_{zz}\right\}$ 为转动惯量[9]。

接下来，对式(2.64)中的力矩 ${}^{b}\tau$ 进行分析。四旋翼无人机受到的合外力矩 τ 主要有三个，即旋翼旋转产生的力矩、阻力力矩和陀螺效应力矩。由于无人机的结构具有对称性，阻力矩的合力矩和陀螺效应力矩几乎为零。因此，无人机受到的力矩主要为旋翼产生的力矩。对于滚转和俯仰运动，无人机对旋翼产生的升力差可分别产生沿 x_b 轴和 y_b 轴的力矩，记为 τ_1 和 τ_2 ，具体如式(2.65)和式(2.66)所示：

$$\tau_1=l_T(c_T\omega_4^2-c_T\omega_2^2) \tag{2.65}$$

$$\tau_2=l_T(c_T\omega_1^2-c_T\omega_3^2) \tag{2.66}$$

式中， l_T 代表无人机质心到转轴的距离。

而对于偏航运动，是由两对旋翼产生的反扭矩差造成的，所以各旋翼产生的总反扭矩为τ_3，如式(2.67)所示：

$$\tau_3 = c_Q(-\omega_1^2 + \omega_2^2 - \omega_3^2 + \omega_4^2) \tag{2.67}$$

式中，c_Q为反扭矩系数。通过上述分析，合外力矩${}^b\tau$可以写为${}^b\tau = [\tau_1, \tau_2, \tau_3]^{\mathrm{T}}$，则四旋翼无人机受到的总升力$u$、合外力矩${}^b\tau$和各个旋翼的转速$\omega_i$($i=1,2,3,4$)关系如下：

$$\begin{bmatrix} u \\ \tau_1 \\ \tau_2 \\ \tau_3 \end{bmatrix} = \begin{bmatrix} c_T & c_T & c_T & c_T \\ 0 & -c_T l_T & 0 & c_T l_T \\ -c_T l_T & 0 & c_T l_T & 0 \\ -c_Q & c_Q & -c_Q & c_Q \end{bmatrix} \begin{bmatrix} \omega_1^2 \\ \omega_2^2 \\ \omega_3^2 \\ \omega_4^2 \end{bmatrix} \tag{2.68}$$

综上，四旋翼无人机绕质心转动动力学模型的矢量形式可以根据式(2.64)得到，即

$${}^b\dot{\Omega} = -J^{-1}({}^b\Omega \times J\,{}^b\Omega) + J^{-1}\,{}^b\tau \tag{2.69}$$

式(2.69)展开为

$$\begin{aligned} \dot{p} &= \frac{J_{yy} - J_{zz}}{J_{xx}} qr + \frac{1}{J_{xx}} \tau_1 \\ \dot{q} &= \frac{J_{zz} - J_{xx}}{J_{yy}} pr + \frac{1}{J_{yy}} \tau_2 \\ \dot{r} &= \frac{J_{xx} - J_{yy}}{J_{zz}} pq + \frac{1}{J_{zz}} \tau_3 \end{aligned} \tag{2.70}$$

综合四旋翼无人机质心平动模型式(2.55)、式(2.60)和绕质心转动模型式(2.62)、式(2.64)的矢量形式，可以得到四旋翼无人机六自由度模型：

$$\begin{aligned} \dot{P} &= V \\ \dot{V} &= g e_3 - \frac{u}{m}\,{}_I^b R e_3 \\ \dot{\Theta} &= \Pi\,{}^b\Omega \\ {}^b\dot{\Omega} &= -J^{-1}({}^b\Omega \times J\,{}^b\Omega) + J^{-1}\,{}^b\tau \end{aligned} \tag{2.71}$$

备注 2.1　为了简便起见，在后续章节中，将固定翼无人机、单旋翼无人机和四旋翼无人机在地面坐标系下的位置信息统一写为$P = [x, y, z]^{\mathrm{T}}$，地面坐标系下的速度信息写为$V = [V_x, V_y, V_z]^{\mathrm{T}}$，地面坐标系下的姿态信息写为$\Theta = [\phi, \theta, \psi]^{\mathrm{T}}$，机体

坐标系下的姿态速度信息写为 $\Omega=[p,q,r]^{\mathrm{T}}$，机体坐标系下无人机受到的合外力矩简写为 τ，机体坐标系到地面坐标系的旋转矩阵写为 R。

2.5 小　结

无人机的数学模型是研究多无人机智能自主协同控制问题的基础，起着至关重要的作用。本章首先描述了与无人机相关的三个常用坐标系，即地面坐标系、机体坐标系、气流坐标系，然后介绍了描述无人机位置信息与姿态信息的状态变量；接着利用旋转矩阵的概念，推导出三个常用坐标系之间的转换关系。在此基础上，根据牛顿定律和欧拉定律，分析无人机受到的合外力与合外力矩，得到固定翼、单旋翼和四旋翼无人机的质心平动与绕质心转动模型，最终获得其六自由度模型形式，为后续章节中的路径/运动规划、编队生成、保持与重构控制等提供了重要的理论支撑。

参 考 文 献

[1] 吴森唐, 费玉华. 飞行控制系统. 北京: 北京航空航天大学出版社, 2005.

[2] Stevens B L, Lewis F L, Du J H, et al. Aircraft Control and Simulation. New York: Wiley, 2003.

[3] Rauw M O. A simulink environment for flight dynamics and control analysis application to the DHC-2 "Beaver". Delft: Delft University of Technology, 1993.

[4] Liu C J, Chen W H, Andrews J. Tracking control of small-scale helicopters using explicit nonlinear MPC augmented with disturbance observers. Control Engineering Practice, 2012, 20(3): 258-268.

[5] Fang X, Wu A G, Shang Y, et al. A novel sliding mode controller for small-scale unmanned helicopters with mismatched disturbance. Nonlinear Dynamics, 2016, 83(1-2): 1053-1068.

[6] Bogdanov A, Wan E. State-dependent Riccati equation control for small autonomous helicopters. Journal of Guidance, Control, and Dynamics, 2007, 30(1): 47-60.

[7] 贺海鹏．四旋翼无人机非线性控制研究．南京：东南大学, 2015.

[8] Mahony R, Kumar V, Corke P. Multirotor aerial vehicles: Modeling, estimation, and control of quadrotor. IEEE Robotics and Automation Magazine, 2012, 3(19): 20-32.

[9] Hamel T, Mahony R, Lozano R, et al. Dynamic modelling and configuration stabilization for an X4-Flyer. IFAC Proceedings Volumes, 2002, 35(1): 217-222.

第3章　多无人机任务决策

多无人机任务决策是指在执行任务过程中，考虑无人机自身能力、任务目标情况和任务需求，以最小的任务代价实现任务收益最大化。由于任务决策的优劣直接决定无人机任务执行效果，研究高效的多无人机任务决策具有一定的实际意义。根据决策主体不同，任务决策可以分为集中式决策和分布式决策两类。其中，以地面控制站为主体的集中式决策会根据其他无人机收集到的任务和环境信息进行集中计算，无人机只是任务的执行者，不需要具有很强的智能水平，主要适用于无人机执行任务之前，地面站为各任务目标指派无人机的情况。而在无人机到达任务地点后，此时的任务环境是高动态、不确定及快时变的，若依然通过地面站指挥各无人机的行动很容易导致任务失败，因此，以无人机为主体的任务决策至关重要。此时每架无人机会根据已知信息，作为独立个体进行分布式决策，这就要求无人机具有较高的自主性和智能性。可见，上述两种决策方式各有优缺点，适应于不同的应用场景，为了便于理解，本章分别进行了叙述。

本章的主要内容安排如下：3.1 节主要描述以地面站为主体的集中式任务决策，面向全局任务收益和任务优先级两种情景，分别采用改进粒子群优化算法及强化学习算法进行求解；3.2 节主要描述以无人机为主体的分布式任务决策，并采用类脑智能算法进行求解；3.3 节给出本章小结。

3.1　多无人机集中式任务决策

地面站任务决策过程中，首先对任务状态进行分析，然后考虑无人机执行任务情况的不同，为无人机进行任务决策，分配合适的任务。本节将基于地面站的任务决策问题分为面向全局任务收益和面向任务优先级两种情景，分别适用于对决策结果最优性要求较高或实时性要求较高的情况。

3.1.1　问题描述

考虑己方无人机和任务目标情况不同，分为面向全局任务收益的多无人机任务决策和面向任务优先级的多无人机任务决策两种场景。

3.1.2 节主要介绍面向全局任务收益的多无人机集中式任务决策问题。针对大规模无人机集群任务决策，假设地面站存在 N 架无人机，存在 M 个任务目标，每个任务目标分配多架无人机。如何考虑无人机和任务目标的各种约束条件，以全局任务收益最大为性能指标，将 N 架无人机分配给 M 个任务目标，是需要解决的难点问题。

3.1.3 节主要介绍面向任务优先级的多无人机集中式任务决策问题。假设地面站存在不同类型的无人机且数目充足，任务区域存在若干个任务目标。为减少任务决策的求解时间，根据任务紧急程度为任务划分优先级。对于优先级不同的各个任务，如何考虑任务环境中不确定因素(风速及降雨量)对每类无人机完成任务能力的影响，在有限经验的基础上为各任务目标依次分配执行任务的无人机，是需要解决的难点问题。

3.1.2 面向全局任务收益的多无人机集中式任务决策

首先针对面向全局任务收益的情景，考虑到粒子群优化算法具备搜索过程不依赖问题本身且全局最优性较好等优点，本节首先在传统粒子群优化算法的基础上，考虑无人机协同任务决策问题自身特点，对粒子群优化算法进行改进，解决面向全局任务收益的多无人机集中式任务决策问题。

下面首先对多无人机集中式任务决策问题进行数学描述，包括约束条件和性能指标两部分，然后采用改进粒子群算法进行求解，最后给出仿真验证结果。

1. 约束条件

约束条件包含无人机执行任务类型约束、燃料约束及无人机和任务目标数目关系等三类约束条件。

1) 类型约束

根据任务需求，将任务目标和无人机执行任务类型分为探测、通信和救援。无人机类型对应上述三种任务类型中的一种或几种。

第 i 架无人机能否执行第 m 个任务目标的匹配函数表达式为

$$\operatorname{adap}(i,m)=\begin{cases}1, & \operatorname{typ}(U_i)=\operatorname{typ}(T_m)\\ 0, & \operatorname{typ}(U_i)\neq\operatorname{typ}(T_m)\end{cases} \tag{3.1}$$

式中，$\operatorname{typ}(T_m)$ 表示第 m 个任务目标的类型，$m\in[1,M]$；$\operatorname{typ}(U_i)$ 表示无人机 i 的类型，$i\in[1,N]$。

2) 燃料约束

假设无人机运动单位距离消耗的燃料为 $\overline{f}$，则第 i 架无人机执行第 m 个任务目标的燃料消耗表达式为

$$\operatorname{fuel}(i,m)=\overline{f}\times\left\|P_i^U-P_m^T\right\| \tag{3.2}$$

式中，P_i^U、P_m^T 分别表示第 i 架无人机和第 m 个任务目标的位置坐标。

为了确保完成任务后编队顺利返回基地，要求第 i 架无人机执行第 m 个任务目标的燃料消耗不超过自身携带燃料的一半，其表达式为

$$\text{fuel}(i,m) \leqslant \frac{1}{2}\text{cfuel}(U_i) \tag{3.3}$$

式中，$\text{cfuel}(U_i)$ 表示第 i 架无人机携带的燃料总量。

3) 无人机和任务目标数目关系约束

考虑到无人机数目远远大于任务目标数目，每架无人机只能分配给一个任务目标，可以表示为

$$\sum_{m=1}^{M} \text{allo}(i,m) = 1, \quad i \in [1, N] \tag{3.4}$$

式中，$\text{allo}(i,m)$ 代表第 i 架无人机是否分配给第 m 个任务目标。

同时，要求每个任务目标至少需要分配若干架无人机协同执行，具体数目范围和无人机及任务实际情况有关，则执行第 m 个任务目标的无人机数目表达式为

$$n_{\min}(T_m) \leqslant \sum_{i=1}^{N} \text{allo}(i,m) \leqslant n_{\max}(T_m), \quad m \in [1, M] \tag{3.5}$$

式中，$n_{\min}(T_m)$、$n_{\max}(T_m)$ 分别代表执行第 m 个任务目标的无人机数目的下限和上限。

2. 性能指标

任务决策过程中，需要以全局任务收益最大为性能指标进行任务决策，本节中设置的性能指标采用了一种基于无人机自身搜救能力和自身安全保障能力的综合性能指标，该指标受无人机的探测能力、通信能力、运载能力、机动能力、自我保护能力、重要程度和任务目标的损伤能力、重要程度等条件的影响，由收益函数、代价函数和惩罚函数三部分组成。

在介绍具体性能指标之前，首先给出无人机自身搜救能力 $\text{sere}(U_i)$ 和自身安全保障能力 $\text{safe}(U_i)$，如式(3.6)所示：

$$\begin{aligned}
\text{sere}(U_i) &= I(U_i) \cdot \left(b_1 \cdot \text{load}(U_i) + b_2 \cdot \text{mane}(U_i)\right) \\
\text{safe}(U_i) &= I(U_i) \cdot \text{man}(U_i)
\end{aligned} \tag{3.6}$$

式中，b_1、b_2 为权重系数；$\text{load}(U_i)$、$\text{mane}(U_i)$、$\text{man}(U_i)$ 分别为第 i 架无人机的运载能力、机动能力与自我保护能力；$I(U_i)$ 为第 i 架无人机的信息支持能力，由数据链路通信能力 $\text{com}(U_i)$ 和机载固有的探测能力 $\det(U_i)$ 决定，如式(3.7)所示：

$$I(U_i)=\text{env}(U_i)\cdot\left(a_1\cdot\text{com}(U_i)+a_2\cdot\det(U_i)\right) \tag{3.7}$$

式中，$\text{env}(U_i)$为任务环境约束；a_1、a_2为权重系数。

随着数据链的广泛运用，数据链逐渐成为信息支持能力的主力，可根据具体的任务完成情况，加大数据链信息支持能力的权重。

下面将给出性能指标的定义，分别对收益函数、代价函数和由约束条件转化的惩罚函数三部分进行介绍。

1) 收益函数

多无人机协同任务决策的收益函数是由无人机的自身搜救能力、任务目标的重要程度综合确定，其表达式为

$$\text{gain}=\sum_{m=1}^{M}\sum_{i=1}^{N}\text{allo}(i,m)\cdot\text{sere}(U_i)\cdot\text{val}(T_m) \tag{3.8}$$

式中，$\text{val}(T_m)$表示任务目标m的重要程度。

2) 代价函数

多无人机协同任务决策的代价函数是由任务目标的损伤能力、己方无人机编队的自身安全保障能力和重要程度、执行任务的燃料消耗综合确定，其表达式为

$$\text{cost}=\sum_{m=1}^{M}\sum_{i=1}^{N}\left(\text{allo}(i,m)\cdot\text{thre}(T_m)/\text{safe}(U_i)\cdot\text{val}(U_i)+\text{fuel}(i,m)\right) \tag{3.9}$$

式中，$\text{thre}(T_m)$表示任务目标m的损伤能力；$\text{safe}(U_i)$和$\text{val}(U_i)$分别表示无人机i的自身安全保障能力和重要程度。

3) 惩罚函数

为了提高算法的求解效率，将无人机和任务目标数目关系的约束条件转化为惩罚函数的形式，当不满足约束条件时，惩罚函数项通过极大的惩罚系数进行惩罚，从而确保最优解满足所有约束条件，其表达式为

$$\text{pe}=\begin{cases}1, & \sum_{i=1}^{N}\text{allo}(i,m)>n_{\max}(T_m)\\ 1, & n_{\min}(T_m)>\sum_{i=1}^{N}\text{allo}(i,m)\\ 0, & \text{其他}\end{cases} \tag{3.10}$$

式中，$\sum_{i=1}^{N}\text{allo}(i,m)$代表实际执行第$m$个任务目标的无人机数目；$n_{\min}(T_m)$、$n_{\max}(T_m)$分别代表执行第$m$个任务目标的无人机数目的下限和上限。

结合上述收益函数、代价函数与惩罚函数，可以得到全局性能指标函数，如式(3.11)所示：

$$J = \omega_1 \cdot \text{gain} - \omega_2 \cdot \text{cost} - \omega_3 \cdot \text{pe} \tag{3.11}$$

式中，ω_1、ω_2、ω_3 代表任务收益、代价函数和惩罚函数的加权系数，可根据任务需求自主调整对任务收益和代价的权重。

因此优化模型可以总结为

$$\begin{aligned} &\max J = \omega_1 \cdot \text{gain} - \omega_2 \cdot \text{cost} - \omega_3 \cdot \text{pe} \\ &\text{s.t.}\quad \text{fuel}(i,m) \leqslant \frac{1}{2}\text{cfuel}(U_i) \\ &\qquad \text{typ}(U_i) = \text{typ}(T_m) \\ &\qquad \forall i \in [1,N], \forall m \in [1,M] \end{aligned} \tag{3.12}$$

上面给出了面向全局任务收益的多无人机任务决策问题的约束条件与性能指标，下面将针对上述任务决策问题给出对应的求解策略。

3. *求解策略*

考虑到粒子群优化算法具备算法结构简单及搜索过程不依赖问题本身的相关数学性质等优点，在传统离散粒子群优化算法的基础上，考虑多无人机任务决策问题自身特点，对粒子群优化算法进行改进。

对于任务决策问题，传统的离散粒子群优化算法在求解过程中，各个粒子向代表个体最优解的粒子和全局最优解的粒子学习，学习过程比较单一，当初始随机生成的各个粒子(个体最优解)较差时，就会收敛到一个局部最优解的邻域，同时无法跳出该区域。因此，虽然算法求解简单，但对于大规模任务决策问题来说，存在求解收敛速度过慢、求解最优性太差等问题，结合无人机协同任务决策问题自身特点，下面给出不同改进的粒子群优化算法。

(1) 静态离散粒子群优化(static discrete particle swarm optimization, SDPSO)算法。为了解决这一问题，引入变异操作和多重学习对象：变异操作是在迭代求解过程中以一定概率进行自身变异，增加解的随机性；多重学习对象是在迭代过程中增加粒子学习对象范围，进一步提高解的全局搜索能力。

(2) 动态离散粒子群优化(dynamic discrete particle swarm optimization, DDPSO)算法。在 SDPSO 算法的基础上，进一步考虑求解速度较慢的问题，引入动态可变惯性权重，算法迭代前期，增大执行变异操作及个体最优粒子学习的概率；随着迭代次数增加，不断调整学习概率，增大全局最优粒子学习概率，加快算法收敛速度。

(3) 结合模拟退火的动态离散粒子群优化(dynamic discrete particle swarm optimization combined with simulated annealing, DDPSO-SA)算法。在 DDPSO 算法的基础上，考虑到大规模无人机任务决策问题的复杂程度，为了进一步增加解的最优性，引入模拟退火算法，在粒子学习过程中，以一定的概率接受非最优的粒子解，从而进一步增加算法在全局搜索的能力。

下面分别给出三种算法的具体改进、求解流程，并通过多组仿真对算法的性能进行比较。

1) SDPSO 算法

考虑传统离散粒子群优化算法对于求解大规模无人机任务决策存在求解最优性过差的问题，为提高求解最优性，引入变异操作和多重学习对象，扩大粒子在全局搜索的能力，具体改进如下。

(1) 引入变异操作。传统的离散化粒子群优化算法存在容易陷入局部极小的问题，引入遗传算法中的变异思想，粒子迭代学习过程中，有一定的概率进行自身变异，即将粒子自身的部分进行随机置换，在迭代过程中一定程度增加了粒子的全局搜索能力，从而增加了解的最优性。

(2) 多重学习对象。对于大规模集群任务决策问题，最优粒子是向量形式的最优解形式，仅向个体最优粒子及全局最优粒子学习对于向量形式的最优问题，全局搜索能力太差，因此引入局部最优子群的概念。局部最优子群是指在迭代过程中，将每轮迭代后的粒子按照最优性进行排序，按照一定比例将最优性较好的部分粒子作为局部最优子群，作为粒子迭代的学习对象。针对包含全局最优粒子和局部最优子群的多重学习对象，引入学习因子和迭代次数阈值，用于确定全局最优粒子、局部最优子群中的粒子和随机选择的粒子各自的学习选择概率。

图 3.1 为 SDPSO 算法求解流程图，算法的详细求解步骤如下所示。

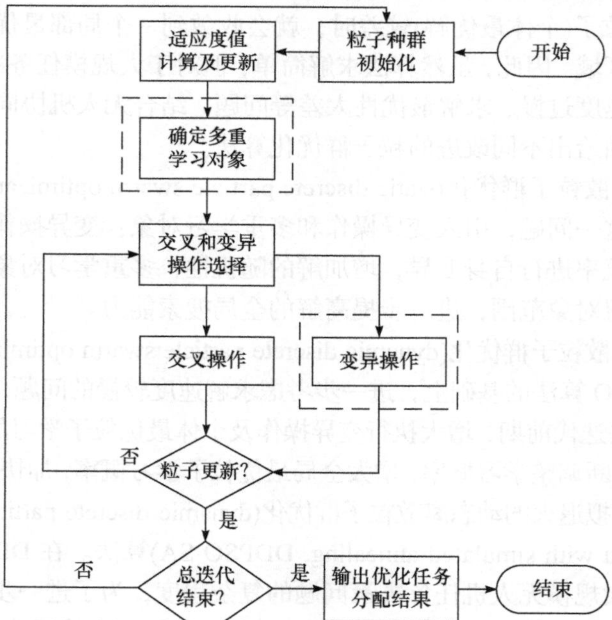

图 3.1　SDPSO 算法求解流程图

步骤 1(粒子种群初始化)：设置种群大小、总迭代次数 K、学习选择概率 p_1 和 p_2、迭代次数阈值 N_g 以及局部最优子群比 r_1。

步骤 2(适应度值计算及更新)：计算种群内所有粒子的适应度值 fit，并进行更新。

步骤 3(确定多重学习对象)：根据更新后的适应度值以及局部最优子群比 r_1，确定包含全局最优粒子和局部最优子群在内的多重学习对象。

步骤 4(交叉和变异操作选择)：对于种群内各个粒子，分别产生一个 0～1 的随机数 inn，若 $\text{inn} \geqslant p_1$，则执行交叉操作；若 $\text{inn} < p_1$，则执行变异操作。

步骤 5(交叉操作)：当执行交叉操作时，首先产生一个 0～1 的随机数 jnn，如果 $\text{jnn} < p_2$，且当前迭代次数小于 N_g，则随机选择一个粒子作为学习对象；如果 $\text{jnn} < p_2$，且当前迭代次数大于 N_g，则选择全局最优粒子作为学习对象；如果 $\text{jnn} \geqslant p_2$，则从局部最优子群中随机选择一个粒子作为学习对象。

步骤 6(变异操作)：当执行变异操作时，从当前粒子中随机选择两个节点，将节点间的子序列进行倒置。

步骤 7(粒子更新)：判断执行交叉或变异操作后的粒子是否满足优化模型中的约束条件，若不满足，回到步骤 4 重新执行交叉或变异操作；若满足，计算此时粒子的适应度值 fit1，如果优于学习前的适应度值 fit，则更新该粒子，否则不更新当前粒子，回到步骤 4 重新执行交叉和变异操作选择。

步骤 8(迭代停止判断)：判断当前迭代次数是否达到总迭代次数 K。如果未达到，跳转到步骤 2，循环执行；否则终止寻优，输出全局最优值和全局最优粒子，即为最终获取的无人机任务决策最优解。

2) DDPSO 算法

传统的离散粒子群优化算法存在迭代初期收敛过快，迭代后期搜索效率过低的问题，SDPSO 算法通过引入变异操作和多重学习对象，并通过提高算法的全局搜索能力，提高解的最优性，为了进一步提高算法效率，现引入动态可变惯性权重策略，具体如下所示：

DDPSO 算法求解流程同 SDPSO 算法类似(图 3.2)，主要区别在于采用类似传统粒子群优化算法中的动态可变惯性权重策略，通过动态调整学习选择概率 p_1、p_2 增加算法效率和全局最优性。其中 p_1 代表算法执行交叉和变异选择概率，迭代初期 p_1 较大，使得粒子以较大的概率能够执行变异操作，从而扩大算法的全局搜索能力，随着迭代次数增加，p_1 逐渐减小，从而在迭代后期提高算法的收敛速度；p_2 代表算法向各个学习对象学习的概率，迭代初期 p_2 较大，算法以较大的概率向随机粒子进行学习，从而扩大了算法的全局搜索能力，随着迭代次数增加，p_2 逐渐减小，迭代过程中逐渐增加算法向全局最优解和局部最优子群的学习概率，因此迭代后期，在保证算法搜索能力的基础上，提高了算法的收敛速度。

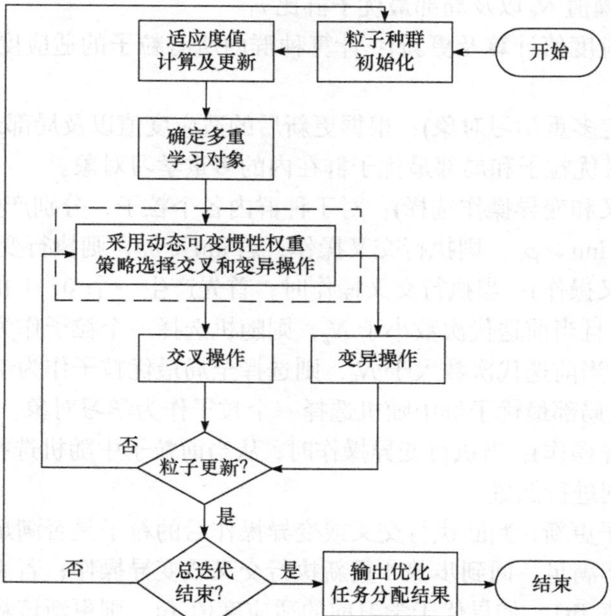

图 3.2　DDPSO 算法求解流程图

下面给出动态可变惯性权重策略选择概率 p_1 与 p_2 的表达式，如式(3.13)所示：

$$\begin{cases} p_1 = 0.0325\left[\dfrac{\exp\left(0.03(-k+K/2)\right)}{1+\exp\left(0.03(-k+K/2)\right)}+2\right]+0.0025 \\ p_2 = 0.225\left[\dfrac{\exp\left(0.03(-k+K/2)\right)}{1+\exp\left(0.03(-k+K/2)\right)}+2\right]+0.025 \end{cases} \tag{3.13}$$

式中，k 代表当前迭代次数；K 代表算法总迭代次数。

图 3.3 给出了 K=500 时，动态可变惯性权重随迭代次数变化的曲线。

3) DDPSO-SA 算法

考虑到大规模无人机任务决策问题，以向量形式的解出现，变量数目多，问题较为复杂，上述改进策略可能无法满足解的最优性要求，为了进一步提高任务决策问题解的全局搜索能力，引入模拟退火算法，在粒子迭代学习过程中，当解的最优值相比之前结果更差时，仍然以一定的概率接受非最优的粒子解，从而进一步增加算法在全局搜索的能力。图 3.4 给出 DDPSO-SA 算法求解流程图。

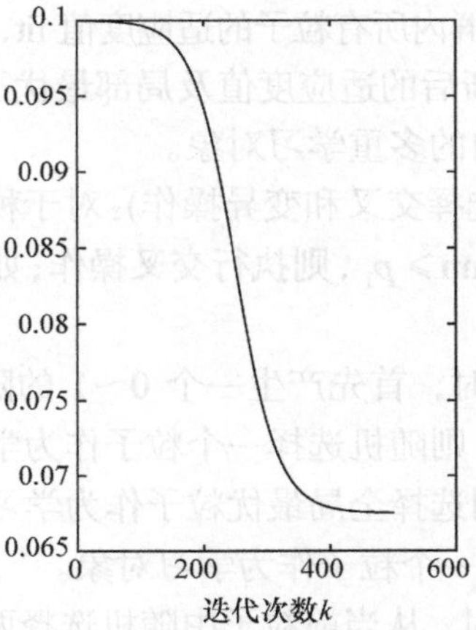

图 3.3　动态可变惯性权重示意图

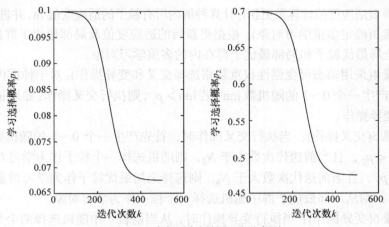

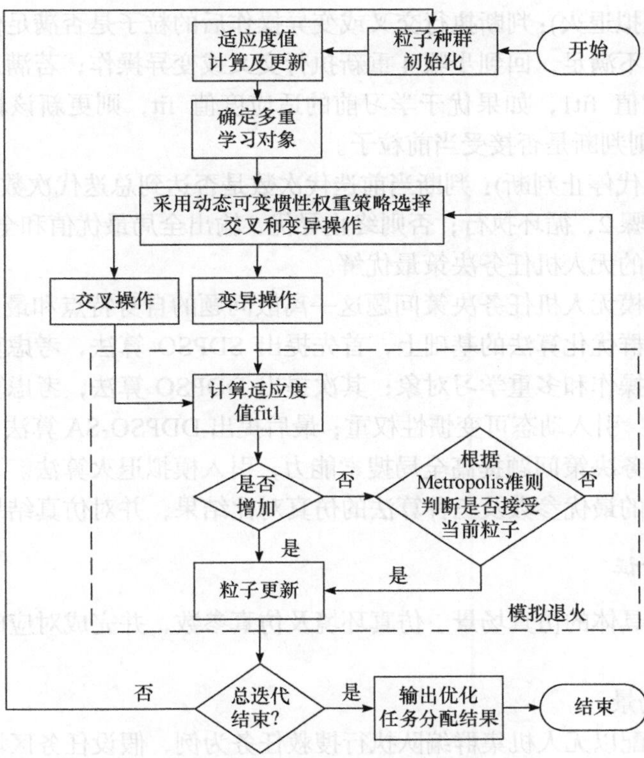

图 3.4　DDPSO-SA 算法求解流程图

DDPSO-SA 算法具体求解步骤如下所示。

步骤 1(粒子种群初始化)：设置种群大小、总迭代次数 K、学习选择概率 p_1 和 p_2、迭代次数阈值 N_g 及局部最优子群比 r_1。

步骤 2(适应度值计算及更新)：计算种群内所有粒子的适应度值 fit，并进行更新。

步骤 3(确定多重学习对象)：根据更新后的适应度值及局部最优子群比 r_1，确定包含全局最优粒子和局部最优子群在内的多重学习对象。

步骤 4(采用动态可变惯性权重策略选择交叉和变异操作)：对于种群内各个粒子，分别产生一个 0～1 的随机数 inn，若 $\text{inn} \geqslant p_1$，则执行交叉操作；如果 $\text{inn} < p_1$，则执行变异操作。

步骤 5(交叉操作)：当执行交叉操作时，首先产生一个 0～1 的随机数 jnn，如果 $\text{jnn} < p_2$，且当前迭代次数小于 N_g，则随机选择一个粒子作为学习对象；如果 $\text{jnn} < p_2$，且当前迭代次数大于 N_g，则选择全局最优粒子作为学习对象；如果 $\text{jnn} \geqslant p_2$，则从局部最优子群中随机选择一个粒子作为学习对象。

步骤 6(变异操作)：当执行变异操作时，从当前粒子中随机选择两个节点，将节点间的子序列进行倒置。

步骤 7(模拟退火)：判断执行交叉或变异操作后的粒子是否满足优化模型中的约束条件，若不满足，回到步骤 4 重新执行交叉或变异操作；若满足，计算此时粒子的适应度值 fit1，如果优于学习前的适应度值 fit，则更新该粒子，否则按 Metropolis 准则判断是否接受当前粒子。

步骤 8(迭代停止判断)：判断当前迭代次数是否达到总迭代次数 K，如果未达到，跳转到步骤 2，循环执行；否则终止寻优，输出全局最优值和全局最优粒子，即为最终获取的无人机任务决策最优解。

针对大规模无人机任务决策问题这一离散问题的自身特点和最优性需求，在传统离散粒子群优化算法的基础上，首先提出 SDPSO 算法，考虑算法最优性问题，引入变异操作和多重学习对象；其次提出 DDPSO 算法，考虑算法最优性和收敛速度问题，引入动态可变惯性权重；最后提出 DDPSO-SA 算法，进一步考虑针对大规模任务决策问题提高全局搜索能力，引入模拟退火算法。下面通过多组仿真给出算法的最优参数及三种算法的仿真对比结果，并对仿真结果进行分析。

4. 仿真验证

下面给出具体的仿真场景、仿真环境及仿真参数，并完成对应的多组仿真验证及分析。

1) 仿真场景

地面站分配以无人机集群编队执行搜救任务为例，假设任务区域存在多个待搜救任务区域和目标，任务目标随机分布在执行任务区域的各个部分，考虑己方存在多架多类型无人机。地面站根据侦察获取的实时战场信息及历史信息，综合己方无人机、任务目标和执行任务需求，以执行任务效能最大为性能指标分配任务。具体上，考虑地面站存在 100 架无人机，搜救过程中，用于执行 10 个不同的任务目标，并考虑执行任务总体效能，将 100 架无人机分配到 10 个不同的任务目标。

2) 仿真环境

在 Windows 10 操作系统中，基于 MATLAB 2014a 仿真环境实现仿真实验，计算机配置：CPU 为 Intel Core i5-2450M 2.5GHz 处理器，8GB 内存。

3) 仿真参数

下面给出任务决策考虑的各种约束的具体参数。

任务类型约束：由于无人机存在执行任务目标类型的限制，假设无人机可执行任务类型及任务目标类型如下所示。

以 100 架无人机为例，假设第 1～25 架无人机表示可执行搜救和通信任务的无人机；第 26～50 架无人机表示可执行侦察和通信任务的无人机；第 51～75 架无人机表示可执行侦察和搜救任务的无人机；第 76～100 架无人机表示可执行侦察、搜救和通信任务的无人机。

对任务目标来说，假设第 1～4 个任务目标为侦察和搜救任务目标；第 5～8 个任务目标为搜救任务目标；第 9、10 个任务目标为作为通信中继节点。

粒子群优化算法参数：局部最优子群比为 r_1=20%。

4) 仿真结果

针对大规模无人机任务决策问题，以 100 架无人机执行 10 个任务目标为例，首先通过仿真，根据算法运行时间和全局任务收益值(即适应度值)确定算法的最优迭代次数和粒子数，并分析不同数目无人机和任务目标对于算法求解时间的影响；其次在相同迭代次数和粒子数的基础上，比较三种改进粒子群优化算法的仿真结果。

(1) 迭代次数确定。

考虑 DDPSO-SA 算法理论上求解精度和求解效率最高，因此以 DDPSO-SA 算法为对象确定算法迭代次数和粒子数，并分析迭代次数对 DDPSO-SA 算法的全局任务收益值和算法运行时间的影响：以 100 架无人机执行 10 个任务目标为例，考虑迭代次数从 200 次变化到 800 次，仿真结果如表 3.1 所示。

表 3.1 不同迭代次数下 DDPSO-SA 算法的全局任务收益值及运行时间

算法	指标	迭代次数						
		200	300	400	500	600	700	800
DDPSO-SA	全局任务收益值	10	15	20	24	28	29	29
	运行时间/s	181	280	328	420	500	600	700

可以发现随着迭代次数增加，考虑 100 个粒子的前提下，粒子群优化算法的运

行时间近似呈线性增加的趋势，在迭代次数到达 700 次之前，全局执行任务收益值近似呈线性增加的趋势，约从 600～800 次时，全局任务收益值基本稳定在 28～29。

(2) 粒子数确定。

分析粒子数对改进离散粒子群优化算法的全局任务收益值和算法运行时间影响：以 100 架无人机执行 10 个任务目标为例，考虑粒子数从 100 个变化到 300 个，仿真结果如表 3.2 所示。

表 3.2　不同粒子数下 DDPSO-SA 算法的全局任务收益值及运行时间

算法	指标	粒子数目						
		100	125	150	175	200	250	300
DDPSO-SA	全局任务收益值	23	25	26.2	26.5	27	28	28
	运行时间/s	350	450	550	700	800	900	1000

可以发现在 700 次迭代的前提下，粒子群优化算法的运行时间随着粒子数的增加呈近似线性增加的趋势，在粒子数增加到 250 个之前，全局任务收益值呈近似线性增加的趋势，当粒子数到达 250 个后，全局任务收益值基本稳定至全局最优解 28 附近。

(3) 三种改进粒子群优化算法比较。

以 100 架无人机执行 10 个任务目标为例，设定求解时间为 1000s。综合粒子数和迭代次数影响，考虑 600 次迭代和 250 个粒子情况下，通过对 SDPSO 算法、DDPSO 算法和 DDPSO-SA 算法的 100 次仿真，比较 100 次任务决策结果的全局任务收益值和运行时间，如表 3.3 所示。

表 3.3　三种改进粒子群优化算法比较

算法	指标	无人机数目：100 任务目标数目：10
SDPSO	全局任务收益值	21
	运行时间/s	500
DDPSO	全局任务收益值	25.5
	运行时间/s	330
DDPSO-SA	全局任务收益值	28
	运行时间/s	165

图 3.5～图 3.7 分别给出 SDPSO 算法、DDPSO 算法和 DDPSO-SA 算法 100 次仿真全局任务收益值的变化曲线，左图为 100 次仿真的变化曲线(即 100 条曲

线)，右图为 100 次仿真的平均值、最好情况和最差情况(即 3 条曲线)。

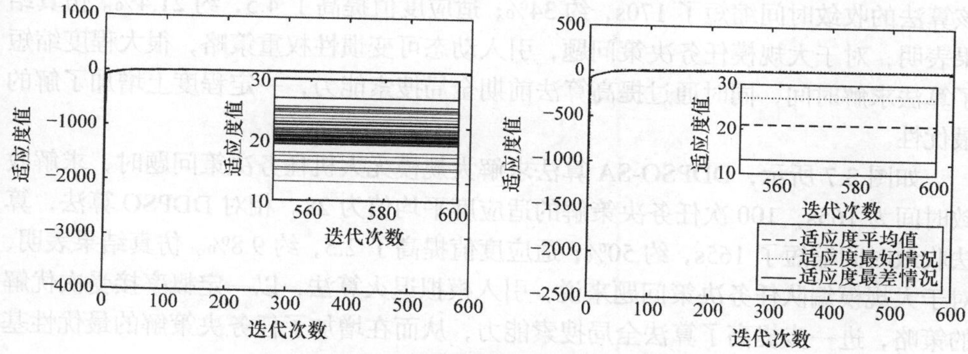

图 3.5　SDPSO 算法任务决策适应度值变化图

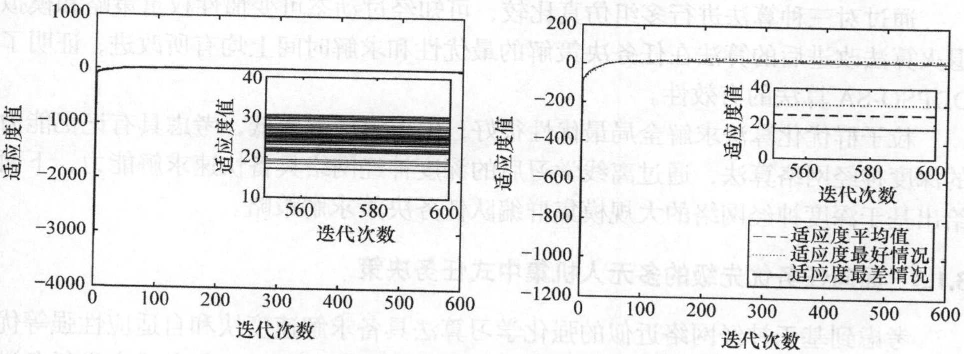

图 3.6　DDPSO 算法任务决策适应度值变化图

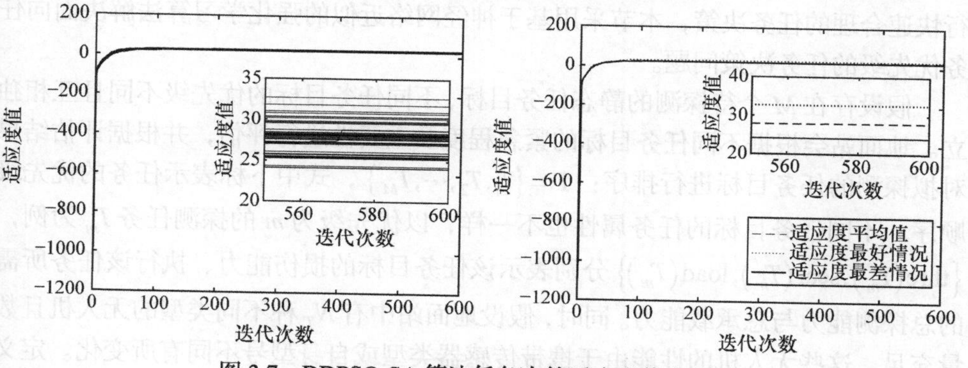

图 3.7　DDPSO-SA 算法任务决策适应度值变化图

如图 3.5 所示，SDPSO 算法求解大规模无人机任务决策问题时，算法求解收敛时间为 500s 左右(仿真时间由当前仿真环境下算法运行时间确定，故图中无显示)，100 次任务决策解的适应度值为 21。

如图 3.6 所示，DDPSO 算法求解大规模无人机任务决策问题时，算法求解收敛时间为 330s，100 次任务决策解的适应度平均值为 25.5。相对 SDPSO 算法，该算法的收敛时间缩短了 170s，约 34%；适应度值提高了 4.5，约 21.4%。仿真结果表明，对于大规模任务决策问题，引入动态可变惯性权重策略，很大程度缩短了算法求解时间，同时通过提高算法前期全局搜索能力，一定程度上增加了解的最优性。

如图 3.7 所示，DDPSO-SA 算法求解大规模无人机任务决策问题时，求解收敛时间为 165s，100 次任务决策解的适应度平均值为 28。相对 DDPSO 算法，算法收敛时间缩短了 165s，约 50%；适应度值提高了 2.5，约 9.8%。仿真结果表明，对于大规模编队任务决策问题来说，引入模拟退火算法，以一定概率接受次优解的策略，进一步提高了算法全局搜索能力，从而在增加了任务决策解的最优性基础上，缩短了收敛时间。

通过对三种算法进行多组仿真比较，可知经过动态可变惯性权重策略和模拟退火算法改进后的算法在任务决策解的最优性和求解时间上均有所改进，证明了 DDPSO-SA 算法的有效性。

粒子群优化算法求解全局最优性很好，但求解效率较低，考虑具有记忆能力的深度神经网络算法，通过离线学习后的深度神经网络具备快速求解能力，下面给出基于深度神经网络的大规模集群编队任务决策求解策略。

3.1.3 面向任务优先级的多无人机集中式任务决策

考虑到基于神经网络近似的强化学习算法具备求解速度快和自适应性强等优点，不仅能大幅缩短决策的求解时间，还能根据属性随机的新任务或突发任务进行快速合理的任务决策，本节采用基于神经网络近似的强化学习算法解决面向任务优先级的任务决策问题。

假设存在 M 个待探测的静态任务目标，不同任务目标的优先级不同且互相独立。地面站会根据不同任务目标的紧急程度及重要性进行评估，并根据评估结果对拟探测的任务目标进行排序：$T=\{T_1,T_2,\cdots,T_M\}$，式中下标表示任务的优先级顺序。不同任务目标的任务属性也不一样，以优先级为 m 的探测任务 T_m 为例，$\{\text{thre}(T_m),\text{sear}(T_m),\text{load}(T_m)\}$ 分别表示该任务目标的损伤能力、执行该任务所需的总探测能力与总承载能力。同时，假设地面站中有 N_T 种不同类型的无人机且数量充足，这些无人机的性能由于携带传感器类型或自身型号不同有所变化。定义 $U=\{U_1^j,U_2^j,\cdots,U_N^j\}$ 为 N 个不同类型的无人机，式中上标 j（$j\in[1,N_T]$）表示无人机的类型，$\{\text{safe}(U^j),\text{sear}(U^j),\text{load}(U^j)\}$ 分别表示第 j 类无人机具备的安全保障能力、探测能力与承载能力。此外，由于任务环境是复杂多变的，环境的不确定可能会对无人机的性能造成影响，使其完成任务的效果发生变化。综上，本节的任务决策目标可以描述为，考虑环境不确定、无人机类型以及任务目标属性等因素的影响，对于优先级不同的 M 个探测任务，分别指派一组数量待定、类型不同的无人机前去探测。考虑到恶劣天气情况如大风或阵雨将影响无人机的稳定飞行能力，进而对其可携带装备以及传感器的探测范围造成影响，因此，本节将任务环境中风速和降雨量对无人机任务完成效果的影响作为需要考虑环境中的不确定因素。

下面首先对面向任务优先级的多无人机集中式任务决策问题进行数学描述，包括约束条件和性能指标两部分，然后采用 Q 网络算法进行求解，最后给出仿真验证结果。

1. 约束条件

1) 安全约束

定义优先级为 m 的任务目标所处环境为 $\mathrm{env}_m=\{w_m, r_m\}$，式中 w_m 表示风速等级，r_m 表示降雨量等级。考虑环境 env_m 对无人机完成任务效果的影响，定义 $\mathrm{efi}\left(U^j \middle| w_m, r_m\right)$ 为第 j 类无人机在 $\mathrm{env}_m=\{w_m, r_m\}$ 中完成任务的效率，要求在分配过程中，对于各个任务目标，每架无人机的自身安全保障能力均需大于任务目标的损伤能力，即对于 $m=1,2,\cdots,M$，均满足

$$\mathrm{efi}\left(U_i^j \middle| w_m, r_m\right)\mathrm{safe}\left(U_i^j\right)>\mathrm{thre}\left(T_m\right) \tag{3.14}$$

式中，U_i^j 表示第 i 架无人机且该无人机属于 j 类。

2) 能力约束

考虑 env_m 对无人机完成任务效果的影响，要求对于各个任务目标，执行任务的编队无人机具备的总探测能力大于完成该任务所需的总探测能力，编队无人机具备的总承载能力大于完成该任务所需的总承载能力，即对于 $m=1,2,\cdots,M$，均满足

$$\sum_{i=1}^{N_m}\mathrm{efi}\left(U_i^j \middle| w_m, r_m\right)\mathrm{sear}\left(U_i^j\right)>\mathrm{sear}\left(T_m\right) \tag{3.15}$$

$$\sum_{i=1}^{N_m}\mathrm{efi}\left(U_i^j \middle| w_m, r_m\right)\mathrm{load}\left(U_i^j\right)>\mathrm{load}\left(T_m\right) \tag{3.16}$$

2. 性能指标

在此基础上，考虑到无人机的资源约束，为防止无人机资源浪费情况的出现，建立如下性能指标函数，即对于各个任务目标，要求执行该任务的编队无人机的总能力与执行该任务所需的总能力相差必须小于某一阈值以防止资源浪费的情况发生，即对于 $m=1,2,\cdots,M$，均满足

$$J=\left[\left(\sum_{i=1}^{N_m}\operatorname{efi}\left(U_i^j\,|\,w_m,r_m\right)\operatorname{sear}\left(U_i^j\right)-\operatorname{sear}\left(T_m\right)\right)^2\right.$$
$$\left.+\left(\sum_{i=1}^{N_m}\operatorname{efi}\left(U_i^j\,|\,w_m,r_m\right)\operatorname{load}\left(U_i^j\right)-\operatorname{load}\left(T_m\right)\right)^2\right]^{\frac{1}{2}}<\mathrm{Th} \tag{3.17}$$

式中，Th 为自定义阈值，具体阈值可以根据无人机的探测能力与承载能力调整。

因此优化模型可以总结为

$$\max J=\left[\left(\sum_{i=1}^{N_m}\operatorname{efi}\left(U_i^j\,|\,w_m,r_m\right)\operatorname{sear}\left(U_i^j\right)-\operatorname{sear}\left(T_m\right)\right)^2\right.$$
$$\left.+\left(\sum_{i=1}^{N_m}\operatorname{efi}\left(U_i^j\,|\,w_m,r_m\right)\operatorname{load}\left(U_i^j\right)-\operatorname{load}\left(T_m\right)\right)^2\right]^{\frac{1}{2}},\quad \forall m\in[1,M]$$
$$\text{s.t.}\quad \operatorname{efi}\left(U_i^j\,|\,w_m,r_m\right)\operatorname{safe}\left(U_i^j\right)>\operatorname{thre}\left(T_m\right) \tag{3.18}$$
$$\sum_{i=1}^{N_m}\operatorname{efi}\left(U_i^j\,|\,w_m,r_m\right)\operatorname{sear}\left(U_i^j\right)>\operatorname{sear}\left(T_m\right)$$
$$\sum_{i=1}^{N_m}\operatorname{efi}\left(U_i^j\,|\,w_m,r_m\right)\operatorname{load}\left(U_i^j\right)>\operatorname{load}\left(T_m\right)$$

此部分给出了面向任务优先级的多无人机任务决策问题描述，下一部分针对上述任务决策问题给出对应的求解策略。

3. 求解策略

考虑到在大规模无人机任务决策问题中，存在如下几个难点：①由于不同任务目标的任务属性随机且各不相同，仅通过已有经验进行决策是不可取的，无法涵盖每种任务的分配方案；②传统的任务决策算法，如粒子群优化算法等启发式算法往往面临计算量大、求解速度慢的问题，无法满足在线任务决策对实时性的要求；③任务环境是复杂多变的，而大多数任务决策算法基于确定环境的假设进行求解，导致其决策结果可能无法满足不确定环境下的任务需求，进而导致鲁棒性较差。而基于神经网络近似的强化学习算法[1]可以利用网络的拟合特性学习决策规则，可以对属性随机的新任务或突发任务进行快速合理的任务决策，具有自适应性强的特点；此外，其通过离线经验学习将线上的计算量转移到了线下，利用训练好的评价网络进行在线决策，具有求解速度快的优点；同时，该算法还可以处理环境不确定的情况。因此，本节采用基于神经网络近似的强化学习算法解决上一部分的大规模无人机任务决策问题。

1) 建立马尔可夫决策过程

这里首先给出马尔可夫决策过程(Markov decision process, MDP)的典型组成要素，然后将式(3.14)～式(3.17)中描述的集中式任务分配问题总结为 MDP。

(1) MDP 的典型组成要素。

MDP 是满足马尔可夫特性的随机过程，主要包括如下五部分：①状态集 S；②动作集 A (2.2 节论述中的行为，即 MDP 中的动作)；③立即收益值 $R_{ss'}^{a}$，即在状态 s 下执行动作 a 达到下一状态 s' 时获得的收益值；④状态转移概率 $P_{ss'}^{a}$，即在状态 s 下执行动作 a 达到下一状态 s' 的概率；⑤折扣因子 γ，$\gamma\in[0,1]$。MDP 描述了智能体与环境的交互过程：智能体在状态 s 下执行动作 a，根据状态转移概率 $P_{ss'}^{a}$ 达到下一状态 s'，获得立即收益值 $R_{ss'}^{a}$，并继续这一过程。MDP 的目标为找到一个策略可以最大化期望累计收益值，式中策略表示从状态空间到动作空间的映射，可以通过函数 $\pi:S\rightarrow A$ 或分布 $\pi:S\times A\rightarrow[0,1]$ 定义。因此，MDP 目标可以写为如下优化问题：

$$\max_{\pi\in\Pi} \varXi\left[\sum_{l=1}^{L}\gamma^{l-1}R_{s_l s_l'}^{a_l}\mid\pi\right] \tag{3.19}$$

式中，$\varXi[\cdot]$ 表示期望符号；Π 表示策略空间；L 表示交互过程的总步长。

(2) 面向任务优先级集中式任务分配的 MDP 建立。

根据式(3.14)～式(3.17)中描述的集中式任务分配问题，建立 MDP，各符号的含义如下。

① 状态集 S。根据任务的具体情况，将优先级为 m 的任务需要的总探测能力、总承载能力、该任务目标的损伤能力及所在环境中的风速及降雨量作为状态 s，即

$$s=\left(\text{sear}(T_m),\text{load}(T_m),\text{thre}(T_m),w_m,r_m\right)\in S \tag{3.20}$$

需要注意的是，初始状态会从给定的范围中随机产生。

② 动作集 A。将选择的无人机类型 U^j 作为动作 a

$$a=U^j\in A \tag{3.21}$$

式中，动作空间 A 定义为无人机类型，由于地面站中存在 N_T 种不同类型的无人机，故 $j\in[1,N_T]$，$A=\left\{U^1,U^2,\cdots,U^{N_T}\right\}$。

③ 立即收益值 $R_{ss'}^{a}$：

$$R_{ss'}^{a}=\begin{cases} r, & \text{同时满足式(3.14)～式(3.17)} \\ 0, & \text{满足式(3.14)～式(3.16), 不满足式(3.17)} \\ -r, & \text{不满足式(3.14)} \\ -1, & \text{其他} \end{cases} \tag{3.22}$$

式中，等式右边第一行表示最终的决策结果合理且没有出现资源浪费的情况，判定该决策结果有效。第二行表示无人机的总能力与完成任务要求的能力超过范围 Th ，可认为该决策结果合理但出现资源浪费的情况，判定决策结果无效。第三行表示考虑完成任务效率不确定的情况，各无人机的安全保障能力小于任务目标的损伤能力，判定决策结果无效且十分危险。第四行表示考虑外界环境不确定的情况，若选择无人机的总能力(搜索能力和承载能力)无法达到任务要求，那么收益值为 –1，目的在于选择尽量少的无人机执行任务，避免出现资源浪费的情况。

④ 状态转移概率 $P_{ss'}^{a}$ 。对于本节研究的任务决策问题，将无人机实际完成任务的效率 $\mathrm{efi}\left(U^{j}\middle|w_m,r_m\right)$ 作为状态转移概率 $P_{ss'}^{a}$，即

$$P_{ss'}^{a}=\mathrm{efi}\left(U^{j}\middle|w_m,r_m\right) \tag{3.23}$$

由于环境不确定的影响，无人机实际完成任务的效率也是不确定的，本节假设实际效率服从以经验效率为平均值，具备一定方差的正态分布。理论上，式(3.23)中用到的经验效率可以从实际任务中总结得到。

⑤ 折扣因子 γ 。折扣因子 γ 表示未来收益值相对于当前收益值的重要程度。当 γ=0 时，表示只考虑当前收益不考虑未来收益；当 γ=1 时，表示将未来收益和当前收益看得同等重要。这里选取折扣因子 γ=0.9 。

通过对 MDP 五个符号的定义，大规模集中式无人机任务决策过程可描述为：当执行任务 T_m ($m=1,2,\cdots,M$)需要的能力、该任务对应的环境中风速及降雨量为 s 时，地面站计算机选择类型为 a 的无人机执行该任务，并根据式(3.22)获得相应的立即收益值 $R_{ss'}^{a}$ 。考虑该无人机可能完成任务的概率 $P_{ss'}^{a}$，那么执行该任务需要的能力变为 s' ，重复该过程直到选择的编队无人机能够顺利完成任务且资源浪费最小，最终获得执行该任务的所有无人机。

基于上述建立的马尔可夫决策过程，下面将介绍如何利用 Q 学习和神经网络近似算法解决上述问题，主要分为离线训练过程和在线决策过程两部分。

2) 离线训练过程

在强化学习中，Q 学习是一种经典的学习算法[2]。该算法包括评价表和贪婪策略两部分，评价表用以估计当前状态下不同动作可以获得的平均最大累计收益值，即当前状态下不同动作对应的 Q 值，而贪婪策略选择其中最大值对应的动作作为当前最优动作。在训练过程中，将根据评价表中的数值，指导贪婪策略选择的动作，并根据仿真环境的反馈，获得立即收益与下一状态。然而，随着求解问题规模的扩大，传统强化学习算法会出现维数灾难的问题，不适用于大规模任务决策问题。因此这里采用神经网络代替传统强化学习中的评价表，即建立评价网

络，也称为Q网络。离线训练过程即为Q网络的训练过程。下面分别针对网络含义及输入输出变量、网络结构、网络参数更新进行详细介绍。

(1) Q网络含义及输入输出变量。

在本节讨论的大规模无人机任务决策问题中，评价值$Q(s,a)$指在当前任务及环境状态s下，选择类型为a的无人机执行该任务可能获得的平均最大收益值。由于完成各种探测任务所需能力以及任务目标所在环境是复杂多变的，与深度Q网络算法类似，首先引入神经网络近似环节对评价值$Q(s,a)$进行参数化，得到Q网络，即$Q(s,a,\omega)$，其中ω是网络参数，解决评价表规模过大造成计算困难的问题。

因此，求解策略主要包括Q网络和贪婪策略两部分，Q网络的作用在于指导选择执行任务的无人机类型及数量。其输入为执行某一任务需要的总探测能力、总承载能力、该任务目标的损伤能力及对应的环境中风速及降雨量，即状态s；输出为选择各类无人机能获得的平均最大总收益$Q^*(s,a)$的近似值$Q(s,a,\omega)$。贪婪策略的作用在于选择$Q^*(s,a)$最大的无人机执行任务，即$a=\arg\max\limits_{a} Q(s,a,\omega)$。

根据Q网络的含义与输入输出变量的定义可知，在训练过程的一个回合中，如图3.8所示，将环境中风速和降雨量及完成某一任务需要的能力输入到Q网络中，Q网络会输出不同类型的无人机能获得的最大总收益值，通过贪婪策略选择最大输出值对应的无人机执行任务，考虑环境不确定对无人机完成任务效率的影响，获得执行该任务仍需的能力，重复该过程直到选择的编队无人机能够完成该任务，输出执行任务的无人机类型及数量。

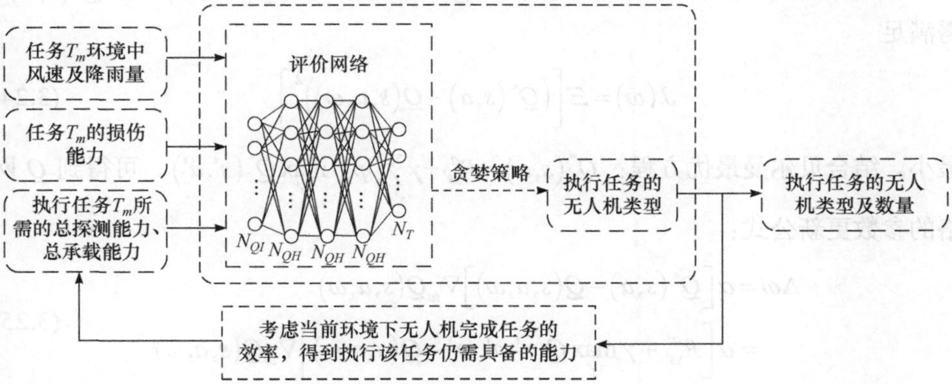

图3.8　评价改进环节

在介绍完网络的含义与输入输出含义后，下面给出Q网络的网络结构。

(2) Q网络结构。

本节设计的Q网络为全连接层神经网络，如图3.9所示，网络层数为5层，包括 1 层输入层、3 层隐藏层和 1 层输出层，网络节点数为 $N_{QI} \times N_{QH} \times N_{QH} \times N_{QH} \times N_T$，式中 N_{QI} 为输入层节点个数，即状态量 s 的维度，N_{QH} 为隐藏层节点个数，N_T 为输出层节点个数，由于评价网络输出为不同类型的无人机能获得的最大总收益值，输出层节点个数为无人机种类数 N_T。

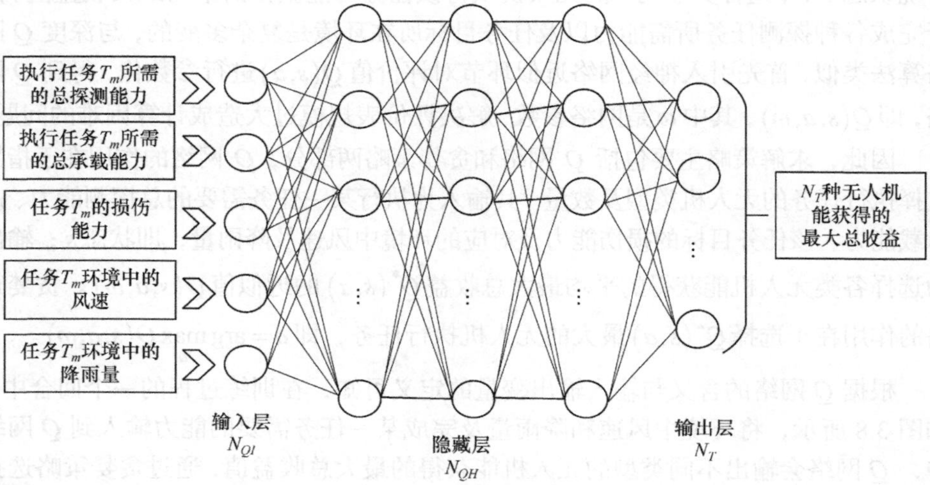

图 3.9 评价网络结构

(3) Q 网络参数更新。

下面介绍网络参数的更新方式。若用 Q 网络的输出值 $Q(s,a,\omega)$ 近似 $Q^*(s,a)$，需满足

$$J(\omega) = \Xi\left[\left(Q^*(s,a) - Q(s,a,\omega)\right)^2\right] \tag{3.24}$$

最小。结合贝尔曼最优方程：$Q^*(s,a) = R_{ss'}^a + \gamma \sum_{s' \in S} p_{ss'}^a \max_{a'} Q^*(s',a')$，可得到 Q 网络的参数更新公式：

$$\begin{aligned}\Delta\omega &= \alpha\left[Q^*(s,a) - Q(s,a,\omega)\right]\nabla_\omega Q(s,a,\omega) \\ &= \alpha\left[R_{ss'}^a + \gamma \max_{a'} Q(s',a',\omega) - Q(s,a,\omega)\right]\nabla_\omega Q(s,a,\omega)\end{aligned} \tag{3.25}$$

式中，α 表示学习率；$R_{ss'}^a + \gamma \max_{a'} Q(s',a',\omega)$ 称为目标 Q 值，$Q(s,a,\omega)$ 称为当前 Q 值。

从上述更新公式中可以看出，Q 网络需要同时输出目标 Q 值与当前 Q 值，这会导致数据的相关性，影响网络的训练效果。针对这一问题，设计目标 Q 网络

(target Q network)用以输出目标 Q 值，与 Q 网络的参数更新方式不同，目标 Q 网络的网络参数 ω^- 是每经过 C 步后复制当前的 ω 得到的。另外，为了避免过高地估计 Q 值，利用目标网络和 Q 网络分开的优势，借鉴文献[3]中 double Q-learning 的算法，定义 $\delta = R_{ss'}^a + \gamma Q\left(s', \arg\max_{a'} Q(s',a,\omega), \omega^-\right) - Q(s,a,\omega)$ 为时序差分误差，将 Q 网络的网络参数更新公式变为

$$\Delta\omega = \begin{cases} \alpha\left[R_{ss'}^a - Q(s,a,\omega)\right]\nabla Q(s,a,\omega), & \text{已选择的无人机序列可以完成任务} \\ \alpha\delta\,\nabla Q(s,a,\omega), & \text{已选择的无人机序列不可以完成任务} \end{cases} \tag{3.26}$$

在与仿真环境的交互过程中，会产生大量的训练数据，这些数据会被用于训练 Q 网络。然而由于训练网络所用的经验数据之间具有相关性，DeepMind 利用人的海马体在睡觉时把一天的记忆重放给大脑皮层这一机制，构造了神经网络的训练方法：经验回放(experience replay)[4]。将大量经历数据以 (s,a,R,s') 的形式存储在内存里，作为经验数据库 D，从经验数据库 D 中随机抽取 E 小块样本数据作为输入进行训练。

需要注意的是，这些储存起来的经历数据的作用并不是等价的。有的经历数据会对网络的收敛提供更大帮助。为了提高数据的利用效率，本节采用文献[5]中提出的优先经验回放方法，即将经历数据 (s,a,R,s') 的重要程度设置优先级，并使得优先级越高的经历数据更有可能被抽取。

由时序差分误差的定义 δ 可知，δ 越大，表明 Q 网络的输出值越不满足贝尔曼最优方程，即这一数据越需要被用来训练网络。因此，可以根据时序差分误差 δ 确定经验数据库 D 中数据的优先级。

综上所述，在评价改进环节中，评价网络的离散训练过程可以总结为算法 3.1，需要注意的是，在算法 3.1 中的 7～12 行，新产生的经历数据也在不断补充进经验数据库中。

算法 3.1　Q 网络参数更新算法

输入： 小块样本数据 E 的数量，训练回合的总数 Train_M，学习率 α

输出： Q 网络，$Q(\cdot,\omega)$

1: 初始化经验数据库 D

2: 初始化 Q 网络，随机初始化网络参数 ω

3: 初始化目标网络、网络结构，以及初始化参数 $\omega^- = \omega$

从第 1 次任务决策到第 Train_M 次任务决策：
　　对任务所需的总承载能力、总探测能力、损伤能力及环境中的任务及降雨量进行处理，得到状态 s_0
　　若不满足式(3.26)，即未完成任务决策：
　　　　若训练回合小于 Train_K：
　　　　　　随机选择执行任务的无人机 a
　　　　否则
　　　　　　根据 ε-贪婪策略选择执行任务的无人机 a
　　　　结束
　　　　得到选择无人机后的立即收益 $R_{ss'}^{a}$ 和下一状态 s'
　　　　将 $\left(s,a,R_{ss'}^{a},s'\right)$ 存入经验数据库 D 中，并根据 δ 计算其优先级
　　　　根据优先级从 D 抽取 E 个样本数据 $\left(S_k,A_k,R_k,S_{k+1}\right)$
　　　　根据式(3.17)采用 RMSprop 进行参数 ω 更新
　　　　每 C 步后更新目标网络的参数 $\omega^{-} \leftarrow \omega$
　　结束
结束
返回 $Q(\cdot,\omega)$；

算法 3.1 中 RMSprop 是一种有效且实用的深度神经网络优化算法。通过上述步骤更新网络参数，获得可用于在线任务决策的 Q 网络。

3) 在线决策过程

完成学习过程之后，Q 网络 $Q(\cdot,\omega)$ 的网络参数也被确定下来，由贝尔曼最优方程可知，此时 Q 网络的输出近似等于最优 Q 函数，考虑到训练好的神经网络具有运算速度快的特点，将离线学习后得到的 Q 网络用于在线决策过程。

考虑 2.1 节中描述的优先级不同的各个任务，对于优先级为 m 的任务 T_m，将执行该任务所需的总探测能力、总承载能力以及该任务的损伤能力组成状态 s，输入 Q 网络中；训练好的 Q 网络会快速给出选择不同类型无人机可能获得的平均最大总收益值，即 $Q(s,a,\omega)$，$a=U^{j}, j\in[1,N_T]$，而贪婪策略会在线选择使 $Q(s,a,\omega)$ 最大的无人机类型 a 执行任务 T_m，考虑环境不确定对无人机完成任务效果的影响，即假设无人机实际完成任务的效率 $\mathrm{efi}\left(U^{j}\middle|w_m,r_m\right)$ 服从以经验效率为平均值，具备一定方差的正态分布，得到执行任务 T_m 仍然需要的能力及当前任务环境。重复这一过程，直到获得执行该任务所需的所有无人机类型及对应数量。

下面给出在线决策过程，总结为集中式在线决策算法，即算法 3.2。

算法 3.2 集中式在线决策算法

输入： Q 网络，$Q(\cdot,\omega)$

输出： 被指派执行探测任务 T_m 的无人机序列，$m\in[1,M]$

对待完成的 M 个任务进行优先级排序

对于优先级为 m 的探测任务 T_m，$m\in[1,M]$：

  对任务所需的总承载能力、总探测能力、损伤能力及环境中的任务及降雨量进行处理，得到状态 s_0

  当不满足式(3.17)时：

    $a \leftarrow \arg\max\limits_{a\in A} Q(s,a,\omega)$

    $U \leftarrow a$

    获得更新后的状态 s

  返回执行该任务的无人机序列 $U_{1:N_m}$

结束

4. 仿真验证

下面给出具体的仿真环境及仿真参数，完成对应的仿真实验并进行仿真分析，给出相应的实验结论。

1) 仿真场景

考虑在某个陆地区域存在 10 个任务目标，地面站存在 5 种不同类型的无人机且数目充足。由于任务目标的紧急程度与对态势的影响不同，因此任务的优先级有所差异。地面站根据侦察无人机获取的实时环境信息及历史信息，综合执行任务所需的能力、无人机自身能力及完成任务效率等条件，进行任务决策。

2) 仿真环境

在 Linux 操作系统中，基于 Python 语言 TensorFlow 深度学习工具包实现本仿真实验，计算机配置：CPU 为 Intel Core i7-6700K 4.00GHz，16GB 内存，GPU 为 NVIDIA GeForce GTX 1070。

3) 仿真参数

下面给出任务决策考虑的各种约束的具体参数。

(1) 任务类型：假设执行某一任务目标所需的总探测能力为[200,250]、总承载能力为[120,170]、任务目标自身损伤能力为[10,30]。

(2) 环境中的不确定因素(风速及降雨量)：假设当前时刻环境中的风速及降雨量的变化分别为 0～4 级。

(3) 无人机能力：假设各类无人机的能力如表 3.4 所示。

表 3.4 无人机能力

无人机类型 j	$\text{sear}(U^j)$	$\text{safe}(U^j)$	$\text{load}(U^j)$
$j=1$	25	30	30
$j=2$	40	35	10
$j=3$	15	20	35
$j=4$	45	25	5
$j=5$	20	15	35

(4) 无人机完成任务效率：仿真过程中模拟的实际完成效率 $\text{efi}(U^j \mid w_m, r_m)$ 是满足正态分布 $N(\eta_i, \sigma_i^2)$ 的随机变量，其中 η_i 为经验效率，由表 3.5～表 3.9 给出，而 σ_i 设置为 0.1。

表 3.5 第一类无人机在不同风速/降雨量下完成任务的效率

风速等级	降雨量等级				
	$r_m=0$	$r_m=1$	$r_m=2$	$r_m=3$	$r_m=4$
$w_m=0$	0.9	0.9	0.9	0.9	0.85
$w_m=1$	0.9	0.9	0.9	0.9	0.85
$w_m=3$	0.9	0.9	0.9	0.9	0.85
$w_m=4$	0.9	0.9	0.9	0.9	0.85
$w_m=5$	0.85	0.85	0.85	0.85	0.85

表 3.6 第二类无人机在不同风速/降雨量下完成任务的效率

风速等级	降雨量等级				
	$r_m=0$	$r_m=1$	$r_m=2$	$r_m=3$	$r_m=4$
$w_m=0$	0.9	0.9	0.9	0.8	0.8
$w_m=1$	0.9	0.9	0.9	0.8	0.8
$w_m=3$	0.9	0.9	0.9	0.8	0.8
$w_m=4$	0.9	0.9	0.9	0.8	0.8
$w_m=5$	0.8	0.8	0.8	0.8	0.8

表 3.7 第三类无人机在不同风速/降雨量下完成任务的效率

风速等级	降雨量等级				
	$r_m=0$	$r_m=1$	$r_m=2$	$r_m=3$	$r_m=4$
$w_m=0$	0.85	0.85	0.85	0.85	0.75
$w_m=1$	0.85	0.85	0.85	0.85	0.75

续表

风速等级	降雨量等级				
	$r_m=0$	$r_m=1$	$r_m=2$	$r_m=3$	$r_m=4$
$w_m=3$	0.85	0.85	0.85	0.85	0.75
$w_m=4$	0.85	0.85	0.85	0.85	0.75
$w_m=5$	0.75	0.75	0.75	0.75	0.75

表 3.8　第四类无人机在不同风速/降雨量下完成任务的效率

风速等级	降雨量等级				
	$r_m=0$	$r_m=1$	$r_m=2$	$r_m=3$	$r_m=4$
$w_m=0$	0.8	0.8	0.8	0.8	0.7
$w_m=1$	0.8	0.8	0.8	0.8	0.7
$w_m=3$	0.8	0.8	0.8	0.8	0.7
$w_m=4$	0.8	0.8	0.8	0.8	0.7
$w_m=5$	0.7	0.7	0.7	0.7	0.7

表 3.9　第五类无人机在不同风速/降雨量下完成任务的效率

风速等级	降雨量等级				
	$r_m=0$	$r_m=1$	$r_m=2$	$r_m=3$	$r_m=4$
$w_m=0$	0.95	0.95	0.85	0.85	0.7
$w_m=1$	0.95	0.95	0.85	0.85	0.7
$w_m=3$	0.85	0.85	0.85	0.85	0.7
$w_m=4$	0.85	0.85	0.85	0.85	0.7
$w_m=5$	0.7	0.7	0.7	0.7	0.7

(5) 任务决策指标：为了评估任务决策的效果，将式(3.17)中的阈值 Th 设为 30，表明在为各任务决策无人机的过程中，允许分配一个冗余的无人机，这一参数选取既要保证任务的顺利进行，又要避免无人机出现资源浪费的情况，若满足这一要求，则判定任务决策结果有效。此外，式(3.22)中的参数 r 设为 15。

4) 仿真结果

考虑在某个陆地区域内存在 10 个任务目标。由于任务目标的紧急程度与对态势的影响不同，首先对这 10 个任务的优先级进行评估。对于优先级不同的任务，地面站根据环境信息及历史信息，综合执行任务所需的能力、无人机自身能力及完成任务效率等条件，进行任务决策。对于优先级为 m 的探测任务 T_m，任务参数 $\{\text{sear}(T_m),\text{thre}(T_m),\text{load}(T_m)\}$ 将从任务类型参数范围中随机产生。

为了显示离线训练过程的有效性，图 3.10 给出了单回合获得总收益(单个任务的分配效果)的变化过程，从中我们可以看到单回合获得的总收益随着训练回合的增多呈上升趋势，表明单个任务的分配效果在逐渐变好。同时，图 3.10 还给出了随机经验回放下的单回合获得总收益的变化过程，我们发现，由于提高了对已有经验的利用效率，采用优先经验回放方法比采用随机经验回放方法的收敛速度更快。

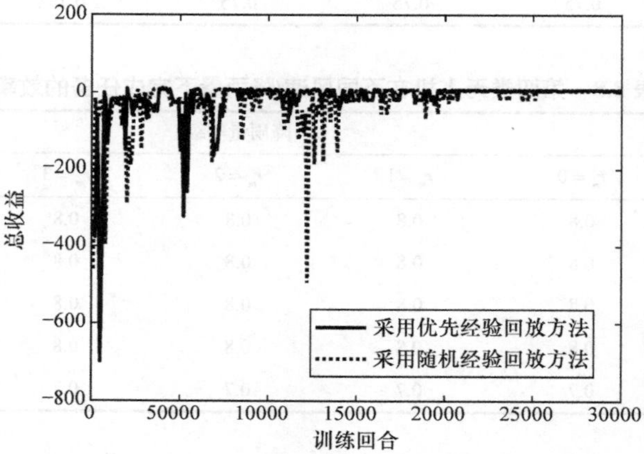

图 3.10　单回合获得总收益(单个任务的分配效果)的变化过程

为了对优化后的 Q 网络进行合理性验证，仿真参数与上一环节相同，将训练后的 Q 网络用于在线任务决策，以地面站为 15 个优先级不同的探测任务决策无人机为一组，随机给定任务属性及环境条件(风速及降雨量)，进行 100 组仿真实验。图 3.11 给出 100 组大规模集群任务决策实验的总收益变化图，图中横坐标为仿真实验组数，纵坐标为单组任务决策对应的总收益值。

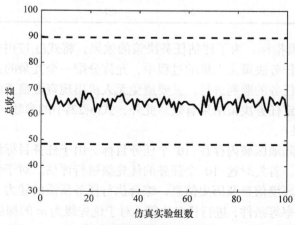

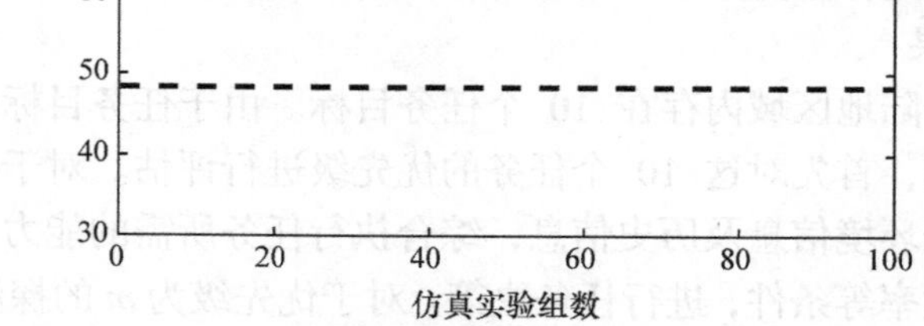

图 3.11　100 组大规模集群任务决策的总收益值变化图

由式(3.22)可知，在分配无人机的过程中，每分配一架无人机地面站计算机获得 –1 的立即收益值；若出现分配无人机的安全保障能力小于任务目标损伤能力的情况，那么地面站计算机将获得 –15 的立即收益值，表明该分配结果十分危险；若执行任务的无人机能力与该任务所需的能力相差超过 30，则表明任务决策结果无效，地面站计算机得到 0 的立即收益值，反之则表明分配结果有效，计算机获得 15 的立即收益值。由执行任务所需能力范围可知，每个任务需派出 7～11 架无人机执行任务，因此若任务决策结果有效，则整个过程地面站计算机获得的总收益值为 50～90。图 3.11 表明 100 组任务决策结果均有效，说明对于任意任务目标，该算法均可给出合理有效的任务决策方案，证明了该算法的自适应能力。同时，执行 10 个任务目标的平均分配时长为 2.6s，验证了该算法的求解速度满足实时任务决策要求。为了进一步验证所提算法处理突发状况的能力以及快速求解能力，假设地面站突然增加或减少若干任务，这里考虑任务目标数目从 5 个变化到 15 个，分别进行 100 组仿真实验，计算平均任务分配时间，得到任务目标数目变化对算法求解时间影响。

图 3.12 给出了求解时间随任务目标数目的变化曲线，可以发现随任务目标数量的增加，求解时间呈近似线性增加趋势。仿真结果表明当任务目标增加到 15 个时，平均求解时间为 3.9s，验证了所提算法的求解速度。

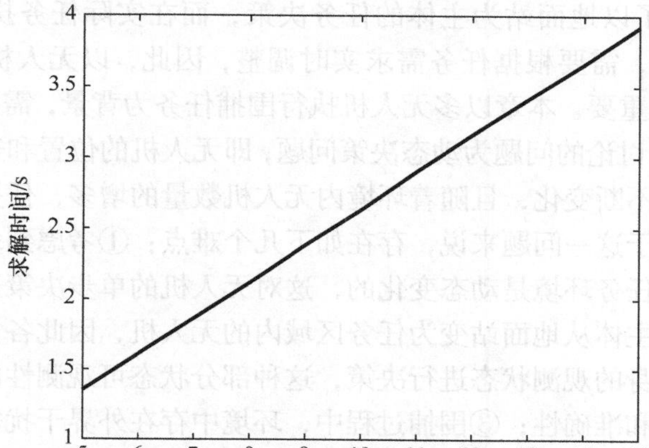

图 3.12　求解时间随任务目标数目的变化图

以一组仿真实验为例，随机给定任务属性及环境中外界干扰(风速及降雨量)为[139, 60, 17, 3, 1]时，即完成该任务所需的总探测能力为 139，任务目标的损伤能力为 17，所需的总承载能力为 60，任务目标所处战场为 3 级风速、1 级降雨量，所提算法决策执行该任务的无人机序列为[1 3 3 3 4 3 1 1 1 1]，该分配结果获得的总收益值为 6，单次分配时长为 0.27s，该结果表明获得的分配结果有效且求解速度快，验证了所提算法的求解速度。

对于基于地面站的无人机集群任务决策来说，本节所提算法适用于对优先级不同的多个任务或突发任务进行无人机分配。考虑优先级不同的 10 个任务，平均分配时长为 2.6s，相比于基于改进粒子群的任务决策算法，所提算法在求解速度上具有较大优势；对于突发任务，由于神经网络的泛化能力强，因此所提算法具有较强的自适应能力，能够快速准确地计算出任务决策方案，在应对非预期任务时表现突出。然而，该算法需要地面站指挥员根据环境信息及经验指定任务的优先级，相比于基于改进粒子群的任务决策算法，当同一时间的任务数量很多时，指挥员的工作量也会随之增加。此外，该算法在分配过程中以无人机总能力和完成任务所需能力相差不超过某一阈值为分配指标，因此在可靠性上具有较大优势，可以最大限度地保证任务的顺利执行，但与前面两种任务决策算法相比，在分配结果的全局最优性较差。因此，基于 Q 学习和神经网络近似的集中式任务决策算法适用于任务优先级不同或存在突发任务的环境，其较快的求解速度及较强的自适应能力使其能够灵活应对不同的任务目标。

3.2 多无人机分布式任务决策

3.1 节给出了以地面站为主体的任务决策，而在实际任务执行中，无人机到达任务区域后，需要根据任务需求实时调整，因此，以无人机为主体的分布式任务决策至关重要。本章以多无人机执行围捕任务为背景，需要注意的是，与 3.1 节不同，这里讨论的问题为动态决策问题，即无人机的位置和速度随着对方无人机的行动轨迹不断变化，且随着环境内无人机数量的增多，任务决策问题的难度变得更大。对于这一问题来说，存在如下几个难点：①考虑到多无人机围捕的任务特点，整个任务环境是动态变化的，这对无人机的单步决策速度提出了更高的要求；②决策主体从地面站变为任务区域内的无人机，因此各无人机在围捕过程中仅能根据自身的观测状态进行决策，这种部分状态可观测性的特点会影响决策结果的有效性和准确性；③围捕过程中，环境中存在外界干扰等不确定因素的影响，这也大大增加了多无人机的决策难度。考虑上述难点，研究有效的无人机任务决策算法，对于解决多无人机分布式任务决策问题十分必要。

本节首先在理解人脑运行机制的基础上，通过仿照人脑的经验—预测—决策—改进的过程，提出基于经验总结—行为预测—评价改进—在线决策的类脑智能算法。然后针对多无人机执行围捕任务，采用类脑智能算法进行求解，解决环境动态性、不确定性与状态部分可观测性给无人机任务决策的有效性带来的影响，实现快速智能任务决策。

3.2.1　类脑智能算法

人的大脑是一个通用智能系统，由千亿个神经元和数百万亿突触连接构成，具有感知、学习、推理和决策等能力，是宇宙间已知的最复杂的对象，拥有已知的最强的智能。因此，为了使无人机在复杂多变的任务环境中具有自适应和自主决策能力，在理解人脑运行机制的基础上，研究新的类脑智能算法十分必要。

从人类进行决策的思维方式出发，美国 OpenAI 的 John Schuman 曾指出强化学习算法具有和人一样通过奖惩机制学习的能力，是用于决策的通用框架。简单来说，强化学习是智能体与环境不断交互，从而不断强化自己的决策能力的过程[1]，如图 3.13 所示，在每个时间步长，智能体根据自身所处的状态选择采取的动作，执行动作后，智能体会根据环境反馈进入下一个状态，同时得到这一次状态转移的收益。强化学习的目标就是从智能体与环境的试错交互过程中获取信息，以最大化累计收益的方式学习最优策略，指导智能体根据状态做出最佳决策。

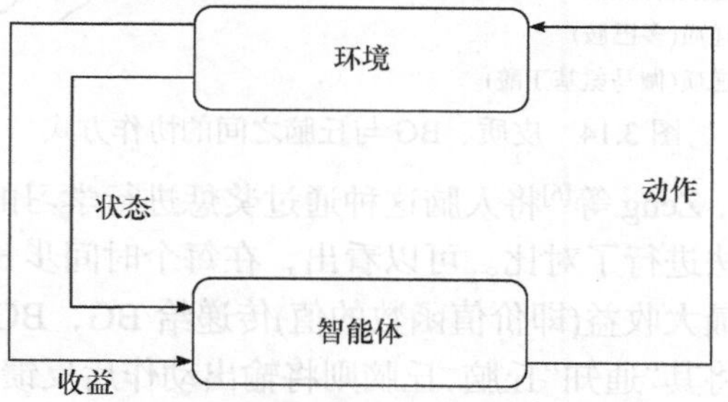

图 3.13　智能体与环境的交互过程

从人脑不同区域的功能和协作关系出发，考虑到由人脑中皮质、基底节(basal ganglia, BG)、丘脑形成的区域协作也具备记忆和奖惩机制学习等高级认知功能，与强化学习的过程类似。中国科学研究院的 Zeng 等[6]建立了以 BG 为中心的类脑认知模型，并将其与强化学习算法中基于评价函数的算法进行功能比对，可以看出两者十分类似。图 3.14 给出了皮质、BG 与丘脑之间的协作方式。BG 主要包括纹状体(D1 受体(stratum D1, StrD1)与 D2 受体(stratum D2, StrD2))、丘脑下核(sub thalamic nucleus, STN)、外苍白球(globus pallidus external, GPe)、两个输出核(黑质网络部(substantia nigra pars reticulata，SNr)和内苍白球(global pallidus internal, GPi))，以及其他核(黑质致密部(substantia nigra pars compacta, SNc)和腹侧被盖区(ventral tegmental area, VTA))，与奖惩学习有关。这里的皮质主要包括前额叶皮质(prefrontal cortex, PFC)和眶额皮质(orbitofrontal cortex, OFC)，前者与人脑的记忆功能相关，用来存储相关记忆，而后者的主要作用为接受扁桃腺传来的收益信号，保存下来并传递给 BG。BG 将信号传递给丘脑后，丘脑会将返回信息回传给 PFC。

皮质、BG 与丘脑之间的信号传递通过不同种神经递质完成。

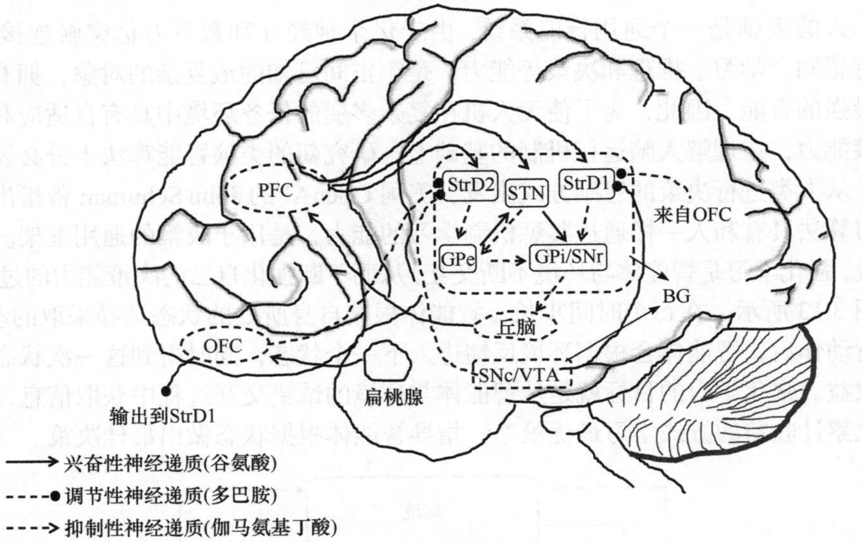

图 3.14 皮质、BG 与丘脑之间的协作方式

如图 3.15 所示，Zeng 等[6]将人脑这种通过奖惩进行学习的方式与强化学习中基于价值函数的算法进行了对比。可以看出，在每个时间步长，PFC 根据当前状态，将可能获得的最大收益(即价值函数的值)传递给 BG，BG 根据获得的信号选择要执行的动作并将其“通知”丘脑，丘脑则将输出动作后反馈的信息回传给 PFC，SNc/VTA 则是接受时序误差信号和收益信号，在 BG 与 PFC 中间进行调节。

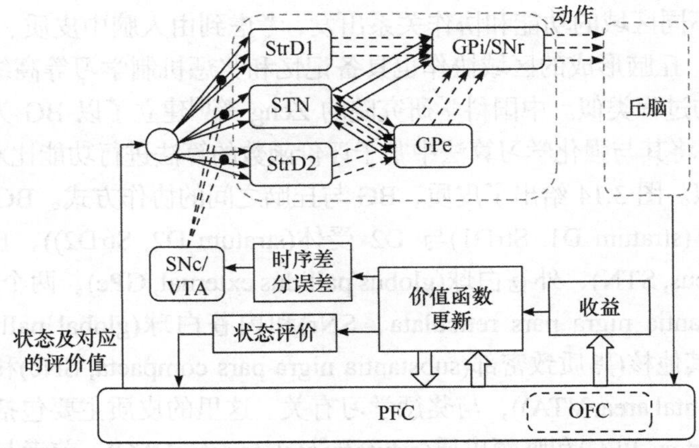

图 3.15 皮质-BG-丘脑的收益学习与强化学习之间的对比

综上所述，不管从人脑进行决策的思维方式或是人脑不同区域的功能与协作机制来看，强化学习算法都是设计类脑算法必须借鉴与参考的重要算法。

因此，本章通过仿照人脑的经验—预测—决策—改进的思维过程，以基于评价函数的强化学习算法为总体框架，提出基于经验总结—行为预测—评价改进—在线决策的类脑智能算法，使无人机具备强自适应和自学习能力，实现复杂情况下的智能学习与决策。如图 3.16 所示，下面将结合无人机任务决策的要求，分别对经验总结、行为预测、评价改进与在线决策这四个环节进行简单介绍。

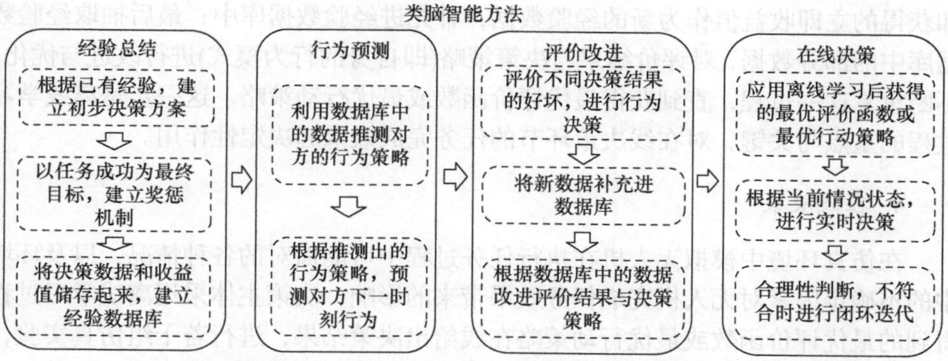

图 3.16　基于经验总结—行为预测—评价改进—在线决策的类脑智能算法

1. 经验总结

经验总结是指针对任务决策过程中可能面对的各种情况，根据人脑中的已有经验，建立初步决策方案；然后分析可能的任务完成效果，以成功完成任务为最终目标，总结出奖惩机制，即设置决策主体进行单步决策后会收到的立即收益值，需要注意的是，该收益可能为正，也可能为负，根据任务完成效果而定；在此基础上，将过往的任务决策数据，以及获得的立即收益值储存起来，建立经验数据库。这一步是离线学习过程的基础，后续的行为预测与评价改进环节将利用经验数据库中的数据进行学习。

2. 行为预测

复杂的任务场景往往涉及双方对抗的情况，这会大大增加任务决策的难度。在这种情况下，如果可以预先知道对方可能的行动策略(即对方的行为模式)以及下一时刻采取的行为，会对己方决策效果的提高产生至关重要的作用。因此，行为预测是指根据对方已有的行为特点，利用经验数据库中的数据，采用极大似然法等概率论算法，推测出对方可能的行动策略，并根据该策略，预测对方下一时刻的行为。这一步作为离线学习过程的中间环节，为后续的评价改进环节提供依据。

3. 评价改进

仿照人脑根据奖惩机制进行学习的方式，决策主体自身也需要具备评价决策结果好坏并进行自我改进的能力。因此，采用基于评价函数的强化学习算法，首先根据第一步中设置的立即收益值，建立评价函数，将不同决策结果对应的平均总收益值作为依据，输出评价结果，并根据评价结果进行决策；然后将决策结果和获得的立即收益值作为新的经验数据，补充进经验数据库中；最后抽取经验数据库中的部分数据，对评价结果与决策策略(即自身的行为模式)进行改进与优化。不断重复这一过程，直到获得最优评价函数或最优行动策略。这一步是离线学习过程的重点与关键，对在线决策环节的任务完成效果起决定性作用。

4. 在线决策

在仿真环境中模拟无人机在执行任务过程中可能面对的各种情况，以及环境中的不确定因素对无人机完成任务效果带来的影响，决策主体采用离线学习过程得到的最优评价函数或最优行动策略在线给出决策结果，进行若干组仿真实验，并根据奖惩机制，判断在线决策结果是否满足合理性要求，当不满足要求时，重新进行行为预测和评价改进环节，实现闭环迭代，直到完成合理性验证，最终实现多无人机在线任务决策。

本节以多无人机任务决策为背景，从人脑进行决策的思维方式以及人脑不同区域的功能与协作机制出发，提出基于经验总结—行为预测—评价改进—在线决策的类脑智能算法。下面将针对多无人机分布式任务决策问题，以多无人机执行围捕任务为背景，验证所提类脑智能算法的有效性。

3.2.2 问题描述

下面将以多无人机执行围捕任务为任务场景，给出问题描述。

1. 任务场景

假设某任务区域内存在若干架己方无人机和对方无人机，其中对方无人机为待围捕目标。各架无人机均可以在指定任务区域内自由飞行，无人机在实际执行任务的过程中，仅能根据自身传感器获得的信息进行决策。此外区域中存在若干个静态障碍物，若无人机在飞行过程中与障碍物相撞可被认为撞毁，无法继续逃跑或完成围捕任务；若在规定时间内，对方无人机在己方无人机的攻击范围内，那么判定己方无人机的围捕任务成功，否则，对方无人机获胜。综上，本节的任务决策目标可以描述为，考虑对方与己方无人机的飞行速度、任务需求以及避碰条件等因素的影响，仅利用各无人机的自身观测状态，在规定时间内完成己方无人机对对方无人机的围捕任务。

下面对上述任务场景给出的任务决策问题进行数学描述，分为约束条件和性能指标两部分。

2. 约束条件

1) 速度约束

在围捕任务中，通常假设双方无人机均存在最大速度限制， 即

$$\|v_i\| \leqslant v_{\max I}, \quad \|v_j\| \leqslant v_{\max J} \tag{3.27}$$

式中，v_i 和 v_j 分别表示己方无人机和对方无人机的速度，$i \in [1, N_I]$，$j \in [N_I + 1, N_I + N_J]$，$N_I$ 和 N_J 分别为任务区域内的己方和对方无人机总数；$v_{\max I}$ 和 $v_{\max J}$ 分别表示己方无人机和对方无人机的最大速度。

同时己方无人机作为围捕方，假设其最大速度需小于对方无人机的最大速度，否则对方无人机将很快被追上，因此约束条件表示为

$$v_{\max I} < v_{\max J} \tag{3.28}$$

2) 避障约束

由于区域内存在若干静态障碍物，为安全考虑，无人机在飞行过程中不能与障碍物碰撞，即两者的相对距离须保持在安全范围，即

$$\Delta p_{ik} > d_{\mathrm{out}I}, \quad \Delta p_{jk} > d_{\mathrm{out}J} \tag{3.29}$$

式中，$\Delta p_{ik} = \|p_i - p_k\|, \Delta p_{jk} = \| p_j - p_k\|$，分别表示第 i 个己方无人机和第 j 个对方无人机相对第 k 个障碍物之间的距离，p_i、p_j 和 p_k 分别表示第 i 个己方无人机的位置、第 j 个对方无人机的位置和第 k 个障碍物中心点的位置，$i \in [1, N_I]$，$k \in [1, N_K]$，$j \in [N_I + 1, N_I + N_J]$，$N_K$ 表示区域内障碍物的总个数。

如图 3.17 所示，$d_{\mathrm{in}I}$ 和 $d_{\mathrm{out}I}$ 分别表示己方无人机的最小安全半径和最大安全半径，$d_{\mathrm{in}I}$ 所形成区域为该无人机的虚拟禁区，禁止其他无人机进入，$d_{\mathrm{out}I}$ 的区域定义为缓冲区域，允许其他己方无人机达到该区域内，但在飞行过程中会逐渐迫使其离开该区域。类似地，$d_{\mathrm{in}J}$ 和 $d_{\mathrm{out}J}$ 分别表示对方无人机的最小安全半径和最大安全半径。

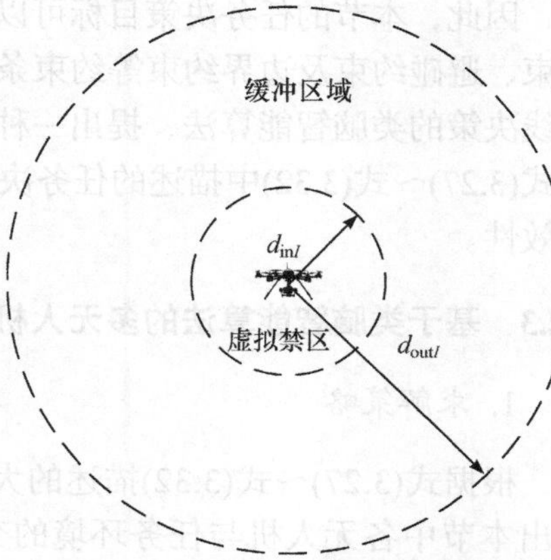

图 3.17　无人机的禁区与缓冲区域

3) 避碰约束

为安全考虑，己方无人机之间、对方无人机之间均不能互相碰撞，两者的相对距离也需要保持在安全范围内，即

$$\Delta p_{i\breve{i}} > d_{\text{out}I}, \quad \Delta p_{j\breve{j}} > d_{\text{out}J} \tag{3.30}$$

式中，$\Delta p_{i\breve{i}} = \|p_i - p_{\breve{i}}\|$ 表示第 i 个己方无人机相对第 $\breve{i}$ 个己方无人机的距离，$\breve{i} \in [1, N_I]$，$\breve{i} \ne i$。$\Delta p_{j\breve{j}} = \|p_j - p_{\breve{j}}\|$ 表示第 j 个对方无人机相对第 $\breve{j}$ 个对方无人机的距离，$\breve{j} \in [1, N_J], \breve{j} \ne j$。$p_{\breve{i}}$ 和 $p_{\breve{j}}$ 分别表示第 $\breve{i}$ 个己方无人机和第 $\breve{j}$ 个对方无人机的位置。

4) 边界约束

为了围捕任务的顺利进行，无人机在飞行过程中不能超过给定任务区域，即

$$0.05d_{\text{bound},\xi} \leqslant p_{i,\xi} \leqslant 0.95d_{\text{bound},\xi}, \quad 0.05d_{\text{bound},\xi} \leqslant p_{j,\xi} \leqslant 0.95d_{\text{bound},\xi} \tag{3.31}$$

式中，$i \in [1, N_I]$，$j \in [N_I + 1, N_I + N_J]$，$\xi \in [1, \bar{\xi}]$ 表示无人机的运动维度，若考虑二维环境，则 $\bar{\xi} = 2$，若考虑三维环境，则 $\bar{\xi} = 3$；$d_{\text{bound},\xi}$ 表示 ξ 维度上的区域边界；$p_{i,\xi}$ 和 $p_{j,\xi}$ 分别表示己方无人机和对方无人机 ξ 维度上的位置。

3. 性能指标

由围捕任务的成功条件可知，性能指标可以设置为使式(3.32)所示函数 J^{task} 最小化：

$$J^{\text{task}} = T^{\text{task}} \tag{3.32}$$

式中，T^{task} 表示对方无人机被己方无人机成功围捕的时间步。

因此，本节的任务决策目标可以转化为考虑己方无人机与对方无人机的速度约束、避碰约束及边界约束等约束条件，基于经验总结—行为预测—评价改进—在线决策的类脑智能算法，提出一种多无人机分布式快速智能任务决策算法，解决式(3.27)～式(3.32)中描述的任务决策问题，提高多无人机任务决策的实时性与有效性。

3.2.3 基于类脑智能算法的多无人机分布式任务决策

1. 求解策略

根据式(3.27)～式(3.32)描述的大规模无人机任务决策问题，如图 3.18 所示，给出本节中各无人机与任务环境的交互过程。各无人机根据当前任务需求和速度、边界及避碰等约束条件，利用自身位置、飞行速度、对方无人机速度、与其

他无人机及障碍物之间的相对距离等观测状态，选择当前时刻的飞行加速度。此时区域环境内的各无人机实际位置和速度将会发生变化，各无人机的实时观测状态也会发生变化，不断重复这一过程直到到达指定任务时间或达到成功围捕目标。

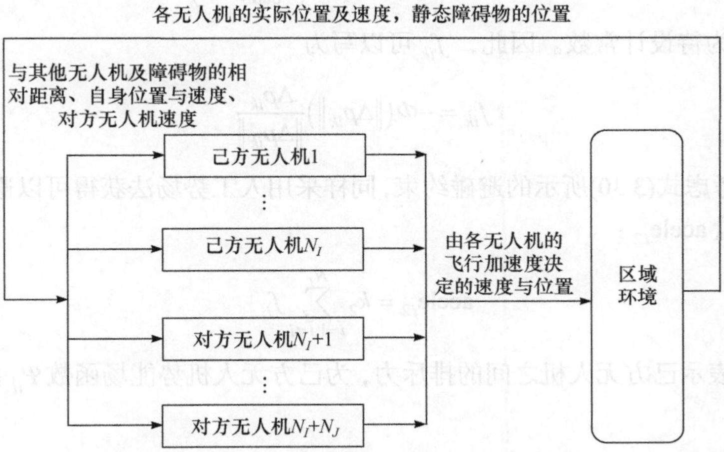

图 3.18　各无人机与区域环境的交互过程

下面将采用基于经验总结—行为预测—评价改进—在线决策的类脑智能算法解决这一问题，验证所提类脑智能算法的有效性。

1) 经验总结

(1) 建立初步决策方案。

根据 3.2.1 节中的描述，首先根据人脑中的已有经验以及式(3.27)～式(3.31)所示的避碰避障约束、速度约束及性能指标函数(3.32)，总结出初步决策方案，即根据人工势场法与比例控制算法得出第 i 架无人机的初步加速度。

首先考虑如式(3.29)所示的避障约束，采用人工势场法获得可以避免碰撞的加速度分量 acele_{i1}：

$$\text{acele}_{i1} = k_1 \sum_{k=1}^{N_K} f_{ik} \tag{3.33}$$

式中，f_{ik} 表示第 i 架无人机与第 k 个障碍物之间的排斥力，为障碍物势能场函数 Ψ_k 的负梯度，即

$$f_{ik} = -\nabla_{p_i} \Psi_k\left(\|\Delta p_{ik}\|\right) \tag{3.34}$$

式中，障碍物势能场函数 Ψ_k 定义为

$$\Psi_k\left(\left\|\Delta p_{ik}\right\|\right)=\int_{d_{\text{out}I}}^{\left\|\Delta p_{ik}\right\|}\Phi(p)\mathrm{d}p$$
$$\Phi(p)=\begin{cases}-\dfrac{\overline{\omega}_1}{p^2}, & p\in\left(d_{\text{in}I},d_{\text{out}I}\right)\\ 0, & p\in\left(d_{\text{out}I},+\infty\right)\end{cases} \tag{3.35}$$

式中，$\overline{\omega}_1$ 为待设计常数。因此，f_{ik} 可以写为

$$f_{ik}=-\Phi\left(\left\|\Delta p_{ik}\right\|\right)\frac{\Delta p_{ik}}{\left\|\Delta p_{ik}\right\|} \tag{3.36}$$

然后考虑式(3.30)所示的避碰约束，同样采用人工势场法获得可以避免碰撞的加速度分量 acele_{i2}：

$$\text{acele}_{i2}=k_2\sum_{\breve{i}=1,\breve{i}\neq i}^{N_I}f_{i\breve{i}} \tag{3.37}$$

式中，$f_{i\breve{i}}$ 表示己方无人机之间的排斥力，为己方无人机势能场函数 $\Psi_{i\breve{i}}$ 的负梯度，即

$$f_{i\breve{i}}=-\nabla_{p_i}\Psi_{i\breve{i}}\left(\left\|\Delta p_{i\breve{i}}\right\|\right) \tag{3.38}$$

式中，障碍物势能场函数 $\Psi_{i\breve{i}}$ 定义为

$$\Psi_{i\breve{i}}\left(\left\|\Delta p_{i\breve{i}}\right\|\right)=\int_{d_{\text{out}I}}^{\left\|\Delta p_{i\breve{i}}\right\|}\Phi(p)\mathrm{d}p$$
$$\Phi(p)=\begin{cases}-\dfrac{\overline{\omega}_2}{p^2}, & p\in\left(2d_{\text{in}I},d_{\text{out}I}\right)\\ 0, & p\in\left(d_{\text{out}I},+\infty\right)\end{cases} \tag{3.39}$$

式中，$\overline{\omega}_2$ 为待设计常数。因此，$f_{i\breve{i}}$ 可以写为

$$f_{i\breve{i}}=-\Phi\left(\left\|\Delta p_{i\breve{i}}\right\|\right)\frac{\Delta p_{i\breve{i}}}{\left\|\Delta p_{i\breve{i}}\right\|} \tag{3.40}$$

接下来考虑式(3.32)所示的围捕目标，若己方无人机想要追踪上对方无人机，需要尽可能缩短两者之间的距离与速度差，因此加速度分量 acele_{i3} 可以表示为

$$\text{acele}_{i3}=-k_3\Delta p_{ij}-k_4\Delta v_{ij} \tag{3.41}$$

最后考虑式(3.27)中的速度约束，当己方无人机或对方无人机的飞行速度 $v_i(t+1)$、$v_j(t+1)$ 超过最大速度时，对其进行修正，即

$$\breve{v}_i(t+1)=\frac{v_i(t+1)}{\left\|v_i(t+1)\right\|}v_{\max I}$$
$$\breve{v}_j(t+1)=\frac{v_j(t+1)}{\left\|v_j(t+1)\right\|}v_{\max J} \tag{3.42}$$

通过上述分析，可以总结得到如下初步决策算法。

算法 3.3　初步决策算法

输入： 当前时刻第 i 架已方无人机的自身位置 p_i、飞行速度 v_i、对方无人机速度 v_j，以及与其他无人机及障碍物之间的相对距离 Δp_{ij}、$\Delta p_{i\breve{i}}$、Δp_{ik}

输出： 第 i 架已方无人机的初步加速度 acele_i^1，$i\in[1,N_I]$

1: 若未到达规定时间 $\varGamma$：

2: 　在当前时刻，分别根据式(3.33)、式(3.37)和式(3.41)计算第 i 架已方无人机的飞行加速度分量 acele_{i1}、acele_{i2}、acele_{i3}

3: 　根据得到的加速度分量，计算第 i 架已方无人机的初步飞行加速度 acele_i^1，即 $\text{acele}_i^1=\text{acele}_{i1}+\text{acele}_{i2}+\text{acele}_{i3}$

4: 　根据式(3.42)修正无人机下一时刻的飞行速度 v_i

(2) 建立奖惩机制。

为了优化获得的决策结果，根据初步决策方案，以规定时间内最小化围捕成功时间（即式(3.32)）为最终目标，建立奖惩机制，确定单步决策获得的收益值。为了表明已方各无人机之间的合作关系，假设已方无人机会收到相同的收益值，即 $R_{\text{co}}=R_1=R_2=\cdots=R_{N_I}$。对于已方无人机，收益值 R_{co} 主要包括如下四部分。

① 已方无人机与对方无人机的相对距离

$$R_{\text{co}}^{\text{dis}}=-0.1\sum_{i=1}^{N_I}\left(\min_{j\in[N_I+1,N_I+N_J]}\left(\Delta p_{ij}\right)\right) \tag{3.43}$$

从式(3.43)可以看出，对于任意 $i\in[1,N_I]$，只考虑距离已方无人机 i 最近的对方无人机，且当已方无人机与对方无人机之间总体相对距离越近，$R_{\text{co}}^{\text{dis}}$ 越大。

② 任务收益

$$R_{\text{co}_ij}^{\text{task}}=\begin{cases}r_{\text{task}}, & \Delta p_{ij}\leqslant d_{\text{task}}\\ 0, & \Delta p_{ij}>d_{\text{task}}\end{cases}$$
$$R_{\text{co}}^{\text{task}}=\sum_{i=1}^{N_I}\sum_{j=1}^{N_J}R_{\text{co}_ij}^{\text{task}} \tag{3.44}$$

从式(3.44)可以看出，当对方无人机 j 在己方无人机 i 的攻击范围内时，即两者之间的相对距离 Δp_{ij} 满足 $\Delta p_{ij} \leqslant d_{\text{task}}$ 时，表明无人机 j 被无人机 i 追上，此时无人机 i 获得任务收益 r_{task}，己方无人机的总体任务收益 $R_{\text{co}}^{\text{task}}$ 为各无人机追上对方无人机的任务收益总和。这一项对应性能指标(3.32)。

③ 边界范围

$$
\begin{aligned}
R_{i,\xi}^{\text{bound}} &= \begin{cases} 0, & \left|p_{i,\xi}\right| < 0.95 d_{\text{bound},\xi} \\ r_{\text{bound}}\left(\left|p_{i,\xi}\right| - 0.95 d_{\text{bound},\xi}\right), & 0.95 d_{\text{bound},\xi} \leqslant \left|p_{i,\xi}\right| < d_{\text{bound},\xi} \\ \min\left(\exp\left(2\left|p_{i,\xi}\right| - 2 d_{\text{bound},\xi}\right), r_{\text{bound}}\right), & \left|p_{i,\xi}\right| \geqslant d_{\text{bound},\xi} \end{cases} \\
R_{\text{co}}^{\text{bound}} &= -\sum_{i=1}^{N_I}\sum_{\xi=1}^{\bar{\xi}} R_{i,\xi}^{\text{bound}}
\end{aligned} \tag{3.45}
$$

式中，r_{bound} 待设计参数，用来确定不满足边界约束时收到的收益值大小。从式(3.45)可以看出，无人机的飞行范围不可以超过指定任务区域，对应边界约束(3.31)。

④ 碰撞惩罚

$$
\begin{aligned}
R_{ik}^{\text{collision}} &= \begin{cases} r_{\text{collision}}, & \Delta p_{ik} \leqslant d_{\text{in}I} \\ 0, & \Delta p_{ik} > d_{\text{in}I} \end{cases} \\
R_{i\breve{i}}^{\text{collision}} &= \begin{cases} r_{\text{collision}}, & \Delta p_{i\breve{i}} \leqslant d_{\text{in}I} \\ 0, & \Delta p_{i\breve{i}} > d_{\text{in}I} \end{cases} \\
R_{\text{co}}^{\text{collision}} &= -\sum_{i=1}^{N_I}\sum_{k=1}^{N_K} R_{ik}^{\text{collision}} - \sum_{i=1}^{N_I}\sum_{\breve{i}=1,\breve{i}\neq i}^{N_I} R_{i\breve{i}}^{\text{collision}}
\end{aligned} \tag{3.46}
$$

式(3.46)表明，当无人机与静态障碍物之间的距离 Δp_{ik} 或无人机之间的距离 $\Delta p_{i\breve{i}}$ 小于最小安全距离 $d_{\text{in}I}$ 时，将会收到负的收益值，对应避碰约束(3.30)和避障约束(3.29)。

因此，己方无人机收到的立即收益值如式(3.47)所示：

$$
R_{\text{co}} = R_{\text{co}}^{\text{dis}} + R_{\text{co}}^{\text{task}} + R_{\text{co}}^{\text{bound}} + R_{\text{co}}^{\text{collision}} \tag{3.47}
$$

类似地，给出对方无人机 j 的立即收益值

$$
R_j^{\text{dis}} = 0.1\sum_{i=1}^{N_I} \Delta p_{ij}
$$

$$
R_j^{\text{task}} = \begin{cases} -r_{\text{task}}, & \Delta p_{ij} \leqslant d_{\text{task}J} \\ 0, & \Delta p_{ij} > d_{\text{task}J} \end{cases}
$$

$$
\begin{aligned}
&R_{j,\xi}^{\text{bound}}=\begin{cases}0, & \left|p_{j,\xi}\right|<0.95d_{\text{bound},\xi}\\ r_{\text{bound}}\left(\left|p_{j,\xi}\right|-0.95d_{\text{bound},\xi}\right), & 0.95d_{\text{bound},\xi}\leqslant\left|p_{j,\xi}\right|<d_{\text{bound},\xi}\\ \min\left(\exp\left(2\left|p_{j,\xi}\right|-2d_{\text{bound},\xi}\right),r_{\text{bound}}\right), & \left|p_{j,\xi}\right|\geqslant d_{\text{bound},\xi}\end{cases}\\
&R_j^{\text{bound}}=-\sum_{\xi=1}^{\bar{\xi}}R_{j,\xi}^{\text{bound}}\\
&R_{jk}^{\text{collision}}=\begin{cases}r_{\text{collision}}, & \Delta p_{jk}\leqslant d_{\text{in}J}\\ 0, & \Delta p_{jk}>d_{\text{in}J}\end{cases}\\
&R_{j\breve{j}}^{\text{collision}}=\begin{cases}r_{\text{collision}}, & \Delta p_{j\breve{j}}\leqslant d_{\text{in}J}\\ 0, & \Delta p_{j\breve{j}}>d_{\text{in}J}\end{cases}\\
&R_j^{\text{collision}}=-\sum_{j=1}^{N_J}\sum_{k=1}^{N_K}R_{jk}^{\text{collision}}-\sum_{j=1}^{N_J}\sum_{\breve{j}=1,\breve{j}\neq j}^{N_J}R_{j\breve{j}}^{\text{collision}}\\
&R_j=R_j^{\text{dis}}+R_j^{\text{task}}+R_j^{\text{bound}}+R_j^{\text{collision}}
\end{aligned}
\tag{3.48}
$$

(3) 建立经验数据库。

在后续的评价改进环节，会根据初步决策方案和奖惩机制产生经验数据，并将其以统一格式存储进经验数据库中。

根据图 3.18 所描述的多无人机围捕过程可知，己方各无人机根据自身位置 $p_i(t)$、飞行速度 $v_i(t)$、对方无人机速度 $v_j(t)$，以及与其他无人机及障碍物之间的相对距离 $\Delta p_{i\breve{i}}(t)$、$\Delta p_{ij}(t)$、$\Delta p_{ik}(t)$ 等观测状态，输出当前时刻的加速度，该加速度由两部分组成，即初始决策方案获得的初始飞行加速度 $\text{acele}_i^1(t)$ 以及后续评价改进环节获得的附加加速度 $\text{acele}_i^2(t)$，此时区域环境内的各无人机实际位置和速度将会发生变化，无人机会根据奖惩机制获得收益值 $R_{\text{co}}(t)$，并得到下一时刻的观测状态，即 $p_i(t+1)$、$v_i(t+1)$、$v_j(t+1)$、$\Delta p_{i\breve{i}}(t+1)$、$\Delta p_{ij}(t+1)$、$\Delta p_{ik}(t+1)$，不断重复这一过程直到到达指定任务时间或达到成功围捕的目标。

这些数据可以用于后续评价改进环节，此时需建立经验数据库 D，由于环境中存在多架无人机，因此数据库采用三维结构[7]，如图 3.19 所示。将己方无人机执行 1 次围捕任务称为 1 个训练回合，在每个训练回合，己方无人机 $i\left(i\in\left[1,N_I\right]\right)$ 和对方无人机 $j\left(j\in\left[N_I+1,N_I+N_J\right]\right)$，均将以式(3.49)和式(3.50)所示的统一格式存储在经验数据库 D 的单元格中，在后续评价改进过程中，从中提取小块经历数据 E 进行训练。

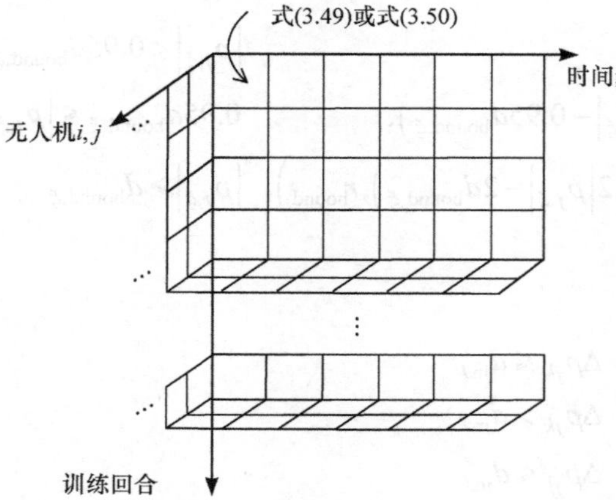

图 3.19　经验数据库 D 结构

己方无人机：

$$\begin{aligned}&\Big(\Big\langle p_i(t), v_i(t), v_j(t), \Delta p_{i\breve{i}}(t), \Delta p_{ij}(t), \Delta p_{ik}(t)\Big\rangle, \text{acele}_i^2(t), R_{\text{co}},\\&\Big\langle p_i(t+1), v_i(t+1), v_j(t+1), \Delta p_{i\breve{i}}(t+1), \Delta p_{ij}(t+1), \Delta p_{ik}(t+1)\Big\rangle\Big)\end{aligned} \tag{3.49}$$

对方无人机：

$$\begin{aligned}&\Big(\Big\langle p_j(t), v_j(t), v_i(t), \Delta p_{j\breve{j}}(t), \Delta p_{ji}(t), \Delta p_{jk}(t)\Big\rangle, \text{acele}_j^2(t), R_j,\\&\Big\langle p_j(t+1), v_j(t+1), v_i(t+1), \Delta p_{j\breve{j}}(t+1), \Delta p_{ji}(t+1), \Delta p_{jk}(t+1)\Big\rangle\Big)\end{aligned} \tag{3.50}$$

2) 行为预测

由于便于行为预测和后续评价改进环节的进行，首先根据之前建立的奖惩机制，把式(3.27)～式(3.32)中描述的多无人机围捕问题，总结为随机博弈(stochastic game，SG)模型，然后采用极大似然法推测对方无人机的行动策略(即行为模式)，根据得到的行动策略，预测其下一时刻的行为。

(1) 建立 SG 模型。

这里首先给出 SG 模型的典型组成要素，然后根据式(3.27)～式(3.32)中描述的多无人机围捕问题，建立本章所需的 SG 模型。

① SG 的典型组成要素。

假设环境中存在 N 个智能体，那么随机博弈模型主要包括如下几部分：

a. 状态集 S，$s(t)\in S$，$s(t)$ 表示 t 时刻的环境状态。

b. 观测状态集 $O_1,\cdots,O_N$，$o_i\in O_i$ 表示第 i 个智能体在 t 时刻的可观测状态，$i\in[1,N]$。

c. 动作集 $A_1,\cdots,A_N$；$a_i \in A_i$ 表示第 i 个智能体在 t 时刻执行的动作，$i\in[1,N]$。

d. 立即收益值 $R_1,\cdots,R_N$，R_i 分别表示所有智能体在 t 时刻状态 s 下执行动作 $a=[a_1,\cdots,a_N]$ 达到下一状态 s' 时，第 i 个智能体获得的收益值，$i\in[1,N]$。

e. 状态转移概率 $\varGamma_P: s\times a_1\times\cdots\times a_N \mapsto s'$，即所有智能体在状态 s 下执行动作 $a=[a_1,\cdots,a_N]$ 达到下一状态 s' 的概率。

f. 折扣因子 γ，$\gamma\in[0,1]$。

上述 SG 模型可以描述多个智能体与环境的交互过程，智能体 i 在 t 时刻下根据自己的观测状态 o_i 执行动作 a_i，使得状态 s 在联合动作 $a=[a_1,\cdots,a_N]$ 的作用下，根据状态转移概率 $\varGamma_P$ 达到下一状态 s'，同时智能体 i 获得自己的立即收益值 R_i 和下一时刻的观测状态 o_i'，并继续这一过程。因此，SG 模型的目标为，对于环境中的任意智能体 i，均试图找到一个策略可以最大化自身的期望累积收益值，式中策略表示从观测状态空间到动作空间的映射，可以通过函数 $\pi_i: o_i \to a_i$ 或分布 $\pi_i: o_i\times a_i \to [0,1]$ 定义，前者为确定性策略，后者为随机策略。因此，SG 模型的目标可以写为如下优化问题：

$$\max_{\pi_i\in\varPi_i} \varXi\left[\sum_{t=0}^{T}\gamma^t R_i(t) \mid \pi_i\right],\quad \forall i\in[1,N] \tag{3.51}$$

式中，$\varXi[\cdot]$ 表示期望符号；$\varPi_i$ 表示第 i 个智能体的策略空间；T 表示交互过程的总时间长度。

② 面向围捕任务的 SG 模型建立。

根据式(3.27)～式(3.32)中描述的多无人机围捕问题，总结为 SG 模型，各个符号的含义如下。

a. 状态集 S。

根据任务的具体情况，将 t 时刻每个障碍物中心点的位置 $p_k\left(k\in[1,N_K]\right)$、己方无人机的位置 p_i 和速度 $v_i\left(i\in[1,N_I]\right)$、对方无人机的位置 p_j 和 $v_j\left(j\in[N_I+1,N_I+N_J]\right)$ 作为状态量 s，即

$$s=\left(p_k,p_i,v_i,p_j,v_j\right)\in S \tag{3.52}$$

b. 观测状态集 O_i、O_j。

对于第 i 个己方无人机，$i\in[1,N_I]$，将 t 时刻自身的位置 p_i、速度 v_i、与区域内各个障碍物之间的相对位置 Δp_{ik}、与己方其他无人机之间的相对位置 $\Delta p_{i\breve{i}}$、与对方无人机之间的相对位置 Δp_{ij}、对方无人机的移动速度 v_j 作为观测状态：

$$o_i=\left(p_i,v_i,\Delta p_{ik},\Delta p_{i\breve{i}},\Delta p_{ij},v_j\right) \tag{3.53}$$

类似地，对于第 j 个对方无人机，$j \in [N_I+1, N_I+N_J]$，观测状态可以写为

$$o_j = \left(p_j, v_j, \Delta p_{jk}, \Delta p_{j\bar{j}}, \Delta p_{ij}, v_i\right) \tag{3.54}$$

c. 动作集 A。

将己方无人机的附加加速度作为动作 a_i，将对方无人机的加速度作为 a_j，即

$$a_i = \text{acele}_i^2, \quad a_j = \text{acele}_j \tag{3.55}$$

式中，$i \in [1, N_I]$，$j \in [N_I+1, N_I+N_J]$。那么己方无人机的实际加速度为初始加速度与附加加速度之和，即

$$\text{acele}_i = \text{acele}_i^1 + \text{acele}_i^2 \tag{3.56}$$

d. 立即收益值 R_i、R_j。

根据之前建立的奖惩机制，将己方无人机收到的立即收益值设计为

$$R_i = R_{\text{co}} \tag{3.57}$$

式中，R_{co} 的定义如式(3.47)所示。对方无人机收到的立即收益值则如式(3.48)所示。

e. 状态转移概率 $\Gamma : s \times a_1 \times \cdots \times a_{N_I+N_J} \mapsto s'$。

对于本节研究的多无人机围捕问题，由于区域内障碍物的位置不会变动，这里直接给出无人机的状态转移函数 Γ_P，将无人机的运动学和动力学方程作为状态转移函数，可以写成如式(3.58)所示形式：

$$\begin{aligned}
p_i(t+1) &= p_i(t) + v_i(t+1)\Delta t + d_{1i}(t) \\
v_i(t+1) &= v_i(t) + a_i(t)\Delta t + d_{2i}(t) \\
p_j(t+1) &= p_j(t) + v_j(t+1)\Delta t + d_{1j}(t) \\
v_j(t+1) &= v_j(t) + a_j(t)\Delta t + d_{2j}(t)
\end{aligned} \tag{3.58}$$

式中，$d_{1i}(t)$、$d_{2i}(t)$、$d_{1j}(t)$、$d_{2j}(t)$ 为己方无人机和对方无人机在环境中受到的外界干扰。考虑式(3.27)中的速度约束，当己方无人机或对方无人机的飞行速度 $v_i(t+1)$、$v_j(t+1)$ 超过最大速度时，按照式(3.42)对其进行修正，而式(3.58)中的位置转移函数修正为

$$\begin{aligned}
p_i(t+1) &= p_i(t) + \breve{v}_i(t+1)\Delta t + d_{1i}(t) \\
p_j(t+1) &= p_j(t) + \breve{v}_j(t+1)\Delta t + d_{1j}(t)
\end{aligned} \tag{3.59}$$

f. 折扣因子 γ。

γ 表示未来收益值相对于当前收益值的重要程度。当 γ=0 时，相当于只考虑当前收益不考虑未来收益；当 γ=1 时，相当于将未来收益和当前收益看得同等重要。这里选取折扣因子 γ=0.95。

通过对SG模型六个符号的定义，基于围捕任务的多无人机任务决策过程可描述为：当各无人机在任务环境中的实际位置、速度、静态障碍物的位置组成状态$s(t)$时，各无人机根据自身传感器获得与其他无人机及障碍物的相对距离，无人机的自身位置与速度，对方无人机速度等观测信息$o_i(t)$、$o_j(t)$，选择附加加速度$a_i(t)$或加速度$a_j(t)$，并根据式(3.43)～式(3.48)获得相应的立即收益值$R_i(t)$、$R_j(t)$。由状态转移函数(3.58)和式(3.59)，此时实际状态变为$s(t+1)$，重复该过程直到达到任务中止时刻或实现成功围捕的目标。

本节根据上述建立的奖惩机制，建立面向围捕任务的SG模型，此时多无人机任务决策问题转换为：区域内的己方各架无人机均试图获得最优策略π_i^*以解决式(3.51)定义的优化问题。这里将各架无人机的策略定义为确定性策略，即$a_i = \pi_i(o_i)$和$a_j = \pi_j(o_j)$。

在上述围捕场景中，己方无人机无法得知对方无人机的行动策略π_j ($j \in [N_I+1, N_I+N_J]$)，导致行动过程中难以做出准确判断与决策。因此，下一部分将利用对方无人机行动策略π_j的定义，预测其下一时刻的行为。

(2) 基于极大似然估计的对方无人机行为预测。

本节将介绍如何根据经验数据库D中存储的对方无人机以往的行动数据，推测对方无人机的行动策略π_j，并根据该行动策略预测其下一时刻的动作a_j。这里将采用极大似然估计(maximum likelihood estimation，MLE)法推测对方的行动策略π_j[8]。极大似然估计法是根据已知结果，推测使该结果出现最大可能性条件的算法。下面首先对极大似然估计法进行简单介绍，然后简述其如何用于推测对方无人机行为策略，并预测对方行为。

① 极大似然估计法。

在统计学中，极大似然估计是用来估计概率模型参数ϑ的一种算法，是概率论在统计学中的应用。假设待估计的概率模型为$\Gamma(\vartheta)$，则极大似然估计可以通过给定样本数据来评估模型参数ϑ，其得到的参数估计值$\hat{\vartheta}$能够使给定样本数据出现的概率最大，此时参数估计值$\hat{\vartheta}$称为ϑ的极大似然估计值。

定义样本集$D_s = \{x_{s1}, \cdots, x_{s\bar{M}}\}$，假设这$\bar{M}$个随机变量是独立同分布的，则似然函数定义为

$$L_\Gamma(\vartheta) = p(x_1, \cdots, x_{\bar{M}} | \vartheta) = \prod_{i=1}^{\bar{M}} p(x_i | \vartheta) \tag{3.60}$$

式中，$p(x_1, \cdots, x_{\bar{M}} | \vartheta)$为概率密度函数，即在概率模型参数为$\vartheta$的情况下，出现样本数据$D_s = \{x_{s1}, \cdots, x_{s\bar{M}}\}$的概率。

注意到式(3.60)中，似然函数定义为多个概率函数 $p\left(x_i\middle|\vartheta\right)$ 乘积的形式，为了便于分析，定义对数似然函数 $l_\Gamma(\vartheta)=\ln L_\Gamma(\vartheta)$，那么参数 ϑ 的极大似然估计值 $\hat{\vartheta}$ 可以写为

$$\hat{\vartheta}=\arg\max_{\vartheta} l_\Gamma(\vartheta)=\arg\max_{\vartheta}\ln L_\Gamma(\vartheta)=\arg\max_{\vartheta}\sum_{i=1}^{\bar{M}}\ln p\left(x_i\middle|\vartheta\right) \tag{3.61}$$

当参数 ϑ 为标量时，在似然函数 $L_\Gamma(\vartheta)$ 满足连续、可微的正则条件下，极大似然估计值 $\hat{\vartheta}$ 可以通过式(3.62)进行求解：

$$\frac{\mathrm{d}l_\Gamma(\vartheta)}{\mathrm{d}\vartheta}=\frac{\mathrm{d}\ln L_\Gamma(\vartheta)}{\mathrm{d}\vartheta}=0 \tag{3.62}$$

当参数 ϑ 为矢量时，即 $\vartheta=\left[\vartheta_1,\vartheta_2,\cdots,\vartheta_{\bar{s}}\right]^{\mathrm{T}}$，并定义梯度算子 $\nabla_\vartheta=\left[\frac{\partial}{\partial\vartheta_1},\frac{\partial}{\partial\vartheta_2},\cdots,\frac{\partial}{\partial\vartheta_{\bar{s}}}\right]^{\mathrm{T}}$。若似然函数 $L_\Gamma(\vartheta)$ 满足连续可导的条件，则极大似然估计值 $\hat{\vartheta}$ 可以通过式(3.63)进行求解：

$$\nabla_\vartheta l_\Gamma(\vartheta)=\nabla_\vartheta\ln L_\Gamma(\vartheta)=\sum_{i=1}^{\bar{M}}\nabla_\vartheta\ln p\left(x_i\middle|\vartheta\right)=0 \tag{3.63}$$

需要注意的是，通过极大似然估计法求出的是概率模型参数的估计值，样本数量越多，估计参数值 $\hat{\vartheta}$ 越逼近概率模型真实值 ϑ。

② 对方无人机行动策略推测与行为预测。

下面介绍如何利用极大似然估计法推测对方无人机的行动策略，并利用行为策略预测下一步的行为。将已方无人机的行动策略记为 $\pi_i\left(o_i\middle|\vartheta_{Ai}\right)\left(i\in[1,N_I]\right)$，其中 ϑ_{Ai} 为已方无人机策略的参数值；对方无人机的行动策略记为 $\pi_j\left(o_j\middle|\vartheta_{Aj}\right)$ $\left(j\in\left[N_I+1,N_I+N_J\right]\right)$，其中 ϑ_{Aj} 为对方无人机策略的参数值。定义 $\pi_i^j\left(\hat{\vartheta}_{Ai}^j\right)$ 为已方无人机 i 对对方无人机 j 行动策略的推测值，其中 $\hat{\vartheta}_{Ai}^j$ 是极大似然估计值。方便起见，此后 $\pi_i\left(o_i\middle|\vartheta_{Ai}\right)$ 简写为 $\pi_i\left(\vartheta_{Ai}\right)$，$\pi_j\left(o_j\middle|\vartheta_{Aj}\right)$ 简写为 $\pi_j\left(\vartheta_{Aj}\right)$，$\pi_i^j\left(\hat{\vartheta}_{Ai}^j\right)$ 简写为 $\hat{\pi}_i^j$。为了得到极大似然估计值 $\hat{\vartheta}_{Ai}^j$，根据式(3.63)，$\hat{\vartheta}_{Ai}^j$ 可以通过最小化如下函数得到：

$$F\left(\hat{\vartheta}_{Ai}^j\right)=-\varXi_{o_j,a_j}\left[\ln\hat{\pi}_i^j+\lambda_H H\left(\hat{\pi}_i^j\right)\right] \tag{3.64}$$

式中，$H\left(\hat{\pi}_i^j\right)$ 为正则项，表示推测策略 $\hat{\pi}_i^j$ 的熵。

通过式(3.64)，根据已方无人机就可以推测出对方无人机的行动策略，在获得

对方无人机的行动策略 $\hat{\pi}_i^j$ 后，可以根据 $\hat{\pi}_i^j$ 和经验数据库中存储的下一时刻对方无人机的观测状态 o_j'，就可以预测得到下一时刻对方无人机的动作 a_j'。此时预测得到的结果可以在评价改进环节中应用。

3) 评价改进

根据经验总结环节中建立的奖惩机制和经验数据库，己方无人机需要利用经验数据库中的数据，评价决策结果并进行改进。由前面的分析可知，本节考虑的多无人机围捕问题主要面临环境动态性、无人机状态部分可观测性以及环境中外界干扰的不确定性等问题。任务环境的动态性首先对算法的快速求解能力提出了较高的要求，3.1.3 节中的评价改进环节借鉴了传统强化学习中评价表的作用，并利用神经网络的拟合特性得到评价函数，从仿真结果可知，训练好的评价网络在决策过程中具有很好的实时性，且对环境中的不确定性影响有较好的鲁棒性。然而 3.1.3 节中采用的基于评价网络-贪婪策略的 Q 学习算法无法直接用于本节中考虑的围捕问题，这是由于环境的动态性是环境内所有无人机共同作用的结果，这就导致对于每架无人机来说环境是不平稳的，不满足单智能体强化学习算法的收敛性条件。为了解决这一问题，美国 OpenAI 的 Lowe 等提出基于中心式评价-去中心式决策的多智能体确定性策略梯度(multi-agent deep deterministic policy gradient，MADDPG)算法[9]，评价网络在离散训练过程中可以接收所有无人机的观测状态，从而更好地改进评价结果的准确度，指导动作选择。而在实际围捕过程，无人机可以基于自身观测状态利用训练好的决策网络进行在线决策，这也解决了无人机状态部分可观测性的问题。

因此，这里的评价改进环节采用 MADDPG 算法里中心式评价-去中心式执行的网络框架，通过神经网络的拟合功能，建立决策网络与评价网络，分别用来输出当前决策结果与此时可能获得的平均总收益值；在与仿真环境的交互过程中，将产生的新的经验数据存储进经验数据库中，通过一致经验回放的方式提取数据库中的数据，逐步改进评价结果的准确度，同时改进决策结果的最优性。下面分别介绍网络含义及输入输出变量、网络结构、网络参数更新方式。

(1) 网络含义及输入输出变量介绍。

在这里讨论的多无人机围捕问题中，考虑前面定义的包含 N_I+N_J 架无人机的 SG 模型，定义 $X_o=\left(o_1,\cdots,o_{N_I},o_{N_I+1},\cdots,o_{N_I+N_J}\right)$ 为 N_I+N_J 架无人机的观测值集合，$\Pi_\pi=\left(\pi_1,\cdots,\pi_{N_I},\pi_{N_I+1},\cdots,\pi_{N_I+N_J}\right)$ 为 N_I+N_J 架无人机策略集合。

① 评价网络含义及输入输出变量介绍。

评价网络 $Q_i^{\Pi_\pi}\left(X_o,a_1,\cdots,a_{N_I},a_{N_I+1},\cdots,a_{N_I+N_J}\middle|\vartheta_{Qi}\right)$ 为第 i 个己方无人机的中心式评价值 $Q_i^{\Pi_\pi}\left(X_o,a_1,\cdots,a_{N_I},a_{N_I+1},\cdots,a_{N_I+N_J}\right)$ 的近似值，$i\in[1,N_I]$。第 i 个己方无人机的中心式评价值表明在当前时刻所有无人机的观测状态集合 X_o 下，当其他

无人机根据各自的行动策略$\pi_{\breve{i}}$、π_j和观测状态$o_{\breve{i}}$、o_j分别选择附加加速度$a_{\breve{i}}$或加速度a_j时($\breve{i}\in[1,N_I]$，$\breve{i}\neq i$，$j\in[N_I+1,N_I+N_J]$)，己方无人机根据行动策略π_i和当前观测值o_i选择附加加速度$a_{\breve{i}}$可能获得的平均总收益值。与第2章类似，引入神经网络近似环节对评价值$Q_i^{\Pi_\pi}\left(X_o,a_1,\cdots,a_{N_I},a_{N_I+1},\cdots,a_{N_I+N_J}\right)$进行参数化，得到评价网络$Q_i^{\Pi_\pi}\left(X_o,a_1,\cdots,a_{N_I},a_{N_I+1},\cdots,a_{N_I+N_J}\middle|\vartheta_{Qi}\right)$，其中$\vartheta_{Qi}$为第$i$个己方无人机评价网络的网络参数值。

由于采用中心式评价结构，评价网络$Q_i^{\Pi_\pi}$的输入为当前时刻任务环境内所有无人机的观测状态集合X_o与动作集合$a=\left(a_1,\cdots,a_{N_I},a_{N_I+1},\cdots,a_{N_I+N_J}\right)$；输出为在当前其他无人机选择动作为$a_{\breve{i}}$、$a_j$时$\left(\breve{i}\in\left[1,N_I\right]，\breve{i}\neq i，j\in\left[N_I+1,N_I+N_J\right]\right)$，己方无人机根据当前观测值$o_i$与行动策略$\pi_i$选择动作$a_i$可能获得的平均总收益值的近似值$Q_i^{\Pi_\pi}\left(\vartheta_{Q_i}\right)$。

② 决策网络含义及输入输出变量介绍。

本节中采用确定性策略，那么参数化之前的第$i\left(i\in\left[1,N_I\right]\right)$架无人机的行动策略$\pi_i^{\Pi_\pi}$可以写为$a_i=\pi_i\left(o_i\right)$，即仅根据当前的观测值$o_i$决定该时刻的动作$a_i$。行为预测环节中，参数化以后的己方无人机的行动策略为$\pi_i\left(o_i\middle|\vartheta_{Ai}\right)$。方便起见，将$\pi_i\left(o_i\middle|\vartheta_{Ai}\right)$简写为$\pi_i\left(\vartheta_{Ai}\right)$。由于采用去中心式决策的结构，决策网络$\pi_i$的输入为无人机自身的可观测状态$o_i$，输出为当前时刻的移动速度$a_i=\pi_i\left(\vartheta_{Ai}\right)$。

根据评价网络和决策网络的含义及输入输出变量，多无人机在评价改进环节中与环境的交互过程如图3.20所示，对于第i个己方无人机来说，主要包括评价

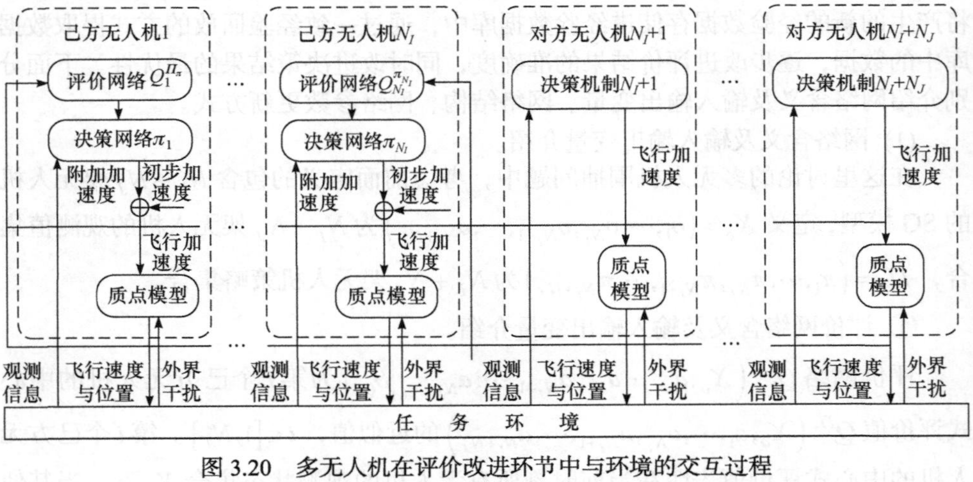

图3.20　多无人机在评价改进环节中与环境的交互过程

网络 $Q_i^{\Pi_\pi}$ 和决策网络 π_i 两部分，评价网络 $Q_i^{\Pi_\pi}$ 的作用在于输出当前观测状态集合下第 i 架无人机执行当前动作 a_i 可能获得的平均总收益，从而指导决策网络 π_i 的改进过程。决策网络 π_i 的作用在于根据评价网络 $Q_i^{\Pi_\pi}$ 的输出改进自身的动作 a_i 使得无人机能够获得的平均总收益最大。

在介绍完网络的含义与输入输出含义后，下面给出评价网络与决策网络的网络结构。

(2) 网络结构。

本节设计的评价网络为全连接层神经网络，如图 3.21 所示，对于每一个己方无人机 i，网络层数为 7 层，包括 1 层输入层、5 层隐藏层和 1 层输出层，网络节点数分别为 $N_{QI}\times N_{QH1}\times N_{QH2}\times N_{QH3}\times 1$。其中 N_{QI} 为输入节点个数，即所有无人机观测状态集合 X_o 和动作集合 a 的维度；N_{QHi} 为第 i 层隐藏层节点个数；由于评价网络输出为当前观测状态集合下第 i 架无人机执行当前动作 a_i 可能获得的平均累计总收益，因此，输出节点个数为 1。

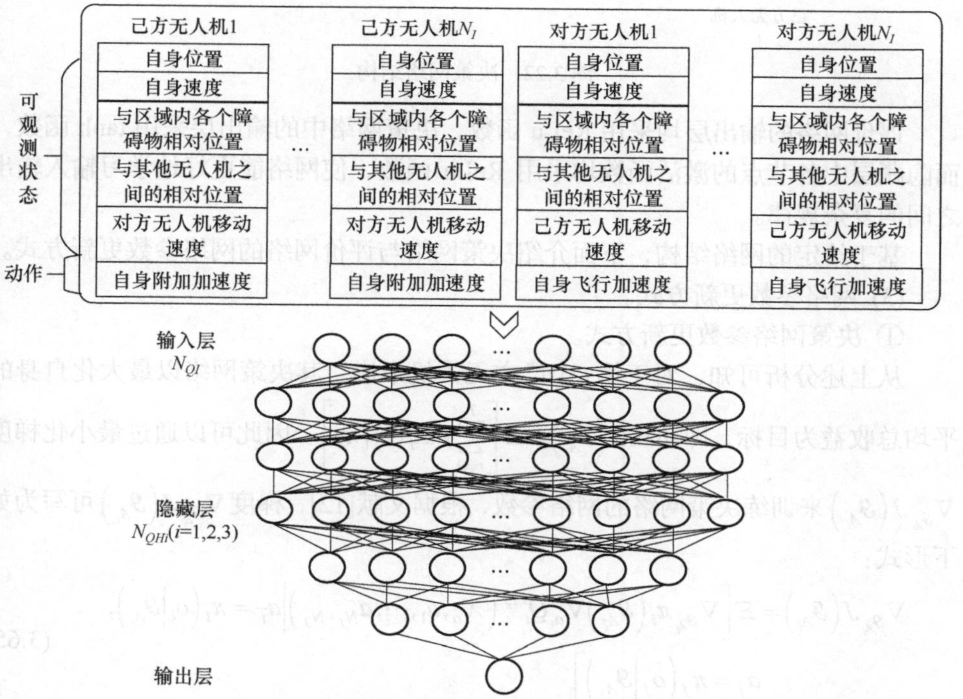

图 3.21　评价网络结构

本节设计的决策网络也为全连接层神经网络，如图 3.22 所示，网络层数为 5 层，包括 1 层输入层、3 层隐藏层和 1 层输出层，网络节点数分别为 $N_{AI}\times N_{AH}\times$

$N_{AH}\times N_{AH}\times\overline{\xi}$，式中$N_{AI}$为输入节点个数，即第$i$架无人机观测状态$o_i$的维度，$N_{AH}$为隐藏层节点个数，由于决策网络输出为无人机的附加加速度或飞行加速度，因此输出节点个数$\overline{\xi}$为式(3.31)中定义的动作维度。

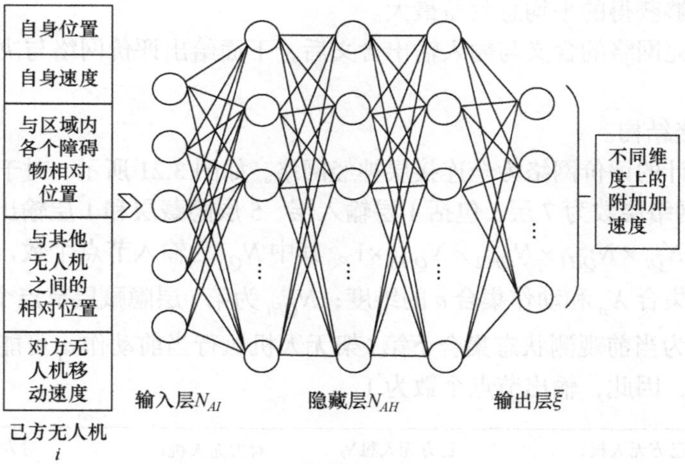

图 3.22　决策网络结构

评价网络的输出层均采用 ReLu 函数，决策网络中的输出层采用 tanh 函数，而隐藏层中各节点的激活函数均采用 ReLu 函数，使网络能更好地学习输入输出之间的复杂规律。

基于给定的网络结构，下面介绍决策网络与评价网络的网络参数更新方式。

(3) 网络参数更新方式。

① 决策网络参数更新方式。

从上述分析可知，对于第i个己方无人机来说，其决策网络以最大化自身的平均总收益为目标，即$\max J\left(\vartheta_{A_i}\right)=\Xi\left[\sum_{t=0}^{T}\gamma^t R_i(t)\,|\,\pi_i\right]$，因此可以通过最小化梯度$\nabla_{\vartheta_{A_i}}J\left(\vartheta_{A_i}\right)$来训练决策网络的网络参数，根据文献[12]，梯度$\nabla_{\vartheta_{A_i}}J\left(\vartheta_{A_i}\right)$可写为如下形式：

$$\begin{aligned}\nabla_{\vartheta_{A_i}}J\left(\vartheta_{A_i}\right)=\Xi\Big[&\nabla_{\vartheta_{A_i}}\pi_i\left(\vartheta_{A_{\bar{i}}}\right)\nabla_{a_i}Q_i^{\Pi_\pi}\left(X_o,a_1,\cdots,a_{N_I+N_J}\right)\Big|a_{\bar{i}}=\pi_i\left(o_i\middle|\vartheta_{A_i}\right),\\&a_j=\pi_j\left(o_j\middle|\vartheta_{A_j}\right)\Big]\end{aligned}\tag{3.65}$$

式中，$Q_i^{\Pi_\pi}\left(X_o,a_1,\cdots,a_{N_I+N_J}\right)$为真实的中心式评价值，可以用评价网络的输出值$Q_i^{\Pi_\pi}\left(\vartheta_{Q_i}\right)$进行近似。

② 评价网络参数更新方式。

接下来进一步给出评价网络的更新方程，若评价网络的输出值 $Q_i^{\Pi_\pi}\left(\vartheta_{Q_i}\right)$ 近似真实值 $Q_i^{\Pi_\pi}\left(X_o,a_1,\cdots,a_{N_I+N_J}\right)$，需满足

$$\mathrm{Loss}\left(\vartheta_{Q_i}\right)=\Xi\left[\left(Q_i^{\Pi_\pi}\left(X_o,a_1,\cdots,a_{N_I+N_J}\right)-Q_i^{\Pi_\pi}\left(\vartheta_{Q_i}\right)\right)^2\right] \tag{3.66}$$

最小。结合贝尔曼方程：$Q_i^{\Pi_\pi}\left(X_o,a_1,\cdots,a_{N_I+N_J}\right)=R_i+\gamma Q_i^{\Pi_\pi}\left(X'_o,a'_1,\cdots,a'_{N_I+N_J}\right)$，式中 X'_o 为下一时刻的观测状态合集，$a'_1,\cdots,a'_{N_I+N_J}$ 为各无人机在下一时刻根据策略 Π_π 选择的动作值，因此，$Q_i^{\Pi_\pi}\left(X'_o,a'_1,\cdots,a'_{N_I+N_J}\middle|\vartheta_{Q_i}\right)$ 表示在下一时刻的评价值。由于 $a'_{N_I+1},\cdots,a'_{N_I+N_J}$ 是对方无人机根据其自身的行动策略选择的下一时刻的动作，即 $a'_j=\pi_j\left(o'_j\middle|\vartheta_{Aj}\right)$，$o'_j\in X'_o$，$j\in\left[N_I+1,N_I+N_J\right]$，而己方无人机无法提前预知对方策略，因此，采用行为预测环节中得到的对对方无人机策略的估计值进行替代，预测其下一时刻的动作，即 $\hat{a}'_j=\pi_i^j\left(\hat{\vartheta}_{Ai}^j\right)$。此时，式(3.66)可以修改为

$$\mathrm{Loss}\left(\vartheta_{Q_i}\right)=\Xi\left[\left(R_i+\gamma Q_i^{\Pi_\pi}\left(X'_o,a'_1,\cdots,a'_{N_I},\hat{a}'_{N_I+1},\cdots,\hat{a}'_{N_I+N_J}\middle|\vartheta_{Q_i}\right)-Q_i^{\Pi_\pi}\left(\vartheta_{Q_i}\right)\right)^2\right] \tag{3.67}$$

式中，$R_i+\gamma Q_i^{\Pi_\pi}\left(X'_o,a'_1,\cdots,a'_{N_I},\hat{a}'_{N_I+1},\cdots,\hat{a}'_{N_I+N_J}\middle|\vartheta_{Q_i}\right)$ 称为第 i 架无人机的目标 Q 值，$Q_i^{\Pi_\pi}\left(\vartheta_{Q_i}\right)$ 称为第 i 架无人机的当前 Q 值。

考虑到训练网络所用的经验数据之间具有相关性，为了避免其影响网络的收敛效果，设计目标决策网络和目标评价网络，用来输出目标 Q 值，因此式(3.67)可以写为

$$\mathrm{Loss}\left(\vartheta_{Q_i}\right)=\Xi\left[\left(R_i+\gamma Q_i^{\Pi'_\pi}\left(X'_o,a'_1,\cdots,a'_{N_I},\hat{a}'_{N_I+1},\cdots,\hat{a}'_{N_I+N_J}\middle|\vartheta_{Q_i}\right)-Q_i^{\Pi_\pi}\left(\vartheta_{Q_i}\right)\right)^2\right] \tag{3.68}$$

式中，$\Pi'_\pi=\left[\pi_1\left(\vartheta'_{A_1}\right),\cdots,\pi_{N_I}\left(\vartheta'_{A_{NI}}\right),\pi_i^{N_I+1}\left(\vartheta'^{(N_I+1)}_{A_i}\right),\cdots,\pi_i^{N_I+N_J}\left(\vartheta'^{(N_I+N_J)}_{A_i}\right)\right]$，$\vartheta'_{A_i}$ 为第 i 架无人机的目标决策网络的参数；ϑ'_{Q_i} 为第 i 架无人机的目标评价网络的参数。与评价网络的参数更新方式不同，目标决策网络和目标评价网络的网络参数 ϑ'_{A_i}、ϑ'_{Q_i} 更新方式如式(3.69)所示：

$$\begin{aligned}\vartheta'_{Q_i}&=\overline{\tau}\vartheta_{Q_i}+\left(1-\overline{\tau}\right)\vartheta'_{Q_i}\\ \vartheta'_{A_i}&=\overline{\tau}\vartheta_{A_i}+\left(1-\overline{\tau}\right)\vartheta'_{A_i}\end{aligned} \tag{3.69}$$

式中，$\overline{\tau}\ll 1$，为目标网络的更新权重。

(4) 经验数据库 D 的数据提取方式。

下面介绍经验数据库 D 中的数据提取方式，用以更新评价网络与决策网络的

网络参数。根据 SG 过程对观测状态 o_i、o_j，动作 a_i、a_j，立即收益值 R_i、R_j 的定义，经验数据库中的数据可以以 $\left(o_i,a_i,R_i,s_i'\right)$ 及 $\left(o_j,a_j,R_j,s_j'\right)$ 的形式储存进 D 中，如图 3.19 所示。在这一环节产生的经历数据也会继续存储进 D 中。需要注意的是，由于相邻的数据之间具有相关性，因此不能按照存储顺序直接提取数据，这里从经验数据库 D 中进行随机收取经历数据 E 进行训练，这种数据存储和提取方式称为一致经验回放。需要注意的是，在训练过程中，双方无人机需要提取同一训练回合中同一时刻的数据进行训练，否则会出现无人机的行动策略收敛到不同平衡点的情况，因此采用一致经验回放机制进行数据采样，即从经验数据库 D 中随机抽取同一训练回合中同一时刻的数据，如图 3.23 所示。

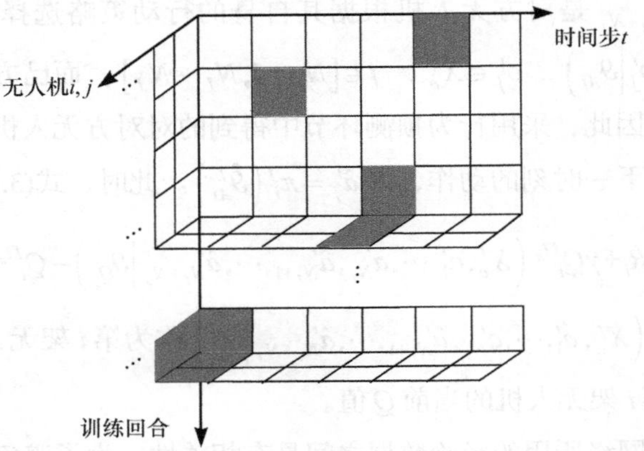

图 3.23　一致经验回放机制

至此，评价改进环节中，总结评价网络和决策网络的离散训练算法如算法 3.4 所示。

算法 3.4　训练评价网络和决策网络算法

输入： 小块训练数据 E 的数量，训练回合的总数 Train_M，学习率 α

输出： 评价网络 $\pi\left(\vartheta_{A_i}\right)$

1: 初始化经验数据库 D

2: 初始化评价网络和决策网络，随机初始化权重参数 ϑ_{Q_i}、ϑ_{A_i}

3: 初始化目标决策网络和目标评价网络，初始化权重 $\vartheta_{Q_i}'=\vartheta_{Q_i},\vartheta_{A_i}'=\vartheta_{A_i}$

4: 从第 1 次任务决策到第 Train_M 次任务决策：

5: 　　初始化随机过程 N_A，用于环境探索

根据各无人机和障碍物的初始位置和速度，得到状态 $X_o(0)$，进行归一化

若未达到任务时间 T 且未达到成功围捕目标：

　对于第 i 个己方无人机，选择飞行加速度 $\text{acele}_i = \text{acele}_i^1 + a_i$，式中 $a_i = \pi\left(o_i \middle| \vartheta_{A_i}\right) + N_A$

　区域内的各无人机各自执行由附加加速度 $a = \left(a_1, \cdots, a_{N_I+N_J}\right)$ 初始飞行加速度组成的飞行加速度，获得各自的立即收益值 $R = \left(R_1, \cdots, R_{N_I+N_J}\right)$ 和下一时刻的观测状态合集 X_o'

　将 $\left(o_i, a_i, R_i, o_i'\right)$ 和 $\left(o_j, a_j, R_j, o_j'\right)$ 存入经验数据库 D 中

　$X_o \leftarrow X_o'$

　若经验数据量大于 Train_$K1$：

　　对于第 $1 \sim N_I$ 个己方无人机

　　　从 D 中抽取最新的 p 个样本数据 $\left(X_{o,p}, a_p, R_p, X_{o,p}'\right)$

　　　根据式(3.64)采用 Adam 更新网络参数 $\hat{\vartheta}_{Ai}^j$

　　　采用一致经验回放从 D 抽取 E 个样本数 $\left(X_{o,k}, a_k, R_k, X_{o,k}'\right)$

　　　根据式(3.65)和式(3.68)采用 Adam 进行网络参数 ϑ_{Q_i}、ϑ_{A_i} 的更新

　　　采用式(3.69)更新目标网络的参数 ϑ_{Q_i}'、ϑ_{A_i}'

　　结束

　结束

结束

返回 $\pi\left(\vartheta_{A_i}\right)$

通过上述评价改进环节，离线更新评价网络与决策网络的网络参数，获得可用于在线任务决策的决策网络。

4) 在线决策

在通过上述经验总结、行为预测和评价改进环节完成离线学习过程之后，评价网络 $Q_i^{\Pi_\pi}\left(X_o, a_1, \cdots, a_{N_I+N_J} \middle| \vartheta_{Q_i}\right)$ 的网络参数 ϑ_{Q_i} 和决策网络 $\pi\left(\vartheta_{A_i}\right)$ 的网络参数 ϑ_{A_i} 也被确定下来，此时决策网络拟合的可观测状态与无人机动作之间的映射关系近似等于最优行动策略。考虑到实际任务执行过程中的无人机仅能观测到部分

状态，这时需要全局状态信息和动作信息作为输入的评价网络将无法应用，因此对于多无人机围捕任务，己方各无人机采用去中心式决策结构，即仅将离线学习后得到的决策网络用于在线环节，在存在环境不确定影响的真实任务环境中，最终实现多无人机分布式实时任务决策。

如图 3.24 所示，考虑多无人机围捕任务，己方各无人机将探测到的自身位置、速度、与区域内各个障碍物之间的相对位置、与己方其他无人机之间的相对位置、与对方无人机之间的相对位置、对方无人机的移动速度作为观测信息，输入到决策网络中；训练好的决策网络会快速给出该时刻的附加加速度，与初步加速度相加得到实际飞行加速度，考虑环境不确定对无人机完成任务效果的影响，即飞行环境中可能受到的外界干扰，得到无人机实际位置与速度。重复这一过程，直到到达执行任务时间或完成围捕目标。

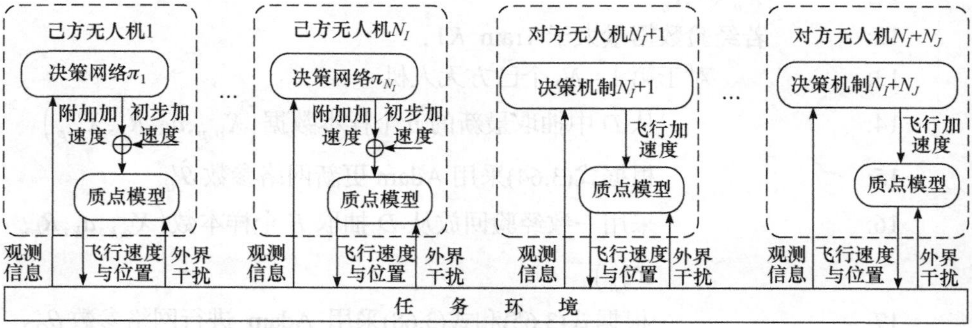

图 3.24　在线决策环节示意图

下面给出在线决策环节的任务决策过程，总结为分布式在线决策算法，即算法 3.5。

算法 3.5　分布式在线决策算法

输入： 决策网络 $\pi\left(\vartheta_{A_i}\right)$

输出： 第 i 架无人机的飞行加速度 a_i

1: 若未达到任务时间或未成功围捕：

2: 　　收到更新后的观测状态 o_i

3: 　　根据训练好的决策网络获得附加加速度 $a_i \leftarrow \pi\left(o_i \middle| \vartheta_{A_i}\right)$

4: 　　结合初步加速度 acele_i^1，得到实际飞行加速度 $\text{acele}_i \leftarrow \text{acele}_i^1 + a_i$

　　返回第 i 架无人机的飞行加速度 acele_i

在仿真环境中随机给出对方无人机的初始位置和速度，并模拟任务环境参数，利用优化后的评价网络进行 100 组仿真实验，并根据奖惩机制，判断在线决策结果是否满足合理性要求，当不满足要求时，按照算法 3.1 重新训练评价网络参数，进行闭环迭代，直到完成合理性验证。

该部分的合理性验证结果将在下面的仿真验证中给出。

2. 仿真验证

1) 仿真环境

在 Linux 操作系统中，基于 Python 语言 TensorFlow 深度学习工具包实现本章仿真实验，计算机配置：CPU 为 Intel Core i7-6700K 4.00GHz，16GB 内存，GPU 为 NVIDIA GeForce GTX 1070。

2) 仿真参数设置

评价网络包括 5 个隐藏层，隐藏层节点个数分别是 100、100、100、32 和 4，决策网络包括 3 个隐藏层，每个隐藏层包含 100 个节点。隐藏层中用到的激活函数为 ReLu 函数。

考虑二维任务环境，假设任务区域是半径为 15m 的原形区域，区域内存在长宽都为 3m 的 9 个静态障碍物、尺寸半径为 0.3m 的 3 架己方无人机和 1 架对方无人机。己方无人机的最大速度 $v_{\max I}$ 设置为 2m/s，对方无人机的最大速度 $v_{\max J}$ 设置为 3m/s，无人机与静态障碍物之间的安全距离 $d_{\text{safe}I}$、$d_{\text{safe}J}$ 设置为 1m，己方无人机的攻击范围 d_{task} 设置为 0.2m，立即收益值中 r_{bound} 设置为 1，$r_{\text{collision}}$ 为 1，r_{task} 为 10，己方无人机和对方无人机在环境中受到的外界干扰 $d_{1i}(t)$、$d_{1j}(t)$、$d_{2j}(t)$、$d_{2i}(t)$ 均为[0,1]之间的随机数。需要注意的是，在本章用到的算法里，由于采用确定性策略，$d_{2j}(t)$、$d_{2i}(t)$ 与 N_A 的作用类似，还起到评价改进环节中探索的作用，算法 3.4 第 5 行中 N_A 设置为满足平均数为 0、方差为 1 的正态分布。

3) 仿真结果

为了验证本章算法的有效性，在评价改进和在线决策环节采用课题组搭建的基于 Unity 的实时仿真交互环境。Unity 作为一款专业的游戏引擎，在虚拟仿真平台上有着广泛的应用，其可视化功能也完全适用于多无人机执行任务的仿真需求。本章所提分布式类脑智能任务决策算法与 Unity 实时仿真交互环境的关系如图 3.25 所示，算法 3.4 和算法 3.5 将环境重置指令、仿真步长的大小(这里为 0.1s)、己方无人机和对方无人机动作，即飞行加速度输出给 Unity 实时仿真交互环境，Unity 实时仿真交互环境则返回己方无人机与对方无人机的当前位置、速度、碰撞点信息等。

在每次训练回合中，无人机的初始位置是随机产生的，初始速度设置为 0，由于任务区域相比于无人机的尺寸较大，因此每个回合设置 25 个时间步。

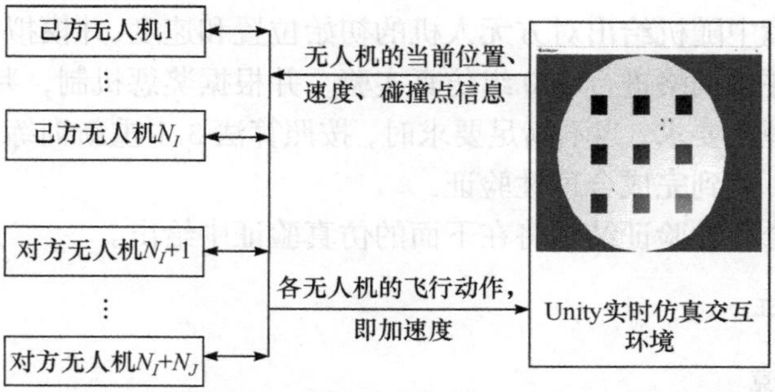

图 3.25 任务决策算法与 Unity 实时仿真交互环境的关系

为了显示评判改进环节的有效性，假设对方无人机采用深度确定性策略梯度(deep deterministic policy gradient，DDPG)算法优化自身策略，己方无人机则分别采用本章提出的分布式类脑智能算法和 DDPG 算法结合初步决策方案作为对照组；在评价改进环节中，共训练 120000 个回合，图 3.26 给出了每 1000 个回合的己方无人机获得的平均累计收益值，从图中可以看出，每 1000 个回合的平均累计收益值随着训练回合的增多逐渐稳定，己方无人机和对方无人机获得的平均累计收益值分别由式(3.43)～式(3.48)确定，表明评价网络和决策网络的网络参数逐渐收敛。

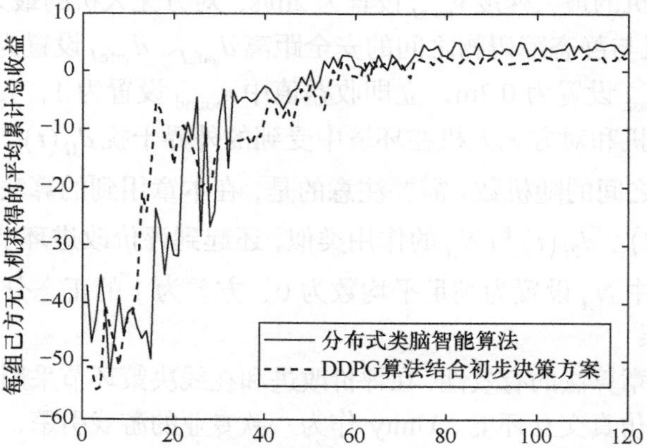

图 3.26 每组己方无人机获得的平均累计总收益(评价改进环节)

为了验证分布式类脑智能算法的有效性，仿真场景与上一环节相同，将训练后的评价网络用于在线任务决策，对方无人机同样采用上一环节中训练好的 DDPG 算法，己方无人机分别采用分布式类脑智能算法和 DDPG 算法结合初步决策方案以及独立的初步决策方案。进行 1000 组实验(即训练回合)，在每个回合中，对方无人机和己方无人机的初始位置随机产生，计算每 1000 个训练回合中己方无人机和对方无人机获得的平均累计收益值。如图 3.27 所示，给出了 10 组围捕任务实验的仿真效果图，图中横坐标为训练回合数，纵坐标分别为 1000 个训练回合中己方无人机的总收益值。

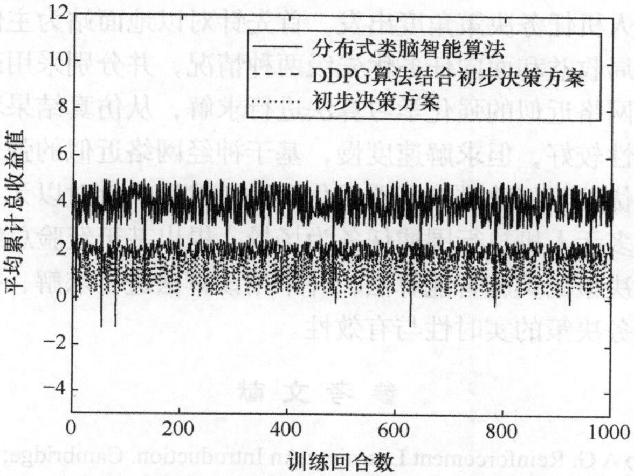

图 3.27　每回合己方无人机获得的平均累计总收益(在线决策环节)

需要注意的是，当对方无人机被成功捕获时，己方将会获得 10 的立即收益值，此外当无人机靠近区域边界或碰到障碍物时会获得负的收益值。从图 3.27 中可以看出，在每个回合中，若己方无人机采用本节提出的分布式类脑智能算法，其围捕效果明显优于另外两种算法，证明了该算法在面对部分状态可观测性和环境不确定性问题时的有效性。

同时，为了验证本节所提算法的快速性，给出无人机的平均单步决策时间图，如图 3.28 所示，表明该算法的求解速度满足实时任务决策要求。

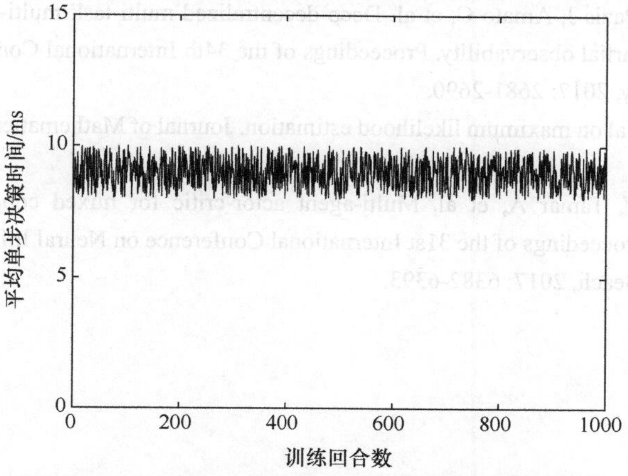

图 3.28　每回合己方无人机的平均单步决策时间(在线决策环节)

3.3 小　结

本章从多无人机任务决策角度出发，首先针对以地面站为主体的任务决策问题，分为面向全局收益和面向任务优先级两种情况，并分别采用改进粒子群优化算法和基于神经网络近似的强化学习算法进行求解，从仿真结果看，改进粒子群优化算法的最优性较好，但求解速度慢，基于神经网络近似的强化学习算法实时性强，但全局最优性不如改进粒子群优化算法。然后，针对以无人机为主体的任务决策问题，以多无人机执行围捕任务为场景，提出基于经验总结—行为预测—评价改进—在线决策的类脑智能算法，并采用该算法进行求解，提高了基于围捕任务的分布式任务决策的实时性与有效性。

参 考 文 献

[1] Sutton R S, Barto A G. Reinforcement Learning: An Introduction. Cambridge: MIT Press, 2018.

[2] Watkins C J C H, Dayan P. *Q*-learning. Machine Learning, 1992, 8(3-4): 279-292.

[3] Mnih V, Arthur G, Silver D, et al. Deep reinforcement learning with double *Q*-learning. Proceedings of the 30th AAAI Conference on Artificial Intelligence, Palo Alto, 2016: 2094-2100.

[4] Mnih V, Kavukcuoglu K, Silver D, et al. Human-level control through deep reinforcement learning. Nature, 2015, 518(7540): 529-533.

[5] Schaul T, Quan J, Antonoglou I, et al. Prioritized experience replay. The 4th International Conference on Learning Representations, Puerto Rico, 2016.

[6] Zeng Y, Wang G X, Xu B. A basal ganglia network centric reinforcement learning model and its application in unmanned aerial vehicle. IEEE Transactions on Cognitive and Developmental Systems, 2017, 10(2): 290-303.

[7] Omidshafiei S, Pazis J, Amato C, et al. Deep decentralized multi-task multi-agent reinforcement learning under partial observability. Proceedings of the 34th International Conference on Machine Learning, Sydney, 2017: 2681-2690.

[8] Myung I J. Tutorial on maximum likelihood estimation. Journal of Mathematical Psychology, 2003, 47(1): 90-100.

[9] Lowe R, Wu Y, Tamar A, et al. Multi-agent actor-critic for mixed cooperative-competitive environments. Proceedings of the 31st International Conference on Neural Information Processing Systems, Long Beach, 2017: 6382-6393.

第 4 章　多无人机运动规划

多无人机运动规划是指考虑到达任务时间、可飞行区域、无人机机动能力等约束的影响，以时间最短或能量消耗最少为性能指标，为无人机规划一条前往目标地点的最优飞行轨迹。目前，国内外学者针对无人机运动规划问题开展了深入研究，根据规划方式不同，主要分为基于路径点的运动规划和基于深度强化学习的运动规划两种。其中，基于路径点的运动规划是指采用最短路径、A*、图搜索等基于搜索的算法或者快速扩展随机树(rapid-exploration random tree，RRT)等基于采样的算法获得连接起点和终点位置的路径点，然后考虑无人机飞行能力约束，在路径点间获得一条最优轨迹。这种方式不需要无人机具有很强的智能水平，没有考虑其他无人机转向、加速、减速等行为的影响，适用于无人机智能水平不高、机载资源充足、远距离规划等情景。基于深度强化学习的运动规划是指考虑其他无人机对当前时刻运动规划的影响，采用深度强化学习算法令无人机自主学习规划。这种方式将无人机运动规划线上计算量转化为线下训练量，要求无人机具有较高的自主性和智能性，适用于机载资源有限、近距离规划等情景。可见，上述两种规划方式各有优缺点，为了便于理解，本章分别进行叙述。

本章的主要内容安排如下：4.1 节考虑无人机编队队形生成和队形保持情况，设计基于路径点的多无人机运动规划算法；4.2 节考虑无人机队形变换情况，设计基于深度强化学习的多无人机运动规划算法；4.3 节给出本章小结。

4.1　基于路径点的多无人机运动规划

地面站完成任务决策后，根据任务需求，无人机被分为若干组，每组无人机形成编队飞向任务区域。由于任务区域一般距离无人机初始位置较远，因此需要对无人机进行远距离运动规划。在此过程中，多无人机运动规划问题分为编队队形生成运动规划和编队队形保持运动规划。在编队队形生成运动规划中，首先需要根据任务环境和地面站情况确定初始的编队生成地点，然后为每架无人机规划从起始点到队形期望地点的轨迹，从而使无人机在期望地点形成编队队形。在编队队形保持运动规划中，无人机保持固定队形前往任务目标，因此，只需要为编队设计一条最优中心轨迹，各架无人机通过与中心保持相对位置来实现编队保持飞行。

针对多无人机编队队形生成和队形保持运动规划问题，考虑到RRT算法具有快速求解能力，自适应伪谱法具有最优求解能力，本节首先通过RRT算法获得满足避障和避撞约束的安全路径点，在此基础上，考虑无人机飞行能力约束，在路径点间采用自适应伪谱法获得无人机最优轨迹。

4.1.1　问题描述

1. 任务场景

本节主要介绍多无人机编队队形生成和队形保持运动规划问题。地面站任务决策后，无人机被分为若干编队，每个编队包含多架无人机。根据任务需求，每个编队规划自己的轨迹，下面以其中一个编队为例，假设该编队中存在N架无人机，如何考虑环境中可飞行区域、无人机机动能力等约束的影响，以时间和燃料消耗最少为性能指标，为无人机规划编队队形生成和队形保持轨迹，是需要解决的难点问题。

下面给出基于路径点的多无人机运动规划问题的数学描述，包括约束条件、性能指标、优化模型三部分。

2. 约束条件

约束条件包含无人机状态量约束、边值约束及路径约束等三类约束条件。其中，状态量约束是指无人机在飞行过程中的位置、速度、姿态角等状态变量的变化范围；边值约束是指无人机编队飞行的初始状态和终端状态需要满足的条件；路径约束是指在编队队形生成及保持过程中无人机之间、无人机与障碍物之间需要保持一定的安全距离。

1) 状态量约束

受无人机自身能力的限制，无人机要满足一定的状态量约束。考虑无人机位置、速度和姿态角的变化范围，分别给出相应约束条件：

$$\left|x_i(t)\right| \leqslant 300\text{m},\quad \left|y_i(t)\right| \leqslant 300\text{m},\quad 0 \leqslant z_i(t) \leqslant 300\text{m} \tag{4.1}$$

$$\left|v_i^x(t)\right| \leqslant 10\text{m/s},\quad \left|v_i^y(t)\right| \leqslant 10\text{m/s},\quad \left|v_i^z(t)\right| \leqslant 10\text{m/s} \tag{4.2}$$

$$\left|\phi_i(t)\right| \leqslant \frac{\pi}{9},\quad \left|\theta_i(t)\right| \leqslant \frac{\pi}{9},\quad \left|\psi_i(t)\right| \leqslant \frac{\pi}{9} \tag{4.3}$$

式中，$x_i(t)$、$y_i(t)$、$z_i(t)$代表惯性坐标系下t时刻第i架无人机的位置；$v_i^x(t)$、$v_i^y(t)$、$v_i^z(t)$代表惯性坐标系下t时刻第i架无人机的速度；$\phi_i(t)$、$\theta_i(t)$、$\psi_i(t)$代表机体坐标系下t时刻第i架无人机的姿态信息。

2) 边值约束

令 $P_i(t)=[x_i(t),y_i(t),z_i(t)]$ 表示 t 时刻无人机 i 的位置，$v_i(t)=[v_i^x(t),v_i^y(t),v_i^z(t)]$ 表示 t 时刻无人机 i 的速度，$w_i(t)=[\phi_i(t),\theta_i(t),\psi_i(t)]$ 表示 t 时刻无人机 i 的姿态角，$w_i^v(t)=[\phi_i^v(t),\theta_i^v(t),\psi_i^v(t)]$ 表示 t 时刻无人机 i 的姿态角速度。在编队队形生成运动规划中，无人机需要在期望地点形成编队队形。在编队队形保持运动规划中，无人机需要保持队形至任务目标地点。因此，不管是编队队形生成还是队形保持，无人机均需在终端时刻到达指定地点。考虑无人机初始状态和终端状态，给出相应约束条件：

$$\begin{aligned}&P_i(t)=P_i(t_0),v_i(t)=v_i(t_0),w_i(t)=w_i(t_0),w_i^v(t)=w_i^v(t_0),\quad t=t_0\\&P_i(t)=P_i(t_f),v_i(t)=v_i(t_f),w_i(t)=w_i(t_f),w_i^v(t)=w_i^v(t_f),\quad t=t_f\end{aligned}\tag{4.4}$$

式中，t_0 表示初始时刻；t_f 表示终端时刻。

3) 路径约束

为了保证无人机安全飞行，采用安全域策略给出避碰约束，通过保证无人机在每个方向之间的机间距离大于等于 d_u，实现避碰：

$$\begin{cases}\left|x_i(t)-x_j(t)\right|\geqslant d_u\\\left|y_i(t)-y_j(t)\right|\geqslant d_u,\quad \forall t,i,j,i\neq j\\\left|z_i(t)-z_j(t)\right|\geqslant d_u\end{cases}\tag{4.5}$$

式中，d_u 表示惯性坐标系下无人机间在各方向上的最小距离。

与避碰约束类似，为了保证无人机安全飞行，采用安全域策略给出避撞约束，通过保证无人机与障碍物在每个方向之间的距离大于等于 d_o，实现避障：

$$\begin{cases}\left|x_i(t)-x_l\right|\geqslant d_o\\\left|y_i(t)-y_l\right|\geqslant d_o,\quad \forall t,i,l\\\left|z_i(t)-z_l\right|\geqslant d_o\end{cases}\tag{4.6}$$

式中，d_o 表示无人机与障碍物在各方向上的最小距离；x_l、y_l、z_l 表示第 l 个障碍物的位置。

3. 性能指标

在编队队形生成及队形保持运动规划中，受到无人机载荷的限制，无人机燃料有限，因此综合考虑燃料和时间消耗建立性能指标：

$$C=w_1z_1+w_2z_2\tag{4.7}$$

式中，z_1 代表燃料消耗情况；z_2 代表执行任务时间；w_1 和 w_2 是燃料消耗和执行任务时间所占的权重，根据具体任务需求可调整燃料消耗和执行任务时间所占的权重。

4. 优化模型

根据上述约束条件(4.1)～式(4.6)和性能指标(4.7)，建立多无人机运动规划问题的优化模型如下：

$$\min J = C \tag{4.8}$$

上述优化问题(4.8)的目标是在满足无人机状态量约束、边值约束和路径约束下，找到最优轨迹，使得无人机以燃料消耗最少和时间最短到达目标地点。

本节给出了多无人机运动规划问题描述，4.1.2 节针对上述运动规划问题给出对应的求解策略。

4.1.2 基于自适应高斯伪谱法的求解策略

上述优化问题(4.8)可以采用伪谱法[1,2]求解，伪谱法虽然求解精度高，但无法快速获得轨迹，因此考虑具有快速求解能力的 RRT 算法，为无人机规划出满足避碰避撞约束的安全路径点，然后在路径点间基于能够自适应选点的自适应伪谱法获得离散化轨迹，得到多无人机运动规划问题的解。

1. 基于 RRT 算法的路径点选择

RRT 算法原理简单，能够根据环境信息快速有效地搜索规划空间，具有很好的快速重规划能力，能够适应任务和环境的动态变化。RRT 算法使用起始点作为原始随机搜索树，通过不断地将搜索节点添加到任务空间来扩展随机搜索树。每一个可行搜索节点的加入都会与树中最近状态的节点进行连接，且把最近状态的节点作为其父亲节点。通过均匀地对搜索空间进行采样来扩展现有的随机搜索树。

下面给出基于 RRT 算法的路径点规划具体过程：

(1) 初始化所有无人机的起点和目标点、移动步长 ε，把每架无人机的起点作为根节点放入搜索树 Tree 中。

(2) 将每架无人机的目标点作为随机点 qrand，跳转步骤(4)。

(3) 在任务空间中随机产生随机点 qrand。

(4) 在搜索树 Tree 中找到距离随机点 qrand 最近的树节点 qnear，在 qnear 至 qrand 的方向上扩展步长 ε 产生候选新节点 qnew。

(5) 判断 qnew 与 qnear 之间是否满足约束条件，若满足则将 qnew 添加到搜索树 Tree 中，实现随机树的一步扩展；否则跳转步骤(3)。约束条件包含避障避碰约束和无人机自身的运动学约束。对于多无人机路径点规划问题，每次产生新节点时，将其他无人机已经生产的节点作为障碍区域，判断与其距离是否满足安全距离，若满足，则认为该节点有效，若不满足，则重新生成新节点，直至满足避撞条件。

(6) 确定终点位置是否找到，如果没有找到跳转步骤(2)；否则，从已经生成的搜索树 Tree 中回溯寻找从起点到目标点的最优路径。

图 4.1 给出 RRT 算法节点扩展示意图，搜索树 Tree 中含有起始点 1、节点 2、节点 3、节点 4，目标点为 qrand 节点，无人机要从当前搜索树 Tree 中找到距离 qrand 最近的节点作为 qnear，即节点 4 为 qnear，从 qnear 向 qrand 方向延展一个步长 ε，产生新节点 qnew，当 qnear 与 qnew 之间满足约束条件时，将 qnew 加入搜索树 Tree 中，否则在空间中随机产生 qrand，重复此步骤。

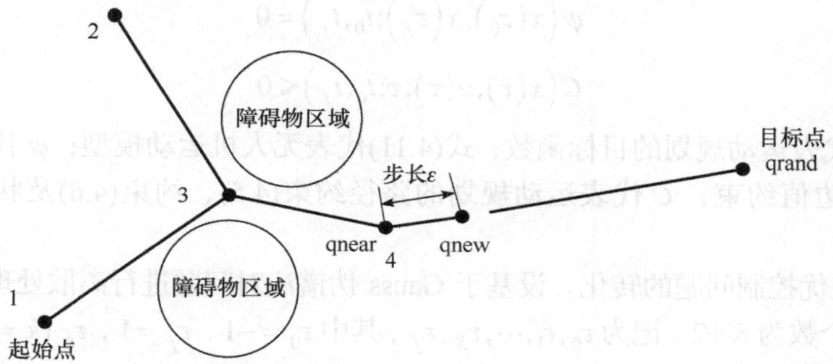

图 4.1　RRT 算法节点扩展示意图

2. 基于自适应 Gauss 伪谱法的最优轨迹设计

完成路径点选择后，将其作为自适应 Gauss 伪谱法的初值猜测。Gauss 伪谱法主要作用是将无人机运动规划问题离散化为一个含有若干未知参数的非线性规划问题，下面首先基于 Gauss 伪谱法对多约束条件下的无人机运动规划问题进行离散化处理，从而将其转化为一个非线性规划问题，在此基础上进行求解；然后，为了提高算法收敛性与计算精度，进一步引入自适应选点的自适应 Gauss 伪谱法，自动调整网格个数及网格内插值节点个数。

1) Gauss 伪谱法

本节将基于 Gauss 伪谱法，对多约束条件下的无人机运动规划问题进行离散化处理，从而将其转化为一个非线性规划问题。具体步骤如下。

(1) 区间变换。上述描述的多无人机运动规划问题的时间区间 $t\in[t_0,t_f]$，基于 Gauss 伪谱法对上述问题进行求解时，需将时间区间转换到 $\tau\in[-1,1]$。因此，进行如式(4.9)所示的映射变换：

$$\tau = \frac{2t}{t_f - t_0} - \frac{t_f + t_0}{t_f - t_0} \tag{4.9}$$

式中，t_0 代表初始时刻；t_f 代表最终时刻；τ 代表满足 Gauss 伪谱法的时间区间。

为表述方便，无人机运动规划问题在映射变换式(4.9)下，可变为如下所示的形式：

$$\min J = \Phi\left(x(\tau_0),\, t_0, x(\tau_f),\, t_f\right) + \frac{t_f - t_0}{2}\int_{\tau_0}^{\tau_f} G\left(x(\tau), u(\tau), \tau; t_0, t_f\right)\mathrm{d}\tau \tag{4.10}$$

$$\dot{x}(\tau) = \frac{t_0 - t_f}{2} F\left(x(\tau), u(\tau), \tau; t_0, t_f\right), \quad \tau \in [-1, 1] \tag{4.11}$$

$$\psi\left(x(\tau_0), x(\tau_f); t_0, t_f\right) = 0 \tag{4.12}$$

$$C\left(x(\tau), u(\tau), \tau; t_0, t_f\right) \leqslant 0 \tag{4.13}$$

式中，J 代表运动规划的目标函数；式(4.11)代表无人机运动模型；ψ 代表运动规划问题的边值约束；C 代表运动规划的路径约束(4.5)、约束(4.6)及状态量约束(4.1)。

(2) 最优控制问题的转化。设基于 Gauss 伪谱法对问题进行离散处理时，选取的离散点个数为 $K+2$，记为 $\tau_0, \tau_1, \cdots, \tau_K, \tau_f$，其中 $\tau_0 = -1$，$\tau_f = 1$，$\tau_k\ (k = 1, 2, \cdots, K)$ 为如下 K 阶 Legendre 多项式的零点，也称为 Legendre-Gauss(LG)点。

$$P_K(\tau) = \frac{1}{2^K K!}\frac{\mathrm{d}^K}{\mathrm{d}\tau^K}\left[\left(\tau^2 - 1\right)^K\right] \tag{4.14}$$

这些零点位于[−1,1]之间，且在两端分布比较密集，能很好地避免数值逼近汇总可能导致的龙格现象。基于上述定义，状态变量和控制变量可通过式(4.15)和式(4.16)进行逼近：

$$x(\tau) \approx X(\tau) = \sum_{i=0}^{K} L_i(\tau) X(\tau_i) \tag{4.15}$$

$$u(\tau) \approx U(\tau) = \sum_{k=1}^{K} \bar{L}_k(\tau) U(\tau_k) \tag{4.16}$$

式中，$L_i(\tau)$ 和 $\bar{L}_k(\tau)$ 分别表示以 $\tau_i (i = 0, 1, \cdots, K)$ 和 $\tau_k (k = 1, 2, \cdots, K)$ 为节点的拉格朗日插值基函数，定义为

$$L_i(\tau) = \prod_{j=0,\, j\neq i}^{K} \frac{\tau - \tau_j}{\tau_i - \tau_j}, \quad \bar{L}_k(\tau) = \prod_{j=1,\, j\neq k}^{K} \frac{\tau - \tau_j}{\tau_k - \tau_j} \tag{4.17}$$

由式(4.15)～式(4.17)不难发现，基于拉格朗日插值多项式逼近的状态和控制

在插值节点处与实际的状态和控制是相等的，即 $x(\tau_i)=X(\tau_i)$，$u(\tau_k)=U(\tau_k)$。注意式(4.15)，并没有包含终端状态约束，而对于无人机的运动规划设计问题，其终端状态约束是需要满足的，利用 Gauss 伪谱法对问题进行离散时，终端状态约束为

$$X(\tau_f)=X(\tau_0)+\frac{t_f-t_0}{2}\sum_{k=1}^{K}w_k F\left(X(\tau_k),U(\tau_k),\tau_k;t_0,t_f\right) \tag{4.18}$$

式中，w_k 表示 Guass 求积公式的权系数，计算公式为

$$w_k=\int_{-1}^{1}\overline{L}_k(\tau)\mathrm{d}\tau=\frac{2}{(1-\tau_k^2)\left[\dot{P}_K(\tau_k)\right]^2} \tag{4.19}$$

式中，$\dot{P}_K$ 表示 K 阶 Legendre 多项式的微分。

进一步，对式(4.15)进行求导可得

$$\dot{x}(\tau)\approx\dot{X}(\tau)=\sum_{i=0}^{K}\dot{L}_i(\tau)x(\tau_i) \tag{4.20}$$

式中，拉格朗日多项式在 LG 点处的微分，可通过微分矩阵 $D\in\mathbf{R}^{N\times(N+1)}$ 求得，当插值节点个数给定时，该矩阵为一常值，矩阵 D 可通过式(4.21)计算：

$$D_{ki}=\dot{L}_i(\tau_k)=\begin{cases}\dfrac{(1+\tau_k)\dot{P}_K(\tau_k)+P_K(\tau_k)}{(\tau_k-\tau_i)\left[(1+\tau_i)\dot{P}_K(\tau_i)+P_K(\tau_i)\right]}, & i\neq k\\[2ex] \dfrac{(1+\tau_i)\ddot{P}_K(\tau_i)+2\dot{P}_K(\tau_i)}{2\left[(1+\tau_i)\dot{P}_K(\tau_i)+P_K(\tau_i)\right]}, & i=k\end{cases} \tag{4.21}$$

经过上述变换，最优控制问题的微分约束式(4.11)可近似为式(4.22)所示的代数约束：

$$\sum_{i=0}^{K}D_{ki}X(\tau_i)-\frac{t_f-t_0}{2}F\left(X(\tau_k),U(\tau_k);t_0,t_f\right)=0 \tag{4.22}$$

终端状态的微分约束通过式(4.18)近似，运动规划中，轨迹的边值约束式(4.12)、路径约束式(4.13)可利用插值节点处的约束进行逼近，得到

$$\psi\left(X_0,t_0,X_f,t_f\right)=0 \tag{4.23}$$

$$C\left[\left(X_k,U_k,\tau_k;t_0,t_f\right)\right]\leqslant 0 \tag{4.24}$$

进一步，利用 Gauss 求积公式，对运动规划问题的目标函数式(4.10)进行逼近，可得

$$\min J=\varPhi\left(x(\tau_0),\,t_0,x(\tau_f),\,t_f\right)+\frac{t_f-t_0}{2}\sum_{k=1}^{K}w_k G\left(X_k,U_k,\tau_k;t_0,t_f\right) \tag{4.25}$$

(3) 非线性规划问题的建立。经过上述转化，无人机运动规划问题式(4.10)～式(4.13)的求解可转化为下述非线性规划问题的求解：求插值节点处的状态变量 $X(\tau_k)(k=0,1,2,\cdots,K)$ 、 $X(\tau_f)$ ，控制变量 $U(\tau_k)(k=1,2,\cdots,K)$ 及初始时刻 t_0 和终端时刻 t_f ，使系统轨迹在满足终端状态约束式(4.18)、动力学方程约束式(4.22)、边值约束式(4.23)和路径约束式(4.24)的条件下，性能指标式(4.25)最优。

(4) 非线性规划问题的求解。经伪谱法离散后的非线性规划问题是一个复杂的优化问题，不恰当的初值猜测将导致问题难以收敛或陷入局部最优。此外，上述非线性规划问题待求变量的数量级差别很大，进一步加剧了问题的求解难点。因此，首先对上述非线性规划问题进行缩放处理。

① 缩放处理：在对上述非线性规划问题的求解过程中，为了使计算结果更好地收敛到最优解，一个有效的缩放准则是保证优化变量的值具有相似的数量级。为此，对无人机运动过程中的状态量和控制量进行缩放变换。

② 初值猜测：将 RRT 法得到的路径点作为 Gauss 伪谱法的初值猜测。

③ 非线性规划问题的求解：目前对非线性规划问题求解的各种算法中，序列二次规划算法以其整体的收敛性和局部超一次收敛，被认为是求解非线性规划问题最有效的算法之一。在对上述大规模的非线性规划问题求解中，选用集成了该算法的 TOMLAB 环境下的非线性规划求解器 SNOPT[3]。

2) 基于自适应 Gauss 伪谱法的离散策略

虽然传统 Gauss 伪谱法求解精度高、收敛速度快，在求解复杂的最优控制问题中有广泛的应用，但是，该算法在应用过程中存在一个重要假设，即非线性规划问题的解，经全局插值多项式近似后，对最优控制问题的解具有很好的逼近。当无人机飞行状态和控制不连续或是产生比较大的跳变时，基于传统 Gauss 伪谱法在对这类问题进行处理时，通过不断地增加插值节点的个数，以获得对实际飞行轨迹更高程度的逼近。插值节点过多往往导致转化后的非线性规划问题难以求解，而且，增加的节点不是有针对性地分布在飞行轨迹产生不连续或是发生跳变的地方，这就增加了不必要的计算负担。利用传统 Gauss 伪谱法对问题进行离散处理时，为了获得对实际轨迹的高精度逼近，不得不采用更多的插值节点去覆盖整个轨迹区间，而实际轨迹变化比较平缓的区域不需要分配过多的插值节点，即能获得比较高的求解精度，不必要的插值节点无疑会影响算法的收敛性及最终的计算精度[4,5]。因此，根据轨迹自身变化特点，动态地分配网格对捕捉实际轨迹的特性和提高算法的实时性是非常必要的。

基于对上述离散策略的分析，下面给出一种自适应的 Gauss 伪谱离散策略，该策略将根据系统轨迹的特点，自动调整网格个数及网格内插值节点个数，以达到对实际轨迹的更好逼近。

首先，假设无人机轨迹时域$t \in \left[t_0, t_f\right]$已经被划分为$P$个网格，定义每个网格$p=1,2,\cdots,P$的时间区间为$\left[t_{p-1}, t_p\right]$，且该网格内的离散点个数为$K_p+2$，分别为$t_{p0}, t_{p1}, \cdots, t_{pN_p}, t_{pf}$，其中$t_{p0}=t_{p-1}, t_{pf}=t_p$。经过与式(4.9)类似的变换，该网格的时域$t \in \left[t_{p-1}, t_p\right]$可映射到时间区间$\tau_p=\left(\tau_{p0}, \tau_{p1}, \cdots, \tau_{pN_p}, \tau_{pf}\right) \in [-1,+1]$。定义网格$p$内相邻节点处的中点时间：

$$\bar{\tau}_{pk}=\frac{\tau_{pk}+\tau_{p(k+1)}}{2}, \quad k=1,2,\cdots,N_p-1 \tag{4.26}$$

将式(4.26)所描述的点定义为配点，利用Gauss伪谱法，对每个网格内的轨迹进行离散化处理和多项式逼近，则配点处的状态$\bar{X}=\left[X\left(\bar{\tau}_{p1}\right), X\left(\bar{\tau}_{p2}\right), \cdots, X\left(\bar{\tau}_{p(N_p-1)}\right)\right]^{\mathrm{T}}$和控制$\bar{U}=\left[U\left(\bar{\tau}_{p1}\right), U\left(\bar{\tau}_{p2}\right), \cdots, U\left(\bar{\tau}_{p(N_p-1)}\right)\right]^{\mathrm{T}}$可通过拉格朗日插值多项式得到。配点$\bar{\tau}_{pk}$处，基于式(4.22)对微分状态约束进行逼近的误差可定义为

$$r\left(\bar{\tau}_{pk}\right)=\left|\sum_{i=0}^{N_p} D_{ki} X(\bar{\tau}_{pi})-\frac{t_p-t_{p-1}}{2} F(X(\bar{\tau}_{pk}), U(\bar{\tau}_{pk}); t_{p-1}, t_p)\right| \tag{4.27}$$

记$r_{\max}\left(\bar{\tau}_{pk}\right)=\max\left(r\left(\bar{\tau}_{pk}\right)\right)$表示在$\bar{\tau}_{pk}$处的最大逼近误差，则整条无人机轨迹在配点处的最大逼近误差向量可定义为

$$r_{\max}=\left[r_{\max}\left(\bar{\tau}_{p1}\right), r_{\max}\left(\bar{\tau}_{p2}\right), \cdots, r_{\max}\left(\bar{\tau}_{p(N_p-1)}\right)\right]^{\mathrm{T}} \tag{4.28}$$

向量$r_{\max}$中元素的平均值可通过式(4.29)计算：

$$\bar{r}_{\max}=\frac{\sum_{i=1}^{N_p-1} r_{\max}\left(\bar{\tau}_{pi}\right)}{N_p-1} \tag{4.29}$$

进一步，定义如下向量：

$$\bar{r}=\begin{bmatrix} \bar{r}\left(\bar{\tau}_{p1}\right) \\ \vdots \\ \bar{r}\left(\bar{\tau}_{p(N_p-1)}\right) \end{bmatrix}=\begin{bmatrix} r\left(\bar{\tau}_{p1}\right)/\bar{r}_{\max} \\ \vdots \\ r\left(\bar{\tau}_{p(N_p-1)}\right)/\bar{r}_{\max} \end{bmatrix} \tag{4.30}$$

式中，$\bar{r}$表示配点处基于拉格朗日插值多项式逼近的微分状态约束与实际微分状

态约束之间偏离程度的一个度量，$\bar{r}(\bar{\tau}_{pk})$的值由轨迹的自身特性决定，$\bar{r}(\bar{\tau}_{pk})$值越大，表明二者在配点$\bar{\tau}_{pk}$处的偏离程度越大。

下面通过对$\bar{r}$的分析，给出本研究的自适应算法，首先定义$\bar{r}$的两种误差属性：

(1) 一致性误差，此时$\bar{r}$中所有数据元素的值非常接近。

(2) 非一致性误差，此时$\bar{r}$中存在一部分数据值，明显大于$\bar{r}$中的其他值。

给定两个误差上限ε_1和ε_2：ε_1表示微分动态约束式(4.27)允许的最大误差，主要由运动规划所要求的求解精度决定；ε_2表示进行网格划分的控制误差，同时也是对$\bar{r}$中误差属性的一个定量描述，即当$\bar{r}$中的所有元素小于ε_2时，称$\bar{r}$中的误差属性体现为一致性误差，否则体现为非一致性误差。基于上述定义，自适应离散策略的迭代求解过程如下。

步骤 1：对问题进行初始化，给定初始离散点个数$N+2$，并对问题进行离散化处理。

步骤 2：基于本节提供的非线性规划算法对离散后的问题进行求解。

步骤 3：判断所有网格内微分状态约束逼近误差(4.27)是否在给定误差ε_1之内，当满足要求时，迭代计算终止，否则，记$p(p=1,2,\cdots,P)$网格为不满足求解精度要求的网格，并转步骤 4。

步骤 4：判断p网格度量误差(4.30)是否在给定的网格控制误差ε_2之内(即$\bar{r}$中的误差属性是否体现为一致性误差)，当满足要求时，依据式(4.31)对该网格内的插值节点个数进行更新，并对该网格内的轨迹重新进行离散化处理，否则转步骤 5：

$$N_p^{(k+1)}=N_p^{(k)}+L_0 \tag{4.31}$$

式中，$N_p^{(k)}$表示第k次迭代求解时网格p内的插值节点个数；L_0表示第$k+1$次迭代时网格p内插值节点的递增量。

步骤 5：记p网格内的配点$\bar{\tau}_{pk}\left(k=1,2,\cdots,N_p-1\right)$是导致该网格的度量误差(4.30)体现为非一致性误差的时间点，以该配点$\bar{\tau}_{pk}$为新的网格点，对其进行网格重新分配，并对新网格进行初始化，给定新网格初始插值节点个数为N_0，最后，依据新的网格对问题进行离散化处理，然后转步骤 2。

经过上述的自适应离散化处理，可将运动规划问题的求解转化为非线性规划问题的求解。求解步骤与前面一致，在此不再赘述。

4.1.3　仿真验证

1. 仿真环境

在 Windows 10 操作系统中，基于 MATLAB 2014a 仿真环境和 GPOPS 工具箱实现本章仿真实验，计算机配置：CPU 为 Intel Core i5-2450M 2.5GHz，8GB 内存。

2. 仿真参数

在编队队形生成运动规划中，考虑 10 架无人机从基地中不同位置起飞，初始速度、初始姿态角和初始姿态角速度都为零，每架无人机的初始位置为

$$P_1(0)=[0,240,0]^{\mathrm{T}}\,\mathrm{m},\quad P_2(0)=[0,250,0]^{\mathrm{T}}\,\mathrm{m},\quad P_3(0)=[10,250,0]^{\mathrm{T}}\,\mathrm{m},$$
$$P_4(0)=[250,10,0]^{\mathrm{T}}\,\mathrm{m},\quad P_5(0)=[240,10,0]^{\mathrm{T}}\,\mathrm{m},\quad P_6(0)=[250,0,0]^{\mathrm{T}}\,\mathrm{m},$$
$$P_7(0)=[240,0,0]^{\mathrm{T}}\,\mathrm{m},\quad P_8(0)=[0,0,0]^{\mathrm{T}}\,\mathrm{m},\quad P_9(0)=[10,0,0]^{\mathrm{T}}\,\mathrm{m},$$
$$P_{10}(0)=[0,10,0]^{\mathrm{T}}\,\mathrm{m}$$

在编队队形保持运动规划中，只需要为无人机编队设计一条最优参考轨迹，各架无人机通过与参考轨迹保持相对位置来实现编队保持飞行。假设完成从[1000,1000,1200]m 到[2000,1800,1500]m 的无人机编队保持飞行。

3. 仿真结果

1) 编队队形生成

如图 4.2 所示，给出 10 架无人机 x、y、z 三个方向位置变化曲线，从图中可以看出，10 架无人机能够到达期望的位置并形成期望构型，无人机在三个方向上位置变化为 0～300m，同时状态量变化平滑，满足工程实际要求。

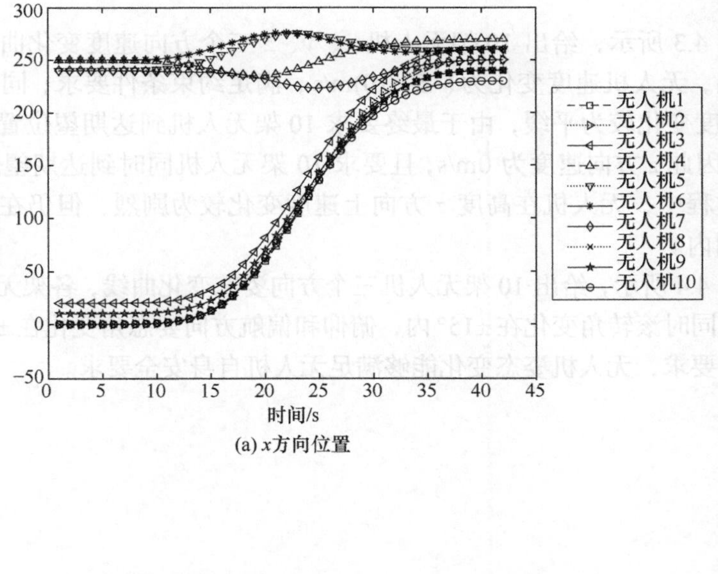

(a) x方向位置

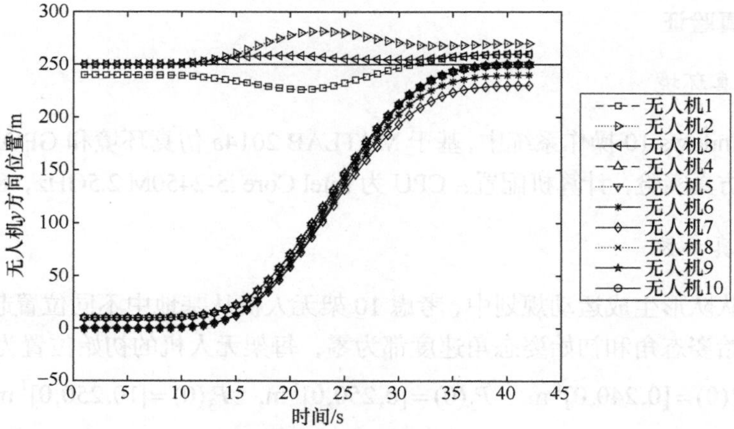

(b) y方向位置

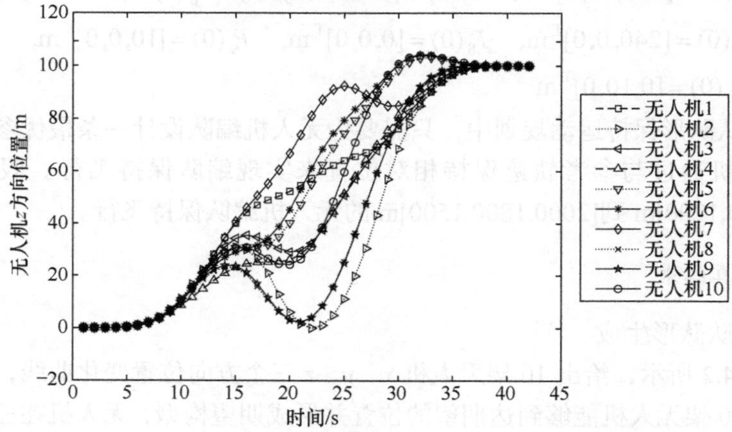

(c) z方向位置

图 4.2　10 架无人机 x、y、z 三个方向位置变化曲线

如图 4.3 所示，给出 10 架无人机 x、y、z 三个方向速度变化曲线，从图中可以看出，无人机速度变化为 $(-5\sim10)$m/s，满足约束条件要求；同时，水平 x、y 方向速度变化较为平缓，由于最终要求 10 架无人机到达期望位置时，保持悬停状态，因此 z 方向速度为 0m/s，且要求 10 架无人机同时到达期望位置。因此，在优化过程中，无人机在高度 z 方向上速度变化较为剧烈，但仍在实现给出的约束范围内。

如图 4.4 所示，给出 10 架无人机三个方向姿态变化曲线，各架无人机姿态变化缓慢，同时滚转角变化在 ±15° 内，俯仰和偏航方向姿态角变化在 ±5° 内，满足约束条件要求，无人机姿态变化能够满足无人机自身安全要求。

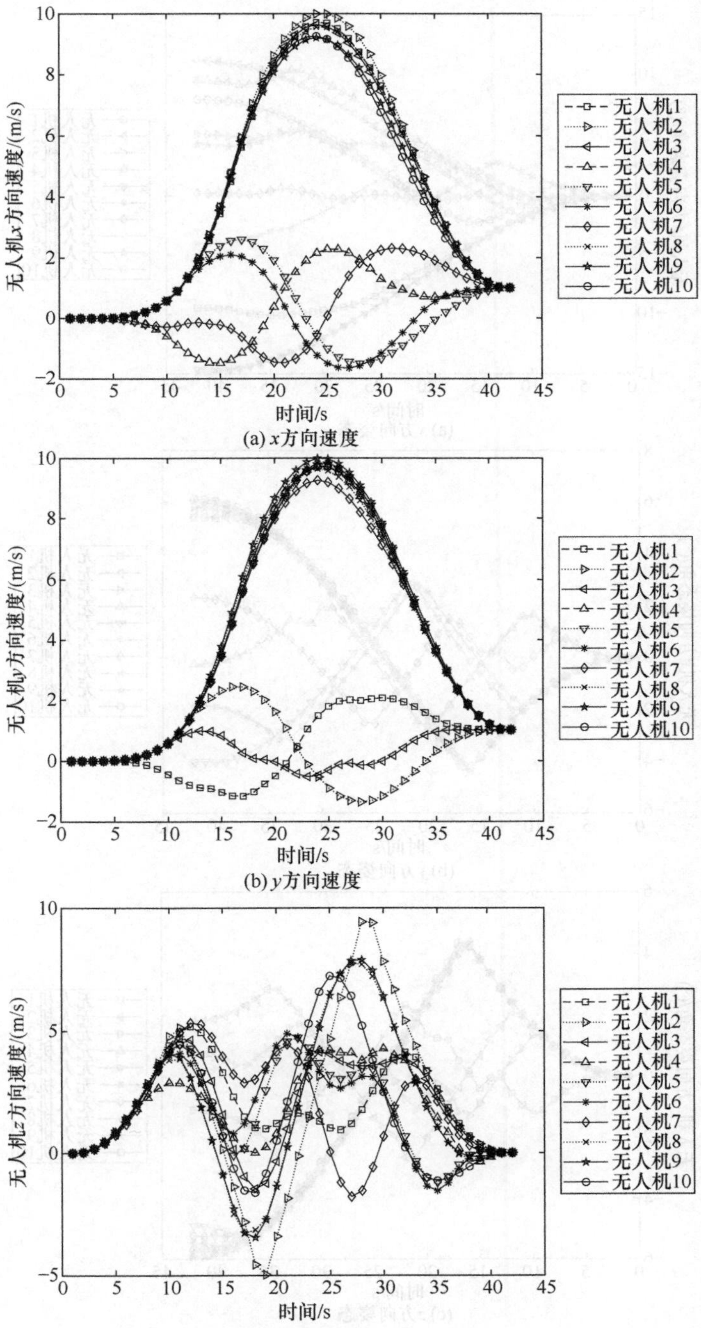

图 4.3　10 架无人机 x、y、z 三个方向速度变化曲线

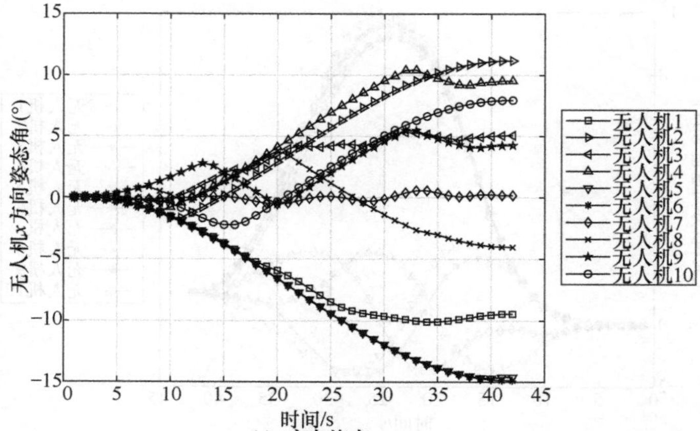

(a) x方向姿态

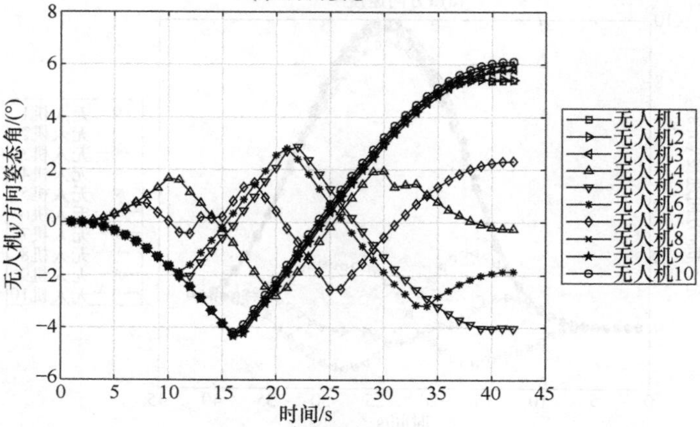

(b) y方向姿态

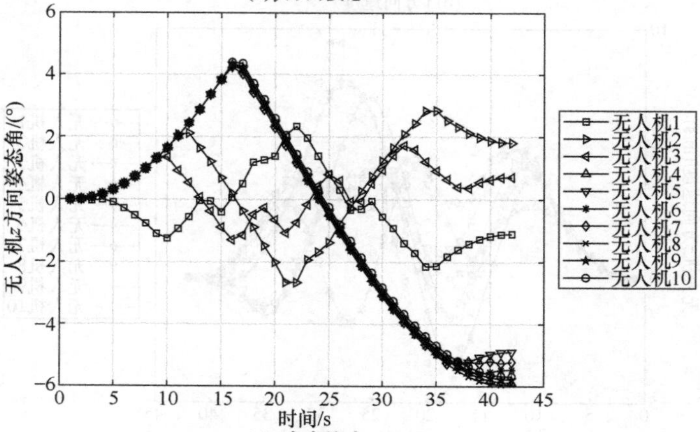

(c) z方向姿态

图 4.4　10 架无人机 x、y、z 三个方向姿态变化曲线

如图 4.5 所示，给出 10 架无人机队形生成轨迹示意图，可以看出轨迹变化平缓，效果较好。在当前仿真环境中，RRT 算法求解无人机最优路径点时间在 0.1s 左右，自适应伪谱法离散化和序列二次规划求解无人机最优轨迹的时间在 0.9s 左右。总体来说，无人机最优轨迹设计时间在 1s 左右，对于小型无人机来说，满足其飞行的实时性要求。

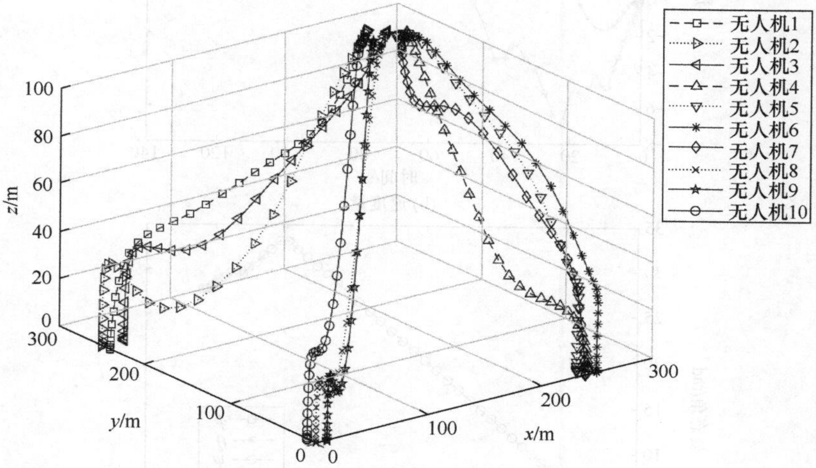

图 4.5　10 架无人机队形生成轨迹示意图

2) 编队队形保持

考虑环境中存在若干已知障碍，以时间最短与燃料最省为性能指标求解，图 4.6 给出无人机编队保持阶段的参考轨迹状态量及控制量变化。

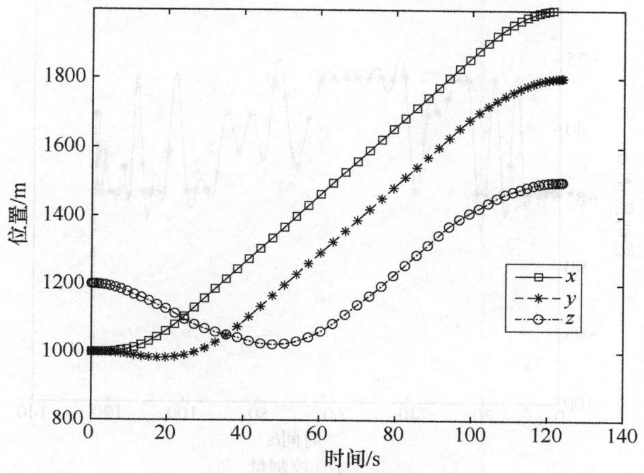

(a) 位置量

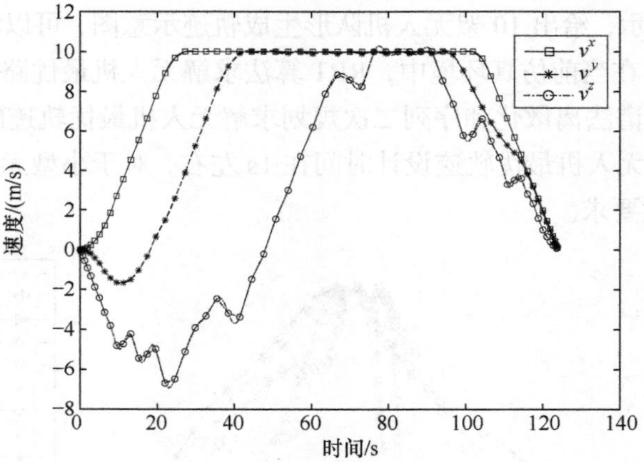

(b) 速度量

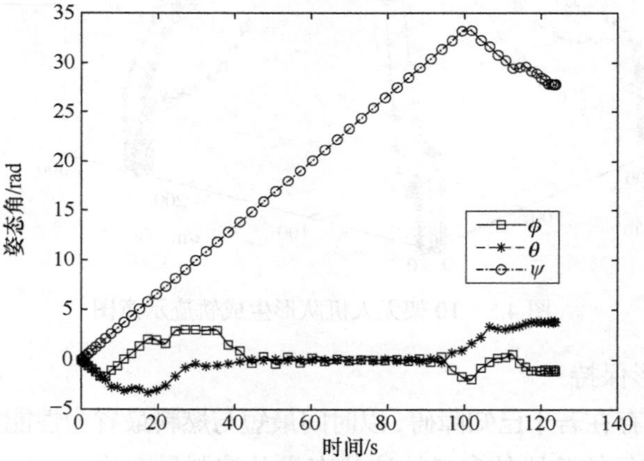

(c) 姿态角

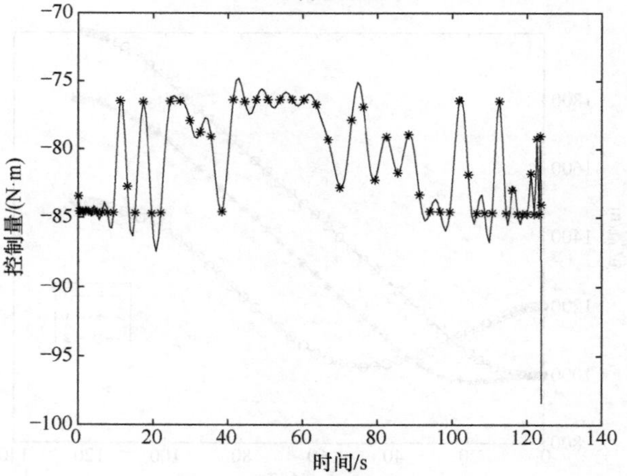

(d) 控制量

图 4.6　参考轨迹状态量及控制量变化图

如图 4.7 所示，给出无人机编队保持阶段的参考轨迹，可以看出设计的参考轨迹能够避开环境中的障碍。在当前仿真环境中，求解时间在 0.8s 左右，能够快速获得满足对环境障碍规避的参考轨迹。

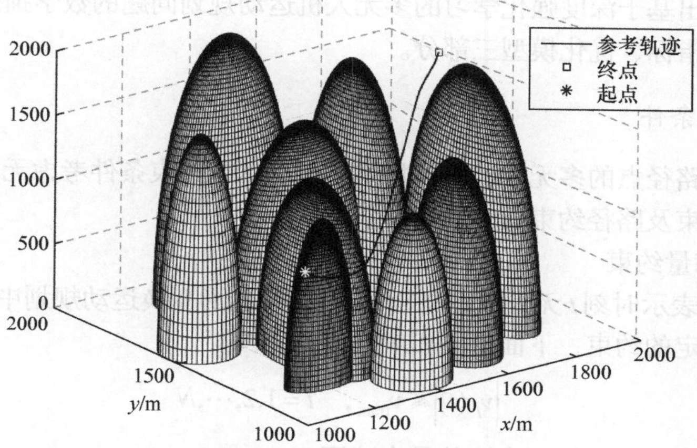

图 4.7　最优参考轨迹

4.2　基于深度强化学习的多无人机运动规划

4.1 节考虑无人机编队队形生成和保持情况，完成了基于路径点的运动规划算法设计。然而在无人机执行任务过程中，受到任务需求、任务环境、突发情况的影响，要求无人机在短时间内快速进行队形变换，因此需要对每架无人机进行近距离运动规划，也就是说每架无人机需要规划从当前位置到形成编队队形变换后的轨迹。针对这种情况，本节重点介绍多无人机编队队形变换运动规划问题。

在无人机队形变换时，无人机间的轨迹容易时空交叠，编队内其他无人机转向、加速、减速等行为对无人机自身运动规划影响较大。近年来，基于深度强化学习的运动规划算法引起了国内外众多学者的关注，其不仅可以将线上计算量转化为线下训练量，还可以在规划中考虑其他无人机对当前时刻运动规划的影响，减少算法求解时间。因此，本节基于深度强化学习算法解决队形变换时多无人机运动规划问题。

4.2.1　问题描述

1. 任务场景

假设编队中存在 N 架无人机，这些无人机在同一高度编队飞行，受到通信干扰、故障等影响，无人机之间无法通信，但无人机可以通过摄像头、雷达等设备感知邻机部分状态。在这种情况下，每架无人机如何根据自身以及邻机部分状态信息，考虑无人机之间的避碰，以最短时间完成队形变换为目标，为自己规划从当前位置到目标位置的轨迹是需要解决的难点问题。

下面给出基于深度强化学习的多无人机运动规划问题的数学描述，包括约束条件、性能指标、优化模型三部分。

2. 约束条件

与基于路径点的多无人机运动规划类似，本节约束条件考虑无人机状态量约束、边值约束及路径约束等三类约束条件。

1) 状态量约束

令 $v_i(t)$ 表示时刻 t 无人机 i 的速度，在编队队形变换运动规划中，无人机的速度要满足一定的约束，下面给出相应约束条件：

$$\left|v_i(t)\right| \leqslant v_{\max}, \quad i=1,2,\cdots,N \tag{4.32}$$

式中，$v_{\max}$ 表示无人机可允许的最大速度。

2) 边值约束

令 P_i^g 表示无人机 i 队形变换后的期望位置，因此，考虑无人机终端位置约束，给出相应约束条件：

$$P_i(t_f)=P_i^g, \quad i=1,2,\cdots,N \tag{4.33}$$

式中，t_f 表示终端时刻；$P_i(t_f)$ 表示终端时刻无人机 i 的位置。

3) 路径约束

与约束条件(4.5)类似，为了保证无人机安全飞行，采用安全域策略给出避碰约束，通过保证无人机机间距离大于 d_c，实现无人机避碰：

$$\left|P_i(t)-P_j(t)\right| \geqslant d_c, \quad t=1,2,\cdots,t_f; i,j=1,2,\cdots,N, i\neq j \tag{4.34}$$

式中，$P_i(t)$ 表示时刻 t 无人机 i 的位置；d_c 表示无人机间可允许的最小距离。

3. 性能指标

在编队队形变换运动规划中，考虑无人机完成队形变换的时间建立性能指标：

$$t_i=\{t \mid P_i(t)=P_i^g\}, \quad i=1,2,\cdots,N \tag{4.35}$$

式中，t_i 表示无人机 i 完成队形变换花费的时间。

4. 优化模型

根据上述约束条件(4.32)～式(4.34)和性能指标(4.35)，建立队形变换时多无人机运动规划问题的优化模型：

$$\min \max_{i=1,2,\cdots,N} t_i \tag{4.36}$$

$$\text{s.t.} \quad 约束(4.32)～约束(4.34)$$

上述优化问题(4.36)的目标是在满足无人机状态量约束、边值约束和路径约束下，为每架无人机规划轨迹，最小化无人机完成队形变换的时间。

本节给出了编队队形变换下多无人机运动规划问题描述，4.2.2 节针对上述运动规划问题给出对应的求解策略。

4.2.2 基于深度强化学习的求解策略

考虑到深度强化学习算法可以通过离线学习将线上计算量转移到线下，利用训练好的评价网络进行在线决策，具有求解速度快的优点，且在规划中考虑其他无人机行为的影响，具有自适应性强的特点，本节采用深度强化学习算法解决上述队形变换运动规划问题。

1. 队形变换运动规划的 MDP 建立

MDP 的典型组成要素参考 3.1.3 节，这里不再赘述，下面将式(4.32)～式(4.36)中描述的队形变换运动规划问题总结为 MDP，各符号的含义如下。

1) 状态集 S

将无人机当前时刻的位置、速度及期望目标位置、航向角作为自身状态，即

$$s_i(t)=[\underbrace{P_i(t),v_i(t)}_{s_i^o(t)},\underbrace{P_i^g,\varphi_i(t)}_{s_i^h(t)}] \tag{4.37}$$

式中，$\varphi_i(t)$ 表示无人机 i 的航向角。无人机 i 的位置 $P_i(t)$ 和速度 $v_i(t)$ 可以被其他无人机观测到，称为无人机 i 的可观测状态，可以表示为 $s_i^o(t)=[P_i(t),v_i(t)]$。无人机 i 的期望位置 P_i^g 和航向角 $\varphi_i(t)$ 不能被其他无人机观测到，称为无人机 i 的不可观测状态，可以表示为 $s_i^h(t)=[P_i^g,\varphi_i(t)]$。由此可见，可观测状态 $s_i^o(t)$ 和不可观测状态 $s_i^h(t)$ 共同构成了无人机的自身状态 $s_i(t)=[s_i^o(t),s_i^h(t)]$。

为了实现避碰，在时刻 t，无人机 i 在飞行过程中需要通过摄像、雷达等设备观测其他无人机的飞行状态。无人机 i 的自身状态和可观测到的其他无人机状态共同组成了无人机 i 的联合状态，可以表示为

$$s_i^{\text{jn}}(t)=[s_i(t),s_i^{\text{other}}(t)]\in S \tag{4.38}$$

式中，$s_i^{\text{jn}}(t)$ 由时刻 t 无人机 i 的自身状态 $s_i(t)$ 和可观测到的其他无人机状态 $s_i^{\text{other}}(t)$ 组成，且 $s_i^{\text{other}}(t)=[s_1^o(t),s_2^o(t),\cdots,s_{i-1}^o(t),s_{i+1}^o(t),\cdots,s_N^o(t)]$。

2) 动作集 A

将无人机 i 的飞行速度矢量作为动作 a_i：

$$a_i=v_i(t)\in A \tag{4.39}$$

式中，动作集 A 定义为无人机的可选速度矢量空间。

假设速度矢量的大小可以为 $[0,v_{\max}]$ 区间内满足指数分布的 5 个值，速度矢量的方向可以为 $[0,2\pi)$ 区间内均匀分布的 16 个值，因此无人机动作集 A 中共用 80 个可选动作。

3) 立即收益值 R

立即收益值 $R_i^t(s_i^{\text{jn}}(t),v_i(t))$ 表示无人机 i 在联合状态 $s_i^{\text{jn}}(t)$ 时选择动作 $v_i(t)$ 获得的奖励值，定义如下：

$$R_i^t(s_i^{\text{jn}}(t),v_i(t))=\begin{cases}-0.25, & d_t<0\\ -0.1+d_t/2, & 0<d_t<d_c\\ \bar{r}, & P_i(t)=P_i^g\\ \tilde{r}, & \text{其他}\end{cases} \tag{4.40}$$

式中，d_t 表示在 $[t-\Delta t,t]$ 时间段内无人机 i 与最邻近无人机的距离。当无人机 i 与其他无人机发生碰撞，即 $d_t<0$ 时，立即收益值为−0.25；当无人机 i 与其他无人机距离小于安全距离，即 $0<d_t<d_c$ 时，随着 d_t 的减小立即收益值递减；当无人机 i 到达目的地，即 $P_i(t)=P_i^g$ 时，立即收益值为 $\bar{r}$；当不属于以上情况时，为了令无人机 i 尽快完成队形变换，立即收益值为 $\tilde{r}$。

4) 状态转移概率 P

对于本节研究的队形变换运动规划问题，考虑到其他无人机行为的不可观测性，无人机采取动作后状态的转移是不确定的。

5) 折扣因子 γ

折扣因子 γ 表示未来收益值相对于当前收益值的重要程度。当 γ=0 时，相当于只考虑当前收益不考虑未来收益；当 γ=1 时，相当于将未来收益和当前收益看得同等重要。这里选取折扣因子 γ=0.9。

通过对 MDP 五个符号的定义，多无人机队形变换运动规划过程可描述为：当无人机 i 的自身状态为 $s_i(t)$，其他无人机的可观测状态为 $s_i^{\text{other}}(t)$，即联合状态 $s_i^{\text{jn}}(t)=[s_i(t),s_i^{\text{other}}(t)]$ 时，无人机 i 选择速度 $v_i(t)$，根据式(4.40)获得相应的立即收益值。重复该过程直到无人机 i 到达队形变换后的目标点 P_i^g，最终获得无人机

i的轨迹。

基于上述建立的马尔可夫决策过程，下面将介绍如何利用深度强化学习算法解决上述问题，主要分为离线训练过程和在线决策过程两部分。

2. 离线训练过程

在强化学习中，V学习是一种类似Q学习的算法，其同样包括评价表和贪婪策略两部分，不同的是评价表用以估计不同状态可以获得的平均最大累计收益值，即不同状态对应的V值，而贪婪策略与Q学习一致，用以选择当前动作。与3.1.3节类似，这里采用神经网络建立评价网络，也称为V网络。离线训练过程即V网络的训练过程。下面分别针对网络含义及输入输出变量、网络结构、网络参数更新进行详细介绍。

1) V网络含义及输入输出变量介绍

在本节讨论的多无人机队形变换运动规划问题中，评价值$V_i\left(s_i^{\text{jn}}(t)\right)$指在当前状态$s_i^{\text{jn}}(t)$下无人机可能获得的平均最大收益值。由于受到其他无人机行为的影响，无人机在队形变换时所处的环境是复杂多变的，首先引入神经网络近似环节对评价值$V_i\left(s_i^{\text{jn}}(t)\right)$进行参数化，得到$V$网络，即$V_i\left(s_i^{\text{jn}}(t),\omega\right)$，其中$\omega$是网络参数。

因此，求解策略主要包括V网络和贪婪策略两部分。V网络的作用在于指导选择无人机的速度，其输入为无人机的联合状态及周围无人机的位置与速度信息；输出为当前联合状态$s_i^{\text{jn}}(t)$可能获得的平均最大总收益$V_i^*\left(s_i^{\text{jn}}(t)\right)$的近似值$V_i\left(s_i^{\text{jn}}(t),\omega\right)$。贪婪策略的作用在于选择$R_i^t(s_i^{\text{jn}}(t),v_i(t))+\gamma^{\Delta t\cdot v_{\max}}V_i(s_i^{\text{jn}}(t+\Delta t))$最大的速度，即$v_i(t)=\underset{v_i(t)}{\operatorname{argmax}}\ R_i^t(s_i^{\text{jn}}(t),v_i(t))+\gamma^{\Delta t\cdot v_{\max}}V_i(s_i^{\text{jn}}(t+\Delta t))$。

根据V网络的含义与输入输出变量的定义可知，在训练过程的一个回合中，将无人机自身状态和其他无人机的可观测状态输入V网络中，V网络会输出不同状态无人机可能获得的平均最大总收益值，考虑当前状态选择动作得到的立即收益，通过贪婪策略选择对应的速度，重复该过程直到无人机到达队形变换后的目标地点，输出无人机的飞行轨迹。在介绍完网络的含义与输入输出含义后，下面给出V网络的网络结构。

2) V网络的网络结构

考虑到在无人机运动规划中，每架无人机的位置和速度不断变化，而无人机的飞行轨迹受到其他无人机轨迹的影响，对应的影响程度也随着相邻无人机之间的相对位置不断变化。因此，本节设计的V网络结构如图4.8所示，该网络包含交互网络、池化网络、决策网络三部分，其中交互网络主要根据无人机的位置和速度，对无人机i周围每架无人机的位置和速度进行量化处理；池化网络主要处理其他无人机对无人机 i 的影响程度，这一过程类似于“池化反应”，因此，称为池化网络；决策网络是为了通过无人机 i 的状态，利用神经网络模拟最优策略，做出最佳的飞行决策。

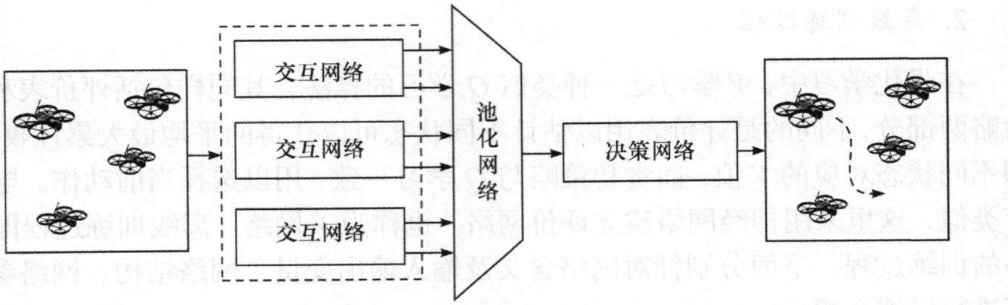

图 4.8　V 网络结构

下面将对交互网络、池化网络、决策网络进行详细介绍。

(1) 交互网络。

无人机 i 与邻机 j 之间的距离、相对速度随时间不断变化，交互网络负责对该部分进行量化处理，用 e_j、h_j 表示。其结构示意图如图 4.9 所示。

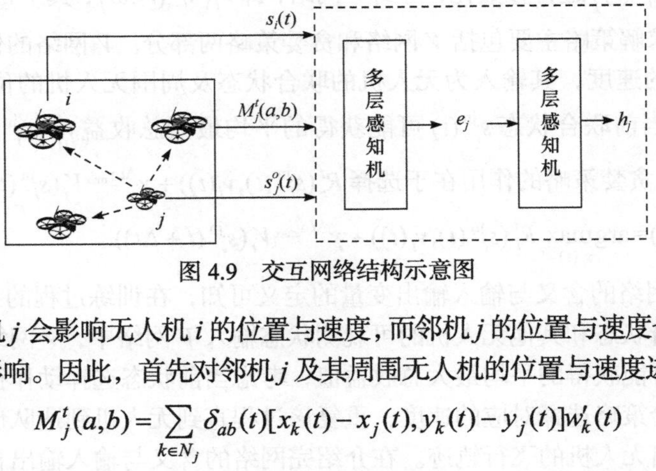

图 4.9　交互网络结构示意图

由于邻机 j 会影响无人机 i 的位置与速度，而邻机 j 的位置与速度也会受到其周围无人机的影响。因此，首先对邻机 j 及其周围无人机的位置与速度进行处理，即

$$M_j^t(a,b)=\sum_{k\in N_j}\delta_{ab}(t)[x_k(t)-x_j(t),y_k(t)-y_j(t)]w_k^t(t) \tag{4.41}$$

式中，N_j 表示邻机 j 的周围无人机集合；$x_k(t)$ 与 $y_k(t)$ 表示 t 时刻无人机 k 的水平位置，$k\in N_j$，$x_j(t)$ 与 $y_j(t)$ 表示 t 时刻无人机 j 的水平位置，$w_k^t(t)=(v_{xk}(t),v_{yk}(t))$ 表示 t 时刻无人机 k 的飞行速度；$\delta_{ab}(t)$ 定义为指示变量，即

$$\delta_{ab}(t)[x_k(t)-x_j(t),y_k(t)-y_j(t)]=\begin{cases}1, & |x_k(t)-x_j(t)|<a \text{ 且 } |y_k(t)-y_j(t)|<b\\ 0, & \text{其他}\end{cases} \tag{4.42}$$

式(4.42)表明当无人机 k 与无人机 j 的相对距离小于 (a,b) 时，$\delta_{ab}(t)$ 为 1，否则为 0。由此可以看出，$M_j^t(a,b)$ 包含了 t 时刻无人机 j 以及其周围一定范围内其他无人机的飞行位置与速度。

将无人机 i 的自身状态 $s_i(t)$、其邻机 j 的可观测状态 $s_j^o(t)$、邻机 j 及其周围无人机的位置与速度信息 $M_j^t(a,b)$ 整合为一个统一变量，输入多层感知机神经网络中进行处理，得到处理后的变量 e_j，可以写为

$$e_j = \phi_e(s_i(t), s_j^o(t), M_j^t(a,b); W_e) \tag{4.43}$$

式中，ϕ_e 表示多层感知机神经网络；W_e 表示网络参数；e_j 表示多层感知机神经网络的输出。采用神经网络对 e_j 进一步处理，输入另一个多层感知器神经网络中，得到交互网络的输出 h_j，因此 h_j 可以写为

$$h_j = \psi_h(e_j; W_h) \tag{4.44}$$

式中，ψ_h 表示多层感知机神经网络；W_h 表示该网络的网络参数。

(2) 池化网络。

由于不同无人机对无人机 i 飞行位置与速度的影响程度不同，为了综合考虑不同邻机对无人机 i 的影响，设计如下池化网络，如图 4.10 所示。

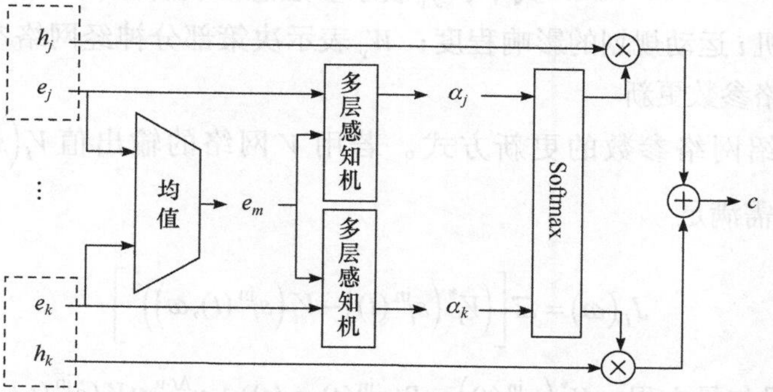

图 4.10 池化网络结构示意图

对无人机 i 的所有邻机处理后的变量 e_j 取平均值，得到新变量 e_m：

$$e_m = \frac{1}{N-1}\sum_{j=1}^{N-1} e_j \tag{4.45}$$

无人机 j 对无人机 i 运动规划的影响可以表示为

$$\alpha_j = \psi_a(e_j, e_m; W_a) \tag{4.46}$$

式中，ψ_a 表示多层感知机神经网络；W_a 表示神经网络参数；α_j 表示无人机 j 对无人机 i 运动规划的影响程度，如无人机 i 与无人机 j 位置靠近，或者飞行路径交叉，有相撞的趋势，则 α_j 较大。

为了计算所有邻机对无人机 i 的整体影响，利用交互网络的输出 h_j 进行加权计算，得

$$c = \sum_{j=1}^{N} \mathrm{Softmax}(\alpha_j) h_j \tag{4.47}$$

式中，c 表示所有邻机对无人机 i 运动规划的整体影响。

(3) 决策网络。

决策网络主要负责通过无人机 i 的状态，利用神经网络模拟最优策略，做出飞行的最佳决策。无人机 i 的飞行策略需要综合考虑自身状态和其他无人机的影响程度，设计如下决策网络，如图 4.11 所示。

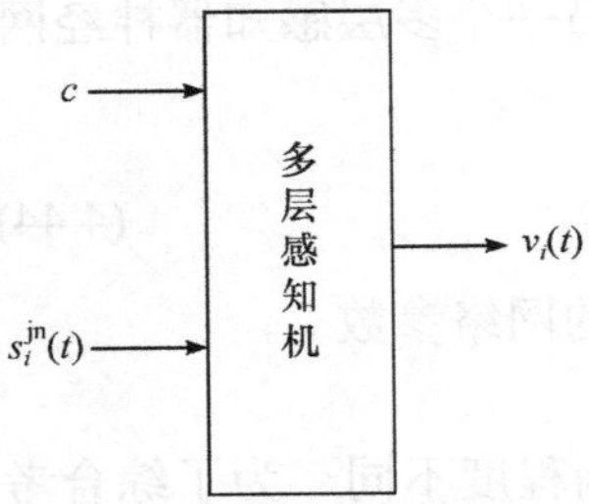

图 4.11　决策网络结构示意图

决策网络的数学模型表示为

$$v_i(t) = f_v(s_i^{\mathrm{jn}}(t), c; W_v) \tag{4.48}$$

式中，f_v 表示多层感知机神经网络；c 表示所有无人机对无人机 i 运动规划的影响程度；W_v 表示决策部分神经网络参数。

3) V 网络参数更新

下面介绍网络参数的更新方式。若用 V 网络的输出值 $V_i\left(s_i^{\mathrm{jn}}(t), \omega\right)$ 近似 $V_i^*\left(s_i^{\mathrm{jn}}(t)\right)$，需满足

$$J_i(\omega) = \varXi\left[\left(V_i^*\left(s_i^{\mathrm{jn}}(t)\right) - V_i\left(s_i^{\mathrm{jn}}(t), \omega\right)\right)^2\right] \tag{4.49}$$

最小。结合贝尔曼方程：$V_i^*\left(s_i^{\mathrm{jn}}(t)\right) = R(s_i^{\mathrm{jn}}(t), a_i(t)) + \gamma^{\Delta t \cdot v_{\max}} V_i(s_i^{\mathrm{jn}}(t+\Delta t))$，可得到 V 网络的参数更新公式：

$$\begin{aligned}\Delta\omega &= \alpha\left(V_i^*\left(s_i^{\mathrm{jn}}(t)\right) - V_i\left(s_i^{\mathrm{jn}}(t), \omega\right)\right)\nabla_\omega V_i\left(s_i^{\mathrm{jn}}(t), \omega\right) \\ &= \alpha\left(R_i^t(s_i^{\mathrm{jn}}(t), v_i(t)) + \gamma^{\Delta t \cdot v_{\max}} V_i(s_i^{\mathrm{jn}}(t+\Delta t)) - V_i(s_i^{\mathrm{jn}}(t))\right)\nabla_\omega V_i\left(s_i^{\mathrm{jn}}(t), \omega\right)\end{aligned} \tag{4.50}$$

式中，α 表示学习率，$R_i^t(s_i^{\mathrm{jn}}(t), v_i(t)) + \gamma^{\Delta t \cdot v_{\max}} V_i(s_i^{\mathrm{jn}}(t+\Delta t))$ 称为目标 V 值，$V_i\left(s_i^{\mathrm{jn}}(t), \omega\right)$ 称为当前 V 值。网络参数具体更新方式与 3.1.3 节一致，采用经验回放与目标网络算法实现，在此不再赘述。

综上所述，V 网络的离散训练过程可以总结为算法 4.1。

算法 4.1　V 网络离散训练算法

初始化价值网络 V_i 和数据集 D

初始化目标价值网络 $\hat{V}_i \leftarrow V_i$

初始化经验集 $E \leftarrow D$

For episode=1,2, $\cdots$, M

　　随机初始化序列初始状态 $s_i^{\text{jn}}(0)$

　　重复

　　　　$v_i(t) \leftarrow \underset{v_i(t)\in A}{\operatorname{argmax}} \; R_i^t(s_i^{\text{jn}}(t), v_i(t)) + \gamma^{\Delta t \cdot v_{\max}} V_i(s_i^{\text{jn}}(t+\Delta t))$

　　　　存储序列元组 $(s_i^{\text{jn}}(t), v_i(t), r_i^t, s_i^{\text{jn}}(t+\Delta t))$ 到经验集 E

　　　　在 D 中随机采样出一系列元组

　　　　计算目标值 $y_l(t) = r_l^t + \gamma^{\Delta t \cdot v_{\max}} \hat{V}(s_i^{\text{jn}}(l+1))$

　　　　采用策略梯度更新价值网络 V

　　直到序列结束条件或超越预定训练时间

返回 V

通过上述步骤更新网络参数，获得可用于在线运动规划的 V 网络。

3. 在线决策过程

完成学习过程之后，V 网络 $V_i(\cdot, \omega)$ 的网络参数也被确定下来，由贝尔曼方程可知，此时 V 网络的输出近似等于最优 V 函数，考虑到训练好的神经网络具有运算速度快的特点，将离线学习后得到的 V 网络用于在线运动规划过程。

将无人机自身状态和其他无人机的可观测状态组成状态 $s_i^{\text{jn}}(t)$，输入 V 网络中；训练好的 V 网络会快速给出当前状态 $s_i^{\text{jn}}(t)$ 可能获得的平均最大总收益值，即 $V_i\left(s_i^{\text{jn}}(t), \omega\right)$，而贪婪策略会在线选择使 $R_i^t(s_i^{\text{jn}}(t), v_i(t)) + \gamma^{\Delta t \cdot v_{\max}} V_i(s_i^{\text{jn}}(t+\Delta t))$ 最大的无人机速度 $v_i(t)$。重复这一过程，直到无人机到达完成队形变换相应的目标地点。

下面给出在线决策过程，总结为在线运动规划算法，即算法 4.2。

算法 4.2　V 网络在线运动规划算法

输入： V 网络，$V_i(\cdot, \omega)$

输出：无人机 i 的轨迹

1: 将无人机自身状态和其他无人机的可观测状态组成状态 $s_i^{\mathrm{jn}}(0)$

2: 当无人机 i 未达到目标地点：

3: $v_i(t) \leftarrow \arg\max_{v_i(t)\in A} R_i^t(s_i^{\mathrm{jn}}(t), v_i(t)) + \gamma^{\Delta t \cdot v_{\max}} V_i(s_i^{\mathrm{jn}}(t+\Delta t))$

4: 获得更新后的状态 $s_i^{\mathrm{jn}}(t)$

5: 结束

4.2.3　仿真验证

1. 仿真环境

在 Windows 10 操作系统中，基于 MATLAB 2014a 仿真环境实现本章仿真实验，计算机配置：CPU 为 Intel Core i5-2450M 2.5GHz，8GB 内存。

2. 仿真参数

假设 6 架无人机初始队形为梯形，如图 4.12 所示，要求无人机编队在无法通信的情况下实现在线避碰，变换为图 4.13 所示队形。学习率设置为 $\alpha = 0.001$。在训练过程中为了均衡训练中“探索”与“利用”的关系，设置训练前期 ε 由 0.5 到 0.1 呈线性递减，训练后期保持在 0.1。立即收益值 $\overline{r}$=10，$\tilde{r} = -0.5$，参数 d_c=5m。

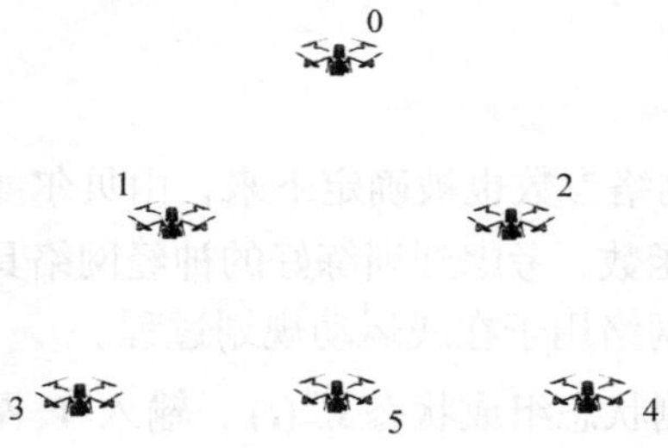

图 4.12　队形变换前

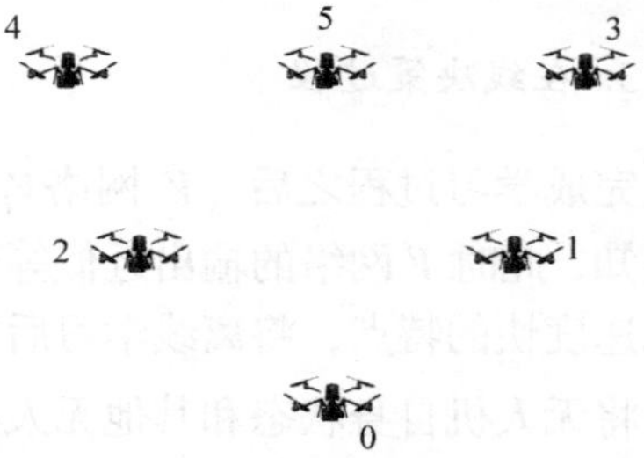

图 4.13　队形变换后

各个子模型中的神经网络设置如下：交互网络中多层感知机神经网络 $\phi_e(\cdot)$ 隐含层及其神经元个数为 (150,100)，$\psi_h(\cdot)$ 隐含层及其神经元个数为 (100,50)；池化网络中 ψ_a 隐含层及其神经元个数为 (100,50)；决策网络中 f_v 隐含层及其神经元个数为 (150,100,100)。

3. 仿真结果

无人机编队队形变换过程如图 4.14 所示，可以看出，无人机编队能够通过在线运动规划实现安全避碰，完成队形变换。

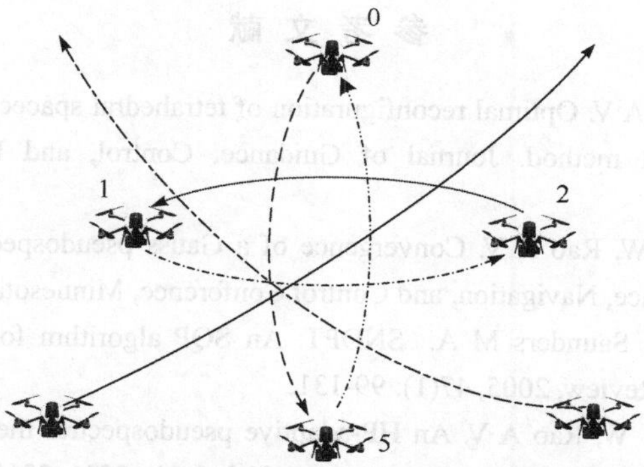

图 4.14 基于深度强化学习的无人机运动规划仿真结果

为了评估算法的有效性，共训练 10000 次，图 4.15 给出了每次训练下无人机获得的平均累计收益值，从图中可以看出，平均累计收益值随着训练次数的增多逐渐稳定，表明网络参数逐渐收敛。

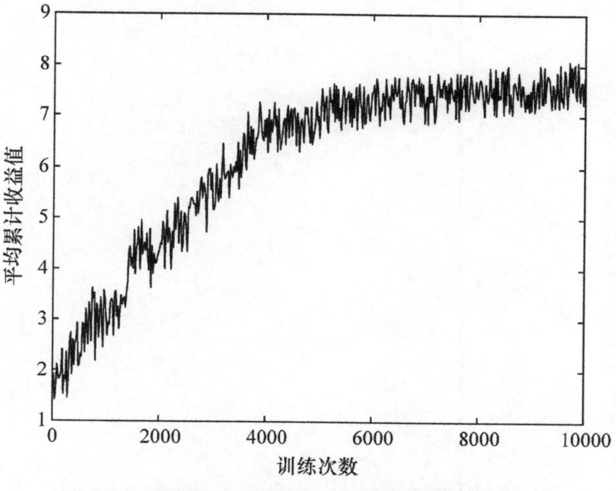

图 4.15 每次训练无人机获得的平均累计收益

4.3 小 结

本章从多无人机运动规划角度出发，首先，考虑无人机避障避碰需求以及无人机燃料最少和时间最短到达期望地点，基于 RRT 和自适应伪谱法完成无人机编队队形生成和队形保持运动规划；其次，考虑无人机避碰需求以及其他无人机转向、加速、减速等行为的影响，基于深度强化学习完成无人机编队队形变换运动规划。总体来说，本章为多无人机运动规划分别提供了两种可行的算法。

参 考 文 献

[1] Huntington G T, Rao A V. Optimal reconfiguration of tetrahedral spacecraft formations using the Gauss pseudospectral method. Journal of Guidance, Control, and Dynamics, 2008, 31(3): 689-698.

[2] Hou H Y, Hager W W, Rao A V. Convergence of a Gauss pseudospectral method for optimal control. AIAA Guidance, Navigation, and Control Conference, Minnesota, 2012.

[3] Gill P E, Murray W, Saunders M A. SNOPT: An SQP algorithm for large-scale constrained optimization. SIAM Review, 2005, 47(1): 99-131.

[4] Darby C L, Hager W W, Rao A V. An HP-adaptive pseudospectral method for solving optimal control problems. Optimal Control Applications and Methods, 2011, 32(4): 476-502.

[5] Darby C L, Hager W W, Rao A V. Direct trajectory optimization using a variable low-order adaptive pseudospectral method. Journal of Spacecraft and Rockets, 2011, 48(3): 433-445.

第5章 多无人机编队生成控制

根据多无人机在不同地方起飞最终生成编队的特点，此时编队生成控制问题实际是在轨迹规划生成后，无人机稳定跟踪轨迹的控制问题。在编队生成的过程中，为每架无人机单独设计飞行轨迹，考虑外界干扰、模型不确定及其他因素的影响，控制无人机稳定、准确地跟踪给定的参考轨迹，最终形成期望队形。本章将以四旋翼无人机作为主要研究对象。首先针对无人机姿态稳定问题，分别考虑模型不确定、外界干扰等综合扰动上界已知和未知的情况，研究基于超螺旋滑模和基于自适应超螺旋滑模的姿态稳定控制算法，使无人机姿态能够在有限时间内快速稳定地跟踪参考指令；最后针对四旋翼无人机轨迹跟踪问题，考虑通道耦合的影响，采用双闭环结构，在模型不确定、外界干扰等综合扰动的存在下，基于高阶滑模算法实现无人机的快速稳定轨迹跟踪控制。

本章的主要内容安排如下：5.1 节针对四旋翼无人机姿态稳定控制，考虑综合扰动上界已知和未知的情况，分别研究基于超螺旋滑模和基于自适应超螺旋滑模的姿态控制算法；5.2 节针对四旋翼无人机的轨迹跟踪控制，研究基于高阶滑模的轨迹跟踪控制算法，实现无人机轨迹的快速稳定跟踪；5.3 节给出本章小结。

5.1 无人机姿态稳定控制

5.1.1 问题描述

根据 2.4.2 节中建立的四旋翼六自由度模型，给出综合扰动影响下的无人机姿态模型：

$$\begin{aligned}\dot{\Theta} &= \Pi\Omega \\ J\dot{\Omega} &= -\Omega\times J\Omega+\tau+\Delta_{\Omega}\end{aligned} \tag{5.1}$$

式中，$\Theta=[\phi,\theta,\psi]\in\mathbf{R}^3$ 表示惯性坐标系下的滚转角、俯仰角及偏航角；$\Omega=[p,q,r]\in\mathbf{R}^3$ 表示机体坐标系下的滚转角速率、俯仰角速率及偏航角速率；$\tau=[\tau_1,\tau_2,\tau_3]$ 表示无人机三个方向的控制力矩；$J=\mathrm{diag}\{J_x,J_y,J_z\}$ 表示无人机惯性矩阵；Δ_{Ω} 表示模型不确定及外界干扰等综合扰动；变换矩阵 Π 定义如下：

$$\Pi = \begin{bmatrix} 1 & \sin\phi\tan\theta & \cos\phi\tan\theta \\ 0 & \cos\phi & -\sin\phi \\ 0 & \sin\phi\sec\theta & \cos\phi\sec\theta \end{bmatrix} \tag{5.2}$$

假设 5.1 为了避免矩阵 Π 出现奇异情况，假设滚转角和俯仰角分别满足 $0<\phi<\frac{\pi}{2}$ 和 $0<\theta<\frac{\pi}{2}$。

定义无人机的参考姿态角为 $\Theta_{\text{ref}}=[\phi_{\text{ref}},\theta_{\text{ref}},\psi_{\text{ref}}]\in\mathbf{R}^3$，因此，本节待解决的姿态稳定控制问题可以描述为：考虑无人机姿态模型(5.1)，在满足假设 5.1 的前提下，设计姿态稳定控制器 τ，在综合扰动 Δ_Ω 的影响下，确保无人机姿态角 Θ 能够在有限时间 T 内实现参考姿态角 Θ_{ref} 的稳定跟踪，即

$$\lim_{t\to T}\Theta=\Theta_{\text{ref}} \tag{5.3}$$

5.1.2 基于超螺旋滑模的姿态稳定控制器设计

四旋翼无人机体积小、质量轻，在飞行过程中极易受到风和气流等的影响，极大增加了四旋翼无人机的姿态控制难度，此外无人机系统结构的复杂性导致其难以准确建模。因此，模型不确定及外界干扰等综合扰动是影响无人机姿态稳定的重要因素之一。众所周知，滑模控制(sliding mode control，SMC)对于综合扰动具有强鲁棒性[1-3]，然而滑模控制在实际应用中会发生抖振现象(由滑模切换结构产生)。为了削弱抖振现象，Levant[4]提出了超螺旋算法(super-twisting algorithm，STA)，有效抑制了综合扰动对系统稳定的影响，并有效提高了控制性能。因此，针对无人机飞行过程中可能受到的模型不确定及外界干扰等不可避免的综合扰动因素，本节提出基于超螺旋滑模的姿态稳定控制器设计算法。首先，采用超螺旋滑模算法设计姿态稳定控制器，并采用 Lyapunov 理论证明控制器作用下的姿态误差系统的有限时间稳定性；然后通过仿真实验，验证所设计算法的有效性。

1. 基于超螺旋滑模的姿态稳定控制器设计过程

考虑上述控制目标，提出基于超螺旋滑模的无人机有限时间姿态稳定控制器，具体设计思路如下：首先，根据综合扰动影响下的无人机姿态模型(5.1)和控制目标(5.3)，定义姿态角与角速度跟踪误差，并建立姿态误差系统；然后，考虑综合扰动 Δ_Ω 上界已知的情况，基于超螺旋滑模算法设计无人机姿态稳定控制器，并通过 Lyapunov 函数证明控制器作用下的姿态误差系统(即姿态误差闭环系统)的有限时间稳定性；最后，通过仿真实验，验证本节所提控制算法的有效性。

1) 无人机姿态误差系统建立

下面根据综合扰动影响下的姿态模型(5.1)和控制目标(5.3)，定义姿态角跟踪误差：

$$\begin{aligned} e_{\Theta 1} &= \Theta - \Theta_{\text{ref}} \\ e_{\Theta 2} &= \Pi\Omega - \dot{\Theta}_{\text{ref}} \end{aligned} \tag{5.4}$$

式中，$e_{\Theta 1}$是姿态角跟踪误差；$e_{\Theta 2}$是姿态角速度跟踪误差。

由式(5.3)中给出的控制目标可知，通过控制姿态角跟踪误差$e_{\Theta 1}$在有限时间T_{51}内收敛到零，即可实现无人机姿态模型的稳定控制。

对式(5.4)中的姿态角跟踪误差$e_{\Theta 1}$和姿态角速度跟踪误差$e_{\Theta 2}$求导，可以得到如下无人机姿态误差系统：

$$\begin{aligned} \dot{e}_{\Theta 1} &= e_{\Theta 2} \\ \dot{e}_{\Theta 2} &= F_{51} + \overline{\tau} + \overline{\Delta}_{\Omega} \end{aligned} \tag{5.5}$$

式中，系统标称项$F_{51} = \dot{\Pi}\Omega - \Pi J^{-1}\Omega \times J\Omega - \ddot{\Theta}_{\text{ref}}$，$\overline{\tau} = \Pi J^{-1}\tau$表示等效控制力矩，$\overline{\Delta}_{\Omega} = \Pi J^{-1}\Delta_{\Omega}$表示等效干扰项，且满足假设 5.2。

假设 5.2　假设姿态误差系统(5.5)中的等效干扰项$\overline{\Delta}_{\Omega}$是 Lipschitz 连续的，即$\left\|\overline{\Delta}_{\Omega}\right\| \leqslant L_{51}$成立，且$L_{51}$为已知常数。

2) 基于超螺旋滑模的姿态稳定控制器设计

在设计控制器之前，方便起见，给出如下符号定义：对于任意向量$x \in \mathbf{R}^n$，任意实数$p_x \in \mathbf{R}$，$\langle x \rangle^{p_x} = \|x\|^{p_x} \operatorname{sign}(x)$，$\operatorname{sign}(x) = \dfrac{x}{\|x\|}$。下面考虑无人机姿态误差系统(5.5)，在假设 5.1 和假设 5.2 成立的情况下，基于超螺旋滑模设计姿态稳定控制器，如图 5.1 所示。

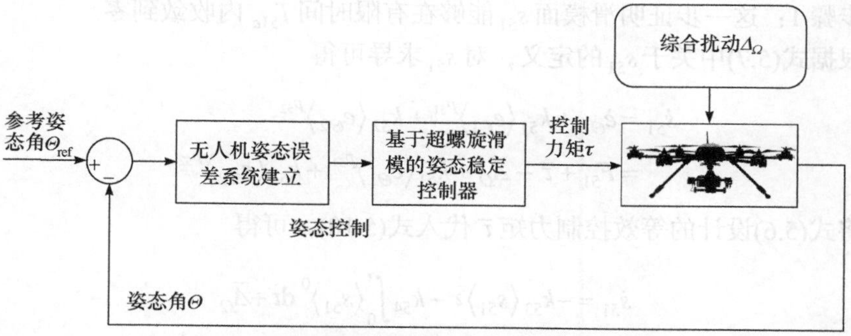

图 5.1　基于超螺旋滑模的姿态稳定控制流程

下面给出了设计的姿态稳定控制器形式，如定理 5.1 所示。

定理 5.1 考虑无人机姿态误差系统(5.5)，在假设 5.1 和 5.2 成立的情况下，若控制器设计为

$$\overline{\tau}=-F_{51}-k_{51}\langle e_{\Theta1}\rangle^{p_{51}}-k_{52}\langle e_{\Theta2}\rangle^{p_{52}}-k_{53}\langle s_{51}\rangle^{\frac{1}{2}}-k_{54}\int_0^t\langle s_{51}\rangle^0\mathrm{d}t \tag{5.6}$$

式中，滑模面 s_{51} 定义为

$$s_{51}=e_{\Theta2}+\int_0^t\left(k_{51}\langle e_{\Theta1}\rangle^{p_{51}}+k_{52}\langle e_{\Theta2}\rangle^{p_{52}}\right)\mathrm{d}t \tag{5.7}$$

且控制器参数满足

$$\begin{gathered}k_{51}>0,\quad k_{52}>0,\quad k_{53}>\frac{3L_{51}}{\sqrt{k_{54}-L_{51}}},\quad k_{54}>2L_{51}\\ p_{51}=\frac{p_{52}}{2-p_{52}},\quad p_{52}\in(0,1)\end{gathered} \tag{5.8}$$

则姿态角跟踪误差 $e_{\Theta1}$ 可以在有限时间 T_{51} 内收敛到零，此时四旋翼无人机姿态模型的实际控制力矩可以通过式(5.9)计算得到：

$$\tau=J\Pi\overline{\tau} \tag{5.9}$$

证明 在综合扰动上界已知的情况下，上述控制器作用下的无人机姿态误差系统的稳定性证明主要分为三步。首先，证明存在有限时间 T_{51a}，使得滑模面 s_{51} 在 $t\in[T_{51a},\infty)$ 时收敛到零；其次，证明当滑模面 s_{51} 收敛后，姿态角与角速度跟踪误差 $e_{\Theta1}$、$e_{\Theta2}$ 会在有限时间 T_{51b} 内收敛到零；最后，证明姿态误差系统在任意有限时间内均不会发生逃逸，即在滑模面 s_{51} 尚未收敛($t\in[0,T_{51a})$)时，$e_{\Theta1}$、$e_{\Theta2}$ 不会发散。通过上述三个步骤，可以得出在有限时间 $T_{51}=T_{51a}+T_{51b}$ 内，$e_{\Theta1}$、$e_{\Theta2}$ 收敛到零。

步骤 1：这一步证明滑模面 s_{51} 能够在有限时间 T_{51a} 内收敛到零。

根据式(5.7)中关于 s_{51} 的定义，对 s_{51} 求导可得

$$\begin{aligned}\dot{s}_{51}&=\dot{e}_{\Theta2}+k_{51}\langle e_{\Theta1}\rangle^{p_{51}}+k_{52}\langle e_{\Theta2}\rangle^{p_{52}}\\&=F_{51}+\overline{\tau}+\overline{\Delta}_{\Omega}+k_{51}\langle e_{\Theta1}\rangle^{p_{51}}+k_{52}\langle e_{\Theta2}\rangle^{p_{52}}\end{aligned} \tag{5.10}$$

将式(5.6)设计的等效控制力矩 $\overline{\tau}$ 代入式(5.10)，可得

$$\dot{s}_{51}=-k_{53}\langle s_{51}\rangle^{\frac{1}{2}}-k_{54}\int_0^t\langle s_{51}\rangle^0\,\mathrm{d}t+\overline{\Delta}_{\Omega} \tag{5.11}$$

令 $s_{52}=-k_{54}\int_0^t\langle s_{51}\rangle^0\mathrm{d}t+\overline{\Delta}_{\Omega}$，式(5.11)可以写为

$$\begin{aligned}\dot{s}_{51} &= -k_{51}\left\langle s_{51}\right\rangle^{\frac{1}{2}} + s_{52} \\ \dot{s}_{52} &= -k_{52}\left\langle s_{51}\right\rangle^{0} + \dot{\varDelta}_{\Omega}\end{aligned} \tag{5.12}$$

从式(5.12)可以看出，若能证明式(5.12)的有限时间收敛特性，那么滑模面 s_{51} 在有限时间收敛到零。为了简化 Lyapunov 函数的形式，定义如下中间变量：

$$\begin{aligned}\xi_{51} &= \left\langle s_{51}\right\rangle^{\frac{1}{2}} \\ \xi_{52} &= s_{52}\end{aligned} \tag{5.13}$$

对 ξ_{51}、ξ_{52} 求导得到

$$\begin{bmatrix}\dot{\xi}_{51} \\ \dot{\xi}_{52}\end{bmatrix} = -\frac{1}{\|\xi_{51}\|}\begin{bmatrix}-\dfrac{k_{53}}{2} & -1 \\ k_{54} & 0\end{bmatrix}\otimes I\begin{bmatrix}\xi_{51} \\ \xi_{52}\end{bmatrix} + \begin{bmatrix}0 \\ \dot{\varDelta}_{\Omega}(t)\end{bmatrix} + \begin{bmatrix}\dfrac{-\xi_{51}\xi_{51}^{\mathrm{T}}\xi_{52}}{2\|\xi_{51}\|^{3}} \\ 0\end{bmatrix} \tag{5.14}$$

因为等式 $\begin{bmatrix}0 \\ \dot{\varDelta}_{\Omega}(t)\end{bmatrix} = \dfrac{1}{\|\xi_{51}\|}\begin{bmatrix}0 & 0 \\ (\dot{\varDelta}_{\Omega}(t))^{\mathrm{T}}\operatorname{sign}(\xi_{51}) & 0\end{bmatrix}\otimes I\begin{bmatrix}\xi_{51} \\ \xi_{52}\end{bmatrix}$ 成立，其中 0 和 I 分别表示相应维度的零向量和单位矩阵。将上述等式代入式(5.14)，可以整理为

$$\begin{bmatrix}\dot{\xi}_{51} \\ \dot{\xi}_{52}\end{bmatrix} = -\frac{1}{\|\xi_{51}\|}A_{51}\begin{bmatrix}\xi_{51} \\ \xi_{52}\end{bmatrix} + A_{52} \tag{5.15}$$

式中，$A_{51} = \begin{bmatrix}\dfrac{k_{51}}{2} & -1 \\ k_{54} - (\dot{\varDelta}_{\Omega}(t))^{\mathrm{T}}\operatorname{sign}(\xi_{51}) & 0\end{bmatrix}\otimes I$，$A_{52} = \begin{bmatrix}\dfrac{-\xi_{51}\xi_{51}^{\mathrm{T}}\xi_{52}}{2\|\xi_{51}\|^{3}} \\ 0\end{bmatrix}$，符号“$\otimes$”表示克罗内克积。

为了证明式(5.12)的有限时间收敛特性，利用式(5.13)定义的中间变量 ξ_{51}、ξ_{52} 和式(5.15)，定义变量 $\xi_{53} = [\xi_{51}, \xi_{52}]^{\mathrm{T}}$ 和下述 Lyapunov 函数：

$$V_{51} = \xi_{53}^{\mathrm{T}}\varXi_{51}\xi_{53} \tag{5.16}$$

式中，矩阵 $\varXi_{51}$ 定义为

$$\varXi_{51} = \begin{bmatrix}k_{53} + \dfrac{6}{k_{53}}(k_{54} - L_{51}) & -1 \\ -1 & \dfrac{3}{k_{53}}\end{bmatrix}\otimes I \tag{5.17}$$

若要利用式(5.16)中的 Lyapunov 函数证明式(5.12)的有限时间收敛特性，V_{51} 需满足引理 5.1。

引理 5.1[5] 考虑非线性系统 $\dot{x}=f(x)$ ，$t>t_0$ ，$x(0)=x_0$ ，其中 $x=[x_1,\cdots,x_n]^{\mathrm{T}}\in\mathbf{R}^n$ 是状态向量，$f(x):\mathbf{R}^n\to\mathbf{R}^n$ 是一个不连续的向量场。如果存在一个连续可微的正定无界函数 V ，正标量 $\alpha\in(0,1)$ 和 $\beta>0$ ，使得 $\dot{V}(x)\leqslant-\beta V(x)^{\alpha}$ ，则系统的解在有限时间 $T\leqslant\dfrac{1}{\beta(1-\alpha)}V(x)^{1-\alpha}$ 内收敛到零。

由引理 5.1 可知，Lyapunov 函数 V_{51} 需满足 $V_{51}>0$ ，下面简单说明矩阵 $\varXi_{51}$ 的正定性。当 k_{53} 和 k_{54} 满足条件(5.8)时，矩阵 $\begin{bmatrix} k_{53}+\dfrac{6}{k_{53}}(k_{54}-L_{51}) & -1 \\ -1 & \dfrac{3}{k_{53}} \end{bmatrix}$ 是正定的，且根据引理 5.2 可知，矩阵 $\varXi_{51}$ 是正定的。

引理 5.2[6] 对于任意对称正定矩阵 Q ，矩阵 $\tilde{Q}=Q\otimes I$ 也是一个对称正定矩阵。

下面将证明 Lyapunov 函数的导数 $\dot{V}_{51}$ 也满足引理 5.1 中的条件。对 Lyapunov 函数求导，并将式(5.15)代入可得

$$\begin{aligned}\dot{V}_{51}&=\dot{\xi}_{53}^{\mathrm{T}}\varXi_{51}\xi_{53}+\xi_{53}^{\mathrm{T}}\varXi_{51}\dot{\xi}_{53}\\&=\left(-\frac{1}{\|\xi_{51}\|}A_{51}\xi_{53}+A_{52}\right)^{\mathrm{T}}\varXi_{51}\xi_{53}+\xi_{53}^{\mathrm{T}}\varXi_{51}\left(-\frac{1}{\|\xi_{51}\|}A_{51}\xi_{53}+A_{52}\right)\\&=-\frac{1}{\|\xi_{51}\|}\xi_{53}^{\mathrm{T}}\left(A_{51}^{\mathrm{T}}\varXi_{51}+\varXi_{51}A_{51}\right)\xi_{53}+2\xi_{53}^{\mathrm{T}}\varXi_{51}A_{52}\end{aligned}\tag{5.18}$$

为了简化后续的书写过程，定义变量 $W_{51}=A_{51}^{\mathrm{T}}\varXi_{51}+\varXi_{51}A_{51},W_{52}=2\xi_{53}^{\mathrm{T}}\varXi_{51}A_{52}$ ，式(5.18)中的 $\dot{V}_{51}$ 可以写为

$$\dot{V}_{51}=-\frac{1}{\|\xi_{51}\|}\xi_{53}^{\mathrm{T}}W_{51}\xi_{53}+W_{52}\tag{5.19}$$

根据矩阵 $\varXi_{51}$、A_{51}、A_{52} 的定义，变量 W_{51}、W_{52} 可以展开为

$$W_{51}=\begin{bmatrix} k_{53}^2+4k_{54}-6L_{51}+2\xi_{54} & -\dfrac{3}{2}k_{53}-\dfrac{3(k_{54}+\xi_{54}-2L_{51})}{k_{53}} \\ -\dfrac{3}{2}k_{53}-\dfrac{3(k_{54}+\xi_{54}-2L_{51})}{k_{53}} & 2 \end{bmatrix}\otimes I\tag{5.20}$$

$$W_{52}=-\frac{1}{\|\xi_{51}\|}\left\{\left[k_{53}+\frac{6}{k_{53}}\left(k_{54}-L_{51}\right)\right]\xi_{51}^{\mathrm{T}}\xi_{52}-\frac{\xi_{52}^{\mathrm{T}}\xi_{51}\cdot\xi_{51}^{\mathrm{T}}\xi_{52}}{\|\xi_{51}\|^2}\right\}\tag{5.21}$$

式中，$\xi_{54}=(\dot{\varLambda}_{\Omega}(t))^{\mathrm{T}}\langle\xi_{51}\rangle^{0}$。

根据式(5.21)中W_{52}的展开形式，W_{52}可进一步缩放成如下不等式：

$$W_{52}\leqslant-\frac{1}{\|\xi_{51}\|}\left\{\left[k_{53}+\frac{6}{k_{53}}(k_{54}-L_{51})\right]\xi_{51}^{\mathrm{T}}\xi_{52}-\|\xi_{52}\|^{2}\right\} \tag{5.22}$$

将不等式(5.22)代入式(5.19)，可得到$\dot{V}_{51}$满足

$$\dot{V}_{51}\leqslant-\frac{1}{\|\xi_{51}\|}\xi_{53}^{\mathrm{T}}\bar{W}_{51}\xi_{53} \tag{5.23}$$

式中

$$\bar{W}_{51}=\begin{bmatrix} k_{53}^{2}+6(k_{54}-L_{51})-2(k_{54}-\xi_{54}) & -k_{53}+\dfrac{3(L_{51}-\xi_{54})}{k_{53}} \\ -k_{53}+\dfrac{3(L_{51}-\xi_{54})}{k_{53}} & 1 \end{bmatrix}\otimes I \tag{5.24}$$

当控制器参数k_{53}、k_{54}满足条件(5.8)时，$\bar{W}_{51}$为正定矩阵，因此其特征值均大于零。可以推导出

$$\lambda_{\min}(\bar{W}_{51})\|\xi_{53}\|^{2}\leqslant\xi_{53}^{\mathrm{T}}\bar{W}_{51}\xi_{53}\leqslant\lambda_{\max}(\bar{W}_{51})\|\xi_{53}\|^{2} \tag{5.25}$$

式中，$\lambda_{\min}(\bar{W}_{51})$、$\lambda_{\max}(\bar{W}_{51})$分别代表矩阵$\bar{W}_{51}$的最小特征值和最大特征值。

根据ξ_{53}的定义，可以得到不等式$\|\xi_{51}\|\leqslant\|\xi_{53}\|$，结合式(5.25)，那么式(5.23)中的$\dot{V}_{51}$满足

$$\dot{V}_{51}\leqslant-\frac{1}{\|\xi_{51}\|}\lambda_{\min}(\bar{W}_{51})\|\xi_{53}\|^{2}\leqslant-\lambda_{\min}(\bar{W}_{51})\|\xi_{53}\| \tag{5.26}$$

由于$\lambda_{\min}(\varXi_{51})\|\xi_{53}\|^{2}\leqslant V_{51}=\xi_{53}^{\mathrm{T}}\varXi_{51}\xi_{53}\leqslant\lambda_{\max}(\varXi_{51})\|\xi_{53}\|^{2}$，其中$\lambda_{\min}(\varXi_{51})$、$\lambda_{\max}(\varXi_{51})$分别是正定矩阵$\varXi_{52}$的最小特征值和最大特征值，那么可以推导出不等式$\left[\dfrac{V_{51}}{\lambda_{\max}(\varXi_{51})}\right]^{\frac{1}{2}}\leqslant\|\xi_{53}\|\leqslant\left[\dfrac{V_{51}}{\lambda_{\min}(\varXi_{51})}\right]^{\frac{1}{2}}$，因此，式(5.26)可进一步写为

$$\dot{V}_{51}\leqslant-\frac{\lambda_{\min}(\bar{W}_{51})}{\sqrt{\lambda_{\max}(\varXi_{51})}}\cdot(V_{51})^{\frac{1}{2}} \tag{5.27}$$

至此，式(5.27)中 Lyapunov 的导数$\dot{V}_{51}$满足引理 5.1 中的有限时间收敛条件，且有限收敛时间T_{51a}也可以根据引理 5.1 计算得到，即$T_{51a}=\dfrac{2\sqrt{\lambda_{\max}(\varXi_{51})}}{\lambda_{\min}(\bar{W}_{51})}V^{\frac{1}{2}}(\xi_{53}(0))$。

由此可知，对于任何$t \geqslant T_{51a}$，$s_{51}=s_{52}=0$，即s_{51}、s_{52}在有限时间T_{51a}内收敛到零。

步骤 2：步骤 1 证明了滑模面s_{51}可以在有限时间T_{51a}内收敛到零，这一步将证明当$s_{51}=0$，即$t\in\left[T_{51a},\infty\right)$时，姿态角与角速度跟踪误差$e_{\Theta 1}$、$e_{\Theta 2}$也能够在有限时间$T_{51b}$收敛到零，即$t\in\left[T_{51a}+T_{51b},\infty\right)$，$e_{\Theta 1}=e_{\Theta 2}=0$。

为了验证姿态角与角速度跟踪误差$e_{\Theta 1}$、$e_{\Theta 2}$的有限时间收敛特性，将式(5.6)中设计的等效控制力矩τ代入姿态误差系统(5.5)得到：

$$
\begin{aligned}
&\dot{e}_{\Theta 1}=e_{\Theta 2} \\
&\dot{e}_{\Theta 2}=-k_{51}\left\langle e_{\Theta 1}\right\rangle^{p_{51}}-k_{52}\left\langle e_{\Theta 2}\right\rangle^{p_{52}}-k_{53}\left\langle s_{51}\right\rangle^{\frac{1}{2}}-k_{54}\int_0^t\left\langle s_{51}\right\rangle^0 \mathrm{d}t+\dot{\Delta}_{\Omega}
\end{aligned} \tag{5.28}
$$

步骤 1 证明了当$t \geqslant T_{51a}$时，$s_{51}=0$，且$s_{52}=-k_{54}\int_0^t\left\langle s_{51}\right\rangle^0 \mathrm{d}t+\dot{\Delta}_{\Omega}=0$，此时式(5.28)转化为

$$
\begin{aligned}
&\dot{e}_{\Theta 1}=e_{\Theta 2} \\
&\dot{e}_{\Theta 2}=-k_{51}\left\langle e_{\Theta 1}\right\rangle^{p_{51}}-k_{52}\left\langle e_{\Theta 2}\right\rangle^{p_{52}}
\end{aligned} \tag{5.29}
$$

引理 5.3[6] 考虑多变量二阶积分系统$\dot{x}_1=x_2,\dot{x}_2=u$，其中，$x_1=[x_{11},\cdots,x_{1m}]^{\mathrm{T}}\in\mathbf{R}^m$和$x_2=[x_{21},\cdots,x_{2m}]^{\mathrm{T}}\in\mathbf{R}^m$是状态变量，$u\in\mathbf{R}^m$是控制变量，$m$为变量维度。如果控制变量设计为$u=-k_1\left\langle x_1\right\rangle^{p_1}-k_2\left\langle x_2\right\rangle^{p_2}$，其中，$k_1,k_2>0$，$p_1=\dfrac{p_2}{2-p_2}$，$p_2\in(0,1)$，则系统状态$x_1$和$x_2$在有限时间内收敛到零。

由引理 5.3 可知，控制参数k_{51}、k_{52}、p_{51}、p_{52}满足条件(5.8)时，式(5.29)是有限时间稳定的，即在滑模面s_{52}收敛到零以后，存在有限时间T_{51b}，使得姿态角与角速度跟踪误差$e_{\Theta 1}$、$e_{\Theta 2}$也收敛到零。因此，$e_{\Theta 1}$、$e_{\Theta 2}$在任意有限时间间隔$t\in\left[0,T_{51a}\right]$内不发生逃逸，是其有限时间收敛的充分条件。

步骤 3：由上述分析可知，这一步证明当s_{51}尚未收敛时($t\in\left[0,T_{51a}\right]$)，$e_{\Theta 1}$、$e_{\Theta 2}$不会发散。

为了证明$e_{\Theta 1}$、$e_{\Theta 2}$在任意有限时间间隔内的有界性，考虑如下 Lyapunov 函数：

$$
V_{52}=\left\|e_{\Theta 1}\right\|+\left\|e_{\Theta 2}\right\| \tag{5.30}
$$

由式(5.30)中V_{52}的定义可知，若V_{52}是有界的，则$e_{\Theta 1}$、$e_{\Theta 2}$也是有界的。因此，这里将问题转化为证明V_{52}的有界性。易知该函数是正定的，对V_{52}求导，并将姿态误差系统(5.5)和等效控制力矩(5.6)代入得

$$
\begin{aligned}
\dot{V}_{52} &= \frac{e_{\Theta1}^{\mathrm{T}}\dot{e}_{\Theta1}}{\|e_{\Theta1}\|} + \frac{e_{\Theta2}^{\mathrm{T}}\dot{e}_{\Theta2}}{\|e_{\Theta2}\|} \\
&= \frac{e_{\Theta1}^{\mathrm{T}}e_{\Theta2}}{\|e_{\Theta1}\|} + \frac{e_{\Theta2}^{\mathrm{T}}\left(k_{51}\langle e_{\Theta1}\rangle^{\frac{p_{52}}{2-p_{52}}} + k_{52}\langle e_{\Theta2}\rangle^{p_{52}} + \bar{\varDelta}_{\Omega1}\right)}{\|e_{\Theta2}\|}
\end{aligned} \tag{5.31}
$$

式中，$\bar{\varDelta}_{\Omega1} = -k_{53}\langle s_{51}\rangle^{\frac{1}{2}} - k_{54}\int_0^t \langle s_{51}\rangle^0 \mathrm{d}t + \bar{\varDelta}_{\Omega}$。

步骤 1 证明了 s_{51}、s_{52} 的有限时间收敛特性，这说明 s_{51} 和 $s_{52} = -k_{54}\int_0^t \langle s_{51}\rangle^0 \mathrm{d}t + \bar{\varDelta}_{\Omega}$ 是有界的，因此 $\bar{\varDelta}_{\Omega1}$ 也是有界的，即 $\|\bar{\varDelta}_{\Omega1}\| \leqslant \bar{\varDelta}'_{\Omega1}$，其中，$\bar{\varDelta}'_{\Omega1}$ 为上界值。此外，考虑到对于任意向量 $x, y \in \mathbf{R}^m$ 和 $K > 0$，均满足不等式 $x^{\mathrm{T}}y \leqslant \|x\|\|y\|, x^{\mathrm{T}}\langle y\rangle^K \leqslant \|x\|\|y\|^K$，故式(5.31)中 V_{52} 满足

$$
\begin{aligned}
\dot{V}_{52} &\leqslant \frac{\|e_{\Theta1}\|\|e_{\Theta2}\|}{\|e_{\Theta1}\|} + \frac{\|e_{\Theta2}\|\left(k_{51}\|e_{\Theta1}\|^{\frac{p_{52}}{2-p_{52}}} + k_{52}\|e_{\Theta2}\|^{p_{52}} + \|\bar{\varDelta}_{\Omega1}\|\right)}{\|e_{\Theta2}\|} \\
&\leqslant \|e_{\Theta2}\| + k_{51}\|e_{\Theta1}\|^{\frac{p_{52}}{2-p_{52}}} + k_{52}\|e_{\Theta2}\|^{p_{52}} + \|\bar{\varDelta}_{\Omega1}\| \\
&\leqslant \|e_{\Theta2}\| + k_{51}\|e_{\Theta1}\|^{\frac{p_{52}}{2-p_{52}}} + k_{52}\|e_{\Theta2}\|^{p_{52}} + \bar{\varDelta}'_{\Omega1}
\end{aligned} \tag{5.32}
$$

考虑式(5.30)中 V_{52} 的定义，可知不等式 $\|e_{\Theta1}\|^{\frac{p_{52}}{2-p_{52}}} \leqslant V_{52}^{\frac{p_{52}}{2-p_{52}}}$，$\|e_{\Theta2}\|^{p_{52}} \leqslant V_{52}^{p_{52}}$ 成立，式(5.32)可进一步写为

$$
\begin{aligned}
\dot{V}_{52} &\leqslant V_{52} + k_{51}V_{52}^{\frac{p_{52}}{2-p_{52}}} + k_{52}V_{52}^{p_{52}} + \bar{\varDelta}'_{\Omega1} \\
&\leqslant V_{52} + 2\max(k_{51}, k_{52}) \cdot \max\left(V_{52}^{\frac{p_{52}}{2-p_{52}}}, V_{52}^{p_{52}}\right) + \bar{\varDelta}'_{\Omega1}
\end{aligned} \tag{5.33}
$$

明显地，从式(5.30)中 V_{52} 的定义可知，如果 $V_{52} \leqslant 1$，则 $e_{\Theta1}$、$e_{\Theta2}$ 必然是有界的，因此，只考虑 $V_{52} \geqslant 1$ 的情况。当 $V_{52} \geqslant 1$ 时，对于任意 $p_{52} \in (0,1)$ 有 $V_{52}^{\frac{p_{52}}{2-p_{52}}} \leqslant V_{52}$，$V_{52}^{p_{52}} \leqslant V_{52}$。因此，式(5.33)可以写为 $\dot{V}_{52} \leqslant \left[2\max(k_{51}, k_{52}) + 1\right]V_{52} + \bar{\varDelta}'_{\Omega1}$，满足不等式 $\dot{V}_{52} \leqslant \alpha V_{52} + \beta$ 的形式。需要注意的是，若 V_{52} 满足不等式 $\dot{V}_{52} \leqslant \alpha V_{52} + \beta$，式中，$\alpha$、$\beta$ 为任意正实数，那么 V_{52} 在任意有限时间间隔内都是有界的。因此，V_{52} 在 $t \in \left[0, T_{51a}\right]$ 时均是有界的，即表明 $e_{\Theta1}$、$e_{\Theta2}$ 不会发散。

经过上述三个步骤，可以看出式(5.6)设计的等效控制力矩 τ 可以使姿态角与角速度跟踪误差 $e_{\Theta 1}$、$e_{\Theta 2}$ 在综合扰动上界已知(假设 5.2)的情况下，在有限时间 $T_{51}=T_{51a}+T_{51b}$ 内收敛到零，由于矩阵 Π 在假设 5.1 下是非奇异的，因此实际控制力矩 τ 根据式(5.9)得出。证毕。

2. 仿真验证

1) 仿真环境

仿真试验在 Windows 10 操作系统中，基于 MATLAB 2014a 仿真环境实现，仿真步长为 1ms，计算机配置：CPU 为 Intel Core i5-2450M 2.5GHz，8GB 内存。

2) 仿真参数

首先给出四旋翼无人机的相关参数如表 5.1 所示。

表 5.1　四旋翼无人机相关参数

参数	$J_x/(\mathrm{kg\cdot m^2})$	$J_y/(\mathrm{kg\cdot m^2})$	$J_z/(\mathrm{kg\cdot m^2})$
数值	2.3×10^{-3}	2.4×10^{-3}	2.6×10^{-3}

四旋翼无人机姿态角和角速度的初始值分别为 $\Theta(0)=[-0.3,0.2,0.4]^{\mathrm{T}}\,\mathrm{rad}$，$\Omega(0)=[0,0,0]^{\mathrm{T}}\,\mathrm{rad/s}$。参考姿态指令为 $\Theta_{\mathrm{ref}}=[0.1\sin t,0.1\cos t,0]^{\mathrm{T}}$，综合扰动为 $\Delta_{\Omega}(t)=[0.1\sin t,0.1\sin t,0.1\sin t]^{\mathrm{T}}$。

超螺旋滑模控制器的参数通过经验选取与反复调试获得，如表 5.2 所示。

表 5.2　控制器参数

参数	k_{51}	k_{52}	k_{53}	k_{54}	p_{52}	L_{51}
数值	5	4	9	18	0.9	0.5

3) 仿真结果

仿真结果如图 5.2～图 5.4 所示。其中，图 5.2 为无人机姿态角变化曲线图。由图 5.2 可以看出，采用本节提出的控制算法，无人机姿态角可以在综合扰动上界已知的情况下实现对参考姿态角的快速准确跟踪，验证了所提出控制算法的有效性。

图 5.3 为无人机姿态角跟踪误差变化曲线图。从图 5.3 可以看出，滚转角、俯仰角和偏航角的跟踪误差均在有限时间内收敛到零，且从局部图中可以看出，跟踪误差精度稳定在 $\pm1\times10^{-8}\,\mathrm{rad}$ 之间，说明系统具有良好的稳定性能。

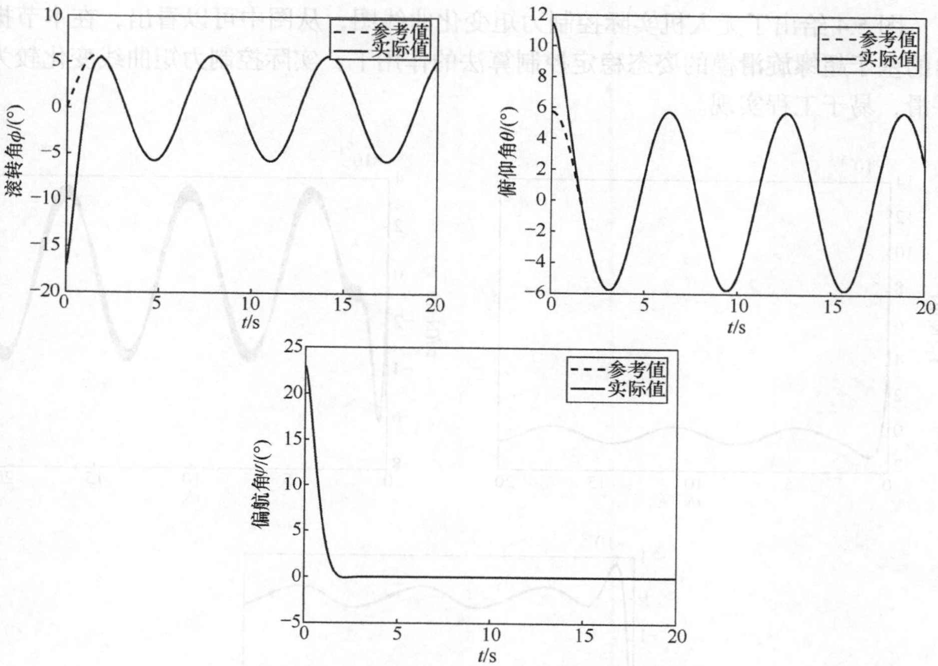

图 5.2　姿态角变化曲线图

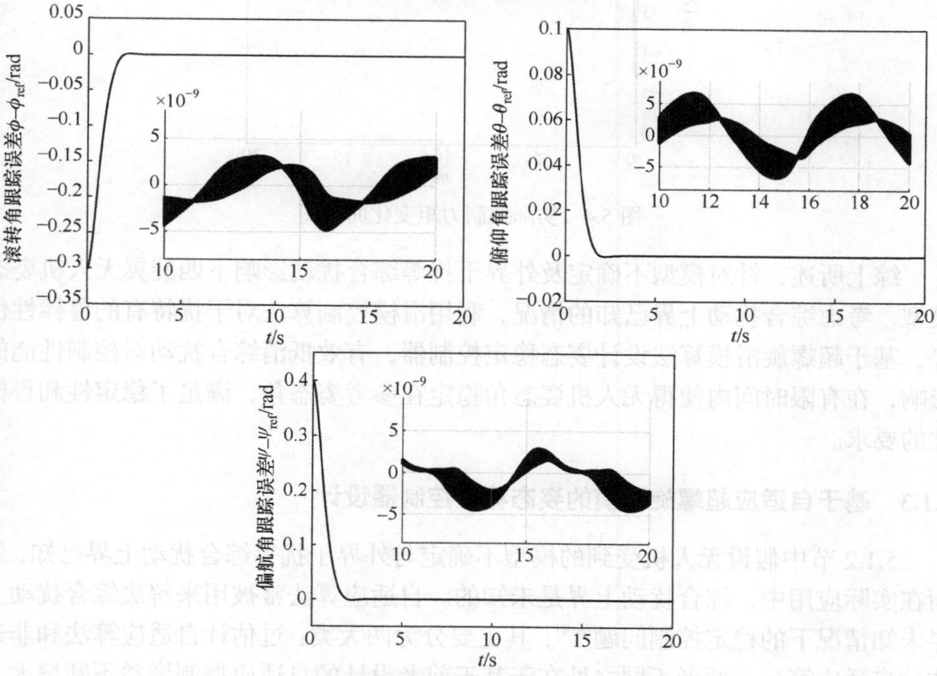

图 5.3　姿态角跟踪误差变化曲线图

图 5.4 给出了无人机实际控制力矩变化曲线图，从图中可以看出，在本节提出的基于超螺旋滑模的姿态稳定控制算法的作用下，实际控制力矩曲线变化较为平滑，易于工程实现。

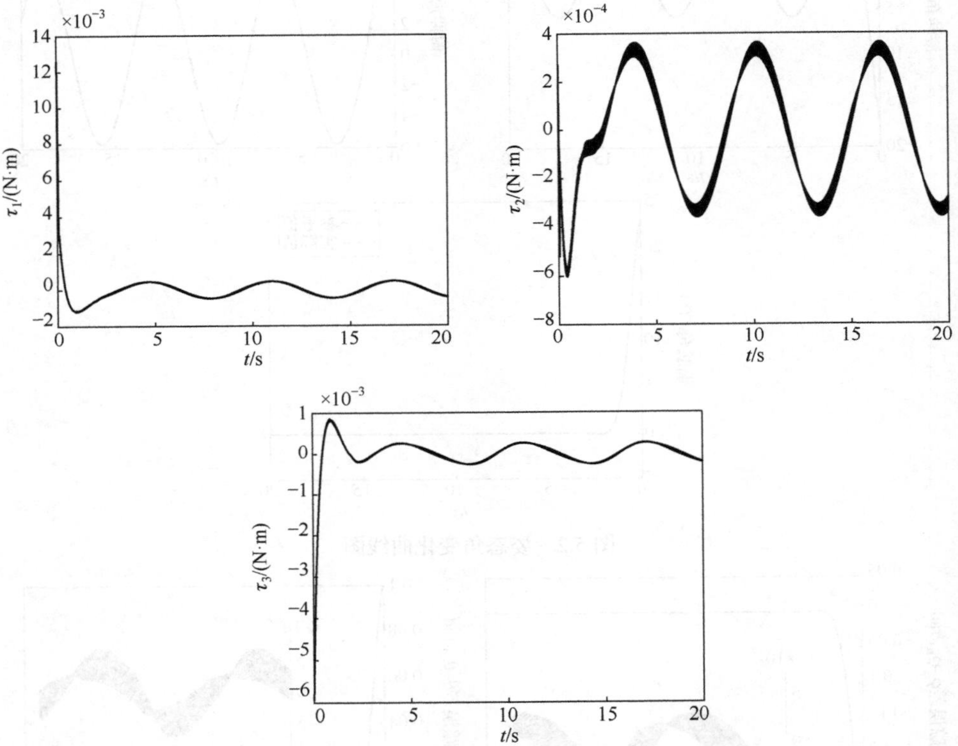

图 5.4　实际控制力矩变化曲线图

综上所述，针对模型不确定及外界干扰等综合扰动影响下四旋翼无人机姿态模型，考虑综合扰动上界已知的情况，利用滑模控制算法对干扰特有的鲁棒性优势，基于超螺旋滑模算法设计姿态稳定控制器，有效抵消综合扰动对控制性能的影响，在有限时间内使得无人机姿态角稳定在参考姿态角，满足了稳定性和鲁棒性的要求。

5.1.3　基于自适应超螺旋滑模的姿态稳定控制器设计

5.1.2 节中假设无人机受到的模型不确定与外界干扰等综合扰动上界已知，然而在实际应用中，综合扰动上界是未知的。自适应算法常被用来解决综合扰动上界未知情况下的稳定控制问题[6-9]，其主要分为两大类：过估计自适应算法和非过估计自适应算法，两者不同之处在于基于前者设计的自适应控制增益不断增大，基于后者设计的自适应控制增益的大小随扰动值变化。非过估计自适应算法的这一特点对于滑模算法来说十分重要，由于非过估计自适应算法能够通过尽可能小的控制增益达到抑制干扰的目的，因此可以进一步削弱滑模算法中的控制抖振，提高控制性能。本节针对模型不确定和外部干扰等综合扰动上界未知的情况，基于自适应超螺旋滑模算法，设计一种具有控制增益非过估计特性的姿态稳定控制器。本节首先基于自适应超螺旋滑模控制算法，设计姿态稳定控制器，并基于 Lyapunov 理论证明控制器作用下姿态误差系统的有限时间收敛特性；然后通过仿真实验，验证所设计控制算法的有效性。

1. 基于自适应超螺旋滑模的姿态稳定控制器设计过程

考虑综合扰动上界未知的情况，姿态误差系统(5.5)中的等效干扰项 $\bar{\varDelta}_{\Omega}$ 满足假设 5.3。

假设 5.3　假设姿态误差系统(5.5)中的等效干扰项 $\bar{\varDelta}_{\Omega}$ 是 Lipschitz 连续的，即 $\|\dot{\bar{\varDelta}}_{\Omega}\| \leqslant L_{52}$ 成立，其中 L_{52} 是未知的常数。

下面考虑无人机姿态误差系统(5.5)，在假设 5.1 和假设 5.3 成立的情况下，基于自适应超螺旋滑模设计姿态稳定控制器，如图 5.5 所示，并将设计的姿态稳定控制器总结为定理 5.2。

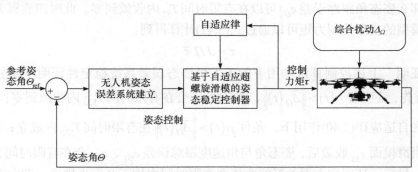

图 5.5　基于自适应超螺旋滑模的姿态稳定控制结构

定理 5.2　考虑无人机姿态误差系统(5.5)，在假设 5.1 和假设 5.3 成立的情况下，若姿态稳定控制器设计为

$$\bar{\tau} = -F_{51} - k_{55}\langle e_{\Theta1}\rangle^{p_{53}} - k_{56}\langle e_{\Theta2}\rangle^{p_{54}} - k_{57}(t)\langle s_{53}\rangle^{\frac{1}{2}} - \int_0^t k_{58}(t)\langle s_{53}\rangle^0 \mathrm{d}t + \varGamma \tag{5.34}$$

且满足如下条件：

(1) 滑模面 s_{53} 和变量 $\varGamma$ 定义为

$$s_{53} = e_{\Theta2} + \int_0^t \left(k_{55}\langle e_{\Theta1}\rangle^{p_{53}} + k_{56}\langle e_{\Theta2}\rangle^{p_{54}}\right)\mathrm{d}t \tag{5.35}$$

$$\Gamma = -\frac{\dot{\rho}}{2\rho} s_{53} \Bigg/ \left[I - \frac{s_{53} s_{53}^{\mathrm{T}}}{2\|s_{53}\|^2} \right] \tag{5.36}$$

且参数满足

$$k_{55} > 0, \quad k_{56} > 0, \quad p_{53} = \frac{p_{54}}{2 - p_{54}}, \quad p_{54} \in (0,1) \tag{5.37}$$

(2) 自适应控制增益 $k_{57}(t)$ 和 $k_{58}(t)$ 设计为

$$k_{57}(t) = \bar{k}_{57}\sqrt{\rho(t)}, \quad k_{58}(t) = \bar{k}_{58}\rho(t) \tag{5.38}$$

式中，$\bar{k}_{57}$、$\bar{k}_{58}$ 满足

$$\bar{k}_{58} > 1, \quad \bar{k}_{57} \geqslant \sqrt{4 + \frac{2}{\bar{k}_{58} - 1}} \tag{5.39}$$

且自适应参数 $\rho(t)$ 设计为

$$\dot{\rho}(t) = -\mu_f \rho(t) + c_f \|z_{\mathrm{eq}}\|, \quad \rho(0) = \rho_0 > 0 \tag{5.40}$$

式中，z_{eq} 是式(5.34)中 $k_{58}(t)\langle s_{53}\rangle^0$ 的扩展等效控制量；c_f 和 μ_f 为正常数且满足 $c_f - \mu_f > 0$。

那么姿态角跟踪误差 $e_{\Theta 1}$ 可以在有限时间 T_{52} 内收敛到零。此时四旋翼无人机姿态模型的实际控制力矩可以通过式(5.41)计算得到：

$$\tau = J\Pi\bar{\tau} \tag{5.41}$$

证明　上述控制算法作用下的无人机姿态误差系统稳定性证明主要分为四步。首先，证明若 $\rho(t) > \|\dot{\bar{\Delta}}_\Omega(t)\|$，滑模面 s_{53} 会在有限时间 T_{52a} 内收敛到零；其次，证明在自适应律(5.40)作用下，条件 $\rho(t) > \|\dot{\bar{\Delta}}_\Omega(t)\|$ 在有限时间 T_{52b} 内成立；再次，证明当滑模面 s_{53} 收敛后，姿态角与角速度跟踪误差 $e_{\Theta 1}$、$e_{\Theta 2}$ 会在有限时间 T_{52c} 内收敛；最后，证明姿态误差系统在任意有限时间内均不会发生逃逸，即在滑模面 s_{53} 尚未收敛($t \in [0, T_{52b} + T_{52a})$)时，$e_{\Theta 1}$、$e_{\Theta 2}$ 不会发散。通过上述四个步骤，可以得出在有限时间 $T_{52} = T_{52a} + T_{52b} + T_{52c}$ 内，$e_{\Theta 1}$、$e_{\Theta 2}$ 收敛到零。

步骤 1：这一步将证明当条件 $\rho(t) > \|\dot{\bar{\Delta}}_\Omega(t)\|$ 成立时，滑模面 s_{53} 能够在有限时间 T_{52a} 内收敛到零。

根据式(5.35)中关于 s_{53} 的定义，对 s_{53} 求导可得

$$\begin{aligned} \dot{s}_{53} &= \dot{e}_{\Theta 2} + k_{55}\langle e_{\Theta 1}\rangle^{p_{53}} + k_{56}\langle e_{\Theta 2}\rangle^{p_{54}} \\ &= F_{51} + \tau' + \bar{\Delta}_\Omega + k_{55}\langle e_{\Theta 1}\rangle^{p_{53}} + k_{56}\langle e_{\Theta 2}\rangle^{p_{54}} \end{aligned} \tag{5.42}$$

将式(5.34)设计的等效控制力矩 τ 代入式(5.42)，可得

$$\dot{s}_{53} = -k_{57}(t)\langle s_{53}\rangle^{\frac{1}{2}} - \int_0^t k_{58}(t)\langle s_{53}\rangle^0 \mathrm{d}t + \bar{\varDelta}_\Omega + \varGamma \tag{5.43}$$

令 $s_{54} = -\int_0^t k_{58}(t)\langle s_{53}\rangle^0 \mathrm{d}t + \bar{\varDelta}_\Omega$，则式(5.43)可写为

$$\begin{aligned} \dot{s}_{53} &= -k_{57}(t)\langle s_{53}\rangle^{\frac{1}{2}} + s_{54} + \varGamma \\ \dot{s}_{54} &= -k_{58}(t)\langle s_{53}\rangle^0 + \dot{\bar{\varDelta}}_\Omega \end{aligned} \tag{5.44}$$

从式(5.44)可以看出，若能证明式(5.44)的有限时间收敛特性，那么滑模面 s_{53} 在有限时间收敛到零。为了简化 Lyapunov 函数的形式，定义如下中间变量：

$$\begin{aligned} \xi_{54} &= \rho^{\frac{1}{2}}(t)\langle s_{53}\rangle^{\frac{1}{2}} \\ \xi_{55} &= s_{54} \end{aligned} \tag{5.45}$$

首先计算 ξ_{54} 的导数。对 ξ_{54} 求导，并将式(5.44)代入式(5.45)得到

$$\dot{\xi}_{54} = \frac{\rho^{\frac{1}{2}}(t)}{\|s_{53}\|^{\frac{1}{2}}}\left[I - \frac{s_{53}s_{53}^{\mathrm{T}}}{2\|s_{53}\|^2}\right]\left[-k_{57}(t)\langle s_{53}\rangle^{\frac{1}{2}} + s_{54} + \varGamma\right] + \frac{\dot{\rho}(t)}{2\sqrt{\rho(t)}}\langle s_{53}\rangle^{\frac{1}{2}} \tag{5.46}$$

根据式(5.45)中对 ξ_{54} 的定义，式(5.46)可进一步写为如下形式：

$$\dot{\xi}_{54} = \frac{\rho(t)}{\|\xi_{54}\|}\left(I - \frac{\xi_{54}\xi_{54}^{\mathrm{T}}}{2\|\xi_{54}\|^2}\right)\left(-\bar{k}_{57}\xi_{54} + \xi_{55} + \varGamma\right) + \frac{\dot{\rho}(t)}{2\rho(t)}\xi_{54} \tag{5.47}$$

将式(5.36)中 $\varGamma$ 的表达式代入式(5.47)，可以得到

$$\dot{\xi}_{54} = \frac{\rho(t)}{\|\xi_{54}\|}\left(-\frac{\bar{k}_{57}}{2}\xi_{54} + \xi_{55}\right) - \frac{\rho(t)\xi_{54}\xi_{54}^{\mathrm{T}}\xi_{55}}{2\|\xi_{54}\|^3} \tag{5.48}$$

然后计算 ξ_{55} 的导数。对 ξ_{55} 求导，并将式(5.44)代入式(5.45)得到

$$\begin{aligned} \dot{\xi}_{55} &= -\bar{k}_{58}\rho(t)\frac{s_{53}}{\|s_{53}\|} + \dot{\bar{\varDelta}}_\Omega(t) \\ &= \frac{\rho^{\frac{1}{2}}(t)}{\|s_{53}\|^{\frac{1}{2}}}\left[-\bar{k}_{58}\rho^{\frac{1}{2}}(t)\frac{s_{53}}{\|s_{53}\|^{\frac{1}{2}}} + \frac{\|s_{53}\|^{\frac{1}{2}}}{\rho^{\frac{1}{2}}(t)}\dot{\bar{\varDelta}}_\Omega(t)\right] \end{aligned} \tag{5.49}$$

根据式(5.48)的定义，式(5.49)可写为如下形式：

$$\dot{\xi}_{55}=\frac{\rho(t)}{\|\xi_{54}\|}\left(-\bar{k}_{58}\xi_{54}+\kappa_{\Omega}\right) \tag{5.50}$$

式中，κ_{Ω} 定义为

$$\kappa_{\Omega}=\frac{\|s_{53}\|^{\frac{1}{2}}}{\rho^{\frac{1}{2}}(t)}\dot{\bar{\Delta}}_{\Omega} \tag{5.51}$$

根据式(5.45)中对 ξ_{54} 的定义，可知 $\|\xi_{54}\|=\rho^{\frac{1}{2}}(t)\|s_{53}\|^{\frac{1}{2}}$。考虑等式 $\|\xi_{54}\|=\rho^{\frac{1}{2}}(t)\|s_{53}\|^{\frac{1}{2}}$ 和此步骤下的假设条件 $\rho(t)>\left\|\dot{\bar{\Delta}}_{\Omega}\right\|$，式(5.51)中的 κ_{Ω} 满足

$$\|\kappa_{\Omega}\|\leqslant\|\xi_{54}\|\frac{\left\|\dot{\bar{\Delta}}_{\Omega}\right\|}{\rho(t)}\leqslant\|\xi_{54}\| \tag{5.52}$$

将 ξ_{54} 的导数(5.48)和 ξ_{55} 的导数(5.50)合并，写为如下形式：

$$\begin{bmatrix}\dot{\xi}_{54}\\ \dot{\xi}_{55}\end{bmatrix}=\frac{\rho(t)}{\|\xi_{54}\|}\left(A_{53}\begin{bmatrix}\xi_{54}\\ \xi_{55}\end{bmatrix}+B_{51}\kappa_{\Omega}\right)+A_{54} \tag{5.53}$$

式中，$A_{53}=\begin{bmatrix}-\dfrac{k_{57}}{2} & 1\\ -k_{58} & 0\end{bmatrix}\otimes I, B_{51}=\begin{bmatrix}O\\ I\end{bmatrix}, A_{54}=\begin{bmatrix}-\dfrac{\rho(t)\xi_{54}\xi_{54}^{\mathrm{T}}\xi_{55}}{2\|\xi_{54}\|^{3}}\\ 0\end{bmatrix}$，0 和 O 分别表示相应维度的零列向量和零矩阵。

为了证明式(5.44)的有限时间收敛特性，可利用式(5.45)定义的中间变量 ξ_{54}、ξ_{55} 和式(5.53)，定义变量 $\xi_{56}=[\xi_{54},\xi_{55}]^{\mathrm{T}}$ 和下述 Lyapunov 函数：

$$V_{53}=\xi_{56}^{\mathrm{T}}\varXi_{52}\xi_{56} \tag{5.54}$$

式中，矩阵 $\varXi_{52}$ 定义为

$$\varXi_{52}=\begin{bmatrix}\bar{k}_{57}+\dfrac{4\bar{k}_{58}}{\bar{k}_{57}} & -1\\ -1 & \dfrac{2}{\bar{k}_{57}}\end{bmatrix}\otimes I \tag{5.55}$$

同样，若要利用式(5.54)中的 Lyapunov 函数证明式(5.44)的有限时间收敛特性，V_{53} 需满足引理 5.1。

由引理 5.1 可知，Lyapunov 函数 V_{53} 需满足 $V_{53}>0$，下面简单说明矩阵 $\varXi_{52}$ 的

正定性。当 $\bar{k}_{57}$ 和 $\bar{k}_{58}$ 满足条件(5.39)时，矩阵 $\begin{bmatrix} \bar{k}_{57}+\dfrac{4\bar{k}_{58}}{\bar{k}_{57}} & -1 \\ -1 & \dfrac{2}{\bar{k}_{57}} \end{bmatrix}$ 是正定的，且根据引理 5.2 可知，矩阵 Ξ_{52} 是正定的。

下面将证明 Lyapunov 函数的导数 $\dot{V}_{53}$ 也满足引理 5.1 中的条件。对 Lyapunov 函数 V_{53} 求导，并将式(5.53)代入可得

$$\begin{aligned} \dot{V}_{53} &= \dot{\xi}_{56}^{\mathrm{T}}\Xi_{52}\xi_{56}+\xi_{56}^{\mathrm{T}}\Xi_{52}\dot{\xi}_{56} \\ &= \left(\frac{\rho(t)}{\|\xi_{54}\|}A_{53}\xi_{53}+\frac{\rho(t)}{\|\xi_{54}\|}B_{51}\kappa_{\Omega}+A_{54}\right)^{\mathrm{T}}\Xi_{51}\xi_{56} \\ &\quad +\xi_{56}^{\mathrm{T}}\Xi_{52}\left(\frac{\rho(t)}{\|\xi_{54}\|}A_{53}\xi_{53}+\frac{\rho(t)}{\|\xi_{54}\|}B_{51}\kappa_{\Omega}+A_{54}\right) \\ &= \frac{\rho(t)}{\|\xi_{54}\|}\left[\xi_{56}^{\mathrm{T}}\left(A_{53}^{\mathrm{T}}\Xi_{52}+\Xi_{52}A_{53}\right)\xi_{56}+2\xi_{56}^{\mathrm{T}}\Xi_{52}B_{51}\kappa_{\Omega}\right]+2\xi_{56}^{\mathrm{T}}\Xi_{52}A_{54} \end{aligned} \tag{5.56}$$

考虑到对于任意 $x,y\in\mathbf{R}^n$，不等式 $2x^{\mathrm{T}}y\leqslant\|x\|^2+\|y\|^2$ 都成立，并结合不等式(5.52)，式(5.56)可以写为

$$\dot{V}_{53}\leqslant\frac{\rho(t)}{\|\xi_{54}\|}\xi_{56}^{\mathrm{T}}\left(A_{53}^{\mathrm{T}}\Xi_{52}+\Xi_{52}A_{53}+\Xi_{52}B_{51}B_{51}^{\mathrm{T}}\Xi_{52}^{\mathrm{T}}+C_{51}^{\mathrm{T}}C_{51}\right)\xi_{56}+2\xi_{56}^{\mathrm{T}}\Xi_{52}A_{54} \tag{5.57}$$

式中，$C_{51}=[1\quad 0]\otimes I$。

为了简化后续的书写过程，定义变量 $W_{53}=A_{53}^{\mathrm{T}}\Xi_{52}+\Xi_{52}A_{53}+\Xi_{52}B_{51}B_{51}^{\mathrm{T}}\Xi_{52}^{\mathrm{T}}+C_{51}^{\mathrm{T}}C_{51}$，$W_{54}=2\xi_{56}^{\mathrm{T}}\Xi_{52}A_{54}$，式(5.57)可以写为

$$\dot{V}_{53}=\frac{\rho(t)}{\|\xi_{54}\|}\xi_{56}^{\mathrm{T}}W_{53}\xi_{56}+W_{54} \tag{5.58}$$

根据式(5.53)中矩阵 A_{53}、A_{54}、B_{51}，式(5.55)中矩阵 Ξ_{52} 及式(5.57)中矩阵 C_{51} 的定义，变量 W_{53}、W_{54} 可以展开为

$$W_{53}=\begin{bmatrix} -\bar{k}_{57}^2-2\bar{k}_{58}+2 & \dfrac{3}{2}\bar{k}_{57}+\dfrac{2\bar{k}_{58}}{\bar{k}_{57}}-\dfrac{2}{\bar{k}_{57}} \\ \dfrac{3}{2}\bar{k}_{57}+\dfrac{2\bar{k}_{58}}{\bar{k}_{57}}-\dfrac{2}{\bar{k}_{57}} & \dfrac{4}{\bar{k}_{57}^2}-2 \end{bmatrix}\otimes I \tag{5.59}$$

$$W_{54}=\frac{\rho(t)}{\|\xi_{54}\|}\left[-\left(\bar{k}_{57}+\frac{4\bar{k}_{58}}{\bar{k}_{57}}\right)\xi_{54}^{\mathrm{T}}\xi_{55}+\frac{\xi_{55}^{\mathrm{T}}\xi_{54}\xi_{54}^{\mathrm{T}}\xi_{55}}{\|\xi_{54}\|^2}\right] \tag{5.60}$$

考虑到不等式$\left(\xi_{55}^{\mathrm{T}}\xi_{54}\xi_{54}^{\mathrm{T}}\xi_{55}\right)/\|\xi_{54}\|^2\leqslant\|\xi_{55}\|^2$成立，则式(5.60)中的$W_{54}$满足

$$W_{54}\leqslant\frac{\rho}{\|\xi_{54}\|}\left[-\left(\bar{k}_{57}+\frac{4\bar{k}_{58}}{\bar{k}_{57}}\right)\xi_{54}^{\mathrm{T}}\xi_{55}+\|\xi_{55}\|^2\right]=\frac{\rho}{\|\xi_{54}\|}\xi_{56}^{\mathrm{T}}W_{55}\xi_{56} \tag{5.61}$$

式中，

$$W_{55}=\begin{bmatrix}0 & -\dfrac{\bar{k}_{57}}{2}-\dfrac{2\bar{k}_{58}}{\bar{k}_{57}}\\ -\dfrac{\bar{k}_{57}}{2}-\dfrac{2\bar{k}_{58}}{\bar{k}_{57}} & 1\end{bmatrix}\otimes I \tag{5.62}$$

将式(5.61)代入式(5.58)，$\dot{V}_{53}$满足

$$\dot{V}_{53}\leqslant\frac{\rho}{\|\xi_{54}\|}\xi_{56}^{\mathrm{T}}W_{53}\xi_{56}+\frac{\rho}{\|\xi_{54}\|}\xi_{56}^{\mathrm{T}}W_{55}\xi_{56}=-\frac{\rho}{\|\xi_{54}\|}\xi_{56}^{\mathrm{T}}\bar{W}_{53}\xi_{56} \tag{5.63}$$

式中，矩阵$\bar{W}_{53}=-(W_{53}+W_{55})$可以根据式(5.59)和式(5.62)计算得到：

$$\bar{W}_{53}=\begin{bmatrix}\bar{k}_{57}^2+2\bar{k}_{58}-2 & -\bar{k}_{57}+\dfrac{2}{\bar{k}_{57}}\\ -\bar{k}_{57}+\dfrac{2}{\bar{k}_{57}} & 1-\dfrac{4}{\bar{k}_{57}^2}\end{bmatrix}\otimes I \tag{5.64}$$

当参数$\bar{k}_{57}$、$\bar{k}_{58}$满足式(5.39)时，$\bar{W}_{53}$是正定矩阵，因此其特征值均大于零。可以推导出

$$\lambda_{\min}(\bar{W}_{53})\|\xi_{56}\|^2\leqslant\xi_{56}^{\mathrm{T}}\bar{W}_{53}\xi_{56}\leqslant\lambda_{\max}(\bar{W}_{53})\|\xi_{56}\|^2 \tag{5.65}$$

式中，$\lambda_{\min}(\bar{W}_{53})$、$\lambda_{\max}(\bar{W}_{53})$分别表示矩阵$\bar{W}_{53}$的最小特征值和最大特征值。因为此步骤中条件$\rho(t)>\left\|\dot{\varDelta}_{\Omega}\right\|$成立，所以存在一个正常数$\varepsilon_0$使得$\rho(t)>\varepsilon_0>0$。同时，考虑到$\|\xi_{54}\|\leqslant\|\xi_{56}\|$成立，结合式(5.65)，式(5.63)中的$\dot{V}_{53}$满足

$$\dot{V}_{53}\leqslant-\frac{\rho(t)}{\|\xi_{54}\|}\lambda_{\min}(\bar{W}_{53})\|\xi_{56}\|^2\leqslant-\varepsilon_0\lambda_{\min}(\bar{W}_{53})\|\xi_{56}\| \tag{5.66}$$

由于$\lambda_{\min}(\varXi_{52})\|\xi_{56}\|^2\leqslant V_{53}=\xi_{56}^{\mathrm{T}}\varXi_{52}\xi_{56}\leqslant\lambda_{\max}(\varXi_{52})\|\xi_{56}\|^2$，式中，$\lambda_{\min}(\varXi_{52})$、$\lambda_{\max}(\varXi_{52})$分别是正定矩阵$\varXi_{52}$的最小特征值和最大特征值，那么可以推导出不等

式$\left(\frac{V_{53}}{\lambda_{\max}(\varXi_{52})}\right)^{\frac{1}{2}} \leqslant \|\xi_{56}\| \leqslant \left(\frac{V_{53}}{\lambda_{\min}(\varXi_{52})}\right)^{\frac{1}{2}}$，因此，式(5.66)可进一步写为

$$\dot{V}_{53} \leqslant -\frac{\varepsilon_0 \lambda_{\min}(\bar{W}_{53})}{\sqrt{\lambda_{\max}(\varXi_{52})}} \cdot V_{53}^{\frac{1}{2}} \tag{5.67}$$

至此，式(5.54)中 Lyapunov 函数的导数$\dot{V}_{53}$满足引理 5.1 中的有限时间收敛条件，且有限收敛时间T_{52a}也可以根据引理 5.1 计算得到，即$T_{52a} \leqslant \frac{2\sqrt{\lambda_{\max}(\varXi_{52})}}{\lambda_{\min}(\bar{W}_{53})} \times V_{53}^{\frac{1}{2}}(\xi_{56}(0))$。由此可知，对于任何$t \geqslant T_{52a}$，$s_{53} = s_{54} = 0$，即$s_{53}$、$s_{54}$在有限时间$T_{52a}$内收敛到零。

步骤 2：步骤 1 证明了若$\rho(t) > \|\dot{\varDelta}_{\Omega}\|$，那么滑模面$s_{53}$会在有限时间$T_{52a}$内收敛到零。这一步将证明在有限时间$T_{52b}$后，假设条件$\rho(t) > \|\dot{\varDelta}_{\Omega}\|$成立。

需要注意的是，整个滑模运动过程(包括到达阶段和滑动阶段)都应用了扩展等效控制理论。考虑式(5.44)，扩展等效控制量z_{eq}在到达阶段满足$\|z_{\text{eq}}\| = \|k_{57}(t)\langle s_{53}\rangle^0\| = \bar{k}_{57}\rho(t)$，而在滑动阶段，由于$\dot{s}_{54} = 0$，此时$z_{\text{eq}}$满足$\|z_{\text{eq}}\| = \|\dot{\varDelta}_{\Omega}\|$。

在到达阶段，自适应律(5.40)可写为

$$\dot{\rho}(t) = \left(c_f \bar{k}_{57} - \mu_f\right)\rho(t) \tag{5.68}$$

从式(5.68)可以看出，由于$\bar{k}_{57} > 1$且$c_f - \mu_f > 0$，可得$c_f \bar{k}_{57} - \mu_f > 0$，此时自适应函数$\rho(t)$将指数递增。因此，存在有限时间$T_{52b}$使得自适应参数$\rho(t)$能够抵消等效干扰项的导数$\dot{\varDelta}_{\Omega}$，即条件$\rho(t) > \|\dot{\varDelta}_{\Omega}\|$。

根据步骤 1 中的结论可知，当$t \geqslant T_{52b} + T_{52a}$时，$s_{53} = s_{54} = 0$，即到达滑动阶段，此时$\|z_{\text{eq}}\| = \|\dot{\varDelta}_{\Omega}(t)\|$。在这种情况下，自适应律(5.40)的解$\rho(t)$可以写为

$$\rho(t) = \mathrm{e}^{-\mu_f t}\rho\left(T_{52b} + T_{52a}\right) + c_f \mathrm{e}^{-\mu_f t} * \|z_{\text{eq}}\|, \quad t \geqslant T_{52b} + T_{52a} \tag{5.69}$$

式中，符号$*$代表卷积。根据式(5.69)可以得到以下结论，对于一类满足$\|\dot{\varDelta}_{\Omega}(t)\| < D_0 \mathrm{e}^{(c_f - \mu_f)t}$的干扰，其中，$D_0$是一个独立于$c_f$和$\mu_f$的正常数，条件$\rho(t) > \|\dot{\varDelta}_{\Omega}(t)\|$成立[9]。明显地，由于$c_f - \mu_f > 0$，符合假设 5.3 中的等效干扰项在有限时间内满足以上条件。此外，从式(5.69)可以看出，$\rho(t)$与扩展等效控制项z_{eq}(实际等效干

扰项 $\dot{\bar{\Delta}}_{\Omega}(t)$)相关，因此可以实现根据综合扰动的大小进行调整的目的。综上，条件 $\rho(t) > \left\|\dot{\bar{\Delta}}_{\Omega}(t)\right\|$ 在有限时间间隔 T_{52b} 后始终成立。

步骤 3：前两个步骤证明了在有限时间 $T_{52b}+T_{52a}$ 内，滑模面 s_{53} 会收敛到零。接下来，将证明当 $s_{53}=0$ 时，姿态角与角速度误差状态 $e_{\Theta 1}$、$e_{\Theta 2}$ 会在有限时间 T_{52c} 内收敛到零，即 $t\in\left[T_{52b}+T_{52a}+T_{52c},\infty\right)$ 时，$e_{\Theta 1}=e_{\Theta 2}$=0。

为了验证姿态角与角速度跟踪误差 $e_{\Theta 1}$、$e_{\Theta 2}$ 的有限时间收敛特性，将式(5.34)中设计的等效控制力矩 τ 代入姿态误差系统(5.5)中得到：

$$
\begin{aligned}
&\dot{e}_{\Theta 1}=e_{\Theta 2}\\
&\dot{e}_{\Theta 2}=-k_{55}\left\langle e_{\Theta 1}\right\rangle^{p_{53}}-k_{56}\left\langle e_{\Theta 2}\right\rangle^{p_{54}}-k_{57}(t)\left\langle s_{53}\right\rangle^{\frac{1}{2}}-\int_0^t k_{58}(t)\left\langle s_{53}\right\rangle^{0}\mathrm{d}t+\Gamma+\bar{\Delta}_{\Omega}
\end{aligned}
\tag{5.70}
$$

步骤 1 和步骤 2 证明了当 $t\geqslant T_{52b}+T_{52a}$ 时，$s_{53}=0$，$s_{54}=-\int_0^t k_{58}(t)\left\langle s_{53}\right\rangle^{0}\mathrm{d}t+\bar{\Delta}_{\Omega}(t)=0$，所以式(5.70)转化为

$$
\begin{aligned}
&\dot{e}_{\Theta 1}=e_{\Theta 2}\\
&\dot{e}_{\Theta 2}=-k_{55}\left\langle e_{\Theta 1}\right\rangle^{p_{53}}-k_{56}\left\langle e_{\Theta 2}\right\rangle^{p_{54}}
\end{aligned}
\tag{5.71}
$$

根据引理 5.3，控制参数 k_{55}、k_{56}、p_{53}、p_{54} 满足条件(5.37)时，式(5.71)是有限时间收敛的，即在滑模面 s_{53} 收敛到零后，存在有限时间 T_{52c}，使得姿态角和角速度跟踪误差 $e_{\Theta 1}$、$e_{\Theta 2}$ 收敛到零。因此，$e_{\Theta 1}$、$e_{\Theta 2}$ 在任意有限时间间隔 $t\in\left[0,T_{52b}+T_{52a}\right]$ 内不发生逃逸，是无人机姿态误差系统(5.5)有限时间收敛的充分条件。

步骤 4：由上述分析可知，这一步将证明滑模面 s_{53} 尚未收敛时($t\in[0,T_{52b}+T_{52a}]$)，$e_{\Theta 1}$、$e_{\Theta 2}$ 不会发散。

为了证明 $e_{\Theta 1}$、$e_{\Theta 2}$ 在任意有限时间间隔内的有界性，考虑下面的 Lyapunov 函数：

$$
V_{54}=\left\|e_{\Theta 1}\right\|+\left\|e_{\Theta 2}\right\| \tag{5.72}
$$

由上式中 V_{54} 的定义可知，若 V_{54} 是有界的，则 $e_{\Theta 1}$、$e_{\Theta 2}$ 也是有界的。因此这里将问题转化为证明 V_{54} 的有界性。易知该函数是正定的，对 V_{54} 求导，并将姿态误差系统(5.5)和等效控制力矩(5.34)代入得到

$$
\begin{aligned}
\dot{V}_{54}&=\frac{e_{\Theta 1}^{\mathrm{T}}\dot{e}_{\Theta 1}}{\left\|e_{\Theta 1}\right\|}+\frac{e_{\Theta 2}^{\mathrm{T}}\dot{e}_{\Theta 2}}{\left\|e_{\Theta 2}\right\|}\\
&=\frac{e_{\Theta 1}^{\mathrm{T}}e_{\Theta 2}}{\left\|e_{\Theta 1}\right\|}+\frac{e_{\Theta 2}^{\mathrm{T}}\left(k_{55}\left\langle e_{\Theta 1}\right\rangle^{\frac{p_{54}}{2-p_{54}}}+k_{56}\left\langle e_{\Theta 2}\right\rangle^{p_{54}}+\bar{\Delta}_{\Omega 2}\right)}{\left\|e_{\Theta 2}\right\|}
\end{aligned}
\tag{5.73}
$$

式中，$\bar{\varDelta}_{\Omega 2}(t)=-k_{57}(t)\langle s_{53}\rangle^{\frac{1}{2}}-\int_0^t k_{58}(t)\langle s_{53}\rangle^0\mathrm{d}t+\Gamma+\bar{\varDelta}_\Omega$。

步骤 1 和步骤 2 证明了 s_{53}、s_{54} 的有限时间收敛特性，这说明 s_{53}、Γ 和 $s_{54}=-k_{58}(t)\int_0^t\langle s_{53}\rangle^0\mathrm{d}t+\bar{\varDelta}_\Omega$ 是有界的，因此 $\bar{\varDelta}_{\Omega 2}$ 也是有界的，即 $\left\|\bar{\varDelta}_{\Omega 2}\right\|\leqslant\bar{\varDelta}'_{\Omega 2}$，式中，$\bar{\varDelta}'_{\Omega 2}$ 为上界值。此外，考虑到对于任意向量 $x,y\in\mathbf{R}^n$ 和 $K>0$，均满足不等式 $x^{\mathrm{T}}y\leqslant\|x\|\|y\|,x^{\mathrm{T}}\langle y\rangle^K\leqslant\|x\|\|y\|^K$，故式(5.73)中 V_{54} 满足

$$\begin{aligned}\dot{V}_{54}&\leqslant\left\|e_{\Theta 2}\right\|+k_{55}\left\|e_{\Theta 1}\right\|^{\frac{p_{54}}{2-p_{54}}}+k_{56}\left\|e_{\Theta 2}\right\|^{p_{54}}+\left\|\bar{\varDelta}_{\Omega 2}\right\|\\&\leqslant\left\|e_{\Theta 2}\right\|+k_{55}\left\|e_{\Theta 1}\right\|^{\frac{p_{54}}{2-p_{54}}}+k_{56}\left\|e_{\Theta 2}\right\|^{p_{54}}+\bar{\varDelta}'_{\Omega 2}\end{aligned}\tag{5.74}$$

考虑式(5.72)中 V_{54} 的定义，可知不等式 $\left\|e_{\Theta 1}\right\|^{\frac{p_{54}}{2-p_{54}}}\leqslant V_{54}^{\frac{p_{54}}{2-p_{54}}}$，$\left\|e_{\Theta 2}\right\|^{p_{54}}\leqslant V_{54}^{p_{54}}$ 成立，式(5.74)可进一步写为

$$\begin{aligned}\dot{V}_{54}&\leqslant V_{54}+k_{55}V_{54}^{\frac{p_{54}}{2-p_{54}}}+k_{56}V_{54}^{p_{54}}+\bar{\varDelta}'_{\Omega 2}\\&\leqslant V_{54}+2\max\left(k_{55},k_{56}\right)\cdot\max\left(V_{54}^{\frac{p_{54}}{2-p_{54}}},V_{54}^{p_{54}}\right)+\bar{\varDelta}'_{\Omega 2}\end{aligned}\tag{5.75}$$

明显地，从式(5.72)中 V_{54} 的定义可知，如果 $V_{54}\leqslant 1$，则 $e_{\Theta 1}$、$e_{\Theta 2}$ 必然是有界的。因此，只考虑 $V_{54}\geqslant 1$ 的情况。当 $V_{54}\geqslant 1$ 时，对于任意 $p_{54}\in(0,1)$ 有 $V_{54}^{\frac{p_{54}}{2-p_{54}}}\leqslant V_{54}$，$V_{54}^{p_{54}}\leqslant V_{54}$。因此式(5.75)可以写为 $\dot{V}_{54}\leqslant\left[2\max\left(k_{55},k_{56}\right)+1\right]V_{54}+\bar{\varDelta}'_{\Omega 2}$，满足不等式 $\dot{V}_{54}\leqslant\alpha V_{54}+\beta$ 的形式。需要注意的是，若 V_{54} 满足不等式 $\dot{V}_{54}\leqslant\alpha V_{54}+\beta$，式中，$\alpha$、$\beta$ 为任意正实数，那么 V_{54} 在任意有限时间间隔内都是有界的。因此，V_{54} 在 $t\in\left[0,T_{52a}+T_{52b}\right]$ 时均是有界的，即表明了 $e_{\Theta 1}$、$e_{\Theta 2}$ 不会发散。

经过上述四个步骤，可以看出式(5.34)设计的等效控制力矩 τ 可以使姿态角与角速度跟踪误差 $e_{\Theta 1}$、$e_{\Theta 2}$ 在综合扰动上界未知(假设 5.3)的情况下，在有限时间 $t\geqslant T_{52}=T_{52a}+T_{52b}+T_{52c}$ 内收敛到零，由于矩阵 Π 在假设 5.1 下是非奇异的，因此实际控制力矩 τ 根据式(5.41)得出。证毕。

备注 5.1　在自适应律(5.40)中应用了扩展等效控制量 $z_{\mathrm{eq}}=k_{58}(t)\langle s_{53}\rangle^0$。实际上，$z_{\mathrm{eq}}$ 可以通过低通滤波器的输出值 z_{av} 近似代替，即 $\lambda\dot{z}_{\mathrm{av}}+z_{\mathrm{av}}=k_{58}(t)\langle s_{53}\rangle^0$，其中，$\lambda$ 是滤波常数。

备注 5.2　定理 5.2 设计的扩展算法与常规超螺旋滑模算法的不同与优点总结如下：

(1) 具有非过估计特性的自适应算法与超螺旋滑模控制算法相结合，不需要知道任何关于干扰边界的信息；

(2) 基于扩展等效控制量设计自适应律，能够更加精确地估计干扰大小，获得尽可能小的控制增益，有效减低抖振，增强控制效果。

2. 仿真验证

1) 仿真环境

在 Windows 10 操作系统中，基于 MATLAB 2014a 仿真环境实现仿真实验，仿真步长为 1ms，计算机配置：CPU 为 Intel Core i5-2450M 2.5GHz，8GB 内存。

2) 仿真参数

为了使仿真结果与无人机姿态控制的真实值更加相近，首先给出四旋翼无人机的相关数据，同表 5.1。

四旋翼无人机姿态角和角速度的初始值分别为 $\Theta(0)=\left[0.2,0.2,0.2\right]^{\mathrm{T}}\ \mathrm{rad}$，$\Omega(0)=\left[0,0,0\right]^{\mathrm{T}}\ \mathrm{rad/s}$。参考姿态指令为 $\Theta_{\mathrm{ref}}=\left[0.1\sin t,0.1\cos t,0.1\right]^{\mathrm{T}}$，综合扰动为 $\Delta_{\Omega}(t)=\left[1+2\sin t;1+\cos t;1+0.5(\sin t+\cos t)\right]$。对于产生扩展等效控制量 z_{eq} 的低通滤波器(备注 5.1)，设置滤波常数为 $\lambda=0.002$。

自适应超螺旋滑模控制器参数通过经验选择和反复调试获得，如表 5.3 所示。

表 5.3　控制器参数

参数	k_{55}	k_{56}	$\bar{k}_{57}$	$\bar{k}_{58}$	p_{54}	μ_f	c_f
数值	5	4	4	1.2	0.9	10	11

3) 仿真结果

图 5.6 为无人机姿态角变化曲线图。从图 5.6 中可以看出，采用本节提出的控制算法，无人机姿态角可以在综合扰动上界未知的情况下实现对参考姿态角的快速准确跟踪，验证了所提出控制算法的有效性。

图 5.7 为无人机姿态角跟踪误差变化曲线图。从图 5.7 可以看出，滚转角、俯仰角和偏航角的跟踪误差均在有限时间内收敛到零，且从局部图中可以看出，跟踪误差精度分别稳定在 8×10^{-5}°、4×10^{-5}°、3×10^{-5}°，说明系统具有良好的稳定性能。

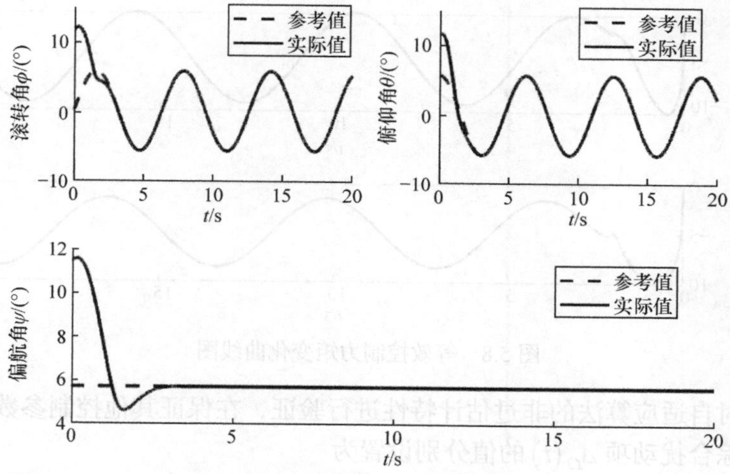

图 5.6　姿态角变化曲线图

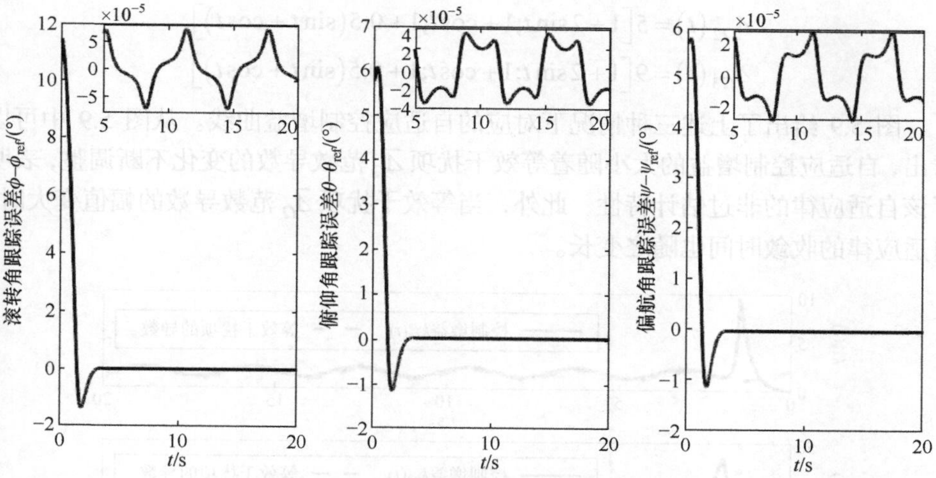

图 5.7　姿态角跟踪误差变化曲线图

图 5.8 给出了无人机等效控制力矩变化曲线图，从图中可以看出，在本节提出的基于自适应超螺旋滑模的姿态稳定控制算法的作用下，等效控制力矩曲线变化较为平滑，几乎没有抖振现象。

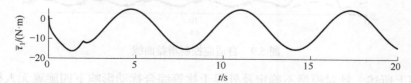

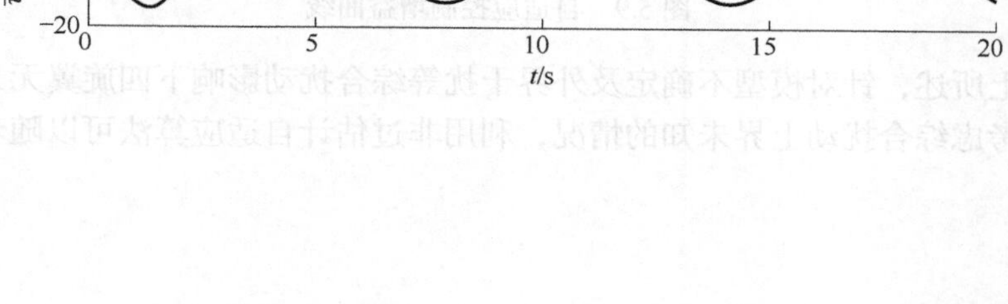

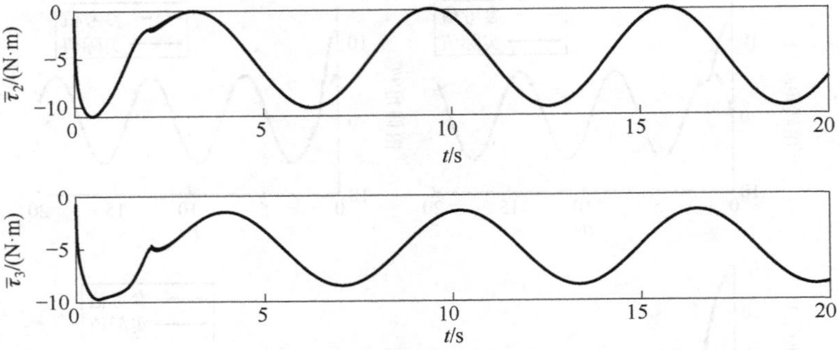

图 5.8　等效控制力矩变化曲线图

为了对自适应算法的非过估计特性进行验证，在保证其他控制参数相同的前提下，将综合扰动项 $\varDelta_{\Omega}(t)$ 的值分别设置为

$$\varDelta_{\Omega 1}(t)=\left[1+2\sin t;1+\cos t;1+0.5(\sin t+\cos t)\right]$$
$$\varDelta_{\Omega 2}(t)=5\left[1+2\sin t;1+\cos t;1+0.5(\sin t+\cos t)\right]$$
$$\varDelta_{\Omega 3}(t)=9\left[1+2\sin t;1+\cos t;1+0.5(\sin t+\cos t)\right]$$

图 5.9 给出了上述三种情况下对应的自适应控制增益曲线。从图 5.9 中可以看出，自适应控制增益的大小随着等效干扰项 $\overline{\varDelta}_{\Omega}$ 范数导数的变化不断调整，表明了该自适应律的非过估计特性，此外，当等效干扰项 $\overline{\varDelta}_{\Omega}$ 范数导数的幅值变大时，自适应律的收敛时间也随之变长。

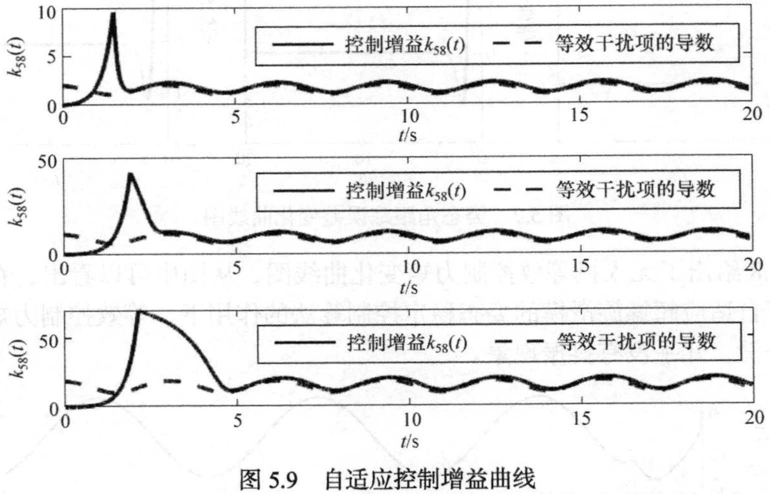

图 5.9　自适应控制增益曲线

综上所述，针对模型不确定及外界干扰等综合扰动影响下四旋翼无人机姿态模型，考虑综合扰动上界未知的情况，利用非过估计自适应算法可以随着综合扰

动进行自适应调整的特性，基于自适应超螺旋滑模算法设计姿态稳定控制器，不仅有效抵消上界未知的综合扰动对控制性能的影响，在有限时间内实现了对参考姿态角的跟踪，还进一步提高了控制性能，削弱了传统滑模算法的抖振影响，满足了适应性、稳定性和鲁棒性的要求。

5.2　无人机轨迹跟踪控制

5.2.1　基于双闭环结构的无人机轨迹跟踪控制原理

根据 2.4.2 节中建立的四旋翼六自由度模型，给出模型不确定性及外界干扰等综合扰动影响下的无人机位置与姿态模型：

$$
\begin{aligned}
&\dot{P} = V \\
&\dot{V} = ge_3 - \frac{u}{m}Re_3 + \varDelta_V \\
&\dot{\Theta} = \Pi\Omega \\
&\dot{\Omega} = -J^{-1}\Omega \times J\Omega + J^{-1}\tau + \varDelta_\Omega
\end{aligned}
\tag{5.76}
$$

式中，$\varDelta_V$ 与 $\varDelta_\Omega$ 分别表示位置模型和姿态模型受到的综合扰动值，其余符号的定义与 2.4.2 节一致。从式(5.76)可以看出，四旋翼无人机需要通过四个控制输入 u 和 $\tau = [\tau_1, \tau_2, \tau_3]^{\mathrm{T}}$ 产生六自由度的运动，是典型的欠驱动模型，并且其位置运动和姿态运动之间具有较强的耦合关系。通过四个螺旋桨的转速可以产生四个控制量 u、τ_1、τ_2、τ_3，其中控制力矩 τ_1、τ_2、τ_3 分别被分配到无人机的滚转、俯仰和偏航通道中；而控制力 u 被分配到无人机 x、y、z 三个方向的位移量中。因此，四旋翼无人机的六自由度模型可解耦为由 τ_1、τ_2、τ_3 控制的姿态模型和由 u 控制的位置模型。

由于四旋翼无人机存在欠驱动性和强耦合性等特点，很多控制算法都不能正常使用，而为了降低控制器的设计难度，现阶段四旋翼无人机大都采用如图 5.10 所示的双闭环控制的思路，即将位置控制与姿态控制分开，首先利用给定的参考轨迹 P_{ref}，设计外环控制器，得到跟踪参考轨迹需要的等效控制力；然后借助中间的姿态解算环节，根据等效控制力与给定的参考偏航角 ψ_{ref}，计算所需的实际控制力 u、参考滚转角 ϕ_{ref} 和参考俯仰角 θ_{ref}；最后对于外界给定以及解算出的参考姿态角指令 $\Theta_{\mathrm{ref}} = [\phi_{\mathrm{ref}}, \theta_{\mathrm{ref}}, \psi_{\mathrm{ref}}]^{\mathrm{T}}$，设计内环控制器，计算出所需的实际控制力矩 τ_1、τ_2、τ_3，在四个控制量的共同作用下，实现四旋翼无人机对参考轨迹的稳定跟踪。

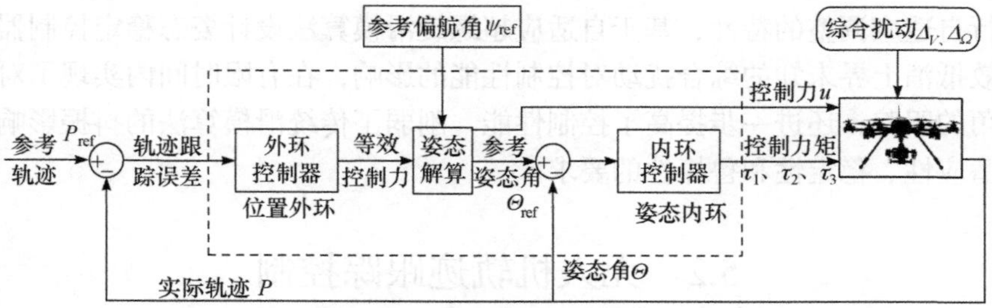

图 5.10　无人机双闭环控制结构

根据四旋翼无人机的双闭环控制结构，考虑模型不确定及外界干扰等综合扰动对控制性能的影响，设计基于高阶滑模的双闭环轨迹跟踪控制算法，仅利用四旋翼无人机的位置与姿态角信息，在有限时间内实现对参考轨迹和参考偏航角的快速准确跟踪控制，并且通过仿真实验，验证所提算法的有效性。

5.2.2　问题描述

从图 5.10 可以看出，在双闭环结构中，外环控制器的输出，即等效控制力，将通过姿态解算转化为内环姿态模型需要跟踪的参考滚转角和俯仰角，因此等效控制力的可导阶数限制了内环控制算法的选择。而高阶滑模算法由于具有消除系统相对阶限制的优点，可以有效解决这一问题。此外，考虑到对于差分全球定位系统(differential global positioning system，DGPS)或者室内四旋翼无人机运动捕捉系统，存在无人机位置信息的测量精度相对于速度测量精度更高的情况[10]，对于这一问题，设计基于输出反馈的无人机轨迹跟踪控制算法更为有效。综上，针对模型不确定性及外界干扰等综合扰动影响下的无人机轨迹跟踪控制问题，考虑无人机双闭环结构给内外环控制算法带来的影响以及位置测量精度相对于速度测量精度更高的情况，将采用高阶滑模算法实现无人机输出反馈轨迹跟踪控制器设计。

根据式(5.76)所示的模型不确定性及外界干扰等综合扰动影响下的无人机位置与姿态模型，以及给定的参考轨迹 P_{ref} 和参考偏航角 ψ_{ref}，本节待解决的姿态稳定控制问题可以描述为：考虑上界已知的综合扰动影响下的无人机位置与姿态模型(5.76)，在满足假设 5.1 的前提下，设计基于高阶滑模的轨迹跟踪控制算法，在只利用位置信息 P 和姿态角信息 Θ 的情况下，使得无人机在有限时间内实现对参考轨迹与参考偏航角的稳定跟踪，即

$$\begin{aligned}&\lim_{t\to T_{53}}\left(P-P_{ref}\right)=0\\&\lim_{t\to T_{53}}\left(\psi-\psi_{ref}\right)=0\end{aligned}\tag{5.77}$$

5.2.3 基于高阶滑模算法的双闭环轨迹跟踪控制器设计

从 5.2.2 节的描述可知，本节将采用高阶滑模算法实现无人机输出反馈轨迹跟踪控制，控制器的具体设计思路为：第一，根据给定的参考轨迹，仅利用实际位置信息设计外环观测器，估计位置模型的综合扰动及实际速度，并利用估计值完成外环控制器设计，得到等效控制力；第二，根据等效控制力和给定的参考偏航角，通过姿态解算，得到无人机的实际控制力、参考滚转角和参考俯仰角；第三，根据得到的参考姿态角(包括滚转角、俯仰角、偏航角)，仅利用实际姿态角信息设计内环观测器，实现对姿态模型的综合扰动以及实际角速度的估计，在此基础上完成内环控制器设计，得到实际控制力矩；第四，通过 Lyapunov 理论和齐次性算法证明实现无人机闭环系统的稳定性分析，实现对无人机参考轨迹的稳定跟踪；第五，通过仿真实验，验证所提算法的有效性。上述观测器与控制器的设计算法均采用高阶滑模算法。

1. 外环观测器与控制器设计

这一部分将介绍外环观测器与控制器的设计过程，使得无人机位置信息 P 在有限时间 T_{53a} 内实现对参考轨迹 $P_{\mathrm{ref}}=\left[x_{\mathrm{ref}},y_{\mathrm{ref}},z_{\mathrm{ref}}\right]^{\mathrm{T}}$ 的稳定跟踪，获得外环等效控制力。

1) 无人机轨迹跟踪误差系统建立

考虑式(5.76)中四旋翼无人机位置模型：

$$\begin{aligned}\dot{P}&=V\\ \dot{V}&=ge_3-\frac{u}{m}Re_3+\varDelta_V\end{aligned}\tag{5.78}$$

定义等效控制力 $\bar{u}$ 为

$$\bar{u}=ge_3-\frac{u}{m}Re_3\tag{5.79}$$

此时式(5.78)中的位置模型可以写为

$$\begin{aligned}\dot{P}&=V\\ \dot{V}&=\bar{u}+\varDelta_V\end{aligned}\tag{5.80}$$

为了使等效控制力 $\bar{u}$ 具有足够的可导阶数，引入变量 $x_{P1}=P$，$x_{P2}=V$，$x_{P3}=\bar{u}+\varDelta_V$，$x_{P4}=\dot{\bar{u}}+\dot{\varDelta}_V$，对位置模型(5.80)进行升阶，得到如式(5.81)所示的扩展系统形式：

$$\dot{x}_{P1}=x_{P2},\quad \dot{x}_{P2}=x_{P3},\quad \dot{x}_{P3}=x_{P4},\quad \dot{x}_{P4}=\ddot{\bar{u}}+\varDelta_{V\delta}\tag{5.81}$$

式中，$\Delta_{V\delta}=\ddot{\Delta}_V$。考虑仅可以获取无人机位置信息 P 的情况，即对于扩展系统 (5.81)，仅有 $x_{P1}=P$ 是已知的。定义轨迹跟踪误差与速度跟踪误差：

$$e_{P1}=x_{P1}-x_{P1ref}$$
$$e_{P2}=x_{P2}-\dot{x}_{P1ref} \tag{5.82}$$

式中，$x_{P1ref}=P_{ref}=\left[x_{ref},y_{ref},z_{ref}\right]^T$。此时，这一部分的目标变为设计等效控制力 u'，仅利用位置信息 P，使得轨迹跟踪误差 e_{P1} 在有限时间 T_{53a} 内收敛到零。

对轨迹跟踪误差 e_{P1} 和速度跟踪误差 e_{P2} 求导，并结合扩展系统(5.81)，无人机轨迹跟踪误差系统可以表示为

$$\dot{e}_{P1}=e_{P2},\quad \dot{e}_{P2}=e_{P3},\quad \dot{e}_{P3}=e_{P4},\quad \dot{e}_{P4}=\ddot{u}'+\Delta_{V\delta}-x_{1ref}^{(4)} \tag{5.83}$$

式中，$e_{P3}=x_{P3}-\ddot{x}_{P1ref}$，$e_{P4}=x_{P4}-\dddot{x}_{P1ref}$，$x_{1ref}^{(4)}$ 表示 x_{1ref} 的四阶导数。

假设 5.4 假设轨迹跟踪误差系统(5.83)中的综合扰动值 $\Delta_{V\delta}$ 是 Lipschitz 连续的，即 $\left\|\dot{\Delta}_{V\delta}\right\|\leqslant L_{53}$ 成立，且 L_{53} 为已知常数。

2) 外环观测器设计

为了便于外环观测器设计，在有限时间内估计出轨迹跟踪误差系统(5.83)中的未知状态 e_{P2}、e_{P3}、e_{P4} 和综合扰动值 $\Delta_{V\delta}$，首先给出引理 5.4 和引理 5.5。

引理 5.4[11] 考虑多输入多输出系统：

$$\dot{x}_1=x_2,\cdots,\dot{x}_m=f(x)+\Delta(t)+u \tag{5.84}$$

式中，$x_i\in\mathbf{R}^p$ 是状态向量；$u\in\mathbf{R}^p$ 是控制向量；$f(x)$ 为已知向量场；$\Delta(t)\in\mathbf{R}^p$ 为充分光滑的不确定向量，满足 $\left\|\dot{\Delta}(t)\right\|\leqslant L$，$L$ 为已知常数。基于可测量状态量 x_1 和输入量 u，若采用高阶滑模算法设计如下观测器：

$$
\begin{aligned}
&\dot{z}_0=v_0+z_1,\quad v_0=-\lambda_0 L^{\frac{1}{m+1}}\left\langle z_0-x_1\right\rangle^{\frac{m}{m+1}}\\
&\dot{z}_1=v_1+z_2,\quad v_1=-\lambda_1 L^{\frac{1}{m}}\left\langle z_1-v_0\right\rangle^{\frac{m-1}{m}}\\
&\quad\vdots\\
&\dot{z}_{m-1}=v_{m-1}+z_m+f(x)+u,\quad v_{m-1}=-\lambda_{m-1}L^{\frac{1}{2}}\left\langle z_{m-1}-v_{m-2}\right\rangle^{\frac{1}{2}}\\
&\dot{z}_m=-\lambda_m L\left\langle z_m-v_{m-1}\right\rangle^0
\end{aligned} \tag{5.85}
$$

式中，参数 $\lambda_i(i=0,1,\cdots,m)$ 为合适的观测器参数，则有限时间内可以实现对状态量和综合扰动值的估计：

$$z_0=x_1,z_1=x_2,\cdots,z_{m-1}=x_m,z_m=\Delta(t) \tag{5.86}$$

引理 5.5[11] 考虑系统(5.84)，若 $m\leqslant 5$，则观测器(5.85)的参数 $\lambda_i(i=0,1,\cdots,m)$

可以选取为 $\lambda_0=8,\lambda_1=5,\lambda_2=3,\lambda_3=2,\lambda_4=1.5,\lambda_5=1.1$。

基于给出的引理 5.4 和引理 5.5，利用可测量的位置信息 P，外环观测器可以设计为

$$
\begin{aligned}
&\dot{\hat{e}}_{P1}=v_{P0}+\hat{e}_{P2},\quad v_{P0}=-\lambda_{P4}^{o}\left\langle \hat{e}_{P1}-e_{P1}\right\rangle^{\frac{4}{5}}\\
&\dot{\hat{e}}_{P2}=v_{P1}+\hat{e}_{P3},\quad v_{P1}=-\lambda_{P3}^{o}\left\langle \hat{e}_{P2}-v_{P0}\right\rangle^{\frac{3}{4}}\\
&\dot{\hat{e}}_{P3}=v_{P2}+\hat{e}_{P4},\quad v_{P2}=-\lambda_{P2}^{o}\left\langle \hat{e}_{P3}-v_{P1}\right\rangle^{\frac{2}{3}}\\
&\dot{\hat{e}}_{P4}=v_{P3}+\hat{\Delta}_{V\delta}+\ddot{u}'-x_{P1\mathrm{ref}}^{(4)},\quad v_{P3}=-\lambda_{P1}^{o}\left\langle \hat{e}_{P4}-v_{P2}\right\rangle^{\frac{1}{2}}\\
&\dot{\hat{\Delta}}_{V\delta}=-\lambda_{P0}^{o}\left\langle \hat{\Delta}_{V\delta}-v_{P3}\right\rangle^{0}
\end{aligned}
\tag{5.87}
$$

式中，外环观测器参数 λ_{P4}^{o}、λ_{P3}^{o}、λ_{P2}^{o}、λ_{P1}^{o}、λ_{P0}^{o} 选取为

$$
\lambda_{P4}^{o}=5L_{53}^{\frac{1}{5}},\quad \lambda_{P3}^{o}=3L_{53}^{\frac{1}{4}},\quad \lambda_{P2}^{o}=2L_{53}^{\frac{1}{3}},\quad \lambda_{P1}^{o}=1.5L_{53}^{\frac{1}{2}},\quad \lambda_{P0}^{o}=1.1L_{53} \tag{5.88}
$$

且 $\hat{e}_{P1}$、$\hat{e}_{P2}$、$\hat{e}_{P3}$、$\hat{e}_{P4}$、$\hat{\Delta}_{V\delta}$ 是 e_{P1}、e_{P2}、e_{P3}、e_{P4}、$\Delta_{V\delta}$ 的估计值。

根据引理 5.4 和引理 5.5 可知，若外环观测器设计如式(5.87)所示，观测器参数根据式(5.88)确定，那么 $\hat{e}_{P2}$、$\hat{e}_{P3}$、$\hat{e}_{P4}$、$\hat{\Delta}_{V\delta}$ 可以在有限时间内估计出未知状态和综合扰动项 e_{P2}、e_{P3}、e_{P4}、$\Delta_{V\delta}$。

3) 外环控制器设计

为了便于外环控制器设计，在有限时间内实现对轨迹跟踪误差系统(5.83)的控制，首先给出引理 5.6。

引理 5.6[12]　考虑多变量积分系统：

$$
\dot{x}_1=x_2,\cdots,\dot{x}_{n-1}=x_n,\dot{x}_n=u \tag{5.89}
$$

式中，$x_i,u\in\mathbf{R}^m$。若高阶滑模控制器设计为

$$
u=-k_1\left\langle x_1\right\rangle^{\alpha_1}-\cdots-k_n\left\langle x_n\right\rangle^{\alpha_n} \tag{5.90}
$$

式中，$k_1,\cdots,k_n>0$，且满足多项式 $s^n+k_ns^{n-1}+\cdots+k_2s+k_1$ 是 Hurwitz 的条件，同时 $\alpha_1,\cdots,\alpha_n$ 满足

$$
\begin{aligned}
&\alpha_{i-1}=\frac{\alpha_i\alpha_{i+1}}{2\alpha_{i+1}-\alpha_i},\quad i=2,3,\cdots,n\\
&\alpha_n=\alpha,\quad \alpha_{n+1}=1
\end{aligned}
\tag{5.91}
$$

那么存在 $\varepsilon\in(0,1)$，使得对每一个 $\alpha\in(1-\varepsilon,1)$，系统原点均是全局有限时间稳定的平衡点。

利用上述估计值 $\hat{e}_{P2}$、$\hat{e}_{P3}$、$\hat{e}_{P4}$、$\hat{\Delta}_{V\delta}$，基于给出的引理 5.6，设计如下形式的

外环控制器：

$$\ddot{u} = -k_{51}^{o}\left\langle e_{P1}\right\rangle^{\alpha_{P1}} - k_{52}^{o}\left\langle \hat{e}_{P2}\right\rangle^{\alpha_{P2}} - k_{53}^{o}\left\langle \hat{e}_{P3}\right\rangle^{\alpha_{P3}} - k_{54}^{o}\left\langle \hat{e}_{P4}\right\rangle^{0} - \hat{\Delta}_{V\delta} + x_{P1\text{ref}}^{(4)} \tag{5.92}$$

式中，控制器参数 $k_{5i}^{o}(i=1,\cdots,4)$ 使得多项式 $s^4+k_{54}^{o}s^3+k_{53}^{o}s^2+k_{52}^{o}s+k_{51}^{o}$ 是 Hurwitz 的，且 α_{Pi} 的值选取为

$$\begin{aligned}&\alpha_{P5}=1,\quad \alpha_{P4}=\alpha_{P},\quad \alpha_{P(i-1)}=\frac{\alpha_{P(i+1)}\alpha_{Pi}}{2\alpha_{P(i+1)}-\alpha_{Pi}}\\&\alpha_{P}\in\left(1-\epsilon_{P},1\right),\quad \epsilon_{P}\in\left(0,1\right)\end{aligned} \tag{5.93}$$

根据引理 5.6 可知，根据外环观测器(5.87)的估计值 $\hat{e}_{P2}$、$\hat{e}_{P3}$、$\hat{e}_{P4}$、$\hat{\Delta}_{V\delta}$，若外环控制器设计如式(5.92)所示，控制器参数根据式(5.93)确定，那么可以获得等效控制力的二阶导数 $\ddot{u}$，使得轨迹跟踪误差 e_{P1} 在有限时间 T_{53a} 内收敛到零，而等效控制力 $\bar{u}$ 可以通过在零初始条件下对 $\ddot{u}$ 积分计算得出。

至此，完成外环观测器与控制器设计，获得等效控制力 $\bar{u}$。

2. 姿态解算

这一部分的目的是根据等效控制力 $\bar{u}$ 与参考偏航角 ψ_{ref} 获得无人机实际控制力 u、参考滚转角 ϕ_{ref} 和参考俯仰角 θ_{ref}。因此，考虑到式(5.78)中的旋转矩阵 R 和式(5.79)中等效控制力的定义，参考滚转角 ϕ_{ref}、参考俯仰角 θ_{ref} 和实际控制力 u 计算式为

$$\phi_{\text{ref}} = \arcsin\left(\frac{-\bar{u}_1\ \sin\psi_{\text{ref}} + \bar{u}_2\ \cos\psi_{\text{ref}}}{\bar{u}_1^2+\bar{u}_2^2+\left(-\bar{u}_3+g\right)^2}\right) \tag{5.94}$$

$$\theta_{\text{ref}} = \arctan\left(\frac{-\bar{u}_1\ \cos\psi_{\text{ref}} - \bar{u}_2\ \sin\psi_{\text{ref}}}{-\bar{u}_3+g}\right) \tag{5.95}$$

$$\begin{aligned}u = m\Big[&-\bar{u}_1\left(\cos\phi\sin\theta\cos\psi+\sin\phi\sin\psi\right)\\&-\bar{u}_2\left(\cos\phi\sin\theta\sin\psi-\sin\phi\cos\psi\right)\\&+\left(-\bar{u}_3+g\right)\cos\phi\cos\theta\Big]\end{aligned} \tag{5.96}$$

式中，$\bar{u}_i(i=1,2,3)$ 表示等效控制力 $\bar{u}$ 的第 i 个元素。

至此，完成姿态解算，获得实际控制力 u、参考滚转角 ϕ_{ref} 和参考俯仰角 θ_{ref}。

3. 内环观测器与控制器设计

这一部分将介绍内环观测器-控制器设计过程，使得无人机姿态角 Θ 在有限时

间内跟踪上参考姿态角 $\Theta_{\text{ref}}=\left[\phi_{\text{ref}},\theta_{\text{ref}},\psi_{\text{ref}}\right]^{\text{T}}$，获得无人机所需的控制力矩 τ。

1) 无人机姿态误差系统建立

为方便后续设计过程，定义 $x_{\Theta1}=\Theta, x_{\Theta2}=\Pi\Omega$，那么式(5.76)中无人机姿态模型可以写为

$$\dot{x}_{\Theta1}=x_{\Theta2},\quad \dot{x}_{\Theta2}=F\left(x_{\Theta1},x_{\Theta2}\right)+\Delta_{\Omega\delta}+\overline{\tau} \tag{5.97}$$

式中，$F\left(x_{\Theta1},x_{\Theta2}\right)=-\Pi J^{-1}\Pi^{-1}x_{\Theta2}\times J\Pi^{-1}x_{\Theta2}$ 为标称项，$\Delta_{\Omega\delta}=\Pi J^{-1}\Delta_{\Omega}+\dot{\Pi}\Pi^{-1}x_{\Omega2}$ 为等效干扰项，$\overline{\tau}=\Pi J^{-1}\tau$ 为等效控制力矩。根据 5.1.1 节中对姿态角与角速度跟踪误差 $e_{\Theta1}$、$e_{\Theta2}$ 的定义(5.4)，可以得到如下姿态误差系统：

$$\begin{aligned}\dot{e}_{\Theta1}&=e_{\Theta2}\\ \dot{e}_{\Theta2}&=F\left(x_{\Theta1},x_{\Theta2}\right)+\Delta_{\Omega\delta}+\overline{\tau}-\ddot{\Theta}_{\text{ref}}\end{aligned} \tag{5.98}$$

此时，这一部分的目标变为设计等效控制力矩 $\overline{\tau}$，仅利用姿态信息 Θ 使得姿态跟踪误差 $e_{\Theta1}$ 在有限时间 T_{53b} 内收敛到零，并在假设 5.1 成立的前提下，利用矩阵 Π 的非奇异性，通过关系式 $\tau=J\Pi^{-1}\overline{\tau}$ 得到实际控制力矩 τ。

假设 5.5　假设姿态误差系统(5.98)中的 $\Delta_{\Omega\delta}$ 是 Lipschitz 连续的，即 $\left\|\dot{\Delta}_{\Omega\delta}\right\|\leqslant L_{54}$ 成立，且 L_{54} 为已知常数。

2) 内环观测器设计

利用可测量的姿态信息 Θ，采用高阶滑模算法设计如下内环观测器，实现对姿态误差系统(5.98)中的未知状态 $e_{\Theta2}$ 和综合扰动值 $\Delta_{\Omega\delta}$ 的估计。

假设 5.6　定义 $\tilde{F}\left(x_{\Theta1},x_{\Theta2}\right)=F\left(x_{\Theta1},x_{\Theta2}\right)-F\left(x_{\Theta1},\hat{x}_{\Theta2}\right)$，式中，$\hat{x}_{\Theta2}=\hat{e}_{\Theta2}+\dot{\Theta}_{\text{ref}}$，$\hat{e}_{\Theta2}$ 表示 $e_{\Theta2}$ 的估计值。假设对于任意 $x_{\Theta1}$，$\tilde{F}\left(x_{\Theta1},x_{\Theta2}\right)$ 关于 $x_{\Theta2}$ 是 Lipschitz 连续的，即 $\left\|\dot{\tilde{F}}\left(x_{\Theta1},x_{\Theta2}\right)\right\|\leqslant L_{55}$ 成立，且 L_{55} 为已知常数。

在假设 5.5 和假设 5.6 成立的情况下，内环观测器设计如下：

$$\begin{aligned}\dot{\hat{e}}_{\Theta1}&=v_{\Theta0}+\hat{e}_{\Theta2},\quad v_{\Theta0}=-\lambda_{\Theta2}^{i}\left\langle\hat{e}_{\Theta1}-e_{\Theta1}\right\rangle^{\frac{2}{3}}\\ \dot{\hat{e}}_{\Theta2}&=v_{\Theta1}+\overline{\tau}+F\left(x_{\Theta1},\hat{x}_{\Theta2}\right)+\hat{\Delta}_{\Theta\delta}-\ddot{\Theta}_{\text{ref}},\quad v_{\Theta1}=-\lambda_{\Theta1}^{i}\left\langle\hat{e}_{\Theta2}-v_{\Theta0}\right\rangle^{\frac{1}{2}}\\ \dot{\hat{\Delta}}_{\Omega\delta}&=-\lambda_{\Theta0}^{i}\left\langle\hat{\Delta}_{\Omega\delta}-v_{\Theta1}\right\rangle^{0}\end{aligned} \tag{5.99}$$

式中，$\lambda_{\Theta2}^{i}$、$\lambda_{\Theta1}^{i}$、$\lambda_{\Theta0}^{i}$ 是正常数，并且满足以下关系式：

$$\lambda_{\Theta2}^{i}=2\left(L_{55}+L_{54}\right)^{\frac{2}{3}},\quad \lambda_{\Theta1}^{i}=1.5\left(L_{55}+L_{54}\right)^{\frac{1}{2}},\quad \lambda_{\Theta0}^{i}=1.1\left(L_{55}+L_{54}\right) \tag{5.100}$$

根据引理 5.4 和引理 5.5 可知，若内环观测器设计为式(5.99)所示形式，观测

器参数根据式(5.100)确定，那么 $\hat{e}_{\Theta 2}$、$\hat{\Delta}_{\Omega\delta}$ 可以在有限时间内估计出未知状态和综合扰动项 $e_{\Theta 2}$、$\Delta_{\Omega\delta}$。

3) 内环控制器设计

利用上述估计值 $\hat{e}_{\Theta 2}$、$\hat{\Delta}_{\Omega\delta}$，采用高阶滑模算法设计如下内环控制器：

$$\overline{\tau} = -F\left(x_{\Theta 1}, \hat{x}_{\Theta 2}\right) - k_{51}^{i} \left\langle e_{\Theta 1} \right\rangle^{\alpha_{\Theta 1}} - k_{52}^{i} \left\langle \hat{e}_{\Theta 2} \right\rangle^{\alpha_{\Theta 2}} - \hat{\Delta}_{\Omega\delta} + \ddot{\Theta}_{\text{ref}} \tag{5.101}$$

式中，k_{51}^{i}、k_{52}^{i} 是内环控制器参数；$\alpha_{\Theta 1}$、$\alpha_{\Theta 2}$ 定义为

$$\alpha_{\Theta 1} = \frac{\alpha_{\Theta 2}}{2 - \alpha_{\Theta 2}}, \quad \alpha_{\Theta 2} \in (0,1) \tag{5.102}$$

根据引理 5.6 可知，根据内环观测器(5.99)的估计值 $\hat{e}_{\Theta 2}$、$\hat{\Delta}_{\Omega\delta}$，若内环控制器设计为式(5.101)所示形式，控制器参数根据式(5.102)确定，那么可以获得等效控制力矩 $\overline{\tau}$，使得姿态跟踪误差 $e_{\Theta 1}$ 在有限时间 T_{53b} 内收敛到零，而实际控制力矩 τ 可以通过关系式 $\tau = J\Pi^{-1}\overline{\tau}$ 得出。

至此，完成内环观测器与控制器设计，获得实际控制力矩 τ。

4. 稳定性证明

这一部分首先将上述设计的外环观测器与控制器、姿态解算及内环观测器与控制器总结为定理 5.3，并给出稳定性证明。

定理 5.3 考虑综合扰动影响下的无人机模型(5.76)，在假设 5.1、假设 5.4～假设 5.6 成立的情况下，如果以下条件满足，则四旋翼无人机可以在有限时间 T_{53} 内实现轨迹跟踪控制，即 $e_{P1} = 0$。

(1) 外环观测器和外环控制器设计如式(5.87)和式(5.92)所示形式，其中控制器参数 $k_{5i}^{o}(i = 1,2,3,4)$ 使得多项式 $s^4 + k_{54}^{o}s^3 + k_{53}^{o}s^2 + k_{52}^{o}s + k_{51}^{o}$ 是 Hurwitz 的，α_{Pi} 由式(5.93)给出，且观测器参数 $\lambda_{Pj}^{o}(j = 0,1,\cdots,4)$ 根据式(5.88)确定；

(2) 姿态解算通过式(5.94)～式(5.96)实现；

(3) 内环观测器和控制器设计如式(5.99)和式(5.101)所示形式，其中控制器参数 k_{51}^{i}、k_{52}^{i} 是任意正常数，参数 $\alpha_{\Theta 1}$、$\alpha_{\Theta 2}$ 由式(5.102)给出，观测器参数 $\lambda_{\Theta j}^{i}(j = 0,1,2)$ 根据式(5.100)确定。

证明 这一部分的证明分为两个步骤。首先，证明姿态误差系统(5.97)在内环观测器(5.99)和内环控制器(5.101)作用下是有限时间收敛的，即存在有限时间 T_{53}，使得 $e_{\Theta 1}$ 在 $t \in \left[T_{53}, +\infty\right)$ 时收敛到零；然后，证明在外环控制器(5.92)和外环观测器(5.87)作用下的扩展系统(5.81)在任何有限时间间隔内系统状态都不发散，也就是说扩展系统(5.81)的状态在任何有限时间间隔内均有界。在这种情况下，将存在有

限时间T_{54}，使得e_{P1}在$t\in[T_{54},+\infty)$时收敛到 0。

步骤 1：由引理 5.6 可知，在假设 5.5 成立的情况下，当内环观测器参数满足条件(5.100)时，观测器(5.99)在有限时间T_{53a}内收敛，这意味着存在有限时间T_{53a}，即对于$t\in[T_{53a},+\infty)$，等式

$$\hat{e}_{\Theta 1}=e_{\Theta 1},\quad \hat{e}_{\Theta 2}=e_{\Theta 2},\quad \hat{\Delta}_{\Omega\delta}=\Delta_{\Omega\delta},\quad \tilde{F}(x_{\Theta 1},x_{\Theta 2})=0 \tag{5.103}$$

成立。需要注意的是，在式(5.103)中的等式$\tilde{F}(x_{\Theta 1},x_{\Theta 2})=0$在$t\in[T_{53a},+\infty)$的情况下均成立。因此，当$t\in[T_{53a},+\infty)$时，在内环控制器(5.101)作用下，姿态误差系统(5.98)可以简化为$\dot{e}_{\Theta 1}=e_{\Theta 2}$，$\dot{e}_{\Theta 2}=-k_{51}^{i}\langle e_{\Theta 1}\rangle^{\alpha_{\Theta 1}}-k_{52}^{i}\langle e_{\Theta 2}\rangle^{\alpha_{\Theta 2}}$，根据引理 5.5，简化后的闭环系统在有限时间$T_{53b}$内收敛，即$t\in[T_{53a}+T_{53b},+\infty)$时，$e_{\Theta 1}=e_{\Theta 2}=0$。从上面分析可知，在观测器(5.99)收敛后，无人机姿态误差系统(5.98)也会在有限时间收敛。

可以看出，保证姿态闭环系统(即观测器(5.99)与控制器(5.101)作用下的系统状态(5.98))有限时间稳定性的充分条件为系统状态在观测器收敛之前($t\in[0,T_{53a})$)不发生逃逸，即姿态角与角速度跟踪误差$e_{\Theta 1}$、$e_{\Theta 2}$在任意有限时间内均不会发散。

为此，考虑以下 Lyapunov 函数：

$$V_{55}=2k_{51}^{i}\|e_{\Theta 1}\|^{\alpha_{\Theta 1}+1}+k_{51}^{i}(\alpha_{\Theta 1}+1)\|e_{\Theta 2}\|^{2} \tag{5.104}$$

对V_{55}求导并将式(5.98)和式(5.101)代入，可得

$$\begin{aligned}\dot{V}_{55}&=2k_{51}^{i}(\alpha_{\Theta 1}+1)\left(\|e_{\Theta 1}\|^{\alpha_{\Theta 1}}\operatorname{sign}^{\mathrm{T}}(e_{\Theta 1})\dot{e}_{\Theta 1}+e_{\Theta 2}^{\mathrm{T}}\dot{e}_{\Theta 2}\right)\\&=2k_{51}^{i}(\alpha_{\Theta 1}+1)\left(\tilde{F}(x_{\Theta 1},x_{\Theta 2})+\tilde{\Delta}_{\Omega\delta}-k_{52}^{i}\langle\hat{e}_{\Theta 2}\rangle^{\alpha_{\Theta 2}}\right)\end{aligned} \tag{5.105}$$

式中，$\tilde{\Delta}_{\Omega\delta}=\Delta_{\Omega\delta}-\hat{\Delta}_{\Omega\delta}$。

定义观测误差$\tilde{e}_{\Theta 2}=e_{\Theta 2}-\hat{e}_{\Theta 2}$，因此$\dot{V}_{55}$满足如下不等式：

$$\dot{V}_{55}\leqslant 2k_{51}^{i}(\alpha_{\Theta 1}+1)\|e_{\Theta 2}\|\left(\|\tilde{F}(x_{\Theta 1},x_{\Theta 2})\|+\|\tilde{\Delta}_{\Omega\delta}\|+k_{52}^{i}\|e_{\Theta 2}-\tilde{e}_{\Theta 2}\|^{\alpha_{\Theta 2}}\right) \tag{5.106}$$

为了便于证明，下面分为两种情况进行分析。

第一种情况：当$\|e_{\Theta 2}\|\leqslant\|\tilde{e}_{\Theta 2}\|$时，考虑到对于任何向量$x,y\in\mathbf{R}^{n}$和正实数$\kappa>0$，不等式$\|x-y\|\leqslant(\|x\|+\|y\|)^{\kappa}$成立。此时，式(5.106)可以写为

$$\dot{V}_{55}\leqslant 2k_{51}^{i}(\alpha_{\Omega 1}+1)\|\tilde{e}_{\Theta 2}\|\left(\|\tilde{F}(x_{\Theta 1},x_{\Theta 2})\|+\|\tilde{\Delta}_{\Omega\delta}\|+k_{52}^{i}2^{\alpha_{\Omega 2}}\|\tilde{e}_{\Theta 2}\|^{\alpha_{\Omega 2}}\right) \tag{5.107}$$

由式(5.103)可知，$\tilde{\Delta}_{\Omega\delta}$和$\tilde{e}_{\Theta 2}$在有限时间$T_{53a}$内收敛到 0，意味着$\tilde{\Delta}_{\Omega\delta}$和$\tilde{e}_{\Theta 2}$是有界的。同时根据假设 5.6 可知，$\|\tilde{F}(x_{\Theta 1},x_{\Theta 2})\|$也是有界的，因此，不等式(5.107)的右

侧在任何有限时间内总是有界的。由此可知，V_{55} 在任何有限的时间间隔内都不会发散，考虑式(5.104)中 Lyapunov 函数 V_{55} 的定义，可以看出姿态角与角速度跟踪误差 $e_{\Theta 1}$、$e_{\Theta 2}$ 在任意有限时间内都是有界的。

第二种情况：当 $\|e_{\Theta 2}\| \geqslant \|\tilde{e}_{\Theta 2}\|$ 时，式(5.106)可以写为

$$\dot{V}_{55} \leqslant 2k_{51}^{i}\left(\alpha_{\Omega 1}+1\right)\|e_{\Theta 2}\|\left(\left\|\tilde{F}\left(x_{\Theta 1},x_{\Theta 2}\right)\right\|+\left\|\tilde{\Delta}_{\Omega\delta}\right\|+k_{52}^{i}2^{\alpha_{\Omega 2}}\|e_{\Theta 2}\|^{\alpha_{\Omega 2}}\right) \tag{5.108}$$

当 $\|e_{\Theta 2}\|$ 足够大时，考虑到 $\left\|\tilde{F}\left(x_{\Theta 1},x_{\Theta 2}\right)\right\|$ 和 $\left\|\tilde{\Delta}_{\Omega\delta}\right\|$ 的有界性以及不等式 $0<\alpha_{\Omega 2}<1$，由式(5.104)中 V_{55} 的定义可知，$\dot{V}_{55} \leqslant V_{55}$，这意味着 $V_{55} \leqslant V_{55}(0)\mathrm{e}^{t}$。明显可知，$V_{55}$ 在任何有限时间都有界。至此，$e_{\Theta 1}$、$e_{\Theta 2}$ 的有界性也就得到了证明。

综合考虑上述两种情况，在内环观测器(5.99)与内环控制器(5.101)的作用下，姿态误差系统(5.98)的状态在任何有限时间区间内都不会发散。结合上述分析可知，无人机姿态误差系统的有限时间收敛性得到了保证，这意味着存在有限时间 $T_{53}=T_{53a}+T_{53b}$，使得 $t\in[T_{53},+\infty)$ 时，$e_{\Theta 1}=e_{\Theta 2}=0$。

步骤 2：步骤 1 证明了无人机姿态闭环系统的有限时间收敛性。这一步将证明外环观测器(5.87)与外环控制器(5.92)作用下无人机轨迹误差系统在任何有限的时间区间内都不会发散。

在时间区间 $[0,T_{53})$ 内，即无人机姿态误差系统尚未收敛时，由式(5.96)可知，无人机的实际控制力 u 并不等于所需的理想控制力，此时轨迹误差系统可以写为

$$\begin{aligned}
\dot{e}_{P1} &= e_{P2}\\
\dot{e}_{P2} &= e_{P3}\\
\dot{e}_{P3} &= e_{P4}\\
\dot{e}_{P4} &= -k_{51}^{o}\left\langle e_{P1}\right\rangle^{\alpha_{P1}}-k_{52}^{o}\left\langle e_{P2}-\tilde{e}_{P2}\right\rangle^{\alpha_{P2}}-k_{53}^{o}\left\langle e_{P3}-\tilde{e}_{P3}\right\rangle^{\alpha_{P3}}\\
&\quad -k_{54}^{o}\left\langle e_{P4}-\tilde{e}_{P4}\right\rangle^{\alpha_{P4}}+\tilde{\Delta}_{V\delta}
\end{aligned} \tag{5.109}$$

式中，$\tilde{e}_{Pi}=e_{Pi}-\hat{e}_{Pi}(i=2,3,4), \tilde{\Delta}_{V\delta}=\Delta_{V\delta}-\hat{\Delta}_{V\delta}+\Delta_{u}$，$\Delta_u$ 是实际控制力与理想控制力的差值。

无人机姿态跟踪误差会在有限时间 T_{53} 内收敛到零，因此 Δ_u 有界，且在 $t\in[T_{53},+\infty)$ 时，$\Delta_u=0$。由引理 5.6 可知，外环观测器(5.87)可以在有限时间内实现对扩展系统(5.81)中未知状态量和等效干扰项的估计，这意味着存在有限时间 T_{54a}，使得估计误差 $\tilde{e}_{P2}=\tilde{e}_{P3}=\tilde{e}_{P4}=\tilde{\Delta}_{V\delta}=0$ 对于所有的 $t\in[T_{54a},+\infty)$ 成立。这就意味着，对于 $t\in[T_{54},+\infty)$，其中，$T_{54}=\max(T_{54a},T_{53})$，系统(5.109)被简化为 $\dot{e}_{P1}=e_{P2},\dot{e}_{P2}=e_{P3},\dot{e}_{P3}=e_{P4},\dot{e}_{P4}=-k_{51}^{o}\left\langle e_{P1}\right\rangle^{\alpha_{P1}}-k_{52}^{o}\left\langle e_{P2}\right\rangle^{\alpha_{P2}}-k_{53}^{o}\left\langle e_{P3}\right\rangle^{\alpha_{P3}}-k_{54}^{o}\left\langle e_{P4}\right\rangle^{\alpha_{P4}}$，根据引理 5.5 可知，上式是全局有限时间稳定的。因此，存在有限时间 T_{54}，使得

对于所有$t \in [T_{54}, +\infty)$，$e_{P1} = 0$成立。

可以看出，保证轨迹闭环系统(5.109)有限时间稳定性的充分条件为系统状态在观测器收敛之前($t \in [0, T_{54})$)不发生逃逸，即轨迹与速度跟踪误差e_{P1}、e_{P2}在任意有限时间内均不会发散。为此，首先介绍如下引理。

引理 5.7 考虑非线性系统$\dot{x} = f(x,d)$，式中，$x \in \mathbf{R}^n$是状态向量，$d \in \mathbf{R}^m$是外部有界扰动。令辅助向量$\tilde{f}(x,d) = [f(x,d), 0_m]^{\mathrm{T}} \in \mathbf{R}^{n+m}$关于扩张向量$r = [r_1, \cdots, r_n]^{\mathrm{T}} > 0$和$\tilde{r} = [\tilde{r}_1, \cdots, \tilde{r}_m]^{\mathrm{T}} \geqslant 0$具有齐次度$\upsilon$，式中，$\upsilon \geqslant -r_{\min}$，$r_{\min} = \min\limits_{1 \leqslant i \leqslant n} r_i$，即对于任意$x \in \mathbf{R}^n$，$d \in \mathbf{R}^m$和$\lambda > 0$，有$f\left(\Lambda_r^\lambda(x), \Lambda_{\tilde{r}}^\lambda(d)\right) = \lambda^{\upsilon + r} f(x,d)$，其中，$\Lambda_r^\lambda(x) = \left[\lambda^{r_1} x_1, \cdots, \lambda^{r_n} x_n\right]^{\mathrm{T}}$，$\Lambda_{\tilde{r}}^\lambda(d) = \left[\lambda^{\tilde{r}_1} d_1, \cdots, \lambda^{\tilde{r}_n} d_n\right]^{\mathrm{T}}$。假设系统$\dot{x} = f(x,d)$在$d = 0$时是全局渐近稳定的，那么当$\tilde{r}_{\min} > 0$，$\tilde{r}_{\min} = \min\limits_{1 \leqslant j \leqslant m} \tilde{r}_j$时，该系统是输入到状态稳定的。

假设引理 5.7 中的$f(x,d)$为式(5.109)所示的闭环系统，易知此时$d = \left[\tilde{e}_{P2}, \tilde{e}_{P3}, \tilde{e}_{P4}, \tilde{\Delta}_{V\delta}\right]$。明显可知，系统$\dot{x} = f(x,0)$是全局有限时间稳定的，这意味着其也是全局渐近稳定的。另外，可以发现当权重$r = \left[\dfrac{4-3\alpha}{1-\alpha}, \dfrac{3-2\alpha}{1-\alpha}, \dfrac{2-\alpha}{1-\alpha}, \dfrac{1}{1-\alpha}\right]$，$\tilde{r} = \left[\dfrac{3-2\alpha}{1-\alpha}, \dfrac{2-\alpha}{1-\alpha}, \dfrac{1}{1-\alpha}, \dfrac{\alpha}{1-\alpha}\right]$时，$\tilde{f}(x,d) = [f(x,d), 0_m]^{\mathrm{T}}$具有齐次度$\upsilon = -1$。注意到当$\alpha$满足不等式$0 < \alpha < 1$时，$r_{\min} = \min\left\{\dfrac{4-3\alpha}{1-\alpha}, \dfrac{3-2\alpha}{1-\alpha}, \dfrac{2-\alpha}{1-\alpha}, \dfrac{1}{1-\alpha}\right\} > 1$和$\tilde{r}_{\min} = \min\limits_{1 \leqslant j \leqslant m} \tilde{r}_j$成立。因此，条件$\upsilon > -r_{\min}, \tilde{r}_{\min} > 0$也成立。至此，可以看出系统(5.109)满足引理 5.7 中的所有条件，可以得到系统(5.109)关于$d = \left[\tilde{e}_{P2}, \tilde{e}_{P3}, \tilde{e}_{P4}, \tilde{\Delta}_{V\delta}\right]$是输入到状态稳定的，这意味着系统(5.109)的状态在任何有限时间区间内均不能发散。

综上所述，考虑模型不确定以及外界干扰等综合扰动的影响，采用高阶滑模算法设计如式(5.87)～式(5.93)所示的外环观测器与控制器，以及式(5.99)～(5.101)所示的内环观测器与控制器，可以使式(5.76)所示的无人机系统实现有限时间轨迹跟踪控制。证毕。

5. 仿真验证

1) 仿真环境

在 Windows 10 操作系统中，基于 MATLAB 2014a 仿真环境实现仿真实验，仿真步长为 1ms，计算机配置：CPU 为 Intel Core i5-2450M 2.5GHz，8GB 内存。

2) 仿真参数

四旋翼无人机的相关数据如表 5.4 所示。

表 5.4　四旋翼无人机相关参数

参数	机体质量 m/kg	机臂长度 l/m	升力系数 κ /$(\mathrm{N\cdot s^2/rad^2})$	反扭矩系数 c /$(\mathrm{N\cdot m\cdot s^2/rad^2})$
数值	0.625	0.1275	7.2×10^{-7}	1.98×10^{-6}
参数	重力加速度 g/$(\mathrm{m/s^2})$	J_x/$(\mathrm{kg\cdot m^2})$	J_y/$(\mathrm{kg\cdot m^2})$	J_z/$(\mathrm{kg\cdot m^2})$
数值	9.8	2.3×10^{-3}	2.4×10^{-3}	2.6×10^{-3}

采用文献[13]中的参考轨迹：

$$p_{\mathrm{ref}}(t)=p_{r_0}+a_{3_p}t^3+a_{4_p}t^4+a_{5_p}t^5 \tag{5.110}$$

式中，$p\in\{x,y,z\}$，p_{r_0} 表示初始位置，各项参数 a_{3_p}、a_{4_p}、a_{5_p} 计算式为

$$\begin{bmatrix} a_{3_p} \\ a_{4_p} \\ a_{5_p} \end{bmatrix}=\begin{bmatrix} 1 & t_f & t_f^2 \\ 3 & 4t_f & 5t_f^2 \\ 6 & 12t_f & 20t_f^2 \end{bmatrix}^{-1}\begin{bmatrix} d_p \\ 0 \\ 0 \end{bmatrix} \tag{5.111}$$

式中，$d_p=p_f-p_f/t_f^3$，其中 t_f 表示仿真终止时间（$t_f=20\mathrm{s}$）。设置一组 5 架无人机的初始位置分别为 $[0,0,0]\mathrm{m}$，$[2,2,0]\mathrm{m}$，$[2,-2,0]\mathrm{m}$，$[-2,2,0]\mathrm{m}$，$[-2,-2,0]\mathrm{m}$，最终达到的位置分别为 $[20,5,10]\mathrm{m}$，$[25,5,10]\mathrm{m}$，$[15,2.5,10]\mathrm{m}$，$[15,7.5,10]\mathrm{m}$，$[15,5,10]\mathrm{m}$，各无人机的给定轨迹通过式(5.110)和式(5.111)计算。设置参考偏航角 $\psi_{\mathrm{ref}}=0\mathrm{rad}$，综合扰动 $\varDelta_\Omega=0.5(1+\sin t+\cos t)I$，$\varDelta_V=100\varDelta_\Omega$。

设计的内外环控制器与观测器参数通过经验选择和反复调试获得，如表 5.5 所示。

表 5.5　内外环控制器与观测器参数

参数	k_{51}^i	k_{52}^i	k_{51}^o	k_{52}^o	k_{53}^o
数值	15	20	6	15	15
参数	k_{54}^o	α_P	$\alpha_{\Theta 2}$	L_{53}	$L_{54}+L_{55}$
数值	6	3/4	0.7	20	20

3) 仿真结果

图 5.11 是一组 5 架无人机的编队生成图，从图中可以看出，在综合扰动的影响下，各架无人机依然能跟踪上参考轨迹，最终形成给定编队队形。

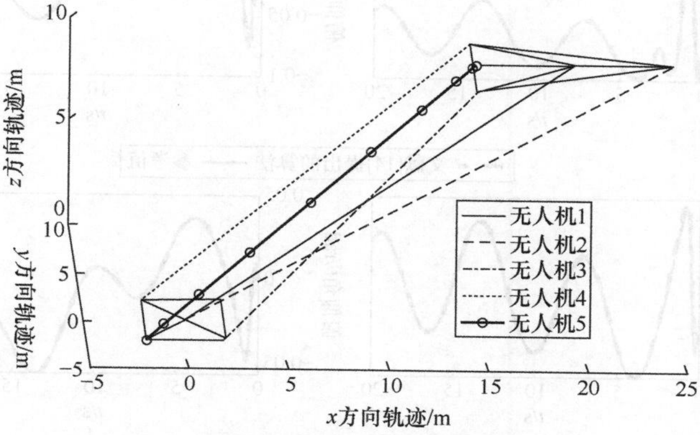

图 5.11　一组 5 架无人机的编队生成图

为了验证该算法的有效性，以无人机 1 为例，将本节提出的控制算法与文献[14]中已有的控制算法进行比较。图 5.12 是无人机 1 在 x、y、z 三个方向位置与偏航角变化曲线。图 5.13 是无人机 1 滚转角和俯仰角变化曲线。从图 5.12 和图 5.13 中可以看出，两种算法都可以实现对参考轨迹与偏航角的有效跟踪。

此外，图 5.14 给出了无人机 1 轨迹与姿态的跟踪误差变化曲线。从图中可以看出，虽然本节所提算法只使用了无人机的输出信息，但与文献[14]中用到的控制算法相比，具有更高的跟踪精度和更快的收敛速度。

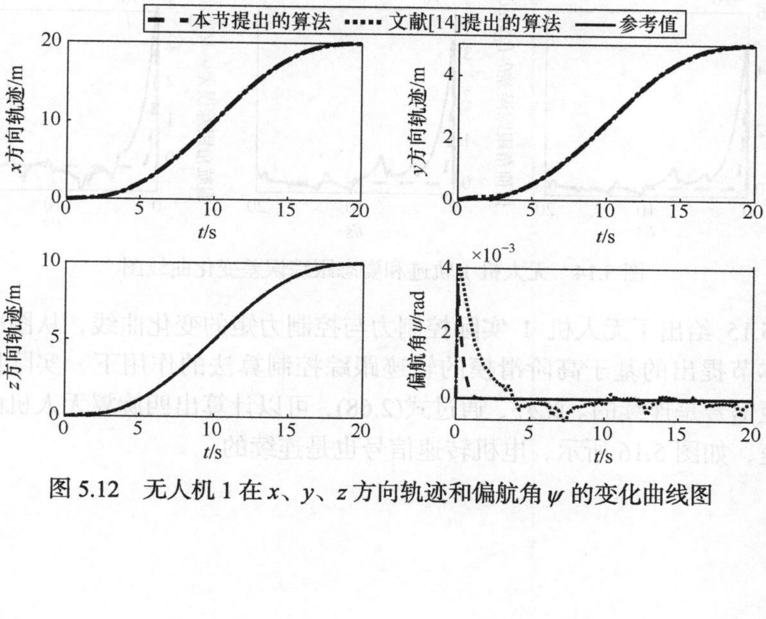

图 5.12　无人机 1 在 x、y、z 方向轨迹和偏航角 ψ 的变化曲线图

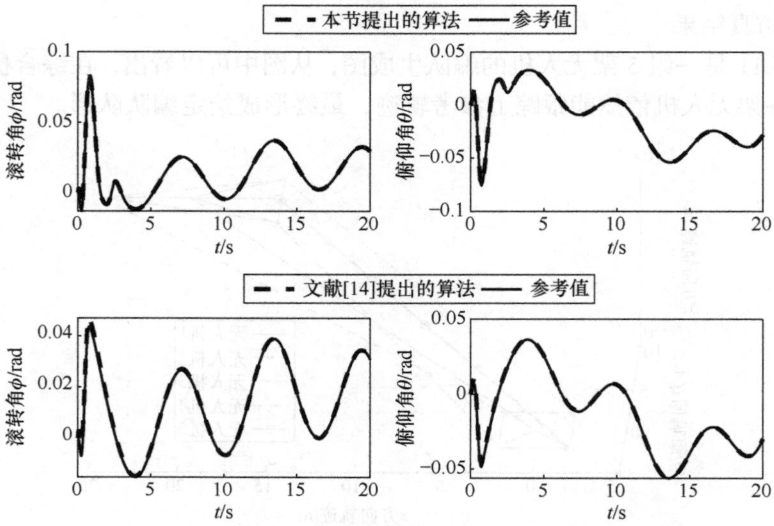

图 5.13 无人机 1 滚转角 ϕ 和俯仰角 θ 的变化曲线图

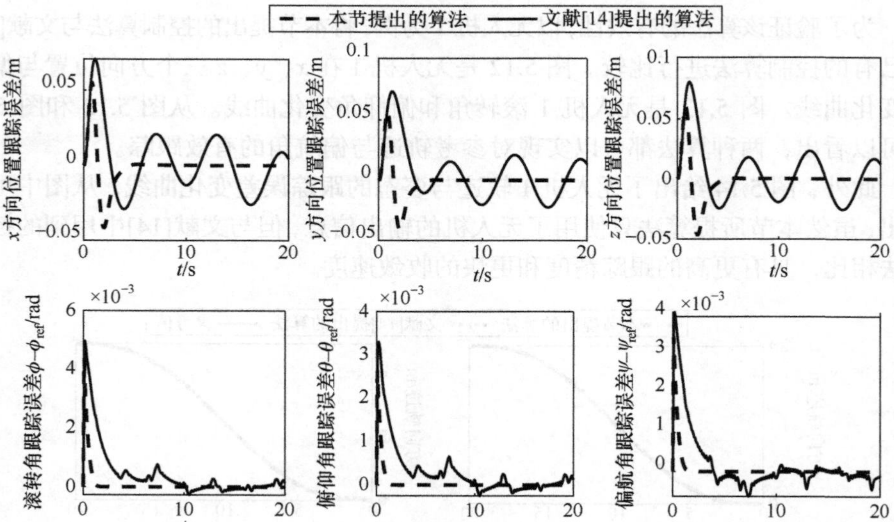

图 5.14 无人机 1 轨迹和姿态跟踪误差变化曲线图

图 5.15 给出了无人机 1 实际控制力与控制力矩的变化曲线，从图中可以看出，在本节提出的基于高阶滑模的轨迹跟踪控制算法的作用下，实际控制力与控制力矩信号是连续的。此外，通过式(2.68)，可以计算出四旋翼无人机的每个电机的转速，如图 5.16 所示，电机转速信号也是连续的。

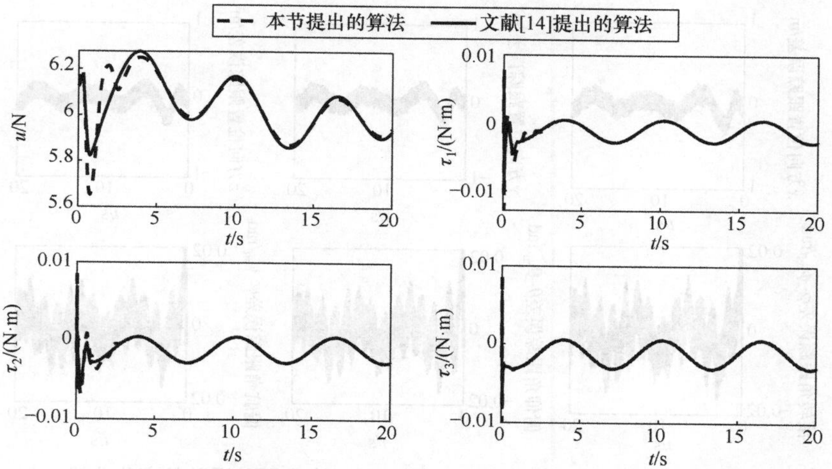

图 5.15　无人机 1 实际控制力与控制力矩变化曲线图

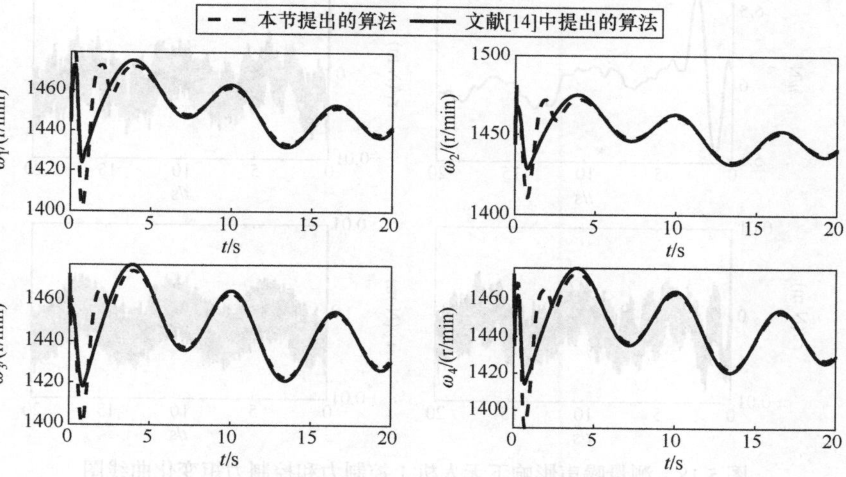

图 5.16　无人机 1 电机转速变化曲线图

为了进一步验证本节所提算法在测量噪声影响下的控制性能，同样以无人机 1 为例，进行了如下仿真。假设无人机 1 的位置变量 P 和姿态变量 Θ 的测量值分别服从平均值为 0、协方差为 0.001 与平均值为 0、协方差为 0.0002 的正态分布，其余参数与前面仿真参数一致。仿真结果如图 5.17 和图 5.18 所示。图 5.17 给出了测量噪声影响下无人机 1 轨迹和姿态跟踪误差的变化曲线，从中可以观察到跟踪误差快速收敛到零附近的区域内。图 5.18 为测量噪声影响下无人机 1 控制力与控制力矩的变化曲线图，从中可以看到噪声对控制信号的影响。

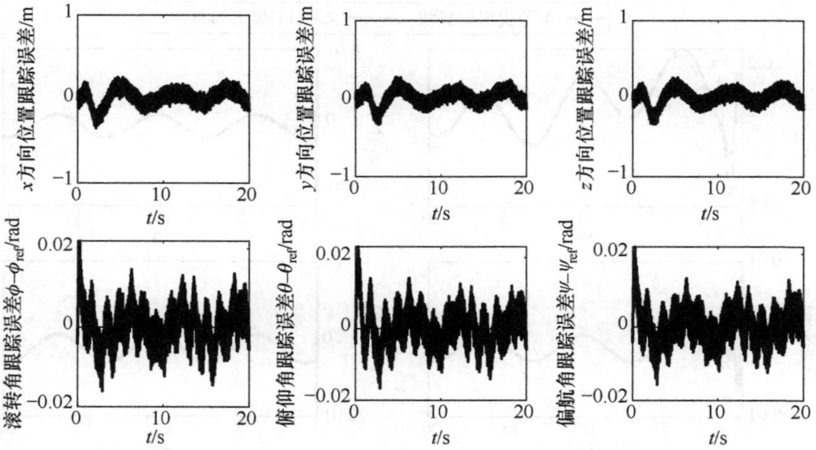

图 5.17　测量噪声影响下无人机 1 轨迹和姿态跟踪误差的变化曲线

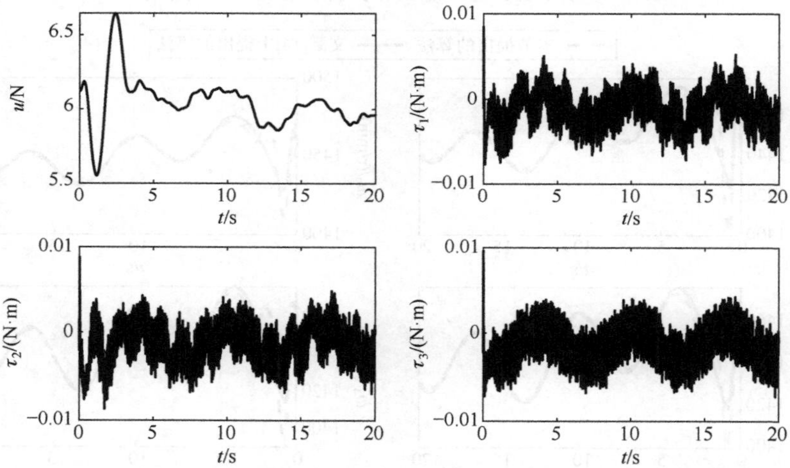

图 5.18　测量噪声影响下无人机 1 控制力和控制力矩变化曲线图

由上述仿真结果与分析可知，本节提出的控制算法在有限时间内实现了无人机对参考轨迹的快速稳定跟踪控制，进而实现了多无人机的编队生成，与文献[14]所提的控制算法相比，具有更快的收敛速度与更高的控制精度，在仅利用位置变量 P 和姿态变量 Θ 的情况下，不仅有效抵消了综合扰动对系统控制性能的影响，在测量噪声的影响下依然能获得良好的控制效果，满足系统稳定性和鲁棒性的要求。

5.3　小　结

本章重点介绍无人机单机的姿态与轨迹稳定跟踪控制问题，首先针对四旋翼无人机姿态控制系统，分别考虑模型不确定及外界干扰等综合扰动上界已知和未知的情况，设计基于超螺旋滑模与基于自适应超螺旋滑模的姿态稳定控制器，仿真结果表明所设计的控制器能够实现无人机姿态快速稳定；然后针对四旋翼无人机轨迹跟踪控制问题，综合考虑四旋翼无人机通道耦合和综合干扰的影响，采用双闭环控制结构，基于高阶滑模算法设计轨迹跟踪控制器，仿真结果表明所设计的控制器能够实现无人机轨迹对参考轨迹的快速跟踪。通过各无人机对参考轨迹的稳定跟踪，最终实现多无人机在模型不确定及外界干扰等综合扰动影响下的编队生成。

参 考 文 献

[1] Xia X H, Qu S C, Zhang J F. Dynamics of discrete time sliding mode control uncertain systems with a disturbance compensator. IEEE Transactions on Industrial Electronics, 2014, 61(7): 3502-3510.

[2] Xu R, Özgüner Ü. Sliding mode control of a class of underactuated systems. Automatica, 2008, 44(1): 233-241.

[3] Zhao Y B, Xian B, Zhang X. Nonlinear robust sliding mode control of a quadrotor UAV via immersion and invariance. International Journal of Robust and Nonlinear Control, 2015, 25(18): 3714-3731.

[4] Levant A. Principles of 2-sliding mode design. Automatica, 2007, 43(4): 576-586.

[5] Bhat S P, Bernstein D S. Finite-time stability of continuous autonomous systems. SIAM Journal on Control & Optimization, 2000, 38(3): 751-766.

[6] Tian B L, Yin L, Wang H. Finite-time reentry attitude control based on adaptive multivariable disturbance compensation. IEEE Transactions on Industrial Electronics, 2015, 62(9): 5889-5898.

[7] Moreno J A, Negrete D Y, Torres-González V, et al. Adaptive continuous twisting algorithm. International Journal of Control, 2016, 89(9): 1798-1806.

[8] Shtessel Y, Taleb M, Plestan F. A novel adaptive-gain supertwisting sliding mode controller: Methodology and application. Automatica, 2012, 48(5): 759-769.

[9] Oliveira T R, Cunha J P V S, Hsu L. Adaptive sliding mode control for disturbances with unknown bounds. The 14th International Workshop on Variable Structure Systems, Nanjing, 2016: 59-64.

[10] Tian B L, Lu H C, Zuo Z Y, et al. Multivariable finite-time output feedback trajectory tracking control of quadrotor helicopters. International Journal of Robust & Nonlinear Control, 2018, 28(1): 281-295.

[11] Shtessel Y B, Shkolnikov I A, Levant A. Smooth second-order sliding modes: Missile guidance application. Automatica, 2007, 43(8): 1470-1476.

[12] Bhat S P, Bernstein D S. Geometric homogeneity with applications to finite-time stability. Mathematics of Control Signals & Systems, 2005, 17(2): 101-127.

[13] Das A, Subbarao K, Lewis F. Dynamic inversion with zero-dynamics stabilisation for quadrotor control. IET Control Theory & Applications, 2009, 3(3): 303-314.

[14] Zuo Z. Trajectory tracking control design with command-filtered compensation for a quadrotor. IET Control Theory & Applications, 2010, 4(11): 2343-2355.

第 6 章　多无人机编队保持鲁棒自适应控制

近年来，考虑到单架无人机的负载重量有限、续航能力不足等限制，单无人机系统已难以满足现如今愈加复杂的应用场景任务需求。为更加安全可靠地执行各种任务，多无人机编队应运而出。多无人机协同编队飞行是目前研究的热点，其可以最大限度地发挥单架无人机的作用，拓宽无人机的使用范围，从而提高无人机完成任务的效率。在目前多无人机控制研究中表明，分布式编队控制的稳定性条件会依赖编队间通信拓扑等全局信息，而在实际工程中，每架无人机只知道自身和邻机的局部通信连接情况，即无人机编队保持控制中全局通信拓扑情况是未知的[1-4]。此外，为进一步提高多无人机协同编队的飞行控制品质，要求多无人机系统在具备良好稳态性能的同时，也要确保其暂态响应过程在预设性能区域内，实现编队高品质、强鲁棒的控制需求，并满足编队生成及保持过程中的机间避碰需求[5,6]。因此，针对以上两个问题，本章分别研究基于自适应算法及预设性能算法的多无人机鲁棒编队保持控制，解决全局通信拓扑未知问题，提高编队保持过程中的暂态响应性能，实现多无人机协同编队安全快速保持控制。

本章的主要内容安排如下：6.1 节考虑编队控制中全局通信拓扑未知问题，研究基于自适应的多无人机编队保持控制算法；6.2 节为提高多无人机编队过程中的暂态性能，研究基于预设性能的多无人机编队保持控制算法，实现高品质、满足避碰的编队控制需求；6.3 节给出本章小结。

6.1　全局通信拓扑未知情形下的多无人机编队保持控制

多无人机编队保持飞行过程中，分布式编队控制的稳定性条件会依赖通信拓扑或 Leader 的状态等全局信息量，而实际工程中每架无人机只能获取自身和邻机的局部通信连接情况，且不是每架无人机都能获取 Leader 的状态。因此，展开全局通信拓扑未知情况下的多无人机编队保持控制，保证无人机编队系统的稳定性是十分重要的，故本节将考虑无人机编队保持过程中，在缺少全局通信拓扑结构的条件下，如何利用邻机相对状态设计控制策略，保证编队系统稳定，实现无人机高精度编队保持控制。

6.1.1 通信拓扑未知情形下的自适应设计基本原理

在编队飞行过程中，现有编队控制稳定性条件大多依赖通信拓扑和 Leader 无人机的状态等全局信息，而在实际工程中每架无人机仅能获取自身通信连接情况和邻机信息，此种情况下如何实现编队保持控制是需要解决的重点问题。因此，下面将分别针对全局通信拓扑已知与未知情形，介绍两种情形下的一致性控制，即依赖全局信息的非自适应一致性控制，以及不依赖全局信息的自适应一致性控制。

1. 非自适应一致性控制

下面以一般多智能体线性系统为例，在每个智能体可以获取编队通信拓扑的情况下，进行非自适应一致性控制。一般多智能体线性系统如式(6.1)所示：

$$\dot{x}_i = Ax_i + Bu_i, \quad i = 0,1,\cdots,N \tag{6.1}$$

式中，x_i 为系统状态；u_i 为系统控制输入；A、B 为系统矩阵。

设计一致性协议为

$$u_i = \beta K\sum_{j=1}^{n} a_{ij}(x_i - x_j) \tag{6.2}$$

式中，β、K 为待设计参数；a_{ij} 为多智能体间通信情况，若智能体 i 能与智能体 j 进行通信，则定义 $a_{ij}=1$，若两者不能通信，则定义 $a_{ij}=0$。

选取 Lyapunov 函数为：$V_{61}=\dfrac{1}{2}\tilde{x}^{\mathrm{T}}LP^{-1}\tilde{x}$，其中，$\tilde{x}=[x_1-x_0,\cdots,x_N-x_0]^{\mathrm{T}}, P>0$，$L$ 为反映编队通信拓扑关系的拉普拉斯矩阵，定义为

$$L=\begin{bmatrix} \sum\limits_{j=2}^{N} a_{1j} & -a_{12} & \cdots & -a_{1N} \\ -a_{21} & \sum\limits_{j=1,j\neq 2}^{N} a_{2j} & \cdots & -a_{2N} \\ \vdots & \vdots & & \vdots \\ -a_{N1} & -a_{N2} & \cdots & \sum\limits_{j=1,j\neq N}^{N} a_{Nj} \end{bmatrix} \tag{6.3}$$

由拉普拉斯矩阵 L 的表达式(6.3)可知，L 包含了多智能体编队中各智能体之间的通信关系。下面对 Lyapunov 函数 V_{61} 求导，可得

$$\begin{aligned}\dot{V}_{61} &= \frac{1}{2}\tilde{x}^{\mathrm{T}}L(P^{-1}A\tilde{x}+A^{\mathrm{T}}P^{-1}\tilde{x}-2\beta LBF\tilde{x}) \\ &\leqslant \frac{1}{2}\tilde{x}^{\mathrm{T}}L(AP+PA-2\beta B^{\mathrm{T}}BL)\tilde{x} \\ &\leqslant \frac{1}{2}\tilde{x}^{\mathrm{T}}L(AP+PA-2\beta B\lambda_{\min})\tilde{x} \\ &\leqslant -\frac{1}{2}(2c\lambda_{\min}(L)-2\beta)\|\tilde{x}\|_2\end{aligned} \tag{6.4}$$

若 $AP+PA^{\mathrm{T}}-2BB^{\mathrm{T}}<0$ 成立，$K=BP^{-1}$，控制增益 β 需要满足

$$\beta \geqslant \frac{1}{\lambda_{\min}(L)} \tag{6.5}$$

才能使得相对状态 $\tilde{x}=[x_1-x_0,\cdots,x_n-x_0]^{\mathrm{T}}$ 收敛到零，实现多智能体系统一致。其中，$\lambda_{\min}(L)$ 为拉普拉斯矩阵 L 的最小非零特征值。由此可见，非自适应控制过程中控制增益选取必须满足不等式(6.5)才能保证编队系统稳定，而 $\lambda_{\min}(L)$ 是由编队系统拉普拉斯矩阵 L 决定的，进一步由拉普拉斯矩阵 L 的表达式(6.3)可知，L 反映了多智能体编队中各智能体之间的通信关系，故非自适应控制过程中控制增益的选取需每个智能体都能获取各智能体间的通信关系，才能保证系统稳定。

2. 自适应一致性控制

通过非自适应一致性控制分析，当编队通信拓扑未知时，一致性控制器的增益 β 的取值范围(6.5)就无法确定。因此，为了解决控制器增益 β 的选取依赖通信拓扑的拉普拉斯矩阵最小非零特征值 $\lambda_{\min}(L)$ 的问题，保证不依赖全局信息的完全分布式编队控制，下面仍以一般多智能体系统(6.1)为例，采用自适应一致性控制算法对控制增益 β 进行自适应逼近。

在非自适应一致控制器(6.2)的基础上，设计如式(6.6)所示的自适应一致性控制器：

$$u_i = K\sum_{j=1}^{n}\beta_{ij}a_{ij}(x_i-x_j) \tag{6.6}$$

式中，控制增益 β_{ij} 不再是依赖全局通信拓扑信息的待设计常值，而是通过自适应律(6.7)对全局通信拓扑进行逼近：

$$\dot{\beta}_{ij} = c_{ij}a_{ij}(x_i-x_j)^{\mathrm{T}}F(x_i-x_j) \tag{6.7}$$

式中，$c_{ij}>0$，F 为待设计参数。

基于式(6.6)和式(6.7)的自适应一致性控制器，只要参数选取满足 $K=BP^{-1}$，

其中 $AP+PA^{\mathrm{T}}-2BB^{\mathrm{T}}<0$，就可保证多智能体系统是稳定的。

定义状态跟踪误差 $e_i=x_i-\frac{1}{N}\sum_{j=1}^{n}x_j$，对 e_i 求导并代入系统模型(6.1)及自适应一致性控制器(6.6)和自适应律(6.7)可得

$$\begin{cases}\dot{e}_i=Ae_i+BK\sum_{j=1}^{n}\beta_{ij}a_{ij}(e_i-e_j)\\ \dot{\beta}_{ij}=c_{ij}a_{ij}(e_i-e_j)^{\mathrm{T}}F(e_i-e_j)\end{cases}\tag{6.8}$$

选取 Lyapunov 函数 $V_{62}=\sum_{i=1}^{n}e_i^{\mathrm{T}}P^{-1}e_i+\sum_{i=1}^{n}\sum_{j=1,j\neq i}^{n}\frac{(\beta_{ij}-\beta)^2}{2c_{ij}}$，其中 $\beta>0$ 为自适应参数 β_{ij} 待逼近的参数。对 V_{62} 进行求导，并代入式(6.8)可得

$$\begin{aligned}\dot{V}_{62}&=2\sum_{i=1}^{n}e_i^{\mathrm{T}}P^{-1}\left[Ae_i+BK\sum_{j=1}^{n}\beta_{ij}a_{ij}(e_i-e_j)\right]\\&\quad+\sum_{i=1}^{n}\sum_{j=1,j\neq i}^{n}(\beta_{ij}-\beta)a_{ij}(e_i-e_j)^{\mathrm{T}}F(e_i-e_j)\\&=2\sum_{i=1}^{n}e_i^{\mathrm{T}}P^{-1}\left[Ae_i+BK\sum_{j=1}^{n}\beta_{ij}a_{ij}(e_i-e_j)\right]\\&\quad+2\sum_{i=1}^{n}\sum_{j=1,j\neq i}^{n}(\beta_{ij}-\beta)a_{ij}e_i^{\mathrm{T}}F(e_i-e_j)\end{aligned}\tag{6.9}$$

定义参数 $K=-B^{\mathrm{T}}P^{-1},F=P^{-1}BB^{\mathrm{T}}P^{-1}$，那么式(6.9)转化为

$$\begin{aligned}\dot{V}_{62}&=\sum_{i=1}^{n}e_i^{\mathrm{T}}(P^{-1}A+AP^{-1})e_i-2\sum_{i=1}^{n}\sum_{j=1,j\neq i}^{n}\beta a_{ij}(e_i-e_j)^{\mathrm{T}}F(e_i-e_j)\\&=\sum_{i=1}^{n}e_i^{\mathrm{T}}(P^{-1}A+AP^{-1}-2\beta LP^{-1}BB^{\mathrm{T}}P^{-1})e_i\\&\leqslant\sum_{i=1}^{n}e_i^{\mathrm{T}}P^{-1}(2BB^{\mathrm{T}}-2\beta\lambda_{\min}(L)BB^{\mathrm{T}})P^{-1}e_i\end{aligned}\tag{6.10}$$

由式(6.10)可以看出，只要参数 β 满足 $\beta\lambda_i\geqslant\beta\lambda_{\min}>1$，即 $\beta>\frac{1}{\lambda_{\min}(L)}$，则可得到 $\dot{V}_a<0$，即可实现编队系统稳定，此时自适应参数 β_{ij} 会逼近参数 β，即逼近系统参数 $\frac{1}{\lambda_{\min}(L)}$。与非自适应一致性控制不同的是，此处的参数 β 无须提前知道其确切值，而是通过自适应参数 β_{ij} 基于自适应律(6.7)进行逼近，当 β_{ij} 逼近至某

个特定值$\beta\left(\text{即}\dfrac{1}{\lambda_{\min}(L)}\right)$就可得到$\dot{V}_a<0$，此时系统状态将会收敛，实现一致性控制。由此可见，自适应一致性控制可以自适应逼近表征编队通信拓扑的控制参数，而无须已知通信拓扑。因此，下面将其应用于通信拓扑未知情形下的多无人机编队保持控制中。

6.1.2　基于自适应算法的多无人机编队保持控制

1. 模型建立及问题描述

针对多无人机队形保持问题，考虑到无人机灵活机动、任意地点起飞、悬停和任意方向移动的飞行特性，本节以无人机构成的编队作为研究对象，在单旋翼无人机数学模型(2.54)的基础上，进一步考虑复杂环境干扰及模型不确定影响，建立无人机编队位置外环及姿态内环面向控制模型：

$$\begin{aligned}&\dot{P}_i=V_i\\&\dot{V}_i=ge_3+R_ie_3(-g+Z_w^iw_i+Z_{\text{col}}^i\delta_{\text{col}}^i)+d_{Vi}\\&\dot{\Theta}_i=\Pi_i\Omega_i\\&\dot{\Omega}_i=-J_i^{-1}S(\Omega_i)J_i\Omega_i+A_i\Omega_i+B_iU_i+d_{\Omega i}\end{aligned}\tag{6.11}$$

式中，$i=1,2\cdots,N$ 表示编队中第 i 架无人机，N 为无人机数量；$U_i=[\delta_{\text{col}}^i,\delta_{\text{lon}}^i,\delta_{\text{lat}}^i,\delta_{\text{ped}}^i]^{\text{T}}$ 为控制输入；d_{Vi} 和 $d_{\Omega i}$ 分别代表由模型不确定和外界干扰引起的综合干扰项，其余变量在 2.3 节均已解释，此处不再赘述。

为便于控制器设计，下面将对模型(6.11)进一步处理，定义未知控制输入 U_{1i} 为实际控制输入 δ_{col}^i 的函数，即 $U_{1i}=[U_{xi},U_{yi},U_{zi}]^{\text{T}}=R_ie_3Z_{\text{col}}^i\delta_{\text{col}}^i$，定义姿态控制输入 $U_{2i}=[\delta_{\text{lon}}^i,\delta_{\text{lat}}^i,\delta_{\text{ped}}^i]^{\text{T}}$，并将无人机模型(6.11)划分为位置外环及姿态内环模型，进一步得到多无人机面向控制模型，如式(6.12)和式(6.13)所示。

位置外环模型：

$$\begin{aligned}\dot{P}_i&=V_i\\\dot{V}_i&=ge_3+R_ie_3\left(-g+Z_w^iw_i\right)+U_{1i}+d_{Vi}\\&=f_{1i}(t)+U_{1i}+d_{Vi}\end{aligned}\tag{6.12}$$

姿态内环模型：

$$\begin{aligned}\dot{\Theta}_i&=\Pi_i\Omega_i\\\dot{\Omega}_i&=-J_i^{-1}S(\Omega_i)J_i\Omega_i+A_i\Omega_i+e_3N_{\text{col}}^i\delta_{\text{col}}^i+\bar{B}_iU_{2i}+d_{\Omega i}\\&=g_{1i}(t)+g_{2i}(t)U_{2i}+d_{\Omega i}\end{aligned}\tag{6.13}$$

式中，标称项为 $f_{1i}(t)=R_i e_3(-g+Z_w^i w_i)$，$g_{1i}(t)=-J_i^{-1}S(\Omega_i)J_i\Omega_i+A_i\Omega_i+e_3N_{\mathrm{col}}^i\delta_{\mathrm{col}}^i$，

$$g_{2i}(t)=\bar{B}_i,\quad \bar{B}_i=\begin{bmatrix} L_{\mathrm{lon}}^i & L_{\mathrm{lat}}^i & 0 \\ M_{\mathrm{lon}}^i & M_{\mathrm{lat}}^i & 0 \\ 0 & 0 & N_{\mathrm{ped}}^i \end{bmatrix}。$$

编队通信拓扑未知情形下的多无人机自适应编队控制策略设计框架如图 6.1 所示：首先设计自适应干扰观测器，分别实现外环及内环综合干扰 d_{Vi}、$d_{\Omega i}$ 的有效估计；其次，针对位置外环模型(6.12)，设计一种新型的带有自适应增益的有限时间编队控制器，保证对期望编队指令的跟踪控制；然后，利用姿态解算算法及外环控制器，获取内环的姿态参考指令；最后，针对姿态内环模型(6.13)，设计自适应终端滑模姿态控制器，实现对期望姿态指令的有限时间跟踪，并证明闭环系统的整体稳定性。以上多无人机自适应编队控制策略可以实现：①Follower 无人机能够和虚拟 Leader 无人机在有限时间内生成并保持固定的期望编队队形；②所设计的自适应编队外环控制器的控制增益不依赖通信拓扑全局信息，并能够有效减少控制抖振，提高编队保持控制精度[7]。

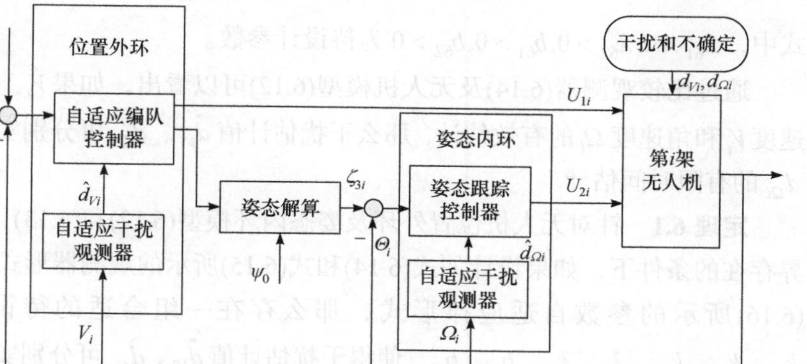

图 6.1　编队通信拓扑未知情形下的多无人机自适应编队控制策略设计框架

2. 基于自适应干扰观测器的编队外环控制器设计

1) 自适应干扰观测器设计

为实现对位置外环及姿态内环干扰 d_{Vi}、$d_{\Omega i}$ 的有效估计，基于无人机位置外环模型(6.12)及姿态内环模型(6.13)，设计干扰观测器如式(6.14)所示：

$$\begin{aligned}\dot{\hat{V}}_i &= f_{1i}(t)+U_{1i}+\hat{d}_{Vi} \\ \dot{\hat{\Omega}}_i &= g_{1i}(t)+g_{2i}(t)U_i+\hat{d}_{\Omega i}\end{aligned} \tag{6.14}$$

式中，$\hat{V}_i$、$\hat{\Omega}_i$ 分别是速度 V_i 和角速度 Ω_i 的估计。那么干扰 d_{Vi} 和 $d_{\Omega i}$ 的估计值 $\hat{d}_{Vi}$、$\hat{d}_{\Omega i}$ 可以表示为

$$\begin{aligned}\hat{d}_{Vi} &= \hat{k}_{61i}\frac{\tilde{V}_i}{\left\|\tilde{V}_i\right\|} + k_{62}\,\mathrm{sign}(\tilde{V}_i)^{\frac{p}{q}} + k_{60}\tilde{V}_i \\ \hat{d}_{\Omega i} &= \hat{k}_{63i}\frac{\tilde{\Omega}_i}{\left\|\tilde{\Omega}_i\right\|} + k_{64}\,\mathrm{sign}(\tilde{\Omega}_i)^{\frac{p}{q}} + k_{60}\tilde{\Omega}_i\end{aligned} \tag{6.15}$$

式中，$\tilde{V}_i = V_i - \hat{V}_i$ 为速度估计误差；$\tilde{\Omega}_i = \Omega_i - \hat{\Omega}_i$ 为角速度估计误差。假设干扰上界分别为 $\left\|d_{Vi}\right\| \leqslant k_{61i},\ \left\|d_{\Omega i}\right\| \leqslant k_{63i}$，$0 < p/q < 1,\ j = 1,2,\ p < q$ 为正奇数，$k_{60}, k_{62}, k_{64} > 0$。干扰估计式(6.15)中的中间及最后一项都是为了加快干扰估计误差收敛速度，自适应律 $\hat{k}_{61i}$、$\hat{k}_{63i}$ 设计为

$$\begin{aligned}\dot{\hat{k}}_{61i} &= \lambda_{61}\left(-b_{61}\hat{k}_{61i} + \left\|\tilde{V}_i\right\|\right) \\ \dot{\hat{k}}_{63i} &= \lambda_{62}\left(-b_{62}\hat{k}_{63i} + \left\|\tilde{\Omega}_i\right\|\right)\end{aligned} \tag{6.16}$$

式中，$\lambda_{61} > 0, \lambda_{62} > 0, b_{61} > 0, b_{62} > 0$ 为待设计参数。

通过比较观测器(6.14)及无人机模型(6.12)可以看出，如果 $\hat{V}_i$、$\hat{\Omega}_i$ 分别实现对速度 V_i 和角速度 Ω_i 的有效估计，那么干扰估计值 $\hat{d}_{Vi}$、$\hat{d}_{\Omega i}$ 可分别实现对干扰 d_{Vi}、$d_{\Omega i}$ 的有限时间估计。

定理 6.1　针对无人机位置外环及姿态内环模型(6.12)和(6.13)，在假设干扰上界存在的条件下，如果设计如式(6.14)和式(6.15)所示的观测器形式，并设计如式(6.16)所示的参数自适应律形式，那么存在一组合适的待设计控制增益 k_{60}、k_{62}、k_{64}、λ_{61}、λ_{62}、b_{61}、b_{62}，使得干扰估计值 $\hat{d}_{Vi}$、$\hat{d}_{\Omega i}$ 可分别实现对干扰 d_{Vi}、$d_{\Omega i}$ 的有限时间估计。

证明　由于位置外环干扰 $\hat{d}_{Vi}$ 及姿态内环干扰 $\hat{d}_{\Omega i}$ 的估计过程一致，证明过程也完全一致，故下面将以位置外环干扰估计为例进行稳定性证明，姿态内环干扰估计证明则不再赘述。

选取 Lyapunov 函数：

$$V_{63i} = \frac{1}{2}\left(\tilde{V}_i\right)^{\mathrm{T}}\tilde{V}_i + \frac{1}{2\lambda_{61}}\tilde{k}_{61i}^2 \tag{6.17}$$

对 Lyapunov 函数(6.17)求导，并根据干扰的上界 $\left\|d_{Vi}\right\| \leqslant k_{61i}$，可得

$$
\begin{aligned}
\dot{V}_{63i} &= \left(\tilde{V}_i\right)^{\mathrm{T}}\left(d_{Vi} - \hat{k}_{61i}\frac{\tilde{V}_i}{\left\|\tilde{V}_i\right\|} - k_{62}\operatorname{sign}(\tilde{V}_i)^{\frac{p}{q}} - k_{60}\tilde{V}_i\right) + \frac{1}{\lambda_{61}}\tilde{k}_{61i}\dot{\hat{k}}_{61i} \\
&\leqslant \left(k_{61i} - \hat{k}_{61i}\right)\left\|\tilde{V}_i\right\| - \tilde{k}_{61i}\left(-b_{61}\hat{k}_{61i} + \left\|\tilde{V}_i\right\|\right) - k_{62}\sum_{m=1}^{3}\left|\tilde{V}_{im}\right|^{\frac{p+q}{q}} \\
&\leqslant -k_{62}\sum_{m=1}^{3}\left|\tilde{V}_{im}\right|^{\frac{p+q}{q}} + b_{61}\tilde{k}_{61i}\hat{k}_{61i}
\end{aligned}
\tag{6.18}
$$

根据以下不等式:

$$
xy = \frac{1}{\sqrt{a}}x\sqrt{ay} \leqslant \frac{1}{2}\left(\frac{x^2}{a} + ay^2\right) \tag{6.19}
$$

那么针对式(6.18)中的最后一项，存在 $b_{60} > 1/2$，使得式(6.20)存在:

$$
b_{61}\tilde{k}_{61i}\hat{k}_{61i} \leqslant -\frac{b_{61}(2b_{60}-1)}{2b_{60}}\tilde{k}_{61i}^2 + \frac{b_{60}b_{61}}{2}\tilde{k}_{61i}\hat{k}_{61i} \tag{6.20}
$$

从而可得式(6.21)成立:

$$
\begin{aligned}
\left[\frac{b_{61}(2b_{60}-1)}{2b_{60}}\tilde{k}_{61i}^2\right]^{\frac{p+q}{2q}} + b_{61}\tilde{k}_{61i}\hat{k}_{61i} &\leqslant \frac{b_{61}(2b_{60}-1)}{2b_{60}}\tilde{k}_{61i}^2 + b_{61}\tilde{k}_{61i}\hat{k}_{61i} \\
&\leqslant \frac{b_{60}b_{61}}{2}\tilde{k}_{61i}\hat{k}_{61i}
\end{aligned}
\tag{6.21}
$$

因此，Lyapunov 函数导数(6.18)转换为

$$
\begin{aligned}
\dot{V}_{63i} &\leqslant -k_{62}2^{\frac{p+q}{q}}\left[\frac{1}{2}\left(\tilde{V}_i\right)^{\mathrm{T}}\tilde{V}_i\right]^{\frac{p+q}{q}} - \left[\frac{b_{61}(2b_{60}-1)}{2b_{60}}\tilde{k}_{61i}^2\right]^{\frac{p+q}{2q}} + \kappa_{61i} \\
&\leqslant -k_{62}2^{\frac{p+q}{q}}\left[\left(\frac{1}{2}\left(\tilde{V}_i\right)^{\mathrm{T}}\tilde{V}_i\right)^{\frac{p+q}{q}} + \left(\frac{1}{2\lambda_{61}}\tilde{k}_{61i}^2\right)^{\frac{p+q}{q}}\right] + \kappa_{61i}
\end{aligned}
\tag{6.22}
$$

式中，变量 κ_{61i} 和参数 λ_{61} 分别设计为

$$
\kappa_{61i} = \frac{b_{60}b_{61}}{2}k_{61i}^2, \quad \lambda_{61} = \frac{b_{60}}{b_{61}(2b_{60}-1)}k_{62}^{\frac{p+q}{q}} \tag{6.23}
$$

因此，存在标量 $\theta_{61} \in (0,1)$ 使 Lyapunov 函数导数变为

$$
\dot{V}_{63i} \leqslant -\theta_{61}k_{62}2^{\frac{p+q}{2q}}V_{63i}^{\frac{p+q}{2q}} - (1-\theta_{61})k_{62}2^{\frac{p+q}{2q}}V_{63i}^{\frac{p+q}{2q}} + \kappa_{61i} \tag{6.24}
$$

如果 Lyapunov 函数满足

$$V_{63i}^{\frac{p+q}{2q}} \geqslant \frac{2^{\frac{p+q}{2q}}\kappa_{61i}}{(1-\theta_{61})k_{62}} \tag{6.25}$$

那么 Lyapunov 函数将在有限时间 T_{61} 内收敛到下面的界内：

$$V_{63i}^{\frac{p+q}{2q}} \leqslant 2^{\frac{p+q}{2q}} \frac{\kappa_{61i}}{(1-\theta_{61})k_{62}} \tag{6.26}$$

根据 Lyapunov 函数的定义(6.17)，可以得到速度估计误差 $\tilde{V}_i$ 及自适应参数估计误差 $\tilde{k}_{61i}$ 将会在有限时间 T_1 内收敛到下面的界内：

$$\begin{aligned} \left\|\tilde{V}_i\right\| &\leqslant \left[\frac{\kappa_{61i}}{(1-\theta_{61})k_{62}}\right]^{\frac{p+q}{2q}} \\ \left|\tilde{k}_{61i}\right| &\leqslant \sqrt{\lambda_{62}}\left[\frac{\kappa_{61i}}{(1-\theta_{61})k_{62}}\right]^{\frac{p+q}{2q}} \end{aligned} \tag{6.27}$$

故干扰估计误差有上界可表示为

$$\begin{aligned} \left\|\tilde{V}_i^{\mathrm{T}}\tilde{d}_{Vi}\right\| &= \left\|\left(\tilde{V}_i\right)^{\mathrm{T}} d_{Vi} - \hat{k}_{61i}\frac{\left(\tilde{V}_i\right)^{\mathrm{T}}\tilde{V}_i}{\left\|\tilde{V}_i\right\|} - k_{62}\left(\tilde{V}_i\right)^{\mathrm{T}}\operatorname{sign}(\tilde{V}_i)^{\frac{p}{q}}\right\| \\ &\leqslant \left|\tilde{k}_{61i}\right|\left\|\tilde{V}_i\right\| + k_{62}\left\|\tilde{V}_i\right\|^{\frac{p}{q}} \\ &\leqslant \sqrt{\lambda_{61}}\left[\frac{\kappa_{61i}}{(1-\theta_{61})k_{62}}\right]^{\frac{2(p+q)}{q}} + k_{62}\left[\frac{\kappa_{61i}}{(1-\theta_{61})k_{62}}\right]^{\frac{p^2+pq}{q^2}} \end{aligned} \tag{6.28}$$

式中，$\tilde{d}_{Vi}=d_{Vi}-\hat{d}_{Vi}$ 为位置外环子系统的干扰估计误差。因此，通过选取 k_{62} 充分大，θ_{61} 充分小，那么干扰估计误差 $\tilde{d}_{Vi}$ 也会充分小。同理，姿态内环估计误差 $\tilde{d}_{\Omega i}=d_{\Omega i}-\hat{d}_{\Omega i}$ 的收敛证明同上，此处不再赘述。定理 6.1 得证。

2) 位置外环干扰观测器-编队控制器综合设计

本节将基于观测器(6.14)和式(6.15)对干扰 d_{Vi}、$d_{\Omega i}$ 的有限时间估计，考虑通信拓扑未知情形，进行干扰观测器-编队控制器综合设计，实现无人机编队对期望轨迹的跟踪控制。

为描述多无人机间通信关系，下面将多无人机看成图中的顶点，无人机之间的通信看成边，首先给出图论的相关介绍。

有向图 G 由 (V,ε) 组成，其中，$V=(\upsilon_1,\cdots,\upsilon_n)$ 是由有限个点组成的非空有限集合，$\varepsilon\in V\times V$ 是一个边集，其中边集由一对有序的不同节点的连线表示。对于每一条边(υ_i,υ_j)，点υ_i称为父节点，υ_j称为子节点，那么υ_i是υ_j的一个邻居。邻接矩阵$A=[a_{ij}]\in\mathbf{R}^{n\times n}$与图$G$相关，如果边$(\upsilon_i,\upsilon_j)$在图$G$中(即$(\upsilon_i,\upsilon_j)\in\varepsilon$)，则定义为$a_{ij}=1$，否则定义为$a_{ij}=0$。拉普拉斯矩阵$L=[l_{ij}]\in\mathbf{R}^{n\times n}$定义为$l_{ij}=-a_{ij},j\neq i$，$l_{ii}=\sum_{j\neq i}a_{ij}$。另一个有向图$\tilde{G}$由$(\tilde{V},\tilde{\varepsilon})$组成，其中$\tilde{V}=(\upsilon_0,\upsilon_1,\cdots,\upsilon_n)$是由有限个点组成的非空有限集合，$\tilde{\varepsilon}\in\tilde{V}\times\tilde{V}$是一个边集。定义矩阵$B=\mathrm{diag}\{a_{10},\cdots,a_{n0}\}$。如果智能体能从 Leader 无人机获取信息，则$a_{i0}=1$，否则$a_{i0}=0$。

假设 6.1　对于 Leader-Follower 分布式编队，假设通信拓扑$\tilde{G}$至少包含一个有向生成树。

引理 6.1　根据假设 6.1，存在一个点(即编队中的一架无人机)在图$\tilde{G}$中是全局可达的，那么当且仅当多无人机编队的矩阵$H=L+B$是正定矩阵。

针对位置外环模型：

$$\begin{aligned}\dot{P}_i&=V_i\\ \dot{V}_i&=f_{1i}(t)+U_{1i}(t)+d_{Vi}\end{aligned}\tag{6.29}$$

定义无人机i和无人机j的编队位置误差为

$$e_{Pij}=P_j-P_i+c_j-c_i\tag{6.30}$$

式中，$c_i=[c_{xi},c_{yi},c_{zi}]^{\mathrm{T}}$为无人机$i$需要与 Leader 无人机保持的编队队形。

针对第i架无人机，基于位置外环模型(6.29)，设计如式(6.31)所示的观测器，实现对 Leader 无人机位置信息P_0的估计：

$$\dot{\hat{P}}_i=\sum_{j=0}^{n}\beta_{ij}a_{ij}\left[\mathrm{sign}(e_{Pij})+k_6\mathrm{sig}(e_{Pij})^{\frac{p}{q}}\right]\tag{6.31}$$

式中，$\hat{P}_i$为第i架无人机对 Leader 无人机位置信息P_0的估计值，$\tilde{P}_i=P_0-\hat{P}_i$为估计误差；$\beta_{ij}$通过如式(6.32)所示的自适应律获得：

$$\dot{\beta}_{ij}=\lambda_{63}\left\{-f_{61}\beta_{ij}+a_{ij}\left[\left\|e_{Pij}\right\|+k_{65}(e_{Pij})^{\mathrm{T}}\mathrm{sig}(e_{Pij})^{\frac{p}{q}}\right]\right\}\tag{6.32}$$

式中，$f_{61}>0$，$k_{65}>0$，参数λ_{63}为待设计参数，$0<p/q<1,p<q$为正奇数。式(6.32)中自适应律β_{ij}的设计即借鉴 6.1.1 节中自适应一致性控制，保证β_{ij}可以自适应逼近表征编队通信拓扑的变量值，而无须所有无人机对全局通信拓扑可知，可有效解决通信拓扑未知问题。

定义无人机i和 Leader 无人机真实位置的跟踪误差为$e_{Pi}=P_0-P_i-c_i$，无人机i和 Leader 无人机位置估计值之间的跟踪误差为$\overline{e}_{Pi}=\hat{P}_i-P_i-c_i$，那么可以得到

$e_{Pi}=\overline{e}_P+\tilde{P}_i$。

基于位置外环模型(6.29)，将速度作为位置状态的虚拟控制量，设计虚拟控制量V_{di}为

$$V_{di}=2\sum_{j=0}^{n}\beta_{ij}a_{ij}\left[\operatorname{sign}(e_{Pij})+k_{65}\operatorname{sig}(e_{Pij})^{\frac{p}{q}}\right]+\hat{k}_{66i}\operatorname{sign}(\tilde{P}_i) \tag{6.33}$$

式中，$\hat{k}_{66i}$通过以下自适应律获得：

$$\dot{\hat{k}}_{66i}=2\lambda_{64}\left(-h_{61}\hat{k}_{66i}+\left\|\tilde{P}_i\right\|\right) \tag{6.34}$$

式中，$h_{61}>0$，λ_{64}为待设计参数。无人机速度V_i通过跟踪虚拟速度量V_{di}，就可以实现对期望位置状态的跟踪。因此，接下来需要基于编队位置外环模型(6.29)，设计外环真实控制量U_{1i}，保证V_i对V_{di}的有效跟踪。

定义速度跟踪误差为$e_{Vi}=V_{di}-V_i$，基于编队位置外环模型(6.29)，设计编队外环控制器U_{1i}：

$$U_{1i}(t)=\dot{V}_{di}+\hat{\alpha}_{61i}\operatorname{sign}(e_{Vi})+\alpha_{62}\operatorname{sig}(e_{Vi})^{\frac{p}{q}}-f_{1i}(t)-\hat{d}_{Vi} \tag{6.35}$$

式中，$\alpha_{62}>0$，$\hat{d}_{Vi}$为基于自适应干扰观测器对干扰d_{Vi}的估计值，表达式如式(6.15)所示，$\hat{\alpha}_{61i}$则通过如式(6.36)所示的自适应律获得：

$$\dot{\hat{\alpha}}_{61i}=\lambda_{65}\left(-a_{61}\hat{\alpha}_{61i}+\left\|e_{Vi}\right\|\right) \tag{6.36}$$

式中，$a_{61}>0$，参数λ_{65}为待设计参数。

定理 6.2 考虑位置外环模型(6.29)，在假设 6.1 成立的条件下，如果设计如式(6.14)所示的干扰观测器，自适应增益变化如式(6.16)所示，自适应编队外环控制器$U_{1i}(t)$设计如式(6.35)和式(6.36)所示，那么无人机编队位置误差e_{Pi}和速度跟踪误差e_{Vi}是有限时间稳定的。

证明 证明分为三步：首先，证明速度跟踪误差e_{Vi}和自适应增益估计误差$\tilde{\alpha}_{1i}$是有限时间稳定的；其次，证明编队位置误差e_{Pij}是有界的；最后，证明编队位置误差e_{Pi}是有限时间稳定的。

步骤 1：证明速度跟踪误差e_{Vi}和自适应增益估计误差$\tilde{\alpha}_{1i}$是有限时间稳定的。考虑速度跟踪误差定义$e_{Vi}=V_{di}-V_i$，基于位置外环模型(6.29)及控制器(6.35)，可得

$$\dot{e}_V=\dot{V}_{di}-\dot{V}_i=\tilde{d}_{Vi}-\hat{\alpha}_{61i}\operatorname{sign}(e_{Vi})-\alpha_{62}\operatorname{sig}(e_{Vi})^{\frac{p}{q}} \tag{6.37}$$

设计 Lyapunov 函数如式(6.38)所示：

$$V_{64}=\frac{1}{2}(e_V)^{\mathrm{T}}e_V+\frac{1}{2\lambda_{65}}\sum_{i=1}^{n}\tilde{\alpha}_{61i}^2 \tag{6.38}$$

式中，$e_V = V_d - V = [e_{V1}, e_{V2}, \cdots, e_{VN}]^{\mathrm{T}}$ 为速度跟踪误差；$\tilde{\alpha}_{61i} = \alpha_{61i} - \hat{\alpha}_{61i}$ 为自适应参数估计误差，其中 $\alpha_{61i} = \left\|\tilde{d}_{Vi}\right\|$。对 Lyapunov 函数(6.38)进行求导，可得

$$
\begin{aligned}
\dot{V}_{64} &= (e_V)^{\mathrm{T}} \dot{e}_V - \frac{1}{\lambda_{65}} \sum_{i=1}^{n} \tilde{\alpha}_{61i} \dot{\hat{\alpha}}_{61i} \\
&= \sum_{i=1}^{n} (e_{Vi})^{\mathrm{T}} \left[\tilde{d}_{Vi} - \hat{\alpha}_{61i} \operatorname{sign}(e_{Vi}) - \alpha_{62} \operatorname{sig}(e_{Vi})^{\frac{p}{q}} \right] - \sum_{i=1}^{n} \tilde{\alpha}_{61i} \left(-a_{61} \hat{\alpha}_{1i} + \left\| e_{Vi} \right\| \right)
\end{aligned}
\tag{6.39}
$$

基于定义 $\alpha_{61i} = \left\|\tilde{d}_{Vi}\right\|$，并参照式(6.24)的推导过程，式(6.39)可以转换为

$$
\begin{aligned}
\dot{V}_{64} &\leqslant -\alpha_{62} \sum_{i=1}^{n} (e_{Vi})^{\mathrm{T}} \operatorname{sig}(e_{Vi})^{\frac{p}{q}} + a_{61} \sum_{i=1}^{n} \tilde{\alpha}_{61i} \hat{\alpha}_{61i} \\
&\leqslant -\alpha_{62} 2^{\frac{p+q}{q}} \left[\left(\frac{1}{2} (e_{Vi})^{\mathrm{T}} e_{Vi} \right)^{\frac{p+q}{q}} + \left(\frac{1}{2\lambda_{65}} \tilde{\alpha}_{61i}^2 \right)^{\frac{p+q}{q}} \right] + \kappa_{62} \\
&\leqslant -\alpha_{62} 2^{\frac{p+q}{q}} V_{64}^{\frac{p+q}{q}} + \kappa_{62}
\end{aligned}
\tag{6.40}
$$

式中，参数 κ_{62}、λ_{65} 设计为

$$
\kappa_{62} = \sum_{i=1}^{n} \frac{\alpha_{60} \alpha_{61i}}{2} \alpha_{61i}^2, \quad \alpha_{60} > \frac{1}{2}, \quad \lambda_{65} = \frac{\alpha_{60}}{\alpha_{61i}(2\alpha_{60} - 1)} \alpha_{62}^{\frac{p+q}{q}}
\tag{6.41}
$$

因此，Lyapunov 函数 V_{64} 能够在有限时间 T_{62} 内收敛到

$$
V_{64}^{\frac{p+q}{q}} \leqslant \frac{2^{-\frac{p+q}{q}} \kappa_{62}}{\alpha_{62}(1 - \theta_{62})}
\tag{6.42}
$$

式中，$0 < \theta_{62} < 1$。

从式(6.42)可以得到，速度跟踪误差 e_{Vi} 和自适应参数估计误差 $\tilde{\alpha}_{61i}$ 将在有限时间收敛到以下领域内：

$$
\begin{aligned}
\left\| e_{Vi} \right\| &\leqslant \sqrt{2} \left[\frac{\kappa_{62i}}{\alpha_{62}(1 - \theta_2)} \right]^{\frac{p+q}{q}} = \rho_{61i} \\
\left| \tilde{\alpha}_{61i} \right| &\leqslant \sqrt{\lambda_{65}} \left[\frac{\kappa_{62i}}{\alpha_{62}(1 - \theta_{62})} \right]^{\frac{p+q}{q}}
\end{aligned}
\tag{6.43}
$$

步骤 2：证明编队位置误差 e_{Pi} 在干扰估计误差收敛之前不会发散，即是有界的。选取候选 Lyapunov 函数为

$$V_{65}=V_{e_P}+V_{\tilde{k}}+V_{64} \tag{6.44}$$

式中，$V_{e_P}=\dfrac{1}{4}\sum_{i=1}^{n}e_{Pi}^{\mathrm{T}}e_{Pi};V_{\tilde{k}}=\dfrac{1}{\lambda_{64}}\sum_{i=1}^{n}\tilde{k}_{66i}^{2}+\dfrac{1}{2\lambda_{64}}\sum_{i=1}^{n}\sum_{j=1}^{n}(\beta_{ij}-\beta)^{2}$，$\tilde{k}_{66i}=k_{66i}-\hat{k}_{66i}$，$k_{66i}=\left\|\dot{P}_0+e_{Vi}\right\|$。根据不等式：

$$\frac{1}{4}\sum_{i=1}^{n}e_{Pi}^{\mathrm{T}}e_{Pi}=\frac{1}{4}\sum_{i=1}^{n}\left(P_0-\hat{P}_i\right)^{\mathrm{T}}\left(P_0-\hat{P}_i\right)\leqslant\frac{1}{2}\sum_{i=1}^{n}\left(\tilde{P}_i^{\mathrm{T}}\tilde{P}_i+\overline{e}_{Pi}{}^{\mathrm{T}}\overline{e}_{Pi}\right) \tag{6.45}$$

定义$V_{\tilde{P}}=\dfrac{1}{2}\sum_{i=1}^{n}\tilde{P}_i^{\mathrm{T}}\tilde{P}_i$，$V_{\overline{e}_P}=\dfrac{1}{2}\sum_{i=1}^{n}\overline{e}_{Pi}^{\mathrm{T}}\overline{e}_{Pi}$，则从式(6.44)和式(6.45)可推导得到

$$V_{65}\leqslant V_{\tilde{P}}+V_{\overline{e}_P}+V_{\tilde{k}}+V_{64} \tag{6.46}$$

对 Lyapunov 函数(6.46)求导，并基于式(6.40)的$\dot{V}_{64}$表达式，可得

$$\begin{aligned}\dot{V}_{65}&\leqslant\kappa_{62}+\sum_{i=1}^{n}\overline{e}_{Pi}^{\mathrm{T}}\left(\dot{\hat{P}}_i-V_{di}+e_{Vi}\right)+\sum_{i=1}^{n}\tilde{P}_i^{\mathrm{T}}\left(\dot{P}_0-\dot{\hat{P}}_i\right)+\dot{V}_{\tilde{k}}\\&=\kappa_{62}+\sum_{i=1}^{n}\overline{e}_{Pi}^{\mathrm{T}}\left(\dot{\hat{P}}_i-V_{di}+e_{Vi}\right)+\sum_{i=1}^{n}\left(e_{Pi}-\overline{e}_{Pi}\right)^{\mathrm{T}}\left(\dot{P}_0-\dot{\hat{P}}_i\right)+\dot{V}_{\tilde{k}}\end{aligned} \tag{6.47}$$

将式(6.31)～式(6.34)代入式(6.47)，可得

$$\begin{aligned}\dot{V}_{65}&\leqslant\kappa_{62}-\sum_{i=1}^{n}\overline{e}_{Pi}^{\mathrm{T}}\left(V_{di}-2\dot{\hat{P}}_i+\dot{P}_0-e_{Vi}\right)+\sum_{i=1}^{n}e_{Pi}^{\mathrm{T}}\left(\dot{P}_0-\dot{\hat{P}}_i\right)+\dot{V}_{\tilde{k}}\\&\leqslant\kappa_{62}-\sum_{i=1}^{n}\overline{e}_{Pi}^{\mathrm{T}}\left(\hat{k}_{66i}\mathrm{sign}(\overline{e}_{Pi})+\dot{P}_0-e_{Vi}\right)+\sum_{i=1}^{n}e_{Pi}^{\mathrm{T}}\left(\dot{P}_0-\dot{\hat{P}}_i\right)+\dot{V}_{\tilde{k}}\\&\leqslant\kappa_{62}+\sum_{i=1}^{n}\left\|e_{Vi}-\dot{P}_0\right\|\left\|\overline{e}_{Pi}\right\|-\sum_{i=1}^{n}\hat{k}_{66i}\left\|\overline{e}_{Pi}\right\|-\sum_{i=1}^{n}\tilde{k}_{66i}\left(-h_{61}\hat{k}_{66i}+\left\|\overline{e}_{Pi}\right\|\right)\\&\quad+\sum_{i=1}^{n}e_{Pi}^{\mathrm{T}}\left\{-\sum_{j=0}^{n}\beta_{ij}a_{ij}\left[\mathrm{sign}(e_{Pij})-k_{65}\mathrm{sig}(e_{Pij})^{\frac{p}{q}}\right]+\dot{P}_0\right\}\\&\quad+\sum_{i=1}^{n}\sum_{j=0}^{n}(\beta_{ij}-\beta)\left\{-f_{61}\beta_{ij}+a_{ij}\left[\left\|e_{Pij}\right\|+k_{65}e_{Pij}^{\mathrm{T}}\mathrm{sig}(e_{Pij})^{\frac{p}{q}}\right]\right\}\\&\leqslant\kappa_{62}-\left(\beta\sqrt{\lambda_{\min}(H)}-\rho_{61}\right)\left\|e_{Pi}\right\|-\beta k_{65}\sqrt{\lambda_{\min}(H)}\sum_{i=1}^{n}\left\|e_{Pi}\right\|^{\frac{p}{q}}\\&\quad+h_{61}\sum_{i=1}^{n}\tilde{k}_{66i}\hat{k}_{66i}+f_{61}\sum_{i=1}^{n}\sum_{j=1}^{n}(\beta_{ij}-\beta)\beta_{ij}\end{aligned} \tag{6.48}$$

因此，只要控制器增益满足

$$\beta > \max\left\{\frac{\sum_{i=1}^{n}\rho_{61i}}{\sqrt{\lambda_{\min}(H)}}, \frac{1}{\sqrt{\lambda_{\min}(H)}}\right\} \tag{6.49}$$

可以得到

$$\dot{V}_{65} \leqslant -V_{e_P}^{\frac{p+q}{q}} - V_{\tilde{k}}^{\frac{p+q}{q}} + \kappa_{63} \leqslant \kappa_{63} \tag{6.50}$$

式中，κ_{63} 为有限实数。

式(6.50)参数选取范围分别为

$$h_{60} > \frac{1}{2}, \quad f_{60} > \frac{1}{2}, \quad \kappa_{63i} = \kappa_{62i} + h_{60}h_{61}k_{66i}^2 + \sum_{i=1}^{n}\frac{f_{60}f_{61}}{2}\beta^2 \tag{6.51}$$

故编队位置误差 e_{Pi} 在干扰估计误差收敛之前是稳定的，不会发散。

步骤 3：证明编队位置误差 e_{Pij} 是有限时间稳定的。Lyapunov 函数变为

$$\dot{V}_{65} \leqslant -\gamma_{61}V_{e_P}^{\frac{p+q}{q}} + \kappa_{63} \tag{6.52}$$

式中，$\gamma_{61} = \min\{2^{\frac{p+q}{2q}}\alpha_{62}, 1\}$。那么，存在标量 $\theta_{63} \in (0,1)$，使得不等式(6.52)变为

$$\dot{V}_{65} \leqslant -\theta_{63}\gamma_{61}V_{e_P}^{\frac{p+q}{q}} - (1-\theta_{63})\gamma_{61}V_{e_P}^{\frac{p+q}{q}} + \kappa_{63} \tag{6.53}$$

因此，$\tilde{k}_{66i}$ 及 e_{Pij} 将会在有限时间内收敛到以下邻域：

$$\left|\tilde{k}_{66i}\right| < \sqrt{\lambda_{64i}}\left[\frac{\kappa_{63}}{(1-\theta_{63})\gamma_{61}}\right]^{\frac{p+q}{q}}, \quad \left\|e_{Pij}\right\| \leqslant \sqrt{2}\left[\frac{\kappa_{63}}{(1-\theta_{63})\gamma_{61}}\right]^{\frac{p+q}{q}} = \rho_{62i} \tag{6.54}$$

定理 6.2 得证。

3) 姿态解算

由于无人机无法通过控制力矩直接控制自身飞行位置及速度，需要借助外力调整无人机姿态进而控制无人机飞行。因此，基于所设计的外环跟踪控制器，本节旨在根据外环编队控制器 U_{1i}、旋转矩阵及期望偏航角之间的关系，来解算获得期望的姿态角参考指令 $\Theta_{di} = [\phi_{di}, \theta_{di}, \psi_{di}]^{\mathrm{T}}$。

利用设计的外环控制器(6.35)，基于关系式 $U_{1i} = R_i e_3 Z_{\mathrm{col}}^i \delta_{\mathrm{col}}^i + g e_3$，计算得到主旋翼的总距角是

$$\delta_{\mathrm{col}}^i = \frac{\sqrt{(U_{1i} - g e_3)^{\mathrm{T}}(U_{1i} - g e_3)}}{Z_{\mathrm{col}}^i} \tag{6.55}$$

令 $U_{1i}=[U_{xi},U_{yi},U_{zi}]^{\mathrm{T}}$，为书写方便，定义 $C_{\theta i}=\cos(\theta i)$， $S_{\theta i}=\sin(\theta i)$，$C_{\psi i}$、$C_{\phi i}$、$S_{\psi i}$、$S_{\phi i}$ 表达一致，不再赘述。将 $U_{1i}=R_i e_3 Z_{\mathrm{col}}^i \delta_{\mathrm{col}}^i + g e_3$ 展开，可以得到：

$$
\begin{gathered}
C_{\theta i}C_{\psi i}U_{xi}+C_{\theta i}S_{\psi i}U_{yi}-S_{\theta i}\left(U_{zi}-g\right)=0 \\
\left(S_{\phi i}S_{\theta i}C_{\psi i}-C_{\phi i}S_{\psi i}\right)U_{xi}+\left(S_{\phi i}S_{\theta i}S_{\psi i}+C_{\phi i}S_{\psi i}\right)U_{yi}+S_{\phi i}C_{\theta i}\left(U_{zi}-g\right)=0 \\
\left(C_{\phi i}S_{\theta i}C_{\psi i}+S_{\phi i}S_{\psi i}\right)U_{xi}+\left(C_{\phi i}S_{\theta i}S_{\psi i}-S_{\phi i}C_{\psi i}\right)U_{yi}+C_{\phi i}C_{\theta i}\left(U_{zi}-g\right)=Z_{\mathrm{col}}^i\delta_{\mathrm{col}}^i
\end{gathered} \tag{6.56}
$$

经过计算，可以得到期望的姿态角 $\Theta_{di}=[\phi_{di},\theta_{di},\psi_{di}]^{\mathrm{T}}$，其中 ϕ_{di}、θ_{di} 为

$$
\begin{aligned}
\phi_{di}&=\arcsin\left(\frac{S_{\psi_{di}}U_{xi}-C_{\psi_{di}}U_{yi}}{\sqrt{\left(U_{1i}-ge_3\right)^{\mathrm{T}}\left(U_{1i}-ge_3\right)}}\right) \\
\theta_{di}&=\arctan\left(\frac{C_{\psi_{di}}U_{xi}+S_{\psi_{di}}U_{yi}}{U_{zi}-g}\right)
\end{aligned} \tag{6.57}
$$

而无人机期望的偏航角为 $\psi_{di}=\psi_0$，其中 ψ_0 为 Leader 无人机的偏航角，一般由地面站统一给出。至此，通过姿态解算，获得了期望姿态角指令 Θ_{di}，这将用于后续姿态跟踪控制器设计。

4) 姿态跟踪控制器设计

针对姿态内环子系统：

$$
\begin{aligned}
\dot{\Theta}_i&=\Pi_i\Omega_i \\
\dot{\Omega}_i&=g_{1i}(t)+g_{2i}(t)U_{2i}+d_{\Omega i}
\end{aligned} \tag{6.58}
$$

对姿态内环子系统的控制目标为考虑模型参数不确定和外界干扰影响，设计姿态内环控制器 U_{2i}，使得无人机姿态角能在有限时间内跟踪期望姿态角 Θ_{di}，进而实现编队保持控制。

定义姿态跟踪误差 $e_{\Theta i}$ 如式(6.59)所示：

$$
e_{\Theta i}=\Theta_{di}-\Theta_i \tag{6.59}
$$

对姿态跟踪误差(6.59)进行二次求导，并代入姿态内环子系统(6.58)，可以得到

$$
\ddot{e}_{\Theta i}=\ddot{\Theta}_{di}-\ddot{\Theta}_i=\chi(t)-\Pi_i(\Theta_i)\left(g_{2i}(t)U_{2i}+d_{\Omega i}\right) \tag{6.60}
$$

式中，$\chi(t)=\ddot{\Theta}_{di}-\dot{\Pi}_i(\Theta_i)\Omega_i-\Pi_i(\Theta_i)g_{1i}(t)$。

为保证姿态角 Θ_i 能在有限时间跟踪上期望参考指令 Θ_{di}，设计如式(6.61)所示的终端滑模面：

$$
\sigma_{\Theta i}=\dot{e}_{\Theta i}+\beta_{61}\mathrm{sign}^{\frac{1}{2}}(e_{\Theta i}) \tag{6.61}
$$

式中，$\beta_{61}>0$。式(6.61)的设计可以保证当系统状态到达滑模面$\sigma_{\Theta i}$后，姿态跟踪误差将会在有限时间滑动到平衡点。

对滑模面(6.61)进行求导，并代入式(6.60)，可以得到

$$\dot{\sigma}_{\Theta i}=\chi(t)-\Pi_i(\Theta_i)\left(g_{2i}(t)U_{2i}+d_{\Omega i}\right)+\frac{\beta_{61}}{2}\operatorname{diag}\left\{\left|e_{Pi}\right|^{-\frac{1}{2}}\right\}\dot{e}_{Pi} \tag{6.62}$$

为使得滑模面导数在有限时间内收敛到零，设计姿态跟踪控制器U_{2i}为

$$U_{2i}=\left(g_{2i}(t)\right)^{-1}\left(\Pi(\Theta_i)\right)^{-1}\left(\chi(t)-\hat{d}_{\Omega i}+\hat{\alpha}_{63i}\operatorname{sign}(\sigma_{\Theta i})+\alpha_{64}\operatorname{sign}^{\frac{p}{q}}(\sigma_{\Theta i})\right) \tag{6.63}$$

式中，$\alpha_{64}>0$，p、q是互质奇数，$p<q$，自适应参数$\hat{\alpha}_{63i}$设计为

$$\dot{\hat{\alpha}}_{63i}=\lambda_{66}\left(-c_{61}\hat{\alpha}_{63i}+\left\|\sigma_{\Theta i}\right\|\right) \tag{6.64}$$

式中，$c_{61}>0,\lambda_{66}$为待设计参数。

定理 6.3　针对姿态内环子系统(6.58)，如果设计如式(6.61)所示滑模面，控制器如式(6.63)所示，自适应参数更新规则为式(6.64)，那么存在一系列合适的控制参数$\beta_{61}>0,\alpha_{64}>0,p<q,p,q$是互质奇数，使得姿态跟踪误差$e_{\Theta i}$及其导数$\dot{e}_{\Theta i}$在有限时间内收敛到平衡点附近小邻域内。

证明　综合考虑姿态内环观测器及控制器设计，选取 Lyapunov 函数为

$$V_{66}=\frac{1}{2}\sum_{i=1}^{n}\sigma_{\Theta}^{\mathrm{T}}\sigma_{\Theta}+\frac{1}{2\lambda_{66}}\sum_{i=1}^{n}\tilde{\alpha}_{63i}^{2}+\frac{1}{2}\sum_{i=1}^{n}\tilde{\Omega}_i^{\mathrm{T}}\tilde{\Omega}_i+\frac{1}{2\lambda_{62}}\sum_{i=1}^{n}\tilde{k}_{63i}^{2} \tag{6.65}$$

式中，$\sigma_{\Theta}=[\sigma_{\Theta 1},\cdots,\sigma_{\Theta n}]^{\mathrm{T}}$，自适应参数估计误差为$\tilde{\alpha}_{63i}=\alpha_{63i}-\hat{\alpha}_{63i},\tilde{k}_{63i}=k_{63i}-\hat{k}_{63i}$，$\tilde{\Omega}_i$为观测器对姿态角的跟踪误差。

对 Lyapunov 函数(6.65)求导，可以得到

$$\begin{aligned}\dot{V}_{66}&=\sum_{i=1}^{n}\sigma_{\Theta}^{\mathrm{T}}\dot{\sigma}_{\Theta}+\sum_{i=1}^{n}\tilde{\Omega}_i^{\mathrm{T}}\dot{\tilde{\Omega}}_i-\frac{1}{\lambda_{66}}\sum_{i=1}^{n}\tilde{\alpha}_{63i}\dot{\hat{\alpha}}_{63i}-\frac{1}{\lambda_{62}}\sum_{i=1}^{n}\tilde{k}_{63i}\dot{\hat{k}}_{63i}\\&=\sum_{i=1}^{n}\sigma_{\Theta i}^{\mathrm{T}}\left[\chi(t)-\Pi_i(\Theta_i)\left(g_{2i}(t)U_{2i}+d_{\Omega i}\right)+\frac{\beta_{61}}{2}\operatorname{diag}\left\{\left|e_{Pi}\right|^{-\frac{1}{2}}\right\}\dot{e}_{Pi}\right]\\&\quad+\sum_{i=1}^{n}\tilde{\Omega}_i^{\mathrm{T}}\left(d_{\Omega i}-\hat{k}_{63i}\frac{\tilde{\Omega}_i}{\left\|\tilde{\Omega}_i\right\|}-k_{64}\operatorname{sign}(\tilde{\Omega}_i)^{\frac{p}{q}}\right)\\&\quad-\frac{1}{\lambda_3}\sum_{i=1}^{n}\tilde{\alpha}_{63i}\dot{\hat{\alpha}}_{63i}-\frac{1}{\lambda_{62}}\sum_{i=1}^{n}\tilde{k}_{63i}\dot{\hat{k}}_{63i}\end{aligned} \tag{6.66}$$

假设干扰上界为$\left\|d_{\Omega i}\right\|\leqslant k_{63i}$，而$\alpha_{63i}$为$\Pi_i(\Theta_i)\tilde{d}_{\Omega i}$的上界，那么式(6.67)成立：

$$
\begin{aligned}
\dot{V}_{66} \leqslant & \sum_{i=1}^{n}\sigma_{\Theta i}^{\mathrm{T}}\left(-\hat{\alpha}_{63i}\operatorname{sign}(\sigma_{\Theta i})-\alpha_{64}\operatorname{sign}^{\frac{p}{q}}(\sigma_{\Theta i})+\Pi_i(\Theta_i)\tilde{d}_{\Omega i}\right) \\
& +\frac{\beta_{61}}{2}\sigma_{\Theta}^{\mathrm{T}}\sum_{i=1}^{n}\operatorname{diag}(|e_{Pi}|^{-\frac{1}{2}})|\sigma_{\Theta}| \\
& +\sum_{i=1}^{n}\tilde{\Omega}_i^{\mathrm{T}}\left(\tilde{k}_{63i}\frac{\tilde{\Omega}_i}{\|\tilde{\Omega}_i\|}-k_{64}\operatorname{sign}(\tilde{\Omega}_i)^{\frac{p}{q}}\right)-\frac{1}{\lambda_{66}}\sum_{i=1}^{n}\tilde{\alpha}_{63i}\dot{\hat{\alpha}}_{63i}-\frac{1}{\lambda_{62}}\sum_{i=1}^{n}\tilde{k}_{63i}\dot{\hat{k}}_{63i} \\
\leqslant & \sum_{i=1}^{n}\tilde{\alpha}_{63i}\|\sigma_{\Theta i}\|-\alpha_{64}\sum_{i=1}^{n}\sum_{m=1}^{3}\sigma_{\Theta m}^{\frac{p+q}{q}}-k_{64}\sum_{i=1}^{n}\sum_{m=1}^{3}\tilde{\Omega}_{im}^{\frac{p+q}{q}} \\
& -\tilde{k}_{63i}\|\tilde{\Omega}_i\|-\sum_{i=1}^{n}\tilde{\alpha}_{63i}\left(-c_{61}\hat{\alpha}_{63i}+\|\sigma_{\Theta i}\|\right)-\sum_{i=1}^{n}\tilde{k}_{63i}\left(-b_{62}\hat{k}_{63i}+\|\tilde{\Omega}_i\|\right) \\
\leqslant & -\alpha_{64}2^{\frac{p+q}{2q}}\left(\frac{1}{2}\sum_{i=1}^{n}\sigma_{\Theta}^{\mathrm{T}}\sigma_{\Theta}\right)^{\frac{p+q}{2q}}-k_{64}\left(\frac{1}{2}\sum_{i=1}^{n}\tilde{\Omega}_i^{\mathrm{T}}\tilde{\Omega}_i\right)^{\frac{p+q}{2q}}+\kappa_{64} \\
\leqslant & -\gamma_{62}\left(V_{66}\right)^{\frac{p+q}{2q}}+\kappa_4
\end{aligned}
\tag{6.67}
$$

式中，相关变量和参数的表达式为

$$
\begin{aligned}
&\kappa_{64}=\sum_{i=1}^{n}\kappa_{64i},\quad \kappa_{64i}=\frac{c_{60}c_{61}}{2}\alpha_{63i}+\frac{b_{62}b_{63}}{2}k_{63i},\quad \gamma_{62}=2^{\frac{p+q}{2q}}\min\{\alpha_{64},k_{64}\} \\
&\lambda_{66}=\frac{2c_{60}}{c_{61}(2c_{60}-1)},\quad \lambda_{62}=\frac{2b_{63}}{b_{62}(2b_{63}-1)}
\end{aligned}
\tag{6.68}
$$

式中，$c_{60}>1/2, b_{63}>1/2$。因此，可以推导得到姿态跟踪误差将在有限时间T_{64}内收敛到

$$
\begin{aligned}
&\|\sigma_{\Theta}\|\leqslant\sqrt{2}\left[\frac{\kappa_{64}}{\gamma_{62}(1-\theta_{64})}\right]^{\frac{p+q}{2q}},\quad |\tilde{\alpha}_{63i}|\leqslant\sqrt{\lambda_{66}}\left[\frac{\kappa_{64}}{\gamma_{62}(1-\theta_{64})}\right]^{\frac{p+q}{2q}} \\
&|\tilde{k}_{63i}|\leqslant\sqrt{\lambda_{62}}\left[\frac{\kappa_{64}}{\gamma_{62}(1-\theta_{64})}\right]^{\frac{p+q}{2q}},\quad \|\tilde{\Omega}_i\|\leqslant\sqrt{2}\left[\frac{\kappa_{64}}{\gamma_{62}(1-\theta_{64})}\right]^{\frac{p+q}{2q}}
\end{aligned}
\tag{6.69}
$$

式中，参数满足$\theta_{64}\in(0,1)$。通过调节参数α_{64}、k_{64}充分大，参数c_{61}、b_{62}充分小，可以得到 Lyapunov 函数将会收敛到足够小的邻域，从而滑模面收敛到式(6.69)所示的足够小的邻域。定理 6.3 得证。

6.1.3　仿真验证

1. 仿真参数

本节将验证所设计的基于自适应的多无人机编队保持控制算法的有效性。仿真考虑由一架虚拟 Leader 无人机和 10 架 Follower 无人机组成的编队，多无人机编队通信拓扑图如图 6.2 所示，其中 0 表示虚拟 Leader 无人机，1～10 表示 10 架 Follower 无人机。

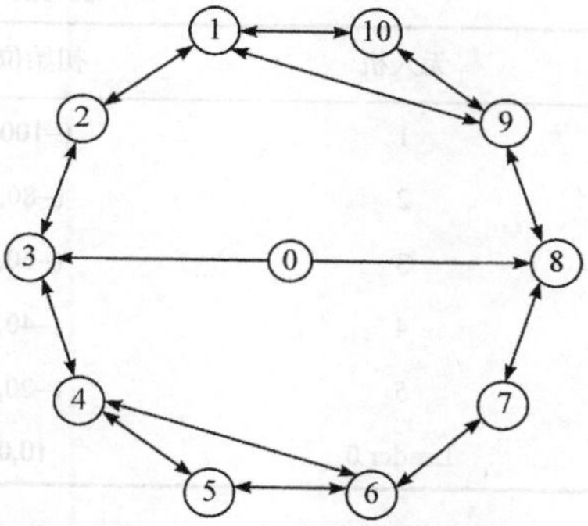

图 6.2　多无人机编队通信拓扑图

将所设计的期望轨迹看成虚拟 Leader，其状态为

$$x_d = 0.01t,\quad y_d = 0,\quad z_d = 2,\quad \psi_d = 0.1t \tag{6.70}$$

从通信拓扑可以看出，只有 Follower 3、8 无人机能够获取 Leader 0 无人机的轨迹状态。Follower 1～10 无人机和虚拟 Leader 0 无人机的期望构型为正十边形，其边长 $N = 10\text{m}$。假设虚拟 Leader 0 无人机的坐标为编队中心，由 c_0 表示，每架无人机相对于虚拟 Leader 0 无人机的三维位置坐标在表 6.1 中给出，由 $c_1,\cdots,c_{10}$ 表示。

表 6.1　期望坐标设置

无人机	期望构型	期望三维位置/m
1	c_1	(10sin18°+10|cos36°|,0,0)
2	c_2	(10sin18°,−10sin36°,0)
3	c_3	(0,−10|cos18°|−10sin36°,0)
4	c_4	(10sin18°, −20|cos18°|−10sin36°,0)
5	c_5	(10sin18°+10|cos36°|,−20|cos18°|−20sin36°,0)
6	c_6	(10sin18°+10|cos36°|+10, −20|cos18°|−20sin36°,0)
7	c_7	(20sin18°+20|cos36°|+10, −20|cos18°|−10sin36°,0)
8	c_8	(20sin18°+20|cos36°|+10, −10|cos18°|−10sin36°,0)
9	c_9	(10sin18°+20|cos36°|+10, −10sin36°,0)
10	c_{10}	(10sin18°+10|cos36°|+10,0,0)
Leader 0	c_0	(10sin18°+10|cos36°|+5, −10|cos18°|−10sin36°,0)

无人机的初始位置，设置如表 6.2 所示。

表 6.2　无人机的初始条件设置

无人机	初始位置/m	无人机	初始位置/m
1	(−100,0,0)	6	(20,0,0)
2	(−80,0,0)	7	(40,0,0)
3	(−60,0,0)	8	(60,0,0)
4	(−40,0,0)	9	(80,0,0)
5	(−20,0,0)	10	(100,0,0)
Leader 0	(0,0,0)		

其中，初始速度全为 0，初始欧拉角也全为 0，速度的单位为 m/s，角度的单位为 rad。干扰观测器参数和外环控制器的参数设置如表 6.3 所示，内环控制器的参数设置如表 6.4 所示。

表 6.3　干扰观测器和外环控制器的参数设置

干扰观测器参数	取值	外环控制器参数	取值
k_{60}	1	α_{62}	20
k_{62}	25	k_{65}	5
λ_{61}	1	λ_{65}	1
b_{61}	0.1	a_{61}	5
k_{64}	15	λ_{64}	1
λ_{62}	1	h_{61}	1
b_{62}	1	λ_{63}	0.001
		f_{61}	2

表 6.4　内环控制器的参数设置

内环控制器参数	取值
β_{61}	1
α_{64}	10
p	3
q	5
λ_{66}	10
c_{61}	0.05

外部干扰和模型参数不确定，假设形式如下：

$$
\begin{aligned}
d_{Vi} &= [-7\sin(0.9t), -0.9\sin(0.3t)+0.2\cos(0.2t), 0.5\sin(0.7t)]^{\mathrm{T}} \\
d_{\Omega i} &= [-7\sin(0.5t)+0.9\sin t, 6\sin(0.2t)+2\cos(0.2t), 0.83\sin(0.5t)]^{\mathrm{T}}
\end{aligned} \tag{6.71}
$$

2. 仿真结果

仿真结果如图 6.3～图 6.8 所示。图 6.3 给出了 10 架 Follower 无人机和虚拟 Leader 无人机的三维编队图，图 6.4 给出了二维编队图，从两个图可以看出 10 架无人机可以生成并保持期望的正十边形。图 6.5 给出了编队位置误差图和姿态跟踪误差图，编队位置误差可以在有限时间内实现收敛，姿态跟踪误差在 2s 内实

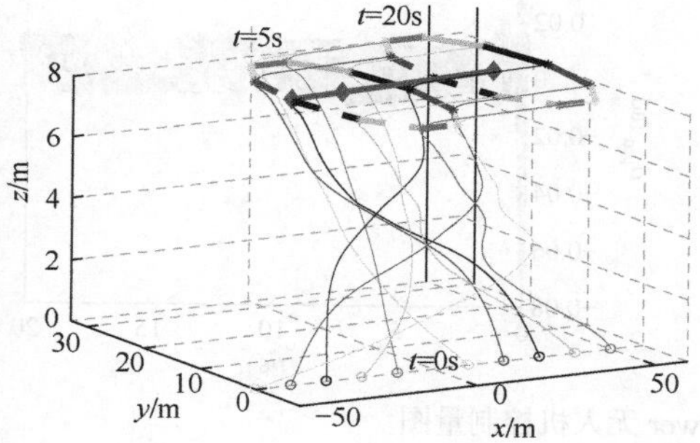

图 6.3　三维编队图

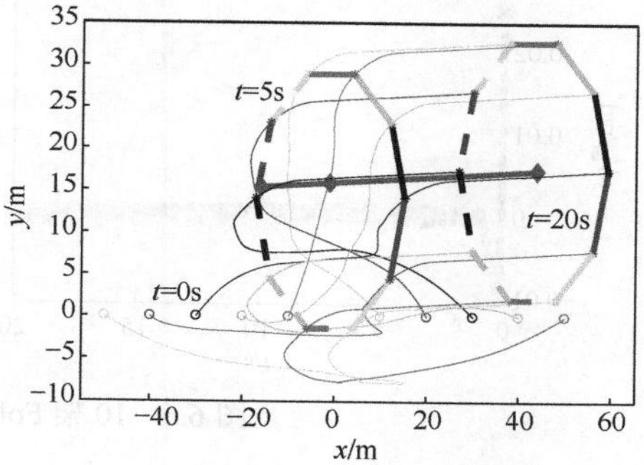

图 6.4　二维编队图

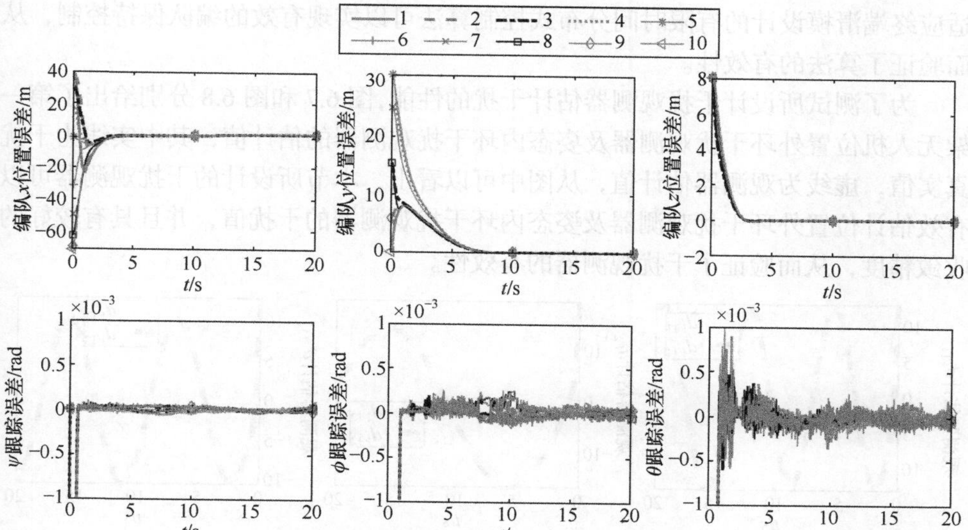

图 6.5　10 架 Follower 无人机编队位置误差和姿态跟踪误差图

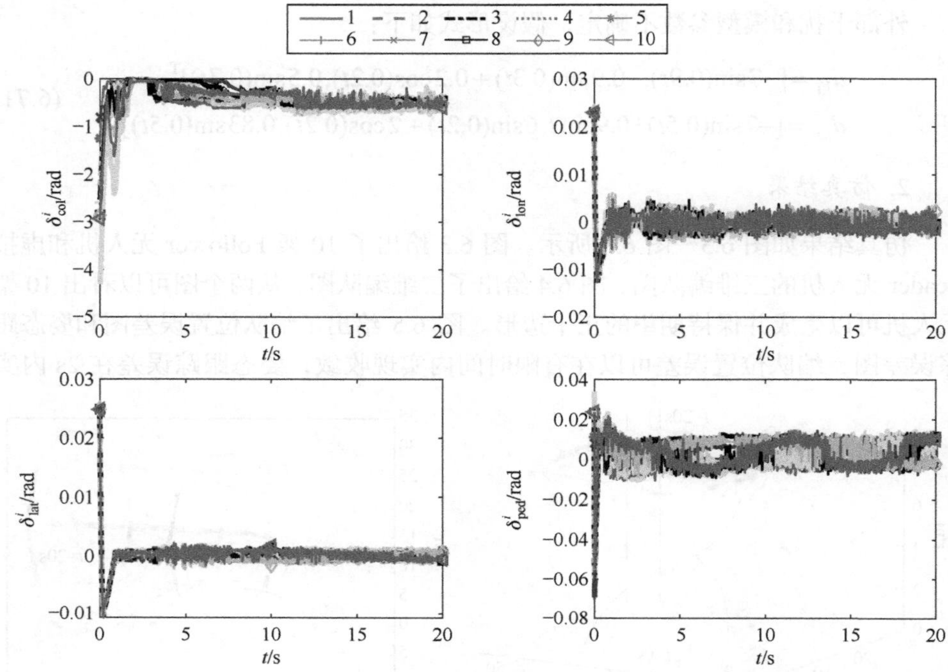

图 6.6　10 架 Follower 无人机控制量图

现收敛，收敛精度在 10^{-3}rad 以内。图 6.6 给出了 10 架 Follower 无人机的控制量图，可以看出控制力矩大小合理，满足工程实际需求。以上研究结果表明基于自适应终端滑模设计的有限时间分布式控制算法可以实现有效的编队保持控制，从而验证了算法的有效性。

为了测试所设计干扰观测器估计干扰的性能，图 6.7 和图 6.8 分别给出了第一架无人机位置外环干扰观测器及姿态内环干扰观测器的估计值，其中实线为干扰真实值，虚线为观测器估计值，从图中可以看出，本节所设计的干扰观测器可以有效估计位置外环干扰观测器及姿态内环干扰观测器的干扰值，并且具有较好的收敛精度，从而验证了干扰观测器的有效性。

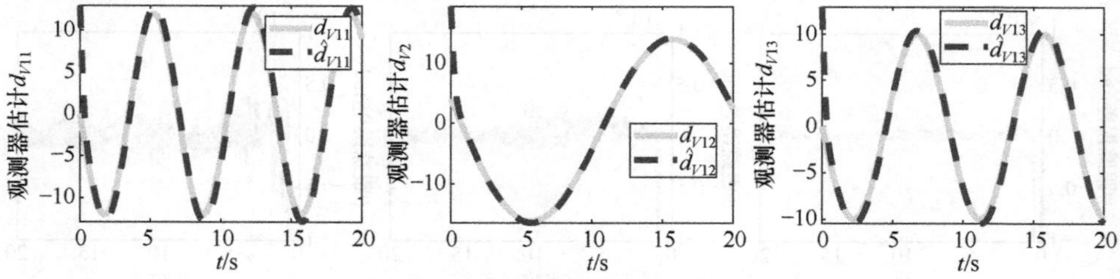

图 6.7　位置外环干扰观测器估计图

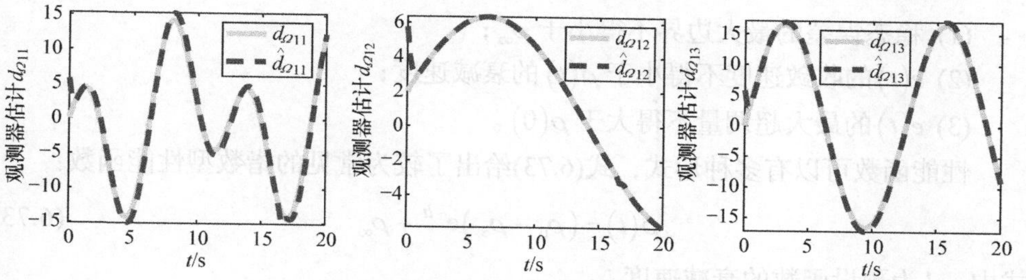

图 6.8　姿态内环干扰观测器估计图

6.2　考虑避碰约束的多无人机自适应编队保持控制

由于外界环境复杂多变，编队无人机在飞行过程中容易受到风和气流扰动等外部干扰的影响，难以保证编队系统的稳定性；而且无人机系统模型本身存在的非线性、不确定性等特性，也进一步提高了多无人机协同编队控制的难度。此外，为进一步提高编队无人机的飞行控制品质，满足多无人机系统形成编队过程中的避碰要求，需要多无人机系统在具备良好稳态性能的同时，也要确保其暂态响应过程在预设性能区域内。因此，如何在外界干扰及模型不确定等综合扰动上界未知的情况下，使多无人机系统在编队生成及保持过程中具备良好的动态与稳态性能，达到避免碰撞及稳定飞行的要求，提高多无人机系统的鲁棒性与安全性，是本节重点解决的问题。

6.2.1　问题描述

1. 预设性能基础知识

预设性能控制(prescribed performance control，PPC)是指设计控制器，使得跟踪误差 $e(t)$ 始终保持在由给定的时变函数(又称为预设性能函数)定义的边界范围内，并最终达到预设的暂态性能与稳态性能。预设性能控制算法的最大特点是，可以根据跟踪误差 $e(t)$ 的收敛要求提前设计预设性能函数，达到定量化调节暂态性能与稳态性能的目的。因此，该算法不仅可以保证跟踪误差稳态性能，还可以提高其暂态性能，如加快收敛速度、降低超调量等。

跟踪误差 $e(t)$ 的预设性能可以写为如下不等式形式：

$$|e(t)| < \rho(t) \tag{6.72}$$

式中，$\rho(t)$ 是光滑有界且随时间衰减的预设性能函数，满足 $\lim\limits_{t\to\infty}\rho(t)=\rho_\infty>0$，$\rho_\infty$ 是正常数。由式(6.72)可以看出，预设性能函数 $\rho(t)$ 给出了跟踪误差 $e(t)$ 需要满足的暂态性能与稳态性能，即

(1) 稳态误差的最大边界不得小于 ρ_∞；

(2) $e(t)$ 的收敛速度不得小于 $\rho(t)$ 的衰减速度；

(3) $e(t)$ 的最大超调量不得大于 $\rho(0)$。

性能函数可以有多种形式，式(6.73)给出了较为常见的指数型性能函数：

$$\rho(t)=(\rho_0-\rho_\infty)\mathrm{e}^{-lt}+\rho_\infty \tag{6.73}$$

式中，l 为预设函数的衰减速度。

2. 无人机模型建立及控制目标

本节以四旋翼无人机为研究对象，考虑到多无人机在飞往任务目标地点的过程中，需要按照给定轨迹编队飞行。针对这一场景，本节采用 Leader-Follower 结构，将给定轨迹作为虚拟 Leader 无人机，标号为 0。

由于无人机模型的耦合特性，通常基于多时间尺度原则将无人机编队控制系统分解成外环慢回路位置子系统和内环快回路姿态子系统，然后分别设计无人机的位置控制器与姿态控制器，并调整控制器参数使内环的收敛时间小于外环的收敛时间，完成整体编队控制器设计。为方便起见，本节只针对多无人机的位置子系统设计控制器，姿态控制器设计过程类似，将不再赘述。

第 i 架 Follower 无人机的位置系统描述为

$$\begin{aligned}\dot{P}_i&=\dot{V}_i\\ \dot{V}_i&=U_i+\varDelta_i\end{aligned} \tag{6.74}$$

式中，$i=1,\cdots,N$；$P_i=\left[P_{ix},P_{iy},P_{iz}\right]^{\mathrm{T}}\in\mathbf{R}^3$，$V_i=\left[V_{ix},V_{iy},V_{iz}\right]^{\mathrm{T}}\in\mathbf{R}^3$，$U_i=\left[U_{ix},U_{iy},U_{iz}\right]^{\mathrm{T}}\in\mathbf{R}^3$ 分别表示第 i 架无人机的位置、速度及控制输入；$\varDelta_i=\left[\varDelta_{ix},\varDelta_{iy},\varDelta_{iz}\right]^{\mathrm{T}}\in\mathbf{R}^3$ 表示由外部干扰和模型不确定等组成的综合扰动。此外，给定轨迹(虚拟 Leader 无人机)定义为 $P_0=\left[P_{0x},P_{0y},P_{0z}\right]^{\mathrm{T}}\in\mathbf{R}^3$。

假设 6.2 给定轨迹 P_0，其一阶导数 $\dot{P}_0$ 及其二阶导数 $\ddot{P}_0$ 均有界。

假设 6.3 式(6.74)中的综合扰动 $\varDelta_i$ 有界，满足 $\|\varDelta_i\|_2<\bar{\varDelta}$，其中 $\bar{\varDelta}$ 是未知常数。

因此，本节研究的多无人机协同控制问题描述为：考虑多无人机位置系统方程(6.74)，基于预设性能算法，设计自适应分布式滑模控制器 U_i，使得无人机在外界干扰及模型不确定等综合扰动上界未知的情况下，相邻两架无人机之间的位置跟踪误差与速度跟踪误差始终保持在满足避碰条件的预定性能区域内，实现多无人机的编队生成与保持。

引理 6.2[8] 定义 $\mathcal{G}_{\mathcal{F}}$ 为描述 Follower 无人机之间通信关系的无向图，与无向

图 $\mathcal{G}_{\mathcal{F}}$ 对应的拉普拉斯矩阵 $\mathcal{L}_F$ 是对称半正定矩阵。

考虑 $\mathcal{G}_{\mathcal{F}}$ 的边集合 $\mathcal{E}_{\mathcal{F}} := \{F_1,\cdots,F_K\}$，给图中的每一条边 $F_k \in \mathcal{E}_{\mathcal{F}}\ (k=1,2,\cdots,K)$ 均指定一个特定的方向(即每一条边均有首端和尾端)，那么与无向图 $\mathcal{G}_{\mathcal{F}}$ 相对应的 $N\times F_K$ 阶关联矩阵 $D_F=\left[d_{i,F_k}\right]\in\mathbf{R}^{N\times F_K}$，$F_k\in\mathcal{E}_{\mathcal{F}}$，$i=1,2,\cdots,N$，可以定义为式(6.75)所示形式[9]：

$$d_{i,F_k}=\begin{cases}1, & \text{无人机 } i \text{ 是边 } F_k \text{的首端}\\ -1, & \text{无人机 } i \text{ 是边 } F_k \text{的尾端}\\ 0, & \text{无人机 } i \text{ 与边 } F_k \text{无关}\end{cases} \tag{6.75}$$

因此，拉普拉斯矩阵 L 可以写为 $L=D_F D_F^{\mathrm{T}}$。

定义 $\overline{\mathcal{G}}$ 是描述 Leader 无人机与 Follower 无人机之间通信关系的有向图。考虑 Leader 无人机与 N 架 Follower 无人机之间的边集合 $\mathcal{E}_{\mathcal{L}} := \{L_1,\cdots,L_K\}$，由于 Leader 无人机的运动与其他无人机无关，因此对于任意边 $L_k\in\mathcal{E}_{\mathcal{L}}\ (k=1,2,\cdots,k)$，Leader 无人机始终为首端，与无向图 $\overline{\mathcal{G}}$ 相对应的 $N\times L_K$ 阶关联矩阵，$L_k\in\mathcal{E}_{\mathcal{L}}$，$i=1,2,\cdots,N$，可以定义为

$$d_{i,L_k}=\begin{cases}-1, & \text{无人机 } i \text{ 是边 } L_k \text{ 的尾端}\\ 0, & \text{无人机 } i \text{ 与边 } L_k \text{ 无关}\end{cases} \tag{6.76}$$

同时定义矩阵 $\Lambda \overset{\text{def}}{=} \operatorname{diag}\{\Lambda_{10},\cdots,\Lambda_{N0}\}$，当 Leader 无人机是第 i 架 Follower 无人机的邻居时，$\Lambda_{i0}=1$，否则，$\Lambda_{i0}=0$。需要注意的是，由于矩阵 Λ 中的元素 Λ_{i0} 等于 0 或者 1，因此 $\Lambda^2=\Lambda$。

假设 6.4　对于任意 Follower 无人机 $i(i=1,2,\cdots,N)$，至少存在一条从 Leader 无人机到 Follower 无人机 i 的有向通信路径。

由引理 6.1 可知，在假设 6.4 成立的条件下，矩阵 $H=L+\Lambda$ 是对称正定矩阵。

6.2.2　考虑避碰约束的自适应分布式控制器设计

本节针对 Leader-Follower 结构下的多无人机位置系统(6.74)，首先推导出达到稳定飞行和避免碰撞目标需要满足的充分条件，即预设性能函数形成的区域范围，该范围由预设性能函数的参数决定；然后基于上述预设性能函数设计自适应分布式滑模容错控制器，使得相邻两架无人机之间的位置跟踪误差与速度跟踪误差即使在执行器加性故障等综合扰动的影响下，也始终保持在预设性能函数形成的性能区域内，满足避碰约束，实现多无人机的编队生成与保持。

1. 充分条件

定义相邻两架无人机之间的编队位置误差与速度误差分别为

$$\begin{aligned} e_{Pk} &= P_{k_2} - c_{k_2} - \left(P_{k_1} - c_{k_1}\right) \\ e_{Vk} &= V_{k_2} - V_{k_1} \end{aligned} \tag{6.77}$$

式中，下标 k_1 和 k_2 分别表示第 k 条边的首端与尾端无人机，$e_{Pk} = \left[e_{Pk,x}, e_{Pk,y}, e_{Pk,z}\right]^{\mathrm{T}} \in \mathbf{R}^3$，$e_{Vk} = \left[e_{Vk,x}, e_{Vk,y}, e_{Vk,z}\right]^{\mathrm{T}} \in \mathbf{R}^3$，$k \in \{\mathcal{E}_{\mathcal{F}}, \mathcal{E}_{\mathcal{L}}\}$，$c_{k_1} \in \mathbf{R}^3$ 和 $c_{k_2} \in \mathbf{R}^3$ 分别表示 P_{k_1} 和 P_{k_2} 相对于 P_0 的期望相对距离。根据这一定义，$c_{Lk_1} = c_0 = 0$，$V_{k_2} = V_0 = \dot{P}_0$。

为避免在编队生成及保持过程中相邻的两架无人机发生碰撞，这两架无人机的相对位置需要满足以下约束：

$$\left\|P_{k_2} - P_{k_1}\right\|_2 > c_{\mathrm{col}} \tag{6.78}$$

式中，$k \in \{\mathcal{E}_{\mathcal{F}}, \mathcal{E}_{\mathcal{L}}\}$，$c_{\mathrm{col}}$ 是无人机间的安全距离。需要注意的是，当 $k \in \mathcal{E}_{\mathcal{L}}$ 时，无人机 0 始终是边 k 的首端，因此 $P_{Lk_2} = P_0$。

引理 6.3 当相邻两架无人机之间的编队位置误差 e_{Pk} 满足如下条件时：

$$\left\|e_{Pk}\right\|_2 < c_{Pk} = \left\|c_{k_2} - c_{k_1}\right\|_2 - c_{\mathrm{col}} \tag{6.79}$$

式中，$k \in \{\mathcal{E}_{\mathcal{F}}, \mathcal{E}_{\mathcal{L}}\}$，这两架无人机可以避免互相碰撞。

证明 由 e_{Pk} 的定义(6.77)可知，$e_{Pk} \geqslant \left\|c_{k_2} - c_{k_1}\right\|_2 - \left\|c_{k_2} - c_{k_1}\right\|_2$。因此，在条件(6.79)成立的情况下，容易得出 $\left\|P_{k_2} - P_{k_1}\right\|_2 > c_{\mathrm{col}}$，即避碰约束(6.78)。引理 6.3 得证。

令

$$e_P = \left[e_{PF_1}^{\mathrm{T}}, \cdots, e_{PF_K}^{\mathrm{T}}, e_{PL_1}^{\mathrm{T}}, \cdots, e_{PL_K}^{\mathrm{T}}\right]^{\mathrm{T}} \in \mathbf{R}^{3(F_K + L_K)}$$

$$e_V = \left[e_{VF_1}^{\mathrm{T}}, \cdots, e_{VF_K}^{\mathrm{T}}, e_{VL_1}^{\mathrm{T}}, \cdots, e_{VL_K}^{\mathrm{T}}\right]^{\mathrm{T}} \in \mathbf{R}^{3(F_K + L_K)}$$

并定义 $\tilde{P}_i = P_i - P_0 - c_i \in \mathbf{R}^3$，$\tilde{V}_i = V_i - V_0 \in \mathbf{R}^3$，那么根据式(6.77)，可以得到

$$e_P = \left(D^{\mathrm{T}} \otimes I_3\right)\tilde{P}, \quad e_V = \left(D^{\mathrm{T}} \otimes I_3\right)\tilde{V} \tag{6.80}$$

式中，$D = \left[D_F, D_L\right] \in \mathbf{R}^{N \times (F_K + L_K)}$，$\tilde{P} = \left[\tilde{P}_1^{\mathrm{T}}, \cdots, \tilde{P}_N^{\mathrm{T}}\right]^{\mathrm{T}} \in \mathbf{R}^{3N}$，$\tilde{V} = \left[\tilde{V}_1^{\mathrm{T}}, \cdots, \tilde{V}_N^{\mathrm{T}}\right]^{\mathrm{T}} \in \mathbf{R}^{3N}$。那么，编队无人机的位置误差系统可以写为

$$\begin{aligned} \dot{e}_P &= e_V \\ \dot{e}_V &= \left(D^{\mathrm{T}} \otimes I_3\right)\left(\bar{U} + \varDelta_d - F_0\right) \end{aligned} \tag{6.81}$$

式中，$\bar{U} = \left[U_1^{\mathrm{T}}, \cdots, U_N^{\mathrm{T}}\right]^{\mathrm{T}} \in \mathbf{R}^{3N}$，$\varDelta_d = \left[\varDelta_{d1}^{\mathrm{T}}, \cdots, \varDelta_{dN}^{\mathrm{T}}\right]^{\mathrm{T}} \in \mathbf{R}^{3N}$ 以及 $F_0 = \left[\ddot{P}_1^{\mathrm{T}}, \cdots, \ddot{P}_N^{\mathrm{T}}\right]^{\mathrm{T}} \in \mathbf{R}^{3N}$。

基于多无人机位置系统(6.74)，设计如下滑模变量：

$$s_{PV}=\lambda e_P+e_V=\left(\left(\frac{\mathrm{d}}{\mathrm{d}t}\right)+\lambda\right)e_P \tag{6.82}$$

式中，$\lambda>0$，$s_{PV}=\left[s_{F_1}^{\mathrm{T}},\cdots,s_{F_K}^{\mathrm{T}},s_{L_1}^{\mathrm{T}},\cdots,s_{L_K}^{\mathrm{T}}\right]^{\mathrm{T}}\in\mathbf{R}^{3(F_K+L_K)}$。需要注意的是，$s_k$ ($k\in\{\mathcal{E}_{\mathcal{F}},\mathcal{E}_{\mathcal{L}}\}$)是三维向量，即$s_k=\left[s_{k,x},s_{k,y},s_{k,z}\right]^{\mathrm{T}}\in\mathbf{R}^3$。

基于滑模变量的定义以及引理 6.3，定理 6.4 给出了为达到稳定飞行和避免碰撞目标，滑模变量需要保持的预设性能函数所形成的区域范围，以及预设性能函数的参数选择范围，并在此基础上，给出位置误差变量和速度误差变量的预测区域和稳态误差。

定理 6.4　考虑如式(6.82)所示滑模变量s_k中的元素$s_{k,\xi}$，以及指数型预设性能函数$\rho_{k,\xi}(t)$，$k\in\{\mathcal{E}_{\mathcal{F}},\mathcal{E}_{\mathcal{L}}\}$，$\xi\in\{x,y,z\}$，其中$l=\lambda$，$\rho_{0k,\xi}\equiv\rho_{k,\xi}(0)>|s_{k,\xi}(0)|$，$\rho_\infty>0$。当$t\geqslant 0$时，条件

$$|s_{k,\xi}(t)|<\rho_{k,\xi}(t)=(\rho_{0k,\xi}-\rho_\infty)\mathrm{e}^{-lt}+\rho_\infty \tag{6.83}$$

成立，且相邻位置误差的初始值与预设性能函数的参数满足

$$\max\left\{\left|e_{Pk,\xi}(0)\right|+\frac{\rho_\infty}{\lambda},\frac{\rho_{0k,\xi}}{\lambda}\right\}<\overline{c}_{Pk,\xi} \tag{6.84}$$

式中，$\overline{c}_{Pk,\xi}$是向量$\overline{c}_{Pk}=\left[\overline{c}_{Pk,x},\overline{c}_{Pk,y},\overline{c}_{Pk,z}\right]^{\mathrm{T}}$的元素，且$\left\|\overline{c}_{Pk}\right\|_2=c_{Pk}$，那么式(6.79)所示的避碰条件成立，且式(6.77)中位置跟踪误差e_{Pk}与速度跟踪误差e_{Vk}的元素$e_{Pk,\xi}$和$e_{Vk,\xi}$始终在预设区域：

$$\left|e_{Pk,\xi}(t)\right|\leqslant\left|e_{Pk,\xi}(0)\right|\mathrm{e}^{-\lambda t}+\left(\rho_{0k,\xi}-\rho_\infty\right)t\mathrm{e}^{-\lambda t}+\frac{\rho_\infty}{\lambda} \tag{6.85}$$

和

$$\left|e_{Vk,\xi}(t)\right|\leqslant\left(\rho_{0k,\xi}-\rho_\infty+\lambda\left|e_{Pk,\xi}(0)\right|\right)\mathrm{e}^{-\lambda t}+\lambda\left(\rho_{0k,\xi}-\rho_\infty\right)t\mathrm{e}^{-\lambda t}+2\rho_\infty \tag{6.86}$$

从式(6.85)和式(6.86)可以看出，当$t\to\infty$时，$\left|e_{Pk,\xi}\right|$和$\left|e_{Vk,\xi}\right|$分别收敛到区域$\dfrac{\rho_\infty}{\lambda}$和区域$2\rho_\infty$内。

证明　根据$s_{k,\xi}(t)$的定义，容易得到

$$e_{Pk,\xi}(t)\leqslant e_{Pk,\xi}(0)\mathrm{e}^{-\lambda t}+\int_0^t\mathrm{e}^{-\lambda(t-\tau)}\left|s_{k,\xi}(t)\right|\mathrm{d}\tau \tag{6.87}$$

将条件(6.83)代入式(6.87)，即可获得式(6.85)。类似地，将式(6.83)和式(6.85)代入如下不等式：

$$\left|e_{Vk,\xi}(t)\right| \leqslant \left|s_{k,\xi}(t)\right| + \lambda\left|e_{Pk,\xi}(t)\right| \tag{6.88}$$

可获得式(6.86)。

为了获得满足避碰约束的充分条件，下面分析$\left|e_{Pk,\xi}(t)\right|$的预设区域。令$\bar{\rho}_{Pk,\xi}(t)=\left|e_{Pk,\xi}(0)\right|\mathrm{e}^{-\lambda t}+\left(\rho_{0k,\xi}-\rho_{\infty}\right)t\mathrm{e}^{-\lambda t}+\rho_{\infty}/\lambda$，对$\bar{\rho}_{Pk,\xi}(t)$求导得到

$$\dot{\bar{\rho}}_{Pk,\xi}(t)=-\left[\lambda\left|e_{Pk,\xi}(0)\right|+(\lambda t-1)\left(\rho_{0k,\xi}-\rho_{\infty}\right)\right]\mathrm{e}^{-\lambda t} \tag{6.89}$$

从式(6.89)可以看出，当$t=\bar{t}=1/\lambda-\left|e_{Pk,\xi}(0)\right|/\left(\rho_{0k,\xi}-\rho_{\infty}\right)$时，$\dot{\bar{\rho}}_{Pk,\xi}(t)=0$。下面分为两种情况进行分析。

(1) 当$\bar{t}\leqslant 0$时，$\bar{\rho}_{Pk,\xi}(t)$在$t\geqslant\bar{t}$时递减。$\bar{\rho}_{Pk,\xi}(t)$的最大值在$t=0$时获得

$$\max \bar{\rho}_{Pk,\xi}=\bar{\rho}_{Pk,\xi}(0)=\left|e_{Pk,\xi}(0)\right|+\frac{\rho_{\infty}}{\lambda} \tag{6.90}$$

(2) 当$\bar{t}>0$时，$\bar{\rho}_{Pk,\xi}(t)$在$0\leqslant t\leqslant\bar{t}$时递增，在$t\geqslant\bar{t}$时递减。因此，$\bar{\rho}_{Pk,\xi}(t)$的最大值在$t=\bar{t}$时获得

$$\begin{aligned}\max \bar{\rho}_{Pk,\xi}&=\bar{\rho}_{Pk,\xi}(\bar{t})\\&=\frac{\rho_{0k,\xi}-\rho_{\infty}}{\lambda}\mathrm{e}^{-\lambda\bar{t}}+\frac{\rho_{\infty}}{\lambda}\\&\leqslant\frac{\rho_{0k,\xi}-\rho_{\infty}}{\lambda}+\frac{\rho_{\infty}}{\lambda}=\frac{\rho_{0k,\xi}}{\lambda}\end{aligned} \tag{6.91}$$

根据式(6.90)和式(6.91)的结果，可以推出式(6.84)。

同时，考虑式(6.85)和式(6.89)，当$t\to\infty$时，$e_{Pk,\xi}$会收敛到集合$E_{Pk,\xi}=\left\{e_{Pk,\xi}(t)\in\mathbf{R}:\left|e_{Pk,\xi}(t)\right|<\dfrac{\rho_{\infty}}{\lambda}\right\}$中。类似地，为了分析$e_{Vk,\xi}(t)$的稳态误差，令$\bar{\rho}_{Pk,\xi}(t)=\left(\rho_{0k,\xi}-\rho_{\infty}+\lambda\left|e_{Pk,\xi}(0)\right|\right)\mathrm{e}^{-\lambda t}+\lambda\left(\rho_{0k,\xi}-\rho_{\infty}\right)t\mathrm{e}^{-\lambda t}+2\rho_{\infty}$，并对$\bar{\rho}_{Pk,\xi}(t)$求导得到

$$\dot{\bar{\rho}}_{Vk,\xi}(t)=-\lambda^{2}\left|e_{Pk,\xi}(0)\right|\mathrm{e}^{-\lambda t}-\lambda^{2}\left(\rho_{0k,\xi}-\rho_{\infty}\right)t\mathrm{e}^{-\lambda t}<0 \tag{6.92}$$

由此可知，$e_{Vk,\xi}(t)$在$t\geqslant 0$时递减，当$t\to\infty$时，$e_{Vk,\xi}$会收敛到集合$E_{Vk,\xi}=\left\{e_{Vk,\xi}(t)\in\mathbf{R}:\left|e_{Vk,\xi}(t)\right|<2\rho_{\infty}\right\}$中。定理 6.4 得证。

注 6.1　当式(6.82)中的λ确定后，$e_{Pk,\xi}(t)$和$e_{Vk,\xi}(t)$的收敛速度即根据$l=\lambda$确定，稳态误差可以通过参数ρ_{∞}调整。此外，给出了避碰条件，表明当初始状态满足$\left|e_{Pk,\xi}(0)\right|<\bar{c}_{Pk,\xi}$时，这一条件更容易通过调节参数$\lambda$和$\rho_{\infty}$满足。

由定理 6.4 可知，本节要解决的控制问题转化为设计自适应分布式滑模控制

器，使得式(6.82)中滑模变量的元素 $s_{k,\xi}$ 满足 $|s_{k,\xi}(t)|<\rho_{k,\xi}(t)$。

2. 控制器设计

根据定理 6.4，下面基于指数型预设性能函数 $\rho_{k,\xi}(t)$ 设计自适应分布式滑模控制器，使得多无人机在满足避碰条件的情况下生成编队并稳定飞行，同时保证控制信号的连续性，并摆脱对综合扰动上界的依赖。

定理 6.5 考虑多无人机位置系统(6.74)，在假设 6.3 成立的情况下，当第 i 架无人机的分布式控制器设计成如下形式：

$$U_i=-\lambda v_i-\sum_{k\in\{\mathcal{E}_\mathcal{F},\mathcal{E}_\mathcal{L}\}}\alpha(i,k)\beta_k\mathrm{sign}(s_k) \tag{6.93}$$

式中，$\alpha(i,k)$ 定义为

$$\alpha(i,k)=\begin{cases}+1, & \text{无人机 } i \text{ 是边 } k \text{ 的首端}\\ -1, & \text{无人机 } i \text{ 是边 } k \text{ 的尾端}\\ 0, & \text{其他}\end{cases} \tag{6.94}$$

且自适应增益 β_k 设计为 $\beta_k=\mathrm{diag}\{\beta_{k,x},\beta_{k,y},\beta_{k,z}\}$，式中

$$\beta_{k,\xi}=\frac{|s_{k,\xi}|}{\rho_{k,\xi}-|s_{k,\xi}|},\quad \xi\in\{x,y,z\} \tag{6.95}$$

那么式(6.82)定义的滑模变量的元素 $s_{k,\xi}$ 满足命题 6.1 中的充分条件(6.83)。

证明 考虑如下李雅普诺夫函数

$$V_{67}=\frac{1}{2}s_{PV}^{\mathrm{T}}s_{PV} \tag{6.96}$$

并令 $e_{PF}=\left[e_{PF_1}^{\mathrm{T}},\cdots,e_{PF_K}^{\mathrm{T}}\right]^{\mathrm{T}}\in\mathbf{R}^{3F_K}$，$e_{PL}=\left[e_{PL_1}^{\mathrm{T}},\cdots,e_{PL_K}^{\mathrm{T}}\right]^{\mathrm{T}}\in\mathbf{R}^{3L_K}$，将式(6.82)代入式(6.96)中，可以得到

$$\begin{aligned}V_{67}&=\frac{1}{2}(\lambda e_P+e_V)^{\mathrm{T}}(\lambda e_P+e_V)\\&=\frac{1}{2}\left[(\lambda e_{PF}+e_{VF})^{\mathrm{T}}(\lambda e_{PF}+e_{VF})+(\lambda e_{PL}+e_{VL})^{\mathrm{T}}(\lambda e_{PL}+e_{VL})\right]\\&=\frac{1}{2}\left[(\lambda\tilde{P}+\tilde{V})^{\mathrm{T}}(D_FD_F^{\mathrm{T}}\otimes I_3)(\lambda\tilde{P}+\tilde{V})+(\lambda\tilde{P}+\tilde{V})^{\mathrm{T}}(\Lambda^2\otimes I_3)(\lambda\tilde{P}+\tilde{V})\right]\\&=\frac{1}{2}\left[(\lambda\tilde{P}+\tilde{V})^{\mathrm{T}}((L+\Lambda)\otimes I_3)(\lambda\tilde{P}+\tilde{V})\right]\\&=\frac{1}{2}(\lambda\tilde{P}+\tilde{V})^{\mathrm{T}}(H\otimes I_3)(\lambda\tilde{P}+\tilde{V})\end{aligned} \tag{6.97}$$

对V_{67}求导，并将无人机的位置系统(6.74)代入，得到

$$
\begin{aligned}
\dot{V}_{67} &= \left(\lambda\tilde{P}+\tilde{V}\right)^{\mathrm{T}}(H\otimes I_3)\left(\lambda\tilde{V}+\dot{\tilde{V}}\right) \\
&= \left(\lambda\tilde{P}+\tilde{V}\right)^{\mathrm{T}}(H\otimes I_3)\left[\lambda\left(\bar{V}-\bar{V}_0\right)+\bar{U}+\Delta_d\right] \\
&= \left(\lambda\tilde{P}+\tilde{V}\right)^{\mathrm{T}}(H\otimes I_3)\left(\lambda\bar{V}+\bar{U}+\Delta_d-\lambda\bar{V}_0\right)
\end{aligned}
\tag{6.98}
$$

式中，$\bar{V}=\left[V_1,\cdots,V_N\right]^{\mathrm{T}}\in\mathbf{R}^{3N}$，$\bar{V}_0=\left[\dot{P}_0,\cdots,\dot{P}_0\right]^{\mathrm{T}}\in\mathbf{R}^{3N}$。分布式控制器(6.93)可以写为如下矩阵形式：

$$
\bar{U}=-\lambda\bar{V}-(D\otimes I_3)\beta\mathrm{sign}(s) \tag{6.99}
$$

式中，$\beta=\mathrm{diag}\left\{\beta_{F_1},\cdots,\beta_{F_K},\beta_{L_1},\cdots,\beta_{L_K}\right\}$，$\beta_k\left(k\in\{\mathcal{E}_{\mathcal{F}},\mathcal{E}_{\mathcal{L}}\}\right)$如式(6.95)所示。

令$\Delta_D=\Delta_d-\lambda\bar{V}_0$，并将式(6.98)代入式(6.99)，得到

$$
\begin{aligned}
\dot{V}_{67} &= \left(\lambda\tilde{P}+\tilde{V}\right)^{\mathrm{T}}(H\otimes I_3)\left[-(D\otimes I_3)\beta\mathrm{sign}(s)+\Delta_D\right] \\
&\leqslant -\lambda_{\min}(H)\sum_{k\in\{\mathcal{E}_{\mathcal{F}},\mathcal{E}_{\mathcal{L}}\}}\sum_{\xi\in\{x,y,z\}}\beta_{k,\xi}\left|s_{k,\xi}\right|+\left(\lambda\tilde{P}+\tilde{V}\right)^{\mathrm{T}}(H\otimes I_3)\Delta_D
\end{aligned}
\tag{6.100}
$$

由式(6.96)和式(6.97)可知，$\left\|s_{PV}\right\|_2\geqslant\lambda_{\min}(H)\left\|\lambda\tilde{P}+\tilde{V}\right\|_2$。根据不等式$\|x\|_2\leqslant\|x\|_1$，$\left(\lambda\tilde{P}+\tilde{V}\right)^{\mathrm{T}}(H\otimes I_3)\Delta_D$可以写为

$$
\begin{aligned}
\left(\lambda\tilde{P}+\tilde{V}\right)^{\mathrm{T}}(H\otimes I_3)\Delta_D &\leqslant \lambda_{\max}(H)\left\|\lambda\tilde{P}+\tilde{V}\right\|_2\left\|\Delta_D\right\|_2 \\
&\leqslant \lambda_{\max}(H)\Delta_{\max}\left\|\lambda\tilde{P}+\tilde{V}\right\|_2 \\
&\leqslant \frac{\lambda_{\max}(H)\Delta_{\max}}{\lambda_{\min}(H)}\left\|s_{PV}\right\|_2 \\
&\leqslant \eta\sum_{k\in\{\mathcal{E}_{\mathcal{F}},\mathcal{E}_{\mathcal{L}}\}}\left\|s_{PV}\right\|_1 \\
&= \eta\sum_{k\in\{\mathcal{E}_{\mathcal{F}},\mathcal{E}_{\mathcal{L}}\}}\sum_{\xi\in\{x,y,z\}}\left|s_{k,\xi}\right|
\end{aligned}
\tag{6.101}
$$

式中，$\Delta_{\max}$是$\left\|\Delta_D\right\|_2$的上界，且$\eta=\dfrac{\lambda_{\max}(H)\Delta_{\max}}{\lambda_{\min}(H)}$。

将式(6.101)代入式(6.100)，可得

$$
\begin{aligned}
\dot{V}_{67} &\leqslant -\lambda_{\min}(H)\sum_{k\in\{\mathcal{E}_{\mathcal{F}},\mathcal{E}_{\mathcal{L}}\}}\sum_{\xi\in\{x,y,z\}}\beta_{k,\xi}\left|s_{k,\xi}\right|+\eta\sum_{k\in\{\mathcal{E}_{\mathcal{F}},\mathcal{E}_{\mathcal{L}}\}}\sum_{\xi\in\{x,y,z\}}\left|s_{k,\xi}\right| \\
&\leqslant -\lambda_{\min}(H)\sum_{k\in\{\mathcal{E}_{\mathcal{F}},\mathcal{E}_{\mathcal{L}}\}}\sum_{\xi\in\{x,y,z\}}\left(\beta_{k,\xi}-\eta_1\right)\left|s_{k,\xi}\right| \\
&= -\lambda_{\min}(H)\sum_{k\in\{\mathcal{E}_{\mathcal{F}},\mathcal{E}_{\mathcal{L}}\}}\sum_{\xi\in\{x,y,z\}}\bar{\beta}_{k,\xi}\left|s_{k,\xi}\right|
\end{aligned}
\tag{6.102}
$$

式中，$\eta_1=\dfrac{\eta}{\lambda_{\min}(H)}$，$\bar{\beta}_{k,\xi}=\beta_{k,\xi}-\eta_1$。下面分为两种情况对式(6.102)进行分析。

(1) 当$|s_{k,\xi}|>\bar{s}_{k,\xi}=\dfrac{\eta_1}{\eta_1+1}\rho_{k,\xi}$时，注意到$\beta_{k,\xi}(|s_{k,\xi}|)$是一个递增方程，由此可知$\beta_{k,\xi}(|s_{k,\xi}|)>\beta_{k,\xi}(\bar{s}_{k,\xi})=\eta_1$，即$\bar{\beta}_{k,\xi}>0$。因此

$$\begin{aligned}\dot{V}_{67}&\leqslant-\lambda_{\min}(H)\sum_{k\in\{\mathcal{E}_{\mathcal{F}},\mathcal{E}_{\mathcal{L}}\}}\sum_{\xi\in\{x,y,z\}}\bar{\beta}_{k,\xi}\left|s_{k,\xi}\right|\\&\leqslant-\lambda_{\min}(H)\bar{\beta}\left\|s_{k,\xi}\right\|_2\\&\leqslant-\eta_2V_{67}^{\frac{1}{2}}\end{aligned}\tag{6.103}$$

式中，$\bar{\beta}=\sum\limits_{k\in\{\mathcal{E}_{\mathcal{F}},\mathcal{E}_{\mathcal{L}}\}}\sum\limits_{\xi\in\{x,y,z\}}\bar{\beta}_{k,\xi}$，$\eta_2=\sqrt{2}\lambda_{\min}(H)\bar{\beta}$。从上述不等式可以看出，$|s_{k,\xi}|$会在有限时间$\tau_1$内收敛到$|s_{k,\xi}|\leqslant\bar{s}_{k,\xi}$。当$t\leqslant\tau_1$时，$\beta_{k,\xi}(|s_{k,\xi}|)>\beta_{k,\xi}(\bar{s}_{k,\xi})>0$，根据式(6.95)可知，$\left|s_{k,\xi}\right|<\rho_{k,\xi}=(\rho_{0k,\xi}-\rho_\infty)\mathrm{e}^{-\lambda t}+\rho_\infty$。$t>\tau_1$时的系统稳定性分析如下所述。

(2) 当$|s_{k,\xi}|<\bar{s}_{k,\xi}$或$t>\tau_1$时，$\dot{V}_{67}>0$且$s_{k,\xi}$逼近$\bar{s}_{k,\xi}$。需要注意的是，在$\left|s_{k,\xi}\right|$到达$\bar{s}_{k,\xi}$的时间点，$\bar{\beta}_{k,\xi}=0$，且$\dot{V}_{67}=0$，这意味着$V_{67}$成为常数，即对于任意$t\geqslant\tau_1$，$\left|s_{k,\xi}\right|\leqslant\bar{s}_{k,\xi}<\rho_{k,\xi}=(\rho_{0k,\xi}-\rho_\infty)\mathrm{e}^{-\lambda t}+\rho_\infty$。此外，若$|s_{k,\xi}|<\bar{s}_{k,\xi}$，则$\tau_1=0$。

因此，对任意$t\geqslant0$，$\left|s_{k,\xi}\right|<\rho_{k,\xi}$均成立。定理 6.5 证毕。

从上述证明过程可以看出，当$s_{k,\xi}$收敛到零时，式(6.95)定义的自适应增益$\beta_{k,\xi}$也等于零，此时，造成传统滑模控制信号出现抖振现象的不连续函数项$\mathrm{sign}(s_{k,\xi})$，由于与自适应增益项$\beta_{k,\xi}$相乘，在滑模变量$s_{k,\xi}$收敛到零时同样等于零，因此本章提出的控制器所输出的控制信号是连续的。此外，从上述对式(6.102)的分析可知，即使无法提前已知综合扰动的上界，根据自适应增益$\beta_{k,\xi}$的定义，滑模变量$s_{k,\xi}$会在有限时间收敛至式(6.83)所示的预设范围内。需要注意的是，根据式(6.82)中滑模变量$s_{k,\xi}$的定义，编队位置误差变量e_{Pk}和速度误差变量e_{Vk}也会在有限时间进入式(6.85)和式(6.86)所示的预设范围内。特别是当滑模变量在 t=0 时的初始值$s_{k,\xi}(0)$满足式(6.83)所示的预设区域时，e_{Pk}和e_{Vk}也会始终保持在式(6.85)和式(6.86)所示的预设范围内。因此，本节提出的自适应分布式滑模控制器不仅可以解决传统滑模算法的不连续问题以及对综合扰动上界的依赖性问题，还可以使编队位置及速度跟踪误差始终保持在与扰动无关的预设区域内，达到避

免碰撞的要求。

6.2.3 仿真验证

1. 仿真参数

本节将对多无人机系统和设计的自适应分布式控制器参数进行设置。仿真过程中，考虑由 1 架虚拟 Leader 无人机和 4 架 Follower 无人机组成的多无人机系统。图 6.9 给出了多无人机系统的通信拓扑结构，其中虚拟 Leader(参考轨迹)标号为 0，图中边的标号分别为 L_1、L_2、F_1、F_2 。

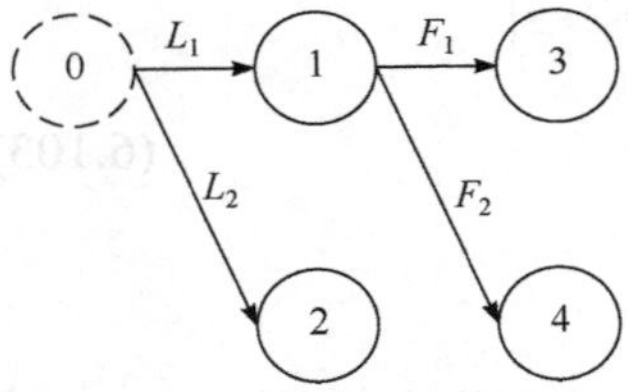

图 6.9　通信拓扑图

Follower 无人机之间边的箭头方向表示指定方向

参考轨迹(虚拟 Leader 无人机)选取为 $P_0 = \left[\sin(0.1t); 2\cos(0.1t); -\sin(0.1t)+2\right]$。4 架 Follower 无人机的初始状态设置为 $P_{10} = [-2,-1,-2]^{\mathrm{T}}\ \mathrm{m}$，$P_{20} = [-2,1,2]^{\mathrm{T}}\ \mathrm{m}$，$P_{30} = [-4,2,0]^{\mathrm{T}}\ \mathrm{m}$，$P_{40} = [-1,0,-1]^{\mathrm{T}}\ \mathrm{m}$。此外，Follower 无人机与 Leader 无人机之间的期望距离选取为 $c_1 = [1,3,4]^{\mathrm{T}}\ \mathrm{m}$，$c_2 = [3,2,2]^{\mathrm{T}}\ \mathrm{m}$，$c_3 = [3,-1,-3]^{\mathrm{T}}\ \mathrm{m}$，$c_4 = [-3,0,1]^{\mathrm{T}}\ \mathrm{m}$。邻机间的安全距离 c_{col} 设为 1m，在此基础上计算得到式(6.79)中的 $c_{Pk}(k=1,\cdots,4)$ 为 4.0990m、3.1231m、7.3066m 和 4.8310m，并通过选择合适的向量 $\overline{c}_{Pk}$ 使其满足不等式 $\left|e_{Pk,\xi}(0)\right| < \overline{c}_{Pk,\xi}$。

多无人机系统飞行过程中受到的综合扰动用如下函数进行模拟：

$$
\begin{aligned}
&\varDelta_1 = \left[0.2\sin t; 1.4\sin t; 0.3\sin t\right] \\
&\varDelta_2 = \left[8.2/(t+1)+0.002; 4/(t+2)+0.001; 2\cos(0.5t)\right] \\
&\varDelta_3 = \left[2\cos(0.1t); 0.8\sin(0.1t)+0.4\cos(0.2t); 1.5\cos(0.1t)\right] \\
&\varDelta_4 = \left[3\sin t; 0.33\cos t+2\cos(0.5t); 0.5\sin(0.6t)+1.2\cos t\right]
\end{aligned}
$$

自适应分布式控制器的参数设置为 $\rho_{0k,\xi} = |s_{k,\xi}(0)| + 0.11$，$\rho_\infty = 0.01$。

备注 6.1　由式(6.84)可知，当初始编队位置误差满足 $|e_{Pk,\xi}(0)| < \overline{d}_{pk,\xi}$ 时，避碰条件(6.84)可以通过调小 λ 或者增大 ρ_∞ 满足，特别是初始编队速度误差一般设置为 0。而不等式 $|e_{Pk,\xi}(0)| < \overline{d}_{Pk,\xi}$ 表示在多无人机的初始编队位置误差满足引理 6.3 中的避碰条件，该条件较易满足。在本节的仿真实验中，ρ_∞ 设置为 0.01，而参数 λ 的变化对控制性能的影响在下面的仿真结果中给出。

2. 仿真结果

基于上述设计的基于预设性能函数的自适应分布式控制器及给定的仿真参数

进行仿真验证。图 6.10～图 6.12 给出了不同 λ 值下，$s_{k,\xi}$、$e_{Pk,\xi}$ 和 $e_{Vk,\xi}$ 的收敛曲线。为简便起见，图 6.10～图 6.12 只给出 x 轴方向的收敛曲线($\xi = x$)。从图中可以看出，随着 λ 的增大，上述变量的收敛速度也随之增快，收敛精度变得更高，然而 $e_{Vk,x}$ 的超调量变得更大。

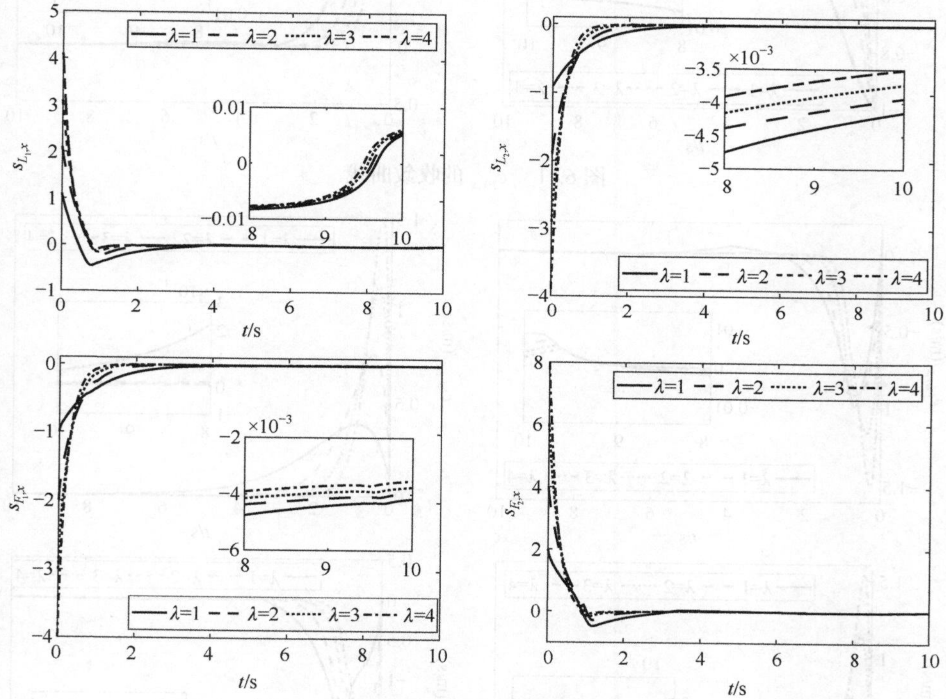

图 6.10　$s_{k,x}$ 的收敛曲线

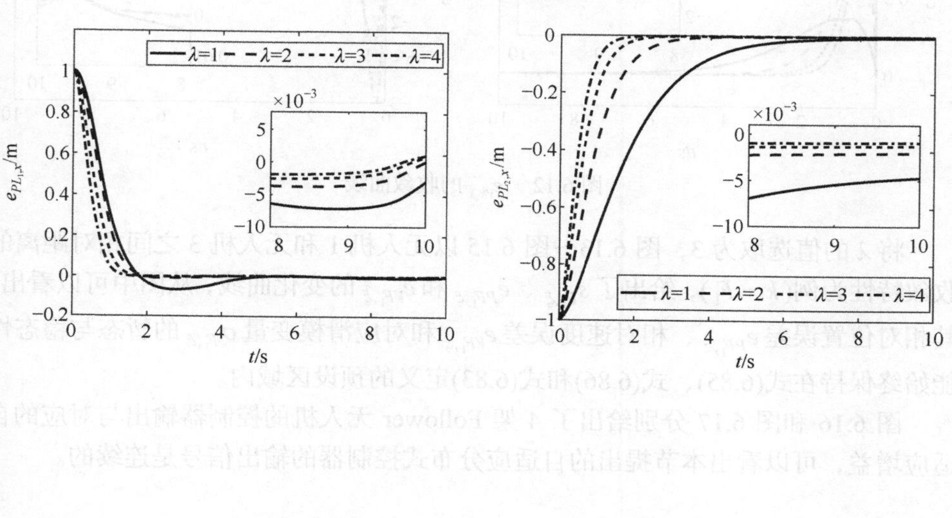

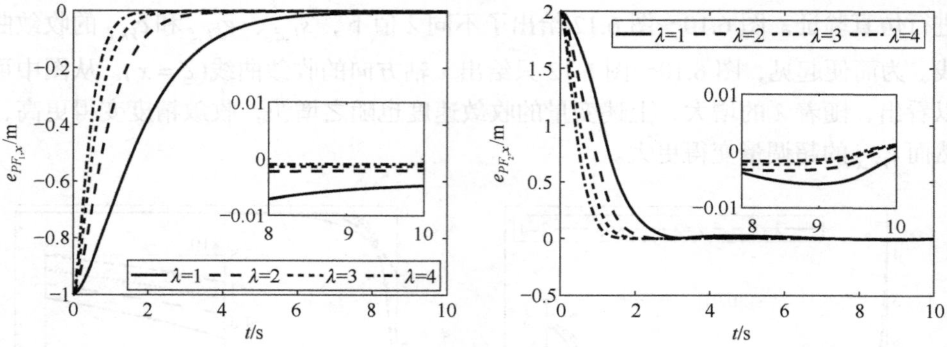

图 6.11　$e_{Pk,x}$ 的收敛曲线

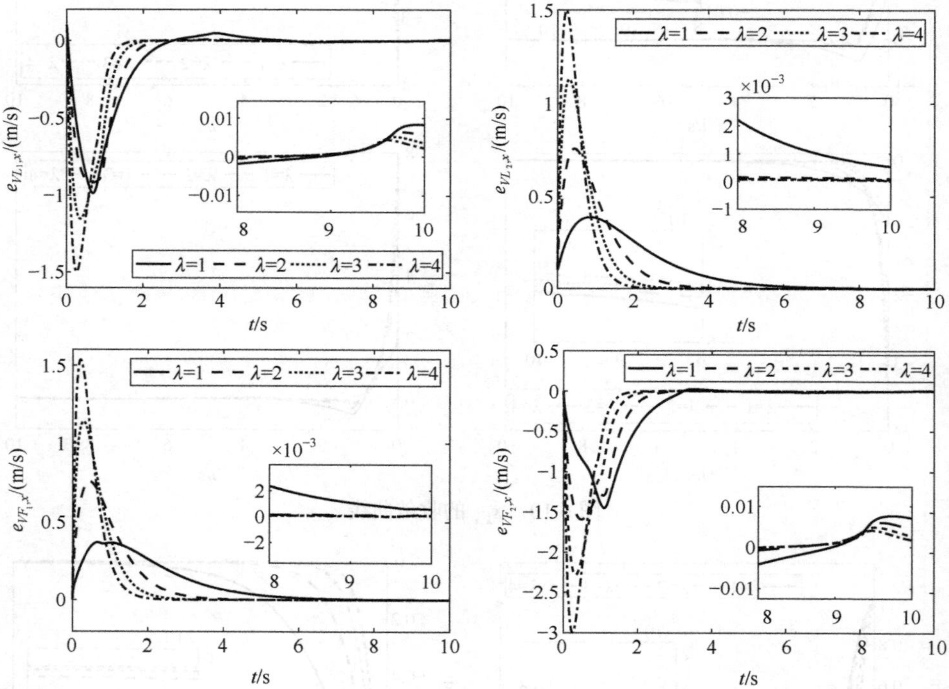

图 6.12　$e_{Vk,x}$ 的收敛曲线

将 λ 的值选取为 3，图 6.13～图 6.15 以无人机 1 和无人机 3 之间相对距离的收敛特性为例($k = F_1$)，给出了 $s_{F_1,\xi}$ 、$e_{PF_1,\xi}$ 和 $e_{VF_1,\xi}$ 的变化曲线，从图中可以看出，其相对位置误差 $e_{PF_1,\xi}$ 、相对速度误差 $e_{VF_1,\xi}$ 和对应滑模变量 $\sigma_{F_1,\xi}$ 的暂态与稳态性能始终保持在式(6.85)、式(6.86)和式(6.83)定义的预设区域内。

图 6.16 和图 6.17 分别给出了 4 架 Follower 无人机的控制器输出与对应的自适应增益，可以看出本节提出的自适应分布式控制器的输出信号是连续的。

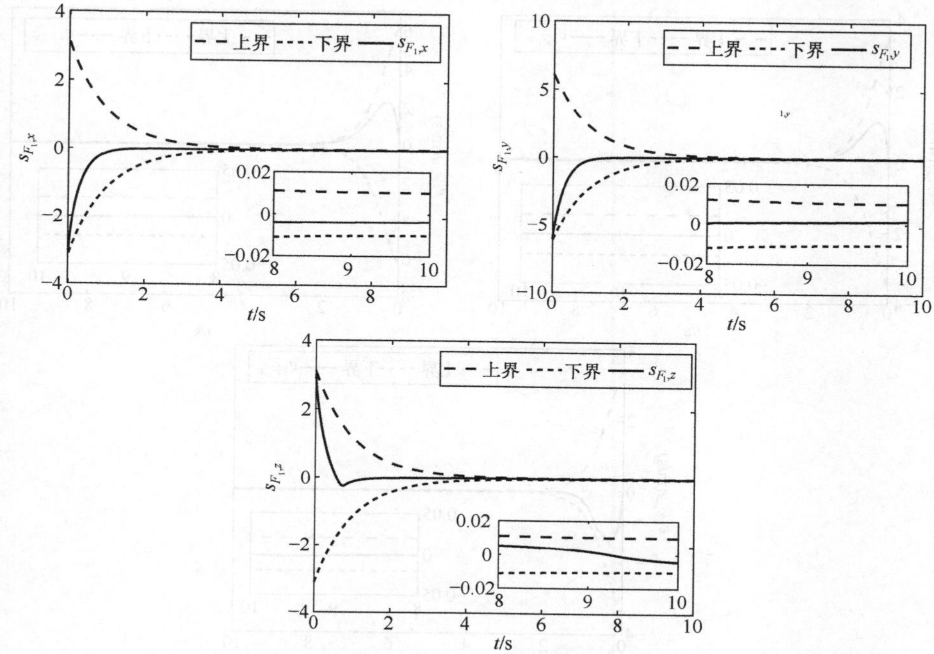

图 6.13 $s_{F_1,\xi}$ 的收敛曲线

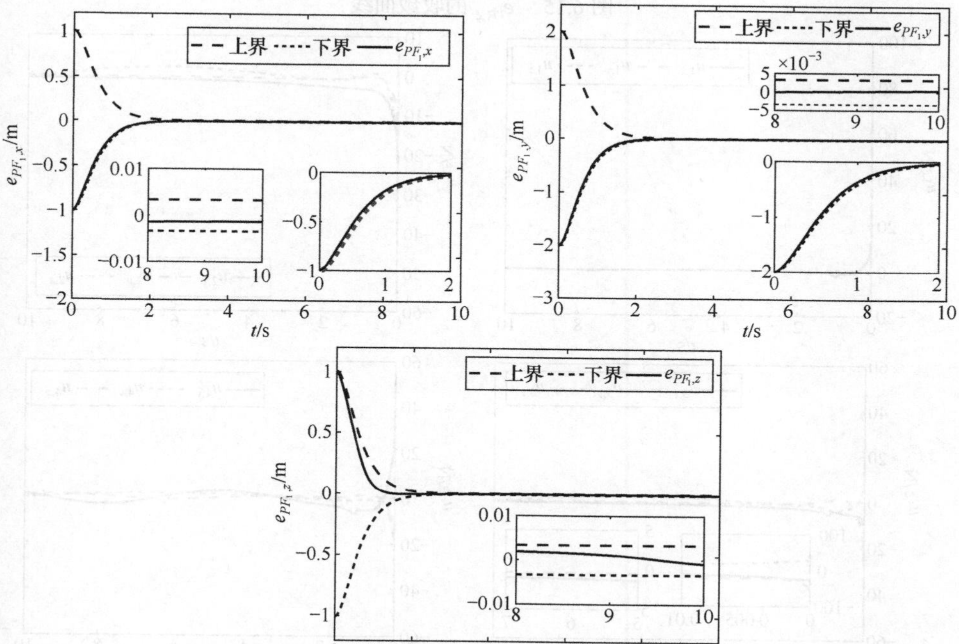

图 6.14 $e_{PF_1,\xi}$ 的收敛曲线

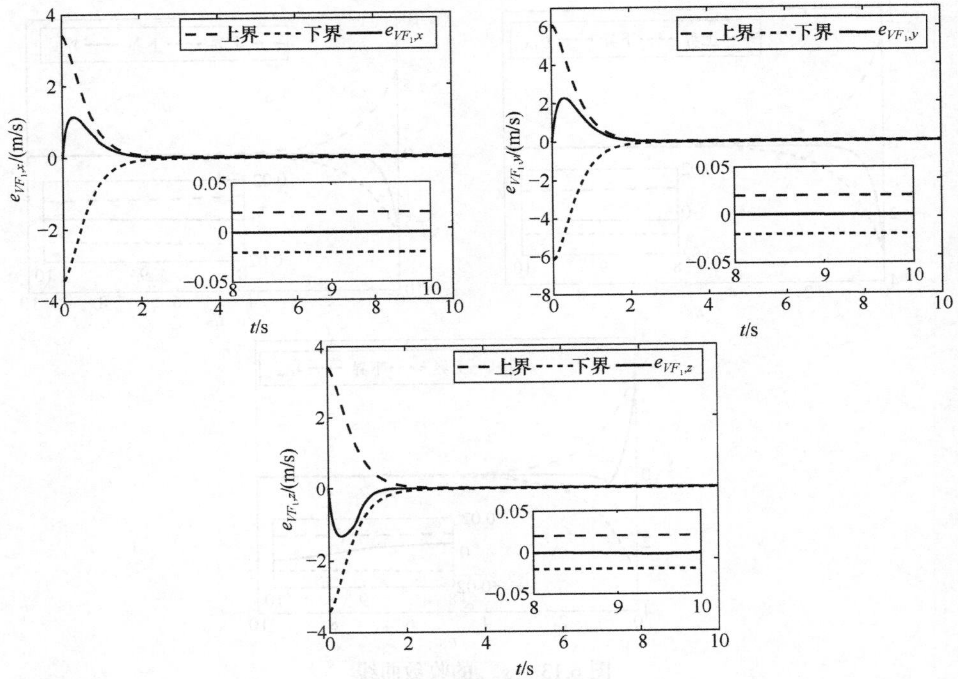

图 6.15 $e_{VF_1,\xi}$ 的收敛曲线

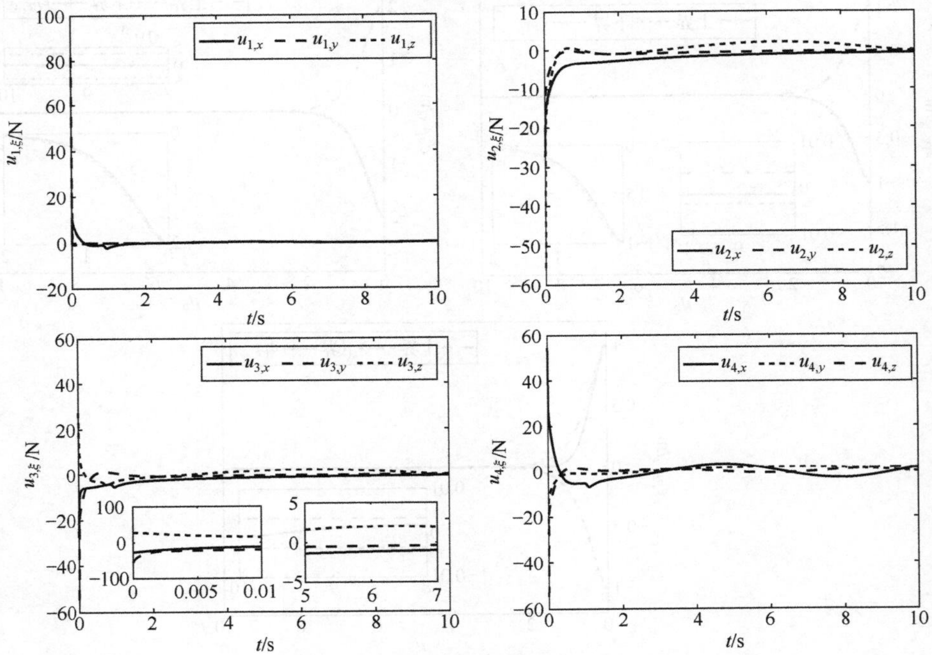

图 6.16 $u_{i,\xi}$ 的变化曲线

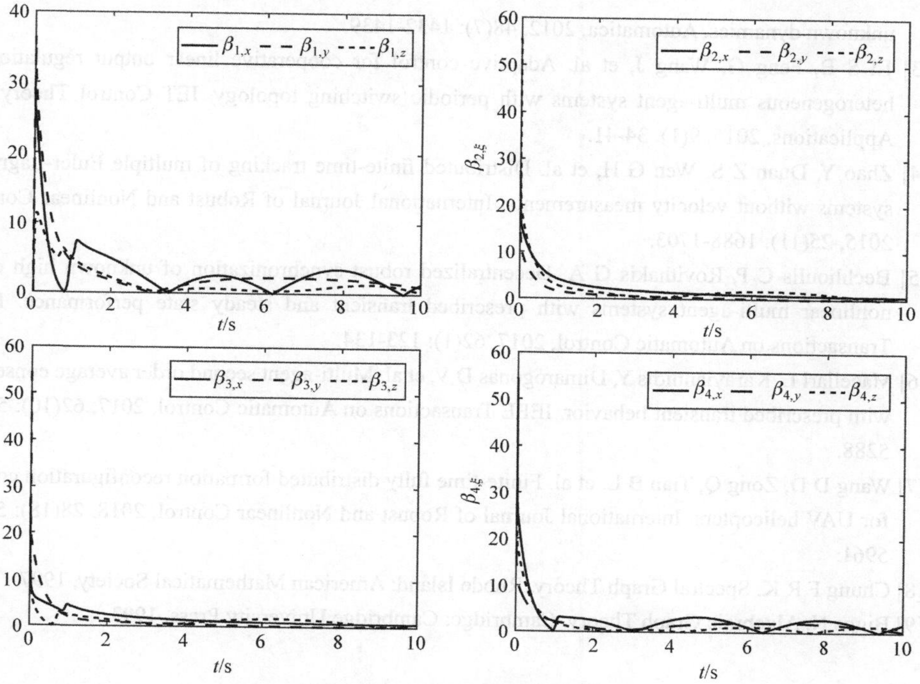

图 6.17 $\beta_{i,\xi}$ 的变化曲线

6.3 小 结

作为当前研究的重点及热点问题，多无人机编队可以拓宽单架无人机的使用范围，有效提高无人机完成任务的效率，在军用及民用方面都发挥着愈加重要的作用。本章首先针对全局通信拓扑未知情形下的多无人机编队保持控制问题，研究了自适应控制策略，分别进行位置外环控制器及姿态内环控制器设计，实现了多无人机快速高精度编队保持控制，并通过仿真验证了该算法的有效性。此外，本章考虑预设性能算法定量刻画被控系统暂态与稳态性能的优势，提出了一种新型的自适应分布式滑模控制器，将预设性能函数用于时变自适应律的设计中，使无人机编队位置及速度跟踪误差始终保持在与扰动无关的预设性能区域内，达到避免碰撞的要求，实现多架无人机对给定轨迹的编队跟踪飞行。

参 考 文 献

[1] Su Y F, Huang J. Cooperative output regulation of linear multi-agent systems by output feedback. Systems & Control Letters, 2012, 61(12): 1248-1253.

[2] Zhang H, Lewis F L. Adaptive cooperative tracking control of higher-order nonlinear systems with

unknown dynamics. Automatica, 2012, 48(7): 1432-1439.
[3] Li S B, Feng G, Wang J, et al. Adaptive control for cooperative linear output regulation of heterogeneous multi-agent systems with periodic switching topology. IET Control Theory and Applications, 2015, 9(1): 34-41.
[4] Zhao Y, Duan Z S, Wen G H, et al. Distributed finite-time tracking of multiple Euler-Lagrange systems without velocity measurements. International Journal of Robust and Nonlinear Control, 2015, 25(11): 1688-1703.
[5] Bechlioulis C P, Rovithakis G A. Decentralized robust synchronization of unknown high order nonlinear multi-agent systems with prescribed transient and steady state performance. IEEE Transactions on Automatic Control, 2017, 62(1): 123-134.
[6] Macellari L, Karayiannidis Y, Dimarogonas D V, et al. Multi-agent second order average consensus with prescribed transient behavior. IEEE Transactions on Automatic Control, 2017, 62(10): 5282-5288.
[7] Wang D D, Zong Q, Tian B L, et al. Finite-time fully distributed formation reconfiguration control for UAV helicopters. International Journal of Robust and Nonlinear Control, 2018, 28(18): 5943-5961.
[8] Chung F R K. Spectral Graph Theory. Rhode Island: American Mathematical Society, 1997.
[9] Biggs N. Algebraic Graph Theory. Cambridge: Cambridge University Press, 1993.

第 7 章　多无人机编队安全重构控制

无人机编队飞行过程中，当执行任务改变、运行环境出现障碍或面对突发威胁时，无人机编队系统需按照任务指令进行整体的队形重构，以适应环境或任务指令的变化，即编队中无人机需按需求改变其位置、速度和姿态等以进行最佳的控制，从而保证无人机编队系统平稳安全地实现编队重构。编队重构控制作为无人机编队系统的一部分，具有非常重要的作用，重构过程中需要充分考虑安全变换队形的任务需求，由于无人机数量众多，机间通信拓扑难以传达至每架无人机，且重构过程中容易出现机间碰撞问题，导致无人机坠毁及重构任务失败[1-3]。因此，本章考虑通信拓扑已知及未知情形下的多无人机编队重构控制问题，分别展开滑模控制及自适应完全分布式综合控制算法研究，并设计势能函数以实现机间避碰，达到规避危险并提高任务效能的目的，实现无人机编队安全、快速的队形重构。

本章的主要内容安排如下：7.1 节针对无人机编队重构过程中的模型不确定、外界干扰及机间碰撞等问题，考虑通信拓扑已知情形下的多无人机队形安全、快速重构控制器设计算法；7.2 节进一步针对通信拓扑未知情形下的多无人机编队队形重构问题，根据避碰避障要求，研究自适应完全分布式编队重构控制算法，实现多无人机快速安全的队形重构；7.3 节给出本章小结。

7.1　全局通信拓扑已知情形下的多无人机编队重构

本节考虑复杂外部干扰和模型不确定等影响下的多无人机编队重构问题，在全局通信拓扑已知的情形下，为进行安全的编队飞行，采用势能函数及轨迹跟踪控制的避碰策略，实现对机间冲突的规避，以完成多无人直升机编队安全、快速的编队队形重构。

7.1.1　问题描述

以无人机构成的 Leader-Follower 编队作为研究对象，考虑复杂环境干扰及模型不确定影响，建立同式(6.11)和式(6.12)所示的无人机编队模型。

位置外环模型：

$$\begin{aligned}\dot{P}_i &= V_i \\ \dot{V}_i &= ge_3 + R_i e_3(-g + Z_w^i w_i) + U_{1i} + d_{Vi}\end{aligned} \tag{7.1}$$

姿态内环模型：

$$\begin{aligned}&\dot{\Theta}_i = \Pi_i \Omega_i \\ &\dot{\Omega}_i = -J_i^{-1} S(\Omega_i) J_i \Omega_i + A_i \Omega_i + e_3 N_{\text{col}}^i \delta_{\text{col}}^i + \bar{B}_i U_{2i} + d_{\Omega i}\end{aligned} \tag{7.2}$$

假设 7.1 假设位置外环模型(7.1)及姿态内环模型(7.2)中所受干扰为一阶导数有界，即满足 $\dot{d}_{Vi} \leqslant L_{1i}$，$\dot{d}_{\Omega i} \leqslant L_{2i}$，其中 L_{1i}、L_{2i} 均为有限正实数。

下面将针对位置外环模型(7.1)及姿态内环模型(7.2)组成的多无人机面向控制模型，进行编队重构控制器设计。

考虑多无人机编队飞行过程中队形变化的任务需求，编队重构阶段控制目标可描述为：基于多无人机编队面向控制模型式(7.1)和式(7.2)，其中各架无人机可通过通信传递邻机的状态，设计包含避碰思想的编队控制输入 $[U_{1i}, U_{2i}]^{\mathrm{T}}$，使得在模型参数不确定及外界干扰的综合影响下，无人机编队可以在有限时间内实现队形的安全重构，即使得式(7.3)成立：

$$\lim_{t\to T}\left(P_0 - P_i\right) = -c_i, \quad \lim_{t\to T}\left(P_j - P_i\right) = \left(c_j - c_i\right), \quad i, j = 1, 2, \cdots, n \tag{7.3}$$

式中，T 表示有限时间；P_0 为 Leader 无人机位置；P_i 为无人机 i 的位置；$c_i = [c_{xi}, c_{yi}, c_{zi}]^{\mathrm{T}}$ 为无人机 i 需要与 Leader 保持的编队队形。

为实现以上控制目标，采用如图 7.1 所示的多无人机编队重构控制结构图，其设计思路为：首先，针对位置外环模型，基于机间相对状态，考虑模型不确定及外界干扰影响，进行势能函数-超螺旋干扰观测器-编队轨迹跟踪控制器综合设计，实现满足避碰要求下的期望轨迹跟踪；其次，针对姿态内环模型，基于姿态解算算法完成期望姿态求解，并进行内环干扰观测器-姿态跟踪控制器综合设计，实现对期望姿态的有限时间跟踪控制；最后，基于 Lyapunov 算法完成对编队重构控制系统的稳定性分析。

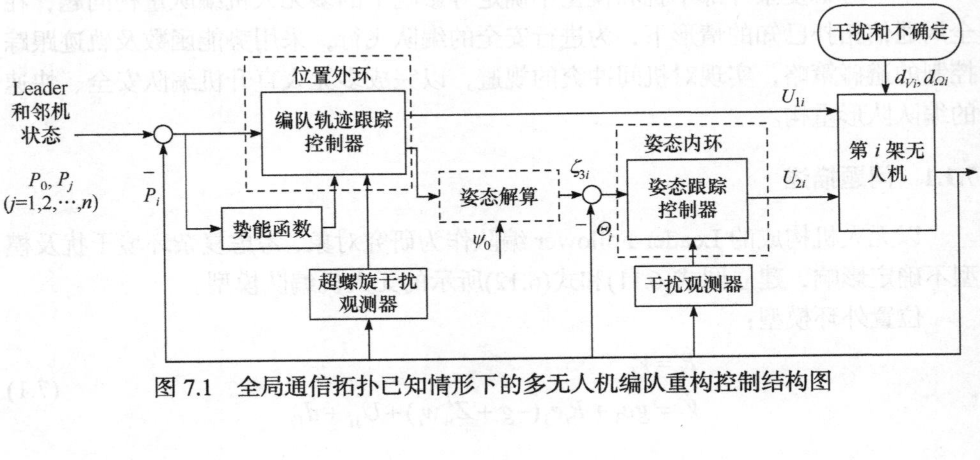

图 7.1 全局通信拓扑已知情形下的多无人机编队重构控制结构图

7.1.2　超螺旋干扰观测器设计

为实现无人机面向控制模型式(7.1)和式(7.2)中的外界干扰 d_{Vi} 及 $d_{\Omega i}$ 的有效估计，考虑超螺旋算法高精度、快速收敛的特性，下面将进行超螺旋干扰观测器设计。首先针对位置外环模型式(7.1)，定义无人机 i 的速度观测值为 $\hat{V}_i$，设计如式(7.4)所示的观测器形式：

$$\dot{\hat{V}}_i = ge_3 + R_i e_3(-g + Z_w^i w_i) + U_{1i} + \hat{d}_{Vi} \tag{7.4}$$

式中，$\hat{d}_{Vi}$ 为位置外环干扰 d_{Vi} 的估计值，设计如式(7.5)所示的趋近项：

$$\begin{cases} \hat{d}_{Vi} = k_{1di}\dfrac{s_{Vi}}{\left\|s_{Vi}\right\|^{1/2}} + k_{2di}s_{Vi} - \xi_{1Vi} \\ \dot{\xi}_{1Vi} = -k_{3di}\dfrac{s_{Vi}}{\left\|s_{Vi}\right\|} - k_{4di}s_{Vi} \end{cases} \tag{7.5}$$

式中，$s_{Vi} = V_i - \hat{V}_i$ 为速度观测误差；k_{1di}、k_{2di}、k_{3di}、k_{4di} 为待设计参数。通过比较式(7.1)及式(7.4)可以看出，如果速度观测误差 s_{Vi} 收敛到 0，那么 $\hat{d}_{Vi}$ 就可以实现对干扰 d_{Vi} 的有效估计。

同理，针对姿态内环模型(7.2)，设计如式(7.6)所示的观测器形式：

$$\dot{\hat{\Omega}}_i = -J_i^{-1}S(\Omega_i)J_i\Omega_i + A_i\Omega_i + e_3 N_{\text{col}}^i \delta_{\text{col}}^i + \bar{B}_i U_{2i} + \hat{d}_{\Omega i} \tag{7.6}$$

式中，$\hat{\Omega}_i$ 为姿态角速度观测值；$\hat{d}_{\Omega i}$ 为内环干扰 $d_{\Omega i}$ 的估计值，设计如式(7.7)所示的趋近项：

$$\begin{cases} \hat{d}_{\Omega i} = k_{75i}\dfrac{s_{\Omega i}}{\left\|s_{\Omega i}\right\|^{1/2}} + k_{76i}s_{\Omega i} - \xi_{\Omega i} \\ \dot{\xi}_{\Omega i} = -k_{77i}\dfrac{s_{\Omega i}}{\left\|s_{\Omega i}\right\|} - k_{78i}s_{\Omega i} \end{cases} \tag{7.7}$$

式中，$s_{\Omega i} = \Omega_i - \hat{\Omega}_i$ 为姿态角速度观测误差；k_{75i}、k_{76i}、k_{77i}、k_{78i} 为待设计参数。

为进行后续超螺旋干扰观测器的稳定性证明，给出以下引理。

引理 7.1[4]　如果系统对任意 $x \in \mathbf{R}^n$，存在连续正定函数 $\Phi(x)$ 和实数 $c > 0$，$\alpha \in (0,1)$，使得 $\dot{\Phi}(x) + c\Phi^{\alpha}(x) \leqslant 0$，则称系统是有限时间收敛的，收敛时间 T 满足 $T \leqslant \dfrac{V^{1-\alpha}(x_0)}{\lambda(1-\alpha)}$。

定理 7.1　针对第 i 个无人机的位置外环模型(7.1)及姿态内环模型(7.2)，在假设 7.1 成立的条件下，如果设计如式(7.4)～式(7.7)所示的观测器形式，那么存在一组合适的待设计控制增益 $k_{7ji}\ (j=1,2,\cdots,8)$，使得观测器误差 s_{Vi}、$s_{\Omega i}$ 及其导数 $\dot{s}_{Vi}$、$\dot{s}_{\Omega i}$ 在有限时间收敛到零，即 $\hat{d}_{Vi}$、$\hat{d}_{\Omega i}$ 可实现对干扰 d_{Vi}、$d_{\Omega i}$ 的有效估计。

证明 由于位置外环干扰 d_{Vi} 与姿态内环干扰 $d_{\Omega i}$ 的观测器设计证明过程完全一致，为避免赘述，下面将以位置外环为例，证明观测器设计的有效性。基于位置外环模型(7.1)及观测器(7.4)，可得速度观测误差动态为

$$\begin{cases}\dot{s}_{Vi}=\dot{V}_i-\dot{\hat{V}}_i=d_{Vi}-\hat{d}_{Vi}\\ \qquad =-k_{1di}\dfrac{s_{Vi}}{\|s_{Vi}\|^{1/2}}-k_{2di}s_{Vi}+\xi_{1Vi}+d_{Vi}\\ \dot{\xi}_{1Vi}=-k_{3di}\dfrac{s_{Vi}}{\|s_{Vi}\|}-k_{4di}s_{Vi}\end{cases} \tag{7.8}$$

定义辅助变量 $\xi_{2Vi}=d_{Vi}+\xi_{1Vi}$，那么式(7.8)可转化为

$$\begin{cases}\dot{s}_{Vi}=-k_{1di}\dfrac{s_{Vi}}{\|s_{Vi}\|^{1/2}}-k_{2di}s_{Vi}+\xi_{2Vi}\\ \dot{\xi}_{2Vi}=-k_{3di}\dfrac{s_{Vi}}{\|s_{Vi}\|}-k_{4di}s_{Vi}+\dot{d}_{Vi}\end{cases} \tag{7.9}$$

定义如式(7.10)所示的 Lyapunov 函数：

$$\begin{cases}\varPhi_{1i}=2k_{3di}\|s_{Vi}\|+k_{2di}s_{Vi}^{\mathrm{T}}s_{Vi}+\dfrac{1}{2}\xi_{2Vi}^{\mathrm{T}}\xi_{2Vi}+\vartheta_i^{\mathrm{T}}\vartheta_i\\ \vartheta_i=k_{1di}\dfrac{s_{Vi}}{\|s_{Vi}\|^{1/2}}+k_{2di}s_{Vi}-\xi_{2Vi}\end{cases} \tag{7.10}$$

定义变量 $\varPi_i=\left[\|s_{Vi}\|^{1/2},\|s_{Vi}\|,\|\xi_{2Vi}\|\right]^{\mathrm{T}}$，则上述 Lyapunov 函数可以表示为

$$\varPhi_{1i}=\varPi_i^{\mathrm{T}}Q_i\varPi_i \tag{7.11}$$

式中，Q_i 为对称正定矩阵：

$$Q_i=\begin{bmatrix}k_{1di}^2+2k_{3di} & k_{1di}k_{2di} & -k_{1di}\\ * & k_{2di}+k_{4di} & -k_{2di}\\ * & * & 1/2\end{bmatrix}$$

式中，*代表矩阵对称部分。对 Lyapunov 函数(7.11)求导，可得

$$
\begin{aligned}
\dot{\varPhi}_{1i}=&\left(2k_{3di}+\frac{k_{1di}^2}{2}\right)\frac{s_{Vi}^{\mathrm{T}}\dot{s}_{Vi}}{\left\|s_{Vi}\right\|}+2\left(\frac{k_{2di}}{2}+k_{4di}\right)s_{Vi}^{\mathrm{T}}\dot{s}_{Vi}+2\vartheta_i^{\mathrm{T}}\dot{\vartheta}_i\\
&+\frac{3}{2}k_{1di}k_{2di}\frac{s_{Vi}^{\mathrm{T}}\dot{s}_{Vi}}{\left\|s_{Vi}\right\|^{1/2}}-k_{2di}\left(s_{Vi}^{\mathrm{T}}\dot{\xi}_{2Vi}+\xi_{2Vi}^{\mathrm{T}}\dot{s}_{Vi}\right)\\
&-k_{1di}\left[-\frac{1}{2}\frac{(s_{Vi}^{\mathrm{T}}\dot{s}_{Vi})(\xi_{2Vi}^{\mathrm{T}}s_{Vi})}{\left\|s_{Vi}\right\|^{5/2}}+\frac{\dot{\xi}_{2Vi}^{\mathrm{T}}s_{Vi}+\xi_{2Vi}^{\mathrm{T}}\dot{s}_{Vi}}{\left\|s_{Vi}\right\|^{1/2}}\right]
\end{aligned}\tag{7.12}
$$

将速度观测误差动态式(7.9)代入式(7.12)，可得

$$
\begin{aligned}
\dot{\varPhi}_{1i}=&-\left(k_{1di}k_{3di}+\frac{k_{1di}^3}{2}\right)\frac{\left\|s_{Vi}\right\|^2}{\left\|s_{Vi}\right\|^{3/2}}-\left(k_{2di}k_{4di}+k_{2di}^3\right)\left\|s_{Vi}\right\|^2-\left(k_{4di}k_{1di}+\frac{5}{2}k_{1di}k_{2di}^2\right)\frac{\left\|s_{Vi}\right\|^2}{\left\|s_{Vi}\right\|^{1/2}}\\
&+k_{1di}^2\frac{s_{Vi}^{\mathrm{T}}\xi_{2Vi}}{\left\|s_{Vi}\right\|}+2k_{2di}^2s_{Vi}^{\mathrm{T}}\xi_{2Vi}+3k_{1di}k_{2di}\frac{s_{Vi}^{\mathrm{T}}\xi_{2Vi}}{\left\|s_{Vi}\right\|^{1/2}}-k_{2di}\left\|\xi_{2Vi}\right\|^2\\
&+\frac{k_{1di}}{2}\frac{(s_{Vi}^{\mathrm{T}}\xi_{2Vi})(\xi_{2Vi}^{\mathrm{T}}s_{Vi})}{\left\|s_{Vi}\right\|^{5/2}}-k_{1di}\frac{\xi_{2Vi}^{\mathrm{T}}\xi_{2Vi}}{\left\|s_{Vi}\right\|^{1/2}}-\left(k_{3di}k_{2di}+2k_{1di}^2k_{2di}\right)\frac{\left\|s_{Vi}\right\|^2}{\left\|s_{Vi}\right\|}\\
&+2\xi_{2Vi}^{\mathrm{T}}\dot{d}_{Vi}-k_{2di}s_{Vi}^{\mathrm{T}}\dot{d}_{Vi}-k_{1di}\frac{\dot{d}_{Vi}^{\mathrm{T}}s_{Vi}}{\left\|s_{Vi}\right\|^{1/2}}
\end{aligned}\tag{7.13}
$$

进一步，将$\left\|\dot{d}_{Vi}\right\|\leqslant L_{1i}$代入式(7.13)，整理得

$$
\begin{aligned}
\dot{\varPhi}_{1i}\leqslant&-\left(k_{1di}k_{3di}+\frac{k_{1di}^3}{2}\right)\left\|s_{Vi}\right\|^{1/2}-\left(k_{1di}k_{3di}+2k_{1di}^2k_{2di}\right)\left\|s_{Vi}\right\|\\
&-\left(k_{1di}k_{4di}+\frac{5}{2}k_{1di}k_{2di}^2\right)\left\|s_{Vi}\right\|^{3/2}+k_{1di}^2\left\|\xi_{2Vi}\right\|\\
&+\left(k_{2di}k_{4di}+k_{2di}^2\right)\left\|s_{Vi}\right\|^2+2k_{2di}^2\left\|s_{Vi}\right\|\left\|\xi_{2Vi}\right\|+3k_{1di}k_{2di}\left\|s_{Vi}\right\|^{1/2}\left\|\xi_{2Vi}\right\|\\
&-k_{2di}\left\|\xi_{2Vi}\right\|^2+\frac{k_{1di}}{2}\frac{\left\|\xi_{2Vi}\right\|^2}{\left\|s_{Vi}\right\|^{1/2}}\\
&+2L_{1i}\left\|\xi_{2Vi}\right\|-k_{2di}L_{1i}\left\|s_{Vi}\right\|-k_{1di}L_{1i}\left\|s_{Vi}\right\|^{1/2}
\end{aligned}\tag{7.14}
$$

将$\varPhi_{1i}=\varPi_i^{\mathrm{T}}Q_i\varPi_i$代入式(7.14)，得到如下简化形式：

$$
\begin{aligned}
\dot{\varPhi}_{1i} &\leqslant -\frac{1}{\|s_{Vi}\|^{1/2}}\varPi_i^{\mathrm{T}}\varXi_{1i}\varPi_i-\varPi_i^{\mathrm{T}}\varXi_{2i}\varPi_i \\
&\leqslant -\frac{1}{\|s_{Vi}\|^{1/2}}\varPi_i^{\mathrm{T}}\varXi_{1i}\varPi_i \\
&\leqslant -\frac{1}{\|s_{Vi}\|^{1/2}}\lambda_{\min}(\varXi_{1i})\|\varPi_i\|^2
\end{aligned}
\tag{7.15}
$$

式中，$\varXi_{1i}$ 及 $\varXi_{2i}$ 为正定矩阵，表达式为

$$
\varXi_{1i}=\begin{bmatrix}
\frac{1}{2}k_{1di}^3+k_{1di}k_{3di}-L_{2i}k_{1di} & 0 & -\frac{1}{2}k_{1di}^2-L_{2i} \\
* & k_{4di}k_{1di}+\frac{5}{2}k_{2di}^2k_{1di} & -\frac{3}{2}k_{1di}k_{2di} \\
* & * & \frac{1}{2}k_{1di}
\end{bmatrix}>0
$$

$$
\varXi_{2i}=\begin{bmatrix}
k_{2di}k_{3di}+2k_{1di}^2k_{2di}-L_{2i}k_{2di} & 0 & 0 \\
* & k_{4di}k_{2di}+k_{2di}^3k_{1di} & -k_{2di}^2 \\
* & * & k_{2di}
\end{bmatrix}>0
$$

由上式可得控制增益的取值如式(7.16)所示：

$$
\begin{aligned}
&k_{1di}>\sqrt{2L_{1i}},\quad k_{2di}>0,\quad k_{3di}>\max\left\{\frac{-2k_{1di}^2k_{2di}+k_{2di}L_{1i}}{k_{2di}},3L_{1i}+\frac{2L_{1i}^2}{k_{1di}^2}\right\} \\
&k_{4di}>\left\{\frac{\left(\frac{3}{2}k_{1di}^2k_{2di}+3L_{1i}k_{2di}\right)^2}{k_{3di}k_{1di}^2-2L_{1i}^2-3L_{1i}k_{1di}^2}+2k_{2di}^2,0\right\}
\end{aligned}
\tag{7.16}
$$

由 $(\varPhi_{1i})^{1/2}\geqslant\sqrt{\lambda_{\min}(\varXi_{1i})}\|s_{Vi}\|^{1/2}$，可得

$$
\dot{\varPhi}_{1i}\leqslant-\frac{\lambda_{\min}(\varXi_{1i})\sqrt{\lambda_{\max}(Q_i)}}{\lambda_{\max}(Q_i)}(\varPhi_{1i})^{1/2}
\tag{7.17}
$$

由引理 7.1 可以得到，系统状态 s_{dVi} 可以在有限时间 T_V 收敛到零，收敛时间为

$$
T_V\leqslant\frac{\varPhi_{1i}^{\,1-\frac{\lambda_{\min}(\varXi_{1i})\sqrt{\lambda_{\max}(Q_i)}}{\lambda_{\max}(Q_i)}}(\varPi_{1i}(0))}{\frac{1}{2}\left(1-\frac{\lambda_{\min}(\varXi_{1i})\sqrt{\lambda_{\max}(Q_i)}}{\lambda_{\max}(Q_i)}\right)}
\tag{7.18}
$$

即观测器(7.4)和(7.5)可在时间 T_V 内实现对干扰 d_{Vi} 的有效估计。同理可得，姿态环干扰观测器(7.7)可以实现对干扰 $d_{\Omega i}$ 的有效估计。定理 7.1 得证。

基于式(7.4)～式(7.7)所示的位置外环及姿态内环观测器对干扰 d_{Vi}、$d_{\Omega i}$ 的有效估计，下面将进一步考虑无人机编队系统避碰避撞需求，进行编队重构控制器设计。

7.1.3 基于势能函数的编队重构控制器设计

势能函数法是借鉴物理学中势能场的概念，其基本思想是让环境中的障碍物对无人机产生排斥力，而目标位置对无人机产生吸引力，在两者合力的作用下无人机能够沿着使势能最小的方向运动，从而实现在避碰避障的情形下到达目标位置[1,5,6]。下面将考虑无人机编队重构过程中的避碰问题，利用 7.1.2 节干扰观测器对干扰的估计值，分别针对位置外环及姿态内环，设计基于势能函数的编队重构控制器，实现满足避碰要求下的有限时间快速编队重构。

1. 基于势能函数法的位置外环控制器设计

多无人机根据任务指令进行编队队形重构时，无人机 i 根据无线通信获得邻机的状态，并基于自身状态和邻机状态完成队形重构。因此，基于机间通信情况，定义编队位置误差 e_{Pi} 如式(7.19)所示：

$$e_{Pi} = a_{i0}(P_0 - P_i - c_i) + \sum_{j=1}^{n} a_{ij}(P_j - P_i + c_j - c_i) \tag{7.19}$$

式中，P_0 为 Leader 无人机的位置；P_i、P_j 分别为 Follower 无人机 i 和 j 的位置；c_i、c_j 分别为 Follower 无人机 i 和 j 相对于 Leader 无人机的期望编队位置；$a_{ij} = 1(j = 0,1,\cdots,n)$ 表示无人机 i 可以和无人机 j 通信，$a_{ij} = 0$ 则表示不能通信。为方便后续控制器的设计与证明，定义变量 $\overline{e}_{Pi}$ 为

$$\overline{e}_{Pi} = \sum_{j=0}^{n} a_{ij}(P_j - P_i + c_j - c_i) - \sum_{i,j=1,i\neq j}^{n} V_{ij}^{a} \tag{7.20}$$

式中，V_{ij}^{a} 为无人机 i 在编队重构阶段的避碰势能函数项，设计为

$$V_{ij}^{a}(t) = \begin{cases} \eta_j \varepsilon_a^{(\rho_a - d_{ij}(t))/(\rho_a - r_a)}, & d_{ij}(t) < r_a \\ 0, & \text{其他} \end{cases} \tag{7.21}$$

式中，$d_{ij}(t) = \lVert P_i - P_j \rVert$ 表示无人机 i 与无人机 j 之间的实时相对距离；r_a 为无人机 i 的球形安全空域半径，如图 7.2 所示；ε_a 为一个很小的正数，$\eta_j > 0$，$0 < \rho_a < r_a$。

利用势能函数$V_{ij}^a(t)$来实现机间避撞的思路为：当机间距离小于安全距离时，势能函数发挥作用，通过改变基于势能函数设计的编队控制器从而使邻机间产生排斥作用，实现对机间避撞。由式(7.21)可以得到，$V_{ij}^a(t)$与$d_{ij}(t)$之间的关系如图 7.3 所示，从图中可以看出，当$d_{ij}(t)>r_a$时，机间相对距离处于安全范围，此时势能函数不需要起作用，即$V_{ij}^a(t)=0$；当$d_{ij}(t)\leqslant r_a$时，此时需要势能函数起作用，表明避碰势能函数项只在当无人机j进入无人机i的球形避碰可检测空域内时才进行作用，并且$V_{ij}^a(t)$会随$d_{ij}(t)$的衰减呈指数型增长，当$d_{ij}(t)$趋近零时，适当调整参数ρ_a、η_j使避碰势能函数项的变化更加平滑，从而达到理想的避碰效果。

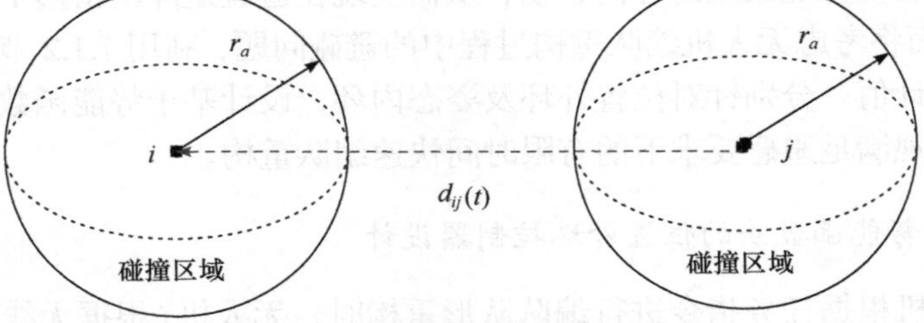

图 7.2　避碰势能函数项设计思路

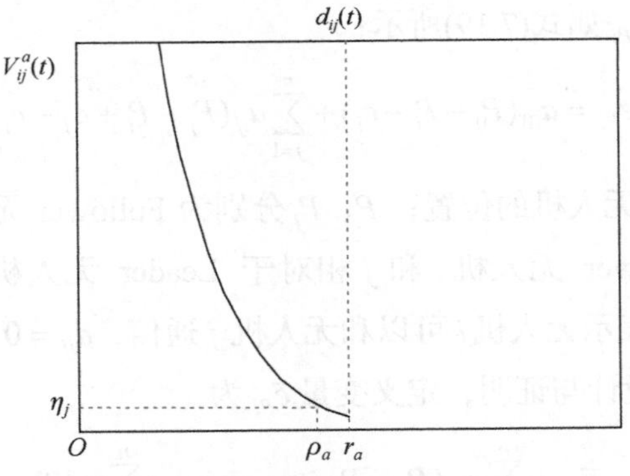

图 7.3　$V_{ij}^a(t)$与$d_{ij}(t)$之间的关系图

基于避碰势能函数，将速度量作为位置外环状态的虚拟控制量，设计虚拟速度控制量如式(7.22)所示：

$$V_{di}=k_{1Vi}\mathrm{sig}\left(\overline{e}_{Pi}\right)^{\frac{1}{2}}+k_{2Vi}\mathrm{sign}\left(\overline{e}_{Pi}\right)+\sum_{i,j=1,i\neq j}^{n}\frac{\partial V_{ij}^a}{\partial P_i} \tag{7.22}$$

式中，$k_{1Vi}>0,k_{2Vi}\geqslant\dfrac{\lambda_{\max}(H)l_1}{\lambda_{\min}(H)}$，$H$为反映编队通信拓扑的拉普拉斯矩阵，$l_1$为

Leader 无人机速度的上界，即 $\left\|\dot{P}_0\right\| \leqslant l_1$ ；$\operatorname{sig}(\overline{e}_{Pi})^{1/2} = \left\|\overline{e}_{Pi}\right\|^{1/2}\left[\operatorname{sign}(\overline{e}_{P1}), \operatorname{sign}(\overline{e}_{P2}), \operatorname{sign}(\overline{e}_{P3})\right]$。故只要无人机 i 的速度量 V_i 能够实现对虚拟速度 V_{di} 的跟踪，则能够保证无人机位置对期望位置指令的跟踪控制。

针对位置外环模型(7.1)，定义速度跟踪误差 e_{Vi} 为

$$e_{Vi} = V_i - V_{di} \tag{7.23}$$

对速度跟踪误差求导，并代入式(7.1)，可得

$$\dot{e}_{Vi} = ge_3 + R_i e_3(-g + Z_w^i w_i) + U_{1i} + d_{Vi} - \dot{V}_{di} \tag{7.24}$$

则外环控制器设计为

$$U_{1i} = -ge_3 - R_i e_3(-g + Z_w^i w_i) - \hat{d}_{Vi} + k_{3Vi}\operatorname{sig}\left(e_{Vi}\right)^{1/2} + k_{4Vi}\operatorname{sign}(e_{Vi}) + \dot{V}_{di} \tag{7.25}$$

式中，$k_{3Vi} > 0, k_{4Vi} > 0$。通过在外环控制器(7.25)的误差项中加入势能避碰项，可以规避队形变换过程中的机间碰撞。

定理 7.2　针对位置外环模型(7.1)，设计如式(7.25)所示的控制器形式，若控制参数满足 $k_{1Vi} > 0, k_{2Vi} \geqslant \dfrac{\lambda_{\max}(H) l_1}{\lambda_{\min}(H)}, k_{3Vi} > 0, k_{4Vi} > 0$，那么系统姿态跟踪误差 e_{Pi}、e_{Vi} 可以在有限时间收敛到零。

证明　证明过程分为三步。首先，证明速度 V_i 可以实现对虚拟速度指令 V_{di} 的有限时间跟踪；其次，证明在 V_i 跟踪上 V_{di} 之前，位置跟踪误差 $\overline{e}_{Pi}$ 不会发散；最后，证明位置跟踪误差 $\overline{e}_{Pi}$ 会在有限时间收敛到 0。

步骤 1：定义如式(7.26)所示的 Lyapunov 函数：

$$V_{71} = \frac{1}{2}\sum_{i=1}^{n} e_{Vi}^{\mathrm{T}} e_{Vi} \tag{7.26}$$

对式(7.26)求导，可以得到

$$\begin{aligned}
\dot{V}_{71} &= \sum_{i=1}^{n} e_{Vi}^{\mathrm{T}} \dot{e}_{Vi} \\
&= \sum_{i=1}^{n} e_{Vi}^{\mathrm{T}}\left(\dot{V}_{di} - \dot{V}_i\right) \\
&= \sum_{i=1}^{n} e_{Vi}^{\mathrm{T}}\left[\dot{V}_{di} - ge_3 - R_i e_3(-g + Z_w^i w_i) - U_{1i} - d_{Vi}\right] \\
&\leqslant -k_{3Vi} V_{71}^{3/4} - k_{4Vi}\sum_{i=1}^{n}\left\|e_{Vi}\right\| + \sum_{i=1}^{n}\left\|e_{Vi}\right\|\left\|\tilde{d}_{Vi}\right\|
\end{aligned} \tag{7.27}$$

式中，$\tilde{d}_{Vi} = d_{Vi} - \hat{d}_{Vi}$ 为基于观测器的干扰估计误差。由定理 7.1 可知，观测误差 $\tilde{d}_{Vi}$

是有限时间收敛的，所以$\left\|\tilde{d}_{Vi}\right\|$是有界的。选择增益满足$k_{4Vi} > \left\|\tilde{d}_{Vi}\right\|$，则式(7.27)可转化为

$$\dot{V}_{71} \leqslant -k_{3Vi} V_{71}^{3/4} \tag{7.28}$$

因此，由引理 7.1 可知，速度V_i可实现对虚拟速度V_{di}的有限时间跟踪控制。

步骤 2：定义如式(7.29)所示的 Lyapunov 函数：

$$V_{72} = \frac{1}{2}\sum_{i=1}^{n} \overline{e}_{Pi}^{\mathrm{T}} \overline{e}_{Pi} + \frac{1}{2}\sum_{i=1}^{n} e_{Vi}^{\mathrm{T}} e_{Vi} \tag{7.29}$$

对 Lyapunov 函数(7.29)求导，并代入式(7.1)，可以得到

$$\begin{aligned}
\dot{V}_{72} &= \sum_{i=1}^{n} \overline{e}_{Pi}^{\mathrm{T}} \dot{\overline{e}}_{Pi} + \sum_{i=1}^{n} e_{Vi}^{\mathrm{T}} \left(\dot{V}_d - \dot{V}_i\right) \\
&= \sum_{i=1}^{n} \overline{e}_{Pi}^{\mathrm{T}} H \left(V_{di} - \dot{P}_0 + e_{Vi} + \sum_{i,j=1,i\neq j}^{N} \frac{\partial V_{ij}^{a}}{\partial P_i} \right) \\
&\quad + \sum_{i=1}^{n} e_{Vi}^{\mathrm{T}} \left[\dot{V}_{di} - g e_3 - R_i e_3 (-g + Z_w^i w_i) - U_{1i} - d_{Vi} \right]
\end{aligned} \tag{7.30}$$

将外环控制器(7.25)代入式(7.30)，可以得到

$$\begin{aligned}
\dot{V}_{72} &\leqslant -\sum_{i=1}^{n} (\overline{e}_{Pi})^{\mathrm{T}} H [k_{1Vi} \mathrm{sig}(\overline{e}_{Pi})^{1/2} + k_{2Vi} \mathrm{sign}(\overline{e}_{Pi}) - \dot{P}_0 + e_{Vi}] + \sum_{i=1}^{n} e_{Vi}^{\mathrm{T}} \tilde{d}_{Vi} \\
&\leqslant -\sum_{i=1}^{n} \sum_{m=1}^{3} k_{1Vi} \left| \overline{e}_{Pi_m} \right|^{3/2} - \lambda_{\min}(H) \left\| \sum_{i=1}^{n} k_{2Vi} \overline{e}_{Pi} \right\| \\
&\quad + \lambda_{\max}(H) \left\| \sum_{i=1}^{n} (\overline{e}_{Pi}) \right\| \left(\left\|\dot{P}_0\right\| + \left\|e_{Vi}\right\| \right) + \left\|e_{Vi}\right\| \left\|\tilde{d}_{Vi}\right\|
\end{aligned} \tag{7.31}$$

式中，$\left\|\tilde{d}_{Vi}\right\| = d_{Vi} - \hat{d}_{Vi}$为干扰估计误差。由定理 7.1 可知，$\left\|\tilde{d}_{Vi}\right\|$是有界的。那么，当$k_{2Vi} \geqslant \dfrac{\lambda_{\max}(H) l_1}{\lambda_{\min}(H)}$时，式(7.31)变为

$$\dot{V}_{72} \leqslant -\sum_{i=1}^{n} \sum_{m=1}^{3} k_{1Vi} \left| \overline{e}_{Pi_m} \right|^{3/2} + \left\|e_{Vi}\right\| \left(\lambda_{\max}(H) \left\| \sum_{i=1}^{n} (\overline{e}_{Pi}) \right\| + \left\|\tilde{d}_{Vi}\right\| \right) \tag{7.32}$$

从式(7.29)容易推导得到$\left\| \lambda_{\max}(H) \sum_{i=1}^{n} \overline{e}_{Pi} \right\| \left\|e_{Vi}\right\| \leqslant 2\lambda_{\max}(H) V_{72}$。当$\left\|e_{Vi}\right\| \leqslant 1$时，$\left\|e_{Vi}\right\| l_2 \leqslant \left\|\tilde{d}_{Vi}\right\|$；当$\left\|e_{Vi}\right\| > 1$时，$\left\|e_{Vi}\right\| \leqslant \left\|e_{Vi}\right\|^2 \leqslant 2V_{72}$。所以式(7.32)变为

$$\dot{V}_{72} \leqslant -\sum_{i=1}^{n}\sum_{m=1}^{3} k_{1Vi} \left| \overline{e}_{Pi_m} \right|^{3/2} + 2\lambda_{\max}(H)V_{72} + \max\left\{ \left\| \tilde{d}_{Vi} \right\|, 2V_{72} \right\} \tag{7.33}$$

由式(7.33)可知，位置状态不会在干扰观测误差及速度状态收敛到零之前发散。

步骤 3：下面证明当速度跟踪误差 e_{Vi} 收敛到零后，位置跟踪误差 $\overline{e}_{Pi}$ 会在有限时间收敛。Lyapunov 函数(7.29)转化为

$$V_{73} = \frac{1}{2}\sum_{i=1}^{n} \overline{e}_{Pi}^{\mathrm{T}} \overline{e}_{Pi} \tag{7.34}$$

对 Lyapunov 函数 V_{73} 求导，当满足 $k_{2Vi} \geqslant \dfrac{\lambda_{\max}(H) l_1}{\lambda_{\min}(H)}$ 时，可以得到

$$\begin{aligned} \dot{V}_{73} &\leqslant -\sum_{i=1}^{n}\sum_{m=1}^{3} k_{1Vi} \left| \overline{e}_{Pi_m} \right|^{3/2} - \lambda_{\min}(H)\left\| \sum_{i=1}^{n} k_{2Vi}\overline{e}_{Pi} \right\| + \lambda_{\max}(H)\left\| \sum_{i=1}^{n} (\overline{e}_{Pi}) \right\| l_1 \\ &\leqslant -\frac{k_{1V0}}{2}\left(V_{73}\right)^{1/2} \end{aligned} \tag{7.35}$$

式中，$k_{1V0} = \min\left\{k_{1V1}, \cdots, k_{1Vn}\right\}$。因此，由引理 7.1 可知，位置跟踪误差 e_{Pi} 可以在有限时间收敛到零，收敛时间为

$$T \leqslant \frac{4V_{73}^{1/2}}{k_{1V0}} \tag{7.36}$$

定理 7.2 得证。

2. 基于超螺旋算法的姿态内环控制器设计

6.1.2 节中第 3 部分基于位置外环的控制输入进行姿态解算，获得了姿态内环的期望指令 $\Theta_{di} = [\phi_{di}, \theta_{di}, \psi_d]$，为避免重复，此处不再赘述，为获得光滑指令，将 Θ_{di} 加入积分滤波后获得期望姿态角为 $\Theta_{ci} = [\phi_{ci}, \theta_{ci}, \psi_d]$，下面将基于 Θ_{ci} 进行姿态内环控制器设计。

针对姿态内环模型(7.2)，定义姿态角跟踪误差 $e_{\Theta i}$ 为

$$e_{\Theta i} = \Theta_i - \Theta_{ci} \tag{7.37}$$

设计如式(7.38)所示的终端滑模面：

$$s_{\Theta i} = \dot{e}_{\Theta i} + \beta_{2i}\mathrm{sig}^{1/2}(e_{\Theta i}) \tag{7.38}$$

式中，$\beta_{2i} > 0$。基于式(7.38)设计的滑模面，可以保证在系统状态到达该滑模面后，能够在有限时间滑动至平衡点，详细证明将在后续给出。对滑模面(7.38)进行求导，

并代入姿态内环模型(7.2)可得

$$\begin{aligned}\dot{s}_{\Theta i} &= \ddot{e}_{\Theta i} + \frac{1}{2}\beta_{2i}\mathrm{diag}\left\{|e_{\Theta i}|^{-1/2}\right\}\dot{e}_{\Theta i} \\ &= \ddot{\Theta}_{ci} - \dot{\Pi}\Omega_i + \frac{1}{2}\beta_{2i}\mathrm{diag}\left\{|e_{\Theta i}|^{-1/2}\right\}\dot{e}_{\Theta i} \\ &\quad - \Pi\left(-J_i^{-1}S(\Omega_i)J_i\Omega_i + A_i\Omega_i + e_3N_{\mathrm{col}}^i\delta_{\mathrm{col}}^i + \overline{B}_iU_{2i} + d_{\Omega i}\right)\end{aligned} \tag{7.39}$$

为使得系统状态快速收敛到滑模面 $s_{\Theta i}$，基于超螺旋算法设计内环控制器 U_{2i}：

$$\begin{cases} U_{2i} = \overline{B}_i^{-1}\Bigg[\ddot{\Theta}_{ci} + \dfrac{1}{2}\beta\mathrm{diag}\left\{|e_{\Theta i}|^{-1/2}\right\}\dot{e}_{\Theta i} \\ \qquad - \dot{\Pi}\Omega_i - \Pi(-J_i^{-1}S(\Omega_i)J_i\Omega_i + A_i\Omega_i + e_3N_{\mathrm{col}}^i\delta_{\mathrm{col}}^i + \hat{d}_{\Omega i}) \\ \qquad + k_{1\Theta i}\dfrac{s_{\Theta i}}{\|s_{\Theta i}\|^{1/2}} + k_{2\Theta i}s_{\Theta i} - \xi_{\Theta i}\Bigg] \\ \dot{\xi}_{\Theta i} = -k_{3\Theta i}\dfrac{s_{\Theta i}}{\|s_{\Theta i}\|} - k_{4\Theta i}s_{\Theta i} \end{cases} \tag{7.40}$$

式中，$k_{1\Theta i} > 0, k_{2\Theta i} > 0, k_{3\Theta i} > 0, k_{4\Theta i} > 0$。通过式(7.40)的控制器设计，可以保证姿态内环状态对期望姿态指令的有限时间快速跟踪控制。

定理 7.3 针对姿态内环模型(7.2)，如果设计如式(7.40)所示的控制器形式，其存在合适的待设计参数 $k_{1\Theta i} > 0, k_{2\Theta i} > 0, k_{3\Theta i} > 0, k_{4\Theta i} > 0$，那么系统姿态跟踪误差 $e_{\Theta i}$ 将在有限时间收敛到零。

证明 定理 7.3 的证明过程分为两步，首先证明系统状态将在有限时间收敛到滑模面 $s_{\Theta i}$；其次证明姿态跟踪误差 $e_{\Theta i}$ 会在有限时间收敛到零。

步骤 1：将内环控制器(7.40)代入滑模动态表达式(7.39)，可得

$$\begin{aligned}\dot{s}_{\Theta i} &= -k_{1\Theta i}\frac{s_{\Theta i}}{\|s_{\Theta i}\|^{1/2}} - k_{2\Theta i}s_{\Theta i} + \xi_{2\Theta i} \\ \dot{\xi}_{2\Theta i} &= -k_{3\Theta i}\frac{s_{\Theta i}}{\|s_{\Theta i}\|} - k_{4\Theta i}s_{\Theta i} + \dot{\eta}_i + \dot{\tilde{d}}_{\Omega i}\end{aligned} \tag{7.41}$$

式中，$\xi_{2\Theta i} = \eta_i + \tilde{d}_{\Omega i}$，$\eta_i = \ddot{\rho}_{\Theta i} + \frac{1}{2}\beta\gamma\mathrm{diag}\left\{|e_{\Theta i}|^{-1/2}\right\}\dot{e}_{\Theta i} - \frac{1}{2}\beta\gamma\mathrm{diag}\left\{|e_{\Theta ci}|^{-1/2}\right\}\dot{e}_{\Theta ci}$，$\rho_{\Theta i} = \Theta_{di} - \Theta_{ci}$，$\tilde{d}_{\Omega i} = d_{\Omega i} - \hat{d}_{\Omega i}$ 为观测器对干扰的估计误差。

定义如式(7.42)所示的 Lyapunov 函数：

$$
\begin{aligned}
V_{74} &= 2k_{3\Theta i}\left\|s_{\Theta i}\right\| + k_{2\Theta i}s_{\Theta i}^{\mathrm{T}}s_{\Theta i} + \frac{1}{2}\xi_{2\Theta i}^{\mathrm{T}}\xi_{2\Theta i} + \vartheta_{2i}^{\mathrm{T}}\vartheta_{2i} \\
\vartheta_{2i} &= k_{1\Theta i}\frac{s_{\Theta i}}{\left\|s_{\Theta i}\right\|^{1/2}} + k_{2\Theta i}s_{\Theta i} - \xi_{2\Theta i}
\end{aligned}
\tag{7.42}
$$

上述 Lyapunov 函数可表示为

$$
V_{74} = \Pi_{3i}^{\mathrm{T}}Q_{3i}\Pi_{3i} \tag{7.43}
$$

式中，$\Pi_{3i}=\left[\left\|s_{\Omega i}\right\|^{1/2},\left\|s_{\Omega i}\right\|,\left\|\xi_{2\Omega i}\right\|\right]^{\mathrm{T}}$，$Q_{3i}=\begin{bmatrix} k_{1\Theta i}^2+2k_{3\Theta i} & k_{1\Theta i}k_{2\Theta i} & -k_{1\Theta i} \\ * & k_{2\Theta i}+k_{4\Omega i} & -k_{2\Theta i} \\ * & * & 3/2 \end{bmatrix}$。

对 Lyapunov 函数(7.43)求导，可得

$$
\begin{aligned}
\dot{V}_{74} =& \left(2k_{3\Theta i}+\frac{k_{1\Theta i}^2}{2}\right)\frac{s_{\Theta i}^{\mathrm{T}}\dot{s}_{\Theta i}}{\left\|s_{\Theta i}\right\|} + 2\left(\frac{k_{2\Theta i}}{2}+k_{4\Theta i}\right)s_{\Theta i}^{\mathrm{T}}\dot{s}_{\Theta i} + 2\vartheta_{2i}^{\mathrm{T}}\dot{\vartheta}_{2i} \\
&+\frac{3}{2}k_{1\Theta i}k_{2\Theta i}\frac{s_{\Theta i}^{\mathrm{T}}\dot{s}_{\Theta i}}{\left\|s_{\Theta i}\right\|^{1/2}} - k_{2\Theta i}\left(s_{\Theta i}^{\mathrm{T}}\dot{\xi}_{2\Theta i}+\xi_{2\Theta i}^{\mathrm{T}}\dot{s}_{\Theta i}\right) \\
&- k_{1\Theta i}\left[-\frac{1}{2}\frac{(s_{\Theta i}^{\mathrm{T}}\dot{s}_{\Theta i})(\xi_{2\Theta i}^{\mathrm{T}}s_{\Theta i})}{\left\|s_{\Theta i}\right\|^{5/2}} + \frac{\dot{\xi}_{2\Theta i}^{\mathrm{T}}s_{\Theta i}+\xi_{2\Theta i}^{\mathrm{T}}\dot{s}_{\Theta i}}{\left\|s_{\Theta i}\right\|^{1/2}}\right]
\end{aligned}
\tag{7.44}
$$

将式(7.41)代入式(7.44)，Lyapunov 函数的导数变为

$$
\begin{aligned}
\dot{V}_{74} =& -\left(k_{1\Theta i}k_{3\Theta i}+\frac{k_{1\Theta i}^3}{2}\right)\frac{\left\|s_{\Theta i}\right\|^2}{\left\|s_{\Theta i}\right\|^{3/2}} - \left(k_{2\Theta i}k_{4\Theta i}+k_{2\Theta i}^3\right)\left\|s_{\Theta i}\right\|^2 - \left(k_{4\Theta i}k_{1\Theta i}+\frac{5}{2}k_{1\Theta i}k_{2\Theta i}^2\right)\frac{\left\|s_{\Theta i}\right\|^2}{\left\|s_{\Theta i}\right\|^{1/2}} \\
&+k_{1\Theta i}^2\frac{s_{\Theta i}^{\mathrm{T}}\xi_{2\Theta i}}{\left\|s_{\Theta i}\right\|} + 2k_{2\Theta i}^2 s_{\Theta i}^{\mathrm{T}}\xi_{2\Theta i} + 3k_{1\Theta i}k_{2\Theta i}\frac{s_{\Theta i}^{\mathrm{T}}\xi_{2\Theta i}}{\left\|s_{\Theta i}\right\|^{1/2}} - k_{2\Theta i}\left\|\xi_{\Theta i}\right\|^2 \\
&+\frac{k_{1\Theta i}}{2}\frac{(s_{\Theta i}^{\mathrm{T}}\xi_{2\Theta i})(\xi_{2\Theta i}^{\mathrm{T}}s_{\Theta i})}{\left\|s_{\Theta i}\right\|^{5/2}} - k_{1\Theta i}\frac{\xi_{2\Theta i}^{\mathrm{T}}\xi_{2\Theta i}}{\left\|s_{\Theta i}\right\|^{1/2}} - \left(k_{3\Theta i}k_{2\Theta i}+2k_{1\Theta i}^2k_{2\Theta i}\right)\frac{\left\|s_{\Theta i}\right\|^2}{\left\|s_{\Theta i}\right\|} \\
&+2\xi_{2\Theta i}^{\mathrm{T}}\dot{d}_{\Theta i} - k_{2\Theta i}s_{\Theta i}^{\mathrm{T}}\dot{d}_{\Theta i} - k_{1\Theta i}\frac{\dot{d}_{\Theta i}^{\mathrm{T}}s_{\Theta i}}{\left\|s_{\Theta i}\right\|^{1/2}}
\end{aligned}
\tag{7.45}
$$

进一步，将$\|\ddot{\Theta}_{di}+\tilde{d}_{\Omega i}\|\leqslant\rho_{3i},\|\ddot{\Theta}_{di}+\dot{\tilde{d}}_{\Omega i}\|\leqslant\rho_{4i}$代入式(7.45)，整理得

$$
\begin{aligned}
\dot{V}_{74} \leqslant & -\left(k_{1\Theta i}k_{3\Theta i}+\frac{k_{1\Theta i}^{3}}{2}\right)\frac{\left\|s_{\Theta i}\right\|^{2}}{\left\|s_{\Theta i}\right\|^{3/2}}-\left(k_{1\Theta i}k_{3\Theta i}+2k_{1\Theta i}^{3}k_{2\Theta i}\right)\left\|s_{\Theta i}\right\| \\
& -\left(k_{1\Theta i}k_{4\Theta i}+\frac{5}{2}k_{1\Theta i}k_{2\Theta i}^{2}\right)\left\|s_{\Theta i}\right\|^{3/2}+k_{1\Theta i}^{2}\left\|\xi_{2\Theta i}\right\| \\
& +\left(k_{2\Theta i}k_{4\Theta i}+k_{2\Theta i}^{3}\right)\left\|s_{\Theta i}\right\|^{2}+2k_{2\Theta i}^{2}\left\|s_{\Theta i}\right\|\left\|\xi_{2\Theta i}\right\|+3k_{1\Theta i}k_{2\Theta i}\left\|s_{\Theta i}\right\|^{1/2}\left\|\xi_{2\Theta i}\right\| \\
& -k_{2\Theta i}\left\|\xi_{2\Theta i}\right\|^{2}+\frac{k_{1\Theta i}}{2}\frac{\left\|\xi_{2\Theta i}\right\|^{2}}{\left\|s_{\Theta i}\right\|^{1/2}}+\left(2k_{3\Theta i}+\frac{k_{1\Theta i}^{2}}{2}\right)\rho_{3i}\left\|s_{\Theta i}\right\| \\
& +(2k_{4\Theta i}+k_{2\Theta i}^{2})\rho_{3i}\left\|s_{\Theta i}\right\|^{2}+\frac{3}{2}k_{1\Theta i}k_{2\Theta i}\rho_{3i}\left\|s_{\Theta i}\right\|^{3/2} \\
& +k_{2\Theta i}\rho_{3i}\left\|s_{\Theta i}\right\|\left\|\xi_{2\Theta i}\right\|+\frac{3}{2}k_{1\Theta i}\rho_{3i}\left\|s_{\Theta i}\right\|^{1/2}\left\|\xi_{2\Theta i}\right\| \\
& +2\rho_{4i}\left\|\xi_{2\Theta i}\right\|-k_{2\Theta i}\rho_{4i}\left\|s_{\Theta i}\right\|-k_{1\Theta i}\rho_{4i}\left\|s_{\Theta i}\right\|^{1/2}
\end{aligned} \tag{7.46}
$$

将 $V_{74}=\Pi_{3i}^{\mathrm{T}}Q_{3i}\Pi_{3i}$ 代入式(7.46)，得

$$
\begin{aligned}
\dot{V}_{74} & \leqslant -\frac{1}{\left\|s_{\Theta i}\right\|^{1/2}}\Pi_{3i}^{\mathrm{T}}\Xi_{5i}\Pi_{3i}-\Pi_{3i}^{\mathrm{T}}\Xi_{6i}\Pi_{3i} \\
& \leqslant -\frac{1}{\left\|s_{\Theta i}\right\|^{1/2}}\Pi_{3i}^{\mathrm{T}}\Xi_{5i}\Pi_{3i} \\
& \leqslant -\frac{1}{\left\|s_{\Theta i}\right\|^{1/2}}\lambda_{\min}(\Xi_{5i})\left\|\Pi_{3i}\right\|^{2}
\end{aligned} \tag{7.47}
$$

式中，

$$
\Xi_{5i}=\begin{bmatrix}
\frac{1}{2}k_{1\Theta i}^{3}+k_{1\Theta i}k_{3\Theta i}-L_{2i}k_{1\Theta i} & 0 & -\frac{1}{2}k_{1\Theta i}^{2}-L_{2i} \\
* & k_{4\Theta i}k_{1\Theta i}+\frac{5}{2}k_{2\Theta i}^{2}k_{1\Theta i} & -\frac{3}{2}k_{1\Theta i}k_{2\Theta i} \\
* & * & \frac{1}{2}k_{1\Theta i}
\end{bmatrix}>0
$$

$$
\Xi_{6i}=\begin{bmatrix}
k_{2\Theta i}k_{3\Theta i}+2k_{1\Theta i}^{2}k_{2\Theta i}-L_{2i}k_{2\Theta i} & 0 & 0 \\
* & k_{4\Theta i}k_{2\Theta i}+k_{2\Theta i}^{3}k_{1\Theta i} & -k_{2\Theta i}^{2} \\
* & * & k_{2\Theta i}
\end{bmatrix}>0
$$

由 $\left(V_{74}\right)^{1/2} \geqslant \sqrt{\lambda_{\min}(\Xi_{5i})}\left\|s_{\Theta i}\right\|^{1/2}$，知

$$\dot{V}_{74} \leqslant -\frac{\lambda_{\min}(\Xi_{5i})\sqrt{\lambda_{\max}(Q_{3i})}}{\lambda_{\max}(Q_{3i})}\left(V_{74}\right)^{1/2}$$

由引理 7.1 知道系统状态将在有限时间 T_Θ 收敛到滑模面 $s_{\Theta i}$，T_Θ 表达式为

$$T_\Theta \leqslant \frac{V_{74}^{1-\frac{\lambda_{\min}(\Xi_{5i})\sqrt{\lambda_{\max}(Q_{3i})}}{\lambda_{\max}(Q_{3i})}}(\Pi_{3i}(0))}{\frac{1}{2}\left(1-\frac{\lambda_{\min}(\Xi_{5i})\sqrt{\lambda_{\max}(Q_{3i})}}{\lambda_{\max}(Q_{3i})}\right)}$$

步骤 2：当系统状态到达滑模面 $s_{\Theta i}$ 后，即满足 $s_{\Theta i}=\dot{s}_{\Theta i}=0$，此时由滑模面定义式(7.38)可以得

$$\dot{e}_{\Theta i}=-\beta_{2i}\operatorname{sig}^{1/2}(e_{\Theta i}) \tag{7.48}$$

即 $\frac{\mathrm{d}e_{\Theta im}}{\left|e_{\Theta im}\right|^{1/2}}=-\beta_{2i}\mathrm{d}t(m=1,2,3)$。故姿态跟踪误差从 $e_{\Theta im}(t_r)\neq 0$ 到 $e_{\Theta im}(T)=0$ 所需的时间如式(7.49)所示：

$$T=-\beta_{2i}^{-1}\int_{e_{\Theta i1}(t_r)}^{0}\frac{\mathrm{d}e_{\Theta i1}}{\left|e_{\Theta i1}\right|^{1/2}}=-\frac{1}{\beta_{2i}}\left|e_{\Theta i1}(t_r)\right|^{1/2} \tag{7.49}$$

由此可见，系统姿态跟踪误差 $e_{\Theta i}$、$\dot{e}_{\Theta i}$ 将在有限时间收敛到零。定理 7.4 得证。

7.1.4 仿真验证

1. 仿真参数

基于无人机编队模型，对编队重构阶段的编队控制器进行仿真验证分析。在编队重构阶段，由一架 Leader 无人机带领四架 Follower 无人机组成编队系统，所采用的通信拓扑结构如图 7.4 所示，地面站为 Leader 和所有无人机规划编队重构轨迹，并将编队重构轨迹发送至所有无人机，且所有无人机间可通过通信链路获得邻机的飞行状态。

编队重构中的无人机模型参数设置如表 7.1 所示，重构控制器与干扰观测器参数如表 7.2 所示。

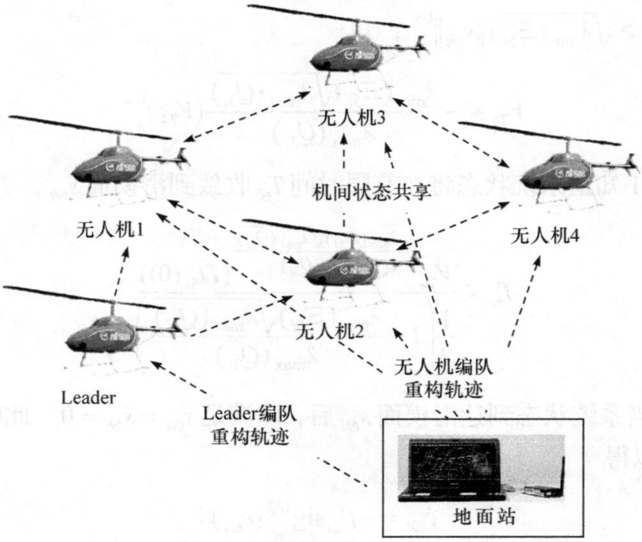

图 7.4　多无人机编队重构通信拓扑图

表 7.1　无人机模型参数设置表

变量	描述	取值
m	无人机质量	8.2kg
g	重力加速度	9.81m/s^2
Z_w^i	比例系数	-0.7615s^{-1}
Z_{col}^i	比例系数	$-131.4125\text{m}/(\text{rad}\cdot\text{s}^2)$
J	转动惯量矩阵	$\begin{bmatrix} 0.18 & 0 & 0 \\ 0 & 0.34 & 0 \\ 0 & 0 & 0.28 \end{bmatrix}\text{kg}\cdot\text{m}^2$
A	系数矩阵	$\begin{bmatrix} -48.1757 & 0 & 0 \\ 0 & -25.5048 & 0 \\ 0 & 0 & -0.9808 \end{bmatrix}\text{s}^{-1}$
B	系数矩阵	$\begin{bmatrix} 0 & 1689.5 & 135.8 \\ 894.5 & 0 & 0 \\ 0 & 0 & 135.8 \end{bmatrix}\text{s}^{-2}$
N_{col}^i	系数矩阵	-0.3705s^{-2}

表 7.2　重构控制器与干扰观测器参数

变量	描述	取值
k_{1di}	外环干扰观测器增益	3
k_{2di}	外环干扰观测器增益	5

续表

变量	描述	取值
k_{3di}	外环干扰观测器增益	1.5
k_{4di}	外环干扰观测器增益	5
k_{1Vi}	外环控制器增益	1
k_{2Vi}	外环控制器增益	0
k_{3Vi}	外环控制器增益	1
k_{4Vi}	外环控制器增益	1
$k_{1\Omega i}$	内环干扰观测器增益	1.5
$k_{2\Omega i}$	内环干扰观测器增益	5
$k_{3\Omega i}$	内环干扰观测器增益	2
$k_{4\Omega i}$	内环干扰观测器增益	5
β_{2i}	内环控制器系数	1
$k_{1\Theta i}$	内环控制器增益	2
$k_{2\Theta i}$	内环控制器增益	5
$k_{3\Theta i}$	内环控制器增益	2
$k_{4\Theta i}$	内环控制器增益	5

位置外环及姿态内环中的干扰给定为

$$d_{Vi} = 20[-0.6\sin(0.5t), -0.8\sin(0.3t), -0.42\sin(0.5t)]^{\mathrm{T}}$$

$$d_{\Omega i} = 10[0.7\sin(0.5t) + 0.9\sin t, -0.6\sin(0.5t) + 0.6\sin(0.2t), 0.83\sin(0.2t)]^{\mathrm{T}}$$

仿真过程中设置势能函数参数的值，如表 7.3 所示。

表 7.3　势能函数参数表

变量	描述	取值
r_a	无人机避碰半径	90m
η_j	避碰项增益，调节避碰作用大小，增益越大，避碰作用越强	100
ρ_a	避碰项增益，调节避碰作用大小，增益和直升机半径 r_a 的差值越小，避碰作用越大	89
ε_a	避碰项参数，参数越小，势能函数项变化速率越快，避碰作用越强	0.5

2. 仿真结果

仿真结果如图 7.5～图 7.10 所示。其中，图 7.5 为平面编队重构仿真结果图，可以看出在 Leader 无人机的带领下，四架 Follower 无人机可以快速重构为期望的长方形构型。

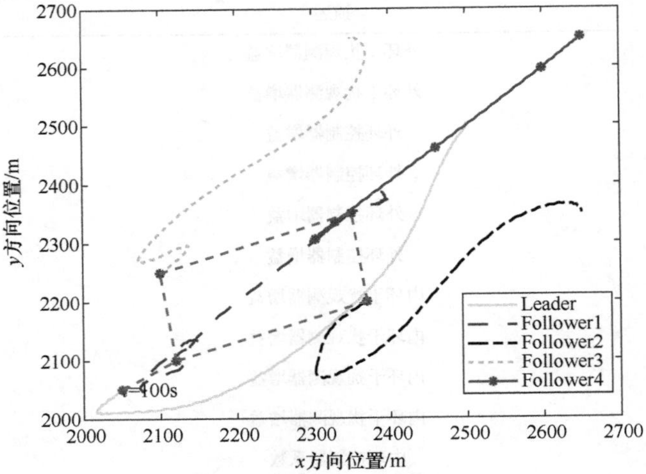

图 7.5 平面编队重构仿真结果图

图 7.6 为四架无人机轨迹跟踪及姿态跟踪误差图，从图中可以看出，无人机可以在 3s 内实现对期望轨迹的跟踪，在 20s 时进行编队重构，可以保证 2s 内跟踪期望重构轨迹。此外，针对姿态跟踪问题，从仿真图中可以看出，2s 内能够实现对期望姿态的跟踪，姿态跟踪精度达到 10^{-3}rad 以上，由此可验证所设计控制算法的有效性。图 7.7 为四架无人机速度及加速度跟踪误差图，从图中可以看出，在

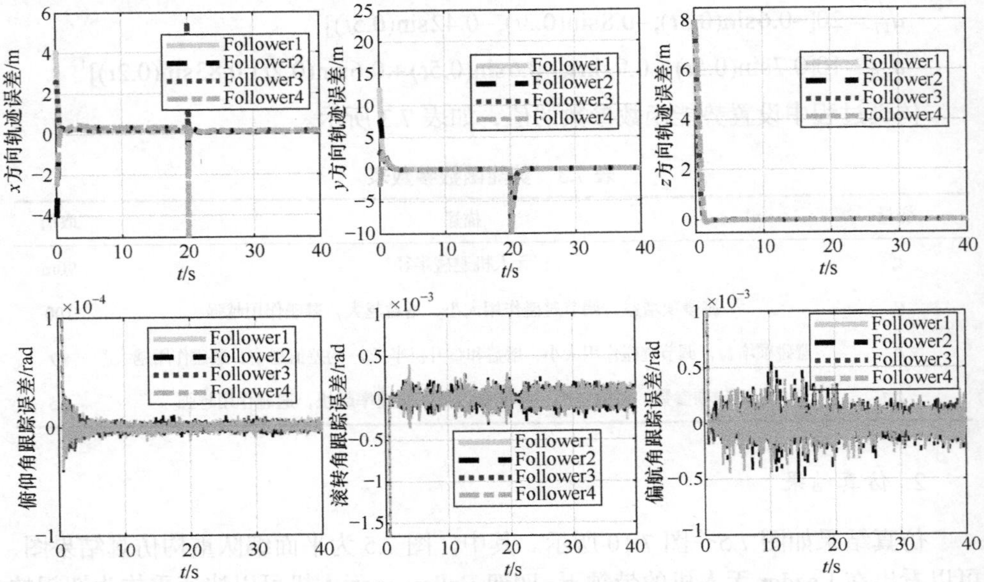

图 7.6 四架无人机轨迹跟踪及姿态跟踪误差图

所设计的控制器作用下，四架无人机的速度及加速度跟踪误差均能快速收敛。图 7.8 为四架无人机控制力矩图，从图中可以看出，控制力矩大小合理，满足实

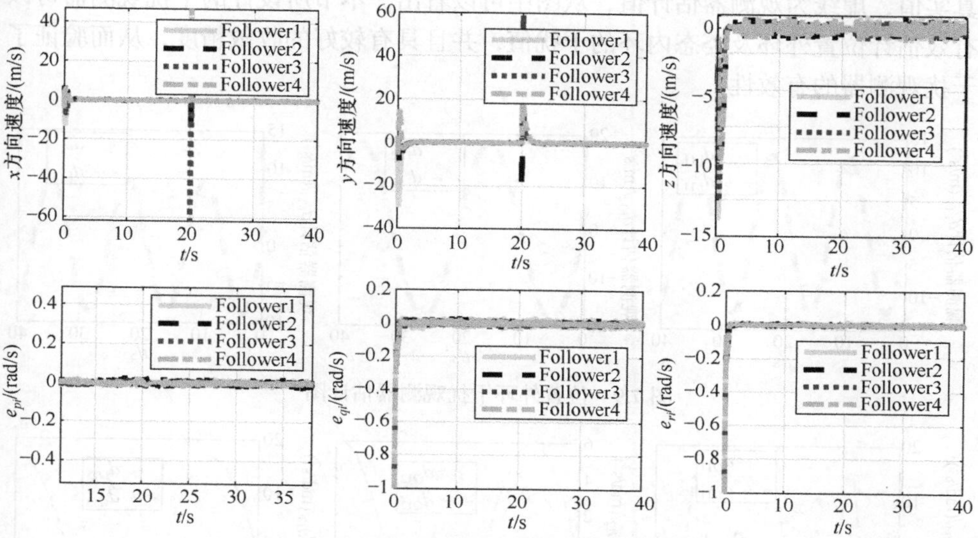

图 7.7　四架无人机速度及加速度跟踪误差图

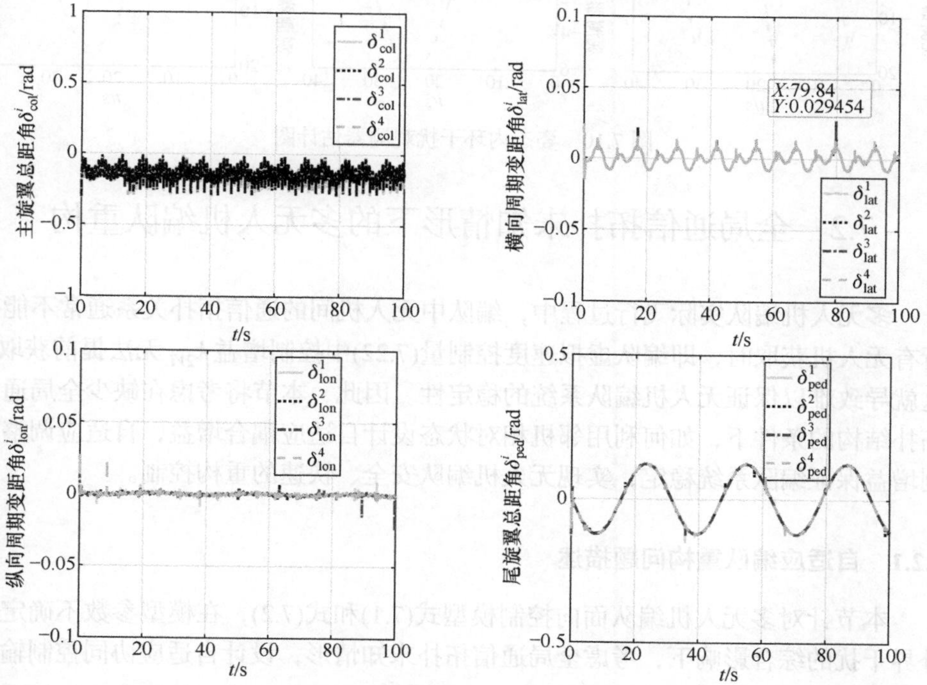

图 7.8　四架无人机控制力矩图

际工程需求。为了测试所设计干扰观测器估计干扰的性能，图 7.9 和图 7.10 分别给出了第一架无人机位置外环及姿态内环干扰观测器的估计值，其中实线为干扰真实值，虚线为观测器估计值，从图中可以看出，本节所设计的干扰观测器可以有效估计位置外环及姿态内环的干扰值，并且具有较好的收敛精度，从而验证了干扰观测器的有效性。

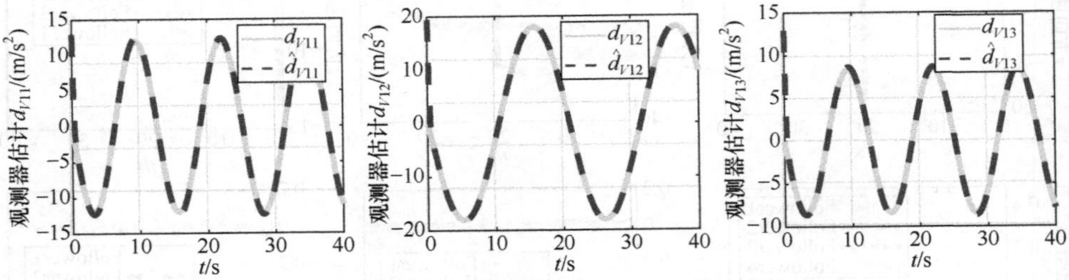

图 7.9　位置外环干扰观测器估计图

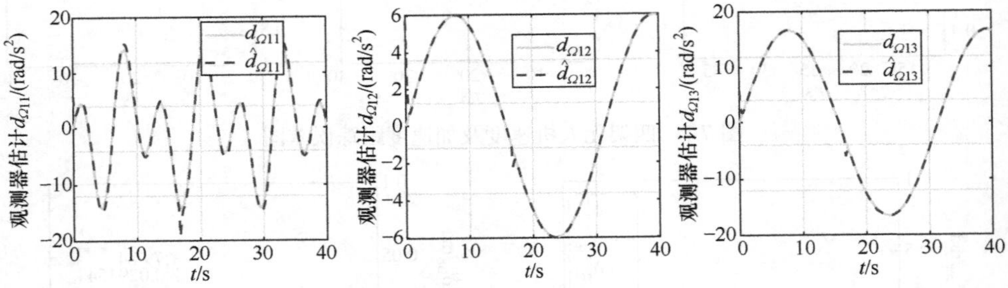

图 7.10　姿态内环干扰观测器估计图

7.2　全局通信拓扑未知情形下的多无人机编队重构

多无人机编队实际飞行过程中，编队中无人机间的通信拓扑关系通常不能被所有无人机获取时，即编队虚拟速度控制量(7.22)中控制增益 k_{2Vi} 无法提前获取，这就导致难以保证无人机编队系统的稳定性。因此，本节将考虑在缺少全局通信拓扑结构的条件下，如何利用邻机相对状态设计自适应耦合增益，自适应调整控制增益保证编队系统稳定，实现无人机编队安全、快速的重构控制。

7.2.1　自适应编队重构问题描述

本节针对多无人机编队面向控制模型式(7.1)和式(7.2)，在模型参数不确定及外界干扰的综合影响下，考虑全局通信拓扑未知情形，设计自适应协同控制输入 $[U_{1i},U_{2i}]^{\mathrm{T}}$，保证当无人机编队接到队形变换命令时，在全局通信拓扑未知的情形下，无人机编队能够安全、无碰撞且及时地完成队形重构。

考虑避碰下的编队重构任务需求，通信拓扑未知情形下的多无人机自适应编队重构控制结构如图 7.11 所示。针对模型参数不确定及外界干扰影响，设计神经网络分别进行内环及外环干扰估计；并针对位置干扰，在 7.1.3 节基础上，设计带有自适应变化参数的势能函数，基于自适应势能函数和终端滑模算法，设计有限时间自适应外环控制器；针对姿态内环，设计自适应终端控制器，实现对期望姿态的有限时间跟踪。

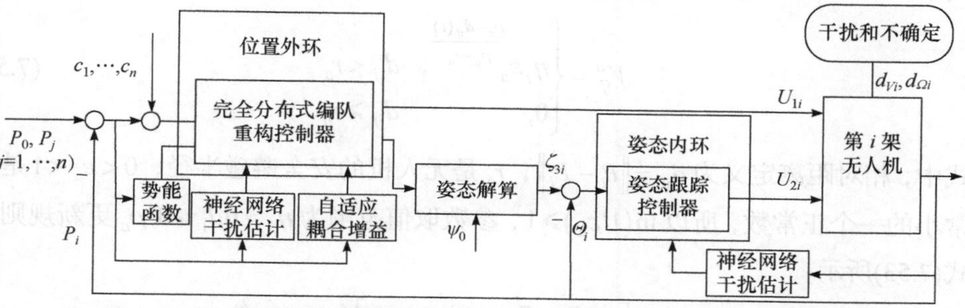

图 7.11　通信拓扑未知情形下的多无人机自适应编队重构控制结构图

7.2.2　自适应编队重构控制器设计

考虑编队通信拓扑未知情形，基于图 7.11 所示的编队重构控制结构图，分别针对位置外环及姿态内环系统进行神经网络及控制器设计，实现每架无人机能够完成编队飞行过程中的有限时间队形安全变换，且不会发生机间碰撞[7]。

1. 位置外环自适应控制器设计

针对位置外环模型(7.1)，定义编队位置跟踪误差 e_{Pi} 为

$$e_{Pi} = a_{i0}(P_0 - P_i - c_i) + \sum_{j=1}^{N} a_{ij}(P_j - P_i + c_j - c_i) \tag{7.50}$$

式中，P_0 为 Leader 无人机的位置；c_i、c_j 分别为 Follower 无人机 i 和 j 相对于 Leader 无人机的期望编队位置；$a_{ij}=1$ 表示无人机 i 可以和无人机 j 通信，$a_{ij}=0$ 表示两者之间不能通信。

为进行后续自适应控制器设计及稳定性证明，给出以下引理。

引理 7.2　考虑微分方程 $\dot{x}(t) = f(x(t),u)$，其中 $x \in \mathbf{R}^n$ 是系统的状态量，u 是控制量。假设存在连续正定函数 $V(x)$，标量满足 $\lambda > 0, 0 < \alpha_0 < 1, 0 < \kappa_0 < \infty$，使得 $\dot{V}(x) \leqslant \lambda V^{\alpha_0}(x) + \kappa_0$ 成立，那么系统 $\dot{x}(t) = f(x(t),u)$ 是实际有限时间稳定的。

假设 7.2　对于 Leader-Follower 分布式编队，假设通信拓扑至少包含一个有

向生成树。

假设 7.3 假设无人机滚转角和俯仰角的变化范围为$|\phi(t)|<\pi/2, |\theta(t)|<\pi/2$，那么旋转矩阵是非奇异矩阵。

针对位置外环系统(7.1)，考虑无人机机间避碰问题，定义编队重构位置误差为

$$\sigma_{Pi}=e_{Pi}-\sum_{j=0}^{n}\frac{\partial V_{ij}^{a}}{\partial P_i} \tag{7.51}$$

式中，无人机i和j之间的避碰势能函数设计为

$$V_{ij}^{a}=\begin{cases}\eta_j\varepsilon_a^{\frac{\rho_a-d_{ij}(t)}{\rho_a-r_a}}, & d_{ij}<r_a\\ 0, & d_{ij}\geqslant r_a\end{cases} \tag{7.52}$$

式中，相对距离定义为$d_{ij}=\|P_i-P_j\|$，r_a是无人机的安全避碰半径，$0<\varepsilon_a<1$是非常小的一个正常数，所以$\ln(1/\varepsilon_a)\geqslant 1$，参数取值范围为$\eta_j>0, l_1>0, \rho_a$更新规则如式(7.53)所示：

$$\frac{\partial\rho_a}{\partial P_i}=\left[\frac{P_i-P_j}{(\rho_a-r_a)d_{ij}}+l_1\frac{e_{Pi}}{\|e_{Pi}\|^2}\right]\frac{(\rho_a-r_a)^2}{d_{ij}-r_a} \tag{7.53}$$

与势能函数式(7.21) 相比，式(7.52)为带有自适应变化参数的势能函数，可以根据机间距离自适应调整势能函数参数大小，在保证避碰的前提下，减小对编队重构时间及精度的影响。

注 7.1 很明显，两架无人机间的期望相对距离c_i-c_j一定大于安全避碰半径r_a，否则就不会生成期望队形，一直发生机间避碰作用，那么将永远完不成编队队形的重构。从所设计的势能函数式(7.52)和自适应参数的更新规则，当机间相对距离小于安全避碰半径时，两架无人机间的实时相对距离越小，势能函数增长越快，相对编队误差较大时(即两架无人机越靠近时)，势能函数的系数越大，势能避碰作用越强。

基于编队重构位置误差(7.51)，将速度量作为无人机位置的虚拟控制量，设计虚拟速度控制量如式(7.54)所示：

$$V_{di}=\hat{k}_{1i}\text{sign}(\sigma_{Pi})+k_2\text{sign}(\sigma_{Pi})^{p/q} \tag{7.54}$$

式中，$k_2>0$，$p<q$为正奇数。$\hat{k}_{1i}$则通过以下自适应律获取：

$$\dot{\hat{k}}_{1i}=\lambda_{2i}(-b\hat{k}_{1i}+\|e_{Pi}\|) \tag{7.55}$$

式中，$\lambda_{2i}>0$，$b>0$。

通过虚拟控制量式(7.54)的设计，可以保证当无人机速度跟踪虚拟速度时，就

可实现编队位置的跟踪控制。值得注意的是，与 7.1.3 节设计的虚拟控制量式(7.22)相比，自适应虚拟控制量式(7.54)和式(7.55)能够自适应逼近表征全局通信拓扑信息的拉普拉斯矩阵最小特征值，无需全局通信拓扑对所有无人机可知，解决了通信拓扑未知问题，扩展了所设计算法的实际使用范围。

下面将基于式(7.54)设计的虚拟速度控制量 V_{di}，设计位置外环真实控制量 U_{1i}，实现编队重构。定义速度跟踪误差 e_{Vi} 为

$$e_{Vi} = V_{di} - V_i \tag{7.56}$$

基于位置外环系统式(7.1)，设计如式(7.57)所示的外环编队控制器 $U_{1i}(t)$：

$$U_{1i}(t) = \hat{\alpha}_{1i}\mathrm{sign}(e_{Vi}) + \alpha_2 \mathrm{sig}(e_{Vi})^{p/q} + \hat{\alpha}_{3i}\frac{\mathrm{sign}(e_{Vi})}{\|e_{Vi}\|}\|e_{Pi}\| - f_{1i}(t) + \hat{W}_{1i}^{\mathrm{T}}\Phi(\zeta_{1i}) \tag{7.57}$$

式中，系统标称项 $f_{1i}(t) = R_i e_3(-g + Z_w^i w_i)$，$\alpha_2 > 0$，$\hat{W}_{1i}^{\mathrm{T}}\Phi(\zeta_{1i})$ 为基于神经网络对外环干扰 d_{Vi} 的估计值，自适应增益 $\hat{\alpha}_{1i}$、$\hat{\alpha}_{3i}$、$\hat{W}_{1i}^{\mathrm{T}}$ 更新规则如式(7.58)所示：

$$\begin{aligned}
\dot{\hat{\alpha}}_{1i} &= \lambda_{1i}(-a\hat{\alpha}_{1i} + \|e_{Vi}\|) \\
\dot{\hat{\alpha}}_{3i} &= \lambda_{3i}(-c\hat{\alpha}_{3i} + \|e_{Pi}\|) \\
\dot{\hat{W}}_{1i} &= F_{1i}\left(\Phi(\zeta_{1i})e_{Vi}^{\mathrm{T}} - \beta_i \hat{W}_{1i}\right)
\end{aligned} \tag{7.58}$$

式中，$a > 0, c > 0, \beta_i > 0, \lambda_{1i} > 0, \lambda_{3i} > 0$，神经网络学习速度 F_{1i} 由方程(7.65)给出。

定理 7.4　针对位置外环模型式(7.1)，在假设 7.2 和假设 7.3 成立的条件下，如果设计如式(7.57)和式(7.58)所示的外环编队控制器 $U_{1i}(t)$，那么编队位置误差 e_{Pi} 及速度误差 e_{Vi} 将在有限时间内收敛到原点附近的小邻域内，且无人机之间可以实现碰撞。

证明　对定理 7.4 的证明分为以下两步。首先，证明速度跟踪误差 e_{Vi} 及自适应参数 $\hat{\alpha}_{1i}$、$\hat{\alpha}_{3i}$ 的有界性。然后，证明位置编队误差 e_{Pi} 和速度误差 e_{Vi} 会在有限时间收敛到原点附近小邻域。

步骤 1：为证明速度跟踪误差 e_{Vi} 和自适应参数估计误差 $\tilde{\alpha}_{1i}$、$\tilde{\alpha}_{3i}$、$\tilde{k}_{1i}$ 在时间 T_{1i} 内是有界的。选取以下 Lyapunov 函数：

$$\begin{aligned}
V_9 = &\frac{1}{2}(e_P)^{\mathrm{T}} e_P + \frac{1}{2}(e_V)^{\mathrm{T}} e_V + \frac{1}{2}\sum_{i=1}^{n}\sum_{j=0}^{n} V_{ij}^a + \frac{1}{2\lambda_1}\sum_{i=1}^{n}\tilde{\alpha}_{1i}^2 \\
&+ \frac{1}{2\lambda_2}\sum_{i=1}^{n}\tilde{k}_{1i}^2 + \frac{1}{2\lambda_3}\sum_{i=1}^{n}\tilde{\alpha}_{3i}^2 + \frac{1}{2}\mathrm{tr}\left\{\sum_{i=1}^{n}\left(\tilde{W}_{1i}\right)^{\mathrm{T}} F_{1i}^{-1}\tilde{W}_{1i}\right\}
\end{aligned} \tag{7.59}$$

式中，速度跟误差的向量形式为 $e_V = V_d - V$，虚拟速度向量和速度向量分别表示为 $V_d = [V_{d1},\cdots,V_{dn}]^{\mathrm{T}}, V = [V_1,\cdots,V_n]^{\mathrm{T}}$，自适应参数估计误差为 $\tilde{\alpha}_{1i} = \alpha_{1i} - \hat{\alpha}_{1i}$，$\alpha_{1i} = \|\varepsilon_{1i}\|$，

$\tilde{k}_{1i}=k_{1i}-\hat{k}_{1i},k_{1i}=\|e_{Vi}\|,\tilde{\alpha}_{3i}=\alpha_{3i}-\hat{\alpha}_{3i},\alpha_{3i}=\lambda_{\max}(H)\|\dot{P}_0\|$。对 Lyapunov 函数(7.59)进行求导，可以得到

$$
\begin{aligned}
\dot{V}_9&=\sum_{i=1}^{n}(e_{Pi})^{\mathrm{T}}H(\dot{P}_0-\dot{V}_i)+\sum_{i=1}^{n}\left(\sum_{j=0}^{n}\frac{\partial V_{ij}^{a}}{\partial P_i}\right)\dot{V}_i+(e_V)^{\mathrm{T}}(\dot{V}_d-\dot{V})\\
&\quad-\frac{1}{\lambda_1}\sum_{i=1}^{n}\tilde{\alpha}_{1i}\dot{\hat{\alpha}}_{1i}-\frac{1}{\lambda_2}\sum_{i=1}^{n}\tilde{k}_{1i}\dot{\hat{k}}_{1i}-\frac{1}{\lambda_3}\sum_{i=1}^{n}\tilde{\alpha}_{3i}\dot{\hat{\alpha}}_{3i}-\mathrm{tr}\left\{\sum_{i=1}^{n}(\tilde{W}_{1i})^{\mathrm{T}}F_{1i}^{-1}\dot{\hat{W}}_{1i}\right\}\\
&=-\sum_{i=1}^{n}\left((e_{Pi})^{\mathrm{T}}H-\left(\sum_{j=0}^{n}\frac{\partial V_{ij}^{a}}{\partial P_i}\right)^{\mathrm{T}}\right)\left(\hat{k}_{1i}\mathrm{sign}(\sigma_{Pi})+\alpha_2\mathrm{sig}(\sigma_{Pi})^{p/q}-e_{Vi}\right)\\
&\quad+\sum_{i=1}^{n}(e_{Pi})^{\mathrm{T}}H\dot{P}_0+\sum_{i=1}^{n}(e_{Vi})^{\mathrm{T}}\left(\dot{V}_d-\hat{\alpha}_{1i}\mathrm{sign}(e_{Vi})-\alpha_2\mathrm{sig}(e_{Vi})^{p/q}\right.\\
&\quad\left.-\hat{\alpha}_{3i}\frac{\mathrm{sign}(e_{Vi})}{\|e_{Vi}\|}\|e_{Pi}\|+\tilde{W}_{1i}^{\mathrm{T}}\Phi(\zeta_{1i})\right)\\
&\quad-\sum_{i=1}^{n}\tilde{a}_{1i}\left(-a\hat{\alpha}_{1i}+\|e_{Vi}\|\right)-\frac{1}{\lambda_2}\sum_{i=1}^{n}\tilde{k}_{1i}\left(-b\hat{k}_{1i}+\|e_{Pi}\|\right)\\
&\quad-\sum_{i=1}^{n}\tilde{a}_{3i}\left(-c\hat{\alpha}_{3i}+\|e_{Pi}\|\right)-\mathrm{tr}\left\{\sum_{i=1}^{n}(\tilde{W}_{1i})^{\mathrm{T}}F_{1i}^{-1}\dot{\hat{W}}_{1i}\right\}
\end{aligned}
\tag{7.60}
$$

根据 $(e_{Vi})^{\mathrm{T}}\tilde{W}_{1i}^{\mathrm{T}}\Phi(\zeta_{1i})=\mathrm{tr}\left\{(\tilde{W}_{1i})^{\mathrm{T}}\Phi(\zeta_i)e_{Vi}\right\}$、$\alpha_{1i}=\|\varepsilon_{1i}\|$、$k_{1i}=\|e_{Vi}\|$、$\alpha_{3i}=\lambda_{\max}(H)\|\dot{P}_0\|$，可以将式(7.60)转换为

$$
\begin{aligned}
\dot{V}_9&\leqslant-k_2\sum_{i=1}^{n}(\sigma_{Pi})^{\mathrm{T}}\mathrm{sig}(\sigma_{Pi})^{p/q}-\sum_{i=1}^{n}\hat{k}_{1i}(\sigma_{Pi})^{\mathrm{T}}\mathrm{sig}(\sigma_{Pi})\\
&\quad+\sum_{i=1}^{n}k_{1i}\|\sigma_{Pi}\|-\sum_{i=1}^{n}\tilde{k}_{1i}\|\sigma_{Pi}\|+\sum_{i=1}^{n}\alpha_{3i}\|e_{Pi}\|\\
&\quad-\sum_{i=1}^{n}(e_{Vi})^{\mathrm{T}}\alpha_2\mathrm{sig}(e_{Vi})^{p/q}+\sum_{i=1}^{n}\alpha_{1i}\|e_{Vi}\|-\sum_{i=1}^{n}\tilde{\alpha}_{1i}\|e_{Vi}\|\\
&\quad-\sum_{i=1}^{n}(e_{Vi})^{\mathrm{T}}\hat{\alpha}_{1i}\mathrm{sig}(e_{Vi})-\sum_{i=1}^{n}(e_{Vi})^{\mathrm{T}}\tilde{W}_{1i}^{\mathrm{T}}\Phi(\zeta_{1i})\\
&\quad-\sum_{i=1}^{n}\hat{\alpha}_{3i}\|e_{Pi}\|-\sum_{i=1}^{n}\tilde{\alpha}_{3i}\|e_{Pi}\|+a\sum_{i=1}^{n}\tilde{a}_{1i}\hat{\alpha}_{1i}\\
&\quad+b\sum_{i=1}^{n}\tilde{k}_{1i}\hat{k}_{1i}+c\sum_{i=1}^{n}\tilde{\alpha}_{3i}\tilde{\alpha}_{3i}-\mathrm{tr}\left\{\sum_{i=1}^{n}(\tilde{W}_{1i})^{\mathrm{T}}\left(\Phi(\zeta_i)(e_{Vi})^{\mathrm{T}}-\beta_i\hat{W}_{1i}\right)\right\}
\end{aligned}
\tag{7.61}
$$

根据 $\tilde{\alpha}_{3i}$、$\tilde{\alpha}_{1i}$、$\tilde{k}_{1i}$ 的定义，可以计算得到

$$
\begin{aligned}
\dot{V}_9 \leqslant & -k_2\sum_{i=1}^{n}\left(\sigma_{Pi}\right)^{\mathrm{T}}\operatorname{sig}(\sigma_{Pi})^{p/q}-\alpha_2\sum_{i=1}^{n}\left(e_{Vi}\right)^{\mathrm{T}}\operatorname{sig}(e_{Vi})^{p/q} \\
& +a\sum_{i=1}^{n}\tilde{\alpha}_{1i}\hat{\alpha}_{1i}+b\sum_{i=1}^{n}\tilde{k}_{1i}\hat{k}_{1i}+c\sum_{i=1}^{n}\tilde{\alpha}_{3i}\tilde{\alpha}_{3i}+\operatorname{tr}\left\{\sum_{i=1}^{n}\beta_i\left(\tilde{W}_{1i}\right)^{\mathrm{T}}\hat{W}_{1i}\right\} \\
\leqslant & \, a\sum_{i=1}^{n}\tilde{\alpha}_{1i}\hat{\alpha}_{1i}+b\sum_{i=1}^{n}\tilde{k}_{1i}\hat{k}_{1i}+c\sum_{i=1}^{n}\tilde{\alpha}_{3i}\tilde{\alpha}_{3i}+\operatorname{tr}\left\{\sum_{i=1}^{n}\beta_i\left(\tilde{W}_{1i}\right)^{\mathrm{T}}\hat{W}_{1i}\right\}
\end{aligned}
\tag{7.62}
$$

下面将证明 Lyapunov 函数是有限时间有界的。根据下面的不等式：

$$
\begin{aligned}
& a\sum_{i=1}^{n}\tilde{\alpha}_{1i}\hat{\alpha}_{1i}+b\sum_{i=1}^{n}\tilde{k}_{1i}\hat{k}_{1i}+c\sum_{i=1}^{n}\tilde{\alpha}_{3i}\tilde{\alpha}_{3i}+\operatorname{tr}\left\{\sum_{i=1}^{n}\beta_i\left(\tilde{W}_{1i}\right)^{\mathrm{T}}\hat{W}_{1i}\right\} \\
\leqslant & -\frac{a(2a_{10}-1)}{2a_{10}}\sum_{i=1}^{n}\tilde{\alpha}_{1i}^2+\frac{a_{10}a}{2}\sum_{i=1}^{n}\alpha_{1i}^2 \\
& -\frac{b(2b_{10}-1)}{2b_{10}}\sum_{i=1}^{n}\tilde{k}_{1i}^2+\frac{b_{10}b}{2}\sum_{i=1}^{n}k_{1i}^2 \\
& -\frac{c(2c_{10}-1)}{2c_{10}}\sum_{i=1}^{n}\tilde{\alpha}_{3i}^2+\frac{c_{10}c}{2}\sum_{i=1}^{n}\alpha_{3i}^2 \\
& -\frac{\beta_i(2\beta_{10}-1)}{2\beta_{10}}\sum_{i=1}^{n}\operatorname{tr}\left\{\sum_{i=1}^{n}\left(\tilde{W}_{1i}\right)^{\mathrm{T}}\tilde{W}_{1i}\right\}+\frac{\beta_{10}\beta_i}{2}\sum_{i=1}^{n}\operatorname{tr}\left\{\sum_{i=1}^{n}\left(\tilde{W}_{1i}\right)^{\mathrm{T}}W_{1i}^*\right\}
\end{aligned}
\tag{7.63}
$$

式中，参数取值范围为 $a_{10}>1/2, b_{10}>1/2, c_{10}>1/2, \beta_{10}>1/2$。那么 Lyapunov 函数的导数从式(7.62)变为

$$
\begin{aligned}
\dot{V}_9 \leqslant & -k_2 2^{\frac{p+q}{q}}\left[\frac{1}{2}(e_P)^{\mathrm{T}}e_P\right]^{\frac{p+q}{q}}-\alpha_2\left[\frac{1}{2}(e_V)^{\mathrm{T}}e_V\right]^{\frac{p+q}{q}} \\
& +a\sum_{i=1}^{n}\alpha_{1i}^2+b\sum_{i=1}^{n}k_{1i}^2+c\sum_{i=1}^{n}\tilde{\alpha}_{3i}^2+\operatorname{tr}\left\{\sum_{i=1}^{n}\beta_i\left(W_i^*\right)^{\mathrm{T}}W_i^*\right\} \\
\leqslant & \frac{a_{10}a}{2}\sum_{i=1}^{n}\alpha_{1i}^2+\frac{b_{10}b}{2}\sum_{i=1}^{n}k_{1i}^2+\frac{c_{10}c}{2}\sum_{i=1}^{n}\tilde{\alpha}_{3i}^2+\operatorname{tr}\left\{\sum_{i=1}^{n}\frac{\beta_{10}\beta_i}{2}\left(W_i^*\right)^{\mathrm{T}}W_i^*\right\} \\
= & \, \kappa_{1i}
\end{aligned}
\tag{7.64}
$$

式中，参数取值范围为

$$\lambda_{1i}=\frac{2a_{10}}{a(2a_{10}-1)}\alpha_{1i}^{\frac{p+q}{2q}},\quad \lambda_{3i}=\frac{2c_{30}}{c(2c_{30}-1)}\alpha_{3i}^{\frac{p+q}{2q}}$$
$$\lambda_{2i}=\frac{2b_{10}}{b(2b_{10}-1)}k_{1i}^{\frac{p+q}{2q}},\quad F_i=\frac{2\beta_0}{\beta_i(2\beta_0-1)}\beta_{1i}^{\frac{p+q}{2q}}I \tag{7.65}$$

从参数α_{1i}、α_{3i}、W_{1i}^*的定义，可知不等式(7.64)的右边κ_{1i}是一个有界的数。那么变量e_{Pi}、$\tilde{\alpha}_{1i}$、$\tilde{\alpha}_{3i}$、$\tilde{W}_i$在有限时间T_{1i}内不能发散到无穷大。

步骤 2：证明速度跟踪误差e_{Vi}和自适应参数估计误差$\tilde{\alpha}_{1i}$在时间T_{1i}内收敛。根据式(7.52)，可以计算得到

$$\begin{aligned}\frac{\partial V_{ij}^a}{\partial P_i}&=\eta_j\ln(\varepsilon_a)V_{ij}^a\left[\frac{d_{ij}(t)-r_a}{(\rho_a-r_a)^2}\frac{\partial\rho_a}{\partial P_i}-\frac{P_i-P_j}{(\rho_a-r_a)d_{ij}}\right]\\&=\chi_0\eta_j\ln(\varepsilon_a)V_{ij}^a\end{aligned} \tag{7.66}$$

式中，变量表示为$\chi_0=e_{Pi}/\|e_{Pi}\|^2$。结合式(7.66)和编队重构误差$\sigma_{Pi}$，可以计算得

$$\begin{aligned}(\sigma_{Pi})^{\mathrm{T}}\sigma_{Pi}&=(e_{Pi})^{\mathrm{T}}e_{Pi}+\left(\sum_{j=0}^{n}\frac{\partial V_{ij}^a}{\partial P_i}\right)^{\mathrm{T}}\left(\sum_{j=0}^{n}\frac{\partial V_{ij}^a}{\partial P_i}\right)-2\left[\chi_0\eta_j\ln(\varepsilon_a)V_{ij}^a\right]^{\mathrm{T}}e_{Pi}\\&\geqslant(e_{Pi})^{\mathrm{T}}e_{Pi}+2l_1\eta_jV_{ij}^a\end{aligned} \tag{7.67}$$

式中，变量满足$l_1\eta_jV_{ij}^a>0$。所以，可以得到下面不等式成立：

$$-\left[\frac{1}{2}(\sigma_{Pi})^{\mathrm{T}}\sigma_{Pi}\right]^{\frac{p+q}{2q}}\leqslant-\left[\lambda_{\min}(H)(e_{Pi})^{\mathrm{T}}H^{-1}e_{Pi}+2l_1\eta_j\sum_{i=1}^{n}\sum_{j=0}^{n}V_{ij}^a\right]^{\frac{p+q}{2q}} \tag{7.68}$$

根据式(7.68)，Lyapunov 函数的导数从式(7.64)变为

$$\begin{aligned}\dot{V}_9&\leqslant-2^{\frac{p+q}{2q}}k_2\left[\frac{1}{2}(e_P)^{\mathrm{T}}e_P\right]^{\frac{p+q}{2q}}-2^{\frac{p+q}{2q}}\alpha_2\left[\frac{1}{2}(e_V)^{\mathrm{T}}e_V\right]^{\frac{p+q}{2q}}\\&\quad-\left[\frac{a(2a_{10}-1)}{2a_{10}}\tilde{\alpha}_{1i}^2\right]^{\frac{p+q}{2q}}-\left[\frac{b(2b_{10}-1)}{2b_{10}}\tilde{k}_{1i}^2\right]^{\frac{p+q}{2q}}\\&\quad-\left[\frac{c(2c_{10}-1)}{2c_{10}}\tilde{\alpha}_{3i}^2\right]^{\frac{p+q}{2q}}+\kappa_{1i}\\&\leqslant-2^{\frac{p+q}{2q}}k_2\left[\lambda_{\min}(H)\frac{1}{2}(e_P)^{\mathrm{T}}H^{-1}e_P+2l_1\eta_j\left(\frac{1}{2}\sum_{i=1}^{n}\sum_{j=0}^{n}V_{ij}^a\right)\right]^{\frac{p+q}{2q}}\end{aligned}$$

$$
\begin{aligned}
&-2^{\frac{p+q}{2q}}\alpha_2\left[\frac{1}{2}(e_V)^{\mathrm{T}}e_V\right]^{\frac{p+q}{2q}}-2^{\frac{p+q}{2q}}k_2\left(\frac{1}{2_1}\tilde{\alpha}_{1i}^2\right)^{\frac{p+q}{2q}}\\
&-2^{\frac{p+q}{2q}}\alpha_2\left(\frac{1}{2_2}\tilde{k}_{1i}^2\right)^{\frac{p+q}{2q}}-2^{\frac{p+q}{2q}}\left(\frac{1}{2\lambda_3}\tilde{\alpha}_{3i}^2\right)^{\frac{p+q}{2q}}+\kappa_{1i} \qquad (7.69)\\
&\leqslant -\gamma_1 V_1^{\frac{p+q}{2q}}+\kappa_{1i}
\end{aligned}
$$

式中，参数定义为 $\gamma_1=2^{\frac{p+q}{2q}}\min\left\{\alpha_2,k_2\lambda_{\min}(H),2k_2l_1\eta_j\right\}$。

所以，从引理 7.2 可知，Lyapunov 函数是实际有限时间稳定的。这意味着编队位置误差是一致最终有界的，且参数 $\tilde{\alpha}_{1i}$、$\tilde{\alpha}_{3i}$、$\tilde{W}_i$ 是一致有界的。

2. 姿态内环跟踪控制器设计

针对姿态内环模型(7.2)，考虑模型参数不确定和外界干扰影响，利用积分滤波对由外环解算得到的期望姿态角指令 Θ_{di} 进行光滑逼近，设计内环姿态控制器 U_{2i}，使得无人机自身姿态角能在有限时间内跟踪上滤波器输出的指令，从而实现对期望姿态角 Θ_{di} 的跟踪。

定义姿态跟踪误差 $e_{\Theta i}$、角速度跟踪误差 $e_{\Omega i}$ 和滤波误差 $e_{\delta_{1i}}$ 分别为

$$
\begin{aligned}
&e_{\Theta i}=\Theta_{di}-\Theta_i,\quad e_{\delta_{1i}}=\Theta_{di}-\delta_{1i}\\
&e_{\Omega i}=\Omega_{di}-\Omega_i,\quad e_{\delta_{2i}}=\Omega_{di}-\delta_{4i}
\end{aligned} \qquad (7.70)
$$

式中，δ_{1i}、δ_{2i} 分别是期望姿态角 Θ_{di} 和虚拟角速度 Ω_{di} 的滤波估计。

设计如式(7.71)所示的内环姿态跟踪控制器 U_{2i}：

$$
\begin{aligned}
U_{2i}&=\left[g_{2i}(t)\right]^{-1}\left[\dot{\Omega}_{di}+g_{1i}(t)+\hat{\alpha}_{4i}\mathrm{sign}(e_{\Omega i})+\alpha_5\mathrm{sign}^{p/q}(e_{\Omega i})+\hat{W}_{2i}^{\mathrm{T}}\Phi(\zeta_{2i})\right]\\
\Omega_{di}&=\left[\Pi_i(\Theta_i)\right]^{-1}\left[\dot{\delta}_{1i}+\hat{k}_{3i}\mathrm{sign}(e_{\Theta i})+k_4\mathrm{sign}(e_{\Theta i})^{p/q}\right]
\end{aligned} \qquad (7.71)
$$

式中，参数 $\alpha_4>0$，p、q 是奇数，且 $p<q$，自适应参数 $\hat{\alpha}_{4i}$、$\hat{k}_{3i}$、$\hat{W}_{2i}$ 为

$$
\begin{aligned}
\dot{\hat{\alpha}}_{4i}&=\lambda_{4i}(-c\hat{\alpha}_{4i}+\|e_{\Omega i}\|)\\
\dot{\hat{k}}_{3i}&=\lambda_{5i}(-d\hat{k}_{3i}+\|e_{\Theta i}\|)\\
\dot{\hat{W}}_{2i}&=F_{2i}\left[\Phi(\zeta_{2i})(e_{\Omega i})^{\mathrm{T}}-\beta_{2i}\hat{W}_{2i}\right]
\end{aligned} \qquad (7.72)
$$

式中，$c>0,d>0,\lambda_{4i}$、λ_{5i} 的选取参照式(7.65)中 λ_{1i}、λ_{2i} 的选取方式，F_{2i} 由式(7.65)给出，那么姿态跟踪误差 $e_{\Theta i}$ 将会在有限时间收敛到一个小邻域。

定理 7.5　针对姿态内环模型式(7.2)，如果控制器设计如式(7.71)所示，且控制参数满足 $\alpha_5>0,c>0,d>0,p<q,p$、q 是奇数，那么姿态跟踪误差 $e_{\Theta i}$ 及其导数

$\dot{e}_{\Theta i}$能在有限时间收敛到原点附近小邻域内。

证明 证明步骤参考外环编队控制器设计，考虑以下候选 Lyapunov 函数：

$$\begin{aligned}V_{10}&=\frac{1}{2}(e_{\Theta})^{\mathrm{T}}e_{\Theta}+\frac{1}{2}(e_{\Omega})^{\mathrm{T}}e_{\Omega}+\frac{1}{2\lambda_4}\sum_{i=1}^{n}\tilde{\alpha}_{4i}^2\\&\quad+\frac{1}{2\lambda_5}\sum_{i=1}^{n}\tilde{k}_{3i}^2+\frac{1}{2}\mathrm{tr}\left\{\sum_{i=1}^{n}\left(\tilde{W}_{2i}\right)^{\mathrm{T}}F_{2i}^{-1}\tilde{W}_{2i}\right\}\end{aligned}\tag{7.73}$$

式中，姿态跟踪误差和姿态角速度跟踪误差的向量分别表示为$e_{\Theta}=[e_{\Theta1},\cdots,e_{\Theta n}]^{\mathrm{T}}$ $e_{\Omega}=[e_{\Omega1},\cdots,e_{\Omega n}]^{\mathrm{T}}$，自适应参数估计误差定义为$\tilde{k}_{3i}=k_{3i}-\hat{k}_{3i}$，$k_{3i}=\left\|\dot{e}_{\delta_{1i}}+\Pi_i(\Theta_i)e_{\Omega i}\right\|$。对 Lyapunov 函数(7.73)进行求导，可以得到

$$\begin{aligned}\dot{V}_{10}&=(e_{\Theta})^{\mathrm{T}}\dot{e}_{\Theta}+(e_{\Omega})^{\mathrm{T}}\dot{e}_{\Omega}-\frac{1}{\lambda_4}\sum_{i=1}^{n}\tilde{\alpha}_{4i}\dot{\hat{\alpha}}_{4i}-\frac{1}{\lambda_5}\sum_{i=1}^{n}\tilde{k}_{3i}\dot{\hat{k}}_{3i}-\mathrm{tr}\left\{\sum_{i=1}^{n}\left(\tilde{W}_{2i}\right)^{\mathrm{T}}F_{2i}^{-1}\dot{\hat{W}}_{2i}\right\}\\&=(e_{\Theta})^{\mathrm{T}}\left[\dot{\Theta}_{di}-\Pi_i(\Theta_i)\left(\Omega_{di}-e_{\Omega i}\right)\right]+(e_{\Omega})^{\mathrm{T}}\left[\dot{\Omega}_{di}-\left(g_{1i}(t)+g_{2i}(t)U_{2i}+d_{\Omega i}\right)\right]\\&\quad-\sum_{i=1}^{n}\tilde{\alpha}_{4i}(-c\hat{\alpha}_{4i}+\|e_{\Omega i}\|)-\sum_{i=1}^{n}\tilde{k}_{3i}(-d\hat{k}_{3i}+\|e_{\Theta i}\|)\\&\quad-\mathrm{tr}\left\{\sum_{i=1}^{n}\left(\tilde{W}_{2i}\right)^{\mathrm{T}}\left[\Phi(\zeta_{2i})(e_{\Omega i})^{\mathrm{T}}-\beta_{2i}\hat{W}_{2i}\right]\right\}\\&=(e_{\Theta})^{\mathrm{T}}\sum_{i=1}^{n}\left[\dot{e}_{\delta_{1i}}+\Pi_i(\Theta_i)e_{\Omega i}-\hat{k}_{3i}\mathrm{sign}(e_{\Theta i})-k_4\mathrm{sign}(e_{\Theta i})^{p/q}\right]\\&\quad+(e_{\Omega})^{\mathrm{T}}\sum_{i=1}^{n}\left[\dot{e}_{\delta_{4i}}-\hat{\alpha}_{4i}\mathrm{sign}(e_{\Omega i})-\alpha_5\mathrm{sign}^{p/q}(e_{\Omega i})\right.\\&\qquad\left.-\hat{W}_{2i}^{\mathrm{T}}\Phi(\zeta_{2i})+(W_{2i}^{*})^{\mathrm{T}}\Phi(\zeta_{2i})+\varepsilon_{2i}(\zeta_{2i})\right]\\&\quad-\sum_{i=1}^{n}\tilde{\alpha}_{4i}(-c\hat{\alpha}_{4i}+\|e_{\Omega i}\|)-\sum_{i=1}^{n}\tilde{k}_{3i}(-d\hat{k}_{3i}+\|e_{\Theta i}\|)\\&\quad-\mathrm{tr}\left\{\sum_{i=1}^{n}\left(\tilde{W}_{2i}\right)^{\mathrm{T}}\left[\Phi(\zeta_{2i})(e_{\Omega i})^{\mathrm{T}}-\beta_{2i}\hat{W}_{2i}\right]\right\}\end{aligned}$$

基于式(7.70)～式(7.72)，并考虑$k_{3i}=\left\|\dot{e}_{\delta_{1i}}+\Pi_i(\Theta_i)e_{\Omega i}\right\|$，那么上式可以转换为

$$\begin{aligned}\dot{V}_{10}&\leqslant-k_4(e_{\Theta})^{\mathrm{T}}\mathrm{sign}(e_{\Theta})^{p/q}-\alpha_5(e_{\Omega})^{\mathrm{T}}\mathrm{sign}^{p/q}(e_{\Omega})\\&\quad+c\sum_{i=1}^{n}\tilde{\alpha}_{4i}\hat{\alpha}_{4i}+d\sum_{i=1}^{n}\tilde{k}_{3i}\hat{k}_{3i}+\mathrm{tr}\left\{\sum_{i=1}^{n}\beta_{2i}\left(\tilde{W}_{2i}\right)^{\mathrm{T}}\hat{W}_{2i}\right\}\\&\leqslant-\gamma_{71}V_{10}^{\frac{p+q}{2q}}+\kappa_{2i}\end{aligned}\tag{7.74}$$

式中，$\gamma_{71}=2^{\frac{p+q}{2q}}\min\{\alpha_5,k_4\}$，$\kappa_{2i}=c\sum_{i=1}^{n}\tilde{\alpha}_{4i}\hat{\alpha}_{4i}+d\sum_{i=1}^{n}\tilde{k}_{3i}\hat{k}_{3i}+\mathrm{tr}\left\{\sum_{i=1}^{n}\beta_{2i}\left(\tilde{W}_{2i}\right)^{\mathrm{T}}\hat{W}_{2i}\right\}$。

根据引理 7.2，可以得到系统状态是实际有限时间稳定的。

7.2.3　仿真验证

1. 仿真参数

仿真考虑由一架虚拟 Leader 无人机和 10 架 Follower 无人机组成的编队。多无人机编队通信拓扑图选取如图 7.12 所示，在队形发生重构时，通信拓扑图变为图 7.13，其中 0 表示虚拟 Leader 无人机，1～10 表示 10 架 Follower 无人机。

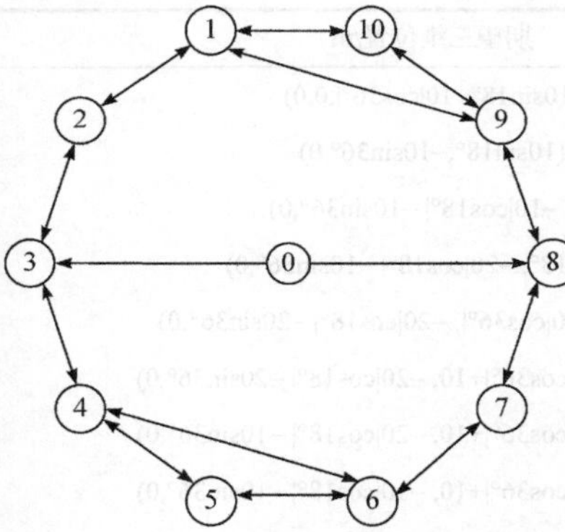

图 7.12　多无人机编队通信拓扑图

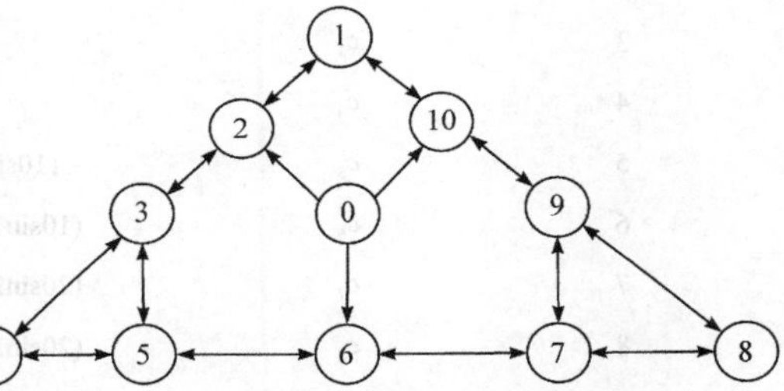

图 7.13　重构后的多无人机编队通信拓扑图

虚拟 Leader 0 无人机的运动轨迹如式(7.75)所示：

$$x_d=6t,\quad y_d=0.1t,\quad z_d=8,\quad \psi_d=1 \tag{7.75}$$

编队的初始队形为正十边形，期望重构后的队形为三角队形。Leader 0 无人机与 10 架 Follower 无人机重构后的期望队形，设置如表 7.4 所示。

表 7.4　无人机期望重构队形相对三维位置设置

无人机	期望构型	期望三维位置/m
1	c_1	(30,0,0)
2	c_2	(20,−10,0)
3	c_3	(10, −20,0)
4	c_4	(0, −30,0)
5	c_5	(10, −30,0)
6	c_6	(30, −30,0)

续表

无人机	期望构型	期望三维位置/m
7	c_7	(50, −30,0)
8	c_8	(60, −30,0)
9	c_9	(50, −20,0)
10	c_{10}	(40, −10,0)
Leader 0	c_0	(30,0,0)

Leader 0 无人机与 10 架 Follower 无人机的初始位置设置如表 7.5 所示。

表 7.5　无人机初始位置设置

无人机	期望构型	期望三维位置/m
1	c_1	(10sin18°+10|cos36°|,0,0)
2	c_2	(10sin18°,−10sin36°,0)
3	c_3	(0, −10|cos18°| −10sin36°,0)
4	c_4	(10sin18°, −20|cos18°| −10sin36°,0)
5	c_5	(10sin18°+10|cos36°|, −20|cos18°| −20sin36°,0)
6	c_6	(10sin18°+10|cos36°|+10, −20|cos18°| −20sin36°,0)
7	c_7	(20sin18°+20|cos36°|+10, −20|cos18°| −10sin36°,0)
8	c_8	(20sin18°+20|cos36°|+10, −10|cos18°| −10sin36°,0)
9	c_9	(10sin18°+20|cos36°|+10, −10sin36°,0)
10	c_{10}	(10sin18°+10|cos36°|+10,0,0)
Leader 0	c_0	(10sin18°+10|cos36°|+5, −10|cos18°| −10sin36°,0)

每架 Follower 无人机的初始速度全为 0，初始欧拉角也全为 0，速度的单位为 m/s，角度的单位为 rad。

外环控制器参数包含自适应势能函数和自适应增益的参数，设置如表 7.6 所示。

表 7.6　外环控制器参数设置

参数	取值	参数	取值	参数	取值	参数	取值
α_2	4	λ_2	0.1	l_1	200	ε_a	0.9
k_2	2	b	0.23	β_i	1	F_{1i}	$2I_3$
λ_1	0.1	λ_3	0.1	η_j	2		
a	6	c	10	r_a	6.5m		

内环控制器参数包括自适应增益的参数，设置如表 7.7 所示。

表 7.7　内环控制器参数设置

参数	取值	参数	取值	参数	取值	参数	取值
α_5	6	λ_4	0.2	λ_5	0.3	β_{2i}	0.2
k_4	2	c	2	d	2	F_{2i}	$1.1I_3$

假设外部干扰和模型参数不确定的形式如式(7.76)所示：

$$\begin{aligned}d_{Vi} &= 20[-0.6\sin(0.5t),-0.8\sin(0.3t),-0.42\sin(0.5t)]^{\mathrm{T}}\Delta m\\ d_{\Omega i} &= 10[0.7\sin(0.5t)+0.9\sin t,-0.6\sin(5t)+0.6\sin(0.2t),0.83\sin(0.2t)]^{\mathrm{T}}\end{aligned}\tag{7.76}$$

2. 仿真结果

仿真结果如图 7.14～图 7.17 所示。图 7.14 给出了十架 Follower 无人机和虚拟 Leader 无人机的三维编队图，图 7.15 给出了二维编队图，仿真说明 10 架

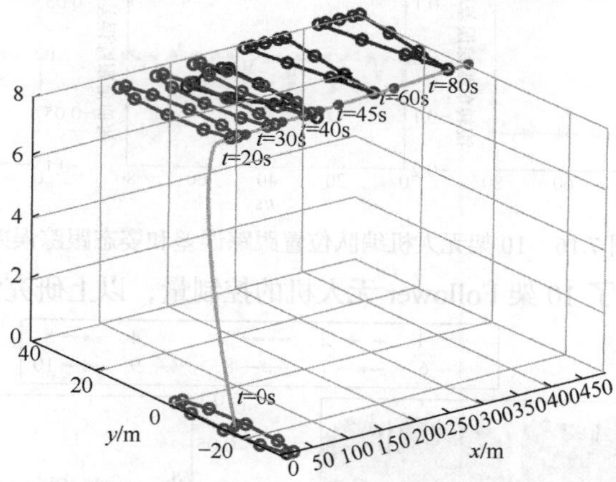

图 7.14　三维编队图

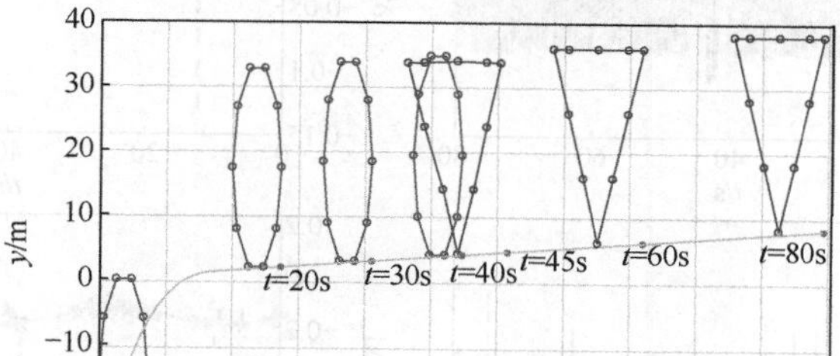

图 7.15　二维编队图

无人机可以实现期望的编队重构。图 7.16 给出了 10 架无人机编队位置跟踪误差和姿态跟踪误差曲线，从图中可以看出编队位置误差可在 10s 以内实现收敛，姿态跟踪误差可在 5s 内实现收敛，滚转角和俯仰角误差在 0.06rad 和 0.03rad 以内。

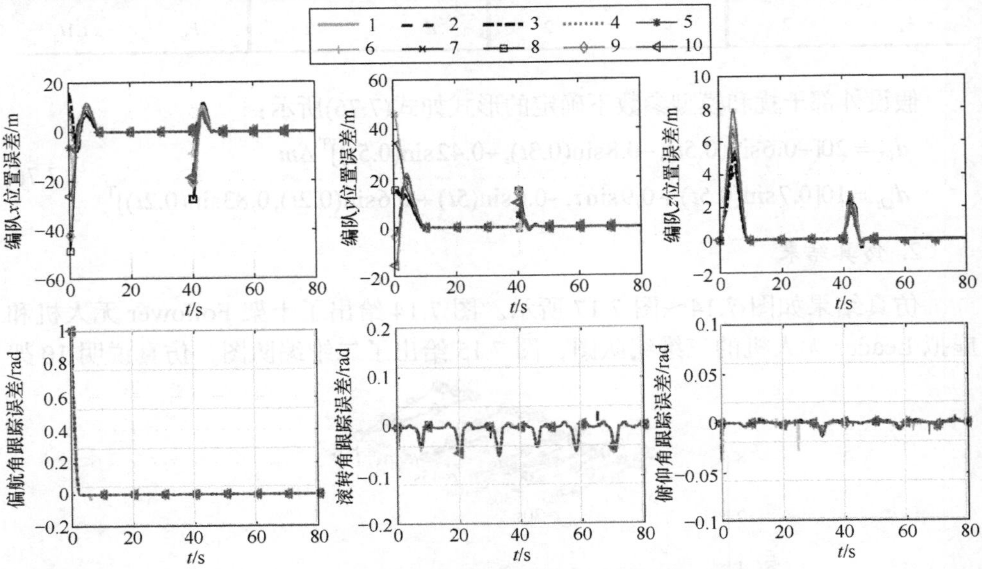

图 7.16　10 架无人机编队位置跟踪误差和姿态跟踪误差图

图 7.17 给出了 10 架 Follower 无人机的控制量，以上研究结果验证了所设计

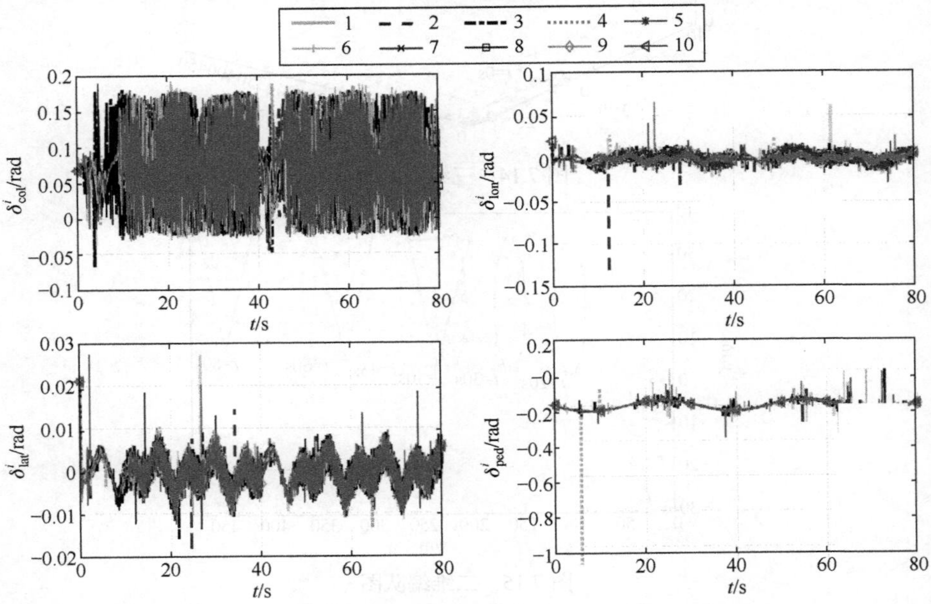

图 7.17　10 架无人机控制器图

的基于自适应终端势能函数的有限时间分布式控制算法可以实现编队队形安全重构，算法是有效的。为了显示势能函数的作用，图 7.18 给出了无人机间距离和安全距离的曲线仿真结果图，以及势能函数曲线图和两架无人机的机间距离图。从仿真结果来看，可以看出当无人机机间安全距离 r_a 为 9.1m 时，无人机在 0～10s 和 40～43s 时对无人机编队起到安全避碰作用。编队控制器的自适应参数在图 7.19 中给出，可以看出自适应参数能够不断调整以满足控制需求。

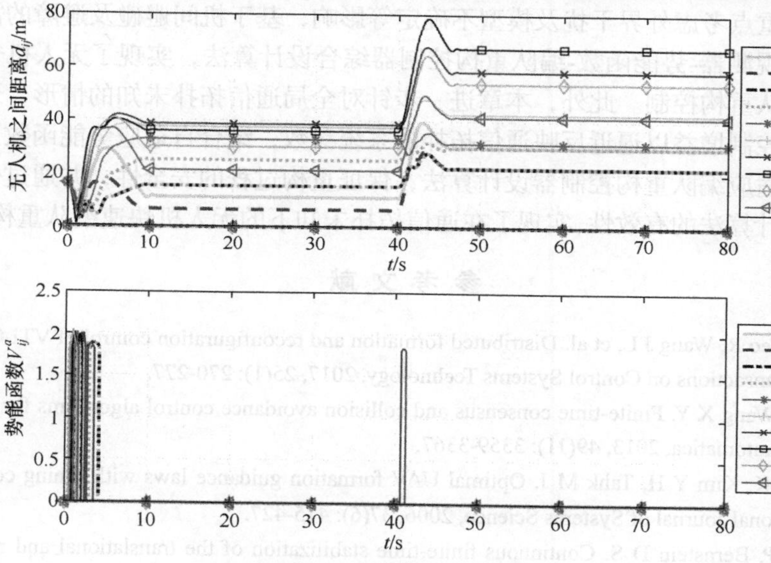

图 7.18 势能函数曲线图

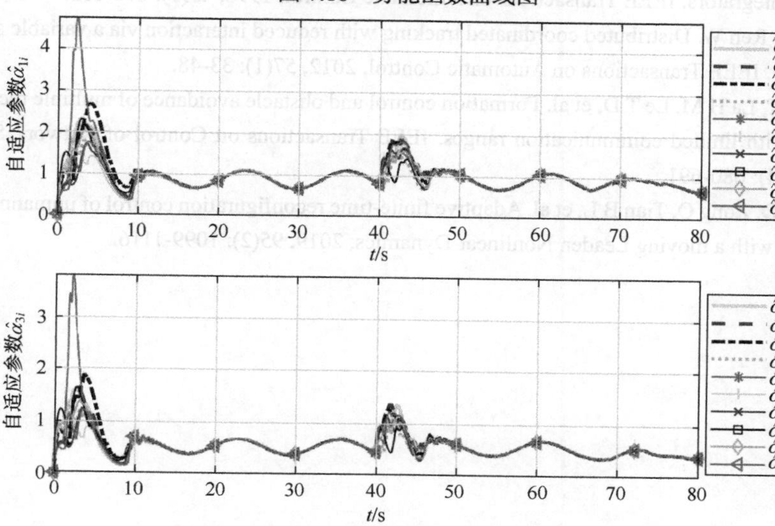

图 7.19 自适应参数 $\hat{\alpha}_{1i}$、$\hat{\alpha}_{3i}$ 曲线

7.3 小　结

无人机编队队形重构在编队控制中具有十分重要的作用，可用来规避环境风险、完成任务转换需求。编队队形重构过程中受未知环境干扰及机间碰撞等影响，对重构的安全性及快速性提出较高要求。本章首先针对无人机编队通信拓扑已知的情形，重点考虑外界干扰及模型不确定等影响，基于机间避碰及避障的需求，提出干扰观测器-势能函数-编队重构控制器综合设计算法，实现了无人机安全、快速的编队重构控制。此外，本章进一步针对全局通信拓扑未知的情形，通过自适应调整控制增益以逼近反映通信拓扑的系统参数，结合自适应势能函数进一步研究了自适应编队重构控制器设计算法，保证重构过程的安全性，并通过仿真验证了所设计算法的有效性,实现了在通信拓扑未知下的无人机快速编队重构控制。

参 考 文 献

[1] Liao F, Teo R, Wang J L, et al. Distributed formation and reconfiguration control of VTLO UAVs. IEEE Transactions on Control Systems Technology, 2017, 25(1): 270-277.

[2] Li S H, Wang X Y. Finite-time consensus and collision avoidance control algorithms for multiple AUVs. Automatica, 2013, 49(11): 3359-3367.

[3] Ryoo C K, Kim Y H, Tahk M J. Optimal UAV formation guidance laws with timing constraint. International Journal of Systems Science, 2006, 37(6): 415-427.

[4] Bhat S P, Bernstein D S. Continuous finite-time stabilization of the translational and rotational double integrators. IEEE Transactions on Automatic Control, 1998, 43(5): 678-682.

[5] Cao Y C, Ren W. Distributed coordinated tracking with reduced interaction via a variable structure approach. IEEE Transactions on Automatic Control, 2012, 57(1): 33-48.

[6] Nguyen T, La H M, Le T D, et al. Formation control and obstacle avoidance of multiple rectangular agents with limited communication ranges. IEEE Transactions on Control of Network Systems, 2017, 4(4): 680-691.

[7] Wang D D, Zong Q, Tian B L, et al. Adaptive finite-time reconfiguration control of unmanned aerial vehicles with a moving Leader. Nonlinear Dynamics, 2019, 95(2): 1099-1116.

第 8 章　多无人机故障诊断与容错控制

在多无人机执行飞行任务期间,保障无人机编队的稳定性和安全性十分重要。一旦编队中某架无人机发生轻微故障(如电机效率损失、旋翼速度偏差等)，不仅影响既定任务的执行，还将威胁编队内其他无人机的安全性。因此，多无人机故障诊断与容错控制是实现多无人机智能自主协同控制一个不可缺少的环节。本章考虑编队中一架或多架无人机发生轻微故障的情况(即仍可继续完成飞行任务)，分别采用被动容错控制算法与主动容错控制算法实现多无人机的编队容错控制。首先考虑电机效率损失故障影响下的多四旋翼无人机系统，将效率损失故障与未建模动态、模型不确定、外界干扰等综合扰动共同当作不确定项，并采用自适应积分滑模算法对其进行补偿，结合一致性理论实现基于被动容错的多无人机编队容错控制；然后考虑旋翼速度偏差造成的加性故障[1]，采用主动容错控制算法，分别设计故障诊断观测器与编队容错控制器，并考虑两者之间的双向交互作用，实现故障诊断与容错控制一体化设计。

本章的主要内容安排如下：8.1 节考虑外界干扰、模型不确定及电机效率损失故障对多四旋翼无人机编队控制性能的影响，研究基于一致性理论与自适应积分滑模的多无人机分布式有限时间被动容错控制算法；8.2 节针对旋翼速度偏差造成的加性故障,考虑故障诊断模块与容错控制模块双向交互作用对诊断精度及容错控制性能的影响，研究基于状态反馈与输出反馈的故障诊断与容错控制一体化设计算法；8.3 节给出本章小结。

8.1　基于被动容错的多无人机分布式有限时间容错控制

本节以四旋翼无人机模型为研究对象,考虑其发生电机效率损失故障的情况。实际飞行中表现为相同控制量下电机对姿态角的改变量减小，从而导致故障无人机无法正常飞行，进而难以维持编队队形，甚至会破坏整个编队的稳定性。本节将考虑编队无人机中一架或多架无人机出现电机效率损失故障的情况，并基于被动容错算法设计分布式有限时间控制器，使得在编队内无人机出现轻微故障时，整个编队仍能按照期望队形沿着参考轨迹继续飞行。被动容错控制是一种不具备单独的故障诊断与隔离装置的容错算法，其通常将执行器故障当作扰动项处理，利用鲁棒控制等算法来减小故障对闭环系统的影响。与单机故障不同，若编队内无人机出现执行器故障，其飞行轨迹与姿态都会发生偏差，进而影响邻机的飞行性能，因此需要设计具有强鲁棒性能的编队控制算法，保证多无人机编队系统的稳定性。针对这一问题，本节采用一致性理论与自适应积分滑模算法，设计基于被动容错的分布式有限时间容错控制器。首先，给出带有执行器故障的多四旋翼无人机模型；然后，设计分布式位置跟踪控制器，得到保证编队飞行所需的虚拟控制力，并通过姿态解算和姿态稳定控制器，将虚拟控制力和期望偏航角转化为电机转速需要产生的实际控制力与控制力矩，在此基础上，设计电机转速容错控制器，得到电机效率损失故障下，达到所需转速时电机需要产生的实际力矩；最后，基于李雅普诺夫理论证明多无人机编队系统的稳定性，实现故障条件下的多无人机编队保持。

8.1.1 问题描述

考虑第 i 架四旋翼无人机受到电机效率损失故障的影响，其实际电机输出力矩可以表示为

$$\tau_{pi}^{F}=\sigma_{Fi}\tau_{pi} \tag{8.1}$$

式中，$\tau_{pi}^{F}=\left[\tau_{pi1}^{F},\tau_{pi2}^{F},\tau_{pi3}^{F},\tau_{pi4}^{F}\right]^{\mathrm{T}}$ 表示无人机 i 在故障情况下的实际电机输出力矩；$\sigma_{Fi}=\mathrm{diag}\{\sigma_{Fi1},\sigma_{Fi2},\sigma_{Fi3},\sigma_{Fi4}\}$ 表示对应的电机效率损失因子，若 $\sigma_{Fil}=1\,(l=1,2,3,4)$，则表示无人机 i 的第 l 个电机处在无故障状态；$\tau_{pi}=\left[\tau_{pi1},\tau_{pi2},\tau_{pi3},\tau_{pi4}^{F}\right]^{\mathrm{T}}$ 表示无故障情况下的电机输出力矩。

结合 2.4.2 节给出的四旋翼无人机六自由度模型(2.71)，电机效率损失故障影响下多四旋翼无人机模型可描述为

$$\dot{P}_i=V_i \tag{8.2}$$

$$\dot{V}_i=ge_3-\frac{u_i}{m_i}R_ie_3+\varDelta_{Vi} \tag{8.3}$$

$$\dot{\varTheta}_i=\varPi_i\varOmega_i \tag{8.4}$$

$$J_i\dot{\varOmega}_i=-J_i^{-1}\varOmega_i\times J_i\varOmega_i+\tau_i+\varDelta_{\varOmega i} \tag{8.5}$$

$$J_{ri}\dot{\omega}_i=\sigma_{Fi}\tau_{pi}-c_T\omega_i+\varDelta_{\omega i} \tag{8.6}$$

式中，$\varDelta_{Vi}$ 和 $\varDelta_{\varOmega i}$ 分别表示无人机位置模型和姿态模型受到的模型不确定、外界干扰及未建模动态等综合扰动，其他符号定义与第 2 章一致。式(8.6)表示电机效率损失故障影响下的无人机电机转速系统，式中，$\omega_i=\left[\omega_{i1},\omega_{i2},\omega_{i3},\omega_{i4}\right]^{\mathrm{T}}$ 表示第 i 架无人机的电机转速；$J_{ri}=\mathrm{diag}\{J_{ri1},J_{ri2},J_{ri3},J_{ri4}\}$ 表示第 i 架无人机的电机惯性矩

阵；$c_T > 0$ 表示升力系数；$\Delta_{\omega i}$ 表示第 i 架无人机电机转速系统受到的综合扰动。

假设编队内四旋翼无人机完全一致，那么每架无人机的电机到质心的距离 l_T、反扭矩系数 c_Q、升力系数 c_T 完全一致。第 i 架四旋翼无人机的实际控制力 u_i、控制力矩 τ_i 与电机转速 ω_i 的关系由式(2.68)获得，即

$$\begin{bmatrix} u_i \\ \tau_{i1} \\ \tau_{i2} \\ \tau_{i3} \end{bmatrix} = \begin{bmatrix} c_T & c_T & c_T & c_T \\ 0 & -c_T l_T & 0 & c_T l_T \\ -c_T l_T & 0 & c_T l_T & 0 \\ -c_Q & c_Q & -c_Q & c_Q \end{bmatrix} \begin{bmatrix} \omega_{i1}^2 \\ \omega_{i2}^2 \\ \omega_{i3}^2 \\ \omega_{i4}^2 \end{bmatrix} \tag{8.7}$$

由式(8.7)可知，第 i 架无人机的期望电机转速 ω_{di} 可由需要的实际控制力 u_i 和控制力矩 τ_i 计算得到。

本节待解决的姿态稳定控制问题可以描述为，在存在未建模动态、模型不确定、外界干扰及电机效率故障的情况下，采用被动容错算法，将电机效率损失故障当作扰动项处理，并设计基于一致性理论与自适应滑模算法设计分布式容错控制器，使一组 N 架四旋翼无人机在有限时间 T_{80} 内形成期望队形并按照参考轨迹进行编队飞行，即对于任意无人机 i、j，有

$$\begin{aligned} &\lim_{t\to T_{80}}\left(P_i - P_j\right) = c_i - c_j, \quad \lim_{t\to T_{80}}\left(P_i - P_0\right) = c_i \\ &\lim_{t\to T_{80}}\left(\psi_i - \psi_j\right) = 0, \quad \lim_{t\to T_{80}}\psi_i = \psi_{\text{ref}} \end{aligned} \tag{8.8}$$

式中，P_0 为 Leader 无人机的飞行轨迹；$c_i = [c_{xi}, c_{yi}, c_{zi}]^{\mathrm{T}}$ 和 $c_j = [c_{xj}, c_{yj}, c_{zj}]^{\mathrm{T}}$ 分别为第 i 架 Follower 无人机和第 j 架 Follower 无人机相对于 Leader 无人机的望距离；ψ_{ref} 为参考偏航角，一般与 Leader 无人机的偏航角 ψ_0 一致。

8.1.2　多无人机分布式有限时间容错控制器设计

本节采用一致性理论与自适应积分滑模算法，设计多无人机分布式有限时间容错控制器。基于四旋翼动力学模型式(8.2)～式(8.6)，如图 8.1 所示，将编队容错控制问题分解为三个嵌套的控制环(位置环、姿态环与电机转速环)，分别设计分布式位置跟踪控制器、姿态稳定控制器与电机转速容错控制器，最后通过 Lyapunov 证明，确保整个闭环系统的稳定性，实现多无人机分布式容错控制。

1. 分布式位置跟踪控制器设计

这一部分将介绍分布式位置跟踪控制器设计过程，使得编队内的 Follower 无人机能够在有限时间 T_{81} 内保持期望构型并跟踪上 Leader 轨迹 $P_0 = \left[x_0, y_0, z_0\right]^{\mathrm{T}}$，

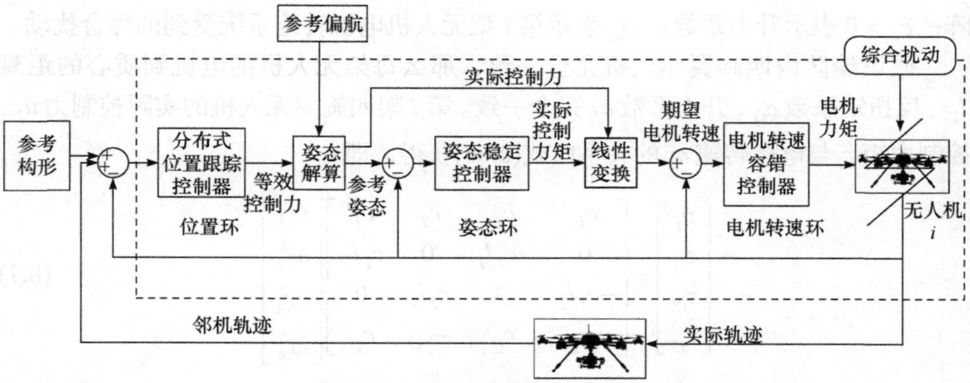

图 8.1　多无人机分布式有限时间容错控制结构图

获得第 i 架 Follower 无人机位置模型的等效控制力。

1) 无人机编队位置误差系统建立

考虑第 i 架 Follower 无人机的位置模型

$$\begin{aligned}\dot{P}_i &= V_i \\ \dot{V}_i &= ge_3 - \frac{u_i}{m_i}R_i e_3 + \varDelta_{Vi}\end{aligned} \tag{8.9}$$

并定义等效控制力 $\bar{u}_i = ge_3 - \dfrac{u_i}{m_i}R_i e_3$，则位置模型(8.9)可写为如式(8.10)所示形式：

$$\begin{cases}\dot{P}_i = V_i \\ \dot{V}_i = \bar{u}_i + \varDelta_{Vi}\end{cases} \tag{8.10}$$

假设 8.1　考虑多无人机位置模型式(8.10)，假设存在未知常数 L_{81} 使综合扰动项 $\varDelta_{Vi}$ 满足 $\left\|\dot{\varDelta}_{Vi}\right\|_\infty < L_{81}$。

定义第 i 架 Follower 无人机与 Leader 无人机的位置跟踪误差为 $e_{\bar{P}0i} = P_i - P_0 - c_i$，与邻机之间的位置跟踪误差为 $e_{\bar{P}i} = \sum_{j=0}^{N} a_{ij} e_{\bar{P}ij} = \sum_{j=0}^{N} a_{ij}\left(P_i - P_j + c_i - c_j\right)$，其中，$c_0 = 0$，则可得到

$$e_{\bar{P}} = \left(H \otimes I_3\right) e_{\bar{P}0} \tag{8.11}$$

式中，$e_{\bar{P}0} = \left[\left(e_{\bar{P}01}\right)^{\mathrm{T}}, \left(e_{\bar{P}02}\right)^{\mathrm{T}}, \cdots, \left(e_{\bar{P}0N}\right)^{\mathrm{T}}\right]^{\mathrm{T}}$；$e_{\bar{P}} = \left[\left(e_{\bar{P}1}\right)^{\mathrm{T}}, \left(e_{\bar{P}2}\right)^{\mathrm{T}}, \cdots, \left(e_{\bar{P}N}\right)^{\mathrm{T}}\right]^{\mathrm{T}}$，矩阵 H 的定义与第 6 章一致。同理，定义第 i 架 Follower 无人机与 Leader 无人机的速度跟踪误差为 $e_{\bar{V}0i} = V_i - \dot{P}_0$，与邻机之间的速度跟踪误差为 $e_{\bar{V}i} = \sum_{j=0}^{N} a_{ij} e_{\bar{V}ij} =$

$\sum_{j=0}^{N} a_{ij}\left(V_i - V_j\right)$，可得到

$$e_{\bar{V}} = (H \otimes I_3) e_{\bar{V}0} \tag{8.12}$$

式中，$e_{\bar{V}0} = \left[\left(e_{\bar{V}01}\right)^{\mathrm{T}}, \left(e_{\bar{V}02}\right)^{\mathrm{T}}, \cdots, \left(e_{\bar{V}0N}\right)^{\mathrm{T}}\right]^{\mathrm{T}}$；$e_{\bar{V}} = \left[\left(e_{\bar{V}1}\right)^{\mathrm{T}}, \left(e_{\bar{V}2}\right)^{\mathrm{T}}, \cdots, \left(e_{\bar{V}N}\right)^{\mathrm{T}}\right]^{\mathrm{T}}$。

因此多四旋翼无人机的编队位置误差系统可写为

$$\begin{aligned} \dot{e}_{\bar{P}} &= e_{\bar{V}} \\ \dot{e}_{\bar{V}} &= (H \otimes I_3)\left(\bar{u}' + \bar{\varDelta}_V - \bar{P}_0^{(2)}\right) \end{aligned} \tag{8.13}$$

式中，$\bar{u}' = \left[\left(\bar{u}_1\right)^{\mathrm{T}}, \left(\bar{u}_2\right)^{\mathrm{T}}, \cdots, \left(\bar{u}_N\right)^{\mathrm{T}}\right]^{\mathrm{T}}$，$\bar{\varDelta}_V = \left[\left(\varDelta_{V1}\right)^{\mathrm{T}}, \left(\varDelta_{V2}\right)^{\mathrm{T}}, \cdots, \left(\varDelta_{VN}\right)^{\mathrm{T}}\right]^{\mathrm{T}}$，$\bar{P}_0^{(2)} = \left[\left(P_0^{(2)}\right)^{\mathrm{T}}, \left(P_0^{(2)}\right)^{\mathrm{T}}, \cdots, \left(P_0^{(2)}\right)^{\mathrm{T}}\right]^{\mathrm{T}}$，$P_0^{(2)}$ 表示 P_0 的二阶导数。

假设 8.2　假设存在已知常数 L_{82}，使Leader无人机的轨迹 P_0 满足 $\left\|P_0^{(3)}\right\|_{\infty} < L_{82}$，式中，$P_0^{(3)}$ 为 P_0 的三阶导数。

2) 分布式观测器设计

由于在实际飞行过程中，并不是所有 Follower 无人机都能直接获取 Leader 无人机的轨迹 P_0，因此编队位置误差系统(8.13)中的 $\bar{P}_0^{(2)}$ 项是未知的。针对这一情况，本节通过为第 i 架无人机设计分布式观测器对 $\bar{P}_0^{(2)}$ 中的向量分量 $P_0^{(2)}$ 进行估计。定义 $\hat{f}_0^i$ 和 $\hat{f}_0^j$ 分别为无人机 i 和 j 对 $P_0^{(2)}$ 的估计值，且 $\hat{f}_0^0 = P_0^{(2)}$。定义符号 $\mathrm{sgn}(X) = \left[\mathrm{sign}(x_1), \cdots, \mathrm{sign}(x_n)\right]$，式中 $X = \left[x_1, \cdots, x_n\right]^{\mathrm{T}} \in \mathbf{R}^n$。

引理 8.1[2]　考虑多无人机位置模型式(8.10)，在假设 8.2 和假设 6.1 成立的情况下，若分布式观测器设计为

$$\dot{\hat{f}}_0^i = -\lambda_{81} \,\mathrm{sgn}\left[\sum_{j=0}^{N} a_{ij}\left(\hat{f}_0^i - \hat{f}_0^j\right)\right] \tag{8.14}$$

式中，观测器参数满足

$$\lambda_{81} > L_{81} \tag{8.15}$$

那么 $\tilde{f}_0^i = \hat{f}_0^i - \ddot{P}_0$ 在有限时间 T_{81a} 内收敛到零，即第 i 架无人机能够在有限时间 T_{81a} 内实现对 Leader 无人机轨迹的二阶导数 $P_0^{(2)}$ 的估计。

根据引理 8.1 可知，若分布式观测器设计如式(8.14)所示，观测器参数根据式(8.15)给出，那么第 i 架无人机的观测器输出 $\hat{f}_0^i$ 能够在有限时间 T_{81a} 内实现对 Leader 无人机轨迹的二阶导数 $P_0^{(2)}$ 的估计。

3) 分布式位置跟踪控制器设计过程

定理 8.1 给出了分布式位置跟踪控制器的形式，可以得到编队内各无人机所需的等效控制力 $\overline{u}_i$。

定理 8.1 考虑多四旋翼无人机的编队位置误差系统(8.13)，在假设 8.1、假设 8.2 和假设 6.1 成立的情况下，若分布式位置跟踪控制器设计为

$$\begin{aligned}\overline{u}_i &= \hat{f}_0^i + \overline{u}_{1i} + \overline{u}_{2i} \\ \overline{u}_{1i} &= -k_{81}\operatorname{sgn}\left(\sum_{j=0}^{N} a_{ij} e_{\overline{P}ij}\right) - k_{82}\operatorname{sgn}\left(\sum_{j=0}^{N} a_{ij} e_{\overline{V}ij}\right) \\ \overline{u}_{2i} &= -k_{83i}\left\langle s_{81i}\right\rangle^{1/2} - k_{84i}\int_0^t \left\langle s_{81i}\right\rangle^0 \mathrm{d}\tau\end{aligned} \tag{8.16}$$

式中，$\hat{f}_0^i$ 为分布式观测器(8.14)的输出，$\overline{u}_{1i}$ 是基于一致性原理设计的标称控制项，$\overline{u}_{2i}$ 是基于自适应滑模算法设计的扰动补偿项，且满足如下条件：

(1) 标称控制项 $\overline{u}_{1i}$ 中的控制参数 k_{81} 和 k_{82} 满足

$$\begin{aligned}& k_{81} > \frac{L_l \iota}{3}(12N)^{1/3}\sqrt{\frac{6N}{\lambda_{\max}(H)}} \\ & k_{81} > k_{82} \\ & k_{82} > 2\iota N \lambda_{\min}(H)\sqrt{\frac{6N}{\lambda_{\max}(H)}}\end{aligned} \tag{8.17}$$

式中，$L_l = \left\|H^{-1}\right\|_\infty$ 且 $\iota > 0$。

(2) 扰动补偿项 $\overline{u}_{2i}$ 中的滑模面 s_{81i} 定义为

$$s_{81i} = V_i - V_i(0) - \int_0^t \left(\overline{u}_{1i} + \hat{f}_0^i\right)\mathrm{d}\tau \tag{8.18}$$

式中，$V_i(0)$ 表示 V_i 的初始值，自适应控制增益 k_{83i} 和 k_{84i} 设计为

$$\begin{aligned}& \dot{k}_{83i} = \begin{cases}\varpi_{81i}\sqrt{\dfrac{\kappa_{81i}}{2}}, & s_{81i} \neq 0 \\ 0, & s_{81i} = 0\end{cases} \\ & k_{84i} = \overline{\varepsilon}_{81i} k_{83i}\end{aligned} \tag{8.19}$$

式中，ϖ_{81i}、κ_{81i} 和 $\overline{\varepsilon}_{81i}$ 为正实数。

那么式(8.11)定义的编队位置误差 $e_{\overline{P}}$ 将在有限时间 T_{81} 内收敛到零。

证明 由引理 8.1 可知，分布式观测器 (8.14)对 Leader 无人机轨迹的二阶导数 $P_0^{(2)}$ 的观测误差 $\tilde{f}_0^i$ 在有限时间 T_{81a} 内收敛到零。因此，上述控制算法作用下的

多无人机编队位置误差系统的稳定性证明主要分为三步。首先，证明滑模面 s_{81i} 会在有限时间 T_{81b} 内收敛到零；其次，证明到滑模面 s_{81i} 和观测误差 $\hat{f}_0^i$ 收敛后，编队位置误差 $e_{\bar{P}}$ 和编队速度误差 $e_{\bar{V}}$ 的元素 $e_{\bar{P}i}$ 和 $e_{\bar{V}i}(i=1,2,\cdots,N)$ 会在有限时间 T_{81c} 内收敛到零；最后，证明编队位置误差系统在任意有限时间内均不会发生逃逸，即滑模面 s_{81i} 和观测误差 $\hat{f}_0^i$ 尚未收敛($t\in\left[0,\max\left(T_{81a},T_{81b}\right)\right)$)时，$e_{\bar{P}i}$ 和 $e_{\bar{V}i}$ 不会发散。通过上述三个步骤，可以得出在有限时间 $T_{81}=\max\left(T_{81a},T_{81b}\right)+T_{81c}$ 内，$e_{\bar{P}i}$ 和 $e_{\bar{V}i}$ 收敛到零。

步骤 1：证明滑模面 s_{81i} 会在有限时间 T_{81b} 内收敛到零。

根据式(8.18)中关于 s_{81i} 的定义，对 s_{81i} 求导可得

$$\begin{aligned}\dot{s}_{81i}&=\dot{V}_i-\left(\bar{u}_{1i}+\hat{f}_0^i\right)\\&=\bar{u}_i+\varDelta_{Vi}-\left(\bar{u}_{1i}+\hat{f}_0^i\right)\end{aligned}\tag{8.20}$$

将分布式位置跟踪控制器(8.16)代入式(8.20)得到

$$\dot{s}_{81i}=-k_{83i}\left\langle s_{81i}\right\rangle^{1/2}-k_{84i}\int_0^t\left\langle s_{81i}\right\rangle^0\mathrm{d}\tau+\varDelta_{Vi}\tag{8.21}$$

引理 8.2[3]　考虑式(8.21)，在假设 8.1 成立的情况下，若自适应控制增益设计为如式(8.19)所示形式，那么 s_{81i} 和 $\dot{s}_{81i}$ 将在有限时间 T_{81b} 内收敛到零。

由引理 8.2 可知，对于任何 $t\geqslant T_{81b}$，$s_{81i}=\dot{s}_{81i}=0$。因此，$\dot{s}_{81i}=-k_{83i}\left\langle s_{81i}\right\rangle^{1/2}-k_{84i}\int_0^t\left\langle s_{81i}\right\rangle^0\mathrm{d}\tau+\varDelta_{Vi}=0$。

步骤 2：步骤 1 证明了在有限时间 T_{81b} 内，滑模面 s_{81i} 会收敛到零。而由引理 8.1 可知，观测误差 $\hat{f}_0^i$ 在有限时间 T_{81a} 内收敛到零。因此，将证明当 $s_{81i}=0$ 且 $\tilde{f}_0^i=0$ 时，编队位置误差 $e_{\bar{P}}$ 和编队速度误差 $e_{\bar{V}}$ 在有限时间 T_{81c} 内收敛到零，即当 $t\in\left[\max\left(T_{81a},T_{81b}\right)+T_{81c},\infty\right)$ 时，$e_{\bar{P}}=e_{\bar{V}}=0$。

将分布式有限时间位置跟踪控制器(8.16)代入编队位置误差系统(8.13)，可以得到

$$\begin{aligned}\dot{e}_{\bar{P}}&=e_{\bar{V}}\\\dot{e}_{\bar{V}}&=\left(H\otimes I_3\right)\Big[-k_{81}\operatorname{sgn}\left(e_{\bar{P}}\right)-k_{82}\operatorname{sgn}\left(e_{\bar{V}}\right)-k_{83i}\left\langle s_{81i}\right\rangle^{1/2}\\&\quad-k_{84i}\int_0^t\left\langle s_{81i}\right\rangle^0\mathrm{d}\tau+\varDelta_{Vi}-\tilde{f}_0\Big]\end{aligned}\tag{8.22}$$

式中，$\tilde{f}_0=\left[\left(\tilde{f}_0^1\right)^{\mathrm{T}},\left(\tilde{f}_0^2\right)^{\mathrm{T}},\cdots,\left(\tilde{f}_0^N\right)^{\mathrm{T}}\right]^{\mathrm{T}}$。由引理 8.1 和步骤 1 可知，当

$t \geqslant \max\left(T_{81a}, T_{81b}\right)$ 时，$\dot{s}_{81i} = -k_{83i}\left\langle s_{81i}\right\rangle^{1/2} - k_{84i}\int_0^t \left\langle s_{81i}\right\rangle^0 \mathrm{d}\tau + \varDelta_{Vi} = 0$ 且 $\tilde{f}_0 = 0$，因此式(8.22)转化为

$$\begin{aligned} \dot{e}_{\overline{P}} &= e_{\overline{V}} \\ \dot{e}_{\overline{V}} &= \left(H \otimes I_3\right)\left[-k_{81}\operatorname{sgn}\left(e_{\overline{P}}\right) - k_{82}\operatorname{sgn}\left(e_{\overline{V}}\right)\right] \end{aligned} \tag{8.23}$$

引理 8.3[4] 考虑式(8.23)，在假设 6.1 成立的情况下，当控制参数 k_{81} 和 k_{82} 满足式(8.17)时，那么 $e_{\overline{P}}$ 和 $e_{\overline{V}}$ 将在有限时间 T_{81c} 内收敛到零。

因此，$e_{\overline{P}}$ 和 $e_{\overline{V}}$ 在任意有限时间间隔 $t \in \left[0, \max\left(T_{81a}, T_{81b}\right)\right)$ 内不发生逃逸，是多无人机编队位置误差系统(8.13)有限时间收敛的充分条件。

步骤 3：由上述分析可知，这一步将证明 $t \in \left[0, \max\left(T_{81a}, T_{81b}\right)\right)$，$e_{\overline{P}}$ 和 $e_{\overline{V}}$ 不会发散。

为了证明 $e_{\overline{P}i}$ 和 $e_{\overline{V}i}$ 在任意有限时间间隔内的有界性，选取如式(8.24)所示的 Lyapunov 函数：

$$V_{81} = \left[k_{81}\left\|e_{\overline{P}}\right\|_1 + \frac{1}{2}e_{\overline{V}}^{\mathrm{T}}\left(H^{-1} \otimes I_3\right)e_{\overline{V}}\right]^{\frac{3}{2}} + \iota e_{\overline{P}}^{\mathrm{T}}(H^{-1} \otimes I_3)e_{\overline{V}} \tag{8.24}$$

关于 V_{81} 正定性的证明过程可以参考文献[4]。对式(8.24)求导可得

$$\begin{aligned} \dot{V}_{81} = &\frac{3}{2}\left[k_{81}\left\|e_{\overline{P}}\right\|_1 + \frac{1}{2}e_{\overline{V}}^{\mathrm{T}}\left(H^{-1} \otimes I_3\right)e_{\overline{V}}\right]^{\frac{1}{2}}\left[k_{81}e_{\overline{V}}^{\mathrm{T}}\operatorname{sgn}\left(e_{\overline{P}}\right)\right. \\ &\left.+ e_{\overline{V}}^{\mathrm{T}}\left(-k_{81}\operatorname{sgn}\left(e_{\overline{P}}\right) - k_{82}\operatorname{sgn}\left(e_{\overline{V}}\right) + \tilde{f}_0\right)\right] + \iota e_{\overline{V}}^{\mathrm{T}}\left(H^{-1} \otimes I_3\right)_{\overline{V}} \\ &+ \iota e_{\overline{P}}^{\mathrm{T}}\left[-k_{81}\operatorname{sgn}\left(e_{\overline{P}}\right) - k_{82}\operatorname{sgn}\left(e_{\overline{V}}\right) + \tilde{f}_0\right] \\ \leqslant &-\frac{3}{2}\left[k_{81}\left\|e_{\overline{P}}\right\|_1 + \frac{1}{2}e_{\overline{V}}^{\mathrm{T}}\left(H^{-1} \otimes I_3\right)e_{\overline{V}}\right]^{\frac{1}{2}}\left(k_{82}\left\|e_{\overline{V}}\right\|_1 - \left\|e_{\overline{V}}^{\mathrm{T}}\right\|_1\left\|\tilde{f}_0\right\|_1\right) \\ &+ \iota e_{\overline{V}}^{\mathrm{T}}\left(H^{-1} \otimes I_3\right)e_{\overline{V}} - \iota\left[k_{81}\left\|e_{\overline{P}}\right\|_1 + k_{82}e_{\overline{P}}^{\mathrm{T}}\operatorname{sgn}(e_{\overline{V}}) - \left\|e_{\overline{P}}^{\mathrm{T}}\right\|_1\left\|\tilde{f}_0\right\|_1\right] \end{aligned} \tag{8.25}$$

由于 $\left[k_{81}\left\|e_{\overline{P}}\right\|_1 + \frac{1}{2}e_{\overline{V}}^{\mathrm{T}}\left(H^{-1} \otimes I_3\right)e_{\overline{V}}\right]^{\frac{1}{2}} \geqslant \left(\frac{\lambda_{\max}(H)}{2}\right)^{\frac{1}{2}}\left\|e_{\overline{V}}\right\|_2 \geqslant \left(\frac{\lambda_{\max}(H)}{6N}\right)\left\|e_{\overline{V}}\right\|_1$ 且 $e_{\overline{V}}^{\mathrm{T}}\left(H^{-1} \otimes I_3\right)e_{\overline{V}} \leqslant \lambda_{\min}(H)\left\|e_{\overline{V}}\right\|_2^2 \leqslant 3N\lambda_{\min}(H)\left\|e_{\overline{V}}\right\|_1^2$，式(8.25)可以写为

$$\begin{aligned}\dot{V}_{81} \leqslant &-\left\|e_{\bar{V}}\right\|_1^2\left[\frac{3}{2}\left(\frac{\lambda_{\max}(H)}{6N}\right)^{\frac{1}{2}}\left(k_{82}-\left\|\tilde{f}_0\right\|_1\right)-3\iota N\lambda_{\min}(H)\right]\\&-\left\|e_{\bar{P}}\right\|_1\iota\left(k_{81}-k_{82}-\left\|\tilde{f}_0\right\|_1\right)\end{aligned}\tag{8.26}$$

当控制参数 k_{81}、k_{82} 满足条件(8.17)时，式(8.26)可以写为

$$\dot{V}_{81} \leqslant \frac{3}{2}\left(\frac{\lambda_{\max}(H)}{6N}\right)^{\frac{1}{2}}\left\|\tilde{f}_0\right\|_1\left\|e_{\bar{V}}\right\|_1^2+\iota\left\|\tilde{f}_0\right\|_1\left\|e_{\bar{P}}\right\|_1\tag{8.27}$$

由引理 8.1 可知，$\tilde{f}_0$ 是有限时间稳定的，因此 $\left\|\tilde{f}_0\right\|_1$ 有界。定义 $\gamma_{81}=\max\left\{\frac{3}{2}\left(\frac{\lambda_{\max}(H)}{6N}\right)^{\frac{1}{2}}\left\|\tilde{f}_0\right\|_1,\iota\left\|\tilde{f}_0\right\|_1\right\}$。当 $\left\|e_{\bar{P}}\right\|_1\geqslant 1$ 或 $\left\|e_{\bar{V}}\right\|_1\geqslant 1$ 时，$\left\|e_{\bar{P}}\right\|_1\leqslant\left\|e_{\bar{P}}\right\|_1^{\frac{3}{2}}<V_{81}$ 且 $\left\|e_V\right\|_1^2\leqslant\left\|e_V\right\|_1^3<V_{81}$ 成立，那么式(8.27)可写为

$$\dot{V}_{81}\leqslant 2\gamma_{81}V_{81}\tag{8.28}$$

式(8.28)表明 $V_{81}\leqslant V_{81}(0)\mathrm{e}^{2\gamma_{81}t}$，式中，$V_{81}(0)$ 表示 V_{81} 的初始值。因此，当 $\left\|e_{\bar{P}}\right\|_1\geqslant 1$ 或 $\left\|e_{\bar{V}}\right\|_1\geqslant 1$ 时，V_{81} 在任意有限时间内有界，即 $e_{\bar{P}}$ 和 $e_{\bar{V}}$ 有界。当 $\left\|e_{\bar{P}}\right\|_1\leqslant 1$ 或 $\left\|e_{\bar{V}}\right\|_1\leqslant 1$ 时，易知 $e_{\bar{P}}$ 和 $e_{\bar{V}}$ 也有界。由上述分析可知，$e_{\bar{P}}$ 和 $e_{\bar{V}}$ 在任意有限时间内都不会发散。

经过上述三个步骤，可以看出分布式有限时间位置跟踪控制器(8.16)输出的等效控制力 $\bar{u}_i$ 可以使编队位置误差 $e_{\bar{P}}$ 和编队速度误差 $e_{\bar{V}}$ 在假设 8.1 和假设 8.2 成立的情况下，在有限时间 $t\geqslant T_{81}=\max\left(T_{81a},T_{81b}\right)+T_{81c}$ 内收敛到零。定理 8.1 得证。

2. 姿态解算

这一部分的目的是根据分布式有限时间位置跟踪控制器的输出，即等效控制力 $\bar{u}_i$，以及参考偏航角 ψ_{ref}，计算得到第 i 架无人机需要的实际控制力 u_i 和参考姿态角 $\Theta_{\mathrm{ref}i}$。根据旋转矩阵 R_i 和等效控制力 $\bar{u}_i$ 的定义，参考滚转角 $\phi_{\mathrm{ref}i}$、参考俯仰角 $\theta_{\mathrm{ref}i}$ 及实际控制力 u_i 可由式(8.29)计算得到

$$\begin{aligned}\phi_{\mathrm{ref}i}&=\arcsin\left[\frac{m_i\left(-\bar{u}_{i1}\sin\psi_{\mathrm{ref}}+\bar{u}_{i2}\cos\psi_{\mathrm{ref}}\right)}{\left(\bar{u}_{i1}\right)^2+\left(\bar{u}_{i2}\right)^2+\left(-\bar{u}_{i3}+g\right)^2}\right]\\\theta_{\mathrm{ref}i}&=\arctan\left(-\frac{\bar{u}_{i1}\cos\psi_{\mathrm{ref}}+\bar{u}_{i2}\sin\psi_{\mathrm{ref}}}{-\bar{u}_{i3}+g}\right)\\u_i&=m_i\sqrt{\left(\bar{u}_{i1}\right)^2+\left(\bar{u}_{i2}\right)^2+\left(-\bar{u}_{i3}+g\right)^2}\end{aligned}\tag{8.29}$$

式中，$\overline{u}_{ik}$ 表示向量 $\overline{u}_i$ 的第 k 个分量。因此通过式(8.29)，可得到实际控制力 u_i 和参考姿态角 $\Theta_{\mathrm{ref}i}=\left[\phi_{\mathrm{ref}i},\theta_{\mathrm{ref}i},\psi_{\mathrm{ref}}\right]^{\mathrm{T}}$。

至此，完成姿态解算，获得第 i 架无人机的实际控制力 u_i、参考滚转角 $\phi_{\mathrm{ref}i}$ 和参考俯仰角 $\theta_{\mathrm{ref}i}$。

3. 姿态稳定控制器设计

这一部分将介绍姿态稳定控制的设计过程，使得第 i 架无人机的姿态角 Θ_i 在有限时间 T_{82} 内跟踪上参考姿态角 $\Theta_{\mathrm{ref}i}=\left[\phi_{\mathrm{ref}i},\theta_{\mathrm{ref}i},\psi_{\mathrm{ref}}\right]^{\mathrm{T}}$，获得第 i 架无人机所需的控制力矩。

1) 无人机姿态误差系统建立

定义第 i 架无人机姿态角跟踪误差 $e_{\Theta 1i}=\Theta_i-\Theta_{\mathrm{ref}i}$，与角速度跟踪误差 $e_{\Theta 2i}=\Pi_i\Omega_i-\dot{\Theta}_{\mathrm{ref}i}$，结合第 i 架无人机的姿态模型式(8.4)和式(8.5)，其姿态跟踪误差系统可写为

$$\begin{aligned}\dot{e}_{\Theta 1i}&=e_{\Theta 2i}\\ \dot{e}_{\Theta 2i}&=F_i+\Delta_{\Omega\delta i}+\overline{\tau}_i-\ddot{\Theta}_{\mathrm{ref}i}\end{aligned}\tag{8.30}$$

式中，$F_i=-\Pi_iJ_i^{-1}\Omega_i\times J_i\Omega_i$ 为标称项；$\Delta_{\Omega\delta i}=\Pi_iJ_i^{-1}\Delta_{\Omega i}+\dot{\Pi}_i\Omega_i$ 为等效干扰项；$\overline{\tau}_i=J_i\Pi_i^{-1}\tau_i$ 为等效控制力矩。

此时，这一部分的目标变为设计等效控制力矩 $\overline{\tau}_i$，使得姿态跟踪误差 $e_{\Theta 1i}$ 和 $e_{\Theta 2i}$ 在有限时间 T_{82} 内收敛到零，在得到等效控制力矩 $\overline{\tau}_i$ 后，在假设 5.1 成立的前提下，利用矩阵 Π 的非奇异性，可以通过关系式 $\tau_i=J_i\Pi_i^{-1}\overline{\tau}_i$ 得到实际控制力矩 τ_i。

假设 8.3 假设第 i 架无人机姿态误差控制系统(8.30)中的 $\Delta_{\Omega\delta i}$ 是 Lipschitz 连续的，即 $\left\|\dot{\Delta}_{\Omega\delta i}\right\|_2<L_{83}$ 成立，且 L_{83} 为未知常数。

2) 姿态稳定控制器设计过程

根据引理 5.6 的标称控制器设计形式，以及引理 8.2，设计第 i 架四旋翼无人机的姿态稳定控制器，如定理 8.2 所示。

定理 8.2 考虑多四旋翼无人机的姿态误差系统(8.30)，在假设 8.3 成立的情况下，若姿态稳定控制器，即等效控制力矩 $\overline{\tau}_i$ 设计为

$$\begin{aligned}\overline{\tau}_i&=-F_i+\ddot{\Theta}_{\mathrm{ref}i}+\overline{\tau}_{1i}+\overline{\tau}_{2i}\\ \overline{\tau}_{1i}&=-k_{85i}\left\langle e_{\Theta 1i}\right\rangle^{\alpha_{81i}}-k_{86i}\left\langle e_{\Theta 2i}\right\rangle^{\alpha_{82i}}\\ \overline{\tau}_{2i}&=-k_{87i}\left\langle s_{82i}\right\rangle^{1/2}-k_{88i}\int_0^t\left\langle s_{82i}\right\rangle^0\mathrm{d}\tau\end{aligned}\tag{8.31}$$

式中，τ_{1i} 为标称控制项；τ_{2i} 为基于自适应滑模算法设计的扰动补偿项，且满足如下条件：

(1) 标称控制项 $\overline{\tau}_{1i}$ 中的控制参数 k_{85i}、k_{86i} 为任意正数，α_{81i}、α_{82i} 满足

$$\alpha_{82i} = \frac{\alpha_{81i}}{2-\alpha_{81i}} \tag{8.32}$$

式中，α_{81i} 为 $(0,1)$ 区间内的任意值。

(2) 扰动补偿项 τ_{2i} 中的滑模面 s_{82i} 定义为

$$s_{82i} = \Pi_i \Omega_i - \Pi_i(0)\Omega_i(0) - \int_0^t \overline{\tau}_{1i} \mathrm{d}\tau \tag{8.33}$$

式中，$\Pi_i(0)\Omega_i(0)$ 表示 $\Pi_i\Omega_i$ 的初始值，自适应控制增益 k_{87i} 和 k_{88i} 设计为

$$\dot{k}_{87i} = \begin{cases} \varpi_{82i}\sqrt{\dfrac{\kappa_{82i}}{2}}, & s_{82i} \neq 0 \\ 0, & s_{82i} = 0 \end{cases} \tag{8.34}$$
$$k_{88i} = \overline{\varepsilon}_{82i} k_{87i}$$

式中，ϖ_{82i}、κ_{82i} 和 $\overline{\varepsilon}_{82i}$ 为正实数。

因此，姿态角跟踪误差 $e_{\Theta 1i}$ 在有限时间 T_{82} 内收敛到零。

证明　上述控制算法作用下的第 i 架无人机姿态误差系统的稳定性证明主要分为两步。首先，证明滑模面 s_{82i} 会在有限时间 T_{82a} 内收敛到零；然后，证明滑模面 s_{82i} 收敛后，姿态角跟踪误差 $e_{\Theta 1i}$ 与角速度跟踪误差 $e_{\Theta 2i}$ 会在有限时间 T_{82b} 内收敛到零，且姿态误差系统在任意有限时间内均不会发生逃逸。通过上述两个步骤，可以得出在有限时间 $T_{82} = T_{82a} + T_{82b}$ 内，$e_{\Theta 1i}$ 和 $e_{\Theta 2i}$ 收敛到零。

步骤 1：证明滑模面 s_{82i} 的有限时间收敛特性。

对 s_{82i} 求导并代入式(8.31)中的等效控制力矩 $\overline{\tau}_i$ 得到

$$\dot{s}_{82i} = -k_{87i}\left\langle s_{82i}\right\rangle^{1/2} - k_{88i}\int_0^t \left\langle s_{82i}\right\rangle^0 \mathrm{d}\tau + \varDelta_{\Omega\delta i} \tag{8.35}$$

由引理 8.2 可知，式(8.35)中 s_{82i} 和 $\dot{s}_{82i}$ 会在有限时间 T_{82a} 内收敛到零，说明当 $t \in \left[T_{82a}, \infty\right)$ 时，等式 $\dot{s}_{82i} = -k_{87i}\left\langle s_{82i}\right\rangle^{1/2} - k_{88i}\int_0^t \left\langle s_{82i}\right\rangle^0 \mathrm{d}\tau + \varDelta_{\Omega\delta i} = 0$ 成立。

步骤 2：证明当 $s_{82i} = 0$，即 $t \in \left[T_{82a}, \infty\right)$ 时，姿态角与角速度跟踪误差 $e_{\Theta 1i}$、$e_{\Theta 2i}$ 也能够在有限时间 T_{82b} 收敛到零，即 $t \in \left[T_{82a} + T_{82b}, \infty\right)$，$e_{\Theta 1i} = e_{\Theta 2i} = 0$。而且当 s_{82i} 尚未收敛时（$t \in \left[0, T_{82a}\right]$），$e_{\Theta 1i}$、$e_{\Theta 2i}$ 不会发散。

为了验证姿态角与角速度跟踪误差 $e_{\Theta 1i}$、$e_{\Theta 2i}$ 的有限时间收敛特性，将式(8.31)中设计的等效控制力矩 $\bar{\tau}_i$ 代入姿态误差系统(8.30)得到：

$$\begin{aligned}\dot{e}_{\Theta 1i} &= e_{\Theta 2i} \\ \dot{e}_{\Theta 2i} &= -k_{85i}\left\langle e_{\Theta 1i}\right\rangle^{\alpha_{81i}} - k_{86i}\left\langle e_{\Theta 2i}\right\rangle^{\alpha_{82i}} - k_{87i}\left\langle s_{82i}\right\rangle^{1/2} \\ &\quad - k_{88i}\int_0^t \left\langle s_{82i}\right\rangle^0 \mathrm{d}\tau + \Delta_{\Omega\delta i}\end{aligned} \tag{8.36}$$

步骤 1 证明了等式 $-k_{87i}\left\langle s_{82i}\right\rangle^{1/2} - k_{88i}\int_0^t \left\langle s_{82i}\right\rangle^0 \mathrm{d}\tau + \Delta_{\Omega\delta i} = 0$ 在 $t\in\left[T_{82a},\infty\right)$ 时成立，此时式(8.36)可以写为

$$\begin{aligned}\dot{e}_{\Theta 1i} &= e_{\Theta 2i} \\ \dot{e}_{\Theta 2i} &= -k_{85i}\left\langle e_{\Theta 1i}\right\rangle^{\alpha_{81i}} - k_{86i}\left\langle e_{\Theta 2i}\right\rangle^{\alpha_{82i}}\end{aligned} \tag{8.37}$$

由引理 5.6 可知，式(8.37)中控制参数 k_{85i}、k_{86i} 为任意正数且 α_{81i}、α_{82i} 满足条件(8.32)时，是有限时间稳定的，即在滑模面 s_{82i} 收敛到零以后，存在有限时间 T_{82b} 使得姿态角与角速度跟踪误差 $e_{\Theta 1i}$、$e_{\Theta 2i}$ 也收敛到零。

根据 s_{82i} 的定义，可知由于 s_{82i} 和 $\dot{s}_{82i}$ 在有限时间内收敛到零，因此 $e_{\Theta 1i}$ 和 $e_{\Theta 2i}$ 在任意有限时间内都不会发散。

经过上述两个步骤，可以看出式(8.31)设计的等效控制力矩 $\bar{\tau}_i$ 可以使第 i 架无人机的姿态角与角速度跟踪误差 $e_{\Theta 1i}$、$e_{\Theta 2i}$ 在假设 8.3 成立的情况下，在有限时间 $T_{82} = T_{82a} + T_{82b}$ 内收敛到零，由于矩阵 Π 在假设 5.1 下是非奇异的，因此实际控制力矩 τ_i 根据关系式 $\tau_i = J_i \Pi_i^{-1} \bar{\tau}_i$ 得出。定理 8.2 得证。

4. 电机转速容错控制器设计

前面计算出了第 i 架无人机进行编队飞行所需的实际控制力 u_i 与控制力矩 τ_i。这一部分的目的是考虑电机出现效率损失故障的问题，设计电机转速容错控制器，使得电机在效率损失故障及干扰的影响下，在有限时间 T_{83} 内产生实现 u_i 与 τ_i 所需的旋翼转速 $\omega_i (i=1,2,\cdots,N)$。

1) 电机转速跟踪误差系统

首先根据式(8.7)，计算出为产生所需的实际控制力 u_i 与控制力矩 τ_i 需要的期望电机转速 ω_{di}：

$$
\begin{bmatrix} \omega_{di1}^2 \\ \omega_{di2}^2 \\ \omega_{di3}^2 \\ \omega_{di4}^2 \end{bmatrix} = \begin{bmatrix} \dfrac{1}{4c_T} & 0 & -\dfrac{1}{2c_T l_T} & -\dfrac{1}{4c_Q} \\ \dfrac{1}{4c_T} & -\dfrac{1}{2c_T l_T} & 0 & \dfrac{1}{4c_Q} \\ \dfrac{1}{4c_T} & 0 & \dfrac{1}{2c_T l_T} & -\dfrac{1}{4c_Q} \\ \dfrac{1}{4c_T} & \dfrac{1}{2c_T l_T} & 0 & \dfrac{1}{4c_Q} \end{bmatrix} \begin{bmatrix} u_i \\ \tau_{i1} \\ \tau_{i2} \\ \tau_{i3} \end{bmatrix} \tag{8.38}
$$

定义第 i 架无人机的电机转速跟踪误差 $e_{\omega i} = \omega_i - \omega_{di}$，则结合式(8.6)，电机转速跟踪误差系统可以写为

$$
\begin{aligned} J_{ri}\dot{e}_{\omega i} &= -c_T\omega_i - J_{ri}\dot{\omega}_{di} + \sigma_{Fi}\tau_{pi} + \varDelta_{\omega i} \\ &= f(\omega_i) + \tau_{pi} + \varDelta_{\omega\delta i} \end{aligned} \tag{8.39}
$$

式中，$f(\omega_i) = -c_T\omega_i - J_{ri}\dot{\omega}_{di}$；$\varDelta_{\omega\delta i} = (\sigma_{Fi} - 1)\tau_{pi} + \varDelta_{\omega i}$。

假设 8.4　考虑式(8.39)，假设存在未知常数 L_{84}，使扰动项 $\varDelta_{\omega\delta i}$ 满足 $\|\dot{\varDelta}_{\omega\delta i}\|_2 < L_{84}$。

2) 电机转速容错控制器设计过程

考虑第 i 架无人机的电机转速跟踪误差系统(8.39)，在假设 8.4 成立的情况下，若电机转速容错控制器设计为

$$
\tau_{pi} = -f(\omega_i) - k_{89i}\langle s_{83i}\rangle^{1/2} - k_{810i}\int_0^t \langle s_{83i}\rangle^0 \mathrm{d}\tau \tag{8.40}
$$

式中，滑模面 s_{83i} 设计为 $s_{83i} = J_{ri}e_{\omega i}$，$k_{89i}$ 和 k_{810i} 为自适应控制增益，满足

$$
\begin{aligned} \dot{k}_{89i} &= \begin{cases} \varpi_{83i}\sqrt{\dfrac{\kappa_{83i}}{2}}, & s_{83i} \neq 0 \\ 0, & s_{83i} = 0 \end{cases} \\ k_{810i} &= \varepsilon_{83i}k_{89i} \end{aligned} \tag{8.41}
$$

式中，ϖ_{83i}、κ_{83i} 和 ε_{83i} 为正实数。

根据引理 8.2 可知，s_{83i} 和 $\dot{s}_{83i}$ 在有限时间 T_{83} 内收敛到零，即 ω_i 在有限时间 T_{83} 内跟踪上 ω_{di}。

5. 稳定性分析

前面分别介绍了无人机编队位置跟踪控制器、姿态稳定控制器和电机转速容错控制器的设计过程，这一部分将分析无人机编队系统在上述控制器作用下的稳

定性。

定理 8.3 考虑多四旋翼无人机系统式(8.2)～式(8.6)，在假设 6.1、假设 8.1～假设 8.4 成立的情况下，若满足以下条件：

(1) 分布式位置跟踪控制器、分布式观测器和相关参数选择如定理 8.1 所示；

(2) 姿态解算通过式(8.29)实现；

(3) 姿态稳定控制器和相关参数选择如定理 8.2 所示；

(4) 期望电机转速 ω_{di} 通过式(8.38)得到，且电机转速容错控制器设计如式(8.40)所示形式，参数按照式(8.41)选择。

那么电机效率故障影响下的多四旋翼无人机系统式(8.2)～式(8.6)将在有限时间 T_{81} 内实现分布式容错编队控制。

证明 这里将分两步证明。首先，证明在电机转速跟踪误差系统(8.39)未收敛时，姿态跟踪误差系统(8.30)不会发生逃逸，即在 $t\in\left[0,T_{83}\right)$ 时，姿态角跟踪误差 $e_{\Theta 1i}$ 与角速度跟踪误差 $e_{\Theta 2i}$ 不会发散；然后，电机转速跟踪误差系统(8.39)和姿态跟踪误差系统(8.30)未收敛时，位置跟踪误差系统(8.13)不会发生逃逸，即在 $t\in\left[0,\max\left(T_{82},T_{83}\right)\right)$ 时，位置跟踪误差 $e_{\overline{P}i}$ 与速度跟踪误差 $e_{\overline{V}i}$ 不会发散。

步骤 1：根据上述分析，ω_i 在有限时间 T_{83} 内跟踪上 ω_{di}，这意味着电机转速跟踪误差 $e_{\omega i}$ 和 $\dot{e}_{\omega i}$ 是有界的。根据式(8.7)中电机转速 ω_i 与实际控制力 u_i、力矩 τ_i 的关系，在 $t\in\left[0,T_{83}\right)$ 内，无人机电机转速系统实际产生的总升力和控制力矩为

$$u_i=u_{di}+\Delta u_i,\quad \tau_i=\tau_{di}+\Delta\tau_i \tag{8.42}$$

式中，u_{di}、τ_{di} 是实现编队飞行所需的期望控制输入；Δu_i、$\Delta\tau_i$ 是由于电机转速 ω_i 未收敛到期望值 ω_{di} 时产生的控制偏差。显然，Δu_i、$\Delta\tau_i$ 有界并在 $t\in\left[T_{83},+\infty\right)$ 时收敛到零，此时 $u_i=u_{di}$，$\tau_i=\tau_{di}$。这一步将证明当 $t\in\left[0,T_{83}\right)$ 时，即在 $\Delta\tau_i$ 存在的情况下，$e_{\Theta 1i}$ 和 $e_{\Theta 2i}$ 不会发散。考虑式(8.42)和等效控制力矩 $\overline{\tau}_i$ 的定义，可以得到

$$\overline{\tau}_i=\overline{\tau}_{di}+\Delta\overline{\tau}_i \tag{8.43}$$

式中，$\overline{\tau}_{di}=J_i\Pi_i^{-1}\tau_{di}$，$\Delta\overline{\tau}_i=J_i\Pi_i^{-1}\Delta\tau_i$。那么在 $t\in\left[0,T_{83}\right)$，姿态稳定控制器(8.31)作用下的姿态跟踪误差系统(8.30)可以写为

$$\begin{aligned}\dot{e}_{\Theta 1i}&=e_{\Theta 2i}\\ \dot{e}_{\Theta 2i}&=-k_{85i}\left\langle e_{\Theta 1i}\right\rangle^{\alpha_{81i}}-k_{86i}\left\langle e_{\Theta 2i}\right\rangle^{\alpha_{82i}}-k_{87i}\left\langle s_{82i}\right\rangle^{1/2}\\ &\quad -k_{88i}\int_0^t\left\langle s_{82i}\right\rangle^0\mathrm{d}\tau+\varDelta_{\Omega\delta i}+\Delta\overline{\tau}_i\end{aligned} \tag{8.44}$$

在假设 8.3 和假设 8.4 成立的情况下，$\Delta\overline{\tau}_i$ 的导数是有界的。因此，由定理 8.2 可知，即使在 $\Delta\overline{\tau}_i$ 存在的情况下，$e_{\Theta 1i}$ 和 $e_{\Theta 2i}$ 依然可以在有限时间 $T_{82}+T_{83}$ 内收敛

到零，表明 $e_{\Theta 1i}$ 和 $e_{\Theta 2i}$ 在任意有限时间内不会发散。

步骤 2：当 $t\in[T_{82}+T_{83},+\infty)$ 时，显然 $\Theta_i=\Theta_{\mathrm{ref}i}$，$u_i=u_{di}$，此时 $e_{\bar{P}i}$ 和 $e_{\bar{V}i}$ 会在有限时间 T_{81} 内收敛到零。这一步将证明当 $t\in[0,T_{82}+T_{83})$ 时，$e_{\bar{P}i}$ 和 $e_{\bar{V}i}$ 不会发散。

考虑旋转矩阵 R_i 和等效控制力 $\bar{u}_i$ 的定义，可以得到

$$\bar{u}_i=\bar{u}_{di}+\Delta\bar{u}_i \tag{8.45}$$

式中，$\bar{u}_{di}=-ge_3+\dfrac{u_{di}}{m_i}R_ie_3$，$\Delta\bar{u}_i=(u_i-u_{di})\dfrac{R_ie_3}{m_i}$。那么当 $t\in[0,T_{82}+T_{83})$ 时，在分布式位置跟踪控制器(8.16)作用下无人机 i 的位置跟踪系统可以写为

$$\begin{aligned}\dot{e}_{\bar{P}i}&=e_{\bar{V}i}\\ \dot{e}_{\bar{V}i}&=-\tilde{f}_0-k_{81}\,\mathrm{sgn}\left(\sum_{j=0}^{N}a_{ij}e_{\bar{P}ij}\right)-k_{82}\,\mathrm{sgn}\left(\sum_{j=0}^{N}a_{ij}e_{\bar{V}ij}\right)\\ &\quad-k_{83i}\left\langle s_{81i}\right\rangle^{1/2}-k_{84i}\int_0^t\left\langle s_{81i}\right\rangle^{0}\mathrm{d}\tau+\Delta_{Vi}+\Delta\bar{u}_i\end{aligned} \tag{8.46}$$

在假设 8.3 和假设 8.4 成立的情况下，$\Delta\bar{u}_i$ 的导数是有界的。由定理 8.1 可知，即使在 $\Delta\bar{u}_i$ 存在的情况下，$e_{\bar{P}i}$ 和 $e_{\bar{V}i}$ 依然可以在有限时间内收敛到零，表明 $e_{\bar{P}i}$ 和 $e_{\bar{V}i}$ 在任意有限时间内不会发散。

通过上述分析可知，一组 N 架四旋翼无人机在分布式位置跟踪控制器(8.16)、姿态稳定控制器(8.31)和电机转速容错控制器(8.40)的作用下，可以形成编队并按照给定轨迹进行编队飞行。

6. 仿真验证

1) 仿真场景

考虑一组 5 架无人机的飞行过程，针对电机效率损失故障下的编队控制问题，以四旋翼无人机模型式(8.2)～式(8.6)为仿真对象，验证分布式有限时间容错控制算法的有效性。图 8.2 表示仿真过程中 5 架无人机的通信拓扑情况。图中标签“0”表示 Leader 无人机的飞行轨迹，箭头方向表示信息的传递方向。只有 Follower 无人机 1 和 2 能够直接获得参考轨迹。

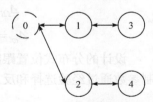

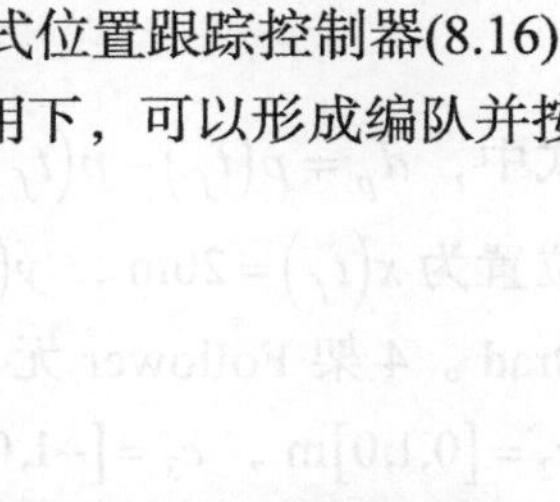

图 8.2　一组 5 架无人机的通信拓扑情况

2) 仿真环境

在 Windows 10 操作系统中，基于 MATLAB 2014a 仿真环境实现仿真实验，计算机配置：CPU 为 Intel Core i5-2450M 2.5GHz，8GB 内存。

3) 仿真参数

为了使仿真结果更加与无人机姿态控制的真实值相近，给出第 i 架四旋翼无人机的物理参数数据，如表 8.1 所示。

表 8.1　第 i 架四旋翼无人机的物理参数

相关参数	机体质量 m_i/kg	机臂长度 l_T/m	升力系数 c_T /$(\mathrm{N\cdot m\cdot s^2/rad^2})$	反扭矩系数 c_Q /$(\mathrm{N\cdot m\cdot s^2/rad^2})$
数值	0.625	0.1275	7.2×10^{-7}	1.98×10^{-6}
相关参数	重力加速度 g/(m/s²)	$J_{xxi}/(\mathrm{kg\cdot m^2})$	$J_{yyi}/(\mathrm{kg\cdot m^2})$	$J_{zzi}/(\mathrm{kg\cdot m^2})$
数值	9.8	2.3×10^{-3}	2.4×10^{-3}	2.6×10^{-3}

设置编队中 Leader 无人机的轨迹为 $P_0=\left[x_0,y_0,z_0\right]^{\mathrm{T}}$，通过式(8.47)给出：

$$p_0(t)=p_{r_0}+a_{3p}t^3+a_{4p}t^4+a_{5p}t^5 \tag{8.47}$$

式中，$p\in\{x,y,z\}$，p_{r_0} 表示初始位置。参数 a_{3p}、a_{4p}、a_{5p} 通过式(8.48)计算得到：

$$\begin{bmatrix}a_{3p}\\a_{4p}\\a_{5p}\end{bmatrix}=\begin{bmatrix}1 & t_f & t_f^2\\3 & 4t_f & 5t_f^2\\6 & 12t_f & 20t_f^2\end{bmatrix}\begin{bmatrix}d_p\\0\\0\end{bmatrix} \tag{8.48}$$

式中，$d_p=p\left(t_f\right)-p\left(t_f\right)/t_f^3$，$t_f$ 是到达时间。在仿真中，设置 t_f 为 20s，到达位置为 $x\left(t_f\right)=20\mathrm{m}$，$y\left(t_f\right)=5\mathrm{m}$ 和 $z\left(t_f\right)=10\mathrm{m}$，Leader 无人机的偏航角 ψ_0 为 $0\mathrm{rad}$。4 架 Follower 无人机与 Leader 无人机的期望距离设置为 $c_1=[1,0,0]\mathrm{m}$，$c_2=[0,1,0]\mathrm{m}$，$c_3=[-1,0,0]\mathrm{m}$，$c_4=[0,-1,0]\mathrm{m}$。为了验证所提算法的鲁棒性，将无人机 i 受到的综合扰动设置为

$$\varDelta_{Vi}=0.5(1+\sin t+\cos t)I_3$$

$$\varDelta_{\Omega i}=0.3\big(1+0.7\sin t+0.9\cos(0.8t)\big)I_3$$

$$\varDelta_{\omega i}=0.6\big(0.5+0.4\sin(0.75t)+0.6\cos t\big)I_4$$

设计的分布式位置跟踪控制器、姿态稳定控制器和电机转速容错控制器的控制参数通过经验选择和反复调试获得，如表 8.2 所示。

表 8.2　控制器参数设置

参数设置	k_{81}	k_{82}	λ_{81}	κ_{81i}	ϖ_{81i}	$\bar{\varepsilon}_{81i}$	k_{85i}	k_{86i}
数值	3	1	3	2	5	1	20	25

续表

参数设置	α_{2i}	κ_{82i}	ϖ_{82i}	$\bar{\varepsilon}_{82i}$	κ_{83i}	ϖ_{83i}	$\bar{\varepsilon}_{83i}$
数值	0.7	2	5	1	2	5	1

4) 仿真结果

为了验证所提控制算法可以保证编队内不同无人机同时出现电机效率损失故障时的控制性能，设置仿真实验 1。

仿真实验 1：考虑 Follower 无人机 1 的第 1 个电机和 Follower 无人机 3 的第 3 个电机在 t=10s 时出现效率损失故障，故障大小为

$$\sigma_{F1} = \text{diag}\{0.6,1,1,1\}, \quad \sigma_{F3} = \text{diag}\{1,1,0.5,1\}$$

图 8.3 为一组 5 架无人机的编队保持飞行图，从图中可以看出，在执行器故障影响下，一组 5 架无人机依然能保持期望队形。

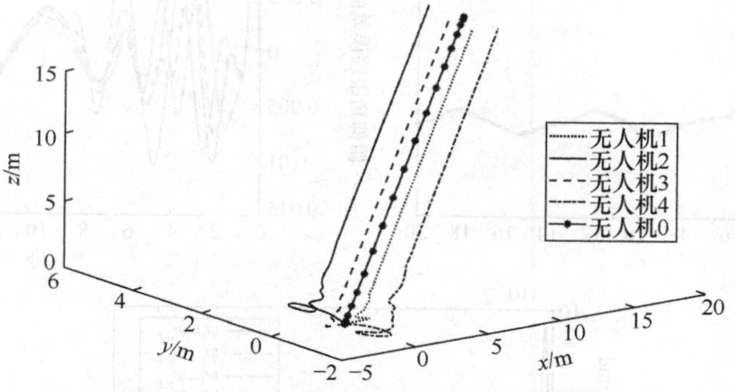

图 8.3　一组 5 架无人机的编队保持飞行图(实验 1)

图 8.4 和图 8.5 分别给出了 5 架无人机的位置变化曲线和姿态角跟踪误差曲线；从仿真结果可以看出，即使出现多架无人机发生故障的情况，本节提出的分

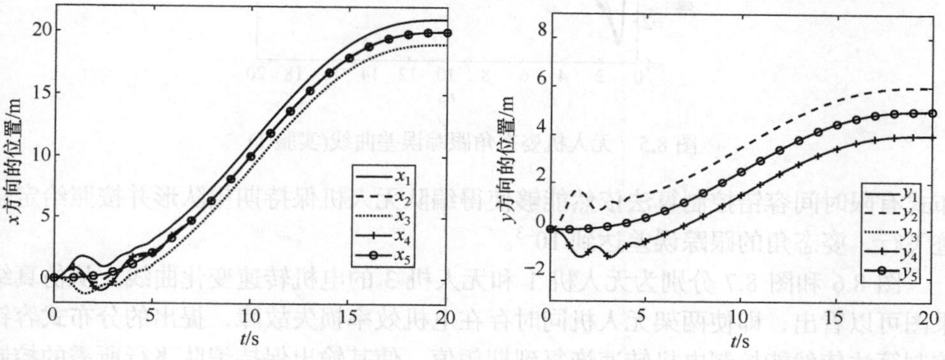

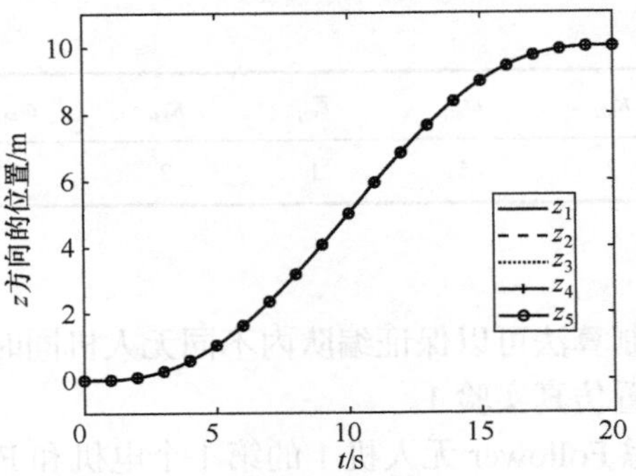

图 8.4　无人机位置变化曲线(实验 1)

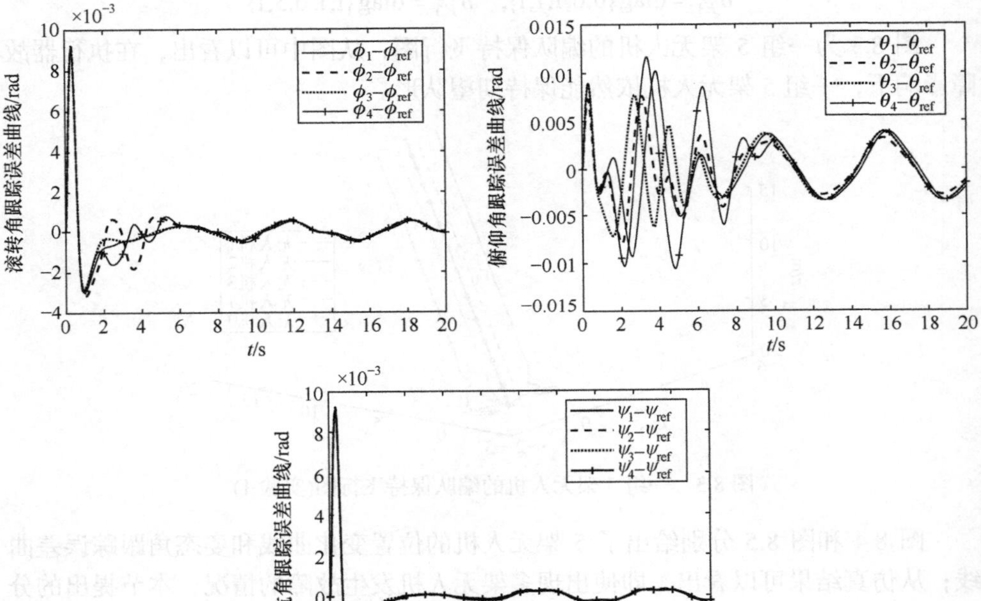

图 8.5　无人机姿态角跟踪误差曲线(实验 1)

布式有限时间容错控制算法依然能够使得编队无人机保持期望队形并按照给定轨迹飞行，姿态角的跟踪误差达到 10^{-3}。

图 8.6 和图 8.7 分别为无人机 1 和无人机 3 的电机转速变化曲线。从仿真结果图可以看出，即使两架无人机同时存在电机效率损失故障，提出的分布式容错控制算法依然能控制电机转速恢复到期望值，使其输出保持编队飞行所需的控制

力和控制力矩。

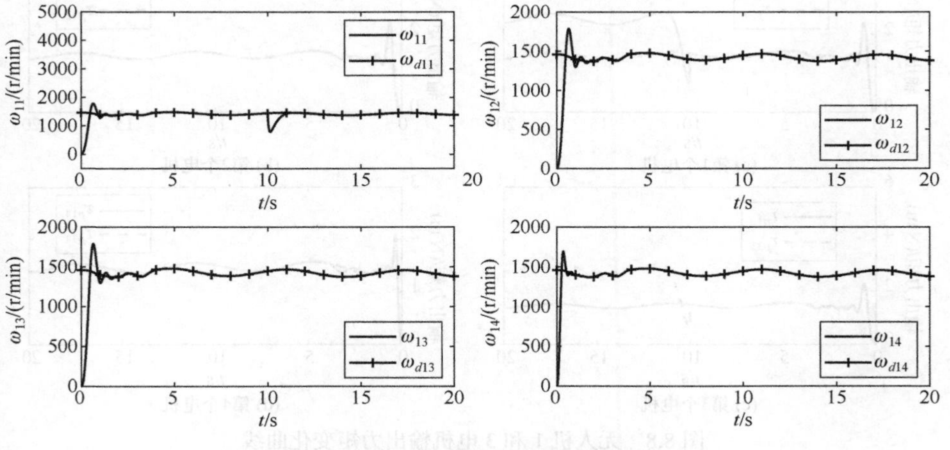

图 8.6　无人机 1 的电机转速变化曲线

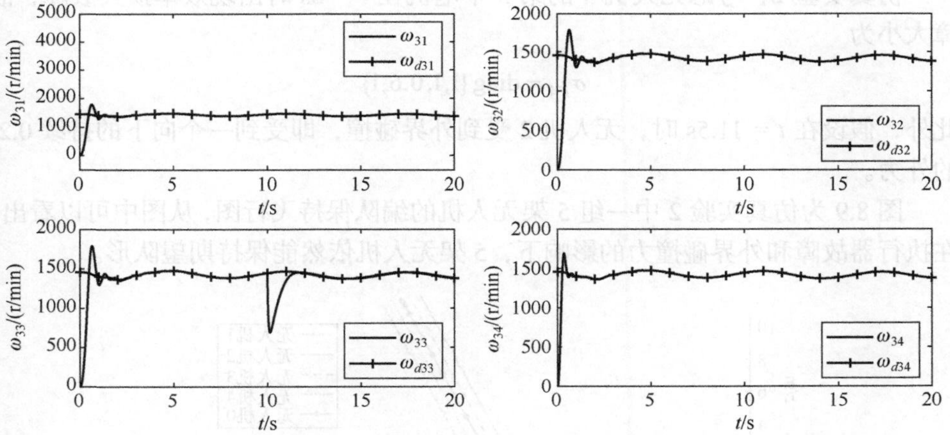

图 8.7　无人机 3 的电机转速变化曲线

图 8.8 为无人机 1 和 3 电机输出力矩变化曲线，从仿真结果图可以看出，电机转速容错控制器输出的电机力矩是连续的，有利于应用到实际模型中；此外，还可以看出，控制器通过提高电机力矩来弥补电机效率损失故障，使其能够输出期望电机转速。

为了验证所提控制算法在其他突发事件，如外界碰撞的情况下，仍能保证多无人机编队系统在电机效率损失故障时的控制性能，设置仿真实验 2。

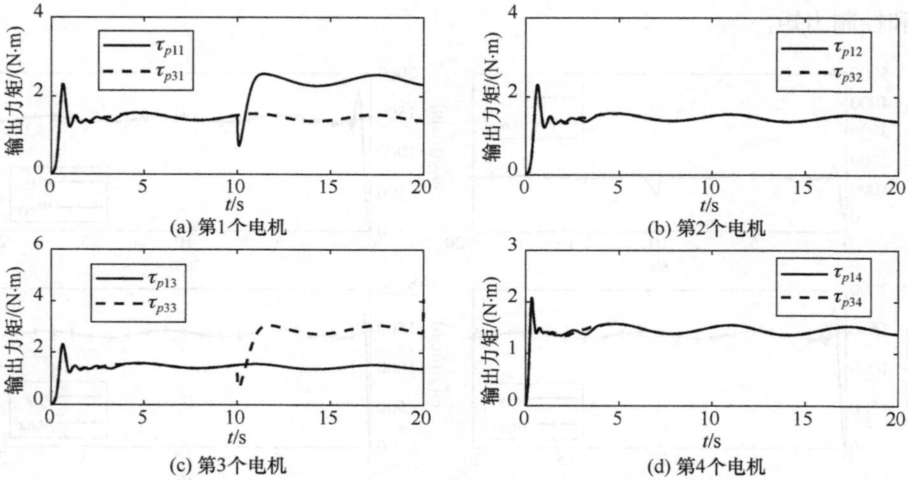

图 8.8　无人机 1 和 3 电机输出力矩变化曲线

仿真实验 2：考虑无人机 4 的第 3 个电机在 t = 6s 时出现效率损失故障，故障大小为

$$\sigma_{F4} = \mathrm{diag}\{1,1,0.6,1\}$$

此外，假设在 t = 11.5s 时，无人机 2 受到外界碰撞，即受到一个向下的持续 0.2s 的外力。

图 8.9 为仿真实验 2 中一组 5 架无人机的编队保持飞行图，从图中可以看出，在执行器故障和外界碰撞力的影响下，5 架无人机依然能保持期望队形。

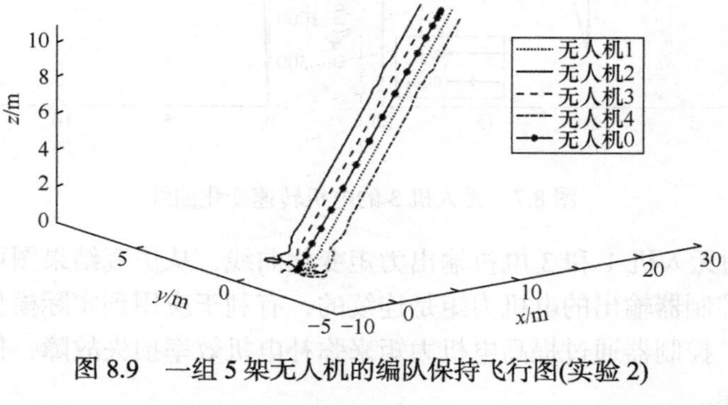

图 8.9　一组 5 架无人机的编队保持飞行图(实验 2)

图 8.10 和图 8.11 分别为 5 架无人机的位置变化和姿态角跟踪误差曲线；从仿真结果可以看出，尽管意外碰撞对多无人机系统都有明显的影响，但是分布式有限时间容错控制算法能够保证多无人机编队控制性能，使其快速稳定到期望状态，而且在无人机 2 受到故障或碰撞时，与其通信的无人机 4 也会受到影响。

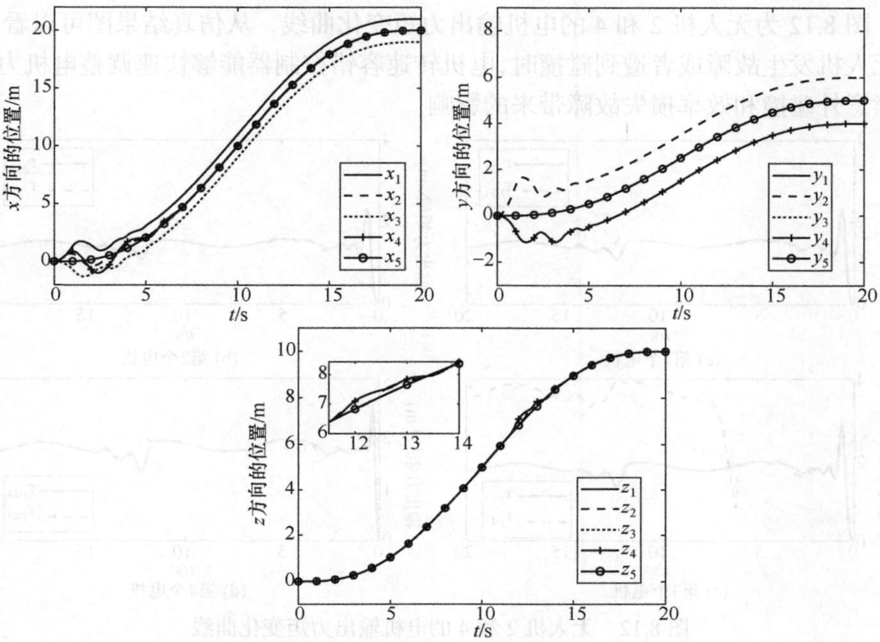

图 8.10　无人机位置变化曲线(实验 2)

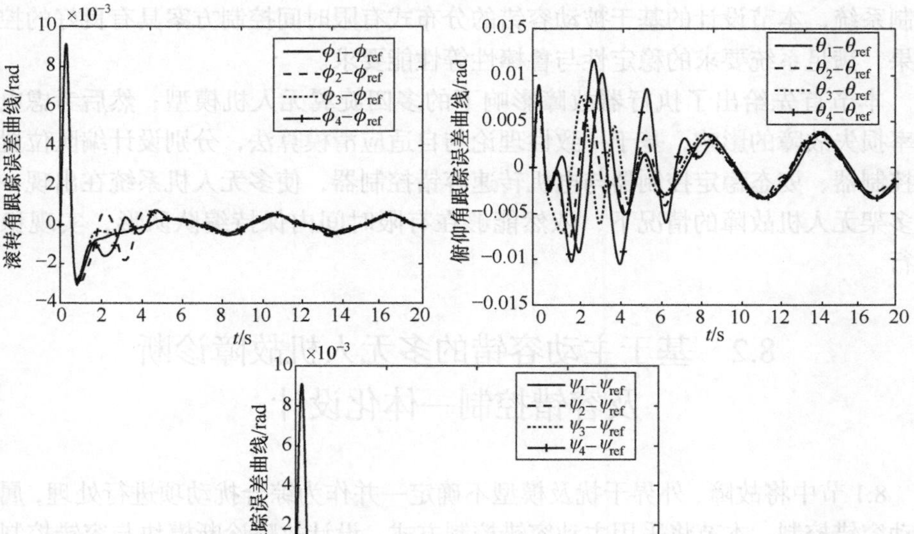

图 8.11　无人机姿态角跟踪误差曲线(实验 2)

图 8.12 为无人机 2 和 4 的电机输出力矩变化曲线，从仿真结果图可以看出，在无人机发生故障或者遭到碰撞时，电机转速容错控制器能够快速调整电机力矩，补偿意外碰撞和效率损失故障带来的影响。

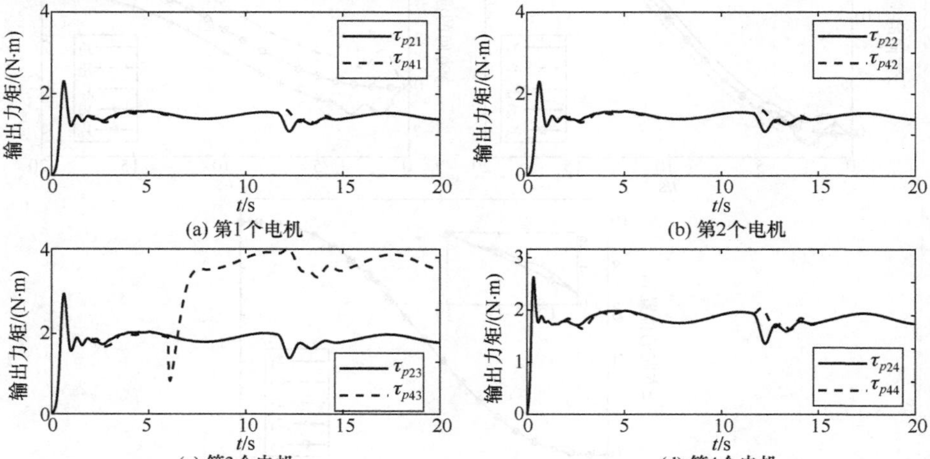

(a) 第1个电机　(b) 第2个电机　(c) 第3个电机　(d) 第4个电机

图 8.12　无人机 2 和 4 的电机输出力矩变化曲线

从上述仿真结果与分析可知，针对执行器故障影响下的多四旋翼无人机编队控制系统，本节设计的基于被动容错的分布式有限时间控制方案具有良好的控制效果，满足系统要求的稳定性与鲁棒性等性能要求。

本节首先给出了执行器故障影响下的多四旋翼无人机模型；然后考虑电机效率损失故障的影响，基于一致性理论与自适应滑模算法，分别设计编队位置跟踪控制器、姿态稳定控制器与电机转速容错控制器，使多无人机系统在出现一架或多架无人机故障的情况下，依然能够在有限时间内保持编队队形，实现稳定飞行。

8.2　基于主动容错的多无人机故障诊断及容错控制一体化设计

8.1 节中将故障、外界干扰及模型不确定一并作为综合扰动项进行处理，属于被动容错控制。本节将采用主动容错控制方式，设计故障诊断模块与容错控制模块对故障进行处理。然而对于故障影响下的多无人机系统，其故障诊断模块与容错控制模块存在双向交互作用：一方面，容错控制模块作用下的闭环系统中存在的模型不确定、外界干扰及故障导数信号等，会影响故障诊断模块的诊断精度，即故障估计精度；另一方面，故障诊断模块的诊断精度会影响容错控制模块的控制性能[5-7]。由于一体化设计算法可以综合考虑上述约束，建立带有未知参数的闭环增广系统，同时求解故障检测观测器和容错控制器的矩阵参数，有效缓解故障诊断模块与容错控制模块的双向交互作用。因此，本节基于未知输入观测器和自适应滑模控制算法，分别针对系统状态可测与未知的情况，提出基于状态反馈与输出反馈的多无人机故障诊断与容错控制一体化设计算法。首先将无人机模型简化为 Lipschitz 非线性系统，并基于动态扩展技术，将执行器故障信号扩展为新的状态变量，获得增广系统模型；然后分别采用未知输入观测器与自适应积分滑模算法获得故障观测器与容错控制器形式，得到带有未知参数的闭环增广系统；最后通过 H_∞ 优化同时得到控制器增益矩阵和观测器增益矩阵，实现故障诊断及容错控制一体化设计。

8.2.1　问题描述

将无人机模型简化为 Lipschitz 非线性系统，则对于第 i 架无人机，其表达式可写为

$$\begin{aligned}\dot{x}_i(t)&=Ax_i(t)+Bu_i(t)+f(x_i,t)+Fu_i^F(t)+D\Delta_i(t)\\ y_i(t)&=Cx_i(t)\end{aligned}\tag{8.49}$$

式中，$x_i\in\mathbf{R}^n$、$u_i\in\mathbf{R}^m$、$y_i\in\mathbf{R}^p$ 分别是第 i 架无人机的状态量、控制量及输出量；$u_i^F\in\mathbf{R}^q$ 是执行机构加性故障；$\Delta_i\in\mathbf{R}^l$ 是包括模型不确定及外界干扰在内的综合扰动；$f(x_i,t)\in\mathbf{R}^n$ 是连续非线性函数；$A\in\mathbf{R}^{n\times n}$、$B\in\mathbf{R}^{n\times m}$、$F\in\mathbf{R}^{n\times q}$、$D\in\mathbf{R}^{p\times n}$ 是已知的常数矩阵。

Leader 无人机的模型表达式可写为

$$\begin{aligned}\dot{x}_0(t)&=Ax_0(t)+f_0(x_0,t)\\ y_0(t)&=Cx_0(t)\end{aligned}\tag{8.50}$$

式中，$x_0\in\mathbf{R}^n$、$y_0\in\mathbf{R}^p$ 分别是 Leader 无人机的状态量及输出量；$f(x_0,t)\in\mathbf{R}^n$ 是连续非线性函数。

假设 8.5　式(8.49)和式(8.50)中的矩阵 A、B、C 满足条件 (A,C) 可观，(A,B) 可控，$\operatorname{rank}(B,F)=\operatorname{rank}(B)=m$。

假设 8.6　非线性项 $f(x_i,t)$ 满足 Lipschitz 约束：

$$\left\|f(x_i,t)-f(x_j,t)\right\|\leqslant L_f\left\|x_i(t)-x_j(t)\right\|$$

式中，L_f 是 Lipschitz 常数，$i=0,1,\cdots,N$，$j=0,1,\cdots,N$。

假设 8.7　无人机系统未知综合扰动 Δ_i 以及执行器加性故障 u_i^F 是有界的。

分析系统可控性并结合控制需求，基于动态扩展技术，将执行器故障信号扩展为新的状态变量，获得如下形式增广系统：

$$\begin{cases}\dot{\bar{x}}_i(t)=\bar{A}\bar{x}_i(t)+\bar{B}u_i(t)+\bar{f}(S_1\bar{x}_i,t)+\bar{D}\bar{\Delta}_i(t)\\ \bar{y}_i(t)=\bar{C}\bar{x}_i(t)\end{cases} \tag{8.51}$$

式中

$$\bar{x}_i=\begin{bmatrix}x_i\\u_i^F\end{bmatrix},\quad \bar{A}=\begin{bmatrix}A & F\\0 & 0\end{bmatrix},\quad \bar{B}=\begin{bmatrix}B\\0\end{bmatrix}$$

$$\bar{f}(S_1\bar{x}_i,t)=\begin{bmatrix}f(x_i,t)\\0\end{bmatrix},\quad \bar{D}=\begin{bmatrix}D & 0\\0 & I_q\end{bmatrix}$$

$$\bar{\Delta}_i=\begin{bmatrix}\Delta_i\\\dot{u}_i^F\end{bmatrix},\quad \bar{C}=\begin{bmatrix}C & 0\end{bmatrix},\quad S_1=\begin{bmatrix}I_n & 0\end{bmatrix}$$

可以证明，第 i 架无人机的增广系统(8.51)的可观性与系统(8.49)是等价的。

定义故障信号估计误差 $e_{fsi}=\hat{u}_i^F-u_i^F$，其中 $\hat{u}_i^F$ 是 u_i^F 的估计值；定义 Follower 无人机与 Leader 无人机的状态跟踪误差 $e_{xi}=x_i-x_0$。

本节的控制目标是针对存在执行器偏差故障、模型不确定及外界干扰的多无人机系统(8.49)，通过故障诊断模块与容错控制模块一体化设计，使第 i 架无人机 $(i=1,2,\cdots,N)$ 的故障信号估计误差 e_{fsi} 和状态跟踪误差 e_{xi} 满足

$$\int_0^\infty h_s^{\mathrm{T}}h_s\mathrm{d}t<\gamma_s^2\int_0^\infty \bar{\Delta}^{\mathrm{T}}\bar{\Delta}\mathrm{d}t \tag{8.52}$$

式中，$h_s=\left[(\eta_{s1})^{\mathrm{T}},(\eta_{s2})^{\mathrm{T}},\cdots,(\eta_{sN})^{\mathrm{T}}\right]^{\mathrm{T}}\in\mathbf{R}^{r\times N}$，$\eta_{si}=C_{fs}e_{fsi}+C_{xs}e_{xi}$，$C_{xs}\in\mathbf{R}^{r\times n}$，$C_{fx}\in\mathbf{R}^{r\times q}$，$\bar{\Delta}=\left[(\bar{\Delta}_1)^{\mathrm{T}},(\bar{\Delta}_2)^{\mathrm{T}},\cdots,(\bar{\Delta}_N)^{\mathrm{T}}\right]^{\mathrm{T}}$，$\gamma_s$ 表示控制精度与诊断精度的给定常数。

从式(8.52)可以看出，通过为故障检测误差与容错控制跟踪误差建立统一的性能指标函数，将故障与综合扰动对故障估计精度和容错控制精度的影响限制在可调节的容许范围内，可以有效缓解故障诊断模块与容错控制模块的双向交互作用。下面将分别考虑系统状态可测与未知的情况，采用未知输入观测器与自适应积分滑模算法，进行基于状态反馈和基于输出反馈的多无人机故障诊断与容错控制一体化设计。

8.2.2 基于状态反馈的多无人机故障诊断及容错控制一体化设计

本节考虑系统状态已知的情况，提出基于状态反馈的多无人机故障诊断与容错控制一体化设计算法。首先针对将故障作为状态变量的增广系统，采用未知输

入观测器设计故障诊断模块，获得故障观测器形式；然后基于自适应积分滑模算法获得容错控制器形式，共同得到带有未知参数的闭环增广系统；最后通过 H_∞ 优化同时得到控制器增益矩阵和观测器增益矩阵，实现对未知故障的估计与系统状态对期望指令的跟踪，以及实现基于状态反馈的故障诊断及容错控制一体化设计。

1. 基于未知输入观测器的故障诊断模块设计

考虑系统状态可知的情况，设计如下形式的未知输入观测器，获得故障信号的估计值为 $\hat{u}_i^F$：

$$\begin{aligned}\dot{z}_{si} &= M_s z_{si} + G_s u_i + R_s y_i + N_s \overline{f}(S_1\overline{x}_i,t)\\ \hat{u}_i^F &= z_{si} + H_s y_i\end{aligned} \tag{8.53}$$

式中，z_{si} 为未知输入观测器的状态量；M_s、G_s、R_s、N_s、H_s 为待设计参数。

定义 $S_2=\left[0,I_q\right]$，可以得到 $u_i^F=S_2\overline{x}_i$。定义 $\varepsilon_i=z_{si}-T\overline{x}_i$，对 ε_i 求导并将式(8.53)代入，可得

$$\begin{aligned}\dot{\varepsilon}_i &= M_s\varepsilon_i + (M_sT + R_s\overline{C} - T\overline{A})\overline{x}_i - T\overline{D}\overline{\varDelta}_i\\ &\quad + (N_s - T)\overline{f}(S_1\overline{x}_i,t) + (G_s - T\overline{B})u_i\end{aligned} \tag{8.54}$$

根据 ε_i 的定义和式(8.53)中 $\hat{u}_i^F$ 的形式，可以得到

$$\begin{aligned}e_{fsi} &= \hat{u}_i^F - u_i^F\\ &= \left(z_{si} + H_s y_i\right) - S_2\overline{x}_i\\ &= \left(\varepsilon_i + T\overline{x}_i\right) + H_s\overline{C}\overline{x}_i - S_2\overline{x}_i\\ &= \varepsilon_i + (T + H_s\overline{C} - S_2)\overline{x}_i\end{aligned} \tag{8.55}$$

对 e_{fsi} 求导并将式(8.54)代入，可以得到故障估计误差系统：

$$\begin{aligned}\dot{e}_{fsi} &= M_s\varepsilon_i + (M_sT + R_s\overline{C} - T\overline{A})\overline{x}_i - T\overline{D}\overline{\varDelta}_i\\ &\quad + (G_s - T\overline{B})u_i + (N_s - T)\overline{f}(S_1\overline{x}_i,t)\\ &\quad + (T + H_s\overline{C} - S_2)\dot{\overline{x}}_i\end{aligned} \tag{8.56}$$

定义 $\xi=[\xi_1,\xi_2]=[S_2^{\dagger},I_{n+q}-S_2^{\dagger}S_2]$，$\varPsi=S_2\overline{A}\xi_2$，$\varOmega_1=\begin{bmatrix}\overline{C}\xi_1\\ \overline{C}\,\overline{A}\xi_1\end{bmatrix}$，$\varOmega_2=\begin{bmatrix}\overline{C}\xi_2\\ \overline{C}\,\overline{A}\xi_2\end{bmatrix}$。

引理 8.4[6]　考虑综合干扰及执行器加性故障影响下的多无人机系统(8.49)，若故障观测器设计为如式(8.53)所示的形式，那么故障估计误差系统(8.56)等价于

$$\dot{e}_{fsi} = (M_1 - ZM_2)e_{fsi} + (\overline{H}_{s1} + ZH_{s2}\overline{C})\overline{D}\overline{\varDelta}_i \tag{8.57}$$

式中，$M_1=S_2\overline{A}\xi_1-\varPsi\varOmega_2^{\dagger}\varOmega_1$，$M_2=(I_{2p}-\varOmega_2\varOmega_2^{\dagger})\varOmega_1$，$\overline{H}_{s1}=H_{s1}\overline{C}-S_2$，$H_{s1}=\varPsi\varOmega_2^{\dagger}\varGamma_1$，

$H_{s2}=(I_{2p}-\Omega_2\Omega_2^{\dagger})\Gamma_1$，$\Gamma_1=[0,I_p]^{\mathrm{T}}$，符号$\dagger$表示伪逆。同时，若如式(8.58)～式(8.60)所示条件成立：

$$\begin{aligned}M_sT+R_s\bar{C}-T\bar{A}&=0\\T+H_s\bar{C}-S_2&=0\\G_s-T\bar{B}&=0\\N_s&=T\end{aligned}\tag{8.58}$$

$$\operatorname{rank}\begin{bmatrix}S_E\bar{A}\\\bar{C}\\\bar{C}\,\bar{A}\\S_2\end{bmatrix}=\operatorname{rank}\begin{bmatrix}\bar{C}\\\bar{C}\,\bar{A}\\S_2\end{bmatrix}\tag{8.59}$$

且$\forall s\in\mathbf{C}$，$\mathrm{Re}(s)\geqslant 0$，

$$\operatorname{rank}\begin{bmatrix}sS_2-S_2\bar{A}\\\bar{C}\\\bar{C}\,\bar{A}\end{bmatrix}=\operatorname{rank}\begin{bmatrix}\bar{C}\\\bar{C}\,\bar{A}\\S_2\end{bmatrix}\tag{8.60}$$

那么存在矩阵Z使得系统(8.57)在综合扰动和故障导数$\bar{\varDelta}_i$的影响下稳定，且未知输入观测器(8.53)的待设计参数可由$M_s=M_1-ZM_2$，$H_s=H_{s1}+ZH_{s2}$及式(8.58)确定。

根据引理 8.4 和式(8.57)，多无人机的故障估计误差系统可以写成如下向量形式：

$$\dot{e}_{fs}=I_N\otimes\left(M_1-ZM_2\right)e_{fs}+I_N\otimes\left(\bar{H}_{s1}+ZH_{s2}\bar{C}\right)\bar{D}\bar{\varDelta}\tag{8.61}$$

式中，$e_{fs}=\left[e_{fs1}^{\mathrm{T}},e_{fs2}^{\mathrm{T}},\cdots,e_{fsN}^{\mathrm{T}}\right]^{\mathrm{T}}$，$\bar{\varDelta}=\left[\bar{\varDelta}_1^{\mathrm{T}},\bar{\varDelta}_2^{\mathrm{T}},\cdots,\bar{\varDelta}_N^{\mathrm{T}}\right]^{\mathrm{T}}$。至此，可以得到带有未知参数的多无人机故障观测器(8.53)，以及对应的多无人机故障估计误差系统(8.61)。此时，故障观测器中的未知参数矩阵为Z，将在一体化设计部分给出。考虑控制系统在执行器加性故障及综合扰动影响下的鲁棒性要求，下面进行滑模容错控制器的设计。

2. 基于自适应积分滑模的容错控制模块设计

下面采用自适应积分滑模算法设计容错控制模块，获得带有未知参数的控制器形式。为此，将容错控制器设计为如下形式：

$$u_{si}=u_{sli}+u_{sni}\tag{8.62}$$

式中，u_{sni}是非线性连续控制律，其表达形式将在式(8.66)中给出；u_{sli}是如式(8.63)

所示的线性反馈控制律：

$$u_{sli}=-c_sK_s\sum_{j=1}^{N}a_{ij}\left(x_i-x_j\right)-B^{\dagger}F\hat{u}_i^F \tag{8.63}$$

式中，$c_s>0$，K_s 为待设计控制增益矩阵。下面将介绍非线性连续控制律 u_{sni} 的设计过程。首先设计积分滑模面为

$$\begin{aligned}s_{84i}=&N_1x_i(t)-N_1x_i(0)-N_1\int_0^t\Big[B\big(u_{sli}(\tau)\\&+B^{\dagger}F\hat{u}_i^F(\tau)\big)+Ax_i(\tau)+f\left(x_i,\tau\right)\Big]\mathrm{d}\tau\end{aligned} \tag{8.64}$$

式中，$s_{84i}\in\mathbf{R}^m$，任意矩阵 $Y_1\in\mathbf{R}^{m\times n}$，$N_1=B^{\dagger}-Y_1\left(I_n-BB^{\dagger}\right)$。对 s_{84i} 求导得到

$$\dot{s}_{84i}=u_{sni}-N_1Fe_{fsi}+N_1D\varDelta_i \tag{8.65}$$

基于积分滑模面和超螺旋滑模算法设计非线性连续控制律 u_{sni}

$$u_{sni}=-k_{811i}\left\langle s_{84i}\right\rangle^{1/2}-k_{812i}\int_0^t\left\langle s_{84i}\right\rangle^0\mathrm{d}\tau \tag{8.66}$$

和自适应增益

$$\begin{aligned}\dot{k}_{811i}&=\begin{cases}\varpi_{84i}\sqrt{\dfrac{\kappa_{84i}}{2}}, & \left\|s_{84i}\right\|_2\neq 0\\ 0, & \left\|s_{84i}\right\|_2=0\end{cases}\\ k_{812i}&=\overline{\varepsilon}_{84i}k_{811i}\end{aligned} \tag{8.67}$$

式中，ϖ_{84i}、κ_{84i}、$\overline{\varepsilon}_{84i}$ 为正实数。将式(8.66)代入式(8.65)，可得

$$\dot{s}_{84i}=-k_{811i}\left\langle s_{84i}\right\rangle^{1/2}-k_{812i}\int_0^t\left\langle s_{84i}\right\rangle^0\mathrm{d}\tau+\varDelta_{si} \tag{8.68}$$

式中，$\varDelta_{si}=-N_1Fe_{fsi}+N_1D\varDelta_i$。

假设 8.8　$\varDelta_{si}$ 有界，且存在未知常数 δ_s 满足 $\left\|\varDelta_{si}\right\|_2\leqslant\delta_s$。

根据引理 8.2 可知，s_{84i} 和 $\dot{s}_{84i}$ 会在有限时间内收敛到零。当系统到达滑模面 s_{84i} 时，可以得到如式(8.69)所示的等效控制表达式：

$$u_{eqsi}=N_1Fe_{fsi}-N_1D\varDelta_i+u_{sli} \tag{8.69}$$

将式(8.69)代入第 i 架无人机模型(8.49)中，得到

$$\begin{aligned}\dot{x}_i=&Ax_i+f\left(x_i,t\right)-\varTheta_1Fe_{fsi}+\varTheta_1D\varDelta_i\\&-c_sBK_s\sum_{j=1}^{N}a_{ij}\left(x_i-x_j\right)\end{aligned} \tag{8.70}$$

式中，$\Theta_1 = I_n - BN_1$。

对第 i 架无人机的状态跟踪误差 e_{xi} 求导，并代入式(8.70)，可以得到

$$\begin{aligned}\dot{e}_{xi} &= \dot{x}_i - \dot{x}_0 \\ &= Ae_{xi} + \left(f\left(x_i,t\right) - f\left(x_0,t\right)\right) - \Theta_1 Fe_{fsi} \\ &\quad + \Theta_1 Dd_i - c_s BK_s \sum_{j=1}^{N} a_{ij}\left(x_i - x_j\right)\end{aligned} \tag{8.71}$$

由式(8.71)可以得到 N 架无人机的轨迹跟踪误差、系统:

$$\begin{aligned}\dot{e}_x &= \left(I_N \otimes A - c_s H \otimes BK_s\right)e_x + \left(F\left(x,t\right) - F\left(x_0,t\right)\right) \\ &\quad - \left(I_N \otimes F_1\right)e_{fs} + \left(I_N \otimes D_1\right)\bar{\Delta}\end{aligned} \tag{8.72}$$

式中，$e_x = x - I_N \otimes x_0 = \left[x_1^{\mathrm{T}}, x_2^{\mathrm{T}}, \cdots, x_N^{\mathrm{T}}\right]^{\mathrm{T}}$，$D_1 = [\Theta_1 D, 0]$，$F\left(x,t\right) = \left[\left(f\left(x_1,t\right)\right)^{\mathrm{T}},\right.$ $\left.\left(f\left(x_2,t\right)\right)^{\mathrm{T}}, \cdots, \left(f\left(x_N,t\right)\right)^{\mathrm{T}}\right]^{\mathrm{T}}$，$F(x_0,t) = I_N \otimes f(x_0,t)$。

至此，可以得到带有未知参数的多无人机容错控制器(8.62)和控制律式(8.63)、式(8.66)，以及对应的多无人机状态跟踪误差系统(8.72)，此时，故障观测器中的未知参数矩阵为 K_s。下面将对故障估计误差系统(8.61)与系统跟踪误差系统(8.72)中的待确定未知参数 Z 和 K_s 进行一体化求解。

3. 故障诊断模块与容错控制模块一体化设计

根据式(8.61)和式(8.72)，多无人机的闭环增广系统可以写为

$$\begin{aligned}\dot{e}_{fs} &= I_N \otimes (M_1 - ZM_2)e_{fs} + I_N \otimes (\bar{H}_{s1} + ZH_{s2}\bar{C})\bar{D}\bar{\Delta} \\ \dot{e}_x &= \left(I_N \otimes A - cH \otimes BK_s\right)e_x + \left(F\left(x,t\right) - F\left(x_0,t\right)\right) \\ &\quad - (I_N \otimes F_1)e_{fs} + (I_N \otimes D_1)\bar{\Delta} \\ \eta_s &= (I_N \otimes C_{fs})e_{fs} + (I_N \otimes C_{xs})e_x\end{aligned} \tag{8.73}$$

因此，这一部分的目的即为将通过 H_∞ 优化同时降低综合扰动和故障导数 $\bar{\Delta}$ 对故障估计误差 e_{fs} 和状态跟踪误差 e_x 的影响，得到控制器增益矩阵 K_s 和观测器增益矩阵 Z，实现故障诊断模块与容错控制模块的一体化设计。

定理 8.4　对于多无人机系统式(8.49)和式(8.50)，考虑系统状态已知的情况，在假设 8.5～假设 8.7 成立的情况下，若故障观测器设计如式(8.53)所示，容错控制器设计如式(8.62)、式(8.63)、式(8.66)所示，那么多无人机的闭环增广系统(8.73)的误差变量满足式(8.52)所示的性能指标函数，当对于给定参数 $\varepsilon_s > 0, \gamma_s > 0$，存在矩阵 $\bar{P}_s, Q_s > 0, \bar{R}_s$ 和标量 ς_s 使得

$$\begin{bmatrix} \chi_{11} & \chi_{12} & \chi_{13} & \chi_{14} & \bar{P}_s C_x^{\mathrm{T}} \\ * & \chi_{22} & \chi_{23} & 0 & C_f^{\mathrm{T}} \\ * & * & -\gamma_s^2 I & 0 & 0 \\ * & * & * & -(\epsilon_s L_f^2)^{-1} I & 0 \\ * & * & * & * & -I \end{bmatrix} < 0 \tag{8.74}$$

式中，$\chi_{11} = He(A\bar{P}_s) + \epsilon_s^{-1} I - \zeta_s BB^{\mathrm{T}}$，$\chi_{22} = He(Q_s M_1 - \bar{R}_s M_2)$，$\chi_{12} = -F_1$，$\chi_{13} = D_1$，$\chi_{23} = Q_s \bar{H}_{s1}\bar{D} + \bar{R}_s H_{s2}\bar{C}D$，$\chi_{14} = \bar{P}_s$，此时控制器增益矩阵 K_s 和观测器增益矩阵 Z 可以通过式(8.75)计算得到

$$K_s = B^{\mathrm{T}} P_s, \quad Z = Q_s^{-1}\bar{R}_s \tag{8.75}$$

同时式(8.63)中 c_s 满足 $c_s > \dfrac{\zeta_s}{2\lambda_{\min}(H)}$。

证明　选取 Lyapunov 方程 $V_{s1} = e_{fs}^{\mathrm{T}}(I_N \otimes Q_s)e_{fs}$。由于 H 是对称的，因此存在正交矩阵 $U \in \mathbf{R}^{N\times N}$，满足

$$U^{-1} L_1 U^{\mathrm{T}} = \varLambda := \mathrm{diag}\{\lambda_1, \cdots, \lambda_N\}$$

式中，$\lambda_1, \cdots, \lambda_N$ 是矩阵 H 的特征值。根据引理 6.1，在假设 6.1 成立的情况下，$\lambda_i (i=1,\cdots,N)$ 均是正数。定义 $e_{fs} = (U \otimes I_q)\tilde{e}_{fs}$，并对 V_{s1} 求导得

$$\begin{aligned} \dot{V}_{s1} &= \tilde{e}_{fs}^{\mathrm{T}}\left[I_N \otimes He\left(Q_s\left(M_1 - ZM_2\right)\right)\right]\tilde{e}_{fs} \\ &\quad + 2\tilde{e}_{fs}^{\mathrm{T}}\left[I_N \otimes Q_s\left(\bar{H}_{s1}\bar{D} + ZH_{s2}\bar{C}D\right)\right]\tilde{\bar{\varDelta}} \end{aligned} \tag{8.76}$$

选取另一个 Lyapunov 方程 $V_{s2} = e_x^{\mathrm{T}}(I_N \otimes P_s)e_x$。在假设 8.6 成立的情况下，可以得到

$$2e_{xi}^{\mathrm{T}} P_s\left(f(x_i,t) - f(x_0,t)\right) \leqslant \epsilon_s^{-1} e_{xi}^{\mathrm{T}} P_s P_s e_{xi} + \epsilon_s L_f^2 \|e_{xi}\|^2 \tag{8.77}$$

式中，ϵ_s 是正常数。考虑到 $K_s = B^{\mathrm{T}} P_s$，并定义 $e_x = (U \otimes I_n)\tilde{e}_x$，$\bar{\varDelta} = (U \otimes I_{l+q})\tilde{\bar{\varDelta}}$，那么 V_{s2} 的导数可以写为

$$\begin{aligned} \dot{V}_{s2} &= e_x^{\mathrm{T}}\left[I_N \otimes He(P_s A) - 2c_s H \otimes \left(P_s BB^{\mathrm{T}} P_s\right)\right]e_x \\ &\quad + 2e_x^{\mathrm{T}}(I_N \otimes P_s)\left[F(x,t) - F(x_0,t)\right] \\ &\quad - 2e_x^{\mathrm{T}}(I_N \otimes P_s F_1)e_{fs} + 2e_x^{\mathrm{T}}(I_N \otimes P_s D_1)\bar{\varDelta} \\ &\leqslant e_x^{\mathrm{T}}\left[I_N \otimes He(P_s A) - 2c_s H \otimes \left(P_s BB^{\mathrm{T}} P_s\right)\right]e_x \end{aligned}$$

$$
\begin{aligned}
&+e_x^{\mathrm{T}}\left[I_N\otimes\left(\epsilon_s^{-1}P_sP_s+\epsilon_sL_f^2I\right)\right]e_x \\
&-2e_x^{\mathrm{T}}\left(I_N\otimes P_sF_1\right)e_{fs}+2e_x^{\mathrm{T}}\left(I_N\otimes P_sD_l\right)\overline{\varDelta} \\
=&\tilde{e}_x^{\mathrm{T}}\left[I_N\otimes\left(He\left(P_sA\right)+\epsilon_s^{-1}P_sP_s+\epsilon_sL_f^2I\right)-c_s\varLambda\right. \\
&\left.\otimes\left(2P_sBB^{\mathrm{T}}P_s\right)\right]\tilde{e}_x-2\tilde{e}_x^{\mathrm{T}}\left(I_N\otimes P_sF_1\right)\tilde{e}_{fs} \\
&+2\tilde{e}_x^{\mathrm{T}}\left(I_N\otimes P_sD_1\right)\tilde{\overline{\varDelta}} \\
\leqslant&\tilde{e}_x^{\mathrm{T}}\left[I_N\otimes\left(He\left(P_sA\right)+\epsilon_s^{-1}P_sP_s+\epsilon_sL_f^2I\right.\right. \\
&\left.\left.-2c_s\lambda_{\min}\left(H\right)P_sBB^{\mathrm{T}}P_s\right)\right]\tilde{e}_x-2\tilde{e}_x^{\mathrm{T}}\left(I_N\otimes P_sF_1\right)\tilde{e}_{fs} \\
&+2\tilde{e}_x^{\mathrm{T}}\left(I_N\otimes P_sD_1\right)\tilde{\overline{\varDelta}}
\end{aligned} \tag{8.78}
$$

控制目标，即不等式(8.52)可以表示为

$$
J_s=\int_0^{\infty}\left(\eta_s^{\mathrm{T}}\eta_s-\gamma_s^2\overline{\varDelta}^{\mathrm{T}}\overline{\varDelta}\right)\mathrm{d}t<0 \tag{8.79}
$$

在零初始条件的情况下，可以得到

$$
\begin{aligned}
J_s&=\int_0^{\infty}\left(\eta_s^{\mathrm{T}}\eta_s-\gamma_s^2\overline{\varDelta}^{\mathrm{T}}\overline{\varDelta}+\dot{V}_{s1}+\dot{V}_{s2}\right)\mathrm{d}t-\int_0^{\infty}(\dot{V}_{s1}+\dot{V}_{s2})\mathrm{d}t \\
&\leqslant\int_0^{\infty}\left(\eta_s^{\mathrm{T}}\eta_s-\gamma_s^2\overline{\varDelta}^{\mathrm{T}}\overline{\varDelta}+\dot{V}_{s1}+\dot{V}_{s2}\right)\mathrm{d}t
\end{aligned} \tag{8.80}
$$

考虑式(8.80)的充分条件：

$$
J_{s1}=\eta_s^{\mathrm{T}}\eta_s-\gamma_s^2\overline{\varDelta}^{\mathrm{T}}\overline{\varDelta}+\dot{V}_{s1}+\dot{V}_{s2}<0 \tag{8.81}
$$

根据式(8.76)和式(8.78)，对于 $2c_s\lambda_{\min}(H)>\zeta_s$，得到

$$
J_{s1}=\sum_{i=1}^{N}\begin{bmatrix}\tilde{e}_{xi}\\ \tilde{e}_{fsi}\\ \tilde{\overline{\varDelta}}_i\end{bmatrix}^{\mathrm{T}}\begin{bmatrix}J_{11} & J_{12} & J_{13}\\ * & J_{22} & J_{23}\\ * & * & -\gamma_s^2I\end{bmatrix}\begin{bmatrix}\tilde{e}_{xi}\\ \tilde{e}_{fsi}\\ \tilde{\overline{\varDelta}}_i\end{bmatrix}<0 \tag{8.82}
$$

式中，$J_{11}=He\left(P_sA\right)+\epsilon_s^{-1}P_sP_s+\epsilon_sL_f^2I+C_{xs}^{\mathrm{T}}C_{xs}-\zeta_sP_sBB^{\mathrm{T}}P_s$，$J_{12}=-P_sF_1+C_{xs}^{\mathrm{T}}C_{fs}$，$J_{13}=P_sD_1$，$J_{22}=He\left[Q_s\left(M_1-ZM_2\right)\right]+C_{fs}^{\mathrm{T}}C_{fs}$，$J_{23}=Q_s\left(\overline{H}_1\overline{D}+ZH_2\overline{C}\overline{D}\right)$。

定义 $\overline{P}_s=P_s^{-1}$。在式(8.82)两边分别左乘和右乘 $\mathrm{diag}\{\overline{P}_s,I,I\}$，可以得到

$$\begin{bmatrix} J'_{11} & J'_{12} & J'_{13} \\ * & J_{22} & J_{23} \\ * & * & -\gamma_s^2 I \end{bmatrix} < 0 \tag{8.83}$$

式中，$J'_{11} = He\left(A\bar{P}_s\right) + \epsilon_s^{-1} I + \epsilon_s L_f^2 \bar{P}_s \bar{P}_s + \bar{P}_s C_{xs}^{\mathrm{T}} C_{xs} \bar{P}_s - \zeta_s BB^{\mathrm{T}}$，$J'_{12} = -F_1 + \bar{P}_s C_{xs}^{\mathrm{T}} C_{fs}$，$J'_{13} = D_1$。

定义 $\bar{R}_s = Q_s Z$。根据 Schur 补定理，式(8.83)可以转换为式(8.74)。定理 8.4 得证。

从定理 8.4 可以看出，本节考虑系统状态可测的情况，首先设计带有未知参数的故障检测观测器与编队容错控制器，然后采用 H_∞ 优化算法同时求解观测器与编队控制器的矩阵参数，实现故障诊断与编队容错控制的一体化设计，将综合扰动与故障导数对故障估计精度和控制精度的影响限制在可调节的容许范围内，有效解决故障诊断模块与容错控制模块的双向交互问题。

4. 仿真验证

1) 仿真环境

仿真试验在 Windows 10 操作系统中，基于 MATLAB 2019a 仿真环境中实现，仿真步长为 0.01s，计算机配置：CPU 为 Intel Core i5-2450M 2.5GHz，8GB 内存。

2) 仿真参数

为了验证所提算法的有效性，考虑一组 5 架无人机，其通信拓扑图如图 8.2 所示，因此对应的矩阵最小特征值 $\lambda_{\min}(H) = 0.2679$。

考虑第 i 架 Follower 无人机的纵向动力学线性化模型[8]：

$$\begin{bmatrix} \dot{x}_{i1} \\ \dot{x}_{i2} \\ \dot{x}_{i3} \end{bmatrix} = \begin{bmatrix} -0.277 & 1 & -0.00002 \\ -17.1 & -0.178 & -12.2 \\ 0 & 0 & -6.67 \end{bmatrix} \begin{bmatrix} x_{i1} \\ x_{i2} \\ x_{i3} \end{bmatrix} + \begin{bmatrix} 0.1\sin x_{i1} \\ 0 \\ 0 \end{bmatrix} + \begin{bmatrix} 0 \\ 0 \\ 6.67 \end{bmatrix} \left(u_i(t) + f_{ai}(t)\right) + \begin{bmatrix} 0 \\ 0 \\ 1 \end{bmatrix} \Delta_i(t) \tag{8.84}$$

$$y_i = \begin{bmatrix} 1 & 0 & 0 \\ 0 & 1 & 0 \end{bmatrix} \begin{bmatrix} x_{i1} \\ x_{i2} \\ x_{i3} \end{bmatrix},\quad i = 1,2,3,4$$

式中，状态量 $x_i = \left[x_{i1}, x_{i2}, x_{i3}\right]^{\mathrm{T}}$ 分别是第 i 架无人机的攻角、俯仰角速率及升降舵偏转角。将编队内各无人机的执行器故障 $u_i^F(t)$ 设置为

$$u_1^F=\begin{cases}0.5, & 0<t\leqslant 5.5\\ 1, & 5.5<t\leqslant 9\\ 0.2, & 9<t\leqslant 13.5\\ 0.6, & 13.5<t\leqslant 16\\ 1, & 16<t\leqslant 20\end{cases},\quad u_3^F=\begin{cases}2\sin(0.5t), & 0<t\leqslant 3.5\\ \sin(0.6t), & 3.5<t\leqslant 8.5\\ 1.5\sin(0.5t), & 8.5<t\leqslant 12\\ 1.5\sin(0.6t), & 12<t\leqslant 18\\ 1, & 18<t\leqslant 20\end{cases} \tag{8.85}$$

$$u_2^F=0,\quad u_4^F=0$$

假设各无人机受到的综合扰动为

$$\begin{aligned}\Delta_1&=0.1\sin(0.5t),\quad \Delta_2=0.3\sin t\\ \Delta_3&=0.2\sin(0.5t),\quad \Delta_4=0.3\sin(0.1t)\end{aligned} \tag{8.86}$$

编队内 Leader 无人机(标号为 0)的纵向动力学线性化模型可以写为

$$\begin{bmatrix}\dot{x}_{i1}\\ \dot{x}_{i2}\\ \dot{x}_{i3}\end{bmatrix}=\begin{bmatrix}-0.277 & 1 & -0.00002\\ -17.1 & -0.178 & -12.2\\ 0 & 0 & -6.67\end{bmatrix}\begin{bmatrix}x_{i1}\\ x_{i2}\\ x_{i3}\end{bmatrix}+\begin{bmatrix}0.1\sin x_{i1}\\ 0\\ 0\end{bmatrix} \tag{8.87}$$

令 $C_{xs}=I_3$ ，$C_{fs}=[0,0,1]^{\mathrm{T}}$ ，$\varepsilon_{xs}=0.0899$ ，$Y_1=[0.5,0.5,0.5]^{\mathrm{T}}$ 以及 $\gamma_s=0.6$ 。采用 MATLAB LMI 工具包求解式(8.74)，得到如下可行解：

$$Z=[-45.9592,-6.6069,64.7431,6.1109,-2.7867,14.8035]$$

$$\overline{P}_s=\begin{bmatrix}0.3595 & -0.5257 & -0.1026\\ -0.5257 & 7.2027 & 9.9530\\ -0.1026 & 9.9530 & 33.3812\end{bmatrix},\quad \varsigma_s=66.3309$$

因此，式(8.53)与式(8.63)中的控制器与观测器增益选取为

$$\begin{aligned}&K_s=[-0.7034,-0.5518,0.3622],\quad c_s=125,\quad M_s=-98.7392\\ &H_s=[6.1109,-2.7867,14.8035],\quad N_s=[-6.1109,2.7867,-14.8035,1]\\ &R_s=[-649.3414,268.5460,-1396.9399],\quad G_s=-98.7392\end{aligned}$$

式(8.67)中的自适应增益参数选取为

$$\varpi_{84i}=5,\quad \kappa_{84i}=2,\quad \overline{\varepsilon}_{84i}=1$$

设置仿真实验中第 i 架 Follower 无人机系统的初始状态为 $x(0)=[0,0,0]^{\mathrm{T}}$ ，$i=1,2,3,4$ ，Leader 无人机的初始状态设置为 $x_0(0)=[0,0,0]^{\mathrm{T}}$ 。

3) 仿真结果

图 8.13 和图 8.14 分别给出了第 1 架和第 3 架无人机受到的执行器故障及故障估计曲线，表明所提出的故障观测器可以实现对故障的有效估计。

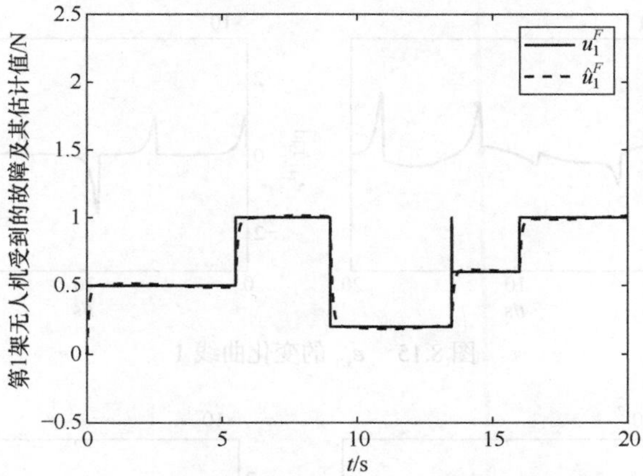

图 8.13　第 1 架无人机受到的执行器故障及故障估计曲线 1

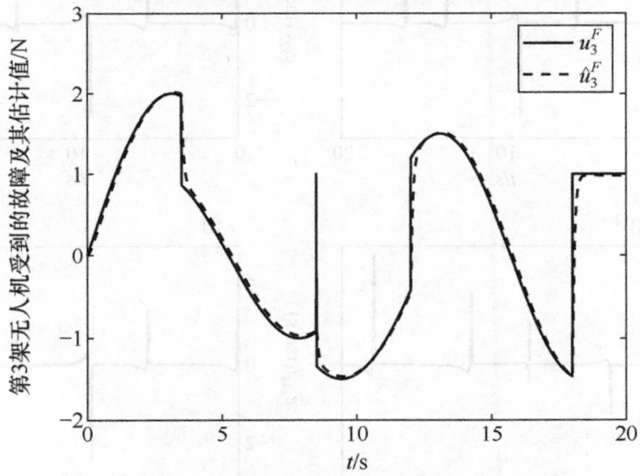

图 8.14　第 3 架无人机受到的执行器故障及故障估计曲线 1

图 8.15～图 8.17 分别给出了 4 架 Follower 无人机状态跟踪误差三个分量的变化曲线 e_{xi1}、e_{xi2}、$e_{xi3}(i=1,2,3,4)$。可以看出在本节设计的控制器的作用下，尽管受到执行器故障、外界干扰及模型不确定的影响，各架 Follower 无人机的状态依然可以有效跟踪上 Leader 无人机的状态。

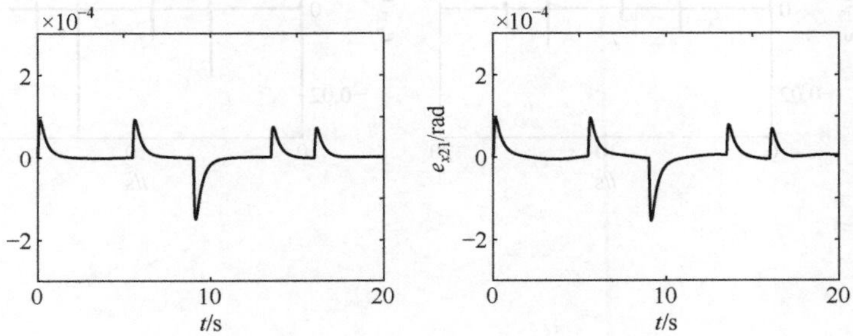

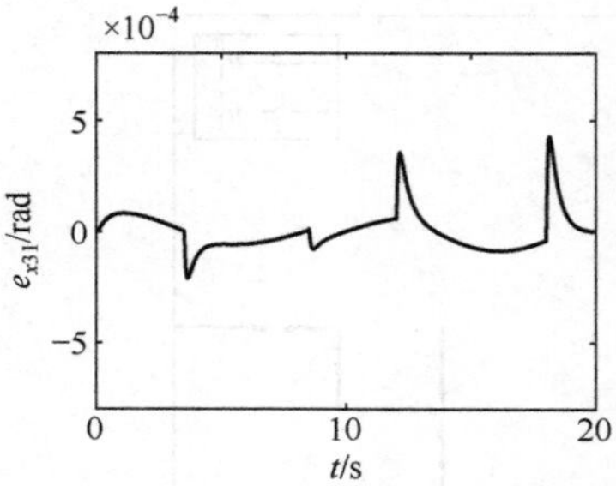

图 8.15　e_{xi1} 的变化曲线 1

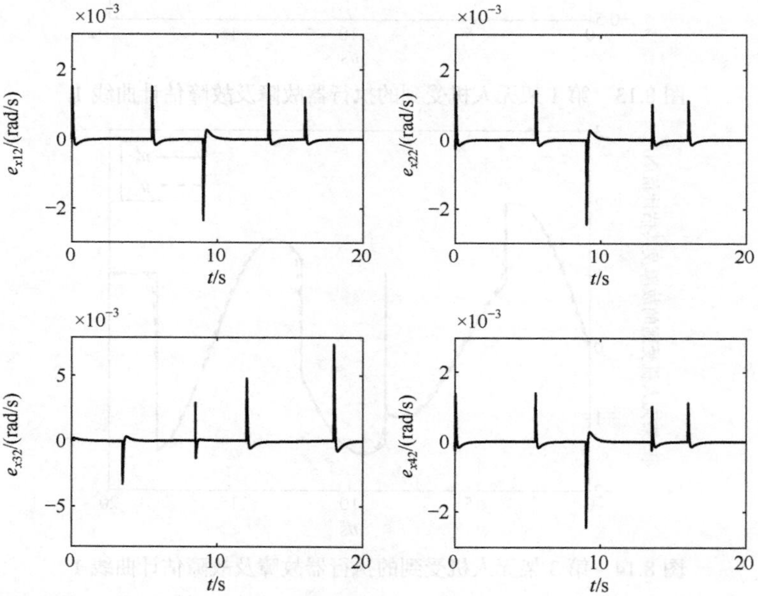

图 8.16　e_{xi2} 的变化曲线 1

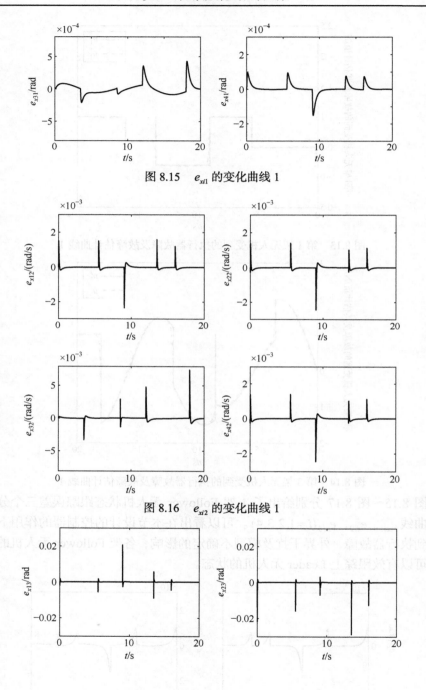

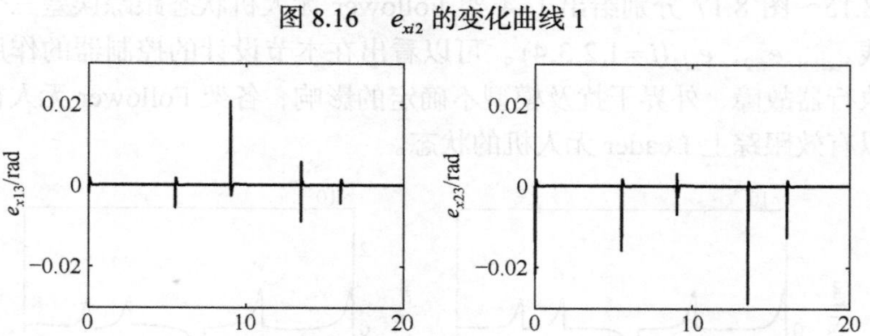

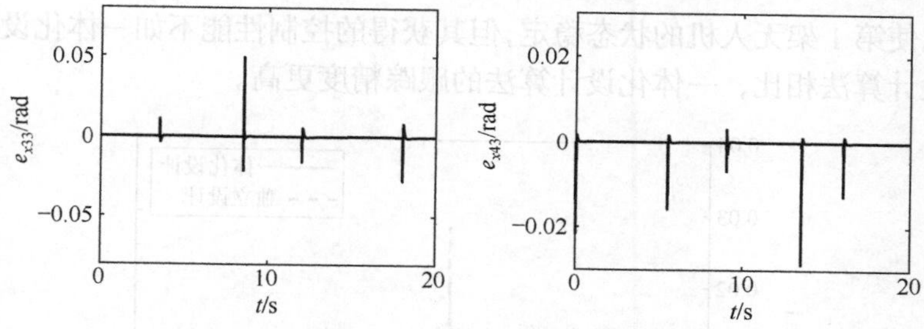

图 8.17　e_{xi3} 的变化曲线 1

为了表明所提一体化设计算法的优势，给出一体化设计算法与文献[5]中的独立设计算法的对比仿真，仿真过程中系统参数与初始条件设置不变。图 8.18～图 8.20 给出了第 1 架无人机的状态跟踪误差，从图中可以看出，尽管独立设计方

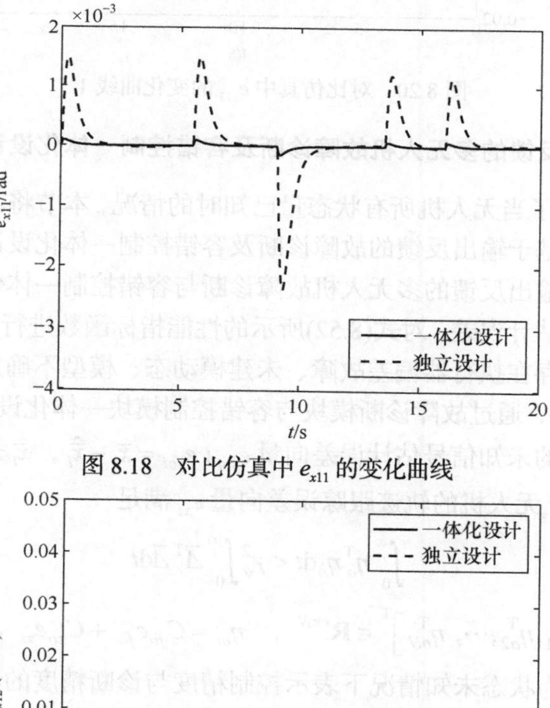

图 8.18　对比仿真中 e_{x11} 的变化曲线

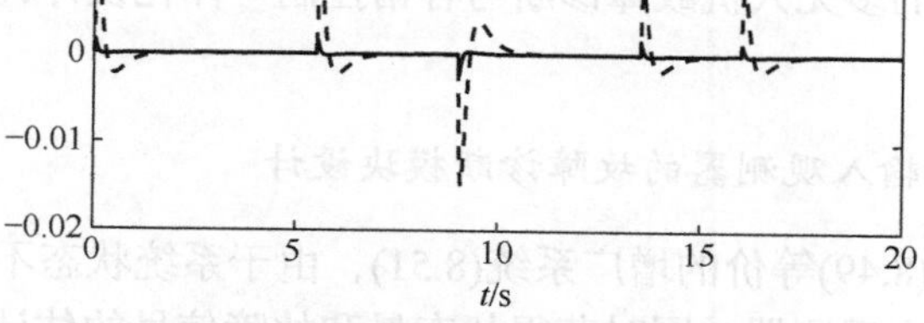

图 8.19　对比仿真中 e_{x12} 的变化曲线 1

法也可以使第 1 架无人机的状态稳定,但其获得的控制性能不如一体化设计算法。与独立设计算法相比，一体化设计算法的跟踪精度更高。

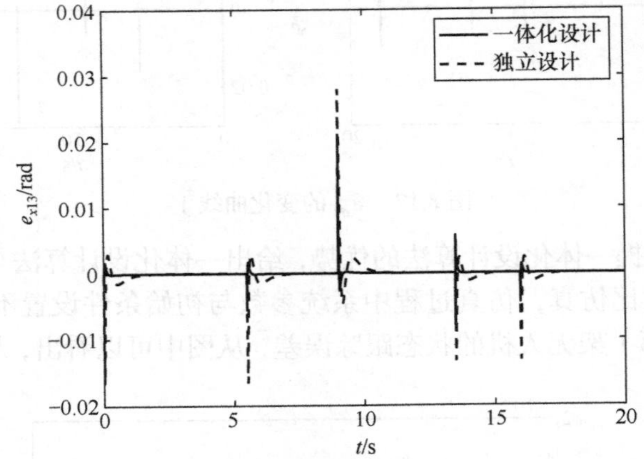

图 8.20　对比仿真中 e_{x13} 的变化曲线 1

8.2.3　基于输出反馈的多无人机故障诊断及容错控制一体化设计

8.2.2 节介绍了当无人机所有状态量已知时的情况，本节将考虑仅利用输出信息的情况，介绍基于输出反馈的故障诊断及容错控制一体化设计算法。

在进行基于输出反馈的多无人机故障诊断与容错控制一体化设计之前，考虑对未知状态量的估计误差，对式(8.52)所示的性能指标函数进行调整，因此本节的控制目标是针对存在执行器偏差故障、未建模动态、模型不确定及外界干扰的多无人机系统(8.49)，通过故障诊断模块与容错控制模块一体化设计，使第 i 架无人机 $(i=1,2,\cdots,N)$ 的未知信号估计误差向量 e_{foi} ($e_{foi}=\overline{x}_i-\hat{\overline{x}}_i$ ，$\hat{\overline{x}}_i$ 是增广状态 $\overline{x}_i$ 的估计值)和与 Leader 无人机的轨迹跟踪误差向量 e_{xi} 满足

$$\int_0^{\infty}\eta_o^{\mathrm{T}}\eta_o\mathrm{d}t<\gamma_o^2\int_0^{\infty}\overline{\varDelta}^{\mathrm{T}}\overline{\varDelta}\mathrm{d}t \tag{8.88}$$

式中，$\eta_o=\left[\eta_{o1}^{\mathrm{T}},\eta_{o2}^{\mathrm{T}},\cdots,\eta_{oN}^{\mathrm{T}}\right]^{\mathrm{T}}\in\mathbf{R}^{r\times N}$ ，$\eta_{oi}=C_{fo}e_{foi}+C_{xo}e_{xi}$ ，$C_{fo}\in\mathbf{R}^{r\times(n+q)}$ ，$C_{xo}\in\mathbf{R}^{r\times n}$ ；γ_o 为状态未知情况下表示控制精度与诊断精度的给定常数。下面介绍基于输出反馈的多无人机故障诊断与容错控制一体化设计,设计步骤与 8.2.1 节类似。

1. 基于未知输入观测器的故障诊断模块设计

考虑与系统(8.49)等价的增广系统(8.51)，由于系统状态不可测，设计如下形式的全阶未知输入观测器，同时获得状态量和故障信号的估计值：

$$\begin{aligned} \dot{z}_{oi} &= M_o z_{oi} + G_o u_i + L_o y_i + N_o \overline{f}(S_1 \overline{x}_i, t) \\ \hat{\overline{x}}_i &= z_{oi} + H_o y_i \end{aligned} \tag{8.89}$$

式中，z_{oi} 为观测器状态；M_o、G_o、L_o、H_o 为未知输入观测器待设计参数。

假设 8.9　考虑系统(8.49)，满足 $\operatorname{rank}(CB) = \operatorname{rank}(B)$。

定义 $e_{foi} = \overline{x}_i - \hat{\overline{x}}_i$，可以得到

$$\begin{aligned} \dot{e}_{foi} = & (\varXi \overline{A} - L_{o1}\overline{C}) e_{foi} + (\varXi \overline{A} - L_{o1}\overline{C} - M_o) z_{foi} + \varXi \overline{f}(S_1 \overline{x}_i, t) \\ & - N_o \overline{f}\left(S_1 \hat{\overline{x}}_i, t\right) + (\varXi \overline{B} - G_o) u_i + [(\varXi \overline{A} - L_{o1}\overline{C}) H_o - L_{o2}] y_i + \varXi \overline{D} \overline{\varDelta} \end{aligned} \tag{8.90}$$

式中，$\varXi = I_{n+q} - H_o \overline{C}, L_o = L_{o1} + L_{o2}$。

通过进行下列参数设置：

$$\begin{aligned} M_o &= \varXi \overline{A} - L_{o1}\overline{C}, \quad N_o = \varSigma \\ G_o &= \varXi \overline{B}, \quad L_{o2} = \left(\varXi \overline{A} - L_{o1}\overline{C}\right) H_o \end{aligned} \tag{8.91}$$

则式(8.90)变为

$$\dot{e}_{foi} = \left(\varXi \overline{A} - L_{o1}\overline{C}\right) e_{foi} + \varXi \Delta \overline{f}_i + \varXi \overline{D} \overline{\varDelta}_i \tag{8.92}$$

式中，$\Delta \overline{f}_i = \overline{f}\left(S_1 \overline{x}_i, t\right) - \overline{f}\left(S_1 \hat{\overline{x}}_i, t\right)$。

那么多无人机系统的观测误差可以写为

$$\dot{e}_{fo} = \left(I_N \otimes \left(\varXi \overline{A} - L_{o1}\overline{C}\right)\right) e_{fo} + \left(I_N \otimes \varXi\right) \Delta \overline{f} + \left(I_N \otimes \varXi \overline{D}\right) \overline{\varDelta} \tag{8.93}$$

式中，$e_{fo} = \left[e_{fo1}^{\mathrm{T}}, e_{fo2}^{\mathrm{T}}, \cdots, e_{foN}^{\mathrm{T}}\right]^{\mathrm{T}}$，$\Delta \overline{f} = \left[\left(\Delta \overline{f}_1\right)^{\mathrm{T}}, \left(\Delta \overline{f}_2\right)^{\mathrm{T}}, \cdots, \left(\Delta \overline{f}_N\right)^{\mathrm{T}}\right]^{\mathrm{T}}$。

从式(8.93)可以看出，只要确定 H_o、L_{o1} 的值，则可获得未知输入观测器(8.89)的具体表达式。至此，可以得到带有未知参数的多无人机状态观测器(8.89)，以及对应的多无人机故障估计误差系统(8.93)。此时，故障观测器中的未知参数矩阵为 H_o、L_{o1}，将在一体化设计部分给出。考虑控制系统在执行器加性故障及综合扰动影响下的鲁棒性要求，下面进行滑模容错控制器的设计。

2. 基于自适应积分滑模的容错控制模块设计

下面采用自适应积分滑模算法设计容错控制模块，获得带有未知参数的控制器形式。为此，将容错控制器设计为如下形式：

$$u_{oi} = u_{oli} + u_{oni} \tag{8.94}$$

式中，u_{oni} 是非线性连续控制律；u_{oli} 是线性反馈控制律：

$$u_{oli} = -c_o K_o \sum_{j=1}^{N} a_{ij}\left(y_i - y_j\right) - B^{\dagger} F \hat{u}_i^F \tag{8.95}$$

式中，$c_o > 0$；K_o 为待设计控制增益矩阵。

下面将设计非线性连续控制律 u_{oni}，首先设计积分滑模面为

$$\begin{aligned} s_{85i} = N_2 y_i(t) - N_2 y_i(0) - N_2 \int_0^t C\Big[B\big(u_{oi}(\tau) \\ + B^{\dagger} F \hat{u}_i^F(\tau)\big) + A\hat{x}_i(\tau) + f\left(\hat{x}_i, \tau\right)\Big] \mathrm{d}\tau \end{aligned} \tag{8.96}$$

式中，$N_2 = (CB)^{\dagger} - Y_2\left[I_p - (CB)(CB)^{\dagger}\right]$，$s_{85i} \in \mathbf{R}^m$，任意矩阵 $Y_2 \in \mathbf{R}^{m\times n}$。对 s_{85i} 求导得到

$$\dot{s}_{85i} = u_{oni} + \varPsi_1 e_{foi} + N_2 C \Delta \overline{f}_i + N_2 C D \varDelta_i \tag{8.97}$$

式中，$\varPsi_1 = \left[N_2 CA, N_2 CF\right]$。

基于积分滑模面和超螺旋滑模算法设计非线性连续控制律 u_{oni}：

$$u_{oni} = -k_{813i} \left\langle s_{85i} \right\rangle^{1/2} - k_{814i} \int_0^t \left\langle s_{86i} \right\rangle^0 \mathrm{d}\tau \tag{8.98}$$

和自适应增益：

$$\begin{aligned} \dot{k}_{813i} &= \begin{cases} \varpi_{85i} \sqrt{\dfrac{\kappa_{85i}}{2}}, & \left\| s_{85i} \right\|_2 \neq 0 \\ 0, & \left\| s_{85i} \right\|_2 = 0 \end{cases} \\ k_{814i} &= \overline{\varepsilon}_{85i} k_{813i} \end{aligned} \tag{8.99}$$

式中，ϖ_{85i}、κ_{85i}、$\overline{\varepsilon}_{85i}$ 为正实数。

将式(8.98)代入式(8.97)，得

$$\dot{s}_{85i} = -k_{813i} \left\langle s_{85i} \right\rangle^{1/2} - k_{814i} \int_0^t \left\langle s_{85i} \right\rangle^0 \mathrm{d}\tau + \varDelta_{oi} \tag{8.100}$$

式中，$\varDelta_{oi} = \varPsi_1 e_{foi} + N_2 C \Delta \overline{f}_i + N_2 C D \varDelta_i$。

假设 8.10　$\varDelta_{oi}$ 有界，且存在未知常数 δ_o 满足 $\left\|\dot{\varDelta}_{oi}\right\|_2 \leqslant \delta_o$。

根据引理 8.2 可知，s_{85i} 和 $\dot{s}_{85i}$ 会在有限时间内收敛到零。当系统到达滑模面 s_{85i} 时，得到等效控制表达式：

$$u_{eqoi} = -\varPsi_1 e_{foi} - N_2 C \Delta \overline{f}_i - N_2 C D \varDelta_i - u_{oli} \tag{8.101}$$

将式(8.101)代入无人机 i 的系统模型中，得到

$$\begin{aligned}\dot{x}_i &= Ax_i + f\left(x_i,t\right) - c_o BK_o \sum_{j=1}^{N} a_{ij}\left(y_i - y_j\right) \\ &\quad + \Psi_2 e_{foi} + \Theta_2 D\Delta_i - BN_2 C\Delta\overline{f}_i\end{aligned} \tag{8.102}$$

式中，$\Theta_2 = I_n - BN_2C, \Psi_2 = \left[-BN_2CA, \Theta_2 F\right]$。

对第 i 架无人机的状态跟踪误差 e_{xi} 求导，并将式(8.102)代入，可以得到

$$\begin{aligned}\dot{e}_{xi} &= Ae_{xi} + \left(f\left(x_i,t\right) - f\left(x_0,t\right)\right) - c_o BK_o C\sum_{j=1}^{N} a_{ij}\left(x_i - x_j\right) \\ &\quad + \Psi_2 e_{foi} + \Theta_2 D\Delta_i - BN_2 C\Delta\overline{f}_i\end{aligned} \tag{8.103}$$

由式(8.103)可以得到一组 N 架无人机的轨迹跟踪误差系统 e_x：

$$\begin{aligned}\dot{e}_x &= \left(I_N \otimes A - c_o L_1 \otimes BK_o C\right)e_x + \left(I_N \otimes \Psi_2\right)e_{fo} + \left(I_N \otimes D_2\right)\overline{\Delta} \\ &\quad + \left(F\left(x,t\right) - F\left(x_0,t\right)\right) - \left(I_N \otimes BN_2 C\right)\Delta\overline{f}\end{aligned} \tag{8.104}$$

式中，$e_x = x - I_N \otimes x_0 = \left[x_1^{\mathrm{T}}, x_2^{\mathrm{T}}, \cdots, x_N^{\mathrm{T}}\right]^{\mathrm{T}}$，$D_2 = [\Theta_2 D, 0]$，$F\left(x,t\right) = \left[\left(f\left(x_1,t\right)\right)^{\mathrm{T}},\right.$ $\left.\left(f\left(x_2,t\right)\right)^{\mathrm{T}}, \cdots, \left(f\left(x_N,t\right)\right)^{\mathrm{T}}\right]^{\mathrm{T}}$，$F(x_0,t) = I_N \otimes f(x_0,t)$。

需要注意的是，式(8.104)中控制器增益矩阵 K_o 为待确定的未知参数。至此，可以得到带有未知参数的多无人机容错控制器(8.94)和控制律式(8.95)、式(8.98)，以及对应的多无人机状态跟踪误差系统(8.104)，此时，故障观测器中的未知参数矩阵为 K_o。下面将对故障估计误差系统(8.93)与系统跟踪误差系统(8.104)中的待确定未知参数 H_o、L_{o1} 和 K_o 进行一体化求解。

3. 故障诊断模块与容错控制模块一体化设计

根据系统(8.93)和系统(8.104)，多无人机的闭环增广系统可以写为

$$\begin{aligned}\dot{e}_{fo} &= I_N \otimes (\Sigma\overline{A} - L_{o1}\overline{C})e_{fo} + \left(I_N \otimes \Sigma\right)\Delta\overline{f} + \left(I_N \otimes \Sigma\overline{D}\right) \otimes \overline{\Delta} \\ \dot{e}_x &= \left(I_N \otimes A - c_o L_1 \otimes BK_o C\right)e_x + \left(F\left(x,t\right) - F\left(x_0,t\right)\right) \\ &\quad - \left(I_N \otimes \Psi_2\right)e_{fo} + \left(I_N \otimes D_2\right)\overline{\Delta} - \left(I_N \otimes BN_2 C\right)\Delta\overline{f} \\ \eta_o &= \left(I_N \otimes C_{fo}\right)e_{fo} + \left(I_N \otimes C_{xo}\right)e_x\end{aligned} \tag{8.105}$$

因此，这一部分的目的即为将通过 H_∞ 优化同时降低综合扰动和故障导数 $\overline{\Delta}$ 对故障估计误差 e_{fo} 和状态跟踪误差 e_x 的影响，得到控制器增益矩阵 K_o 和观测器增益矩阵 H_o、L_{o1}，实现故障诊断模块与容错控制模块的一体化设计。

定理 8.5　对于多无人机系统式(8.49)和式(8.50)，考虑系统状态未知的情况，

在假设 8.5～假设 8.7 成立的情况下，若状态观测器设计如式(8.89)所示，容错控制器设计如式(8.94)、式(8.95)、式(8.98)所示，那么多无人机的闭环增广系统(8.105)的误差变量满足式(8.88)所示的性能指标函数，当对于给定正常数 ϵ_{o1}、ϵ_{o2}、ϵ_{o3}、γ_o，存在正定矩阵 $P_2 \in \mathbf{R}^{n\times n}$、$Q_{o1} \in \mathbf{R}^{n\times n}$、$Q_{o2} \in \mathbf{R}^{q\times q}$ 和矩阵 $R_{o1} \in \mathbf{R}^{n\times p}$、$R_{o2} \in \mathbf{R}^{n\times p}$、$R_{o3} \in \mathbf{R}^{q\times p}$、$R_{o4} \in \mathbf{R}^{q\times p}$ 使得

$$\operatorname{rank}(C) = \operatorname{rank}\begin{bmatrix} C \\ B^{\mathrm{T}} P_2^{-1} \end{bmatrix} \tag{8.106}$$

$$\begin{bmatrix} \Pi_1 & \Pi_2 \\ * & \Pi_3 \end{bmatrix} < 0 \tag{8.107}$$

式中

$$\Pi_1 = \begin{bmatrix} \Sigma_{11} & \Sigma_{12} \\ * & \Sigma_{22} \end{bmatrix}, \quad \Pi_2 = \begin{bmatrix} \Sigma_{13} & \Sigma_{14} & 0 & \Sigma_{16} & 0 \\ \Sigma_{23} & \Sigma_{24} & \Sigma_{25} & 0 & \Sigma_{26} \end{bmatrix}$$

$$\Pi_3 = -\operatorname{diag}\left\{\gamma_o^2 I, I, \epsilon_{o1} I, \left(\epsilon_{o2} L_f^2\right)^{-1} I, \left(\epsilon_{o3} L_f^2\right)^{-1} I\right\}$$

$$\Xi_{11} = AP_2 + P_2 A^{\mathrm{T}} + \epsilon_{o2}^{-1} I - \zeta_o BB^{\mathrm{T}} + \epsilon_{o3}^{-1} BN_2 C\left(BN_2 C\right)^{\mathrm{T}}$$

$$\Xi_{12} = \left[-BN_2 CA, \Theta_2 F\right], \quad \Xi_{13} = \left[\Theta_2 D, 0\right], \quad \Xi_{14} = P_2 C_{xo}^{\mathrm{T}}$$

$$\Xi_{16} = P_2, \quad \Xi_{22} = \begin{bmatrix} \bar{\Xi}_{11} & \bar{\Xi}_{12} \\ * & \bar{\Xi}_{22} \end{bmatrix}, \quad \bar{\Xi}_{22} = -He\left(R_{o3} CF\right)$$

$$\bar{\Xi}_{11} = He\left(Q_{o1} A - R_{o1} CA - R_{o2} C\right) + \epsilon_{o1} L_f^2 I_n$$

$$\bar{\Xi}_{12} = Q_{o1} F - R_{o1} CF - A^{\mathrm{T}} C^{\mathrm{T}} R_{o3}^{\mathrm{T}} - C^{\mathrm{T}} R_{o4}^{\mathrm{T}}$$

$$\Xi_{23} = \begin{bmatrix} Q_{o1} D - R_{o1} CD & 0 \\ -R_{o3} CD & Q_{o2} \end{bmatrix}, \quad \Xi_{24} = \begin{bmatrix} C_{fox}^{\mathrm{T}} \\ C_{fofa}^{\mathrm{T}} \end{bmatrix}$$

$$\Xi_{25} = \begin{bmatrix} Q_{o1} - R_{o1} C & 0 \\ -R_{o3} C & Q_{o2} \end{bmatrix}, \quad \Xi_{26} = \begin{bmatrix} I \\ 0 \end{bmatrix}$$

那么故障估计器与容错控制器中的未知增益参数可以通过式(8.108)进行求解：

$$\begin{aligned} &K_o C = B^{\mathrm{T}} \bar{P}_o^{-1}, \quad H_{o1} = Q_{o1}^{-1} R_{o1}, \quad H_{o2} = Q_{o2}^{-1} R_{o3} \\ &L_{o11} = Q_{o1}^{-1} R_{o2}, \quad L_{o12} = Q_{o2}^{-1} R_{o4} \end{aligned} \tag{8.108}$$

且 $c_o > \dfrac{\zeta_o}{2\lambda_{\min}(H)}$。

证明　选取关于故障观测误差的 Lyapunov 方程 $V_{o1}=e_{fo}^{\mathrm{T}}\left(I_N\otimes Q_o\right)e_{fo}$。根据假设 8.3，对于标量 $\epsilon_{o1}>0$，可以得到

$$2e_{foi}^{\mathrm{T}}\left(Q_o\Sigma\right)\Delta\overline{f}_i\leqslant\epsilon_{o1}^{-1}e_{foi}^{\mathrm{T}}Q_o\Sigma\Sigma^{\mathrm{T}}Q_oe_{foi}+\epsilon_{o1}L_f^2\left\|S_1e_{foi}\right\|^2\tag{8.109}$$

定义 $e_{fo}=(U\otimes I_{n+q})\tilde{e}_{fo}$，那么对 V_{o1} 求导可以得到

$$\begin{aligned}\dot{V}_{o1}&=e_{fo}^{\mathrm{T}}\left\{I_N\otimes He\left[Q_o\left(\Sigma\overline{A}-L_{o1}\overline{C}\right)\right]\right\}e_{fo}+2e_{fo}^{\mathrm{T}}\left[I_N\otimes\left(Q_o\Sigma\overline{D}\right)\right]\overline{\varDelta}\\&\quad+2e_{fo}^{\mathrm{T}}\left[I_N\otimes\left(Q_o\Sigma\right)\right]\Delta\overline{f}\\&\leqslant\tilde{e}_{fo}^{\mathrm{T}}\Big[I_N\otimes\Big(He\left(Q_o\left(\Sigma\overline{A}-L_{o1}\overline{C}\right)\right)+\epsilon_{o1}^{-1}Q_o\Sigma\Sigma^{\mathrm{T}}Q_o\\&\quad+\epsilon_{o1}L_f^2S_1^{\mathrm{T}}S_1I_{n+q}\Big)\Big]\tilde{e}_{fo}+2\tilde{e}_{fo}^{\mathrm{T}}\left[I_N\otimes\left(Q_o\Sigma\overline{D}\right)\right]\tilde{\overline{\varDelta}}\end{aligned}\tag{8.110}$$

考虑关于状态跟踪误差的 Lyapunov 函数 $V_{o2}=e_x^{\mathrm{T}}\left(I_N\otimes Q_o\right)e_x$，根据假设 8.3 中关于 $f\left(x_i,t\right)$ 的 Lipschitz 假设，可以得到

$$2e_{xi}^{\mathrm{T}}P_o\left(f\left(x_i,t\right)-f\left(x_N,t\right)\right)\leqslant\epsilon_{o2}^{-1}e_{xi}^{\mathrm{T}}P_oP_oe_{xi}+\epsilon_{o2}L_f^2\left\|e_{xi}\right\|^2\tag{8.111}$$

$$-2e_{xi}^{\mathrm{T}}\left(P_oBN_2C\right)\Delta\overline{f}_i\leqslant\epsilon_{o3}L_f^2\left\|S_1e_{foi}\right\|^2+\epsilon_{o3}^{-1}e_{xi}^{\mathrm{T}}P_oBN_2C\left(BN_2C\right)^{\mathrm{T}}P_oe_{xi}\tag{8.112}$$

式中，ϵ_{o2}、ϵ_{o3} 是正数。考虑等式 $K_oC=B^{\mathrm{T}}P_o$，可以得到

$$\begin{aligned}\dot{V}_{o2}&=e_x^{\mathrm{T}}\left[I_N\otimes He\left(P_oA\right)-c_oH\otimes He\left(P_oBK_oC\right)\right]e_x\\&\quad+2e_x^{\mathrm{T}}\left(I_N\otimes P_o\right)\left(F\left(x,t\right)-F\left(x_0,t\right)\right)+2e_x^{\mathrm{T}}\left(I_N\otimes P_o\Psi_2\right)e_{fo}\\&\quad+2e_x^{\mathrm{T}}\left(I_N\otimes P_oD_2\right)\overline{\varDelta}-2e_x^{\mathrm{T}}\left(I_NP_oBN_2C\right)\Delta\overline{f}\\&\leqslant e_x^{\mathrm{T}}\left[I_N\otimes He\left(P_oA\right)-2c_oH\otimes\left(P_oBB^{\mathrm{T}}P_o\right)\right]e_x\\&\quad+e_x^{\mathrm{T}}\left[I_N\otimes\left(\epsilon_{o2}^{-1}P_oP_o+\epsilon_{o2}L_f^2I\right)\right]e_x+2e_x^{\mathrm{T}}\left(I_N\otimes P_o\Psi_2\right)e_{fo}\\&\quad+2e_x^{\mathrm{T}}\left(I_N\otimes P_oD_2\right)\overline{\varDelta}+e_{fo}^{\mathrm{T}}\left(I_N\otimes\epsilon_{o3}L_f^2S_1^{\mathrm{T}}S_1I_{n+q}\right)e_{fo}\\&\quad+e_x^{\mathrm{T}}\left[I_N\otimes\epsilon_{o3}^{-1}P_oBN_2C\left(BN_2C\right)^{\mathrm{T}}P_o\right]e_x\\&\leqslant\tilde{e}_x^{\mathrm{T}}\Big\{I_N\otimes\Big(He\left(P_oA\right)+\epsilon_{o2}^{-1}P_oP_o+\epsilon_{o2}L_f^2I-2c_o\lambda_i\left(P_oBB^{\mathrm{T}}P_o\right)\\&\quad+\epsilon_{o3}^{-1}P_oBN_2C\left(BN_2C\right)^{\mathrm{T}}P_o\Big]\Big\}\tilde{e}_x+2\tilde{e}_x^{\mathrm{T}}\left(I_N\otimes P_o\Psi_2\right)\tilde{e}_{fo}\\&\quad+2\tilde{e}_x^{\mathrm{T}}\left(I_N\otimes P_oD_2\right)\tilde{\overline{\varDelta}}+\tilde{e}_{fo}^{\mathrm{T}}\left(I_N\otimes\epsilon_{o3}L_f^2S_1^{\mathrm{T}}S_1I_{n+q}\right)\tilde{e}_{fo}\end{aligned}\tag{8.113}$$

控制目标，即不等式(8.88)可以表示为

$$J_o = \int_0^{\infty}\left(\eta_o^{\mathrm{T}}\eta_o - \gamma_o^2\overline{\varDelta}^{\mathrm{T}}\overline{\varDelta}\right)\mathrm{d}t < 0 \tag{8.114}$$

在零初始条件的情况下，可以得到

$$\begin{aligned} J_o &= \int_0^{\infty}(\eta_o^{\mathrm{T}}\eta_o - \gamma_o^2\overline{\varDelta}^{\mathrm{T}}\overline{\varDelta} + \dot{V}_{o1} + \dot{V}_{o2})\mathrm{d}t - \int_0^{\infty}(\dot{V}_{o1} + \dot{V}_{o2})\mathrm{d}t \\ &\leqslant \int_0^{\infty}(\eta_o^{\mathrm{T}}\eta_o - \gamma_o^2\overline{\varDelta}^{\mathrm{T}}\overline{\varDelta} + \dot{V}_{o1} + \dot{V}_{o2})\mathrm{d}t \end{aligned} \tag{8.115}$$

考虑式(8.115)的充分条件：

$$J_{o1} = \eta_o^{\mathrm{T}}\eta_o - \gamma_o^2\overline{\varDelta}^{\mathrm{T}}\overline{\varDelta} + \dot{V}_{o1} + \dot{V}_{o2} < 0 \tag{8.116}$$

将式(8.110)和式(8.113)代入式(8.116)中，对于 $2c_o\lambda_{\min}(H) > \zeta_o$，得到

$$J_{o1} = \sum_{i=1}^{N-1}\begin{bmatrix}\tilde{e}_{xi} \\ \tilde{e}_{foi} \\ \tilde{\overline{\varDelta}}_i\end{bmatrix}^{\mathrm{T}}\begin{bmatrix}\overline{J}_{11} & \overline{J}_{12} & \overline{J}_{13} \\ * & \overline{J}_{22} & \overline{J}_{23} \\ * & * & -\gamma_o^2 I\end{bmatrix}\begin{bmatrix}\tilde{e}_{xi} \\ \tilde{e}_{foi} \\ \tilde{\overline{\varDelta}}_i\end{bmatrix} < 0 \tag{8.117}$$

式中，$\overline{J}_{11} = He(P_oA) + \epsilon_{o2}^{-1}P_oP_o + \epsilon_{o2}L_f^2I + C_{xo}^{\mathrm{T}}C_{xo} - \zeta_oP_oBB^{\mathrm{T}}P_o + \epsilon_{o3}^{-1}P_oBN_2C(BN_2C)^{\mathrm{T}}P_o$；$\overline{J}_{22} = He\left[Q_o(\Sigma\overline{A} - L_{o1}\overline{C})\right] + \epsilon_{o1}^{-1}Q_o\Sigma\Sigma^{\mathrm{T}}Q_o + (\epsilon_{o1} + \epsilon_{o3})L_f^2S_1^{\mathrm{T}}S_1I_{n+q} + C_{fo}^{\mathrm{T}}C_{fo}$；$\overline{J}_{13} = P_oD_2$；$\overline{J}_{12} = P_o\varPsi_2 + C_{xo}^{\mathrm{T}}C_{fo}$；$\overline{J}_{23} = Q_o\Sigma\overline{D}$。

定义 $\overline{P}_o = P_o^{-1}$。在式(8.117)两边分别左乘和右乘 $\mathrm{diag}\{P_0, I, I\}$，可以得到

$$\begin{bmatrix}\overline{J}'_{11} & \overline{J}'_{12} & \overline{J}'_{13} \\ * & \overline{J}'_{22} & \overline{J}'_{23} \\ * & * & -\gamma_o^2 I\end{bmatrix} < 0 \tag{8.118}$$

式中，$\overline{J}'_{11} = He(A\overline{P}_o) + \epsilon_{o2}^{-1}I + \epsilon_{o2}L_f^2\overline{P}_o\overline{P}_o + \overline{P}_oC_{xo}^{\mathrm{T}}C_{xo}\overline{P}_o - \zeta_oBB^{\mathrm{T}} + \epsilon_{o3}^{-1}BN_2C(BN_2C)^{\mathrm{T}}$；$\overline{J}'_{12} = \varPsi_2 + \overline{P}_oC_{xo}^{\mathrm{T}}C_{fo}$；$\overline{J}'_{13} = D_2$。

进一步定义

$$Q_o = \begin{bmatrix}Q_{o1} & 0 \\ 0 & Q_{o2}\end{bmatrix},\quad L_{o1} = \begin{bmatrix}L_{o11} \\ L_{o12}\end{bmatrix},\quad H_o = \begin{bmatrix}H_{o1} \\ H_{o2}\end{bmatrix} \tag{8.119}$$

以及 $R_{o1} = Q_{o1}H_{o1}, R_{o2} = Q_{o1}L_{o11}, R_{o3} = Q_{o2}H_{o2}, R_{o4} = Q_{o2}L_{o12}$。根据 Schur 补定理，式(8.119)可以转换为式(8.107)。定理 8.5 得证。

从定理 8.5 可以看出，本节考虑系统状态不可测的情况，首先设计带有未知参数的故障检测观测器与编队容错控制器，然后采用 H_∞ 优化算法同时求解观测器与编队控制器的矩阵参数，实现故障诊断与编队容错控制的一体化设计，将综

合扰动与故障导数对故障估计精度和控制精度的影响限制在可调节的容许范围内，有效解决故障诊断模块与容错控制模块的双向交互问题。

4. 仿真验证

1) 仿真环境

仿真试验在 Windows 10 操作系统中，基于 MATLAB 2014a 仿真环境实现，仿真步长为 0.01s，计算机配置：CPU 为 Intel Core i5-2450M 2.5GHz，8GB 内存。

2) 仿真参数

为了验证所提算法的有效性，考虑一组 5 架无人机，其通信拓扑图与图 8.2 一致。无人机的纵向动力学线性化模型中状态方程与式(8.84)中状态方程一致，输出方程修改为 $y_i=\begin{bmatrix}1&0&0\\0&1&0\\0&0&1\end{bmatrix}\begin{bmatrix}x_{i1}\\x_{i2}\\x_{i3}\end{bmatrix}$ $(i=1,2,3,4)$，其余参数不变。将编队内各无人机的执行器故障 $u_i^F(t)$ 设置为

$$u_1^F=\begin{cases}1, & 0<t\leqslant 8\\0.5\sin t, & 8<t\leqslant 14\\0.6, & 14<t\leqslant 20\end{cases},\quad u_2^F=\begin{cases}0.8, & 0<t\leqslant 4\\0.4, & 4<t\leqslant 20\end{cases} \tag{8.120}$$

$$u_3^F=0,\quad u_4^F=0$$

假设各无人机受到的综合扰动为

$$\begin{aligned}&\Delta_1=0.3\cos(0.5t),\quad \Delta_2=0.1\cos(0.3t)\\&\Delta_3=0.2\cos(0.1t),\quad \Delta_4=0.3\cos(0.5t)\end{aligned} \tag{8.121}$$

令 $C_{xo}=I_3$，$C_{fo}=[1,0,0;0,1,0;0,0,1;0,0,1]$，$\epsilon_{o1}=0.01$，$\epsilon_{o2}=10$，$\epsilon_{o3}=10$，$Y_2=[0.5,0.5,0.5]^{\mathrm{T}}$ 以及 $\gamma_o=0.4$。采用 MATLAB LMI 工具包求解式(8.107)，得到如下可行解：

$$K_o=[-0.9260,-1.6309,1.7818],\quad \varsigma_o=6.8408$$

$$H_{o1}=\begin{bmatrix}1&0&0\\0&1&0\\-1&-1&1\end{bmatrix},\quad H_{o2}=[-2.0687,-2.0693,2.0687]$$

$$L_{o1}=\begin{bmatrix}1.4025&-0.0300&0.2945\\-0.0300&1.4025&0.2945\\-1.0573&-1.0573&1.3296\end{bmatrix},\quad L_{o2}=[-2.0687,-2.0693,2.0687]$$

因此，式(8.95)与式(8.89)中的控制器与观测器增益选取为

$$c_o = 20,\quad M_o = \begin{bmatrix} -1.6970 & -0.2645 & -0.2945 & 0 \\ -0.2645 & -1.6971 & -0.2945 & 0 \\ -0.2722 & -0.2722 & -1.3296 & 0 \\ 7.4791 & 7.4890 & 1.6911 & -13.7980 \end{bmatrix}$$

$$H_o = \begin{bmatrix} 1 & 0 & 0 \\ 0 & 1 & 0 \\ -1 & -1 & 1 \\ -2.0687 & -2.0693 & 2.0687 \end{bmatrix},\quad N_o = \begin{bmatrix} 0 & 0 & 0 & 0 \\ 0 & 0 & 0 & 0 \\ 0 & 0 & 0 & 0 \\ 0 & 0.0006 & -2.0687 & 1 \end{bmatrix}$$

$$L_o = \begin{bmatrix} 0 & 0 & 0 \\ 0 & 0 & 0 \\ 0 & 0 & 0 \\ 14.7422 & 14.7621 & -14.7533 \end{bmatrix},\quad G_o = \begin{bmatrix} 0 & 0 & 0 & -13.7980 \end{bmatrix}$$

式(8.99)中的自适应增益参数选取为

$$\varpi_{85i} = 5,\quad \kappa_{85i} = 2,\quad \bar{\varepsilon}_{85i} = 1$$

设置仿真实验中第 i 架 Follower 无人机系统的初始状态为 $x(0) = [0,0,0]^{\mathrm{T}}$，$i = 1,2,3,4$，Leader 无人机的初始状态设置为 $x_0(0) = [0,0,0]^{\mathrm{T}}$。

3) 仿真结果

图 8.21 和图 8.22 分别给出了第 1 架和第 2 架无人机受到的执行器故障及故障估计曲线，表明所提出的故障观测器可以实现对故障的有效估计。

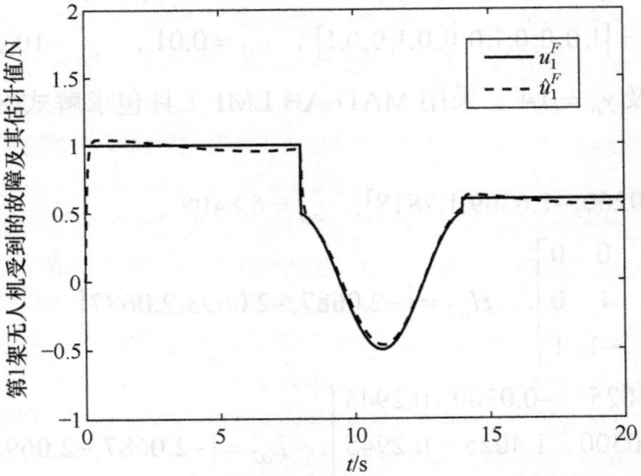

图 8.21　第 1 架无人机受到的执行器故障及故障估计曲线 2

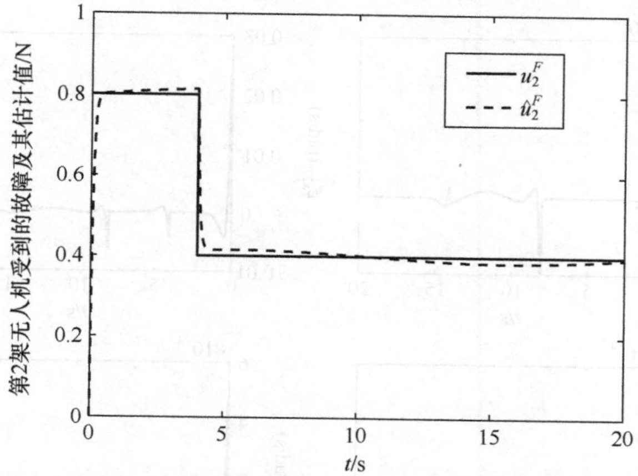

图 8.22　第 2 架无人机受到的执行器故障及故障估计曲线 2

图 8.23～图 8.25 分别给出了 4 架 Follower 无人机状态跟踪误差三个分量的变化曲线 e_{xi1}、e_{xi2}、$e_{xi3}(i=1,2,3,4)$。可以看出在本节设计的控制器的作用下，仅利用输出信息，各架 Follower 无人机的状态依然可以有效跟踪上 Leader 无人机的状态。

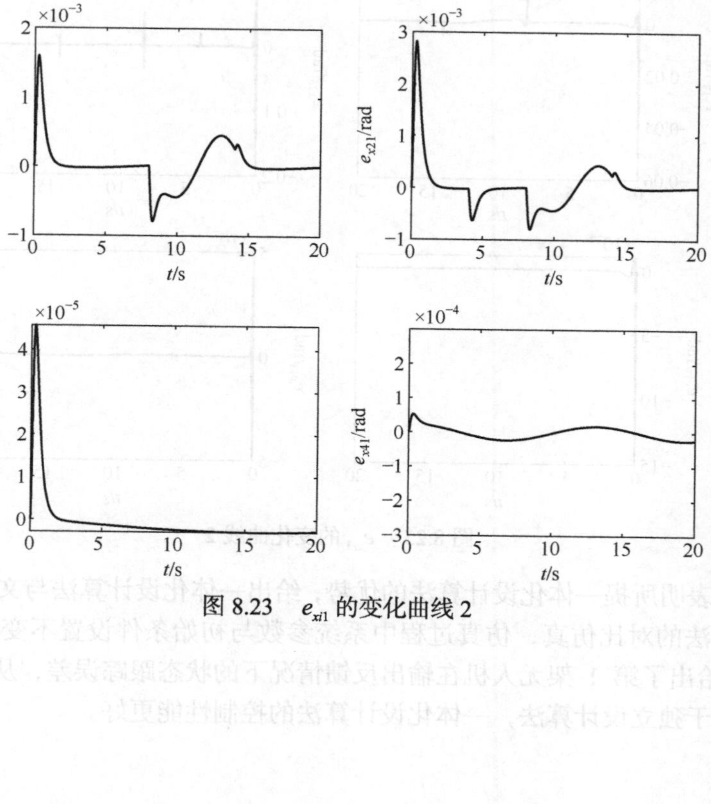

图 8.23　e_{xi1} 的变化曲线 2

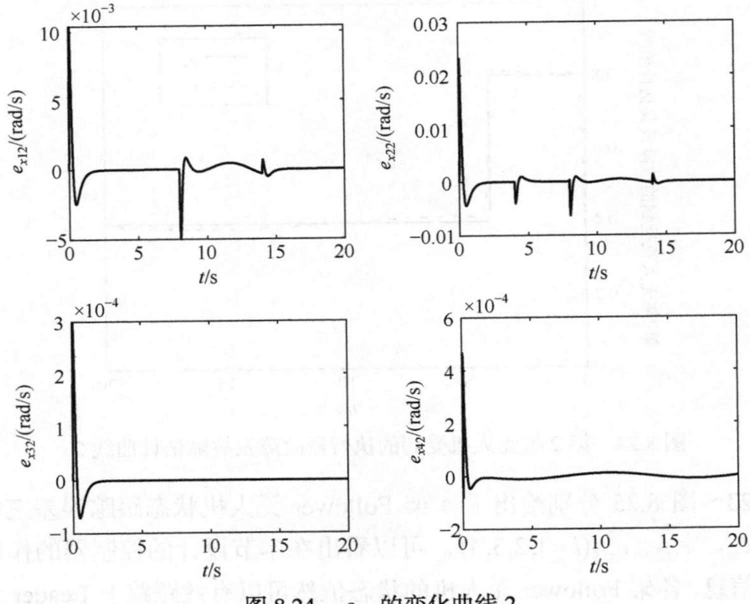

图 8.24　e_{xi2} 的变化曲线 2

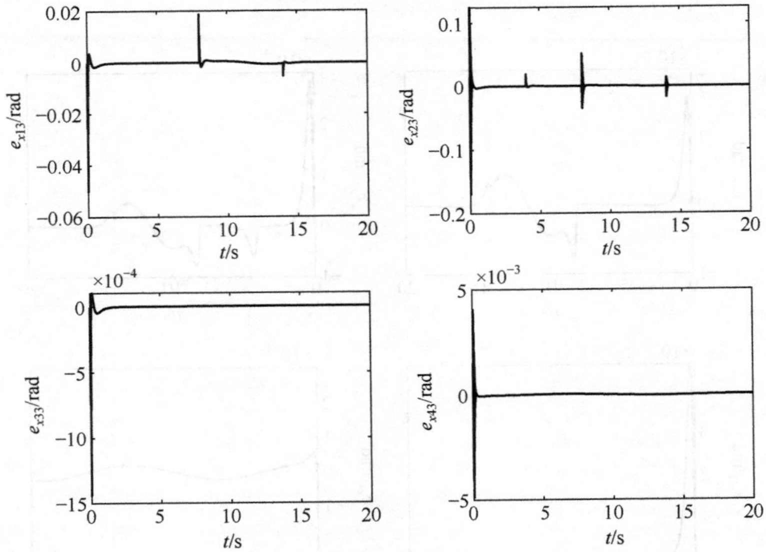

图 8.25　e_{xi3} 的变化曲线 2

为了表明所提一体化设计算法的优势，给出一体化设计算法与文献[9]中的独立设计算法的对比仿真，仿真过程中系统参数与初始条件设置不变。图 8.26～图 8.28 给出了第 1 架无人机在输出反馈情况下的状态跟踪误差，从图中可以看出，相比于独立设计算法，一体化设计算法的控制性能更好。

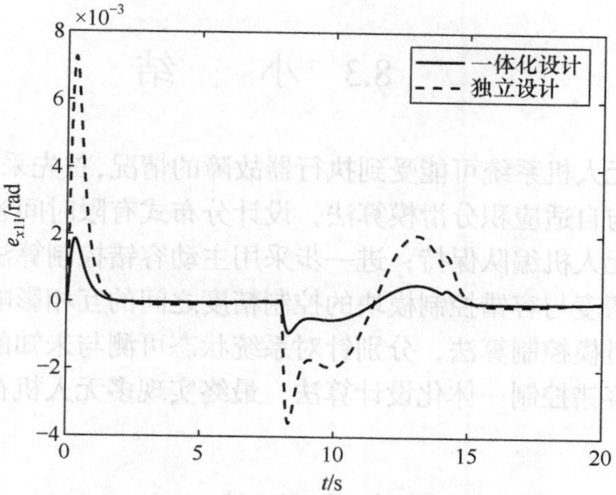

图 8.26　对比仿真中 e_{x11} 的变化曲线 2

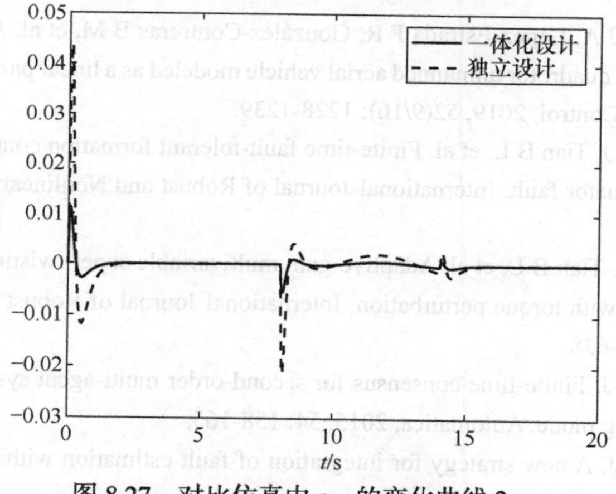

图 8.27　对比仿真中 e_{x12} 的变化曲线 2

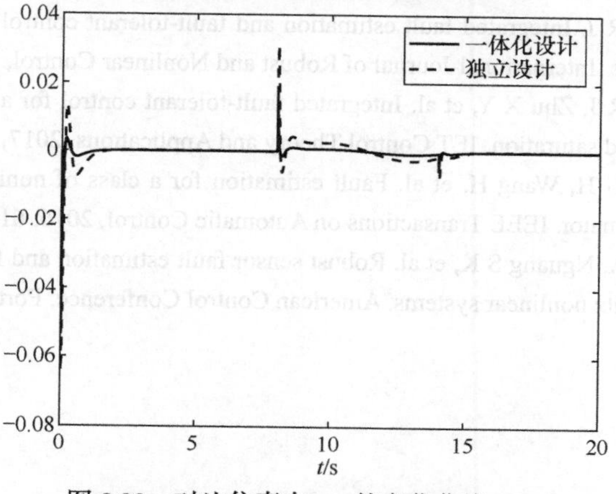

图 8.28　对比仿真中 e_{x13} 的变化曲线 2

8.3 小　　结

本章考虑多无人机系统可能受到执行器故障的情况，首先采用被动容错算法，基于一致性理论与自适应积分滑模算法，设计分布式有限时间容错控制器，实现故障条件下的多无人机编队保持；进一步采用主动容错控制算法，考虑故障诊断模块的故障估计精度与容错控制模块的控制精度之间的互相影响，基于未知输入观测器和自适应滑模控制算法，分别针对系统状态可测与未知的情况，提出多无人机故障诊断与容错控制一体化设计算法，最终实现多无人机在故障情况下的稳定跟踪控制。

参 考 文 献

[1] Guzmán-Rabasa J A, López-Estrada F R, González-Contreras B M, et al. Actuator fault detection and isolation on a quadrotor unmanned aerial vehicle modeled as a linear parameter-varying system. Measurement & Control, 2019, 52(9/10): 1228-1239.

[2] Zhao X Y, Zong Q, Tian B L, et al. Finite-time fault-tolerant formation control for multi-quadrotor systems with actuator fault. International Journal of Robust and Nonlinear Control, 2018, 28(17): 5386-5405.

[3] Dong Q, Zong Q, Tian B L, et al. Adaptive-gain multivariable super-twisting sliding mode control for reentry RLV with torque perturbation. International Journal of Robust and Nonlinear Control, 2017, 27(4): 620-638.

[4] Yu S H, Long X J. Finite-time consensus for second-order multi-agent systems with disturbances by integral sliding mode. Automatica, 2015, 54: 158-165.

[5] Lan J, Patton R J. A new strategy for integration of fault estimation within fault-tolerant control. Automatica, 2016, 69: 48-59.

[6] Lan J L, Patton R J. Integrated fault estimation and fault-tolerant control for uncertain Lipschitz nonlinear systems. International Journal of Robust and Nonlinear Control, 2017, 27(5): 761-780.

[7] Lan J L, Patton R J, Zhu X Y, et al. Integrated fault-tolerant control for a 3-DOF helicopter with actuator faults and saturation. IET Control Theory and Applications, 2017, 11(14): 2232-2241.

[8] Zhu J W, Yang G H, Wang H, et al. Fault estimation for a class of nonlinear systems based on intermediate estimator. IEEE Transactions on Automatic Control, 2016, 61(9): 2518-2524.

[9] Zhang J, Swain A, Nguang S K, et al. Robust sensor fault estimation and fault-tolerant control for uncertain Lipschitz nonlinear systems. American Control Conference, Portland, 2014: 5515-5520.

第 9 章　多无人机通信网络优化

多无人机通信网络优化是指根据信息传输需求，合理优化无人机与无人机、无人机与地面站的网络拓扑，提高通信性能。由于网络优化结果影响无人机通信质量，因此开展与其相关的研究具有十分重要的理论意义及工程价值。网络优化包括集群分簇和路由选择两部分。随着执行任务无人机数量的增多，无人机集群的通信网络管理愈发困难，而且无人机的快速移动造成通信网络拓扑频繁更新、通信链路不稳定，进一步增加了集群无人机通信网络管理的难度。此时集群分簇以其分层管理的特点成为解决该问题的有效手段。因此，本章首先针对集群无人机通信网络管理问题，采用联盟博弈算法对无人机集群进行分簇，将无人机网络分成多个相连的区域，每个区域选出一架无人机作为簇头，实现网络分层。完成集群分簇后，各簇头无人机收集簇内信息传送给地面站。受到任务区域的限制，部分簇头无人机可能与地面站相距较远，造成直传链路信号衰减严重、通信距离和速率受限等问题，此时路由选择是解决远距离簇头无人机与地面站信息传输的有效手段。然后本章针对簇头无人机远距离信息传输问题，采用网络形成博弈算法为每架簇头无人机规划到地面站的信息传输路径，完成簇头无人机的路由选择，实现远距离信息传输。

本章的主要内容安排如下：9.1 节针对集群无人机通信网络管理问题，设计基于联盟博弈的无人机集群分簇算法，实现网络分层管理；9.2 节考虑簇头无人机到地面站远距离信息传输需求，设计基于网络形成博弈的多无人机路由选择算法，实现远距离信息传输；9.3 节给出本章小结。

9.1　基于联盟博弈的无人机集群分簇

由于集群分簇具备分层管理的特点，因此可以有效解决大规模网络管理困难的问题，提高网络的稳定性，并在近年来受到国内外学者的广泛关注[1]。通过集群分簇，无人机被分为簇头和簇成员两种角色，簇头无人机负责管理簇内无人机成员，寻找到地面站的路由，并完成资源分配。集群无人机的分簇过程与联盟博弈类似，联盟博弈是指决策者以同盟、合作的方式与其他决策者形成稳定联盟的过程，因此本节采用联盟博弈算法解决无人机集群分簇问题。下面首先给出无人机集群分簇问题描述，然后为无人机集群分簇问题建立联盟博弈模型，最后设计求解策略。

9.1.1　问题描述

1. 通信场景

考虑集群内存在 N 架无人机执行 M 个任务，令 $\mathcal{N}=\{1,2,\cdots,N\}$ 表示无人机集合，O_m 表示执行第 m 个任务的无人机集合。为了便于通信网络管理，集群内所有无人机会形成 K 个簇，令 $\mathcal{K}=\{1,2,\cdots,K\}$ 表示簇的集合，C_k 表示第 k 个簇包含的无人机集合。一方面，考虑到簇间通信效率比簇内低，簇的数量过多时会产生较高时延；另一方面，执行同一任务的无人机更需要频繁交互任务信息，因此如何综合考虑集群无人机的通信效率和执行任务属性，得到最优分簇结果，完成通信网络管理是需要解决的难点问题。图 9.1 为无人机集群分簇示意图，为了减少簇的数量，提高通信效率，距离较近的执行任务 1 和任务 2 的无人机被划分在一簇，如图 9.1 中的簇 C_1，而簇 C_2、簇 C_K 都是将执行同一任务的无人机划分为一簇。

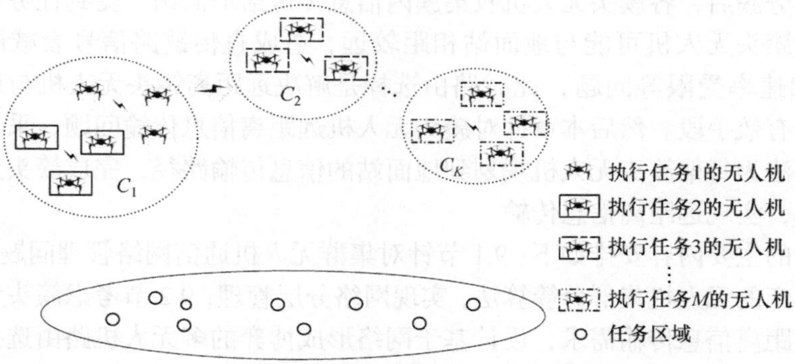

图 9.1　无人机集群分簇示意图

下面给出无人机集群分簇问题的数学描述，包括约束条件、性能指标和优化模型三部分。

2. 约束条件

1) 簇内无人机数量约束

由于通信资源有限，为保证簇内通信的有效进行，单个簇内的无人机数量不宜过多，否则会影响通信效果。例如，在时分多址系统中，无人机数量越多，每架无人机可用时间资源越短，其可传输的信息量也越少。因此，需要对簇内无人机数量进行约束，如式(9.1)所示：

$$n_k \leqslant n_{\max}, \quad \forall k \in \mathcal{K} \tag{9.1}$$

式中，n_k 表示第 k 个簇中的无人机数量；$n_{\max}$ 表示单个簇可允许的无人机最大数量。

2) 簇的直径约束

簇的直径是指簇内任意两架无人机之间采用最短路径连接时通过的无人机数目的最大值。需要注意的是，最短路径内无人机数目越多，相应的通信时延和成本也就越高。为了降低通信时延和成本，需要对单个簇的直径进行约束，如式(9.2)所示：

$$\omega_k \leqslant \omega_{\max}, \quad \forall k \in \mathcal{K} \tag{9.2}$$

式中，ω_k 表示第 k 个簇的直径；$\omega_{\max}$ 表示单个簇可允许的最大直径，一般 $\omega_{\max}=2$。

3. 性能指标

地面站完成任务决策后，会分别指派不同组无人机执行相应的任务。考虑到执行同一任务的多架无人机会频繁地交互任务信息，因此一种可行的无人机集群分簇方式是将执行同一任务的无人机划分为一簇。然而，当执行同一任务的无人机数量较少时，容易导致无人机簇数量过多，造成无人机通信效率降低[2]。为了控制簇的数量，提高通信性能，本节综合考虑无人机的通信效率和任务属性，建立如式(9.3)所示的性能指标：

$$F(C_k) = f_1(C_k)\cdot\varepsilon + f_2(C_k)\cdot(1-\varepsilon), \quad \forall k \in \mathcal{K} \tag{9.3}$$

式中，$f_1(C_k)$ 与无人机的通信效率相关，$f_2(C_k)$ 与无人机的任务属性相关，$\varepsilon \in [0,1]$ 是权衡因子，$\varepsilon = 1$ 时表明以最大化通信效率为目标进行分簇，不考虑各无人机所执行的任务属性；$\varepsilon = 0$ 时表明仅将执行同一任务的无人机划分为一簇。下面分别给出 $f_1(C_k)$ 和 $f_2(C_k)$ 的具体形式。

首先，给出 $f_1(C_k)$ 的具体形式，其与无人机的通信效率相关。由于簇间通信比簇内通信效率低，簇的数量太多会产生较高的时延，且无人机动态移动造成簇的结构需要频繁更新，为了减少簇的数量，提高网络的稳定性，$f_1(C_k)$ 定义如式(9.4)所示：

$$f_1(C_k) = \frac{(n_k)^2}{(n_{\max})^2} \cdot \min_{(i,j)\in\mathcal{E}_k} P_{i,j}^L \tag{9.4}$$

式中，n_k 为簇 C_k 中无人机数量；$\mathcal{E}_k$ 为簇 C_k 中任意两架无人机直传通信链路的集合；$P_{i,j}^L$ 为簇 C_k 中无人机 i 与其邻机 j 之间预测的链路生存概率，链路生存概率是指无人机之间链路生存的可能性，引入此项的目的是提高网络的稳定性。

下面给出无人机间链路生存概率的计算方式。假设无人机 i 与邻机 j 都处于动态移动的状态，为了便于描述，图 9.2 给出了无人机 i 与其邻机 j 的相对移动示意图[3]，无人机 i 处于位置 A，虚线表示无人机 i 的通信范围，其邻机 j 以相对速度 $v_{i,j}$ 从位置 B 向位置 D 移动。网络中每架无人机周期性地广播“Hello”消息进行邻机交互，无人机 j 在位置 B 和位置 C 分别接收来自无人机 i 的“Hello”消息，由于两个连续的“Hello”消息时间间隔很小，因此假设在单个时间间隔内无人机的相对移动速度和移动方向保持不变，根据接收信号计算出无人机 i 与无人机 j 的相对移动速度 $v_{i,j}$ 以及位置 C 与位置 D 的距离 $d_{C,D}$，得到无人机 i 与无人机 j 间的链路生存概率如式(9.5)所示：

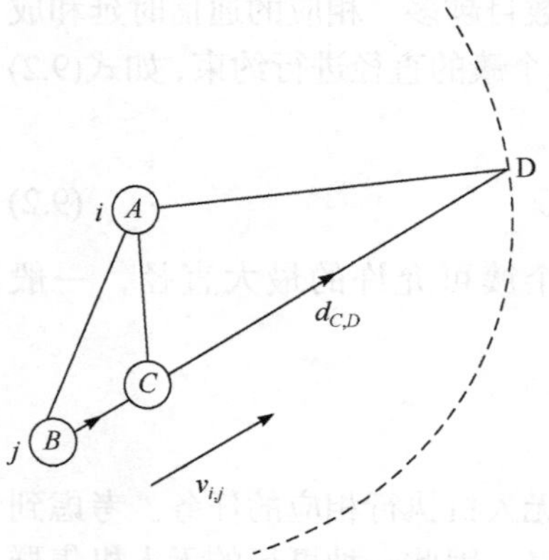

图 9.2　无人机 i 与其邻机 j 相对移动示意图

$$P_{i,j}^{L}=\begin{cases}\dfrac{d_{C,D}}{v_{i,j}T_{\text{th}}}, & \dfrac{d_{C,D}}{v_{i,j}}<T_{\text{th}}\\ 1, & \dfrac{d_{C,D}}{v_{i,j}}\geqslant T_{\text{th}}\end{cases} \tag{9.5}$$

式中，T_{th} 为链路生存时间的阈值，当无人机 i 与无人机 j 的移动速度和方向十分接近时，相对移动速度 $v_{i,j}$ 趋近于 0，那么链路生存概率接近 1。

其次，给出 $f_2(C_k)$ 的具体形式，其与无人机的任务属性相关。考虑到执行同一任务的无人机需要频繁地交互任务信息，因此将执行同一任务的无人机尽可能划分在一簇。定义 $f_2(C_k)$ 如式(9.6)所示：

$$f_2(C_k)=\frac{1}{M}\sum_{m\in\mathcal{I}(C_k)}\frac{\left(\tilde{n}_k^m\right)^2}{\left(\tilde{n}_m\right)^2} \tag{9.6}$$

式中，$\tilde{n}_m$ 表示执行第 m 个任务的整体无人机数量；$\tilde{n}_k^m$ 表示簇 C_k 中执行第 m 个任务的无人机数量；$\mathcal{I}(C_k)$ 表示簇 C_k 内无人机执行任务的编号。$f_2(C_k)$ 越大，表明同一簇内无人机所执行的任务数量越少，即执行同一任务的无人机尽可能划分在一簇。

4. 优化模型

根据上述约束条件式(9.1)和式(9.2)及性能指标(9.3)，建立集群分簇问题的优化模型如式(9.7)所示：

$$\max_{C_1,C_2,\cdots,C_K} \sum_{k=1}^{K} F(C_k) \tag{9.7}$$
$$\text{s.t.}\quad n_k \leqslant n_{\max},\quad \forall k \in \mathcal{K}$$
$$\omega_k \leqslant \omega_{\max},\quad \forall k \in \mathcal{K}$$

上述优化问题的目标是在满足簇内无人机数量和直径约束下，考虑无人机的通信效率和任务属性，找到合适的分簇结构，最大化网络整体性能。本节给出了无人机集群分簇的问题描述，接下来为上述优化问题建立联盟博弈模型。

9.1.2 联盟博弈模型

联盟博弈又称合作博弈，是指决策者以同盟、合作的方式与其他决策者形成稳定联盟的过程，其中博弈是指若干个理性决策者(rational decision-maker)通过复杂交互产生或好或坏结果的情况，通常用数学模型描述[4]，联盟是指所有理性决策者都具有合作意向，希望通过形成合作组织来产生较好的结果。因此，联盟博弈要解决的主要问题是如何形成恰当的合作组织以取得期望的结果[4]。后面将这些理性决策者称为博弈的参与者。

由上述定义可知，联盟博弈要解决的问题与无人机集群分簇问题一致。在无人机集群分簇问题中，联盟与簇等价，具有相同的含义，每个簇对应一个联盟，也就是说，无人机集群最终会形成多个不相交的联盟，这一结构称为联盟分区(或联盟结构)。定义 9.1 给出了无人机集群分簇问题中联盟分区的定义。

定义 9.1　在无人机集群分簇问题中，联盟分区定义为集合 $\Pi=\{C_1,\cdots,C_K\}$，其中 $C_k \subseteq \mathcal{N}$，$k\in[1,N]$，表示无人机集群形成的第 k 个不相交的联盟。集合 Π 中的联盟 C_k 满足 $\bigcup_{k=1}^{K} C_k = \mathcal{N}$ 以及 $C_k \cap C_{k'} = \varnothing$，$\forall k \neq k'$。

利用联盟博弈解决无人机集群分簇问题时，首先需要对待解决的无人机集群分簇问题(9.7)建立联盟博弈模型。联盟博弈包括两个要素，首先是需要形成联盟的参与者集合，其次是联盟收益，用来定量描述联盟的价值。联盟收益的定义至关重要，它决定了联盟博弈的性质，与要解决的问题紧密相关。根据上面对联盟博弈的介绍，联盟博弈模型可以用 $(\mathcal{N},u)$ 表示。下面给出无人机集群分簇问题中参与者集合 $\mathcal{N}$ 和联盟收益 u 的具体定义。

(1) 参与者集合 $\mathcal{N}$。将网络中 N 架无人机作为参与者，因此，无人机集群分簇问题的联盟博弈中参与者集合如式(9.8)所示：

$$\mathcal{N}=\{1,2,\cdots,N\} \tag{9.8}$$

(2) 联盟收益 u。为了判断某一联盟的好坏，根据上述集群分簇问题描述中约束条件式(9.1)和式(9.2)及性能指标(9.3)设置联盟收益 u 。当无人机形成的簇不满足约束条件式(9.1)和式(9.2)时，形成的联盟无效，将联盟收益设置为零；当满足约束条件式(9.1)和式(9.2)时，形成的联盟有效，联盟收益可以由式(9.3)表示。因此，无人机形成的簇对应的联盟收益如式(9.9)所示：

$$u(C_k)=\begin{cases}F(C_k), & n_k \leqslant n_{\max}, \omega_k \leqslant \omega_{\max} \\ 0, & \text{其他}\end{cases}, \quad \forall k \in \mathcal{K} \tag{9.9}$$

与非合作博弈中关注参与者的个体收益不同，联盟博弈更关注集体行为以及如何形成稳定的联盟结构以最大化所有联盟的总收益[4]，因此联盟博弈模型中不包括个体参与者的动作，只有参与者和联盟收益两个要素。下面给出联盟博弈最终目标的数学表达，如式(9.10)所示：

$$\max_{C_1, C_2, \cdots, C_K} \sum_{k=1}^{K} u(C_k), \quad C_k \subseteq \Pi_s \tag{9.10}$$

式中，Π_s 为最终形成的稳定联盟分区，即无人机集群最优分簇结果。

本节建立了无人机集群分簇问题的联盟博弈模型。9.1.3 节将介绍上述联盟博弈模型的求解策略，计算得到无人机集群分簇结果。在此基础上给出簇头选择策略，由簇头无人机管理簇内无人机成员，实现分层管理。

9.1.3　基于联盟切换的求解策略

本节将给出上述联盟博弈的求解策略，首先介绍如何形成初始联盟分区与新联盟分区，然后给出稳定联盟分区的数学定义，最后介绍如何通过求解算法，不断生成新联盟分区，从而获得最终的稳定联盟分区，得到最优分簇结果，实现无人机集群通信性能与任务效率最大化。

1. *初始联盟分区与新联盟分区的形成算法*

在集群分簇问题中，考虑到执行同一任务的多架无人机会频繁地交互任务信息，因此将执行同一任务的无人机初始化为一个联盟，并将此时的联盟分区作为初始联盟分区，以减少稳定联盟分区的求解时间。如图 9.3 所示，执行任务 1, 2, 3, ⋯, M 的无人机根据任务各自形成联盟。

在获得初始联盟分区后，无人机个体或集体通过离开当前联盟，加入另一个联盟来更新集群的联盟结构，形成新的联盟分区。无人机个体或集体的这种更改联盟的行为称为切换操作(switch operation)，也就是说，无人机通过切换操作来形成新的联盟分区。如图 9.4 所示，由于执行任务 1 和任务 2 的无人机形成一个联盟会提高通信效率，因此通过切换操作，执行任务 1 和任务 2 的无人机合并为一簇。

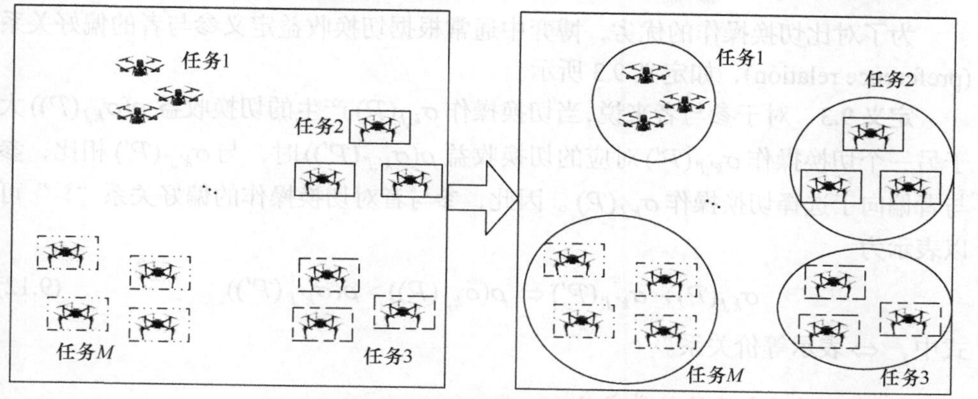

图 9.3　初始联盟分区示意图

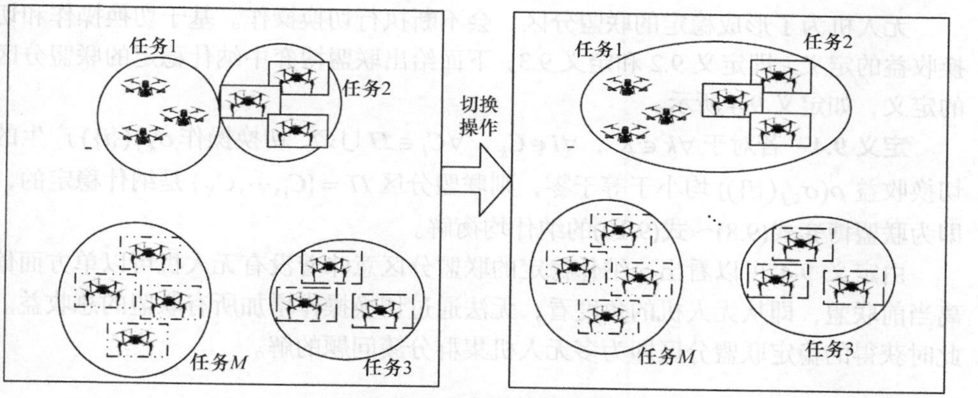

图 9.4　新联盟分区示意图

下面给出定义切换操作的数学表达式，如定义 9.2 所示。

定义 9.2　切换操作 $\sigma_{k,l}(\mathcal{P})$ 定义为参与者集合 $\mathcal{P}$ 离开当前联盟 C_k 加入另一联盟 C_l 的行为，其中，$C_k \in \Pi$，$C_l \in \Pi \cup \{\varnothing\}$ 且 $C_l \neq C_k$。因此，切换操作的数学表达式可以写为 $\sigma_{k,l}(\mathcal{P}): C_k \mapsto C_k \setminus \mathcal{P}$，$C_l \mapsto C_l \cup \mathcal{P}$。

从定义 9.2 可以看出，当 $C_l=\varnothing$ 时，切换操作 $\sigma_{k,l}(\mathcal{P})$ 会产生一个新联盟 $C_l=\mathcal{P}$，C_l 中包含的参与者为集合 $\mathcal{P}$，此时集群内联盟的数量加 1；当 $\mathcal{P}=C_k$ 时，切换操作 $\sigma_{k,l}(\mathcal{P})$ 会使联盟 C_k 与 C_l 合并，此时集群内联盟的数量减 1。在切换操作中，需要确定执行切换操作的参与者集合 $\mathcal{P}$ 和联盟 C_l。为了衡量切换操作的好坏，定义切换操作 $\sigma_{k,l}(\mathcal{P})$ 的切换收益如式(9.11)所示：

$$\rho(\sigma_{k,l}(\mathcal{P})) = u(C_{l'}) + u(C_{k'}) - u(C_l) - u(C_k) \tag{9.11}$$

式中，C_k 和 C_l 是切换操作执行前的联盟；$C_{k'}$ 和 $C_{l'}$ 是切换操作后形成的新联盟，可以表示为 $C_{k'} = C_k \setminus \mathcal{P}$，$C_{l'}=C_l \cup \mathcal{P}$。

为了对比切换操作的优劣，博弈中通常根据切换收益定义参与者的偏好关系(preference relation)，如定义 9.3 所示。

定义 9.3 对于参与者来说，当切换操作$\sigma_{k,l}(\mathcal{P})$产生的切换收益$\rho(\sigma_{k,l}(\mathcal{P}))$大于另一个切换操作$\sigma_{k',l'}(\mathcal{P}')$对应的切换收益$\rho(\sigma_{k',l'}(\mathcal{P}'))$时，与$\sigma_{k',l'}(\mathcal{P}')$相比，参与者偏向于选择切换操作$\sigma_{k,l}(\mathcal{P})$。因此，参与者对切换操作的偏好关系“$\succ$”可以表示为

$$\sigma_{k,l}(\mathcal{P}) \succ \sigma_{k',l'}(\mathcal{P}') \Leftrightarrow \rho(\sigma_{k,l}(\mathcal{P})) > \rho(\sigma_{k',l'}(\mathcal{P}')) \tag{9.12}$$

式中，$\Leftrightarrow$表示等价关系。

2. 稳定联盟分区的数学定义

无人机为了形成稳定的联盟分区，会不断执行切换操作。基于切换操作和切换收益的定义，即定义 9.2 和定义 9.3，下面给出联盟博弈中纳什稳定的联盟分区的定义，如定义 9.4 所示。

定义 9.4 若对于$\forall k \in K$，$\forall i \in C_k$，$\forall C_l \in \Pi \cup \varnothing$，切换操作$\sigma_{k,l}(\{i\})$产生的切换收益$\rho(\sigma_{k,l}(\{i\}))$均小于等于零，则联盟分区$\Pi = \{C_1, \cdots, C_K\}$是纳什稳定的，即为联盟博弈式(9.8)～式(9.10)的纳什均衡解。

由定义 9.4 可以看出，纳什稳定的联盟分区意味着没有无人机可以单方面偏离当前联盟，即从无人机的角度看，无法通过切换操作增加所有联盟的总收益。此时获得的稳定联盟分区即为多无人机集群分簇问题的解。

3. 求解算法

为了获得稳定联盟分区，设计求解算法 9.1。

算法 9.1 稳定联盟分区求解算法

1: 初始化集群分簇：执行同一任务的无人机形成一簇；
//无人机i决策，其执行任务m且属于簇C_k
//无人机切换集合生成步骤
2: 初始化无人机切换集合$\tilde{P}=\{i,j\}$，且$(i,j)\in\mathcal{E}_k$, $j\in O_m$；
3: 若簇C_k和$C_k \setminus i$满足约束条件式(9.1)和式(9.2)
4: $\tilde{P}=\tilde{P}\cup\{i\}$；
5: 结束
//切换操作建立步骤
6: 初始化切换操作$\mathcal{U}=\varnothing$；

```
对于每个 $\mathcal{P}\in\tilde{P}$
    切换操作 $\mathcal{U}=\{\sigma_{k,\phi}(\mathcal{P})\}$；
    对于簇 $C_k$ 的每个邻簇 $C_l$
        若形成的新簇 $C_l\cup\mathcal{P}$ 满足约束条件式(9.1)和式(9.2)，且切换收益大于零
            切换操作 $\mathcal{U}=\mathcal{U}\cup\sigma_{k,l}(\mathcal{P})$；
        结束
    结束
结束
//最佳切换操作选择步骤
找到 $\mathcal{P}^*$ 和 $C_{l^*}$，其满足 $\sigma_{k,l^*}(\mathcal{P}^*)\succeq\sigma_{k,l}(\mathcal{P}),\ \forall\sigma_{k,l}(\mathcal{P})\in\mathcal{U}$；
若 $\mathcal{P}^*$ 中无人机都是有效的，那么无人机集合 $\mathcal{P}^*$ 离开簇 $C_k$，加入簇 $C_{l^*}$，
    即联盟分区根据 $C_k\mapsto C_k\setminus\mathcal{P}^*, C_{l^*}\mapsto C_{l^*}\cup\mathcal{P}^*$ 更新。
```

在上述算法中，首先执行同一任务的无人机将自动形成一簇，完成集群分簇初始化，然后集群内每架无人机周期性执行“切换集合生成—切换操作建立—最佳切换操作选择”三个步骤，直到形成稳定联盟分区。下面给出具体步骤：

(1) 初始化集群分簇，执行同一任务的无人机形成一簇。

(2) 对于任意无人机 $i(i\in\mathcal{N})$，假设其执行第 m 个任务且属于簇 C_k，周期性执行“切换集合生成—切换操作建立—最佳切换操作选择”三个步骤如下所示。

① 切换集合生成步骤。首先初始化无人机切换集合 $\tilde{P}=\{i,j\}$，且 $(i,j)\in\mathcal{E}_k$，$j\in O_m$；然后根据切换前后簇 C_k 是否满足约束条件，建立不同的切换集合：当无人机 i 所在簇 C_k 不满足约束条件式(9.1)和式(9.2)时，无人机切换集合不变；当簇 C_k、$C_k\setminus i$ 满足约束条件式(9.1)和式(9.2)时，无人机切换集合变为：$\tilde{P}=\tilde{P}\cup\{i\}$。

② 切换操作建立步骤。无人机只能在邻簇进行切换(包括空簇)，邻簇的定义为当两架属于不同簇的无人机互为邻居时，这两个簇为邻簇。为了降低不满足约束的簇的数量，形成的新簇必须满足约束条件式(9.1)和式(9.2)，且只有切换收益大于零时，切换才是有效的，由此生成可以执行的切换操作。

③ 最佳切换操作选择步骤。根据切换收益，找到执行切换操作的最佳无人机切换集合 $\mathcal{P}^*$ 和簇 C_{l^*}，若 $\mathcal{P}^*$ 中无人机都是有效的，那么无人机集合 $\mathcal{P}^*$ 离开簇 C_k，加入簇 C_{l^*}，联盟分区根据 $C_k\mapsto C_k\setminus\mathcal{P}^*$，$C_{l^*}\mapsto C_{l^*}\cup\mathcal{P}^*$ 更新。

一段时间后，簇结构趋于稳定，所形成的联盟分区是纳什稳定的，因为若最终联盟分区 Π 不是纳什稳定的，则存在切换操作 $\rho(\sigma_{k,l}(\{i\}))>0$，簇 C_k 中无人机

i 将会触发切换操作，离开当前簇，加入簇 C_l，这与簇结构稳定相互矛盾，因此，通过所提算法，所形成的最终联盟分区 Π 是纳什稳定的。此时完成无人机集群分簇，无人机集群完成分簇后，需要选出一架无人机作为簇头管理簇内无人机成员。

为了提高簇内通信效率、减少簇头更新频率，根据无人机在簇内邻机数量和执行同一任务的邻机数量，每架无人机根据式(9.13)计算自己的权重 $\hat{W}_i$，将权重与簇 C_k 中其他无人机权重进行对比，权重最大的无人机 i 成为簇头：

$$\hat{W}_i = \hat{c}_1\hat{n}_i + \hat{c}_2\hat{n}_i^o \tag{9.13}$$

式中，$\hat{n}_i$ 表示无人机 i 在簇 C_k 中的邻机数量；$\hat{n}_i^o$ 表示无人机 i 在簇 C_k 中执行同一任务的邻机数量；$\hat{c}_1$ 和 $\hat{c}_2$ 是权重因子。

此时完成无人机集群的分层管理。无人机被分为簇头和簇成员两种角色，簇头无人机负责管理簇内无人机成员，寻找到地面站的路由，并完成资源分配。

9.1.4 仿真验证

1. 仿真环境

在 Windows 10 操作系统中，基于 MATLAB 2014a 仿真环境编写上述算法实现仿真实验，计算机配置：CPU 为 Intel Core i5-2450M 2.5GHz，8GB 内存。

2. 仿真参数

仿真场景设置为 5km×5km×120m 的空域，假设无人机飞行在 100～120m 高度执行任务。当信噪比低于阈值时，两架无人机无法通信。路径损耗指数 α 与环境相关，环境越复杂，路径损耗指数越大，一般取值 2～6。本书考虑城市环境[1]，路径损耗指数取值为 4，无人机每间隔 5s 检测所在簇是否满足约束，决定如何更新分簇结果，自适应网络拓扑的变化，所有统计仿真结果采用蒙特卡罗仿真，进行 100 次独立的仿真实验。仿真参数如表 9.1 所示。

表 9.1　仿真参数

参数	含义	参数值
N	无人机数量	100
v_{max}	无人机最大飞行速度	20m/s
p_i	无人机信号发送功率	20dBm
α	路径损耗指数	4
σ^2	噪声功率	−100dBm
η	信噪比阈值	0dB
ω_{max}	簇的最大直径	2

续表

参数	含义	参数值
HI(hello interval)	Hello 消息间隔时间	1s
ε	权衡参数	10^{-5}
T_{th}	链路生存时间阈值	5s

首先将执行同一任务的无人机形成一簇，完成集群分簇初始化。然后考虑到多架无人机协同执行同一任务，无人机在所执行任务周围选择位置并朝该位置飞行，并根据任务目标位置的改变，调整移动速度和方向。

3. 仿真结果

1) 无人机集群分簇结果

为了验证所设计的无人机集群分簇算法的有效性，考虑簇内无人机数量约束 $n_{\max}=15$，图 9.5 和表 9.2 给出分簇结果，其中执行任务的无人机编号由任务决策获得[6]。从图中可以看出，100 架无人机形成了 10 个簇，这 10 个簇内无人机数量分别为 12、8、9、12、12、10、9、14、8、6。仿真结果表明，上述集群分簇算法令每簇包含尽可能多的无人机，可以有效控制簇的数量，此外仿真结果还表明将执行同一任务的无人机划分在一簇。

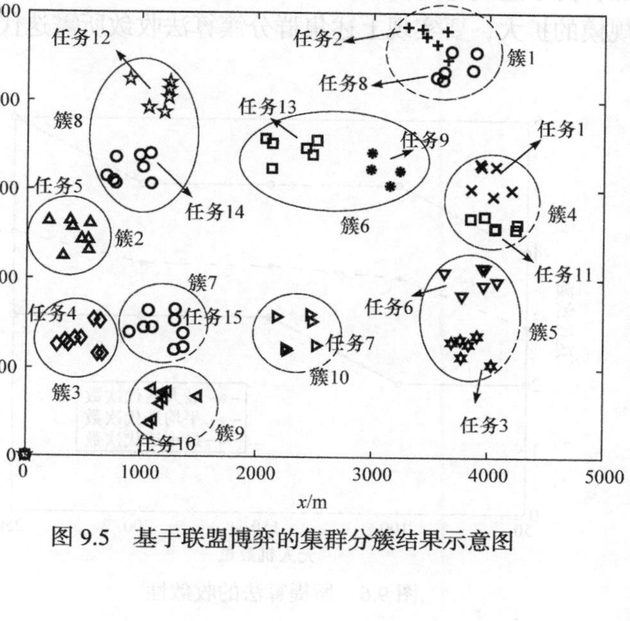

图 9.5　基于联盟博弈的集群分簇结果示意图

表 9.2　无人机集群分簇结果

任务编号	执行任务的无人机编号	簇的编号
1	[42,24,7,25,48,30]	4
2	[20,6,32,23,2,38]	1
3	[39,37,9,41,12,11]	5
4	[28,46,45,16,4,8,44,13,34]	3
5	[19,27,10,33,3,15,22,21]	2
6	[29,18,35,47,17,49]	5
7	[31,1,14,26,5,36]	10
8	[94,71,99,82,77,61]	1
9	[43,83,88,93]	6
10	[91,75,62,73,74,66,92,84]	9
11	[96,51,64,95,52,81]	4
12	[86,100,58,56,87,98]	8
13	[97,40,78,50,89,68]	6
14	[54,57,63,65,67,76,85,90]	8
15	[53,55,59,69,70,72,79,80,60]	7

2) 收敛性

为了验证所提算法的收敛性，给出不同集群规模下上述集群分簇算法收敛性，如图 9.6 所示。仿真结果表明，当 $N=50$ 时，最小迭代次数、平均迭代次数、最大迭代次数为 2、2.9、4，然而当 $N=250$ 时，最小迭代次数、平均迭代次数、最大迭代次数为 3、4.2、6，这是因为随着集群规模的扩大，无人机可以执行的切换操作数量增加，为了达到稳定网络，需要更多迭代实现收敛，此外，图 9.6 还表明随着集群规模的扩大，要实现上述集群分簇算法收敛所需迭代次数呈现缓慢增长趋势。

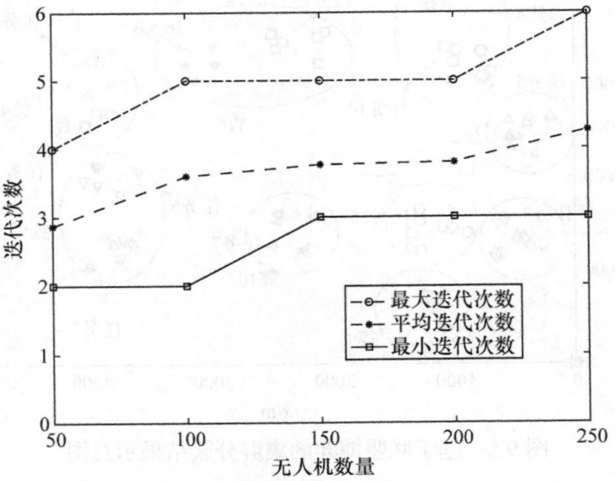

图 9.6　所提算法的收敛性

3) 性能评估

为了验证集群分簇后网络的稳定性，分析不同移动速度对簇的调整次数的影响。考虑无人机三种不同的最大移动速度 v_{max}，分别是 5m/s、10m/s、20m/s，图 9.7 给出簇的调整次数变化曲线。从图中可以看出，大约 10s 后三种情况簇的调整频率均有所下降，这表明上述集群分簇算法可以收敛，此外，10s 以后随着无人机移动，分簇结果得到更新，但更新频率较低，这一点证明了网络的稳定性较高。

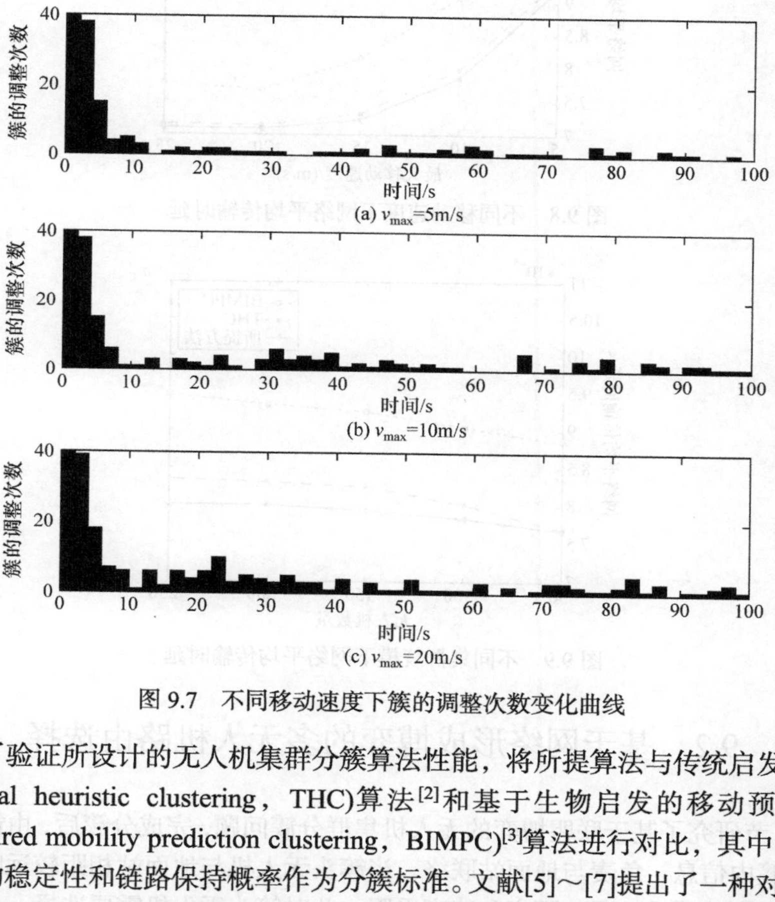

图 9.7　不同移动速度下簇的调整次数变化曲线

为了验证所设计的无人机集群分簇算法性能，将所提算法与传统启发式分簇(traditional heuristic clustering，THC)算法[2]和基于生物启发的移动预测分簇(bio-inspired mobility prediction clustering，BIMPC)[3]算法进行对比，其中 BIMPC 采用运动稳定性和链路保持概率作为分簇标准。文献[5]～[7]提出了一种对分簇算法性能的评价方式，即利用网络平均传输时延作为评价指标，图 9.8 和图 9.9 给出了相应的仿真结果。仿真结果表明，随着最大移动速度的增加，网络平均传输时延减小，这是因为 v_{max} 的增加造成无人机的相似运动更加明显，执行同一任务的无人机更可能划分为一簇。但是随着集群规模的增加，执行同一任务的无人机数量增加，受到簇内无人机数量和簇的直径约束，这些无人机被分到多个簇，因此，网络平均传输时延增大。此外，仿真结果还表明，所提集群分簇算法的网络平均传输时延低于 THC 算法和 BIMPC 算法，因此，对链路生存概率的预测是有效的。

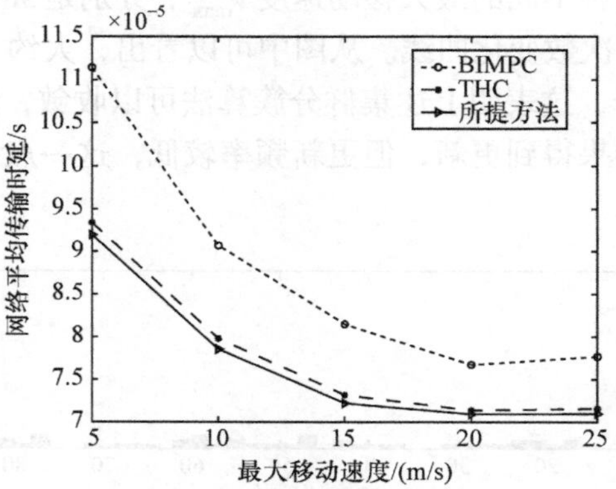

图 9.8　不同移动速度下网络平均传输时延

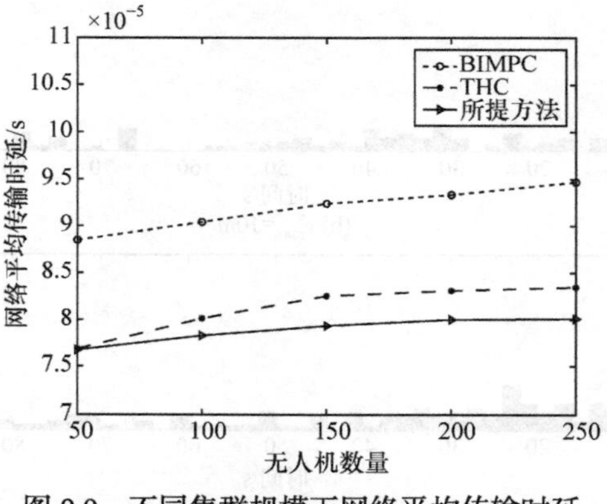

图 9.9　不同集群规模下网络平均传输时延

9.2　基于网络形成博弈的多无人机路由选择

9.1 节研究了基于联盟博弈的无人机集群分簇问题，完成分簇后，由簇头无人机收集簇内信息，负责与地面站联络。当簇头无人机与地面站相距较远时，直传链路信号衰减严重、通信距离和速率受限，此时簇头无人机需要选择一条到地面站的路由完成信息回传[8]。然而无人机所选路由不仅影响自己的收益，也会影响其他无人机收益，博弈为解决这种相互影响的多方最优决策问题提供了良好的分析工具，其中，网络形成博弈主要研究多个参与者如何选择通信链路形成连通网络，为解决无人机路由选择问题提供了新的思路。因此本节采用基于网络形成博弈算法解决多无人机路由选择问题。下面首先给出多无人机路由选择问题描述，然后为多无人机路由选择问题建立网络形成博弈模型，最后设计求解策略。

9.2.1　问题描述

1. 通信场景

假设存在 N 架簇头无人机，负责收集簇内信息并向地面站 g 传输，令 $\mathcal{N}=\{1,2,\cdots,N\}$ 表示簇头无人机集合，λ_i 表示单位时间内簇头无人机 i 需要传输的数据包数量，B_i 表示簇头无人机 i 的可用带宽。为了实现高效的信息传输，远距离簇头无人机通过多跳链路的方式完成信息回传，形成路由后，网络中的转发无人机采用解码转发协作通信方式。然而，通信链路可承受的负载有限，每架簇头无人机如何选择到地面站的路由，形成以地面站为根节点的树形多跳通信网络是需要解决的难点问题。图 9.10 给出了簇头无人机选择路由后与地面站形成的网络，该网络是以地面站为根节点的树形多跳通信网络，其中簇头无人机 1、5、7 距离地面站较近，选择直接通信，其余 7 架簇头无人机则由于距离地面站过远，通过选择合适的路由与地面站建立连接。

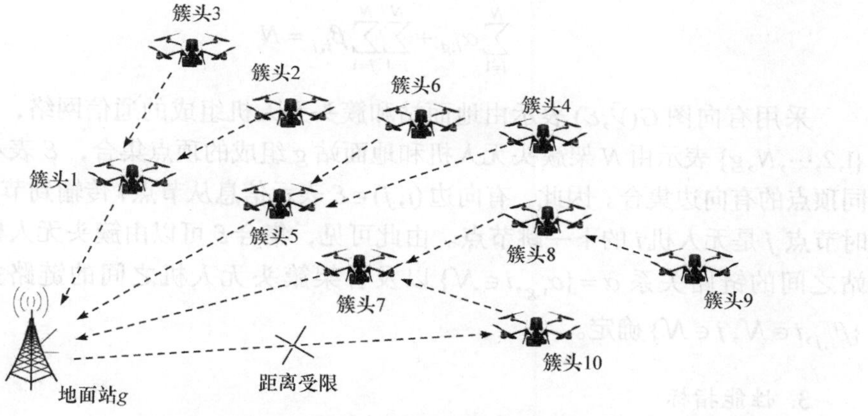

图 9.10　簇头无人机与地面站形成的网络示意图

下面给出多无人机路由选择问题的数学描述，包括约束条件、性能指标和优化模型三部分。

2. 约束条件

定义 $\alpha=\{\alpha_{i,g},i\in\mathcal{N}\}$ 和 $\beta=\{\beta_{i,j},i\in\mathcal{N},j\in\mathcal{N}\}$ 表示链路关系，式中，α 表示所有簇头无人机与地面站之间的链路关系，若簇头无人机 i 选择与地面站 g 直接连接，则 $\alpha_{i,g}=1$，否则 $\alpha_{i,g}=0$；β 表示各架簇头无人机之间的链路关系，若簇

头无人机 i 选择簇头无人机 j 作为下一跳节点，则 $\beta_{i,j}=1$，否则 $\beta_{i,j}=0$。由以上分析，$\alpha_{i,g}$ 和 $\beta_{i,j}$ 为二进制变量，此约束条件如式(9.14)所示：

$$\alpha_{i,g}\in\{0,1\},\quad \beta_{i,j}\in\{0,1\},\quad \forall i\in\mathcal{N}, j\in\mathcal{N} \tag{9.14}$$

为了保证无人机与地面站连通，所形成的网络至少需要有一架簇头无人机与地面站 g 直接连接，此约束条件如式(9.15)所示：

$$\sum_{i=1}^{N}\alpha_{i,g}\geqslant 1 \tag{9.15}$$

此外，每架簇头无人机均有传输信息的需求，其需要将信息传输给下一跳节点，即地面站或者另外一架簇头无人机。考虑到每架簇头无人机只选择一条路由，信息只能向一个节点流出，此约束条件如式(9.16)所示：

$$\alpha_{i,g}+\sum_{j=1,j\neq i}^{N}\beta_{i,j}=1,\quad \forall i\in\mathcal{N} \tag{9.16}$$

此外，为了避免由地面站和簇头无人机组成的通信网络形成环路，限制该通信网络中只存在 N 条链路，此约束条件如式(9.17)所示：

$$\sum_{i=1}^{N}\alpha_{i,g}+\sum_{i=1}^{N}\sum_{j=1}^{N}\beta_{i,j}=N \tag{9.17}$$

采用有向图 $G(\tilde{\mathcal{V}},\mathcal{E})$ 表示由地面站和簇头无人机组成的通信网络，式中 $\tilde{\mathcal{V}}=\{1,2,\cdots,N,g\}$ 表示由 N 架簇头无人机和地面站 g 组成的顶点集合，$\mathcal{E}$ 表示连接不同顶点的有向边集合。因此，有向边 $(i,j)\in\mathcal{E}$ 表示信息从节点 i 传输到节点 j，此时节点 j 是无人机 i 的下一跳节点。由此可见，集合 $\mathcal{E}$ 可以由簇头无人机与地面站之间的链路关系 $\alpha=\{\alpha_{i,g},i\in\mathcal{N}\}$ 以及各架簇头无人机之间的链路关系 $\beta=\{\beta_{i,j},i\in\mathcal{N},j\in\mathcal{N}\}$ 确定。

3. 性能指标

首先给出簇头无人机 i 到地面站 g 信息传输路由 q_i 的定义，然后考虑簇头无人机到地面站的可达速率、等待时延和能量消耗建立综合性能指标，作为路由选择的依据。

定义 9.5　簇头无人机 i 到地面站 g 的路由 q_i 由 $\tilde{\mathcal{V}}$ 中顶点 $i_1,\cdots,i_K$ 间的链路组成，其中，$i_1=i$ 代表簇头无人机 i，$i_K=g$ 代表地面站 g，并且对于任意的 $k=1,2,\cdots,K-1$，直传链路 $(i_k,i_{k+1})\in\mathcal{E}$。

这一部分将考虑簇头无人机到地面站的可达速率、等待时延和能量消耗等因素的影响，建立簇头无人机 i 选择路由 q_i 的综合性能指标。可达速率 $R_i(q_i,G)$

是指单位时间内簇头无人机 i 通过路由 q_i 可以传输至地面站的最大信息量，$R_i(q_i,G)$ 越大，说明该条路由可以传输的信息量也越大；等待时延 $\tau_i(q_i,G)$ 是指簇头无人机 i 通过路由 q_i 向地面站信息传输过程中的等待传输时间，当簇头无人机需要向地面站传输发送的数据量较大时，等待时延越大；能量消耗 $E_i(q_i,G)$ 是指簇头无人机 i 通过路由 q_i 向地面站信息传输过程中通信网络所消耗的能量，由于网络内各架簇头无人机的能量有限，因此能量消耗不能过大。通过以上分析，定义簇头无人机 i 选择路由 q_i 的综合性能指标，如式(9.18)所示：

$$f_i(q_i,G)=\frac{\left[R_i(q_i,G)\right]^{\eta_{1i}}}{\left[\tau_i(q_i,G)\right]^{\eta_{2i}}\left[E_i(q_i,G)\right]^{\eta_{3i}}} \tag{9.18}$$

式中，$f_i(q_i,G)$ 表示簇头无人机 i 所选路由的性能，取决于所形成的网络拓扑；η_{1i}、η_{2i} 和 η_{3i} 是权重因子，$\eta_{1i},\eta_{2i},\eta_{3i}\in[0,1]$ 且满足 $\eta_{1i}+\eta_{2i}+\eta_{3i}=1$。下面分别给出可达速率、等待时延和能量消耗的表达形式。

1) 可达速率 $R_i(q_i,G)$

簇头无人机 i 到地面站选择路由 q_i 的可达速率 $R_i(q_i,G)$ 等于路由中所有直传链路的最小可达速率。也就是说，当簇头无人机 i 的发送信息经由路由 q_i，通过 $K-1$ 跳传输到地面站 g 时，所选路由的可达速率 $R_i(q_i,G)$ 为 $K-1$ 跳直传链路中的最小可达速率，如式(9.19)所示：

$$R_i(q_i,G)=\min_{k=1,\cdots,K-1} R_{i_k,i_{k+1}} \tag{9.19}$$

式中，$R_{i_k,i_{k+1}}$ 是直传链路 (i_k,i_{k+1}) 的可达速率，$i_k\in\mathcal{V}$，$i_{k+1}\in\mathcal{V}\cup g$，$k$ 代表第 k 跳，K 是路由 q_i 内包含的簇头无人机数量。

直传链路 (i_k,i_{k+1}) 的可达速率 $R_{i_k,i_{k+1}}$ 由直传链路的信噪比决定。信噪比定义为接收功率与噪声功率的比值，接收端 i_{k+1} 的接收功率由发送端 i_k 的发送功率和路径损耗决定，而路径损耗为信号在信道中传播的损耗程度。下面首先给出无人机到地面站直传链路的可达速率，即 $i_{k+1}=g$，然后给出无人机到无人机直传链路的可达速率，即 $i_{k+1}\in\mathcal{V}$。

(1) 簇头无人机到地面站直传链路的可达速率($i_{k+1}=g$)。

为了得到簇头无人机到地面站直传链路的可达速率，首先计算路径损耗。由于信号在不同信道中传播时的损耗程度不同，而簇头无人机与地面站间直传链路受到任务环境、簇头无人机高度与障碍物等因素的影响，具有随机性，通常考虑视距(line-of-sight，LoS)链路和非视距(non-line-of-sight，NLoS)链路概率信道模型[9,10]。直传链路 (i_k,g) 为 LoS 链路的概率，如式(9.20)所示：

$$P_{i_k,g}^{\mathrm{LoS}}=\frac{1}{1+b_2\exp(-b_1(\theta-b_2))} \tag{9.20}$$

式中，b_1和b_2是与环境相关的常量；$\theta=\arcsin\left(h_{i_k}/d_{i_k,g}\right)$表示簇头无人机$i_k$与地面站$g$之间的仰角，$h_{i_k}$是无人机$i_k$的高度，$d_{i_k,g}$是簇头无人机$i_k$与地面站$g$之间的距离。此时直传链路$(i_k,g)$为NLoS链路的概率是$P_{i_k,g}^{\mathrm{NLoS}}=1-P_{i_k,g}^{\mathrm{LoS}}$。

此外，根据文献[10]，信号在LoS链路和NLoS链路的路径损耗如式(9.21)和式(9.22)所示：

$$L_{i_k,g}^{\mathrm{LoS}}(\mathrm{dB})=20\lg d_{i_k,g}+20\lg f_c+20\lg\frac{4\pi}{c} \tag{9.21}$$

$$L_{i_k,g}^{\mathrm{NLoS}}(\mathrm{dB})=20\lg d_{i_k,g}+20\lg f_c+20\lg\frac{4\pi}{c}+\psi_{\mathrm{NLoS}} \tag{9.22}$$

式中，f_c是无人机通信系统载波频率；c是光速；ψ_{NLoS}是NLoS链路的额外损耗，其取值与环境相关。

因此，直传链路(i_k,g)的平均路径损耗如式(9.23)所示：

$$\overline{L}_{i_k,g}=P_{i_k,g}^{\mathrm{LoS}}L_{i_k,g}^{\mathrm{LoS}}+P_{i_k,g}^{\mathrm{NLoS}}L_{i_k,g}^{\mathrm{NLoS}} \tag{9.23}$$

根据信噪比的定义与路径损耗的表达式(9.23)，直传链路(i_k,g)的信噪比(signal-to-noise ratio，SNR) $r_{i_k,g}$如式(9.24)所示：

$$r_{i_k,g}=\frac{p_{i_k}}{10^{\overline{L}_{i_k,g}/10}\cdot\sigma^2} \tag{9.24}$$

式中，p_{i_k}为无人机i_k的发送功率；σ^2为噪声功率。

基于推导出的直传链路(i_k,g)的信噪比$r_{i_k,g}$，相应的可达速率$R_{i_k,g}$如式(9.25)所示[10]：

$$R_{i_k,g}=B_{i_k}\log_2(1+r_{i_k,g}) \tag{9.25}$$

式中，B_{i_k}为无人机i_k的可用带宽。

当对于与地面站g直接通信的簇头无人机i，即$\alpha_{i,g}=1$，$i_k=i$时，簇头无人机i选择路由q_i的可达速率等于簇头无人机i到地面站g直传链路的可达速率，如式(9.26)所示：

$$R_i(q_i,G)=R_{i,g} \tag{9.26}$$

然而当簇头无人机i不与地面站g直接连接，即$\alpha_{i,g}=0$时，需要考虑簇头无人机i选择路由q_i到地面站g经过的所有直传链路。

(2) 簇头无人机之间直传链路的可达速率($i_{k+1} \in \mathcal{V}$)。

机间通信通常采用自由空间信道模型[10]。因此，直传链路 (i_k, i_{k+1}) 的路径损耗如式(9.27)所示：

$$L_{i_k, i_{k+1}}(\mathrm{dB}) = 20\lg d_{i_k, i_{k+1}} + 20\lg f_c + 20\lg \frac{4\pi}{c} \tag{9.27}$$

式中， $d_{i_k, i_{k+1}}$ 是簇头无人机 i_k 与簇头无人机 i_{k+1} 之间的距离。直传链路 (i_k, i_{k+1}) 的信噪比 $r_{i_k, i_{k+1}}$ 如式(9.28)所示：

$$r_{i_k, i_{k+1}} = \frac{p_{i_k}}{10^{L_{i_k, i_{k+1}}/10} \cdot \sigma^2} \tag{9.28}$$

式中， p_{i_k} 为无人机 i_k 的发送功率。

基于推导出的直传链路 (i_k, i_{k+1}) 的信噪比 $r_{i_k, i_{k+1}}$ ，相应的可达速率 $R_{i_k, i_{k+1}}$ 如式(9.29)所示：

$$R_{i_k, i_{k+1}} = B_{i_k} \log_2(1 + r_{i_k, i_{k+1}}) \tag{9.29}$$

2) 等待时延 $\tau_i(q_i, G)$

假设路由内的各架簇头无人机均采用解码转发协作通信方式，即每架转发无人机将接收到的信号先解码再编码发送。考虑将路由中每架无人机近似为 *M*/*D*/1 队列系统，采用先进先出方式传输信息。簇头无人机 i 选择路由 q_i 的平均等待时延如式(9.30)所示：

$$\tau_i(q_i, G) = \sum_{(i_k, i_{k+1}) \in q_i} \left[\frac{\varphi_{i_k, i_{k+1}}}{2\mu_{i_k, i_{k+1}}(\mu_{i_k, i_{k+1}} - \varphi_{i_k, i_{k+1}})} + \frac{1}{\mu_{i_k, i_{k+1}}} \right] \tag{9.30}$$

式中， $\varphi_{i_k, i_{k+1}} = \lambda_{i_k} + \Lambda_{i_k}$ 表示直传链路 $(i_k, i_{k+1}) \in q_i$ 总的到达率(包/s)，这些数据包来源于簇头无人机 i_k 产生的数据包 λ_{i_k} 以及和 i_k 连接的其他簇头无人机产生的数据包 $\Lambda_{i_k} = \sum_{j \in A_{i_k}} \lambda_j$ ， A_{i_k} 是 G 中与无人机 i_k 相连的簇头无人机集合。 $\mu_{i_k, i_{k+1}} = R_{i_k, i_{k+1}} / \nu$ 是服务率， $R_{i_k, i_{k+1}}$ 是直传链路 (i_k, i_{k+1}) 的可达速率， ν 是数据包大小。从式中可以看出，当 $\mu_{i_k, i_{k+1}} < \varphi_{i_k, i_{k+1}}$ 时，等待时延将会无限延长，因此，只有当链路的到达率 $\varphi_{i_k, i_{k+1}}$ 小于服务率 $\mu_{i_k, i_{k+1}}$ 时，链路 (i_k, i_{k+1}) 才是有效的。

3) 能量消耗 $E_i(q_i, G)$

能量消耗主要来源于路由 q_i 内簇头无人机 i 收集簇内信息、其他转发无人机数据处理以及接收转发信息产生的能量消耗。首先考虑簇头无人机 i 收集簇内信息能量消耗，为了收集信息，单位时间内簇头无人机 i 的能量消耗如式(9.31)所示：

$$E_i^s = e_s \nu \lambda_i \tag{9.31}$$

式中，e_s 为收集单个比特信息消耗的能量。

考虑其他转发无人机数据处理能量消耗，当无人机作为转发节点时，需要对接收信号进行解码并重新编码，因此，单位时间内，为了处理簇头无人机 i 的信息，需要消耗的能量如式(9.32)所示：

$$E_i^p = (K-1) e_p \nu \lambda_i \tag{9.32}$$

式中，e_p 为处理单个比特信息消耗的能量。

考虑其他转发无人机接收转发信息能量消耗，主要包括发送能耗和接收能耗，因此，单位时间内，为了将簇头无人机 i 的信息传输到地面站，此部分的能量消耗如式(9.33)所示：

$$E_i^c = \sum_{k=1}^{K-1} (p_{i_k} + p_{i_{k+1}}^r) T_k \tag{9.33}$$

式中，p_{i_k} 和 $p_{i_{k+1}}^r$ 分别表示发送功率和接收功率；$T_k = R_{i_k, i_{k+1}} / (\nu \lambda_i)$ 是直传链路 (i_k, i_{k+1}) 传输簇头无人机 i 的信息所需的通信时间。

综上所述，通过路由 q_i 传输簇头无人机 i 的信息，整体网络所消耗的总能量如式(9.34)所示：

$$E_i(q_i, G) = E_i^s + E_i^p + E_i^c \tag{9.34}$$

4. 优化模型

根据上述约束条件式(9.14)～式(9.17)和性能指标(9.18)，建立多无人机路由选择问题的优化模型如式(9.35)所示：

$$\max_{\alpha_{i,g}, \beta_{i,j}} \sum_{i=1}^{N} f_i(q_i, G) = \frac{\left[R_i(q_i, G)\right]^{\eta_{1i}}}{\left[\tau_i(q_i, G)\right]^{\eta_{2i}} \left[E_i(q_i, G)\right]^{\eta_{3i}}} \tag{9.35}$$

$$\text{s.t.} \quad \alpha_{i,g} \in \{0,1\}, \quad \beta_{i,j} \in \{0,1\}, \quad \forall i \in \mathcal{N}, j \in \mathcal{N}$$

$$\sum_{i=1}^{N} \alpha_{i,g} \geqslant 1$$

$$\alpha_{i,g} + \sum_{j=1, j \neq i}^{N} \beta_{i,j} = 1, \quad \forall i \in \mathcal{N}$$

$$\sum_{i=1}^{N} \alpha_{i,g} + \sum_{i=1}^{N} \sum_{j=1}^{N} \beta_{i,j} = N$$

式中，$R_i(q_i,G)$、$\tau_i(q_i,G)$、$E_i(q_i,G)$ 的定义分别如式(9.19)、式(9.30)、式(9.34)所示。

上述优化问题的目标是为每架簇头无人机找到合适的信息传输路由，实现簇头无人机到地面站信息传输的速率、等待时延、能量消耗的综合性能最大化。本节给出了多无人机路由选择的问题描述，接下来为上述优化问题建立网络形成博弈模型。

9.2.2　网络形成博弈模型

网络形成博弈是研究学者为解决互联网络形成问题专门提出的博弈理论[4,10]，由于网络内节点之间为非合作关系，因此网络形成博弈属于非合作博弈。其主要研究多个参与者受到网络拓扑结构的影响，通过博弈选择通信链路形成互联网络的过程。利用网络形成博弈解决无人机路由选择问题(9.35)时，首先需要对待解决的无人机路由选择问题建立网络形成博弈模型。

由于网络形成博弈属于非合作博弈，因此博弈模型包含参与者、动作、收益三方面，其通常表示为 $\mathcal{G}=\{\mathcal{N},\{S_i\}_{i\in\mathcal{N}},\{u_i\}_{i\in\mathcal{N}}\}$，其中，$\mathcal{N}$ 表示参与者集合，是指参与博弈的主体；S_i 表示参与者 i 可以选择的动作集；u_i 表示参与者 i 选择动作后得到的收益，选择的动作不同，收益也不同。针对多无人机路由选择问题，各符号的具体含义如下。

(1) 参与者集合 $\mathcal{N}$。将网络中向地面站传输信息的 N 架簇头无人机作为博弈的参与者，因此，网络形成博弈中的参与者集合如式(9.36)所示：

$$\mathcal{N}=\{1,2,\cdots,N\} \tag{9.36}$$

(2) 动作集 S_i。在上述无人机路由选择问题中，每架簇头无人机选择一个下一跳节点，因此将当前网络中可选择的下一跳节点(包括地面站和簇头无人机)作为簇头无人机的动作。当网络拓扑为 G 时，簇头无人机 i 的动作集如式(9.37)所示：

$$S_i(G)=\{(i,j)\,|\,j\in\tilde{\mathcal{V}}\setminus(\{i\}\cup A_i),u\ (q_j,G')\geqslant u_j(q_j,G)-\theta\} \tag{9.37}$$

式中，$\tilde{\mathcal{V}}=\{1,2,\cdots,N,g\}$ 表示 N 架簇头无人机和地面站 g 的集合；$A_i=\{j\in\mathcal{N}\setminus\{i\}\,|\,(j_k,i)\in q_j,k=1,\cdots,K-1\}$ 是将簇头无人机 i 包含在路由中的簇头无人机集合，为了防止网络出现环路，簇头无人机 i 的动作集中不应该包含 A_i。G' 是当簇头无人机 i 选择 j 作为下一跳节点时所形成的网络，$\theta\geqslant 0$ 是取值很小的常数，$u_j(q_j,G')$ 和 $u_j(q_j,G)$ 分别表示网络拓扑为 G' 和 G 时簇头无人机 j 的收益。考虑网络节点存在自私性，簇头无人机的动作不能造成下一跳节点收益明显下降，否则下一跳节点不会参与合作转发信息，因此需要满足 $u_j(q_j,G')\geqslant u_j(q_j,G)-\theta$。

(3) 收益 u_i。簇头无人机选择下一跳节点后，根据上述性能指标(9.18)，得到簇头无人机 i 的收益如式(9.38)所示：

$$u_i(q_i,G)=f_i(q_i,G) \tag{9.38}$$

在多无人机路由选择问题的网络形成博弈中，簇头无人机 i 根据收益选择保持之前的动作或通过新的动作 $s_i \in S_i(G)$ 替换原有动作。每架簇头无人机以找到使自身收益最大的路由为目标，如式(9.39)所示：

$$\max_{s_i} \ u_i(q_i,G), \quad \forall i \in \mathcal{N} \tag{9.39}$$

如果簇头无人机 i 没有动作可以选择，那么簇头无人机 i 与地面站 g 之间不存在直传和多跳通信链路，也就是说簇头无人机 i 与网络失去连接，收益变为零。因此，始终存在簇头无人机 i 到地面站的通信链路。

本节建立了多无人机路由选择问题的网络形成博弈模型。9.2.3 节将介绍上述网络形成博弈模型的求解策略，计算得到每架簇头无人机的路由选择结果。

9.2.3 考虑循环迭代的求解策略

本节将给出上述网络形成博弈的求解策略，首先介绍每架簇头无人机如何选择初始路由，然后给出网络形成博弈的解的数学定义，即纳什均衡，最后介绍如何通过求解算法获得纳什均衡，得到每架簇头无人机的路由选择结果。

1. 初始路由选择

在多无人机路由选择问题中，令簇头无人机选择与离地面站最近的邻机作为其下一跳节点，将此时簇头无人机与地面站之间形成的网络作为初始网络，以减少算法的求解时间。

2. 网络形成博弈中纳什均衡的数学定义

上述网络形成博弈的解为纳什均衡，在纳什均衡下，每架簇头无人机均找到此时使自己收益(9.38)最大的路由。当簇头无人机 i 找到使收益 $u_i(G)$ 最大的动作 s_i 且选择动作 s_i 的概率为 1 时，s_i 称为簇头无人机 i 的纯策略，选择的最优动作为最佳响应动作。但是纯策略可能有多个，也可能不存在，当出现这种情况时簇头无人机会陷入循环迭代，为了解决此问题，需要寻找混合策略。下面分别给出最佳响应(best response，BR)、纯策略/混合策略、纯策略纳什均衡以及混合策略纳什均衡的具体定义。令 $s=\{s_1,\cdots,s_N\}$ 表示所有簇头无人机的动作，$s_{-i}=\{s_1,\cdots,s_{i-1},s_{i+1},\cdots,s_N\}$ 表示除了簇头无人机 i，其他簇头无人机的动作。

定义 9.6 在其他簇头无人机不改变动作的前提下，如果簇头无人机 i 的动作

s_i^* 可以使其获得最大收益，如式(9.40)所示：

$$u_i(q_i^*, G_{s_i^*, s_{-i}}) \geqslant u_i(q_i, G_{s_i, s_{-i}}), \quad \forall s_i \in S_i \tag{9.40}$$

那么动作 s_i^* 是簇头无人机 i 的最佳响应动作，可以表示为 $s_i^* \in \mathrm{BR}(s_{-i})$ 。

定义 9.7　如果博弈中每个参与者选择一种特定行动，即选择特定动作的概率为 1，选择其他动作的概率为 0，则此特定动作为纯策略(pure strategy)，否则为混合策略(mixed strategy)。

定义 9.8　如果所有簇头无人机的动作都是最佳响应动作，如式(9.41)所示：

$$s_i \in \mathrm{BR}(s_{-i}), \quad \forall i \in \mathcal{N} \tag{9.41}$$

那么 $s = \{s_1, \cdots, s_N\}$ 是博弈的纯策略纳什均衡。

纯策略纳什均衡对应的网络称为纯策略纳什网络。当博弈中每个或部分参与者不是选择一种特定行动时，每架无人机为自己的可选动作分配概率，令 $P = \{P_1, \cdots, P_N\}$ 表示所有簇头无人机的动作概率分布，$P_{-i} = \{P_1, \cdots, P_{i-1}, P_{i+1}, \cdots, P_N\}$ 表示除了簇头无人机 i，其他簇头无人机的动作概率分布。

定义 9.9　如果所有簇头无人机的动作概率分布满足

$$\tilde{u}_i(P_i, P_{-i}) \geqslant \tilde{u}_i(P_i, P_{-i}), \quad \forall i \in \mathcal{N} \tag{9.42}$$

式中，$\tilde{u}_i(P_i, P_{-i}) = E(u_i) = \sum_{s \in S} \left(\prod_{j \in \mathcal{N}} p_j(s_j) \right) u_i(q_i, G_{s_i, s_{-i}})$ 是簇头无人机 i 采用 P_i 时的期望收益，$S=(S_i, S_{-i})$，$p_j(s_j)$ 表示簇头无人机 j 的动作 s_j 分配到的概率。那么 $P = \{P_1, P_2, \cdots, P_N\} = (P_i, P_{-i})$ 是博弈的混合策略纳什均衡。此时对应的网络称为混合策略纳什网络。

3. 求解算法

为了获得纳什均衡，设计求解算法 9.2。

算法 9.2　纳什均衡求解算法

```
1: 初始化所有簇头无人机选择与离地面站最近的邻机连接；
//寻找纯策略
2: 若当前网络没有收敛到纯策略纳什网络，所有簇头无人机依次决策，循
   环执行以下步骤，假设当前决策的是簇头无人机 i
3: 记录各簇头无人机位置和网络拓扑；
4:     若当前网络在记录中没有出现，即没有陷入循环迭代
5:         簇头无人机 i 根据 s_i^* ∈ BR(s_{-i}) 选择动作 s_i^*；
```

6: 若簇头无人机 i 的动作不是之前动作

7: 簇头无人机 i 根据新动作替换当前连接；

8: 结束

9: 否则(产生循环迭代)

10: 触发寻找混合策略，即跳转到步骤 13；

11: 结束

12: 结束

//寻找混合策略

13: 若当前网络没有收敛到混合策略纳什网络，陷入循环迭代的簇头无人机依次决策，循环执行以下步骤，假设当前决策的是簇头无人机 i

14: 簇头无人机 i 根据 $s_i^* = \arg\max_{s_i \in S_i} f_i(s_i, P_{-i})$ 选择动作 s_i^*；

15: 若簇头无人机 i 的动作不是之前动作

16: 簇头无人机 i 根据新动作替换当前连接；

17: 结束

18: 所有簇头无人机更新无人机 i 的动作概率分布 P_i；

19: 结束

在上述算法中，首先，所有簇头无人机选择与离地面站最近的邻机连接，完成路由选择初始化；然后每架簇头无人机选择纯策略，即寻找纯策略纳什均衡，为了及时发现循环迭代的产生，每架簇头无人机在决策时记录各簇头无人机位置和网络拓扑，若在之后迭代中出现记录中的网络，说明产生循环迭代，即陷入局部极小。当循环迭代产生时触发寻找混合策略纳什均衡，也就是说寻找这些簇头无人机的混合策略。下面给出具体步骤。

(1) 初始化：所有簇头无人机选择与离地面站最近的邻机连接。

(2) 寻找纯策略。寻找每架簇头无人机的纯策略的详细过程如下：

① 初始化迭代次数 l=0 。

② 判断当前网络是否收敛到纯策略纳什网络，若没有，执行步骤③，若收敛，停止迭代。

③ 簇头无人机按次序依次决策，当簇头无人机 i 进行决策时，记录各簇头无人机位置和网络拓扑，判断当前网络是否在记录中出现，即是否陷入循环迭代，若没有，执行步骤④，若陷入循环迭代，触发寻找混合策略纳什均衡。

④ 簇头无人机 i 根据式(9.40)选择自己的最佳动作 s_i^*，若该动作不是簇头无人机 i 之前的动作，则簇头无人机 i 根据新动作替换下一跳节点，若簇头无人机是最后一架决策的簇头无人机，继续⑤，否则返回③。

⑤ 迭代次数 $l=l+1$，返回②。

寻找纯策略可能导致两种结果。第一种是找到纯策略纳什均衡，所有簇头无人机的动作都是此时的最佳响应，这也意味着可以得到一个稳定网络，该网络中没有簇头无人机会有动机单方面偏离自己的动作，也就是说，在其他簇头无人机动作不变时，没有簇头无人机可以通过改变当前路由提高自己的收益。第二种结果是某些簇头无人机纯策略不存在，陷入循环迭代，即陷入局部最小，为了解决该问题，触发寻找混合策略。

(3) 寻找混合策略。在寻找混合策略过程中，将陷入循环迭代的簇头无人机作为参与者，这些簇头无人机对自己的动作分配概率，例如，簇头无人机 i 为自己的可选动作 s_i 分配概率 $p_i(s_i)$，且 $\sum\limits_{s_i \in S_i} p_i(s_i)=1$。下面给出详细过程：

① 初始化迭代次数 $l'=0$。

② 判断当前网络是否收敛到混合策略纳什网络，若没有，执行步骤③，若收敛，停止迭代。

③ 簇头无人机按次序依次决策，当簇头无人机 i 进行决策时，簇头无人机 i 根据式(9.43)选择自己的最佳动作 s_i^*，若该动作不是簇头无人机 i 之前的动作，则簇头无人机 i 根据新动作替换当前下一跳节点：

$$s_i^* = \arg\max_{s_i \in S_i} \tilde{f}_i(s_i, P_{-i}) \tag{9.43}$$

式中，$\tilde{f}_i(s_i,P_{-i}) = \sum\limits_{s_1 \in S_1} \cdots \sum\limits_{s_{i-1} \in S_{i-1}} \sum\limits_{s_{i+1} \in S_{i+1}} \cdots \sum\limits_{s_N \in S_N} p_1(s_1) \cdots p_{i-1}(s_{i-1}) p_{i+1}(s_{i+1}) \cdots p_N(s_N) \cdot u_i(G_{s_i,s_{-i}})$，$P_i = [p_i(s_i)]_{s_i \in S_i}$ 表示簇头无人机 i 的期望收益。

④ 所有簇头无人机更新簇头无人机 i 的动作概率分布：

$$P_i^{l'+1} = P_i^{l'} + \frac{1}{l'+1}(v_i^{l'} - P_i^{l'}) \tag{9.44}$$

式中，$P_i^{l'} = [p_i^{l'}(s_i)]_{s_i \in S_i}$ 代表了簇头无人机 i 截止到 l' 次迭代选择每个动作对应的比例，即簇头无人机 i 的动作概率分布，$v_i^{l'} = [v_i^{l'}(s_i)]_{s_i \in S_i}$ 是 S_i 维矢量，簇头无人机 i 的动作 s_i^* 对应的位置为 1，即 $v_i^{l'}(s_i^*)=1$，其余位置为 0，令 $P_i = P_i^{l'+1}, \forall i$。若簇头无人机是最后一架决策的簇头无人机，继续⑤，否则返回③。

⑤ 迭代次数 $l'=l'+1$，返回②。

当寻找混合策略最终收敛时，可以得到混合策略纳什均衡。实际应用中，簇头无人机首先寻找纯策略，若在寻找纯策略过程中产生循环迭代，则触发寻找混合策略。

对于任意一个博弈，如果参与者个数是有限的，且每个参与者有动作有限，那么该博弈至少存在一个纳什均衡，包括混合策略纳什均衡。因此，上述路由选择问题对应的网络形成博弈肯定存在纳什均衡。其中，寻找纯策略收敛到纯策略纳什网络或循环迭代。当得到纯策略纳什网络时，所提算法收敛，不触发混合策略寻找过程；当产生循环迭代时，触发寻找混合策略，纯策略寻找过程终止。

9.2.4 仿真验证

1. 仿真环境

在 Windows 10 操作系统中，基于 MATLAB 2014a 仿真环境编写上述算法实现仿真实验，计算机配置：CPU 为 Intel Core i5-2450M 2.5GHz，8GB 内存。

2. 仿真参数

仿真场景设置为 5km×5km×120m 的空域，假设无人机飞行在 100～120m 高度收集信息并向地面站传输。初始时刻所有簇头无人机选择与地面站直接连接，其余簇头无人机和地面站均是簇头无人机可以选择的下一跳节点。仿真参数如表 9.3 所示。

表 9.3　仿真参数

参数	含义	参数值
N	簇头无人机数量	10
B_i	簇头无人机带宽	5MHz
f_c	通信系统载波频率	2GHz
b_1 , b_2	环境常量[10]	0.13, 11.9
ψ_{NLoS}	非视距链路额外衰减因子	20dB
p_i	簇头无人机信号发送功率	20dBm
σ^2	噪声功率	−100dBm
λ_i	单位时间数据包数量	50
ν	数据包大小	256bit
e_s , e_p	感知、信息处理能量消耗	50nJ/bit, 10nJ/bit
p_i^r	接收功率	15dBm
η_{1i} , η_{2i} , η_{3i}	权重因子	0.5, 0.3, 0.2

3. 仿真结果

1) 路由选择结果

为了验证所提算法的有效性,图 9.11 中实线给出了最终形成的路由选择结果。仿真结果表明，远距离簇头无人机通过多跳链路连接地面站，此外，从性能指标函数的表达式可知，跳数会影响簇头无人机性能，进而对无人机的路由选择也产生了影响。例如，簇头无人机 7 虽然距离簇头无人机 3 比距离地面站近，但是经过簇头无人机 3 需要两跳，而直接与地面站连接只需要一跳。此外，当簇头无人机 10 进行决策时，簇头无人机 10 不可以选择簇头无人机 4 和 5 作为其下一跳节点，否则会形成环形网络。从图中还可以看出，当簇头无人机 6 进行决策时，簇头无人机 6 可以选择簇头无人机 7、8、2、3、10 或 9 等作为其下一跳节点。然而虽然簇头无人机 8 选择距离较近的 2 作为其下一跳节点，但是簇头无人机 6 没有选择 8，这是因为 6 选择 8 会经历更多跳；簇头无人机 6 没有选择 2，这是因为 2 需要为 8 转发信息，6 再选择 2 会增加 2 到地面站的链路负载，同理簇头无人机 6 没有选择 10；簇头无人机 6 没有选择 3 或者 9，这是因为 3 或者 9 不仅需要为其他无人机转发信息，还离 6 较远。

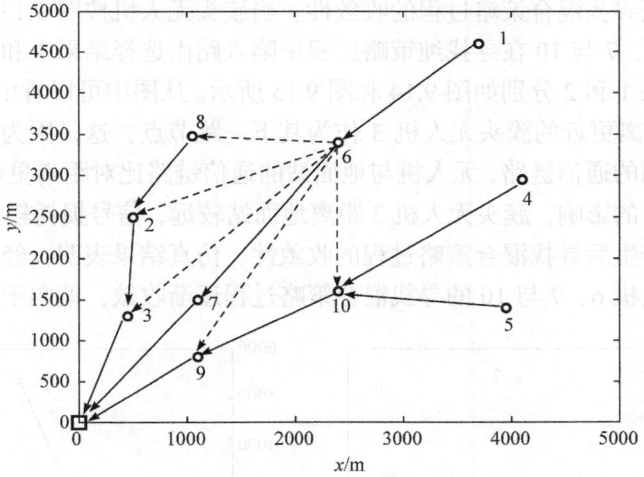

图 9.11　簇头无人机路由选择结果

2) 收敛性

首先验证寻找纯策略过程的收敛性。通过 100 次独立实验，得到不同无人机规模下所提算法的收敛性，如图 9.12 所示。图中三条曲线分别表示最大、平均、最小迭代次数。从图中可以看出，当 N=5 时，所需最大、平均、最小迭代次数分别为 3、2.4、2，而当 N=25 时，最大、平均、最小迭代次数为 5、3.6、3，这是因为随着无人机数量的增加，每架无人机可选动作增加，需要更多迭代才能达到稳定网络。此外，从收敛性来看，随着无人机规模的扩大，迭代次数缓慢增长。

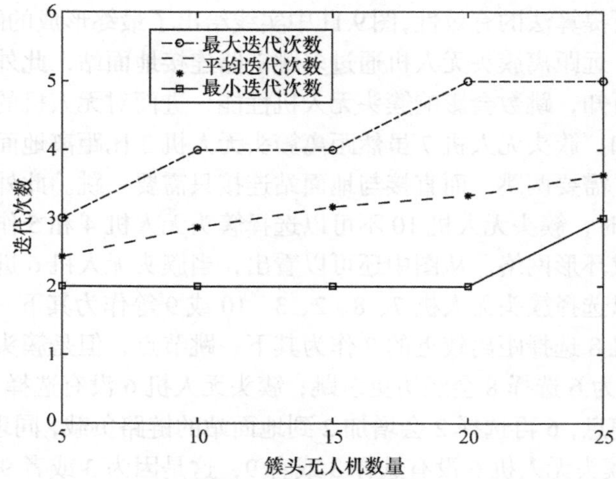

图 9.12　所提算法的收敛性

其次验证寻找混合策略过程的收敛性。当簇头无人机按图 9.13 所示分布时，簇头无人机 6、7 与 10 在寻找纯策略过程中陷入路由选择结果 1 和 2 循环迭代，路由选择结果 1 和 2 分别如图 9.14 和图 9.15 所示。从图中可以看出，簇头无人机 6 没有选择距离更近的簇头无人机 3 作为其下一跳节点，这是因为相比于无人机与无人机之间的通信链路，无人机与地面站的通信链路比对距离更加敏感。此外，受到地面反射的影响，簇头无人机 3 距离地面站较远，信号损耗较大。图 9.16 给出循环迭代产生后寻找混合策略过程的收敛性。仿真结果表明，经过若干轮迭代后，簇头无人机 6、7 与 10 的寻找混合策略过程逐渐收敛，偏向于形成网络 2。

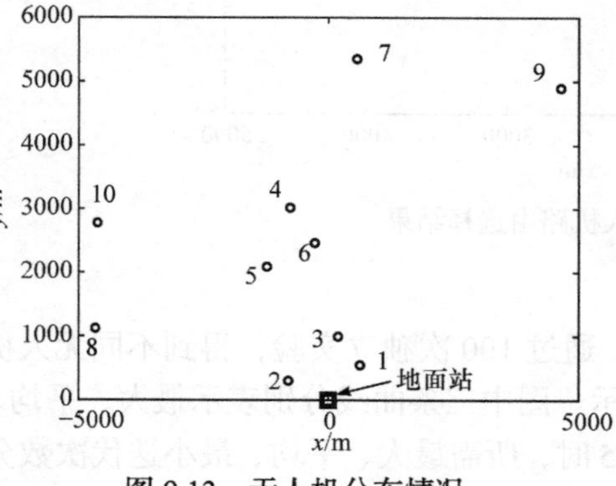

图 9.13　无人机分布情况

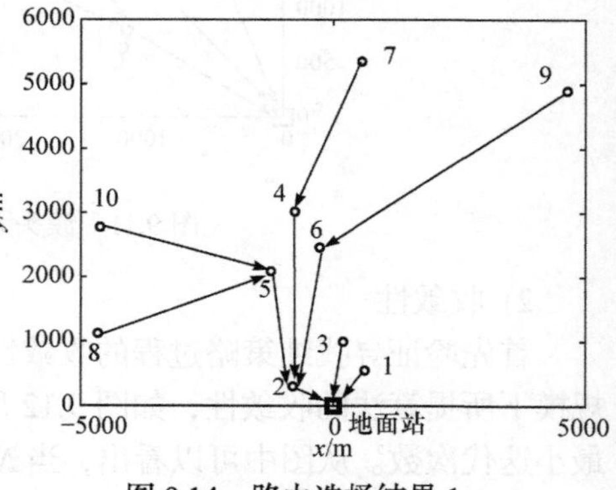

图 9.14　路由选择结果 1

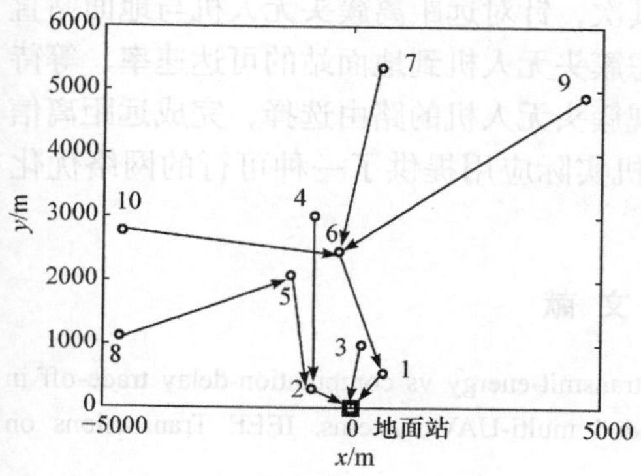

图 9.15　路由选择结果 2

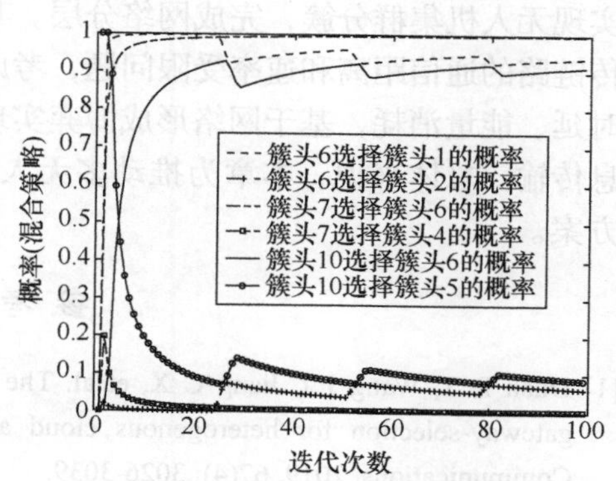

图 9.16　寻找混合策略过程的收敛性

3) 性能评估

为了验证所提算法的性能，将所提算法与最近邻算法和直接传输方案进行对比。从图 9.17 中可以看出，尽管网络中无人机规模不同，所提算法性能始终优于其他两种算法。进一步考虑权重因子的影响，假设时延与能量消耗具有相同权重，当可达速率的权重较小时，无人机对时延和能量消耗更为敏感，采用较少跳数与地面站连接，随着可达速率权重的增大，无人机对时延和能量消耗较为容忍，网络平均收益增大，如图 9.18 所示。

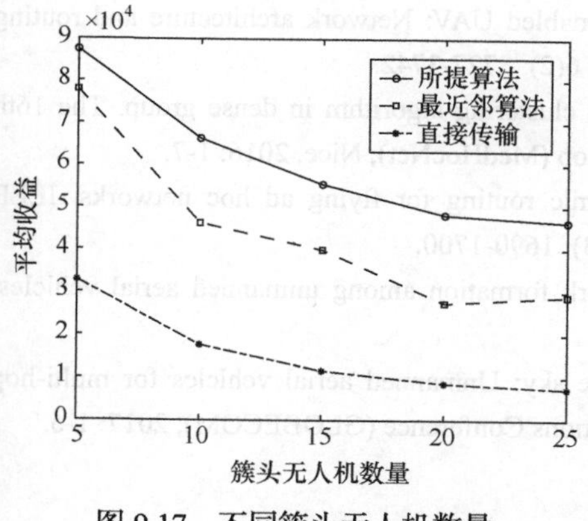

图 9.17　不同簇头无人机数量

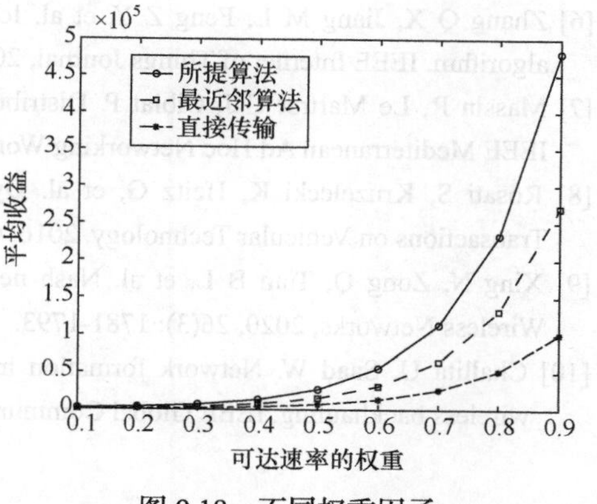

图 9.18　不同权重因子

9.3　小　　结

本章从多无人机通信网络优化角度出发，首先，针对大规模集群网络管理困难、网络不稳定问题，考虑无人机的通信效率和任务属性，基于联盟博弈算法实现无人机集群分簇，完成网络分层。其次，针对远距离簇头无人机与地面站直传链路的通信距离和速率受限问题，考虑簇头无人机到地面站的可达速率、等待时延、能量消耗，基于网络形成博弈实现簇头无人机的路由选择，完成远距离信息传输。总体来说，本章为推动多无人机实际应用提供了一种可行的网络优化方案。

参 考 文 献

[1] Duan R Y, Wang J J, Jiang C X, et al. The transmit-energy vs computation-delay trade-off in gateway-selection for heterogenous cloud aided multi-UAV systems. IEEE Transactions on Communications, 2019, 67(4): 3026-3039.

[2] Massin R, Le Martret C J, Ciblat P. A coalition formation game for distributed node clustering in mobile ad hoc networks. IEEE Transactions on Wireless Communications, 2017, 16(6): 3940-3952.

[3] Yu Y L, Ru L, Fang K. Bio-inspired mobility prediction clustering algorithm for ad hoc UAV networks. Engineering Letters, 2016, 24(3): 328-337.

[4] Saad W, Han Z, Debbah M, et al. Coalitional game theory for communication networks. IEEE Signal Processing Magazine, 2009, 26(5): 77-97.

[5] Xing N, Zong Q, Dou L Q, et al. A game theoretic approach for mobility prediction clustering in unmanned aerial vehicle networks. IEEE Transactions on Vehicular Technology, 2019, 68(10): 9963-9973.

[6] Zhang Q X, Jiang M L, Feng Z Y, et al. IoT enabled UAV: Network architecture and routing algorithm. IEEE Internet of Things Journal, 2019, 6(2): 3727-3742.

[7] Massin R, Le Martret C J, Ciblat P. Distributed clustering algorithm in dense group. The 16th IEEE Mediterranean Ad Hoc Networking Workshop (MedHocNet), Nice, 2016: 1-7.

[8] Rosati S, Kruzelecki K, Heitz G, et al. Dynamic routing for flying ad hoc networks. IEEE Transactions on Vehicular Technology, 2016, 65(3): 1690-1700.

[9] Xing N, Zong Q, Tian B L, et al. Nash network formation among unmanned aerial vehicles. Wireless Networks, 2020, 26(3): 1781-1793.

[10] Challita U, Saad W. Network formation in the sky: Unmanned aerial vehicles for multi-hop wireless backhauling. IEEE Global Communications Conference (GLOBECOM), 2017: 1-6.

第 10 章　多无人机通信资源分配

多无人机通信资源分配是指考虑可用资源、通信需求，以通信性能最佳为目标，为无人机分配信道、时隙、功率等通信资源，实现资源的有效管理和充分利用。第 9 章完成分簇后，不同簇的无人机需要通过信道进行信息传输，这种情况下通信资源主要指信道资源。然而信道资源相对比较紧缺，且距离较近的簇选择同一信道会造成相互干扰，影响通信质量，因此需要对不同簇之间的信道资源进行分配。考虑到分配过程中，不必要的时隙间信道切换会带来额外的信令开销。因此，本章首先在综合考虑网络干扰和信道切换成本的影响下，采用非合作博弈算法解决多无人机集群内部不同簇之间的信道资源分配问题。进一步考虑簇头无人机需要与地面站通信的情况，此时需要建立从簇头无人机到地面站的通信路由，由于簇头无人机可能不存在到地面站的路由，在这种情况下需要部署中继无人机辅助簇头无人机与地面站通信。考虑到簇头无人机与地面站的通信质量不仅受时隙和功率等通信资源的影响，还与中继无人机的位置相关。因此本章综合考虑上述两方面影响，采用凸优化算法求解，实现时隙与功率等通信资源的合理分配以及中继无人机飞行轨迹的优化。

本章的主要内容安排如下：10.1 节考虑网络干扰和信道切换成本的影响，研究基于非合作博弈的多无人机信道资源分配算法；10.2 节考虑部署中继无人机辅助簇头无人机与地面站通信的情况，研究基于凸优化的时隙和功率资源分配以及中继无人机轨迹优化算法；10.3 节给出本章小结。

10.1　基于非合作博弈的多无人机信道资源分配

由上述分析可知，本节中的通信资源主要为信道资源。在不同簇之间的信道资源分配问题中，簇头无人机负责选择用于簇内通信的信道，由于信道资源有限，因此不同簇头无人机可以看成是竞争关系。考虑到非合作博弈为解决这种多方在竞争关系下如何选择最优策略的问题提供了良好的分析框架[1]，因此，本节采用非合作博弈算法解决多无人机集群内部不同簇之间的信道资源分配问题。下面首先给出多无人机信道资源分配问题描述，然后为多无人机信道资源分配问题建立非合作博弈模型，最后设计求解策略。

10.1.1　问题描述

1. 通信场景

假设无人机集群被分为 N 簇，令 $\mathcal{N}=\{1,2,\cdots,N\}$ 表示 N 簇的簇头无人机集合，存在 K 条可用信道，令 $\mathcal{K}=\{1,2,\cdots,K\}$ 为可用信道集合，任务周期可以划分为 T 个等长的时隙，每个时隙簇头无人机选择一条信道用于簇内成员向簇头无人机传输信息。需要注意的是，无人机在不同时隙可以采用不同的信道，但信道切换需要额外的信令开销。此外，距离较近的簇选择同一条信道会相互干扰，如图 10.1 所示是包含多个簇的无人机网络干扰示意图，距离较近的簇选择同一信道会相互影响，例如，簇 1 与簇 2 或簇 3 选择相同信道时会相互干扰，簇 8 与簇 9 或簇 10 选择相同信道时会相互干扰。因此，综合考虑信道资源有限（$K<N$）、信道切换成本以及网络干扰等因素，为不同簇合理分配信道资源，保证簇内无人机通信性能最佳是本节需要解决的难点问题。

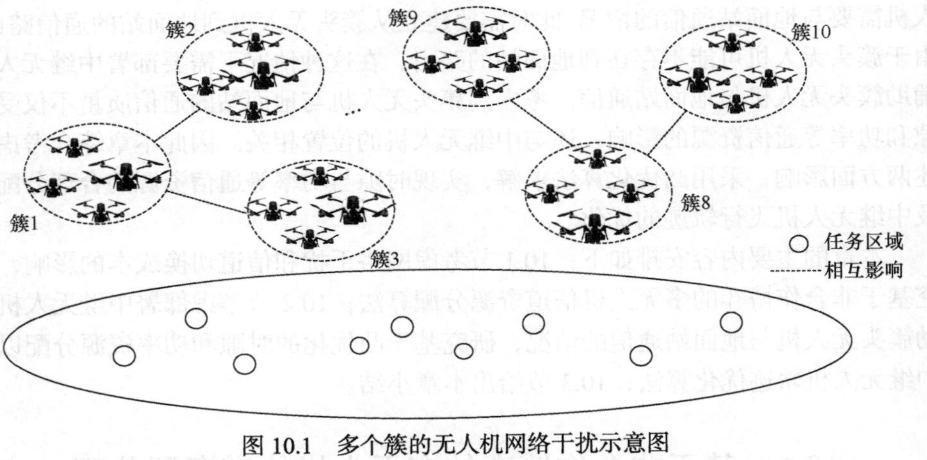

图 10.1　多个簇的无人机网络干扰示意图

下面给出多无人机信道分配问题的数学描述，包括约束条件、性能指标和优化模型三部分。

2. 约束条件

令 s_i^t 表示在时隙 t 簇 i 选择的信道，其需要满足的约束条件如式(10.1)所示：

$$s_i^t \in \mathcal{K},\quad \forall i=1,2,\cdots,N; t=1,2,\cdots,T \tag{10.1}$$

3. 性能指标

本节综合考虑网络干扰和信道切换成本建立性能指标，如式(10.2)所示：

$$U=-\sum_{t=1}^{T}\sum_{i=1}^{N}I_i^t-\tilde{c}\sum_{t=2}^{T}\sum_{i=1}^{N}f_i^t \tag{10.2}$$

式中，f_i^t 表示在时隙 t 簇 i 的信道是否切换，当 $s_i^t \neq s_i^{t-1}$ 时，$f_i^t=1$，否则 $f_i^t=0$；$\tilde{c}$ 为常数，用于衡量信道切换成本；I_i^t 表示在时隙 t 簇 i 受到的干扰，下面给出其具体形式。

第 i 个簇内无人机在通信过程中所受的网络干扰不仅取决于该簇簇头所选信道，还与其他簇的簇头无人机所选信道相关，当距离较近的簇选择同一信道时，会产生相互干扰，因此在时隙 t 簇 i 选择信道 s_i^t 时受到的干扰如式(10.3)所示：

$$I_i^t=\sum_{j\in\mathcal{J}_i[t]}\delta(s_i^t,s_j^t) \tag{10.3}$$

式中，当 $s_i^t=s_j^t$ 时，表示簇 i 与簇 j 选择同一条信道，此时 $\delta(s_i^t,s_j^t)=1$，否则，$\delta(s_i^t,s_j^t)=0$，显而易见，如果使用同一条信道的簇数量越多，选择此信道的簇受到的干扰越高；$\mathcal{J}_i[t]$ 表示对第 i 个簇产生不可忽略干扰的无人机簇集合，当接收到的干扰信号大于 ω 时，认为两个簇间存在干扰，否则干扰可以忽略不计。因此，$\mathcal{J}_i[t]$ 可以表示为

$$\mathcal{J}_i[t]=\left\{j\in(\mathcal{N}\setminus i):p_j[t](d_{i,j}[t])^{-\alpha}>\omega\right\} \tag{10.4}$$

式中，ω 为干扰阈值；$p_j[t]$ 表示在时隙 t 簇头 j 的发送功率；$d_{i,j}[t]$ 表示在时隙 t 簇头 i 与簇头 j 的距离；α 表示路径损耗指数。

为了便于理解，通过干扰图来描述无人机簇之间的干扰关系[2]。考虑到时隙间隔较小，单个时隙内网络拓扑基本不变，定义干扰图 $G(\mathcal{V},\mathcal{E})$，其中，$\mathcal{V}$ 表示簇头无人机集合(N 个簇头)，$\mathcal{E}$ 表示连接不同簇头的边，图 G 中边 $(i,j)\in\mathcal{E}$ 表示簇头 i 与簇头 j 选择同一条信道时，将会产生不可忽略的干扰。为了便于理解，给出如下示例。图 10.2(a)给出了包含多架无人机簇的移动轨迹，任务周期被划分为 3 个时隙，图 10.2(b)给出了每个时隙相应的干扰图。在时隙 1，簇 1 与簇 2、簇 9、簇 10 使用同一信道时会产生干扰，因此 $\mathcal{J}_1[1]=\{2,9,10\}$，同理，得到 $\mathcal{J}_2[1]=\{1,3\}$，$\mathcal{J}_3[1]=\{2\}$，$\mathcal{J}_9[1]=\{1,10\}$，$\mathcal{J}_{10}[1]=\{1,9\}$，由于无人机不断移动，因此干扰图 G 是时变的。

4. 优化模型

令 $S_i=(s_i^1,\cdots,s_i^t,\cdots,s_i^{\mathrm{T}})$ 表示簇 i 在所有时隙的信道选择，根据上述约束条件(10.1)和性能指标(10.2)，建立信道分配问题的优化模型如式(10.5)所示：

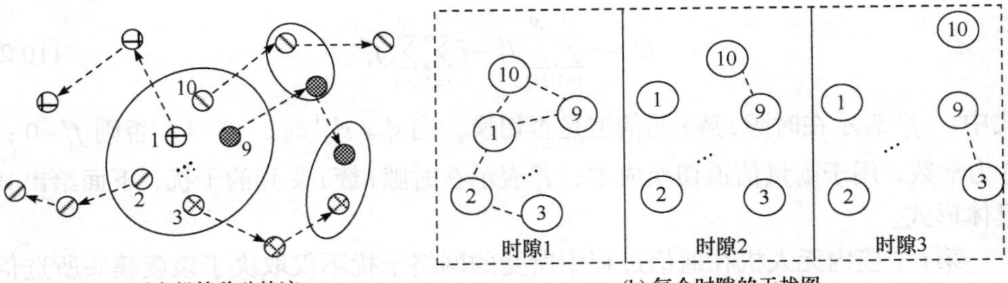

(a) 无人机簇移动轨迹 (b) 每个时隙的干扰图

图 10.2 簇相互间干扰变化示意图

$$\max_{S_1,S_2,\cdots,S_N} U \tag{10.5}$$

$$\text{s.t.} \quad s_i^t \in \mathcal{K}, \quad \forall i=1,2,\cdots,N; t=1,2,\cdots,T$$

上述优化问题的目标是为每个簇在每个时隙分配合适的信道，从而最小化网络干扰和信道切换成本。本节给出了多无人机信道资源分配的问题描述，接下来为上述优化问题建立非合作博弈模型。

10.1.2 非合作博弈模型

非合作博弈是指一些参与者以竞争的方式进行的博弈。由于信道资源有限，因此不同簇头无人机可以看成是竞争关系，故上述优化问题可以采用非合作博弈求解。利用非合作博弈解决多无人机信道资源分配问题(10.5)时，首先需要对待解决的多无人机信道资源分配问题建立非合作博弈模型。

非合作博弈模型包含参与者、动作、收益三方面，其通常表示为 $\mathcal{G}=\{\mathcal{N},\{\mathcal{S}_i\}_{i\in\mathcal{N}},\{u_i\}_{i\in\mathcal{N}}\}$，其中，$\mathcal{N}$ 表示参与者集合，是指参与博弈的主体；$\mathcal{S}_i$ 表示参与者 i 可以选择的动作集；u_i 表示参与者 i 选择动作后得到的收益，选择的动作不同收益也不同。针对多无人机信道资源分配问题，各符号的具体含义如下。

(1) 参与者集合 $\mathcal{N}$。将网络中 N 架簇头无人机作为博弈的参与者，因此，非合作博弈中的参与者集合如式(10.6)所示：

$$\mathcal{N}=\{1,2,\cdots,N\} \tag{10.6}$$

(2) 动作集 $\mathcal{S}_i$。在上述多无人机信道分配问题中，簇头无人机 i 在每个时隙选择一条信道，因此将每个时隙下选择的信道作为簇头无人机 i 的动作，具体如式(10.7)所示：

$$S_i=(s_i^1,\cdots,s_i^t,\cdots,s_i^T)\in\mathcal{S}_i, \quad \forall s_i^t\in\mathcal{K} \tag{10.7}$$

式中，$\mathcal{S}_i$ 表示簇头无人机 i 的动作集；s_i^t 的定义如式(10.1)所示，表示在时隙 t 簇

头无人机 i 选择的信道；S_i 表示簇头 i 在各个时隙选择的信道。

(3) 收益 u_i。簇头无人机选择信道后，根据上述性能指标(10.2)，得到簇头无人机 i 的收益如式(10.8)所示：

$$u_i(S_i,S_{-i}) = -\sum_{t=1}^{T} I_i^t - \tilde{c}\sum_{t=2}^{T} f_i^t \tag{10.8}$$

式中，$S_{-i}=\{S_1,\cdots,S_{i-1},S_{i+1},\cdots,S_N\}$ 表示除了簇头 i 其他簇头无人机的动作。

在多无人机信道分配问题的非合作博弈中，每架簇头无人机以找到使自身收益最大的信道为目标，如式(10.9)所示：

$$\max_{S_i} u_i(S_i,S_{-i}),\quad \forall i\in\mathcal{N} \tag{10.9}$$

本节建立了多无人机信道分配问题的非合作博弈模型。10.1.3 节将介绍上述非合作博弈模型的求解策略，计算得到每个簇各个时隙的信道分配结果。

10.1.3 基于最佳响应的求解策略

本节将给出上述非合作博弈的求解策略，首先介绍每架簇头无人机如何选择初始信道，然后给出非合作博弈的解的数学定义，即纳什均衡，最后介绍如何通过求解算法获得纳什均衡，得到每个簇各个时隙的信道分配结果。

1. 初始信道分配

在多无人机信道分配问题中，初始时刻令簇头无人机随机选择信道，将此时簇头无人机的信道分配作为初始分配结果。

2. 非合作博弈中纳什均衡的数学定义

上述非合作博弈的解是纳什均衡。下面给出与非合作博弈求解相关的几个定义。令 $S=\{S_1,\cdots,S_N\}$，由 S_i 的定义可知，S 表示所有簇头无人机的动作集合。

定义 10.1　在其他簇头无人机不改变动作的前提下，如果簇头无人机 i 的动作 S_i^* 可以使其获得最大收益，如式(10.10)所示：

$$u_i(S_i^*,S_{-i}) \geqslant u_i(S_i,S_{-i}),\quad \forall S_i \tag{10.10}$$

那么动作 S_i^* 是簇头无人机 i 的最佳响应动作，可以表示为 $S_i^*\in \mathrm{BR}(S_{-i})$。

定义 10.2　如果所有簇头无人机的动作都是最佳响应动作，如式(10.11)所示：

$$S_i\in \mathrm{BR}(S_{-i}),\quad \forall i\in\mathcal{N} \tag{10.11}$$

那么 $S=\{S_1,\cdots,S_N\}$ 是非合作博弈的纯策略纳什均衡。

引理 10.1　如果存在一个函数Φ，满足

$$u_i(S_i',S_{-i})-u_i(S_i,S_{-i})=\Phi(S_i',S_{-i})-\Phi(S_i,S_{-i}),\quad \forall i\in\mathcal{N},S_i,S_i'\in\mathcal{S}_i,S_i'\neq S_i \tag{10.12}$$

那么非合作博弈$\mathcal{G}=\{\mathcal{N},\{\mathcal{S}_i\}_{i\in\mathcal{N}},\{u_i\}_{i\in\mathcal{N}}\}$肯定存在纯策略纳什均衡[2]，即单个参与者动作变化造成收益的变化能够反映在一个共同函数上。

为了证明上述多无人机信道分配问题的非合作博弈肯定存在纯策略纳什均衡，首先证明存在这样的函数Φ，如定理 10.1 所示。

定理 10.1　存在函数Φ使得多无人机信道分配问题中单个参与者动作变化造成收益的变化能够反映在一个共同函数上，从而多无人机信道分配问题的非合作博弈$\mathcal{G}=\{\mathcal{N},\{\mathcal{S}_i\}_{i\in\mathcal{N}},\{u_i\}_{i\in\mathcal{N}}\}$存在纯策略纳什均衡。

证明　定义函数Φ，如式(10.13)所示：

$$\Phi(S_i,S_{-i})=-\frac{1}{2}\sum_{t=1}^{T}\sum_{i=1}^{N}I_i^t-\tilde{c}\sum_{t=2}^{T}\sum_{i=1}^{N}f_i^t \tag{10.13}$$

令$\mathcal{Z}_i^t(s_i^t,s_{-i}^t)$表示在时隙$t$集合$\mathcal{J}_i[t]$中与$i$选择同一条信道的簇头无人机集合，如式(10.14)所示：

$$\mathcal{Z}_i^t(s_i^t,s_{-i}^t)=\left\{j\in\mathcal{J}_i[t]:s_j^t=s_i^t\right\} \tag{10.14}$$

假设簇头i将动作从$S_i=(s_i^1,\cdots,s_i^t,\cdots,s_i^T)$变为$S_i'=(s_i^{1\prime},\cdots,s_i^{t\prime},\cdots,s_i^{T\prime})$，其他簇头无人机动作不变，那么簇头$i$收益的变化如式(10.15)所示：

$$\begin{aligned}&u_i(S_i',S_{-i})-u_i(S_i,S_{-i})\\&=\sum_{t=1}^{T}\Big[|\mathcal{Z}_i^t(s_i^t,s_{-i}^t)|-|\mathcal{Z}_i^t(s_i^{t\prime},s_{-i}^t)|\Big]+\tilde{c}\sum_{t=2}^{T}\Big[f_i^t(s_i^t,s_{-i}^t)-f_i^t(s_i^{t\prime},s_{-i}^t)\Big]\end{aligned} \tag{10.15}$$

式中，$|\mathcal{Z}_i^t(s_i^t,s_{-i}^t)|$为集合$\mathcal{Z}_i^t(s_i^t,s_{-i}^t)$中簇头无人机的数量。簇头$i$动作的变化导致函数$\Phi$的变化如式(10.16)所示：

$$\begin{aligned}&\Phi(S_i',S_{-i})-\Phi(S_i,S_{-i})\\&=\frac{1}{2}\sum_{t=1}^{T}\Bigg\{|\mathcal{Z}_i^t(s_i^t,s_{-i}^t)|-|\mathcal{Z}_i^t(s_i^{t\prime},s_{-i}^t)|+\sum_{j\in\mathcal{Z}_i^t(s_i^t,s_{-i}^t)}\Big[|\mathcal{Z}_j^t(s_i^t,s_{-i}^t)|-|\mathcal{Z}_j^t(s_i^{t\prime},s_{-i}^t)|\Big]\\&\quad+\sum_{m\in\mathcal{Z}_i^t(s_i^{t\prime},s_{-i}^t)}\Big[|\mathcal{Z}_m^t(s_i^t,s_{-i}^t)|-|\mathcal{Z}_m^t(s_i^{t\prime},s_{-i}^t)|\Big]\\&\quad+\sum_{\substack{m'\neq i,m'\notin\mathcal{Z}_i^t(s_i^t,s_{-i}^t),\\m'\notin\mathcal{Z}_i^t(s_i^{t\prime},s_{-i}^t)}}\Big[|\mathcal{Z}_{m'}^t(s_i^t,s_{-i}^t)|-|\mathcal{Z}_{m'}^t(s_i^{t\prime},s_{-i}^t)|\Big]\Bigg\}\\&\quad+\tilde{c}\sum_{t=2}^{T}\Bigg\{f_i^t(s_i^t,s_{-i}^t)-f_i^t(s_i^{t\prime},s_{-i}^t)+\sum_{j\in\mathcal{N},j\neq i}\Big[f_j^t(s_i^t,s_{-i}^t)-f_j^t(s_i^{t\prime},s_{-i}^t)\Big]\Bigg\}\end{aligned} \tag{10.16}$$

由于簇头 i 动作的变化只影响选择同一信道的簇，因此可得

$$|\mathcal{Z}_j^t(s_i^t,s_{-i}^t)|-|\mathcal{Z}_j^t(s_i^{t\prime},s_{-i}^t)|=1,\quad \forall j\in\mathcal{Z}_i^t(s_i^t,s_{-i}^t) \tag{10.17}$$

$$|\mathcal{Z}_m^t(s_i^t,s_{-i}^t)|-|\mathcal{Z}_m^t(s_i^{t\prime},s_{-i}^t)|=-1,\quad \forall m\in\mathcal{Z}_i^t(s_i^{t\prime},s_{-i}^t) \tag{10.18}$$

$$|\mathcal{Z}_{m'}^t(s_i^t,s_{-i}^t)|-|\mathcal{Z}_{m'}^t(s_i^{t\prime},s_{-i}^t)|=0,\quad \forall m'\neq i,m'\notin\mathcal{Z}_i^t(s_i^t,s_{-i}^t),m'\notin\mathcal{Z}_i^t(s_i^{t\prime},s_{-i}^t) \tag{10.19}$$

由此得

$$\Phi(S_i',S_{-i})-\Phi(S_i,S_{-i})=u_i(S_i',S_{-i})-u_i(S_i,S_{-i}) \tag{10.20}$$

因此，存在函数 Φ 使得多无人机信道分配问题中单个参与者动作变化造成收益的变化能够反映在一个共同函数上，从而多无人机信道分配问题的非合作博弈 $\mathcal{G}=\{\mathcal{N},\{\mathcal{S}_i\}_{i\in\mathcal{N}},\{u_i\}_{i\in\mathcal{N}}\}$ 存在纯策略纳什均衡。定理 10.1 得证。

3. 求解算法

为了获得纯策略纳什均衡，根据是否存在公共控制信道(common control channel, CCC)[2]设计两种求解算法。第一种算法称为并行最佳响应(concurrent best response，CBR)算法，适用于存在公共控制信道的情况，在该算法中，公共控制信道用于决定获得信道更新机会的簇头无人机，这些簇头无人机更新所选信道；第二种算法称为同时最佳响应(simultaneous best response，SBR)算法，适用于不存在公共控制信道的情况，在该算法中，所有簇头无人机同时更新所选信道。下面分别给出具体步骤。

1) 并行最佳响应算法

设计并行最佳响应算法 10.1 如下所示。

算法 10.1　并行最佳响应算法

1: 若当前时隙为初始时隙，所有簇头无人机随机选择一条信道，否则每个簇头所选信道初始化为上一时隙选择的信道
2: 初始化迭代次数 $l=1$；
3: 若存在簇头无人机的动作不是最佳响应动作
4: 　　所有簇头无人机竞争信道更新机会，选出不会相互影响的簇头无人机集合；
5: 　　上述集合中的每架簇头无人机选择自己的最佳信道，完成信道更新；
6: 　　迭代次数 $l=l+1$；
7: 结束

上述算法的详细过程如下：

(1) 若当前时隙为初始时隙，所有簇头无人机随机选择一条信道，否则每个簇头所选信道初始化为上一时隙选择的信道，设置初始化迭代次数 $l=1$ 。

(2) 设置终止条件为所有簇头无人机的动作均是最佳响应动作。根据当前情况判断终止条件是否满足，若满足，则跳出循环，输出信道分配结果，若不满足，继续。

(3) 所有簇头无人机竞争信道更新机会，选出不会相互影响的簇头无人机集合，实际应用中采用一条公共控制信道用于簇头无人机竞争信道更新机会[2]。

(4) 获得信道更新机会的簇头无人机感知所选信道的网络干扰，在此基础上根据式(10.8)得到此时获得的收益值。根据式(10.21)选择最佳信道，完成信道更新：

$$s_i^t(l+1)=\arg\max_{s_i^t\in\mathcal{K}} u_i^t(s_i^t,s_{-i}^t(l)) \tag{10.21}$$

式中，l 表示迭代次数；$s_{-i}^t(l)$ 表示在时隙 t 除了簇头 i 以外，其他簇头无人机在第 l 次迭代选择的信道。

(5) 令 $l=l+1$，返回步骤(2)。

2) 同时最佳响应算法

并行最佳响应算法需要一条额外的控制信道令簇头无人机竞争信道更新机会，每次迭代中只有部分簇头无人机更新动作，当没有额外控制信道可用时，可以采用同时最佳响应算法[3]，令所有簇头无人机同时更新。设计同时最佳响应算法如下算法 10.2 所示。

算法 10.2　同时最佳响应算法

```
若当前时隙为初始时隙，所有簇头无人机随机选择一条信道，否则每个
  簇头所选信道初始化为上一时隙选择的信道
初始化迭代次数 l=1，每个簇头感知所有信道的网络干扰，建立空信道
  集合；
若存在簇头无人机的动作不是最佳响应动作
    每架簇头无人机判断当前所用信道是否存在干扰
        若没有受到干扰
            保持之前选择的信道不变；
        否则
            根据上次迭代感知的空信道集合，随机选择一条空信道或
            不改变当前信道；
        结束
    结束
```

11:　　迭代次数 $l=l+1$；

12: 结束

上述算法的详细过程如下：

(1) 若当前时隙为初始时隙，所有簇头无人机随机选择一条信道，否则每个簇头所选信道初始化为上一时隙选择的信道，设置初始化迭代次数 $l=1$，每个簇头感知所有信道的网络干扰，建立空信道集合。

(2) 设置终止条件为所有簇头无人机的动作均是最佳响应动作。根据当前情况判断终止条件是否满足，若满足，则跳出循环，输出信道分配结果；若不满足，继续。

(3) 所有簇头无人机同时执行以下操作：以簇头 i 为例，判断当前信道是否受到干扰，若没有受到干扰，将保持之前选择的信道不变，否则，簇头 i 根据上次迭代感知的空信道集合 $\Delta_i^t(l-1)$，通过式(10.22)所示的概率决定选择一条空信道还是不改变信道：

$$P_i^t[\Delta_i^t(l-1)]=P_i^t[s_i^t(l-1)]=\frac{1}{|\Delta_i^t(l-1)|+1} \tag{10.22}$$

(4) 令 $l=l+1$，返回步骤(2)。

10.1.4　仿真验证

1. 仿真环境

在 Windows 10 操作系统中，基于 MATLAB 2014a 仿真环境编写上述算法实现仿真实验，计算机配置：CPU 为 Intel Core i5-2450M 2.5GHz，8GB 内存。

2. 仿真参数

仿真场景设置为 5km×5km×120m 的空域，假设无人机飞行在 100～120m 高度执行任务，无人机根据任务需求移动。仿真参数如表 10.1 所示。

表 10.1　仿真参数

参数	含义	参数值
N	无人机簇的数量	10
K	可用信道数量	4
p_j	无人机发射功率	20dBm
α	路径损耗指数	4

续表

参数	含义	参数值
ω	干扰阈值	2.5×10^{-8} W
$\tilde{c}$	信道切换成本	1.5×10^{-6}

3. 仿真结果

1) 收敛性

为了验证所提算法的收敛性，将所提算法与传统 BR(最佳响应)算法[2]进行对比，如图 10.3 所示。仿真结果表明，三种算法在收敛后达到同样的通信性能。然而，由于 CBR 算法和 SBR 算法允许多架簇头无人机同时更新动作，而 BR 算法每次只允许一架簇头无人机更新，所以 BR 算法收敛速度较慢，此外，尽管相较于 SBR 算法，CBR 算法具有最快的收敛速度，但其需要一条控制信道辅助实现。因此，实际应用中，可以根据不同需求进行灵活应用。

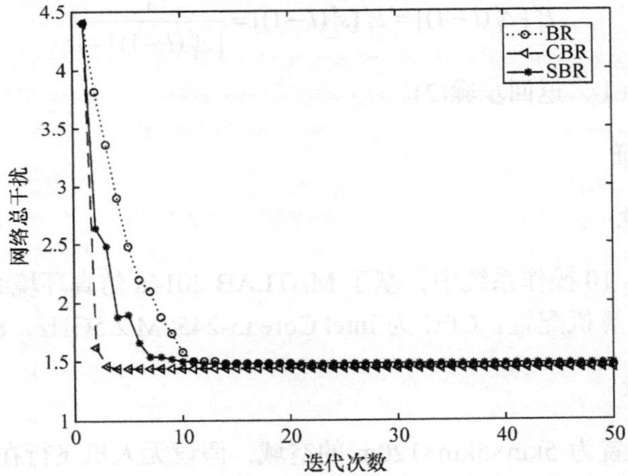

图 10.3　不同算法的收敛性

2) 性能评估

为了验证所提算法的有效性，通过若干次试验找到最佳纳什均衡(best Nash equilibrium, Best NE)和最差纳什均衡(worst Nash equilibrium, Worst NE)，其中最佳纳什均衡策略即是信道分配问题的全局最优解。图 10.4(a)给出簇头无人机的移动轨迹，图 10.4(b)给出网络干扰变化，从图中可以看出，CBR 算法和 SBR 算法求解出的结果都优于最差纳什均衡，但通过 CBR 算法获得的解最优性更好。

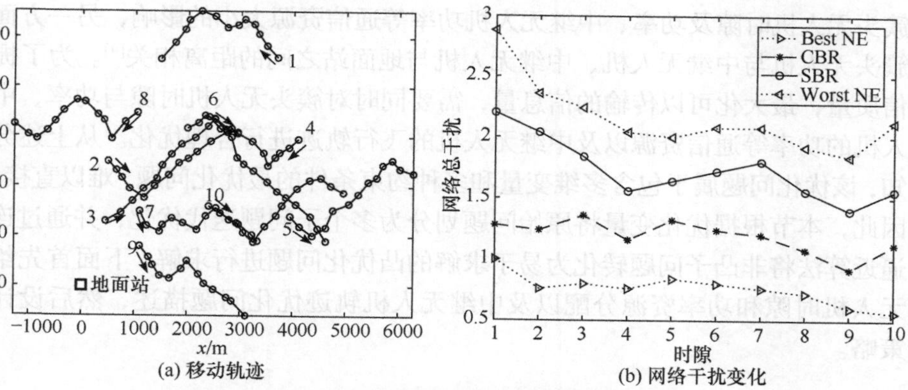

图 10.4　簇头无人机移动轨迹和网络干扰变化

下面进一步分析信道数量及簇的数量等因素对通信性能的影响。图 10.5 给出了 10 个簇下信道数量对通信性能的影响，从图中可以看出，当可用信道数量为 6 时，通过本节算法获得的信道分配结果能够保证 10 个簇间不存在干扰影响，保证了通信质量，当信道数量小于 6 时，可以通过信噪比提高通信质量。

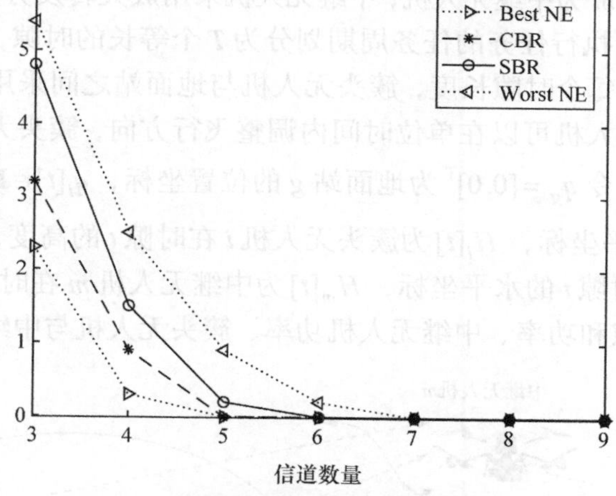

图 10.5　信道数量对通信性能的影响

10.2　基于凸优化的多无人机时隙和功率资源分配

考虑簇头无人机需要与地面站通信的情况，此时需要建立从簇头无人机到地面站的通信路由，当簇头无人机到地面站不存在路由时，需要部署中继无人机辅助簇头无人机与地面站通信。此时，簇头无人机到地面站的通信质量一方面受簇头无人机时隙及功率、中继无人机功率等通信资源大小的影响，另一方面也和簇头无人机与中继无人机、中继无人机与地面站之间的距离相关[4]。为了提高通信质量，最大化可以传输的信息量，需要同时对簇头无人机时隙与功率、中继无人机的功率等通信资源以及中继无人机的飞行轨迹进行合理优化。从上述分析可知，该优化问题属于包含多维变量和多种约束条件的最优化问题，难以直接求解。因此，本节根据优化变量将原始问题划分为多个子问题迭代优化，并通过连续凸逼近算法将非凸子问题转化为易于求解的凸优化问题进行求解。下面首先给出多无人机时隙和功率资源分配以及中继无人机轨迹优化问题描述，然后设计求解策略。

10.2.1 问题描述

1. 通信场景

假设 N 架簇头无人机到地面站 g 不存在路由，如图 10.6 所示，此时为了保证簇头无人机与地面站连通，需要将处于任务空闲期的无人机 m 作为中继辅助通信，部署在地面站 g 和簇头无人机之间。令 $\mathcal{N}=\{1,2,\cdots,N\}$ 为簇头无人机集合，假设无人机 m 为中继无人机，中继无人机采用放大转发方式进行协作通信。将簇头无人机所执行任务的任务周期划分为 T 个等长的时隙，$\mathcal{T}=\{1,2,\cdots,T\}$ 为时隙集合，δ_t 为每个时隙长度，簇头无人机与地面站之间采用时分多址方式进行通信。假设无人机可以在单位时间内调整飞行方向，簇头无人机的轨迹由所执行任务决定，令 $q_g=[0,0]^{\mathrm{T}}$ 为地面站 g 的位置坐标，$q_i[t]\in\mathbf{R}^{2\times1}$ 为簇头无人机 i 在时隙 t 的水平坐标，$H_i[t]$ 为簇头无人机 i 在时隙 t 的高度，$q_m[t]\in\mathbf{R}^{2\times1}$ 为中继无人机 m 在时隙 t 的水平坐标，$H_m[t]$ 为中继无人机 m 在时隙 t 的高度。由于簇头无人机时隙和功率、中继无人机功率、簇头无人机与中继无人机之间的距

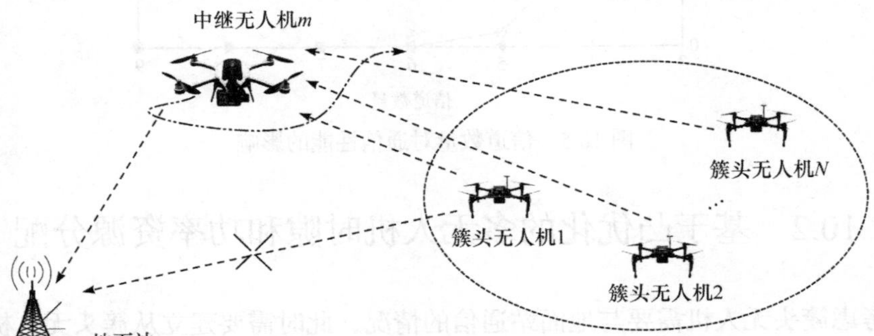

图 10.6 中继无人机辅助的通信系统示意图

离以及中继无人机与地面站之间的距离均会影响通信性能，因此如何考虑簇头无人机能量受限、中继无人机能量和机动能力受限、簇头无人机通信需求等多个约束的影响，对簇头无人机时隙和功率、中继无人机功率等通信资源以及中继无人机的飞行轨迹进行合理优化是需要解决的难点问题。

下面给出多无人机时隙和功率资源分配以及中继轨迹优化问题的数学描述，包括约束条件、性能指标和优化模型三部分。首先考虑簇头无人机能量受限、中继无人机能量和机动能力受限、簇头无人机通信需求等建立约束条件，然后给出性能指标，最后建立优化模型。

2. 约束条件

1) 簇头无人机时隙分配约束

令 $A=\{a_i[t], i\in\mathcal{N}, t\in\mathcal{T}\}$ 表示所有簇头无人机的时隙分配结果，其中 $a_i[t]$ 表示时隙 t 是否分配给簇头无人机 i，因此 $a_i[t]$ 是二进制变量。由于簇头无人机通过时分多址方式向地面站传输信息，也就是说在单个时隙最多只有一架簇头无人机分配到该时隙。因此簇头无人机时隙分配约束如式(10.23)和式(10.24)所示：

$$\sum_{i=1}^{N} a_i[t] \leqslant 1, \quad \forall t\in\mathcal{T} \tag{10.23}$$

$$a_i[t]\in\{0,1\}, \quad \forall i\in\mathcal{N}, t\in\mathcal{T} \tag{10.24}$$

2) 簇头无人机功率分配约束

令 $P_s=\{p_i[t], i\in\mathcal{N}, t\in\mathcal{T}\}$ 表示所有簇头无人机在各个时隙的功率分配结果，其中 $p_i[t]$ 表示簇头无人机 i 在时隙 t 的发送功率。由于簇头无人机能量有限，因此其总的能量消耗需小于其可用通信能量 E_i，如式(10.25)所示；此外，受到通信设备的限制，簇头无人机在单个时隙的发送功率需小于允许的最大发送功率 $p_{\max}$，如式(10.26)所示：

$$\sum_{t=1}^{T} p_i[t] \leqslant E_i, \quad \forall i\in\mathcal{N} \tag{10.25}$$

$$0\leqslant p_i[t]\leqslant p_{\max}, \quad \forall i\in\mathcal{N}, t\in\mathcal{T} \tag{10.26}$$

3) 中继无人机功率分配约束

令 $P_m=\{p_m[t], t\in\mathcal{T}\}$ 表示中继无人机 m 在各个时隙的功率分配结果，其中 $p_m[t]$ 表示中继无人机 m 在时隙 t 的发送功率。由于中继无人机 m 能量有限，因此其总的能量消耗需小于其可用通信能量 E_m，如式(10.27)所示；此外，受到通信设备的限制，中继无人机在单个时隙的发送功率需小于允许的最大发送功率 $p_{\max}$，如式(10.28)所示：

$$\sum_{t=1}^{T} p_m[t] \leqslant E_m \tag{10.27}$$

$$0 \leqslant p_m[t] \leqslant p_{\max}, \quad \forall t \in \mathcal{T} \tag{10.28}$$

4) 中继无人机机动能力约束

令 $Q=\{q_m[t], t\in\mathcal{T}\}$ 表示中继无人机 m 在不同时隙的位置，即飞行轨迹，$q_m[t]$ 表示在时隙 t 中继无人机 m 的水平位置。假设中继无人机 m 的起始水平位置为 q_0，终止水平位置为 q_F，最大水平速度为 $v_{\max}$，此时中继无人机 m 的机动能力约束如式(10.29)所示：

$$\begin{gathered}\left\|q_m[1]-q_0\right\| \leqslant S_{\max} \\ \left\|q_m[t+1]-q_m[t]\right\| \leqslant S_{\max}, \quad t=1,2,\cdots,T-1 \\ \left\|q_F-q_m[T]\right\| \leqslant S_{\max}\end{gathered} \tag{10.29}$$

式中，$S_{\max}=v_{\max}\delta_t$ 表示单位时间内中继无人机的最大水平移动距离。

5) 中继无人机禁飞区约束

假设环境中有 J 个禁飞区，即中继无人机 m 被禁止在这些区域飞行。此时中继无人机 m 的禁飞区约束如式(10.30)所示：

$$\left\|q_m[t]-q_j\right\| \geqslant d_{m,j}, \quad t=1,2,\cdots,T,\ j=1,2,\cdots,J \tag{10.30}$$

式中，q_j 表示禁飞区 j 的中心位置。式(10.30)表明中继无人机 m 只能在距离禁飞区中心位置 $d_{m,j}$ 以外区域飞行。

6) 簇头无人机通信需求约束

为了满足地面站的决策需要，假设簇头无人机 i 在任务周期内至少向地面站 g 传输 $\tilde{R}_{i,g}$ 比特数据，约束条件如式(10.31)所示：

$$\sum_{t=1}^{T}\left(a_i[t]R_{i,g}[t]\right) \geqslant \tilde{R}_{i,g}, \quad \forall i \in \mathcal{N} \tag{10.31}$$

式中，$R_{i,g}[t]$ 表示在第 t 个时隙中簇头无人机 i 到地面站 g 的可达速率，即单位时间内最大信息传输速率。由于在时分多址中簇头无人机共享带宽，因此本节可达速率指的是单位带宽的可达速率。需要注意的是，$R_{i,g}[t]$ 与簇头无人机功率分配结果、中继无人机功率分配结果和中继无人机轨迹优化相关，其具体形式将在后面给出。

上述约束条件中，约束式(10.23)、式(10.24)属于时隙分配约束，约束式(10.25)、式(10.26)属于簇头无人机的功率分配约束，约束式(10.27)、式(10.28)属于中继无人机的功率分配约束，约束式(10.29)、式(10.30)属于中继无人机的轨迹优化约束，由于约束式(10.31)中 $R_{i,g}[t]$ 与簇头无人机功率分配结果、中继无人机功率分配结果以及中继无人机轨迹优化相关，故约束式(10.31)属于综合约束。

3. 性能指标

本节将以最大化整个任务周期中所有簇头无人机到地面站 g 可以发送的信息量作为性能指标，如式(10.32)所示：

$$\max \sum_{t=1}^{T}\sum_{i=1}^{N} a_i[t]R_{i,g}[t] \tag{10.32}$$

式中，可达速率 $R_{i,g}[t]$ 由信噪比决定。在放大转发协作通信中，可达速率与信噪比的关系如式(10.33)所示：

$$R_{i,g}[t]=\frac{1}{2}\log_2\left(1+r_{i,g}[t]\right) \tag{10.33}$$

因此，为了得到可达速率，首先需要得到簇头无人机到地面站的信噪比。而信噪比定义为接收信号功率与噪声功率的比值。在协作通信系统中，簇头无人机到地面站的信息传输需要经过两跳，即簇头无人机到中继无人机和中继无人机到地面站。因此，在计算从簇头无人机到地面站的信噪比时，需要考虑发送信号从簇头无人机到中继无人机的衰减过程、中继无人机的放大过程，以及中继无人机到地面站的衰减过程，下面将分别进行计算。

1) 簇头无人机到中继无人机的衰减过程

在第一跳传输中，簇头无人机向中继无人机传输信息，令 $x_i[t]$ 表示簇头无人机 i 在时隙 t 的发送信息，则中继无人机 m 在时隙 t 接收到簇头无人机 i 的信息 $y_{i,m}[t]$ 如式(10.34)所示：

$$y_{i,m}[t]=\sqrt{p_i[t]h_{i,m}[t]}x_i[t]+z_{i,m}[t] \tag{10.34}$$

式中，$p_i[t]$ 表示簇头无人机 i 在时隙 t 的发送功率；$z_{i,m}[t]$ 表示加性高斯白噪声，其均值为 0，方差为 σ^2；$h_{i,m}[t]$ 表示簇头无人机 i 在时隙 t 到中继无人机 m 的信道增益，即在第一跳传输中簇头无人机 i 的信号衰减程度，其表示形式如式(10.35)所示：

$$h_{i,m}[t]=\rho_0 d_{i,m}^{-2}[t]=\frac{\rho_0}{\left\|q_m[t]-q_i[t]\right\|^2+\left|H_m[t]-H_i[t]\right|^2} \tag{10.35}$$

式中，$\rho_0=[c/(4\pi f_c)]^2$ 表示单位距离对应的信道增益，c 是光速，f_c 是载波频率；$d_{i,m}[t]$ 表示在时隙 t 簇头无人机 i 与中继无人机 m 之间的距离；$q_i[t]$ 为簇头无人机 i 在时隙 t 的水平坐标；$H_i[t]$ 为簇头无人机 i 在时隙 t 的高度；$q_m[t]$ 为中继无

人机 m 在时隙 t 的水平坐标；$H_m[t]$ 为中继无人机 m 在时隙 t 的高度。

2) 中继无人机的放大过程

中继无人机 m 接收到簇头无人机 i 的信号后，将其进行放大，在时隙 t 中继无人机 m 对簇头无人机 i 的放大因子可以表示为

$$\gamma_i[t]=\sqrt{\frac{1}{p_i[t]h_{i,m}[t]+\sigma^2}} \tag{10.36}$$

放大后的信号如式(10.37)所示：

$$x_m[t]=\gamma_i[t]y_{i,m}[t] \tag{10.37}$$

3) 中继无人机到地面站的衰减过程

在第二跳传输中，中继无人机 m 向地面站 g 传输放大后的信息 $x_m[t]$。经过衰减后，地面站 g 在时隙 t 接收到中继无人机 m 转发的信息 $y_{m,g}[t]$ 如式(10.38)所示：

$$\begin{aligned} y_{m,g}[t] &= \sqrt{p_m[t]h_{m,g}[t]}x_m[t]+z_{m,g}[t] \\ &= \sqrt{p_m[t]h_{m,g}[t]p_i[t]h_{i,m}[t]}\gamma_i[t]x_i[t]+\sqrt{p_m[t]h_{m,g}[t]}\gamma_i[t]z_{i,m}[t]+z_{m,g}[t] \end{aligned} \tag{10.38}$$

式中，$p_m[t]$ 表示在时隙 t 中继无人机 m 的发送功率；$z_{m,g}[t]$ 表示加性高斯白噪声，其均值为 0，方差为 σ^2；$h_{m,g}[t]$ 表示在时隙 t 中继无人机 m 到地面站 g 的信道增益，即在第二跳传输中信号衰减程度，如式(10.39)所示：

$$h_{m,g}[t]=\rho_0 d_{m,g}^{-2}[t]=\frac{\rho_0}{\left\|q_m[t]-q_g\right\|^2+H_m^2[t]} \tag{10.39}$$

式中，$d_{m,g}[t]$ 表示在时隙 t 中继无人机 m 与地面站 g 之间的距离；q_g 为地面站 g 的位置坐标。

4) 簇头无人机到地面站的信噪比

令 $\tilde{f}(t)=\dfrac{p_i[t]h_{i,m}[t]p_m[t]h_{m,g}[t]}{p_i[t]h_{i,m}[t]+\sigma^2}$，$\tilde{g}(t)=\dfrac{p_m[t]h_{m,g}[t]\sigma^2}{p_i[t]h_{i,m}[t]+\sigma^2}+\sigma^2$，综合考虑簇头无人机发送信号的衰减和放大过程，即式(10.34)～式(10.39)所示，获得在时隙 t 中簇头无人机 i 到地面站 g 的信噪比 $r_{i,g}[t]$，如式(10.40)所示：

$$r_{i,g}[t]=\frac{\tilde{f}(t)}{\tilde{g}(t)}=\frac{p_i[t]h_{i,m}[t]p_m[t]h_{m,g}[t]}{\sigma^2\left(p_i[t]h_{i,m}[t]+p_m[t]h_{m,g}[t]+\sigma^2\right)} \tag{10.40}$$

式中，$h_{i,m}[t]$ 和 $h_{m,g}[t]$ 的大小与中继无人机 m 的位置相关，因此，$r_{i,g}[t]$ 不仅受到

簇头无人机 i 的发送功率 $p_i[t]$ 、中继无人机 m 的发送功率 $p_m[t]$ 的影响，还和中继无人机的飞行轨迹相关。由此可见，信噪比由簇头无人机功率分配、中继无人机功率分配和轨迹优化共同决定。

4. 优化模型

根据上述约束条件式(10.23)～式(10.31)和性能指标(10.32)，建立多无人机时隙和功率资源分配以及中继飞行轨迹的优化模型，如式(10.41)所示：

$$\max_{A,P_s,P_m,Q} \sum_{t=1}^{T}\sum_{i=1}^{N}\frac{1}{2}a_i[t]\log_2\left(1+\frac{p_i[t]h_{i,m}[t]p_m[t]h_{m,g}[t]}{\sigma^2\left(p_i[t]h_{i,m}[t]+p_m[t]h_{m,g}[t]+\sigma^2\right)}\right) \tag{10.41}$$

$$\text{s.t.}\quad 式(10.23)\sim式(10.31)$$

上述优化问题的目标是在满足簇头无人机时隙分配和功率分配约束、中继无人机功率分配约束、机动能力约束、禁飞区约束、簇头无人机通信需求约束下，通过优化簇头无人机的时隙分配 A 、簇头无人机功率分配 P_s 、中继无人机功率分配 P_m 、中继无人机飞行轨迹 Q ，最大化簇头无人机到地面站可以传输的信息量，即最大化网络吞吐量。本节给出了多无人机时隙和功率资源分配以及中继轨迹优化的问题描述，接下来为上述优化问题设计求解策略。

10.2.2 基于凸优化的求解策略

上述优化问题(10.41)包含多维变量，难以直接求解，因此，本节根据优化变量将原始问题划分为多个子问题迭代优化，分别是簇头无人机时隙分配子问题、簇头无人机功率和中继无人机功率分配子问题、中继无人机轨迹优化子问题，在此基础上通过连续凸逼近算法将非凸子问题转化为易于求解的凸优化问题，下面给出详细求解策略。

1. 初始功率分配和中继飞行轨迹

在多无人机时隙和功率资源分配以及中继轨迹优化问题中，令簇头无人机和中继无人机将通信能量平均分配给每个时隙，给定中继无人机的起始点和终止点，完成初始化。

2. 求解算法

上述优化问题(10.41)的求解算法中每次迭代包含三步：首先，基于上一轮的优化结果，即给定簇头无人机功率分配 P_s 、中继无人机功率分配 P_m 以及中继无人机飞行轨迹 Q ，求解簇头无人机时隙分配子问题，即优化 A ；然后，基于优化后的簇头无人机时隙分配 A 和上一轮优化的中继无人机飞行轨迹 Q，求解簇头无人机功率和中继无人机功率分配子问题，即优化 P_s 和 P_m；最后，基于优化后的簇头无人机时隙分配 A、簇头无人机功率分配 P_s 和中继无人机功率分配 P_m 结果，求解中继无人机轨迹优化子问题，即优化 Q。至此，完成一轮迭代。通过迭代交替求解这三个子问题，最终得到原优化问题的解。

1) 子问题 1：簇头无人机时隙分配

基于上一轮的优化结果，即给定簇头无人机功率分配 P_s、中继无人机功率分配 P_m 以及中继无人机飞行轨迹 Q，求解簇头无人机时隙分配子问题，即优化 A，原优化问题(10.41)可以简化为

$$\begin{aligned}&\max_{A}\ \sum_{t=1}^{T}\sum_{i=1}^{N}\frac{1}{2}a_i[t]\log_2\left(1+r_{i,g}[t]\right)\\&\text{s.t.}\quad 式(10.23)、式(10.24)、式(10.31)\end{aligned}\tag{10.42}$$

上述优化问题中约束条件(10.24)中 $a_i[t]$ 是二进制变量，为了便于处理，将其松弛为连续约束 $0\leqslant a_i[t]\leqslant 1,\forall i\in\mathcal{N},t\in\mathcal{T}$，最后再进行处理。通过 CVX(convex programming)等优化工具，可以直接优化簇头无人机时隙分配 A。

2) 子问题 2：簇头无人机功率分配和中继无人机功率分配

基于优化后的簇头无人机时隙分配 A 和上一轮优化的中继无人机飞行轨迹 Q，求解簇头无人机功率分配和中继无人机功率分配子问题，即优化 P_s 和 P_m，原优化问题(10.41)可以简化为

$$\begin{aligned}&\max_{P_s,P_m}\ \sum_{t=1}^{T}\sum_{i=1}^{N}\frac{1}{2}a_i[t]\log_2\left(1+r_{i,g}[t]\right)\\&\text{s.t.}\quad 式(10.25)\sim式(10.28)、式(10.31)\end{aligned}\tag{10.43}$$

上述优化问题(10.43)中，$P_s=\{p_i[t],i\in\mathcal{N},t\in\mathcal{T}\}$ 表示所有簇头无人机的功率分配，$P_m=\{p_m[t],t\in\mathcal{T}\}$ 表示中继无人机的功率分配，由式(10.40)可知 $r_{i,g}[t]$ 和 $p_i[t]$、$p_m[t]$ 不呈线性关系，也不是 $p_i[t]$ 和 $p_m[t]$ 的凹函数，此外，约束(10.31)是非凸约束，因此该优化子问题属于非线性非凸优化问题，难以直接求解，为此，采用连续凸逼近算法[5-7]，将该问题转化为易于求解的凸优化问题，如定理 10.2 所示。

定理 10.2　令 $\eta_{1,i}[t]=1/p_i[t]$，$\eta_2[t]=1/p_m[t]$，在时隙 t 簇头无人机 i 到地面站 g 的可达速率 $R_{i,g}[t]$ 满足

$$
\begin{aligned}
R_{i,g}[t] &= \frac{1}{2}\log_2\left(1+r_{i,g}[t]\right)\\
&\geqslant \frac{1}{2}\log_2\left(1+r_{i,g}^{l}[t]\right)+\lambda_{1,i}^{l}[t]\left(\eta_{1,i}[t]-\eta_{1,i}^{l}[t]\right)+\lambda_{2,i}^{l}[t]\left(\eta_2[t]-\eta_2^{l}[t]\right)\\
&= R_{i,g}^{p,l,lb}[t]
\end{aligned}
\tag{10.44}
$$

式中，$r_{i,g}^{l}[t]=\dfrac{h_{i,m}[t]h_{m,g}[t]}{\sigma^2\delta_i^{l}[t]}$ 是第 l 次整体迭代中在时隙 t 簇头无人机 i 到地面站 g 的信噪比，为了便于表示，引入 $\delta_i^{l}[t]=h_{i,m}[t]\eta_2^{l}[t]+h_{m,g}[t]\eta_{1,i}^{l}[t]+\sigma^2\eta_{1,i}^{l}[t]\eta_2^{l}[t]$，$\eta_{1,i}^{l}[t]=1/p_i^{l}[t]$，$p_i^{l}[t]$ 表示第 l 次整体迭代在时隙 t 簇头无人机 i 的发送功率，$\eta_2^{l}[t]=1/p_m^{l}[t]$，$p_m^{i,l}[t]$ 表示第 l 次整体迭代在时隙 t 转发簇头无人机 i 的信息中继无人机 m 的发送功率，$\lambda_{1,i}^{l}[t]=-\dfrac{h_{i,m}[t]h_{m,g}[t]\left(h_{m,g}[t]+\sigma^2\eta_2^{l}[t]\right)\log_2 e}{2\left(\sigma^2\delta_i^{l}[t]+h_{i,m}[t]h_{m,g}[t]\right)\delta_i^{l}[t]}$ 是第 l 次迭代 $R_{i,g}[t]$ 对 $\eta_{1,i}[t]$ 的一阶导，$\lambda_{2,i}^{l}[t]=-\dfrac{h_{i,m}[t]h_{m,g}[t]\left(h_{i,m}[t]+\sigma^2\eta_{1,i}^{l}[t]\right)\log_2 e}{2\left(\sigma^2\delta_i^{l}[t]+h_{i,m}[t]h_{m,g}[t]\right)\delta_i^{l}[t]}$ 是第 l 次迭代 $R_{i,g}[t]$ 对 $\eta_2[t]$ 的一阶导，$R_{i,g}^{p,l,lb}[t]$ 为 $R_{i,g}[t]$ 的下界。

证明　定义凸函数 $f(z)$，$f(z)$ 的泰勒展开式为

$$
\begin{aligned}
f(z) &= f(z_0)+f'(z_0)(z-z_0)+\frac{f''(z_0)}{2!}(z-z_0)^2+\cdots+\frac{f^{(n)}(z_0)}{n!}(z-z_0)^n+R_n(z)\\
&\geqslant f(z_0)+f'(z_0)(z-z_0)
\end{aligned}
\tag{10.45}
$$

式中，$f^{(n)}(z_0)$ 表示 $f(z)$ 的 n 阶导数；$R_n(z)$ 为泰勒公式余项；$f'(z_0)$ 是 $f(z)$ 在 z_0 处的一阶导数。

令 $R_{i,g}[t]$ 对 $\eta_{1,i}[t]$ 和 $\eta_2[t]$ 在第 l 次迭代的基础上求导，分别得到 $\lambda_{1,i}^{l}[t]$ 和 $\lambda_{2,i}^{l}[t]$，由式(10.45)可得

$$
\begin{aligned}
R_{i,g}[t] &= \frac{1}{2}\log_2\left(1+r_{i,g}[t]\right)\\
&\geqslant R_{i,g}^{l}[t]+\lambda_{1,i}^{l}[t]\left(\eta_{1,i}[t]-\eta_{1,i}^{l}[t]\right)+\lambda_{2,i}^{l}[t]\left(\eta_2[t]-\eta_2^{l}[t]\right)\\
&= \frac{1}{2}\log_2\left(1+r_{i,g}^{l}[t]\right)+\lambda_{1,i}^{l}[t]\left(\eta_{1,i}[t]-\eta_{1,i}^{l}[t]\right)+\lambda_{2,i}^{l}[t]\left(\eta_2[t]-\eta_2^{l}[t]\right)\\
&= R_{i,g}^{p,l,lb}[t]
\end{aligned}
\tag{10.46}
$$

因此定理 10.2 得证。

根据 $R_{i,g}[t]=\frac{1}{2}\log_2\left(1+r_{i,g}[t]\right)\geqslant R_{i,g}^{p,l,lb}[t]$，可以得到式(10.47)和式(10.48)：

$$\sum_{t=1}^{T}\sum_{i=1}^{N}\frac{1}{2}a_i[t]\log_2\left(1+r_{i,g}[t]\right)\geqslant\sum_{t=1}^{T}\sum_{i=1}^{N}a_i[t]R_{i,g}^{p,l,lb}[t] \tag{10.47}$$

$$\sum_{t=1}^{T}a_i[t]R_{i,g}[t]\geqslant\sum_{t=1}^{T}a_i[t]R_{i,g}^{p,l,lb}[t],\quad \forall i\in\mathcal{N} \tag{10.48}$$

给定可达速率 $R_{i,g}[t]$ 的下界 $R_{i,g}^{p,l,lb}[t]$，簇头无人机功率分配和中继无人机功率分配问题(10.43)可以写为

$$\max_{P_s,P_m}\sum_{t=1}^{T}\sum_{i=1}^{N}a_i[t]R_{i,g}^{p,l,lb}[t] \tag{10.49}$$

$$\text{s.t.}\ \sum_{i=1}^{T}a_i[t]R_{i,g}^{p,l,lb}[t]\geqslant\tilde{R}_{i,g},\quad \forall i\in\mathcal{N} \tag{10.50}$$

式(10.25)～式(10.28)

式中，$R_{i,g}^{p,l,lb}[t]$ 与 $\eta_{1,i}[t]$ 和 $\eta_2[t]$ 呈线性关系，因此上述优化问题(10.49)是凸优化问题，至此将簇头无人机功率分配和中继无人机功率分配这一非凸优化问题转化为凸优化问题，通过 CVX 等优化工具，可以直接优化簇头无人机功率分配 P_s 和中继无人机功率分配 P_m。

3) 子问题 3：中继无人机轨迹优化

基于优化后的簇头无人机时隙分配 A、簇头无人机功率分配 P_s、中继无人机功率分配 P_m，求解中继无人机轨迹优化子问题，即优化 Q，原优化问题(10.41)可以简化为

$$\max_{Q}\sum_{t=1}^{T}\sum_{i=1}^{N}\frac{1}{2}a_i[t]\log_2\left(1+r_{i,g}[t]\right) \tag{10.51}$$

s.t. 式(10.29)～式(10.31)

上述优化问题中，$Q=\{q_m[t],t\in\mathcal{T}\}$ 表示中继无人机飞行轨迹，由式(10.40)可知 $r_{i,g}[t]$ 与 $q_m[t]$ 不是线性关系，也不是 $q_m[t]$ 的凹函数，此外，约束式(10.30)和式(10.31)是非凸约束，因此该问题属于非线性非凸优化问题，难以直接求解，为此，与子问题 2 类似，采用连续凸逼近算法，将该问题转化为易于求解的凸优化问题，如定理 10.3 所示。

定理 10.3 令 $\eta_{1,i}[t]=1/h_{i,m}[t]$，$\eta_2[t]=1/h_{m,g}[t]$，在时隙 t 簇头无人机 i 到地面站 g 的可达速率 $R_{i,g}[t]$ 满足

$$
\begin{aligned}
R_{i,g}[t] &= \frac{1}{2}\log_2\left(1+r_{i,g}[t]\right) \\
&\geqslant \frac{1}{2}\log_2\left(1+r_{i,g}^l[t]\right)+\lambda_{1,i}^l[t]\left(\eta_{1,i}[t]-\eta_{1,i}^l[t]\right)+\lambda_{2,i}^l[t]\left(\eta_2[t]-\eta_2^l[t]\right) \\
&= R_{i,g}^{q,l,lb}[t]
\end{aligned} \tag{10.52}
$$

式中，$r_{i,g}^l[t]=\dfrac{p_i[t]p_m[t]}{\sigma^2\delta_i^l[t]}$是第 l 次迭代中在时隙 t 簇头无人机 i 到地面站 g 的信噪比。为了便于表示，引入 $\delta_i^l[t]=p_i[t]\eta_2^l[t]+p_m[t]\eta_{1,i}^l[t]+\sigma^2\eta_{1,i}^l[t]\eta_2^l[t]$，$\eta_{1,i}^l[t]=1/h_{i,m}^l[t]$，$h_{i,m}^l[t]$表示第 l 次迭代在时隙 t 簇头无人机 i 到中继无人机 m 的信道增益，$\eta_2^l[t]=1/h_{m,g}^l[t]$，$h_{m,g}^l[t]$表示第 l 次迭代在时隙 t 中继无人机 m 到地面站 g 的信道增益，$\lambda_{1,i}^l[t]=-\dfrac{p_i[t]p_m[t]\left(p_i[t]+\sigma^2\eta_2^l[t]\right)\log_2 e}{2\left(\sigma^2\delta_i^l[t]+p_i[t]p_m[t]\right)\delta_i^l[t]}$是第 l 次迭代 $R_{i,g}[t]$ 对 $\eta_{1,i}[t]$ 的一阶导，$\lambda_{2,i}^l[t]=-\dfrac{p_i[t]p_m[t]\left(p_m[t]+\sigma^2\eta_{1,i}^l[t]\right)\log_2 e}{2\left(\sigma^2\delta_i^l[t]+p_i[t]p_m[t]\right)\delta_i^l[t]}$是第 l 次迭代 $R_{i,g}[t]$ 对 $\eta_2[t]$ 的一阶导，$R_{i,g}^{q,l,lb}[t]$为 $R_{i,g}[t]$ 的下界。

证明　与子问题 2 类似，令 $R_{i,g}[t]$ 对 $\eta_{1,i}[t]$ 和 $\eta_2[t]$ 在第 l 次迭代的基础上求导，分别得到 $\lambda_{1,i}^l[t]$ 和 $\lambda_{2,i}^l[t]$，由式(10.45)可得

$$
\begin{aligned}
R_{i,g}[t] &= \frac{1}{2}\log_2\left(1+r_{i,g}[t]\right) \\
&\geqslant R_{i,g}^l[t]+\lambda_{1,i}^l[t]\left(\eta_1[t]-\eta_{1,i}^l[t]\right)+\lambda_{2,i}^l[t]\left(\eta_2[t]-\eta_2^l[t]\right) \\
&= \frac{1}{2}\log_2\left(1+r_{i,g}^l[t]\right)+\lambda_{1,i}^l[t]\left(\eta_{1,i}[t]-\eta_{1,i}^l[t]\right)+\lambda_{2,i}^l[t]\left(\eta_2[t]-\eta_2^l[t]\right) \\
&= R_{i,g}^{q,l,lb}[t]
\end{aligned} \tag{10.53}
$$

因此定理 10.3 得证。

对于约束式(10.30)，由于$\left\|q_m[t]-q_j\right\|^2$是 $q_m[t]$ 的凸函数，由式(10.45)可得

$$
\left\|q_m[t]-q_j\right\|^2 \geqslant \left\|q_m^l[t]-q_j\right\|^2+2\left(q_m^l[t]-q_j\right)^{\mathrm{T}}\times\left(q_m[t]-q_m^l[t]\right)=D_j^l[t] \tag{10.54}
$$

式中，$q_m^l[t]$ 是第 l 次迭代在时隙 t 中继无人机 m 的水平位置；$D_j^l[t]$ 为$\left\|q_m[t]-q_j\right\|^2$的下界。

为了便于表示，令 $\varphi_i[t]=\eta_{1,i}[t]-\eta_{1,i}^l[t]$，$\varphi_m[t]=\eta_2[t]-\eta_2^l[t]$，由 $R_{i,g}[t]=$

$\frac{1}{2}\log_2\left(1+r_{i,g}[t]\right) \geqslant \frac{1}{2}\log_2\left(1+r_{i,g}^l[t]\right)+\lambda_{1,i}^l[t]\varphi_i[t]+\lambda_{2,i}^l[t]\varphi_m[t]=R_{i,g}^{q,l,lb}[t]$ 可以得

$$\sum_{t=1}^{T}\sum_{i=1}^{N}\frac{1}{2}a_i[t]\log_2\left(1+r_{i,g}[t]\right) \geqslant \sum_{t=1}^{T}\sum_{i=1}^{N}a_i[t]R_{i,g}^{q,l,lb}[t] \tag{10.55}$$

$$\sum_{t=1}^{T}a_i[t]R_{i,g}[t] \geqslant \sum_{t=1}^{T}a_i[t]R_{i,g}^{q,l,lb}[t], \quad \forall i \in \mathcal{N} \tag{10.56}$$

给定 $R_{i,g}[t]$ 的下界 $R_{i,g}^{q,l,lb}[t]$ 和 $\left\|q_m[t]-q_j\right\|^2$ 的下界 $D_j^l[t]$，中继无人机轨迹优化问题(10.51)可以写为

$$\max_{Q} \sum_{t=1}^{T}\sum_{i=1}^{N}a_i[t]\left(\lambda_{1,i}^l[t]\varphi_i[t]+\lambda_{2,i}^l[t]\varphi_m[t]\right) \tag{10.57}$$

$$\text{s.t.} \sum_{t=1}^{T}a_i[t]R_{i,g}^{q,l,lb}[t] \geqslant \tilde{R}_{i,g}, \quad \forall i \in \mathcal{N} \tag{10.58}$$

$$D_j^l[t] \geqslant d_{m,j}^2, \quad t=1,2,\cdots,T, j=1,2,\cdots,J \tag{10.59}$$

式(10.29)

上述优化问题中目标函数是 $q_m[t]$ 的凹函数，约束式(10.58)和式(10.59)是凸约束，约束式(10.29)是凸二次约束，因此，上述优化问题是凸优化问题。至此，将中继无人机轨迹优化这一非凸优化问题转化为凸优化问题，可以直接用 CVX 工具箱求解。下面考虑到交替方向乘子法适用于解决包含大规模变量的凸优化问题，基于此算法优化中继无人机飞行轨迹，由于标准的交替方向乘子法约束条件为等式约束[8]，首先通过引入辅助变量将上述问题的非等式约束进行变换。

为了将不等式约束(10.58)进行变换，引入辅助变量 $C=[C^{\mathrm{T}}[1],C^{\mathrm{T}}[2],\cdots,C^{\mathrm{T}}[T]]^{\mathrm{T}} \in \mathbf{R}^{2T\times 1}$ 等于中继无人机 m 的飞行轨迹 Q，问题(10.57)转变为

$$\max_{Q,C} \sum_{t=1}^{T}\sum_{i=1}^{N}a_i[t]\left(\lambda_{1,i}^l[t]\phi_i[t]+\lambda_{2,i}^l[t]\phi_m[t]\right) \tag{10.60}$$

$$\text{s.t.} \quad C=Q \tag{10.61}$$

$$C \in \mathcal{S}$$

式(10.29)和式(10.59) (10.62)

式中，C 需要满足

$$\mathcal{S}=\left\{C \mid \tilde{R}_{i,g} \leqslant \sum_{t=1}^{T}\left[\frac{1}{2}a_i[t]\log_2\left(1+r_i^l[t]\right)+a_i[t]\lambda_{1,i}^l[t]\phi_i[t]+a_i[t]\lambda_{2,i}^l[t]\phi_m[t]\right],\forall i\right\}$$

$$\phi_i[t]=\frac{\left(\left\|C^{\mathrm{T}}[t]-q_i[t]\right\|^2-\left\|q_m^l[t]-q_i[t]\right\|^2\right)}{\rho_0},\quad \phi_m[t]=\frac{\left(\left\|C^{\mathrm{T}}[t]-q_g\right\|^2-\left\|q_m^l[t]-q_g\right\|^2\right)}{\rho_0}$$

为了将不等式约束式(10.59)进行变换，引入辅助变量 $v=[v^{\mathrm{T}}[1],v^{\mathrm{T}}[2],\cdots,v^{\mathrm{T}}[T]]^{\mathrm{T}}\in\mathbf{R}^{2T\times 1}$，其等于中继无人机 m 的飞行轨迹 Q，约束式(10.59)变为

$$v=Q,\quad v[t]\in\tilde{\mathcal{T}},\quad \forall t \tag{10.63}$$

式中，$\tilde{\mathcal{T}}=\left\{v[t]\,|\,d_{m,j}^2\leqslant\left\|q_m^l[t]-q_j\right\|^2+2\left(q_m^l[t]-q_j\right)^{\mathrm{T}}\times\left(v[t]-q_m^l[t]\right),j=1,2,\cdots,J\right\}$。

为了将不等式约束(10.29)进行变换，引入辅助变量 $u=[q_0^{\mathrm{T}},0_{2(T-1)}^{\mathrm{T}},\cdots,-q_F^{\mathrm{T}}]^{\mathrm{T}}\in\mathbf{R}^{2(T+1)\times 1}$ 和 $z=[z_1^{\mathrm{T}},\cdots,z_{T+1}^{\mathrm{T}}]^{\mathrm{T}}\in\mathbf{R}^{2(T+1)\times 1}$，$z$ 表示两个相邻时隙中继无人机 m 的移动距离，令 $z_1=q_m[1]-q_0$，$z_t=q_m[t]-q_m[t-1],t=2,3,\cdots,T$，$z_{T+1}=q_F-q_m[T]$，且 z 需满足 $\mathcal{Z}=\left\{z_t\,|\,\|z_t\|\leqslant S_{\max}\right\}$，约束式(10.29)可以转变为 $HQ-u=z,\forall t$，其中

$$H=\begin{bmatrix}1&0&0&0&\cdots&0&0\\0&1&0&0&\cdots&0&0\\-1&0&1&0&\cdots&0&0\\0&-1&0&1&\cdots&0&0\\0&0&-1&0&\cdots&0&0\\0&0&0&-1&\cdots&0&0\\\vdots&\vdots&\vdots&\vdots&&\vdots&\vdots\\0&0&0&0&\cdots&-1&0\\0&0&0&0&\cdots&0&-1\end{bmatrix}\in\mathbf{R}^{2(T+1)\times 2T}$$

综合考虑约束式(10.59)与约束式(10.29)，定义 $XQ-Y=F,F[t]\in\mathcal{F},\forall t$，其中，$X=[H^{\mathrm{T}},I_{2T}]^{\mathrm{T}}$，$Y=[u^{\mathrm{T}},0_{2T}^{\mathrm{T}}]^{\mathrm{T}}$，$F=[z^{\mathrm{T}},v^{\mathrm{T}}]^{\mathrm{T}}$，$\mathcal{F}=\{F[t]|\,F[t]\in\mathcal{Z},t=1,2,\cdots,T+1,F[t]\in\tilde{\mathcal{T}},\,t=T+2,T+3,\cdots,2T+1\}$，因此，问题(10.60)可以写为

$$\max_{Q,C,F}\sum_{t=1}^{T}\sum_{i=1}^{N}a_i[t]\left(\lambda_{1,i}^l[t]\phi_i[t]+\lambda_{2,i}^l[t]\phi_m[t]\right) \tag{10.64}$$

$$\text{s.t.}\quad C=Q \tag{10.65}$$

$$C\in\mathcal{S} \tag{10.66}$$

$$XQ-Y=F,\quad F[t]\in\mathcal{F},\quad \forall t \tag{10.67}$$

由此可见，非等式约束全部被转换为等式约束。

在交替方向乘子法中，通过增广拉格朗日函数依次对未知变量求偏导，更新未知变量。下面基于此算法优化中继无人机飞行轨迹，首先定义增广拉格朗日函

数，如式(10.68)所示：

$$\mathcal{L}(Q,C,F,\alpha,\beta)$$

$$=-\sum_{t=1}^{T}\sum_{i=1}^{N}a_i[t]\left(\lambda_{1,i}^l[t]\phi_i[t]+\lambda_{2,i}^l[t]\phi_m[t]\right)+\frac{\rho_1}{2}\left\|C-Q+\alpha\right\|^2+\frac{\rho_2}{2}\left\|XQ-Y-F+\beta\right\|^2 \quad (10.68)$$

式中，α 和 β 为对偶变量；ρ_1 和 ρ_2 为常量。

通过增广拉格朗日函数依次对未知变量求偏导，迭代更新 Q、F、C、α、β，最小化 $\mathcal{L}(Q,C,F,\alpha,\beta)$，下面以第 $\tilde{i}+1$ 次迭代为例，给出具体迭代过程。

(1) 更新 Q。给定第 $\tilde{i}$ 次迭代的 F、C、α、β，通过求解式(10.69)优化问题：

$$\arg\min_{Q}\frac{\rho_1}{2}\left\|C^{\tilde{i}}-Q+\alpha^{\tilde{i}}\right\|^2+\frac{\rho_2}{2}\left\|XQ-Y-F^{\tilde{i}}+\beta^{\tilde{i}}\right\|^2 \quad (10.69)$$

得到

$$Q^{\tilde{i}+1}=\left(\rho_1 I_{2T}+\rho_2 X^{\mathrm{T}}X\right)^{-1}\left[\rho_1\left(C^{\tilde{i}}-\alpha^{\tilde{i}}\right)+\rho_2 X^{\mathrm{T}}\left(Y+F^{\tilde{i}}-\beta^{\tilde{i}}\right)\right] \quad (10.70)$$

(2) 更新 F。给定第 $\tilde{i}$ 次迭代的 C、β 和第 $\tilde{i}+1$ 次迭代的 Q，通过求解优化问题 $\arg\min_{F}\left\|XQ^{\tilde{i}+1}-Y-F+\beta^{\tilde{i}}\right\|^2$ 更新 F，其中 F 包含两部分，z 为机动约束，v 为禁飞区约束，因此将变量 β 划分为 β_1 和 β_2 两部分。对于 z，通过求解式(10.71)优化问题：

$$\arg\min_{z[t]\in Z}\left\|EQ^{\tilde{i}+1}-u-z+\beta_1^{\tilde{i}}\right\|^2 \quad (10.71)$$

得到

$$z^{\tilde{i}+1}=\begin{cases}\mathcal{L}z\left(q_m^{\tilde{i}+1}[1]-q_0+\beta_1^{\tilde{i}}[1]\right), & t=1\\ \mathcal{L}z\left(q_m^{\tilde{i}+1}[t]-q_m^{\tilde{i}+1}[t-1]+\beta_1^{\tilde{i}}[t]\right), & t=2,\cdots,T\\ \mathcal{L}z\left(q_F-q_m^{\tilde{i}+1}[T]+\beta_1^{\tilde{i}}[T+1]\right), & t=T+1\end{cases} \quad (10.72)$$

式中，$\mathcal{L}z\{x\}=\min\left\{\dfrac{S_{\max}}{\|x\|},1\right\}x$。对于 v，通过求解式(10.73)优化问题：

$$\arg\min_{v[t]\in\tilde{T}}\left\|Q^{\tilde{i}+1}-v+\beta_2^{\tilde{i}}\right\|^2 \quad (10.73)$$

得到

$$v^{\tilde{i}+1}[t]=q_m^{\tilde{i}+1}[t]+\beta_2^{\tilde{i}}[t]+\sum_{j=1}^{J}\theta_{t,j}\left(q_m^l[t]-q_j\right),\quad\forall t \quad (10.74)$$

式中，$\theta_{t,j}$ 为对偶变量，令 $q_{t,j}^{l}=q_{m}^{l}[t]-q_{j}$，那么得到

$$\theta_{t,j}=\frac{1}{2}\left((q_{t,j}^{l})^{\mathrm{T}}q_{t,j}^{l}\right)^{-1}\left[d_{m,j}^{2}-\left\|q_{t,j}^{l}\right\|^{2}-2(q_{t,j}^{l})^{\mathrm{T}}\left(q_{m}^{\tilde{t}+1}[t]+\beta_{2}^{\tilde{t}}[t]-q_{m}^{l}[t]\right)\right] \tag{10.75}$$

最后，令 $F^{\tilde{t}+1}=\left[(z^{\tilde{t}+1})^{\mathrm{T}},(v^{\tilde{t}+1})^{\mathrm{T}}\right]^{\mathrm{T}}$。

(3) 更新 C。给定第 $\tilde{t}$ 次迭代的 α 和第 $\tilde{t}+1$ 次迭代的 Q，通过求解式(10.76)优化问题：

$$\underset{C\in\mathcal{S}}{\arg\min}\ -\sum_{t=1}^{T}\sum_{i=1}^{N}a_{i}[t]\left(\lambda_{1,i}^{l}[t]\phi_{i}[t]+\lambda_{2,i}^{l}[t]\phi_{m}[t]\right)+\frac{\rho_{1}}{2}\left\|C-Q^{\tilde{t}+1}+\alpha^{\tilde{t}}\right\|^{2} \tag{10.76}$$

得到

$$C^{\tilde{t}+1}[t]=\frac{\displaystyle\sum_{i=1}^{N}\frac{\varrho_{i}[t]\left(-\lambda_{1,i}^{l}[t]q_{g}-\lambda_{2,i}^{l}[t]q_{i}[t]\right)}{\rho_{0}}+\rho_{1}\left(q_{m}^{\tilde{t}+1}[t]-\alpha^{\tilde{t}}[t]\right)}{\displaystyle\sum_{i=1}^{N}\frac{\varrho_{i}[t]\left(-\lambda_{1,i}^{l}[t]-\lambda_{2,i}^{l}[t]\right)}{\rho_{0}}+\rho_{1}} \tag{10.77}$$

式中，$\varrho_{i}[t]=2\left(1+\xi_{i}\right)a_{i}[t]$，$\xi_{i}$ 为拉格朗日乘子。

(4) 更新 α、β。给定第 $\tilde{t}+1$ 次迭代的 Q、F、C，通过式(10.78)更新拉格朗日乘子：

$$\begin{aligned}\alpha^{\tilde{t}+1}&=\alpha^{\tilde{t}}+C^{\tilde{t}+1}-Q^{\tilde{t}+1}\\ \beta^{\tilde{t}+1}&=\beta^{\tilde{t}}+XQ^{\tilde{t}+1}-Y-F^{\tilde{t}+1}\end{aligned} \tag{10.78}$$

至此，完成一次更新。中继无人机轨迹优化算法如算法 10.3 所示。

算法 10.3　中继无人机轨迹优化算法

1: 初始化中继无人机轨迹优化迭代次数 $\tilde{t}=1$，第 l 次整体迭代后得到的簇头无人机时隙分配 A 和功率分配 P_s、中继无人机功率分配 P_m、中继无人机飞行轨迹 $Q^{\tilde{t}}$、参数 $F^{\tilde{t}}$ 和 $C^{\tilde{t}}$，以及拉格朗日乘子 $\alpha^{\tilde{t}}$ 和 $\beta^{\tilde{t}}$；
2: 若中继无人机飞行轨迹没有收敛
3: 　　更新中继无人机飞行轨迹 $Q^{\tilde{t}+1}$；
4: 　　更新参数 $F^{\tilde{t}+1}$ 和 $C^{\tilde{t}+1}$；
5: 　　更新拉格朗日乘子 $\alpha^{\tilde{t}+1}$ 和 $\beta^{\tilde{t}+1}$；
6: 　　迭代次数 $\tilde{t}=\tilde{t}+1$；
7: 结束

上述算法的具体步骤如下：

(1) 由上一次整体迭代给出簇头无人机时隙分配 A、簇头无人机功率分配 P_s、中继无人机功率分配 P_m 和中继无人机的飞行轨迹 Q，初始化 $\tilde{t}=1$，$Q^{\tilde{t}}=Q$，并初始化参数 $C^{\tilde{t}}$、$F^{\tilde{t}}$、$\alpha^{\tilde{t}}$、$\beta^{\tilde{t}}$。

(2) 判断迭代是否终止，终止条件为中继无人机的飞行轨迹不变或达到最大迭代次数。

(3) 若迭代不终止，更新中继无人机飞行轨迹 $Q^{\tilde{t}+1}$，根据更新后的中继无人机飞行轨迹 $Q^{\tilde{t}+1}$，更新参数 $C^{\tilde{t}+1}$、$F^{\tilde{t}+1}$，然后更新拉格朗日乘子 $\alpha^{\tilde{t}+1}$、$\beta^{\tilde{t}+1}$。

(4) 令 $\tilde{t}=\tilde{t}+1$，返回第(2)步。

当中继无人机飞行轨迹算法停止迭代时，得到本轮整体迭代优化后的中继无人机飞行轨迹 Q。

4) 整体优化算法

整体优化算法如算法 10.4 所示。

算法 10.4　整体优化算法

1: 初始化整体优化算法迭代次数 $l=1$，簇头无人机和中继无人机将通信能量平均分配，初始化簇头无人机功率分配 P_s^l、中继无人机功率分配 P_m^l，初始化中继无人机飞行轨迹 Q^l 为从起始点到终止点的直线轨迹；

2: 若目标函数增长大于 ϵ

3: 　　给定簇头无人机功率分配 P_s^l、中继无人机功率分配 P_m^l 和中继无人机飞行轨迹 Q^l，优化子问题 1，即簇头无人机时隙分配，得到 A^{l+1}；

4: 　　给定簇头无人机时隙分配 A^{l+1} 和中继无人机飞行轨迹 Q^l，优化子问题 2，即簇头无人机功率分配和中继无人机功率分配，得到 P_s^{l+1} 和 P_m^{l+1}；

5: 　　给定簇头无人机时隙分配 A^{l+1}、簇头无人机功率分配 P_s^{l+1}、中继无人机功率分配 P_m^{l+1}，优化子问题 3，即中继无人机飞行轨迹，得到 Q^{l+1}；

6: 　　迭代次数 $l=l+1$；

7: 结束

8: 从 A^{l+1} 中重构簇头无人机时隙分配 $\tilde{A}$；

9: 给定簇头无人机时隙分配 $\tilde{A}$，优化子问题 2 和子问题 3，即簇头无人机功率分配 P_s 和中继无人机功率分配 P_m 以及中继无人机飞行轨迹 Q。

在上述算法中，每次迭代原始优化问题被划分为簇头无人机时隙分配、簇头无人机和中继无人机功率分配、中继无人机轨迹优化三个子问题，通过给定其中两个优化后的变量、优化第三个变量的方式，交替求解。当算法收敛后，考虑约束(10.24)，根据式(10.79)将簇头无人机时隙分配转化为二进制变量：

$$\tilde{a}_i[t]=\begin{cases}1, & i=\arg\max\limits_{j=1,2,\cdots,N} \quad a_j[t] \\ 0, & \text{其他}\end{cases} \tag{10.79}$$

此时，簇头无人机的时隙分配结果为 $\tilde{A}=\{\tilde{a}_i[t], i\in\mathcal{N}, t\in\mathcal{T}\}$ 。整体优化算法具体步骤如下：

(1) 初始化整体优化算法迭代次数 $l=1$ ，将簇头无人机和中继无人机能量平均分配，完成簇头无人机和中继无人机功率分配 P_s^l 、 P_m^l 初始化，考虑从起始点到终止点的直线飞行轨迹，完成中继无人机飞行轨迹 Q^l 初始化。

(2) 判断迭代是否终止，终止条件为网络吞吐量增长程度小于 ϵ ，若终止，执行步骤(7)，否则，执行步骤(3)。

(3) 若迭代不终止，给定簇头无人机功率分配 P_s^l 、中继无人机功率分配 P_m^l 和中继无人机飞行轨迹 Q^l ，优化子问题 1，即簇头无人机时隙分配，得到 A^{l+1} 。

(4) 给定簇头无人机时隙分配 A^{l+1} 和中继无人机飞行轨迹 Q^l ，优化子问题 2，即簇头无人机功率分配和中继无人机功率分配，得到 P_s^{l+1} 和 P_m^{l+1} 。

(5) 给定簇头无人机时隙分配 A^{l+1} 、簇头无人机功率分配 P_s^{l+1} 、中继无人机功率分配 P_m^{l+1} ，优化子问题 3，即中继无人机飞行轨迹，得到 Q^{l+1} 。

(6) 令 $l=l+1$ ，返回第(2)步。

(7) 从 A^{l+1} 中根据式(10.79)重构簇头无人机时隙分配 $\tilde{A}$ 。

(8) 给定簇头无人机时隙分配 $\tilde{A}$ ，优化子问题 2 和子问题 3，即簇头无人机功率分配 P_s 和中继无人机功率分配 P_m 以及中继无人机飞行轨迹 Q 。

10.2.3 仿真验证

1. 仿真环境

在 Windows 10 操作系统中，基于 MATLAB 2014a 仿真环境编写上述算法实现仿真实验，计算机配置：CPU 为 Intel Core i5-2450M 2.5GHz，8GB 内存。

2. 仿真参数

仿真场景设置为 5km×5km×120m 的空域，假设簇头无人机飞行在 100～120m 高度执行任务。考虑两个禁飞区，中心位置分别为 $[0,800]^{\mathrm{T}}$ m 和 $[0,1200]^{\mathrm{T}}$ m，其余仿真参数如表 10.2 所示。

表 10.2　仿真参数

参数	含义	参数值
N	簇头无人机数量	5
T	任务时隙数量	100
H_m	中继无人机飞行高度	120m
$v_{\max}$	中继无人机最大飞行速度	20m/s
$p_{\max}$	无人机最大发送功率	27dBm
E_i	簇头无人机通信能量	10J
E_m	中继无人机通信能量	15J
f_c	系统载波频率	2GHz
σ^2	噪声功率	−100dBm
J	禁飞区个数	2
$d_{m,j}$	禁飞区距离	100m

3. 仿真结果

1) 多无人机时隙和功率资源分配以及中继轨迹优化结果

为了验证所设计优化算法的有效性，假设中继无人机的起始位置为 $q_0 = [-500,1000]^{\mathrm{T}}$ m，终止位置为 $q_F = [500,1000]^{\mathrm{T}}$ m，式(10.31)中簇头无人机的最小传输信息量分别为 $\tilde{R}_{1,g} = 30$bit/Hz，$\tilde{R}_{2,g} = 40$bit/Hz，$\tilde{R}_{3,g} = 30$bit/Hz，$\tilde{R}_{4,g} = 30$bit/Hz，$\tilde{R}_{5,g} = 30$bit/Hz，图 10.7～图 10.11 给出了优化结果。仿真结果表明，中继无人机

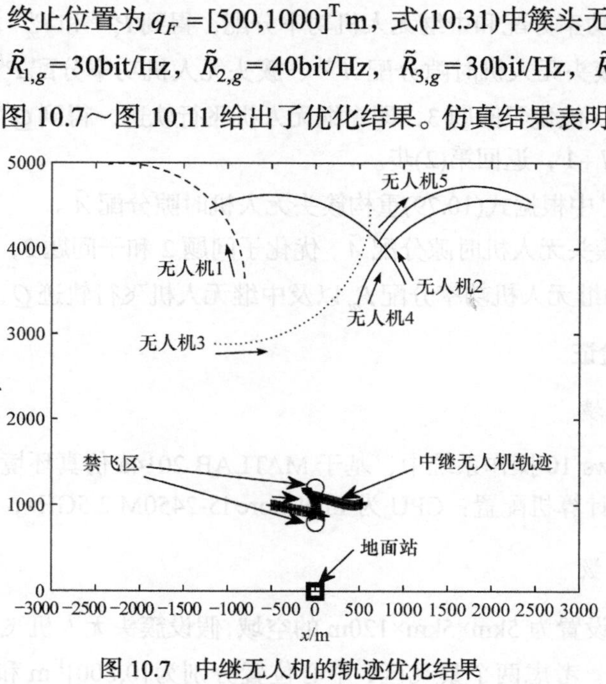

图 10.7　中继无人机的轨迹优化结果

能够成功避开禁飞区，且簇头无人机的时隙分配、功率分配和中继无人机功率分配都满足约束，簇头无人机向地面站传输的信息量也满足最低速率需求。此外，由于簇头无人机 2 的通信需求 $\tilde{R}_{2,g}$ 较大，因此，簇头无人机 2 分配到的通信时隙也较长。

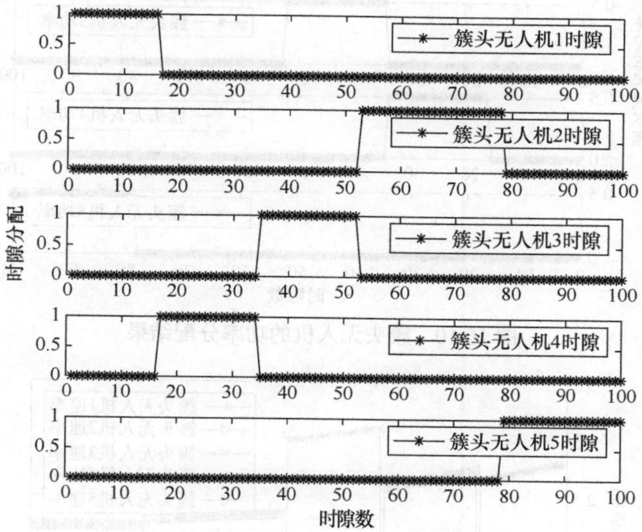

图 10.8　簇头无人机的时隙分配结果

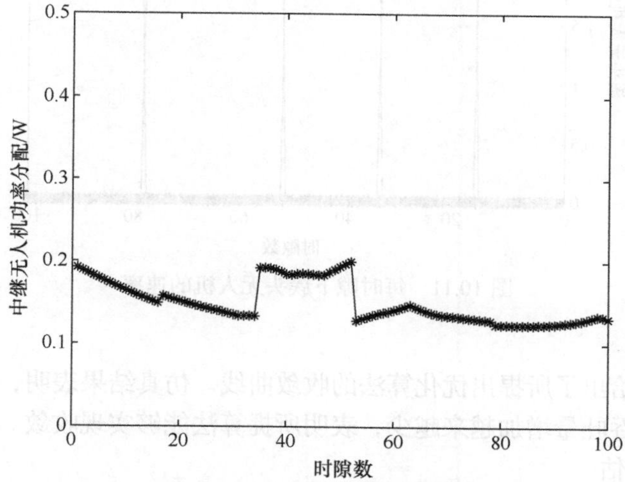

图 10.9　中继无人机的功率分配结果

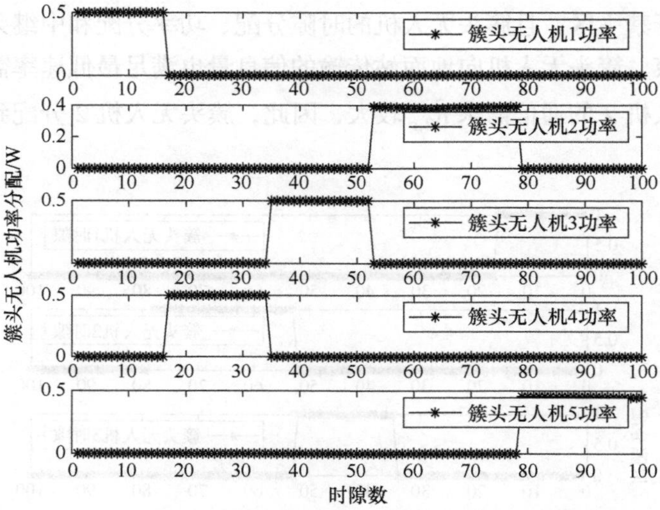

图 10.10　簇头无人机的功率分配结果

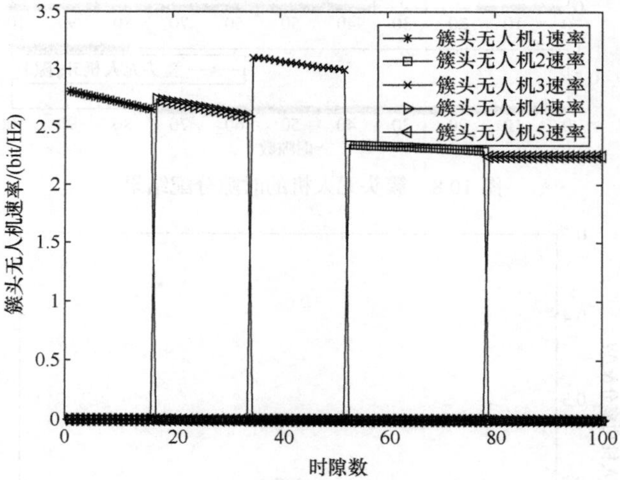

图 10.11　每时隙下簇头无人机的速率

2) 收敛性

图 10.12 给出了所提出优化算法的收敛曲线。仿真结果表明，随着迭代次数的增加，网络吞吐量增加越来越少，表明所提算法能够实现收敛。

3) 性能评估

为了验证所设计优化算法的性能，将所提算法、CVX 工具箱、不考虑轨迹优化的方案、不考虑功率分配的方案得到的结果进行对比，分析中继无人机最大飞行速度、可用通信能量等因素对通信性能的影响。

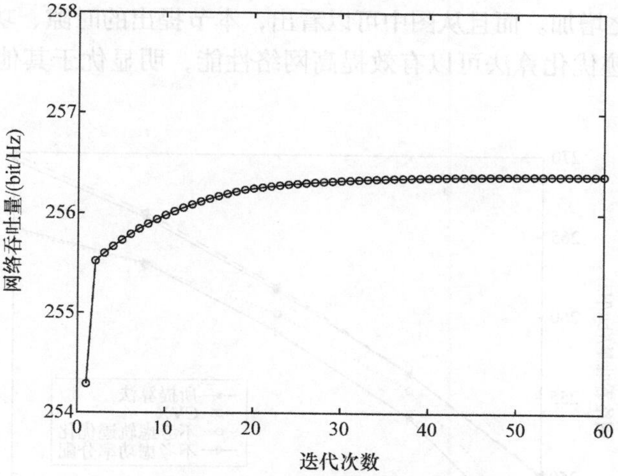

图 10.12　所提算法的收敛速度

首先考虑中继无人机最大飞行速度 v_{max} 的影响，如图 10.13 所示，仿真结果表明，所提算法与 CVX 工具箱的求解结果基本一致，均优于另外不考虑轨迹优化的方案和不考虑功率分配的方案。随着 v_{max} 的增大，中继无人机的机动能力增加，其也更容易移动到簇头无人机和地面站间的最佳位置，有效提高网络吞吐量。若不对中继无人机的飞行轨迹进行优化，中继无人机会沿着从起始点到终止点的直线轨迹飞行，此时网络吞吐量基本不变。

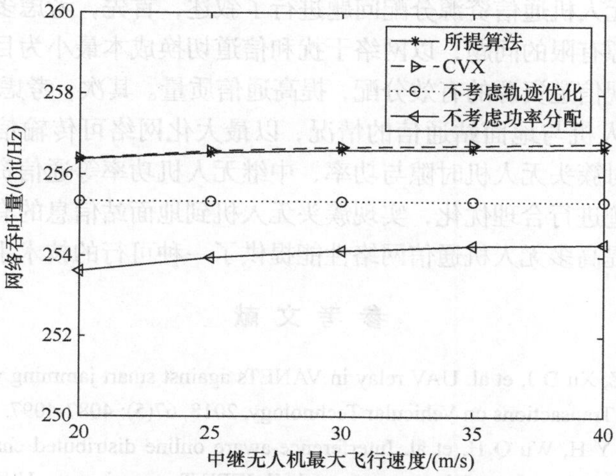

图 10.13　中继无人机最大飞行速度的影响

图 10.14 分析了中继无人机可用通信能量的影响。仿真结果表明，所提算法与 CVX 工具箱的求解结果基本一致，随着中继无人机可用通信能量的增加，网

络吞吐量也随之增加。而且从图中可以看出，本节提出的时隙、功率资源分配和中继无人机轨迹优化算法可以有效提高网络性能，明显优于其他两种单独优化算法。

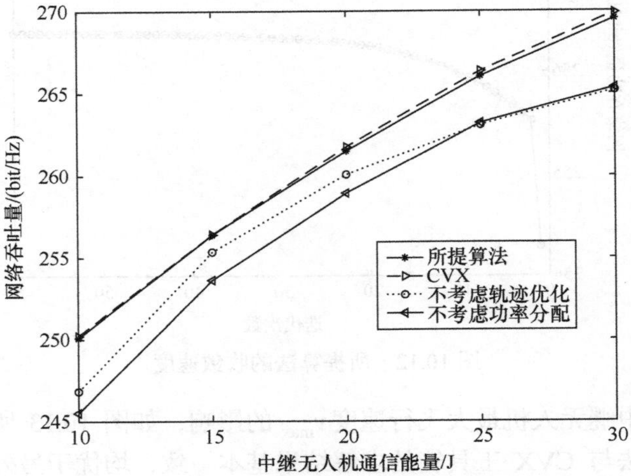

图 10.14　中继无人机通信能量的影响

10.3　小　结

本章对多无人机通信资源分配问题进行了叙述，首先，考虑多无人机集群内部可用信道资源有限的问题，以网络干扰和信道切换成本最小为目标，基于非合作博弈算法实现信道资源的有效分配，提高通信质量。其次，考虑部署中继无人机辅助簇头无人机与地面站通信的情况，以最大化网络可传输信息为目标，基于凸优化算法对簇头无人机时隙与功率、中继无人机功率等通信资源，以及中继无人机飞行轨迹进行合理优化，实现簇头无人机到地面站信息的有效传输。总体来说，本章为提高多无人机通信网络性能提供了一种可行的技术手段。

参 考 文 献

[1] Xiao L, Lu X Z, Xu D J, et al. UAV relay in VANETs against smart jamming with reinforcement learning. IEEE Transactions on Vehicular Technology, 2018, 67(5): 4087-4097.

[2] Chen J X, Xu Y H, Wu Q H, et al. Interference-aware online distributed channel selection for multicluster FANET: A potential game approach[J]. IEEE Transactions on Vehicular Technology, 2019, 68(4): 3792-3804.

[3] Yao K L, Wang J L, Xu Y H, et al. Self-organizing slot access for neighboring cooperation in UAV swarms[J]. IEEE Transactions on Wireless Communications, 2020, 19(4): 2800-2812.

[4] Zeng Y, Zhang R, Lim T J. Throughput maximization for UAV-enabled mobile relaying systems. IEEE Transactions on Communications, 2016, 64(12): 4983-4996.
[5] Zhou X B, Wu Q Q, Yan S H, et al. UAV-enabled secure communications: Joint trajectory and transmit power optimization. IEEE Transactions on Vehicular Technology, 2019, 68(4): 4069-4073.
[6] Xu J, Zeng Y, Zhang R. UAV-enabled wireless power transfer: Trajectory design and energy optimization. IEEE Transactions on Wireless Communications, 2018, 17(8): 5092-5106.
[7] Wu Q Q, Zeng Y, Zhang R. Joint trajectory and communication design for multi-UAV enabled wireless networks. IEEE Transactions on Wireless Communications, 2018, 17(3): 2109-2121.
[8] Zhang L, Cai Y L, Shi Q J, et al. Cost-efficient cellular networks powered by micro-grids. IEEE Transactions on Wireless Communications, 2017, 16(9): 6047-6061.